HANDBUCH DER MIKROCHEMISCHEN METHODEN

HERAUSGEGEBEN VON

FRIEDRICH HECHT UND MICHAEL K. ZACHERL
WIEN · WIEN

BAND II

VERWENDUNG DER RADIOAKTIVITÄT IN DER MIKROCHEMIE

SPRINGER-VERLAG WIEN GMBH

1955

RADIOCHEMISCHE METHODEN DER MIKROCHEMIE

VON

E. BRODA UND T. SCHÖNFELD

WIEN · WIEN

MIT 25 TEXTABBILDUNGEN

MESSUNG RADIOAKTIVER STRAHLEN IN DER MIKROCHEMIE

VON

T. BERNERT, B. KARLIK UND K. LINTNER

WIEN · WIEN · WIEN

MIT 48 TEXTABBILDUNGEN

PHOTOGRAPHISCHE METHODEN IN DER RADIOCHEMIE

VON

H. LAUDA

WIEN

MIT 6 TEXTABBILDUNGEN

SPRINGER-VERLAG WIEN GMBH

1955

ISBN 978-3-7091-7844-7   ISBN 978-3-7091-7843-0 (eBook)
DOI 10.1007/978-3-7091-7843-0

Inhaltsverzeichnis

Radiochemische Methoden der Mikrochemie.

Von

E. Broda und T. Schönfeld.

I. Chemisches Laboratorium der Universität Wien.

Mit 25 Textabbildungen.

Inhaltsverzeichnis.

I. Einleitung.

1. Historischer Überblick.

Nach einer auch heute noch im wesentlichen treffenden Definition PANETHS (3) kann die Radiochemie als die Chemie von Stoffen gefaßt werden, die durch ihre radioaktive Strahlung bestimmt werden. Diese Strahlung kann entweder unmittelbar aus dem Atomkern stammen und dann als Kernstrahlung bezeichnet werden, oder sie kann, wie im Falle des K-Einfangs und der „inneren Umwandlung", zwar durch Vorgänge im Atomkern hervorgerufen werden, aber selbst aus der Atomhülle stammen. Im Einklang mit der Definition PANETHS spricht man von einer radiochemischen Analysenmethode, wenn an irgendeiner Stelle des Analysenganges eine Bestimmung der Intensität einer radioaktiven Strahlung vorgenommen werden muß. Die radiochemische Analyse ist also ein Teilgebiet der angewandten Radiochemie.

Infolge der großen Empfindlichkeit, mit der radioaktive Strahlungen nachgewiesen werden können, ist auch die Empfindlichkeit der radiochemischen Analyse außerordentlich groß. Die radiochemische Analyse bewährt sich daher vor allem im Rahmen der Mikrochemie.

Es sei nun zunächst in großen Zügen dargelegt, unter welchen Bedingungen sich die einzelnen Zweige der radiochemischen Analyse entwickeln konnten.

Der Nestor der Radiochemie, FREDERICK SODDY, schrieb in seiner „Chemie der Radioelemente" im Jahre 1911 in Beziehung auf die natürlichen radioaktiven Stoffe: „Gerade in dem Maß, als der Zerfall schneller verläuft und die verfügbaren Stoffmengen daher für die hergebrachten Arbeitsmethoden ungenügend werden, werden die neuen (radioaktiven) Methoden anwendbar ... Je unbeständiger der Stoff, mit um so weniger läßt sich noch arbeiten ... Ein besonderer Zweig der Chemie, der zweckmäßig Radiochemie genannt werden kann, ist entstanden. Seine Zielsetzungen und Arbeitsmethoden sind für ihn kennzeichnend."

Tatsächlich stehen die „spezifischen Aktivitäten"[1] der Glieder einer der radioaktiven Reihen (z. B. der Uran- oder Thoriumreihe) angenähert im umge-

---

[1] Die Einheit der Aktivität (Zahl der Zerfälle pro Zeiteinheit in einer Probe) ist üblicherweise das „Curie" (C). Ursprünglich bezeichnete 1 C die Aktivität eines Gramm Radium (ohne Zerfallsprodukte) — annähernd $3,7 \cdot 10^{10}$ sec^{-1}. Neuerdings aber definiert man das Curie als eine Aktivität von genau $3,7 \cdot 10^{10}$ sec^{-1}. Auf diese Weise wird man von der Kenntnis des genauen Zahlenwertes der Zerfallskonstante des Radiums, der gar nicht leicht zu bestimmen ist, unabhängig. 1 Millicurie (mC) = $= 10^{-3}$ C, 1 Mikrocurie (μC) = 10^{-6} C.

Die „spezifische Aktivität" ist ein Maß für die Aktivität pro Gewichtseinheit. Der Zahlenwert der spezifischen Aktivität wird von verschiedenen Autoren ver-

kehrten Verhältnis ihrer Halbwertszeiten, wenn die Reihe sich im inneren radioaktiven Gleichgewicht befindet. Das Produkt aus der Zahl der vorhandenen
Atome und der Zerfallskonstante (die der reziproken Halbwertszeit proportional
ist) muß ja im stationären Zustand für jedes Glied den gleichen Wert haben.
Daher ist die Gesamtaktivität eines kurzlebigen Gliedes einer Reihe (z. B. des
Radon) im Prinzip ebensogut meßbar wie die Gesamtaktivität eines längerlebigen Gliedes derselben Reihe (z. B. des Radiums), mit dem es im radioaktiven
Gleichgewicht steht, obwohl die vorhandene Gewichtsmenge so außerordentlich
viel kleiner sein kann. Voraussetzung ist nur, daß die Halbwertszeit nicht so
klein ist, daß der Stoff dem Radiochemiker „zwischen den Fingern zerrinnt".
Unter dieser Voraussetzung lassen sich in der Praxis die kurzlebigen Stoffe sogar
leichter messen als die langlebigen Stoffe gleicher Gesamtaktivität. Je kleiner
nämlich die Masse der Probe ist, desto vollständiger tritt die Strahlung aus der
Probe aus und in das Meßgerät ein.

Die von Soddy so klar zusammengefaßten Verhältnisse haben dazu geführt,
daß radiochemische Methoden sich zur analytischen Bestimmung von natürlichen
Radioelementen mittlerer Halbwertszeit (z. B. des Radiums; genauer: des
Radiumisotops der Uranreihe) als zweckmäßig, zur analytischen Bestimmung
von Radioelementen kurzer Halbwertszeit (z. B. des Poloniums) sogar als unentbehrlich erwiesen haben. Zur Bestimmung langlebiger Radioelemente (z. B.
des Urans) haben sich radiochemische Methoden nur in Sonderfällen durchgesetzt. Die Besprechung dieser Methoden zur Analyse natürlich radioaktiver
Stoffe ist in den entsprechenden Abschnitten des Kapitels IX durchgeführt.

Aus diesen Methoden hat sich ganz natürlich die „Indikatormethode" der
Analyse entwickelt. Nach dieser Methode wird einem Element eine gewisse
Menge eines aktiven Isotops zugesetzt, wodurch das Element radioaktiv
„indiziert" oder „markiert" wird; durch die Indizierung wird der radiochemische
Nachweis des Elements mit niedriger Erfassungsgrenze ermöglicht. Die
Indikatormethoden werden in Kapitel IV besprochen.

Aus dem Bestreben, die ursprünglich allein verfügbaren natürlichen Radioelemente auch der Bestimmung inaktiver Stoffe nutzbar zu machen, ist die
„Analyse mit radioaktiven Reagenzien" (Kapitel V) entstanden. In einer weiteren
Gruppe von Methoden wird die Ausbeute bei Trennungen durch Aktivitätsmessungen ermittelt und dadurch eine genaue Analyse auch dort möglich,
wo Trennungen nicht quantitativ verlaufen („Isotopenverdünnungsmethode";
Kapitel VI).

In der Regel müssen die radioaktiven Stoffe, bevor sie gemessen werden,
einigen chemischen Operationen unterworfen werden. In vielen Fällen, besonders
bei der Arbeit mit den kurzlebigen Stoffen, hat man diese Operationen mit
sehr kleinen Gewichtsmengen auszuführen. Diese unsichtbaren und unwägbaren Mengen werden im Sprachgebrauch als „gewichtslose" Mengen oder
als „Spuren" bezeichnet. Bei der Arbeit mit den gewichtslosen Mengen sind
bestimmte Vorsichtsmaßregeln einzuhalten, wenn Verluste vermieden werden
sollen. Oder man kann bzw. muß überhaupt ganz neue Wege der chemischen
Arbeit gehen. Die hier vorliegenden Verhältnisse sind schon in der Frühzeit
der Radioaktivität zum Gegenstand vieler Studien gemacht worden. Das
Kapitel III ist der Beschreibung der chemischen Arbeitsmethoden mit radioaktiven Stoffen gewidmet.

---

schieden definiert. Man kann sie beispielsweise zweckmäßig je nach Bedarf entweder
als die Zahl der Zerfälle oder als die Zahl der im Gerät gemessenen Stöße pro Sekunde
und Gramm des Elements oder der Verbindung, oder auch als die Zahl der Curie
pro Gramm definieren.

Einen außerordentlichen Aufschwung haben dann die älteren radiochemischen Analysenmethoden, wie die Indikatorenmethode, nach der Entdeckung der künstlichen Radioaktivität durch Joliot und I. Curie im Jahre 1934 genommen. Radioaktive Isotope der meisten Elemente mit geeigneter Halbwertszeit sind heute bekannt. Die Bemerkung Soddys, daß eine um so kleinere Gewichtsmenge eines Radioelements nachgewiesen werden kann, je kürzerlebig es ist, gilt natürlich auch für die künstlichen Radioelemente. Dagegen gilt im Gegensatz zu den im Gleichgewicht stehenden Gliedern der natürlichen radioaktiven Reihen jetzt nicht mehr, daß die verfügbaren Gewichtsmengen der einzelnen Radioelemente sich wie ihre Halbwertszeiten verhalten; die künstlichen Radioelemente werden ja durch verschiedenartige Kernreaktionen erhalten, die mit sehr unterschiedlicher Ausbeute verlaufen.

Die Entdeckung der künstlichen Radioaktivität hat nicht nur den älteren Zweigen der radiochemischen Analyse einen gewaltigen Auftrieb gegeben. Sie hat auch das Aufkommen ganz neuer Zweige ermöglicht oder doch stark begünstigt. Ganz neu entstand die Aktivierungsanalyse (Kapitel VII). Dabei wird die Gegenwart eines Elements dadurch nachgewiesen, daß aus ihm bei Beschuß mit geeigneten Elementarteilchen durch eine Kernreaktion ein Radioelement entsteht. In der Praxis hat sich die Aktivierungsanalyse erst seit dem Entstehen leistungsfähiger Neutronenquellen (Zyklotron, Reaktor) in nennenswertem Maßstab durchgesetzt.

Die Analyse mittels Absorption und Streuung von Strahlen durch Atomkerne (Kapitel VIII) hat ihren Ausgangspunkt in der Entdeckung des Neutrons. In ihrem Rahmen wird ein Element nicht durch die von seinen Kernen emittierte, sondern durch die von ihnen absorbierte Kernstrahlung bestimmt. (Die Strahlung muß dabei nicht wirklich einem Atomkern entstammen, sondern kann auch künstlich mit Hilfe von Maschinen [Zyklotron u. dgl.] erzeugt worden sein; sie hat aber die Eigenschaften einer Kernstrahlung.) In diesem Kapitel wird also der durch die Definition Paneths abgegrenzte Bereich der Radiochemie überschritten. Diese Überschreitung ist wohl dadurch gerechtfertigt, daß die Arbeitsmethoden der Absorptionsanalyse denen der Radiochemie eng verwandt sind.

2. Zwei Klassen der Verwendung der markierten Atome.

Unabhängig von der historischen Betrachtungsweise lassen sich alle Methoden der angewandten Radiochemie — und damit auch die radiochemische Analyse — in zwei große Gruppen einteilen, die als „analytische" und „kinetische" Methoden bezeichnet werden können. Das klassische Beispiel für eine „analytische" Methode ist die direkte Löslichkeitsbestimmung des Bleisulfids und des Bleichromats, die durch Paneth und Hevesy (4) im Jahre 1913 in Wien ausgeführt wurde. Dies war übrigens das erste Beispiel für die Methode der markierten Atome oder radioaktiven Indikatoren überhaupt. Die Löslichkeit wurde einfach durch die Aktivität einer Lösung bestimmt, die mit radioaktiv markiertem Bleisalz gesättigt worden war. Die Methode ist wie alle radiochemischen Methoden grundsätzlich äußerst empfindlich, aber sie leistet nichts, was nicht unter Umständen auch durch eine andere Methode geleistet werden könnte. Nichts steht dem Gedanken im Wege, daß man eines Tages durch eine analytische Methode ganz anderer Art, beispielsweise beruhend auf einer katalytischen oder biologischen Wirksamkeit von Bleiionen, ebenfalls die Löslichkeit derart schwerlöslicher Salze auf direktem Wege wird bestimmen können.

Hingegen bringt die „kinetische" Anwendung, die von Hevesy (2) ebenfalls in Wien — und zwar im Jahre 1915 — erfunden wurde, wirklich Ergebnisse, die natürlich auch durch Verwendung stabiler Elemente mit unterschiedlicher Isotopenzusammensetzung, keinesfalls aber mit einer anderen heute vorliegenden Methode erhalten werden können. Hevesy untersuchte den Austausch von Blei zwischen einem Blech und der Lösung seiner Ionen, wobei ursprünglich entweder das Blech oder die Lösung radioaktiv indiziert worden war, und das Eindringen der aktiven Atome in die zweite Phase verfolgt wurde. Im Rahmen der kinetischen Methode können also zum ersten Male Austausch-, Stoffwechsel- oder Transporterscheinungen zwischen gleichartigen chemischen Atomen verfolgt werden.

Zwischen der „analytischen" und der „kinetischen" Anwendungsform der Methode der markierten Atome läßt sich gedanklich ein scharfer Strich ziehen: Im Rahmen der analytischen Anwendungsform ist die spezifische Aktivität (also die Isotopenzusammensetzung) des betrachteten Elements in allen Phasen und chemischen Formen des ganzen Systems gleich groß und bleibt konstant. Von der etwaigen trivialen Abnahme der Aktivität durch Abklingen, die überall gleichmäßig erfolgt, wird dabei natürlich abgesehen. Bei kinetischen Anwendungen ist dagegen die spezifische Aktivität des Elementes in verschiedenen Phasen oder chemischen Formen ungleich und kann sich mit der Zeit ändern. So existiert zu Beginn des Versuches von Hevesy ein Sprung der spezifischen Aktivität an der Phasengrenzfläche, und die spezifische Aktivität ändert sich in beiden Phasen mit der Zeit.

In der Praxis allerdings vermischen sich die analytischen und kinetischen Anwendungsformen. Selbst in einer Übersicht über radiochemische Methoden der Analyse werden die „kinetischen" Anwendungen ihren Platz finden.

Die äußerst geringen chemischen Unterschiede zwischen Isotopen können bei der Verwendung „analytischer" und „kinetischer" Methoden meistens gänzlich vernachlässigt werden; in dem ganzen vorliegenden Handbuchabschnitt wird stets die Annahme völliger chemischer Gleichheit von Isotopen beibehalten werden, soweit nicht ausdrücklich das Gegenteil festgestellt wird. Eine kurze Zusammenstellung der Unterschiede im chemischen Verhalten von Isotopen, der sogenannten Isotopeneffekte, wird im Rahmen des Kapitels III gegeben, um mit dem Bereich des Auftretens und mit der Größe dieser Effekte bekannt zu machen.

3. Einige Abgrenzungen.

In der vorliegenden Monographie wird durchwegs die Voraussetzung gemacht, daß die chemischen Wirkungen der Strahlung vernachlässigt werden können. Die Diskussion der chemischen Wirkungen der ionisierenden Strahlung bildet heute den Gegenstand eines eigenen, rasch wachsenden Zweiges der Chemie: Der Strahlenchemie. Eine Zusammenfassung der Hauptergebnisse der Strahlenchemie findet sich in den Arbeiten von Dainton (1). In der Praxis wird man fast immer den störenden strahlenchemischen Wirkungen durch Wahl zweckmäßiger Arbeitsmethoden und durch Vermeidung allzu hoher Intensitäten aus dem Wege gehen können (Hinweise auf die Strahlungsintensitäten, bei denen mit Störungen durch strahlenchemische Wirkungen gerechnet werden muß, finden sich in Kap. III, Abschnitt 9).

Hier soll nur ein bestimmter Grenzfall der Strahlenchemie behandelt werden, nämlich die „spezifisch radiochemischen Effekte" (Kapitel III, Abschnitt 8); diese Effekte, die an gewissen Molekülen auftreten, werden im wesentlichen nicht durch die allgemeine Strahlenwirkung hervorgerufen, die von Atomen der näheren oder weiteren Umgebung ausgeht, sondern durch die Energieentwicklung, die im Verlauf einer Kernreaktion an dem betrachteten Molekül selbst auftritt und es in spezifischer Weise angreift. Solche Effekte können große praktische Bedeutung besitzen.

Daneben soll noch ein Spezialgebiet der Strahlenchemie berührt werden: Kapitel X enthält eine elementare Darstellung der biologischen Strahlungswirkungen. Diese soll den Leser instand setzen, selbst zu beurteilen, wie weit besondere Vorsichtsmaßregeln bei der Arbeit mit den radioaktiven Stoffen getroffen werden müssen.

Die Besprechung der Geräte zur Messung der Radioaktivität in der Mikrochemie ist dem Beitrag von K. Lintner, T. Bernert und B. Karlik vorbehalten. Ebenfalls ist die photographische Methode ausgeschieden und der Bearbeitung durch H. Lauda überlassen worden. Sie gewinnt einerseits wegen ihrer Empfindlichkeit, anderseits wegen ihrer Einfachheit und Anschaulichkeit zunehmende Bedeutung.

Die Kenntnis der Grundtatsachen des radioaktiven Zerfalls, insbesondere der Zerfallsgesetze, wird vorausgesetzt. Dagegen werden die physikalischen Eigenschaften der Strahlen, soweit sie für den analytischen Chemiker wichtig sind, im Kapitel II im Zusammenhang besprochen werden.

Schließlich sei warnend bemerkt, daß die radiochemischen Messungen in der Analyse zwar — wie oben bemerkt — allgemein sehr empfindlich und oft auch schnell und bequem, aber niemals sehr genau sind. Eine Genauigkeit der Einzelmessung von besser als $\pm$ 1% wird nur in besonderen Fällen zu erreichen sein. Zur Präzision des Analytikers trägt die Radiochemie daher nur auf dem Weg über die Kontrolle anderer analytischer Verfahren und — am eindrucksvollsten — durch die Isotopenverdünnungsmethode bei. Eben aus diesem Grund ist vor allem die Mikrochemie das Gebiet, wo die besonderen Vorteile der radiochemischen Methoden in Erscheinung treten.

Literatur.

(1) Dainton, F., Ann. Rep. Chem. Soc. **45**, 1 (1948); Research **1**, 486 (1948).
(2) Hevesy, G., S. B. Wien. Akad. Wiss.* **124**, 131 (1915).
(3) Paneth, F., Radioelements as Indicators. New York. 1928.
(4) Paneth, F., u. G. Hevesy, S. B. Wien. Akad. Wiss. **122**, 1001 (1913).

II. Die Radioaktivität als Grundlage mikrochemischer Methoden.

1. Vorbemerkung.

Analytische Methoden können nach der angewandten Meßtechnik klassifiziert werden. So spricht man z. B. von gravimetrischen, spektroskopischen oder amperometrischen Methoden. Das Kennzeichnende der radiochemischen Methoden besteht darin, daß sie auf der Messung der Strahlungen beruhen, die bei Kernumwandlungen entstehen, also der „Kernstrahlen". Diese Strahlen sind im allgemeinen sehr energiereich und können aus Teilchen oder Photonen bestehen. Im vorliegenden Kapitel sollen die Gesichtspunkte diskutiert werden, die bei der Bestimmung der Intensität solcher Strahlen im Rahmen der Mikrochemie zu beachten sind.

* Dieses Kurzzitat wird in vorliegendem Handbuchbeitrag an Stelle des längeren Zitates „S. B. Wien. Akad. Wiss. mathem.-naturw. Kl. IIa" durchgehend gebraucht.

2. Spontane Kernumwandlungen (radioaktive Vorgänge).

a) Alpha-Zerfall.

Der α-Zerfall ist durch die Coulombsche Abstoßung der Protonen im Atomkern bedingt und tritt daher fast nur bei den höchstgeladenen Kernen auf. Die Energie der α-Teilchen ($^4_2$He-Kerne) ist gemäß dem Impulssatz im Augenblick der Emission scharf definiert, da die Energie dieser spontanen Kernreaktion vorgegeben ist und sich nur auf zwei Teilchen (α-Teilchen und Rückstoßkern) verteilt.

Die Energie der α-Teilchen liegt gewöhnlich zwischen 4 und 9 MeV[1]. Beispielsweise beträgt sie bei den α-Teilchen des Radium F, des wichtigsten Isotops des Elements Polonium, 5,3 MeV. Dessen Zerfallsreaktion kann in der Form
$$^{210}_{84}\text{Po} \xrightarrow{\alpha} {}^{206}_{82}\text{Pb} \quad \text{oder} \quad - \text{ vollständiger } - \quad ^{210}_{84}\text{Po} = {}^{206}_{82}\text{Pb} + {}^4_2\text{He}$$
angeschrieben werden. Die oberen Indizes sind die Massenzahlen (Summen von Protonen- und Neutronenzahlen), die unteren Indizes die Ladungs- oder Ordnungszahlen (Protonenzahlen) der Kerne. Ganz allgemein müssen bei Kernreaktionen wegen der Erhaltungssätze die Summen einerseits der oberen und anderseits der unteren Indizes in der vollständigen Schreibweise links und rechts des Gleichheitszeichens den gleichen Wert haben.

b) Beta-Zerfall.

Der zerfallende Kern emittiert gleichzeitig ein Elektron (β-Teilchen) und ein Neutrino. Da sich also die freiwerdende Energie auf drei Körper (einschließlich des Rückstoßkernes) verteilt, ist auch bei vorgegebener Gesamtenergie die Energie des individuellen Teilchens nicht vorgeschrieben, d. h. die Elektronen können Energien zwischen Null und einer kennzeichnenden Maximalenergie besitzen (Abb. 1). Das Neutrino besitzt keine bisher bekannte experimentell nachweisbare Wechselwirkung mit Materie und entzieht sich daher vorläufig dem direkten Nachweis.

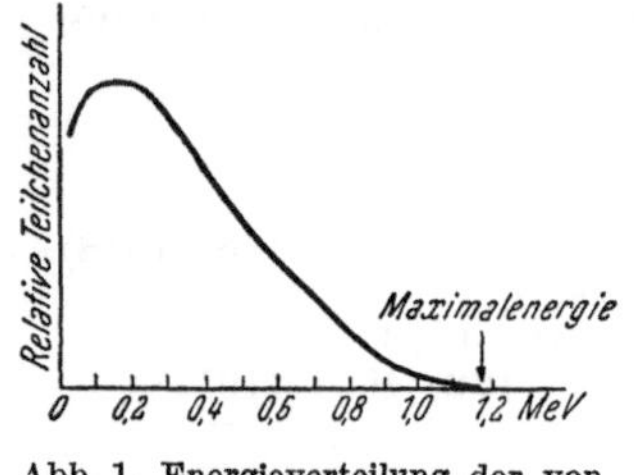

Abb. 1. Energieverteilung der von Radium E ($^{210}_{83}$Bi) emittierten β^--Teilchen.

Beispiel für den β-Zerfall: $^{32}_{15}\text{P} \xrightarrow{\beta^-} {}^{32}_{16}\text{S}$ oder vollständiger $^{32}_{15}\text{P} = {}^{32}_{16}\text{S} + {}_{-1}^{0}\text{e}$; das Neutrino wird nicht angeschrieben, da es ohnehin nur als $^0_0\nu$ angeschrieben werden könnte; Energie (darunter wird stets die Maximalenergie des β-Teilchens verstanden) 1,69 MeV.

Beim β^--Zerfall besitzt der aktive Kern für die gegebene Massenzahl eine zu geringe Ladung; im Vorgang erhöht sich die Kernladung um eine Einheit. Der Prozeß muß also als eine Umwandlung eines Neutrons im Kern in ein Proton betrachtet werden. β^+-Zerfall, der unter der umgekehrten Voraussetzung auftreten kann, ist bisher nur bei künstlichen Radioelementen beobachtet worden. Neben den β^+-Teilchen (Positronen) entstehen wie beim β^--Zerfall Neutrinos, so daß das Spektrum der Positronen dem der „Negatronen" ähnelt. Beispiel: $^{30}_{15}\text{P} \xrightarrow{\beta^+} {}^{30}_{14}\text{Si}$; vollständiger $^{30}_{15}\text{P} = {}^{30}_{14}\text{Si} + {}^0_1\text{e}$; E = 3,5 MeV. Da das Positron

---

[1] Ein Elektron-Volt (eV) ist als die kinetische Energie definiert, die ein einfach geladenes Elementarteilchen, beispielsweise ein Elektron, beim Durchfallen einer Potentialdifferenz von 1 V gewinnt. 1 eV = $1,6 \cdot 10^{-12}$ erg = $4,4 \cdot 10^{-26}$ kWh = = $3,8 \cdot 10^{-20}$ gcal. 1 KeV (Kilo-Elektron-Volt) = 10^3 eV. 1 MeV (Mega-Elektron-Volt) = 10^6 eV. Das eV ist eine für das Elementarteilchen passende Energieeinheit. Für den Zweck des Überganges zu molaren Größen muß mit der Loschmidtschen Zahl multipliziert werden. Es gilt dann: 1 eV/Atom = 23 kcal/Gramm-Atom.

durch den Vorgang $\beta^+ + \beta^- \to 2\gamma$ ($E\gamma = 0{,}51$ MeV) „zerstrahlt" wird, ist Positronenzerfall stets von γ-Strahlung begleitet.

Allgemein liegen die Energien des β-Zerfalls zwischen einigen KeV und einigen MeV.

c) Elektroneneinfang.

Ebenso wie der Prozeß der Emission von Elektronen aus dem Kern ist dieser radioaktive Prozeß durch ein Mißverhältnis zwischen der Massenzahl und der Ladungszahl des Kernes verursacht. Er wird gelegentlich, z. B. beim $^{40}_{19}$K, auch in der Natur beobachtet. Ein Hüllenelektron (gewöhnlich aus der K-Schale) wird vom Kern eingefangen, wobei sich ein Proton in ein Neutron verwandelt. Die Reaktionsenergie verteilt sich auf ein Neutrino, das abgegeben wird, und — zu einem äußerst geringen Teil — auf den Rückstoßkern. Dem Neutrino muß in diesem Falle im Gegensatz zu β^-- und β^+-Zerfall eine scharf definierte Energie zugeschrieben werden. Führt der Elektroneneinfang direkt zum Grundzustand des Endkernes, so ist die einzige meßbare Begleiterscheinung die Emission von Röntgenstrahlung bei der Auffüllung der Lücke, die das eingefangene Elektron in seiner Schale hinterläßt. Die Schwingungszahl der Strahlung ist diejenige, die für das gebildete — nicht für das zerfallene — Atom charakteristisch ist. In Beziehung auf die materielle Zusammensetzung von Anfangs- und Endatom kann der Einfang eines Elektrons aus einer unendlich fernen Schale als die genaue Umkehrung des β^--Zerfalls betrachtet werden. Doch trifft dies hinsichtlich der Neutrinobilanz nicht zu, da in beiden Fällen (β-Strahlemission und Elektroneneinfang) Aussendung eines Neutrino stattfindet. Beispiel für Elektroneneinfang:

$^7_4$Be $\xrightarrow{K}$ $^7_3$Li oder $^7_4$Be $+ \,_{-1}^{0}$e $= \,^7_3$Li; dem Neutrino muß hier eine Energie von $0{,}89$ MeV zugeschrieben werden.

Die Änderung der Kernladung beim Elektroneneinfang und beim β^+-Zerfall ist die gleiche, doch unterscheiden sich die beiden Zerfallsarten hinsichtlich der energetischen Voraussetzungen. Aus dem Prinzip der Erhaltung der Masse ergeben sich nämlich unter Vernachlässigung der unbekannten, aber sicherlich sehr geringen Neutrinomasse folgende Beziehungen zwischen Anfangskern und Endkern: Beim β^+- und beim β^--Zerfall muß der Endkern mindestens um eine Elektronenmasse leichter sein als der aktive Kern, während beim Einfang der Endkern bis um eine Elektronenmasse schwerer sein darf als der aktive Kern. Drückt man nun, wie üblich, diese Beziehungen nicht durch die Kernmassen, sondern durch die Massen der neutralen Atome aus, rechnet man also die Hüllenelektronen ein, so lauten die Beziehungen: Für den β^--Zerfall und den Elektroneneinfang reicht es hin, daß nur überhaupt eine Abnahme der Atommasse eintritt. β^+-Zerfall hingegen ist nur möglich, wenn die Abnahme der Atommasse mindestens zwei Elektronenmassen beträgt. Dieser Massenverlust ist auf Grund der EINSTEINschen Beziehung $E = m c^2$ einer Energie von $1{,}02$ MeV äquivalent.

Es gibt übrigens Kerne, die nebeneinander zwei (z. B. $^{40}_{19}$K) oder sogar allen drei (z. B. $^{64}_{29}$Cu) Arten des β-Zerfalls unterliegen. Andere Kernarten wieder sind sowohl β- als auch α-aktiv, z. B. die C-Körper der drei natürlichen radioaktiven Reihen (vgl. Abb. 25, S. 236). Bei all diesen Kernen tritt daher „Verzweigung" ein.

d) Gamma-Zerfall.

Alle radioaktiven Prozesse können von Abgabe von γ-Strahlung (elektromagnetischer Strahlung aus dem Kern) begleitet — oder, genauer gesagt, gefolgt sein. Dies tritt ein, wenn durch den Prozeß zunächst nicht der Grund-, sondern ein angeregter Zustand des Kerns erreicht wird. Der Grundzustand kann dann durch Abgabe der Anregungsenergie in Form eines oder mehrerer Quanten (Photonen) erreicht werden. Bei manchen Kernen kann der ursprüngliche Prozeß alternativ in mehrere Anregungszustände führen, so daß die abgegebenen Teilchen Gruppen mit verschiedener Energie (bei β-Teilchen mit verschiedener Maximalenergie) angehören. Bei α-Strahlern, die Feinstruktur aufweisen, bei denen also Teilchengruppen mit diskreter Energie festgestellt wurden (z. B. Thorium C), treten begleitende γ-Strahlen auf. Ihre Energien stimmen mit den Energiedifferenzen der α-Strahlen überein.

Sehr oft erfordert die Emission der Quanten nur unmeßbar kurze Zeit. In anderen Fällen jedoch besitzen angeregte Kerne meßbare Lebensdauer. Halbwertszeiten solcher Kerne bis zu mehreren Monaten sind schon beobachtet worden. Man kann dann aus praktischen Gründen den Übergang in den Grundzustand von dem vorhergegangenen Kernprozeß, an dem geladene Teilchen beteiligt waren, trennen und als einen besonderen „γ-Zerfall" ansprechen. Der Kern im Grundzustand und im angeregten Zustand sind „isomer", da sie die gleiche materielle Zusammensetzung haben; im Gegensatz zu chemischen Isomeren kann man den Kernisomeren wegen der lebhaften Bewegung der Kernbausteine allerdings keine bestimmte unterschiedliche stabile Struktur zuschreiben. Beispiel: Der Kern $^{80}_{35}\mathrm{Br}$ kommt in einem angeregten Zustand (Halbwertszeit für γ-Zerfall 4,4 Stunden) und im Grundzustand vor. Die Energie des Überganges beträgt 49 KeV. Der Grundzustand ist mit einer Halbwertszeit von 18 Minuten β^--aktiv und geht dabei in $^{80}_{36}\mathrm{Kr}$ über.

e) Innere Umwandlung.

Der Übergang eines kurz- oder langlebigen angeregten Kerns in den Grundzustand kann auch statt durch Abgabe eines Photons aus dem Kern durch Abgabe eines Elektrons aus der Hülle desselben Atoms erfolgen. Diese Form des Überganges, die als „innere Umwandlung" (Konversion) bezeichnet wird, kommt durch wellenmechanische Wechselwirkung zwischen Kern und Hülle zustande. Anschaulicher, jedoch mit den tatsächlichen Verhältnissen — insbesondere der Häufigkeit des Vorganges — nicht quantitativ übereinstimmend ist die klassische Vorstellung, daß ein vom Kern ausgestrahltes Quant das Elektron aus der Hülle hinausschlägt, daß es sich also um eine Art intraatomaren Photoeffekt handelt. So ist z. B. die γ-Strahlung des angeregten $^{80}_{35}\mathrm{Br}$ stark konvertiert.

Die kinetische Energie des Elektrons ist gleich der Energie der charakteristischen γ-Strahlung, vermindert um die Ionisationsarbeit. Sie ist also im Gegensatz zu der Energie der ebenfalls aus Elektronen bestehenden β-Strahlung scharf definiert. Die Gesamtheit der Umwandlungselektronen gibt demnach ein Linienspektrum. Bei der Auffüllung der Elektronenschale durch Elektronen aus äußeren Schalen, die auf die innere Umwandlung folgt, werden ähnlich wie nach Elektroneneinfang die charakteristischen Röntgenwellenlängen des beim Zerfall neu entstandenen Atoms ausgestrahlt.

Vom Standpunkt der Erscheinungen beim Durchgang durch Materie und daher auch der Messung verhalten sich die Elektronenstrahlen aus der Hülle wie β-Strahlen gleicher Energie, die Röntgenstrahlen wie γ-Strahlen gleicher Energie. In den folgenden Abschnitten muß daher keine Unterscheidung getroffen werden.

f) Andere Formen des radioaktiven Zerfalls.

Außer den bisher besprochenen Formen des radioaktiven Zerfalls sind bisher noch zwei Formen beobachtet worden, nämlich erstens die spontane Spaltung von Kernen hoher Ladungszahl und zweitens die spontane Emission von Neutronen. Dem letzteren Vorgang unterliegen insbesondere gewisse Bruchstücke der Kernspaltung. Diese beiden Formen des radioaktiven Zerfalls haben aber bisher keine Anwendung in der chemischen Analyse gefunden.

3. Wechselwirkung der Kernstrahlung mit Materie.

a) Allgemeines.

Die Messung der Kernstrahlung erfolgt stets auf Grund der Energie, die die Strahlung beim Durchgang durch Materie auf diese überträgt. Dabei interessiert den Radiochemiker letzten Endes die Intensität der Strahlung, also die Zahl der Strahlen. Die Eigenschaften der individuellen Strahlen sind nur insofern wichtig, als sie erstens die Identifikation ermöglichen und zweitens ihre Absorbierbarkeit und damit die Ausbeute bei der Messung bestimmen.

Die Qualität beispielsweise gravimetrischer Analysen hängt von der Empfindlichkeit und Genauigkeit der verwendeten Waagen einerseits und von der chemischen Reinheit der Präparate anderseits ab. Ähnlich beruht die Qualität radiochemischer Analysen auf der Genauigkeit und Empfindlichkeit des Meßgerätes einerseits und der Kenntnis der Beziehung zwischen gemessener Aktivität und vorliegender Menge anderseits. Während aber in der Gravimetrie die analoge Beziehung zwischen Gewicht und vorliegender Menge in der Regel — wenn auch nicht immer — einfach aus stöchiometrischen Überlegungen abgeleitet werden kann, liegen die Verhältnisse bei der radiochemischen Analyse komplizierter.

Die absolute Aktivität A (Zerfallsvorgänge pro Zeiteinheit) ist der vorliegenden Anzahl N^* der aktiven Atome proportional, wobei die Zerfallskonstante λ den Proportionalitätsfaktor darstellt:

$$A = \lambda N^*. \tag{2.1}$$

Die gemessene Aktivität a, z. B. Stoßzahl im GEIGER-Zählrohr, ist mit der absoluten Aktivität A durch einen Faktor q verknüpft, der die Ausbeute bei der Messung kennzeichnet:

$$a = q \lambda N^*. \tag{2.2}$$

Der Faktor q kann in eine Reihe von Teilfaktoren zerlegt werden (siehe Abschn. 4). Übrigens ist a keineswegs mit dem unmittelbar am Gerät abgelesenen Wert identisch, sondern muß erst aus ihm unter Berücksichtigung des Leerwertes, des Auflösungsvermögens des Gerätes und in gewissen Fällen auch seiner augenblicklichen Empfindlichkeit abgeleitet werden. Der zu erwartende Fehler wird statistisch berechnet. Diese Verhältnisse werden im folgenden Beitrag zu diesem Handbuch besprochen.

Sehr oft interessiert nicht der Absolutwert von N^* ($= a/q\,\lambda$), sondern bloß ein Relativwert in Abhängigkeit von gewissen Umständen. Aber selbst wenn der Absolutwert ermittelt werden soll, geschieht dies meist nicht aus a, λ und q, sondern durch Vergleich des Wertes von a mit dem analogen Wert, der an einer Probe mit bekanntem Gehalt an Radioelement, also an einer Eichprobe, erhalten wird; es müssen daher weder q noch λ explizit bekannt sein. Bei Beschränkung auf derartige Vergleichsmessungen ist aber dennoch für die Auswahl zweckmäßiger Arbeitsmethoden eine gewisse Kenntnis der Umstände notwendig, die den Wert des Zählfaktors q beeinflussen.

Die Stärke der Wechselwirkung mit der Materie ist von der Natur der Strahlung abhängig, und zwar weisen geladene Teilchen die weitaus stärkste

Wechselwirkung auf, so daß sie verhältnismäßig leicht mit hohen Ausbeuten gemessen werden können. Die schnellen Heliumkerne (α-Teilchen) und Elektronen treten mit den Elektronen der Materie, durch die sie sich bewegen, in elektrische Wechselwirkung. Daher werden die Moleküle entlang der Bahn dieser Teilchen angeregt, ionisiert oder dissoziiert. Da die wichtigsten Meßgeräte auf die Ionen ansprechen, ist vom Standpunkt des Radiochemikers die Ionisation besonders wichtig. Die durch geladene Teilchen erzeugte spezifische Ionisation (Zahl der Ionenpaare pro Einheit der Weglänge) ist in erster Näherung dem Quadrat der Ladung proportional und nimmt mit zunehmender Geschwindigkeit des Teilchens ab.

In diesem Abschnitt wird die Wechselwirkung der Strahlen mit der Materie grundsätzlich, und soweit dadurch die Wahl von Meßgerät und Probenform bestimmt wird, behandelt werden. Im nächsten Abschnitt folgt dann die Darlegung, wie die im Meßgerät beobachtete Intensität durch die Absorbierbarkeit der Strahlung, also durch die Wechselwirkung mit der Materie beeinflußt wird, und schließlich in Abschnitt 5 die Beschreibung, wie die Absorbierbarkeit — neben anderen Methoden — zur Identifizierung von Radioelementen herangezogen werden kann.

b) Alpha-Strahlung.

Die elektrische Wechselwirkung ist wegen der doppelten Ladung der Teilchen und ihrer — bei vorgegebener kinetischer Energie — verhältnismäßig geringen Geschwindigkeit besonders stark. Energieabgabe und Bremsung der α-Teilchen erfolgen daher besonders rasch. Die Reichweite der Strahlen in Luft beträgt infolgedessen nur einige Zentimeter (z. B. bei Thorium 2,60 cm), in dichteren Stoffen entsprechend weniger. Die Absorption der α-Strahlung ist folglich

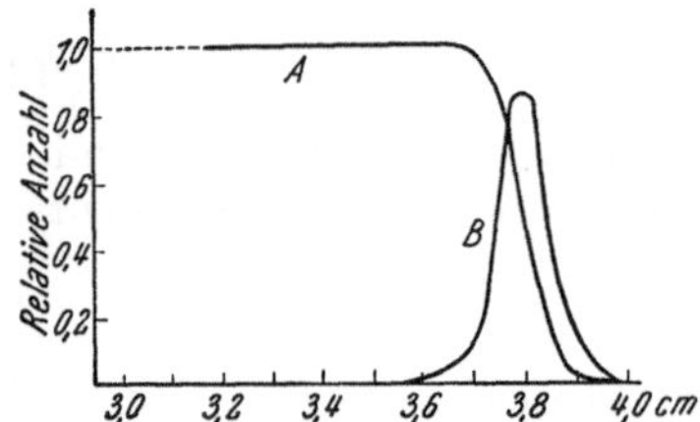

Abb. 2. Reichweite der von Radium F ($^{210}_{84}$Po) emittierten α-Teilchen in Luft (*A* Integrale Kurve, *B* Differentielle Kurve).

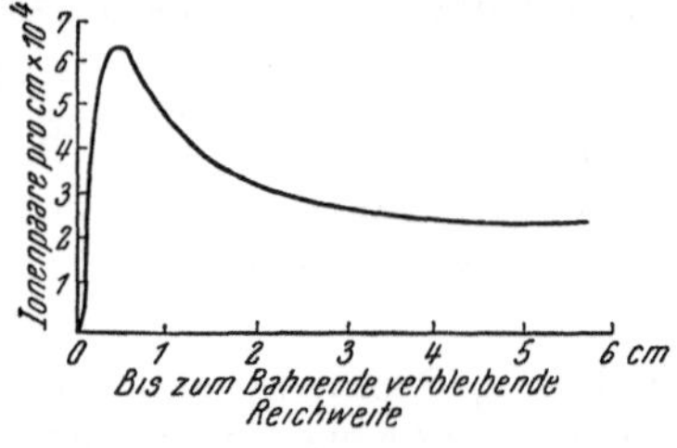

Abb. 3. Spezifische Ionisation von α-Teilchen in Luft (Bragg-Kurve).

schon in relativ dünnen Präparaten erheblich. Aus diesem Grunde sind analytische Arbeiten ohne großen Intensitätsverlust praktisch nur mit sehr dünnen Schichten fester Niederschläge α-aktiver Stoffe oder mit α-aktiven Gasen möglich. Da die Erzeugung gleichmäßig dünner Schichten schwierig ist, weil die Messung von α-Strahlen allgemein heikler ist als die von β- oder γ-Strahlen, und da schließlich α-strahlende Isotope nur bei relativ wenigen Elementen bekannt sind, werden α-Strahler nur selten als Indikatoren verwendet.

α-Teilchen, die mit der gleichen Energie den Kern verlassen, unterscheiden sich dennoch in ihrer individuellen Reichweite um einige Prozent (Abb. 2). Diese Veränderlichkeit der individuellen Reichweite („straggling") ist auf statistische Schwankungen in der Anzahl der Wechselwirkungsvorgänge pro Einheit der Bahnlänge und in der pro Einzelwechselwirkung übertragenen

Energie zurückzuführen. In den Tabellenwerken wird daher die „mittlere" Reichweite der Strahlen angegeben. Die Beziehung zwischen Reichweite und Energie wird in Abschnitt 5, b besprochen werden. Die Reichweitestreuung durch straggling überlagert sich der Veränderlichkeit durch Gruppenstruktur, die in manchen Fällen gefunden wird (vgl. Abschnitt 2, d).

Die spezifische Ionisation von α-Teilchen in verschiedenen Entfernungen vom Bahnende ist in Abb. 3 wiedergegeben (BRAGG-Kurve). Die Kurve gilt allgemein für alle α-Strahler, d. h. es kommt nur auf die dem Teilchen nach Durchgang durch eine Schicht Materie noch innewohnende Energie, aber nicht auf die ursprüngliche Energie an. Die zunächst beobachtete Zunahme der spezifischen Ionisation mit zunehmender Entfernung vom Bahnursprung beruht auf der Geschwindigkeitsverminderung. Die schließlich rapide Abnahme gegen das Bahnende ist durch den Einfang von Hüllenelektronen durch das verlangsamte α-Teilchen bedingt, das sich dadurch zunächst in ein einfach geladenes Helium-Kation und schließlich in ein neutrales Heliumatom verwandelt.

Zur Bestimmung von α-Aktivitäten, die nicht groß sind, verdienen die zählende Ionisationskammer und der Proportionalzähler gegenüber dem GEIGER-Zählrohr den Vorzug, da die durch kosmische Strahlung und radioaktive Verunreinigung bedingten Leerwerte beim Zählrohr viel größer sind. Dies ist auf die Wirkungsweise der Geräte zurückzuführen: Ionisationskammer und Proportionalzähler messen die Stärke der durch das Einzelteilchen erzeugten Ionisation, das GEIGER-Zählrohr registriert nur die Zahl der ionisierenden Teilchen. Das letztere läßt sich daher nicht so einstellen, daß es nur auf die stark ionisierenden α-Teilchen, nicht aber auf schnelle Elektronen usw. anspricht.

c) Beta-Strahlung.

Wegen ihrer kleineren Masse bewegen sich Elektronen viel schneller als α-Teilchen gleicher Energie; so beträgt die Geschwindigkeit von Elektronen von 1 MeV schon 94% der Lichtgeschwindigkeit. Die von den Elektronen bewirkte spezifische Ionisation ist daher klein. Maximale spezifische Ionisation wird bei etwa 150 eV beobachtet.

Die schnellen Elektronen können außer durch Energieübertragung auf die Moleküle der absorbierenden Materie (durch Anregung, Ionisation oder Dissoziation) Energie auch durch Erzeugung von elektromagnetischer Bremsstrahlung (Photonen) abgeben. Das Verhältnis zwischen Energieverlust durch Bremsstrahlung $(\Delta E)_B$ und durch Übertragung $(\Delta E)_U$ wird ungefähr durch folgende empirische Gleichung wiedergegeben:

$$(\Delta E)_B/(\Delta E)_U = E \cdot Z/800, \tag{2.3}$$

wobei E die Energie des Elektrons in MeV und Z die Ordnungszahl bezeichnet.

Die schnellen Elektronen geben beim Durchgang durch Materie nicht nur Energie ab, sondern sie werden wegen ihrer kleinen Masse im Gegensatz zu den α-Teilchen auch stark gestreut, also aus der Richtung geworfen. Elektronen, die ursprünglich die gleiche Energie besitzen, können daher sehr verschiedene Schichtdicken durchdringen; die Bahnen weisen eine eigentümliche, vielfach gebrochene Form auf. So nimmt also die Zahl der durch eine Schicht durchdringenden Elektronen mit wachsender Schichtdicke selbst dann allmählich ab, wenn ursprünglich die Energie einheitlich war. Man kann demnach im Gegensatz zu den α-Strahlen von einer allmählichen Absorption der β-Strahlen sprechen. Die empirisch ermittelte Beziehung zwischen Schichtdicke und Zahl der hindurchgetretenen — anfänglich monoenergetischen — Elektronen ist annähernd linear (Abb. 4).

Im Gegensatz zu monoenergetischer Elektronenstrahlung weist nun die β-Strahlung ein kontinuierliches Spektrum auf (vgl. Abschnitt 2, b). Auch dieser Umstand wirkt sich im Sinne einer Ungleichmachung der Weglänge aus. Die Absorptionskurve der β-Strahlung ließe sich im Prinzip durch Summation der Absorptionskurven für monoenergetische Elektronen ermitteln. Eine derartige Berechnung würde allerdings die Kenntnis der Form des β-Spektrums des jeweils betrachteten Radioelements erfordern.

Unter diesen komplizierten Verhältnissen ist es ein großer Vorteil, daß die Absorption von β-Strahlung, wie schon lange empirisch bekannt ist (73), ganz allgemein über ein erhebliches Bereich durch eine Exponentialformel gut wiedergegeben wird:

$$A_l = A_0\, e^{-\mu l}. \tag{2.4}$$

A_0 und A_l sind die gemessenen Aktivitäten (Teilchen pro Sekunde und cm²) ohne Absorber bzw. mit Absorber der Schichtdicke l. Die Schichtdicke wird am besten in mg/cm² ausgedrückt. (Dann besitzt natürlich der Absorptionskoeffizient μ die Dimension cm²/mg.) Die Zweckmäßigkeit der Wahl dieses Maßes beruht darauf, daß die Absorption ein atomarer Vorgang ist. Betrachtet man daher verschiedene Absorber, die die gleiche chemische Zusammensetzung aufweisen, so ergibt sich, daß μ von der Dicke und Dichte des Absorbers unabhängig ist. So wird der Wert des Absorptionskoeffizienten z. B. durch Wärmeausdehnung oder Übergang in einen anderen Aggregatzustand nicht verändert.

Abb. 4. Absorption monoenergetischer Elektronen.

Dazu kommt noch, daß auch die chemische Natur des Absorbers nur geringen Einfluß auf den Zahlenwert von μ besitzt, wenn diesem die Dimension cm²/mg verliehen wird, vorausgesetzt, daß es sich um leichtere Atome handelt. Die Absorption der Elektronenstrahlung findet nämlich im wesentlichen durch Wechselwirkung mit den Elektronen des Absorbers statt. Nun ist aber bei den leichteren Elementen die Anzahl der Elektronen ungefähr dem Atomgewicht proportional (wichtige Ausnahme: Wasserstoff). Es folgt, daß der Zahlenwert von μ nur wenig von der Natur des Absorbers abhängt. Bei Übergang zu schwereren Elementen nimmt μ (in cm²/mg) allmählich ab, da das Verhältnis von Elektronenzahl (= Kernladungszahl) und Massenzahl abnimmt. Als Standard-Absorbermaterial dient Aluminium.

Tabelle 1. *Eigenschaften der β-Strahlung verschiedener Radioelemente.*

Radioelement	Energie der β-Strahlung E_{max} (MeV)	Absorptionskoeffizient μ (cm²mg⁻¹)	Halbwertsdicke in Aluminium $l_{1/2}$ (cm)	Reichweite (meist in Al bestimmt) R (mg cm⁻²)
³H	0,018	23	0,000011*	0,23
¹⁴C	0,156	0,25	0,0011	20
²⁴Na	1,40	0,0081	0,032	620
³²P	1,69	0,0063	0,041	820
³⁵S	0,17	0,22	0,0012	21
⁴²K	3,57	0,0026	0,10	1770
⁵⁶Mn	2,87	0,0049	0,053	1400
¹³¹J	0,6	0,030¹	0,0085*	210
²¹⁰Bi(RaE)	1,07	0,014	0,018	475
²³⁴Pa(UX₂)	2,32	0,0051	0,050	1105

* Geschätzt.

In Tab. 1 sind die Absorptionskoeffizienten einiger wichtiger β-Strahlen zusammengestellt. Die ebenfalls angeführten Halbwertsdicken in Al, die aus den Absorptionskoeffizienten berechnet sind, sollen die Durchdringungsfähigkeit der Strahlen anschaulich machen.

Die Gültigkeit des Ausdruckes (2. 4) wurde für einige Strahler innerhalb gewisser Grenzen auch rechnerisch auf Grund der Absorptionskurve für monoenergetische Elektronen und der Gestalt des Spektrums bestätigt. Seine Beschränkung ergibt sich schon aus der Tatsache, daß die β-Strahlung in Wirklichkeit eine ganz bestimmte Reichweite aufweist, während nach der Formel auch durch beliebig dicke Schichten noch immer Elektronen hindurchtreten müßten. (Die Werte für die Reichweiten sind auch in Tab. 1 aufgenommen; es wird von ihnen in Abschn. 5, c noch die Rede sein.) Betrachtet man eine Darstellung nach Abb. 5 (Logarithmus der gemessenen Aktivität gegen Absorberdicke — in dieser Darstellung gibt Gl. [2. 4] eine Gerade), so bemerkt man Abweichungen von der Linearität bei Absorberdicken, die die anfängliche Intensität etwa auf ein Zehntel reduzieren. Die Kurve wird steiler und geht schließlich, abgesehen von einem nicht immer gut meßbaren „Schwanz" kleiner Intensität, in eine Vertikale über, die die Reichweite der Strahlung angibt. Der Schwanz ist durch Quantenstrahlung verursacht, die bei $(\beta + \gamma)$-Strahlen die Kern-γ-Strahlung enthält, bei Positronenstrahlern auch die Vernichtungsstrahlung der Neutralisation der Positronen durch Negatronen, in jedem Fall aber die Bremsstrahlung.

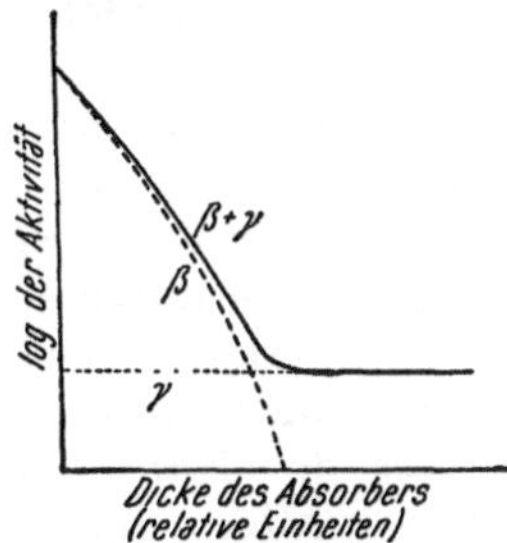

Abb. 5. Typische Absorptionskurve für β-Strahlung, die von γ-Strahlung begleitet ist. (Beitrag der γ-Strahlung zur gemessenen Aktivität durch Extrapolation ermittelt, Beitrag der β-Strahlung durch Subtraktion des Beitrages der γ-Strahlung.)

Abweichungen von Gl. (2. 4) ergeben sich anderseits auch bei extrem dünnen Schichten. Die Anzahl der Elektronen mit sehr kleiner Energie ist nämlich gering. Daher ist auch die Absorption zunächst kleiner, als auf Grund der Exponentialformel zu erwarten wäre.

Der Grad der Übereinstimmung der beobachteten Absorptionskurve mit Gl. (2. 4) hängt von der Form des Spektrums des individuellen Strahlers ab. Größere Abweichungen können durch stark konvertierte γ-Strahlung verursacht werden.

Vom Standpunkt der mikrochemischen Arbeit ist die Messung von β-Intensitäten anziehend, da die Strahlung zwar einerseits „unterwegs" nicht so stark absorbiert wird wie α-Strahlung, anderseits aber doch mit viel größerer Ausbeute gemessen werden kann als γ-Strahlung. Es trifft sich nun gut, daß die meisten künstlichen Radioelemente β-Strahler sind. Auch unter den natürlichen Radioelementen gibt es eine Reihe geeigneter β-Strahler.

Die Auswahl des Meßgerätes wird vor allem durch Intensität und Energie der Strahlung, dann auch durch die chemische Form des Präparats bestimmt. Am häufigsten werden jedenfalls GEIGER-Zählrohre verwendet. Ihre große Empfindlichkeit für die β-Strahlung beruht darauf, daß infolge der hohen Verstärkung im Zählvolumen des Zählrohres durch Ionenvervielfachung (nahezu) jedes Teilchen, das überhaupt in dieses Volumen eindringt (in der Praxis meistens zirka 3 bis 30% aller von der Quelle emittierten Teilchen), tatsächlich registriert wird. Die Voraussetzung, daß im Zählvolumen wenigstens ein Ionenpaar erzeugt wird, ist nämlich fast immer erfüllt. Wegen des Fehlens der Gasverstärkung sind dagegen Ionisationskammern für die Zählung individueller Elektronen nicht zu brauchen. Für stärkere Präparate, wo der integrale Ionenstrom auch ohne Gasverstärkung hinreichende Größe erreicht, können sie von Nutzen sein. Sie werden dann oft mit einem Lauritsen-Elektroskop verbunden. Der Leerwert von Geiger-Zählrohren ist natürlich immer ansehnlich, da unvermeidlich alle ionisierenden Teilchen gezählt werden, was auch immer ihre Art oder ihr Ursprung ist, also auch die Höhenstrahlen.

d) Gamma-Strahlung.

Die beim radioaktiven Zerfall freiwerdende elektromagnetische Strahlung — γ-Strahlung aus dem Kern und Röntgenstrahlung aus der Elektronenhülle — wird im wesentlichen durch dreierlei Vorgänge absorbiert: 1. den photoelektrischen Effekt, 2. den Compton-Effekt und 3. die Paarbildung. In jedem Fall entstehen schnelle Elektronen, auf die dann das Meßgerät anspricht.

Beim photoelektrischen Effekt wird die Gesamtenergie eines Photons in einem einzigen Absorptionsakt verschluckt und zur Freisetzung eines Hüllenelektrons verwendet. Die Energie des Rückstoßatoms ist zu vernachlässigen. Daher wird das Elektron mit einer kinetischen Energie aus dem Atom herausgeschleudert, die der Energie des Quants, vermindert um die Bindungsenergie, entspricht. Die Wahrscheinlichkeit für Absorption durch Photoeffekt ist am größten, wenn die Photonenenergie gleich der Bindungsenergie des Elektrons ist oder diese Energie ein wenig übertrifft. Bei höherer Energie nimmt sie wieder ab. Im Bereich der charakteristischen Röntgenabsorptionskanten des Absorbers treten daher Sprünge im Absorptionsvermögen auf. Abgesehen von der Umgebung der Kanten nimmt der atomare Absorptionskoeffizient etwa mit der fünften Potenz der Ordnungszahl des Absorbers zu und mit der $^7/_2$-ten Potenz der Photonenenergie ab.

Beim Compton-Effekt wird in einer Art Stoßprozeß nur ein Teil der Energie des Photons auf ein Elektron übertragen. Das durch die Übertragung an Energie verarmte Photon nimmt gemäß der Formel $E = h\,v$ geringere Schwingungszahl, daher größere Wellenlänge an. Gleichzeitig wird es aus seiner ursprünglichen Fortpflanzungsrichtung abgelenkt, wobei Ablenkungswinkel und Energieverlust durch die Streuformel miteinander verknüpft sind. Der Absorptionskoeffizient (pro Elektron) durch Compton-Effekt ist von der Ordnungszahl des Absorbers praktisch unabhängig und ist bei hohen Energien der Photonen der Energie verkehrt proportional.

Nur Photonen mit Energien von mehr als 1,02 MeV können durch Paarbildung absorbiert werden. Das Photon verschwindet am Kern des Absorbers in einem einzigen Elementarakt und an seiner Stelle entstehen ein Positron und ein Negatron. Der Energiebetrag, um den das Photon den kritischen Wert

Tabelle 2. *Absorptionskoeffizienten der γ-Strahlung (cm² g⁻¹).*

Energie (eV)	Absorber					
	H	C	O	Al	Ni	Pb
10^4	0,45	2,6	5,8	27*	210*	150*
10^5	0,31	0,15	0,15	0,18	0,44	5,6*
$5 \cdot 10^5$	0,16	0,084	—	0,082	—	0,154
10^6	0,12	0,064	—	0,061	—	0,070
10^7	—	0,022	—	0,054	—	—

* Hohe Absorptionskoeffizienten treten knapp oberhalb von Röntgenabsorptionskanten auf. In diesen Bereichen ist der Absorptionskoeffizient stark energieabhängig. An den Kanten selbst treten Diskontinuitäten auf. Die energiereichste Kante (K-Kante) liegt für Aluminium bei $1,6 \cdot 10^3$ eV, für Nickel bei $8,2 \cdot 10^3$ eV und für Blei bei $8,9 \cdot 10^4$ eV.

von 1,02 MeV (Energieäquivalent der Masse von zwei Elektronen, siehe Abschn. 2, c) überschreitet, erscheint als kinetische Energie der auf diese Weise durch Paarbildung entstandenen Teilchen. Mit zunehmender Energie ist dann ein starkes, später ein langsameres Ansteigen der Häufigkeit der Paarbildung zu verzeichnen, so daß diese bei großen Energien zum vorherrschenden Absorptionsvorgang wird. Der Absorptionskoeffizient durch Paarbildung nimmt proportional dem Quadrat der Ordnungszahl des Absorbers zu.

Die Tab. 2 enthält einige typische Beispiele von Absorptionskoeffizienten von γ-Strahlen. Die Abb. 6 zeigt die Beiträge der drei Absorptionsarten zum Gesamt-Absorptionskoeffizienten in Aluminium und Blei als Funktion der Energie. Die Degradation der Strahlung durch COMPTON-Effekt wird dabei wie eine Absorption behandelt, d. h. die degradierte Strahlung wird ignoriert. (Das ist praktisch um so eher gestattet, als die durch COMPTON-Streuung degradierte Strahlung auch ihre Richtung ändert, also bei Verwendung „guter Geometrie" dem Nachweis entgeht.) Dann gilt für Strahlung einer bestimmten Energie streng

$$A_l = A_0\, e^{-\alpha l}, \quad (2.5)$$

wobei α den totalen Absorptionskoeffizienten bezeich-

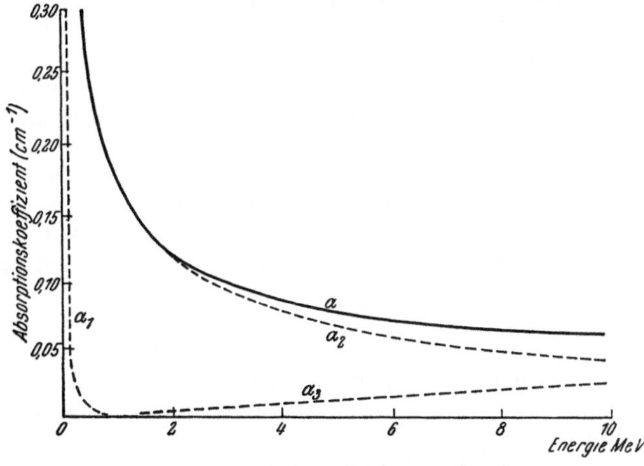

Abb. 6 a. Absorption von γ-Strahlung in Aluminium.

$\alpha\ =$ gesamter Absorptionskoeffizient,
$\alpha_1 =$ Koeffizient für Absorption durch photoelektrischen Effekt,
$\alpha_2 =$ Koeffizient für Absorption durch COMPTON-Effekt,
$\alpha_3 =$ Koeffizient für Absorption durch Paarbildung.

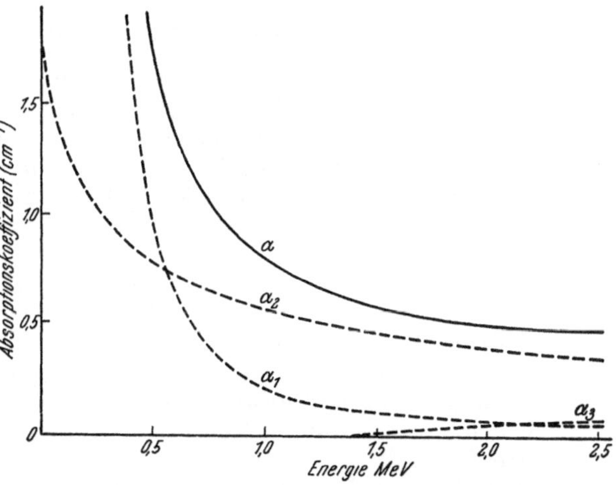

Abb. 6 b. Absorption von γ-Strahlung in Blei.

$\alpha\ =$ gesamter Absorptionskoeffizient,
$\alpha_1 =$ Koeffizient für Absorption durch photoelektrischen Effekt,
$\alpha_2 =$ Koeffizient für Absorption durch COMPTON-Effekt,
$\alpha_3 =$ Koeffizient für Absorption durch Paarbildung.

net. Den Photonen kann daher jedenfalls im Gegensatz zu (elektrisch geladen) materiellen Teilchen keine Reichweite zugeschrieben werden.

Gl. (2.5) ist der allerdings nur beschränkt gültigen empirischen Gl. (2.4) analog. Wegen des großen Durchdringungsvermögens (geringen spezifischen Ionisation) der Photonen ist der Absorptionskoeffizient hier aber viel kleiner. Er liegt um zwei bis drei Größenordnungen unter jenem, der für Elektronen gleicher Energie gilt. Ausführliche Zusammenstellungen der Absorptionskoeffizienten von Photonen finden sich in der Literatur (21, 30).

Für die Intensitätsmessung von Photonen können im Prinzip ebenfalls auf Ionisation beruhende Meßgeräte dienen. Allgemein ist aber wegen der kleineren spezifischen Ionisation, d. h. wegen der kleineren Wahrscheinlichkeit der Erzeugung eines Ionenpaares im empfindlichen Volumen des Gerätes, die Ausbeute geringer. So bilden die Photonen — insbesondere bei niedrigem Gasdruck — nur selten ein Ionenpaar direkt im Gasraum der Ionenkammer oder des Zählrohres. Den weitaus größeren Beitrag zur Ionisation liefern Elektronen, die von der Strahlung aus der Wandung oder aus Absorbern herausgeschlagen werden und von dort in das aktive Volumen eindringen. Selbst unter Ausnützung dieses Effekts, den man durch Verwendung von Zählrohrmänteln aus Elementen mit hoher Ordnungszahl (z. B. Platin, Wolfram, Wismut, Blei) bis auf das Fünffache steigern kann [s. (70)], beträgt die Ausbeute eines Zählrohres für γ-Strahlung nur wenige Prozent der Ausbeute für β-Strahlung. Vergrößerung des Zählrohres muß mit einer Vergrößerung des Leerwertes erkauft werden.

Als ein wesentlicher Fortschritt für die Messung von Photonenintensitäten muß daher die Vervollkommnung der Szintillationsmethode unter Verwendung durchsichtiger Phosphore und in Verbindung mit Photozellen und Elektronenvervielfachern betrachtet werden. Auf diesem Wege sind bereits Zählausbeuten bis etwa 70% erzielt worden.

Sollen γ-Intensitätsmessungen an einem $(\beta + \gamma)$-Strahler ausgeführt werden, so kann die β-Strahlung durch Absorber ausgeschaltet werden.

4. Einfluß der Probennatur auf die Zählausbeute.

Will man die Absolutaktivität eines Präparats ohne Hilfe von Eichpräparaten bestimmen, so muß der Zählfaktor q (Gl. 2. 2) bekannt sein. In den meisten Fällen genügen jedoch Vergleichsmessungen (Abschn. 3, a), wobei allerdings der Zählfaktor konstant gehalten werden muß. Kann diese Bedingung nicht erfüllt werden, so muß der Einfluß von Veränderungen, z. B. in der Schichtdicke des Präparats, auf die gemessene Aktivität bestimmt und bei der Berechnung berücksichtigt werden.

Der Zählfaktor kann in mehrere Komponenten zerlegt werden, und zwar in einen Faktor, der angibt, welcher Anteil der emittierten Teilchen in das Zählgerät eindringt, und in einen Faktor, der angibt, welcher Anteil der eingedrungenen Teilchen vom Zählgerät registriert wird. Der erste Faktor wird zweckmäßig weiter aufgegliedert, und zwar in die geometrische Ausbeute, den Absorptions- und Streufaktor, den Rückstreufaktor und schließlich den Selbstabsorptions- und -streufaktor.

Während Wahrscheinlichkeit der Registrierung der ins Zählgerät eingedrungenen Teilchen und geometrische Ausbeute in den Beiträgen über Meßgeräte besprochen werden, wird in den folgenden Abschnitten dargelegt, wie Absorption, Rückstreuung und Selbstabsorption von der Probennatur bedingt sind. Besonders soll hierbei die Messung von β-Strahlen mit dem Geiger-Müller-Zählrohr berücksichtigt werden, die für den Chemiker praktisch am wichtigsten ist. Vor Besprechung der einzelnen Faktoren muß noch betont werden, daß die Komponenten des Zählfaktors, vor allem Absorption, Streuung, Rückstreuung und Selbstabsorption in der Praxis nicht scharf voneinander getrennt werden können. Daher ist auch eine exakte formelmäßige Erfassung schwierig — am ehesten ist sie noch für die geometrische Ausbeute möglich (7, 16, 46) — und für die praktische Auswertung von Meßergebnissen verdienen empirische Methoden den Vorzug.

a) Absorption und Streuung.

Ein Teil der Strahlung geht in Zählrohrfenster oder -mantel und auch beim Durchgang durch Luft durch Absorption oder Streuung verloren (siehe Abschn. 3, c und d). Die Bedeutung der Absorption von β-Strahlen und γ-Strahlen läßt sich auf Grund der Werte der Tab. 1 und 2 abschätzen. Die Wirksamkeit der Zwischenschicht in Beziehung auf die Zählausbeute hängt nicht nur von ihrer Dicke, Natur und Anordnung, sondern auch noch von der Gestalt des Strahlenbündels und der Lage der Probe in bezug auf das Zählrohr ab [siehe z. B. (25, 45)]. Daher nimmt sogar die Ausbeute bei α-Strahlen trotz ihrer praktisch einheitlichen Reichweite unter den üblichen Arbeitsbedingungen mit der Dicke der Zwischenschicht allmählich ab, da zunächst die schrägen Strahlen fortfallen. Das würde allerdings für „gute Geometrie", also für parallelen Strahlengang, nicht gelten.

Jedenfalls ist es unter den üblichen Bedingungen schwierig, Absorption und Streuung getrennt zu ermitteln. Deshalb werden beide Wirkungen zu einem einheitlichen Faktor zusammengezogen, der meist als Absorptionskorrektur bezeichnet wird. Bei Vergleichsmessungen fällt die Absorptionskorrektur fort, es ist aber wesentlich, die Lage etwa verwendeter Absorber nicht zu verändern. Bei weichen β-Strahlern soll überhaupt jede Veränderung in der Anordnung, z. B. durch Auswechseln oder Drehen des Zählrohres, vermieden werden. Sind aber Veränderungen dennoch notwendig, so bestimmt man die Änderung der Absorptionskorrektur empirisch.

b) Rückstreuung.

Ein Teil der Strahlen, die in der dem Meßgerät entgegengesetzten Richtung emittiert werden, wird innerhalb der Probe oder der Unterlage reflektiert (rückgestreut). Sie gelangen so doch noch in das Gerät und vergrößern die gemessene Aktivität. Die Rückstreu-Komponente des Zählfaktors ist daher größer als eins. Beispielsweise wurden bei Bestimmungen der β-Strahlen des Radium E mit dicken Unterlagen und dünnen Präparatschichten die in der Tab. 3 angegebenen Rückstreueffekte erhalten.

Man erkennt, daß durch Auswahl entsprechender Unterlagen beträchtliche Steigerungen der Meßausbeute möglich sind. Mit dünnen Proben und Strömungszählrohren gelingt es, bis 85% der emittierten β-Teilchen zu erfassen. Die Rückstreuung von Positronen ist ungefähr um 30% geringer als die von Negatronen (65).

Die Rückstreuung der Elektronen ist von ihrer Energie sowie von der Dicke der Unterlage und ihrer Ordnungszahl abhängig. Die Zahl der reflektierten Teilchen nimmt mit der Dicke der Unterlage zu, bis die an den tiefsten Schichten reflektierten Teilchen bereits in Probe und Unterlage absorbiert werden, d. h. spätestens, bis die Unterlagsdicke die halbe Reichweite der Strahlung erreicht. Die Abhängigkeit der rückgestreuten Intensität von der Ordnungszahl der

Tabelle 3. *Rückstreuung der β-Strahlung des $^{210}Bi(RaE)$ durch verschiedene Unterlagen.*

(Unterlagen „unendlich dick"; die angeführten Werte sollen die relative Wirkung der einzelnen Unterlagsmaterialien veranschaulichen — sie können aber nicht zur Berechnung von Absolutaktivitäten verwendet werden, da die Größe des Rückstreueffektes von der verwendeten Zählanordnung abhängt.)

Unterlage	Aktivität mit Unterlage / Aktivität mit praktisch nicht rückstreuender Unterlage
Filterpapier ..	1,10
Pappe........	1,18
Kupfer	1,48
Nickel........	1,50
Molybdän ...	1,60
Platin........	1,78

Unterlage ist aus Tab. 3 und Abb. 7 ersichtlich. Die beobachtete Abhängigkeit von der Energie ist auf die verschieden starke Absorption der Strahlung auf dem Wege durch die Unterlage, die Probe, die Luft und das Zählrohrfenster zurückzuführen. Berücksichtigt man die unterschiedliche Absorption der rückgestreuten Elektronen in Unterlage, Probe usw., so erhält man praktisch energieunabhängige Rückstreufaktoren (10, 33).

Bei Vergleichsmessungen ist es lediglich erforderlich, alle Proben auf gleichartigen Unterlagen zu messen. Hohe Ordnungszahl und große Dicke der Unterlage erhöhen die Ausbeute. Will man hingegen die Rückstreuung ausschalten, z. B. für Absolutbestimmungen der Aktivität, so legt man umgekehrt die Probe auf eine dünne Schicht eines Materials niederer Ordnungszahl. Dünne Aluminium- oder Kunstharzblättchen sind geeignet. Übrigens hat man interessanterweise beobachtet, daß die Rückstreuung durch Metallunterlagen vermindert wird, wenn man sie mit einer dünnen Kunstharzfolie bedeckt (39, 76).

Die Rückstreuung spielt auch bei der Aufnahme von Absorptions- und Selbstabsorptionskurven eine Rolle, da die rückgestreuten Elektronen verlangsamt sind und daher das Energiespektrum verändern.

Die Rückstreuung von α-Teilchen ist vor allem im Zusammenhang mit der Absolutbestimmung spezifischer Aktivitäten zur Halbwertszeitermittlung in 2π-Ionenkammern untersucht

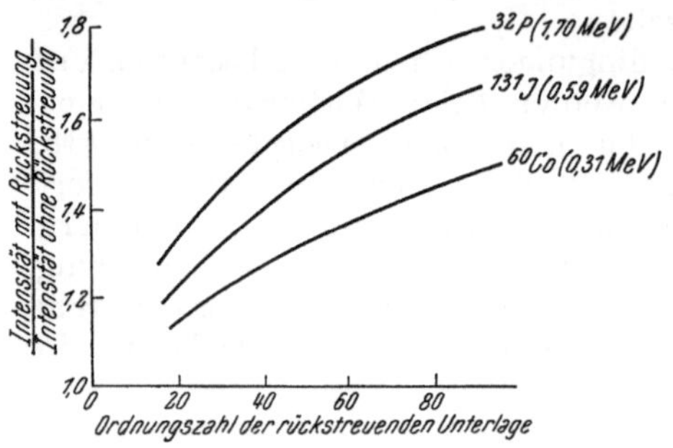

Abb. 7. Rückstreuung von β-Strahlung in Abhängigkeit von der Energie der Strahlung und der Ordnungszahl der („unendlich dicken") Unterlage.

worden (19, 20). Die auftretende Aktivitätsvergrößerung durch Rückstreuung beträgt praktisch etwa 5%. Rückstreuwerte für α-Teilchen wurden auch theoretisch berechnet (18).

c) Selbstabsorption.

Die Selbstabsorption von Elektronenstrahlung innerhalb der Probe selbst fällt bei nicht ganz dünnen Proben stark ins Gewicht.

Bei Vergleichsmessungen bedient man sich gerne eines der beiden extremen Fälle, nämlich entweder sehr dünner oder sehr dicker Präparate. Bei den dünnen Schichten, die durch elektrolytische Abscheidung kleiner Mengen oder durch Eindampfen verdünnter Lösungen hergestellt werden, ist die Selbstabsorption — unter der Voraussetzung nicht allzu kleiner Strahlenenergie — entweder überhaupt zu vernachlässigen oder doch so gering, daß selbst Änderungen in der Schichtdicke von einigen Prozent keinen merklichen Einfluß ausüben. Für energiereiche Strahler ($E_{\max} > 1$ MeV) können Proben mit einer Dicke von weniger als 10 mg/cm² als „unendlich" dünn betrachtet werden. Die Verwendung dünner Schichten empfiehlt sich also — abgesehen selbstverständlich von dem Fall, daß die ganze verfügbare Stoffmenge sehr klein ist — für den Fall, daß die spezifische Aktivität so groß ist, daß man sich die Verwendung von Proben sehr kleiner Masse leisten kann.

Anderseits werden Schichten, deren Dicke die Reichweite der Strahlung übertrifft, als „unendlich" dick bezeichnet. Bei diesen Präparaten werden die von den untersten Schichten emittierten Elektronen gänzlich absorbiert; eine weitere Verdickung der Präparate führt daher zu keiner Erhöhung der gemessenen Aktivität und man ist von der Schichtdicke unabhängig. Die Messung ergibt deshalb unabhängig von der Schichtdicke einen der spezifischen Aktivität proportionalen Wert. Da die Verluste durch Selbstabsorption erheblich sind, arbeitet man mit „unendlich" dicken Proben vor allem dann, wenn das Radioelement ohnehin unvermeidlich durch große Trägermengen verdünnt ist.

Wenn die Schichtdicke zwischen den beiden extremen Fällen liegt, hängt die gemessene Aktivität sowohl von der anwesenden Menge des Radioelements als auch von der Menge des Trägers ab. Solche Schichtdicken werden besonders dann angewendet, wenn bei bescheidener Gesamtintensität die Trägermenge zwar erheblich ist, aber doch nicht zur Bildung einer „unendlich dicken" Schicht hinreicht. Um bei Vergleichsmessungen mit solchen Proben den Einfluß der Selbstabsorption auszuschalten, muß man entweder die Schichtdicke streng konstant halten (was in der Praxis lästig ist und Zeit kostet) oder man muß

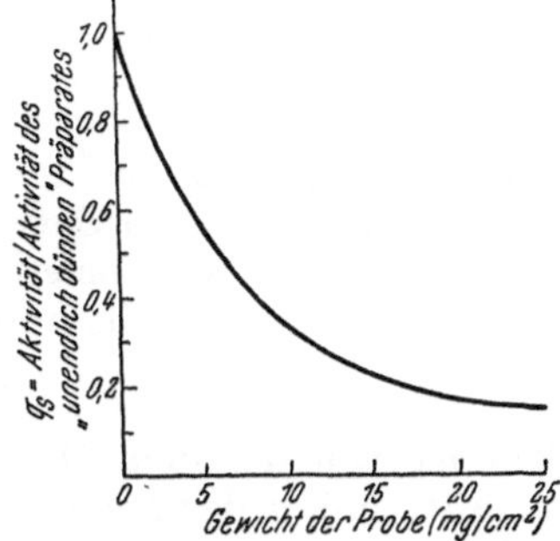

Abb. 8. Selbstabsorptionskurve für Radiokohlenstoff (^{14}C) nach der Methode konstanter Gesamtaktivität.

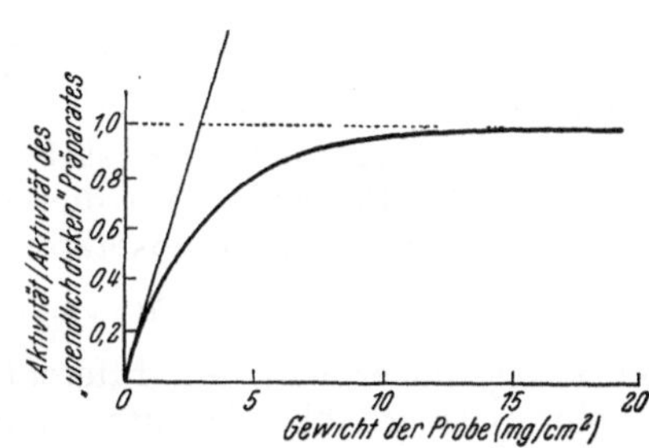

Abb. 9. Selbstabsorptionskurve für Radiokohlenstoff (^{14}C) nach der Methode konstanter spezifischer Aktivität.

die wechselnde Dicke durch Korrekturen, d. h. durch einen veränderlichen Wert des Selbstabsorptionsfaktors (q_s) berücksichtigen.

Solche Korrekturen werden gewöhnlich empirisch bestimmt. (In den empirisch ermittelten Korrekturfaktoren ist natürlich der Einfluß der Rückstreuung in Probe und Unterlage bereits enthalten.) Man kann dabei entweder nach der Methode konstanter Gesamtaktivität oder nach der Methode konstanter spezifischer Aktivität vorgehen. Nach der ersteren Methode werden Proben verschiedener Schichtdicke, aber konstanter Gesamtaktivität hergestellt. Dies geschieht entweder durch mechanisches Mischen einer konstanten Menge des Radioelements mit verschiedenen Mengen inaktiver Substanz, oder — besser — durch Ausfällen gleicher Mengen des Radioelements mit verschiedenen Trägermengen. Die an diesen Proben gemessenen Aktivitäten liegen dann auf einer Kurve des Typus der Abb. 8.

Um einen beliebigen Meßwert auf Schichtdicke null (unendlich dünnes Präparat) umzurechnen, muß lediglich durch den aus der Korrekturkurve (Abb. 8) zu entnehmenden Faktor q_s dividiert werden. Soll die gemessene Aktivität auf eine andere Normalschichtdicke umgerechnet werden, die durch den Selbstabsorptionsfaktor q_s' gekennzeichnet ist, so ist durch den Ausdruck q_s/q_s' zu dividieren bzw. der Ordinatenmaßstab der Korrekturkurve so zu wählen, daß der Korrekturfaktor für Selbstabsorption bei der gewählten Normalschichtdicke gleich eins wird.

Bei der Methode konstanter spezifischer Aktivität werden Messungen an Proben verschiedener Schichtdicke, aber konstanter spezifischer Aktivität vorgenommen. Man erhält dann Kurven des Typus der Abb. 9. Der Faktor q_s ergibt sich aus dem Verhältnis der Ordinaten der beobachteten Kurve und der

Ordinaten der Tangente, die diese Kurve im Koordinatenursprung berührt. Allerdings werden hierbei meist weniger genaue Werte erhalten als nach der Methode konstanter Gesamtaktivität. Ob man die erstere oder die letztere Methode wählt, wird man zweckmäßig von den tatsächlichen Verhältnissen bei der praktischen radiochemischen Arbeit abhängig machen.

Die Gültigkeit derartiger empirischer Korrekturkurven ist jedenfalls auf ein bestimmtes Radioelement, ein bestimmtes Trägermaterial, ein bestimmtes Zählrohr und eine bestimmte Anordnung beschränkt. Änderung eines dieser Bestimmungsstücke erfordert die Neuaufnahme der Korrekturkurve.

Unter gewissen vereinfachenden Annahmen kann die Selbstabsorption durch Formeln wiedergegeben werden. Bei Gültigkeit der exponentiellen Gl. (2. 4), bei parallelem Strahlengang (guter Geometrie) und unter Vernachlässigung der Rückstreuung ist der Beitrag da einer dünnen Schicht einer Probe zur gemessenen Gesamtaktivität durch

$$da = q_g\, q_a\, A_x\, F\, dx \qquad (2.\,6)$$

gegeben. Hier bezeichnet F die Oberfläche des Präparats, dx die Schichtdicke (mg/cm²), A_x die für Selbstabsorption korrigierte Aktivität pro Gewichtseinheit (mg) des Präparats aus dieser Schicht und q_g und q_a die geometrische Ausbeute und den Absorptionsfaktor. Mit Rücksicht auf Gl. (2. 4) gilt nun

$$da = q_g\, q_a\, A_0\, F\, e^{-\mu x}\, dx, \qquad (2.\,7)$$

wenn x die Entfernung der differentiellen Schicht dx von der dem Meßgerät zugekehrten Oberfläche bedeutet. Die gemessene Aktivität a der Probe erhält man dann durch Integration dieses Ausdruckes über die gesamte Dicke l der Probe:

$$a = \int_0^l q_g\, q_a\, A_0\, F\, e^{-\mu x}\, dx = q_g\, q_a\, A_0\, F\, (1 - e^{-\mu l})/\mu. \qquad (2.\,8)$$

Die Aktivität, die man ohne Selbstabsorption, aber unter sonst gleichen Bedingungen messen würde, beträgt $a' = q_g\, q_a\, A_0\, F\, l$. Daher beläuft sich der Korrekturfaktor $q_s = a/a'$ auf

$$q_s = (1 - e^{-\mu l})/\mu\, l. \qquad (2.\,9)$$

Ist einerseits die geometrische Ausbeute bei der Messung groß, so ist anderseits die Abweichung vom parallelen Strahlengang erheblich, also die Geometrie „schlecht". Für diesen Fall kann durch Einsetzen einer mittleren (größeren) Schichtdicke l_m statt der tatsächlichen (vertikalen) Schichtdicke l in den Ausdruck (2. 9) die Übereinstimmung mit dem Experiment verbessert werden (61):

$$l_m = \frac{1}{\mu} \ln \frac{\mu l}{1 - e^{-\mu l}}. \qquad (2.\,10)$$

Der Einfluß der Selbstabsorption auf die gemessene Aktivität kann auch, wie Versuche an einer Reihe von β-Strahlern ergaben, empirisch durch die Beziehung

$$a = a'\, e^{-\varepsilon l} \qquad (2.\,11)$$

wiedergegeben werden (9), wobei ε den „Selbstabsorptionskoeffizienten" bezeichnet. Dieser beträgt in vielen Fällen etwa 45% des entsprechenden Absorptionskoeffizienten. Rechnerisch läßt sich zeigen, daß Gl. (2. 11) für kleine Werte von $\varepsilon\, l$ der Gl. (2. 9) äquivalent ist.

Die Selbststreuung (getrennt von der Selbstabsorption) kann unter Umständen in einem engen Bereich der Dicke im Gegensatz zu den Aussagen der Gl. (2. 7) bis (2. 11) zu einer Erhöhung der Aktivität mit zunehmender

Schichtdicke führen; manchmal wird aus diesem Grunde bei Probendicken von etwa 5% der Reichweite der Strahlung ein Maximum der Aktivität beobachtet.

Daß die Abhängigkeit der gemessenen Aktivität von der Probendicke am besten empirisch bestimmt wird, gilt auch für Untersuchungen an γ-Strahlern, wo allerdings wegen der größeren Durchdringungskraft die Korrekturen weniger ins Gewicht fallen. (Bezüglich einer ausführlichen Diskussion der Selbstabsorption der γ-Strahlung s. z. B. [28]). Bei α-Strahlen ist die Absorbierbarkeit umgekehrt so groß, daß man am besten nur entweder mit „unendlich dünnen" oder mit „unendlich dicken" Schichten arbeitet. Selbstabsorptionsformeln für α-Strahlung sind abgeleitet worden (26, 34) (vgl. S. 242).

d) Zählausbeute bei Flüssigkeitszählrohren.

Grundsätzlich gelten natürlich für Flüssigkeitszählrohre die in den vorhergehenden Abschnitten besprochenen Gesetzmäßigkeiten der Absorption, Selbstabsorption usw., jedoch gibt es bei ihnen Besonderheiten, die nun kurz besprochen werden sollen. Die Aktivitätsmessung mit Flüssigkeitszählrohren erfolgt meistens mit Proben- (Flüssigkeits-) Schichtdicken, die für β-Strahlung unendlich dick sind; das gilt insbesondere für die Tauchzähler. Unter diesen Umständen kann der Beitrag der γ-Strahlung zur Aktivität, die an $(\beta + \gamma)$-Strahlern gemessen wird, um vieles größer als der entsprechende Beitrag bei der Messung fester Proben werden. Verantwortlich hierfür sind zwei Faktoren: Erstens sendet die ganze große Flüssigkeitsmenge γ-Strahlung aus. Zweitens wirken neben dem Zählrohrmantel auch die umgebenden Flüssigkeitsschichten als Absorber für die γ-Strahlung, wobei die bei ihrer Absorption erzeugten Elektronen mit relativ guter Ausbeute vom Zählgerät registriert werden.

Bei der Messung von Radioelementen mit reiner β-Strahlung bewirkt auch bei den Flüssigkeitszählrohren eine Erhöhung der Dichte der Probe eine Verringerung der Ausbeute durch vergrößerte Selbstabsorption. Ist jedoch ein beträchtlicher Teil der gemessenen Aktivität auf γ-Strahlung zurückzuführen, so vergrößert eine Dichtezunahme die Absorption dieser Strahlung, die ja in jedem Fall zu Elektronenemission führt, und bewirkt in dieser Hinsicht auch eine Tendenz zur Vergrößerung der Zählausbeute. Da die Massenabsorptionskoeffizienten der Elemente sehr verschieden sind (vgl. Tab. 2), wird dann nicht nur Abhängigkeit von der Dichte, sondern auch eine beträchtliche Abhängigkeit von der Zusammensetzung der Flüssigkeit beobachtet. Über die Veränderungen der Zählausbeute in Flüssigkeitszählrohren in Abhängigkeit von der Strahlung, der Probendichte und -zusammensetzung liegen systematische Beobachtungen vor (12, 62).

Bei relativ großen $(\beta + \gamma)$-Intensitäten kann man die Zählausbeute von der Flüssigkeitszusammensetzung weitgehend unabhängig machen, indem man ein Zählrohr verwendet, dessen Manteldicke die Reichweite der β-Strahlen und der durch die γ-Strahlung hervorgerufenen Photoelektronen übersteigt. Eine geringe Veränderung der Ausbeute kann dann nur durch wechselnde Verluste an γ-Strahlen durch Selbstabsorption entstehen. Diese Veränderung kann durch Korrektur berücksichtigt werden. Werden nur sehr verdünnte Lösungen gemessen, so kann meistens auf die Korrektur verzichtet werden. Ist eine solche aber doch erforderlich, so wird man am besten — ebenso wie bei festen Proben — eine empirische Eichkurve für das verwendete Zählrohr aufnehmen, wobei jedoch nicht nur die Dichte der Flüssigkeit, sondern auch ihre Zusammensetzung berücksichtigt werden muß.

e) Absolutbestimmung von Aktivitäten.

Zur Ermittlung der Anzahl der aktiven Atome in einer Probe muß man die Absolutaktivität bestimmen. Für Absolutbestimmungen muß man in der Regel entweder die Ausbeute eines Meßgerätes in der gegebenen Anordnung kennen oder man muß eine Eichprobe bekannter Absolutaktivität anwenden.

Eine Absolutzählung mit bekannter Ausbeute ist für α- und β-Strahler, bei denen ja jedes Teilchen zu Ionisation innerhalb des Zählvolumens führt, möglich, wenn dünne Schichten der Strahler in das Zählvolumen eingebracht werden. So können dünne α-aktive Proben auf die eine von zwei parallelen plattenförmigen Elektroden in einer Ionenkammer gelegt werden; dann werden gerade 50% der Strahlen gezählt, nämlich diejenigen, die nach aufwärts emittiert werden [siehe z. B. (17)]. (Die von der Unterlage rückgestreuten Teilchen werden durch Korrektur berücksichtigt.)

Für die Absolutbestimmung von β-Strahlern strebt man Messung mit (nahezu) 100% Ausbeute an. Dies wird erreicht, wenn die Probe aus einer dünnen Folie besteht oder in eine solche Folie eingebettet ist, und die Folie innerhalb des Gerätes frei ausgespannt wird. Etwaige Verluste in der Folie können leicht festgestellt und bei der Berechnung berücksichtigt werden. Derartige Methoden werden als 4-π-Zählung bezeichnet (s. z. B. [14, 42, 53, 57, 66]).

Absolutzählung ist auch möglich, wenn das zu bestimmende Element im Gaszustand in das Meßgerät eingeführt werden kann (1). Solche Absolutzählungen (in Ionenkammern) sind bei den durchwegs α-aktiven Emanationen üblich. Im Falle von β-Strahlern (also Geiger-Zählrohren) muß darauf geachtet werden, daß die Zähleigenschaften des Zählrohres durch das eingeführte Gas nicht beeinträchtigt werden.

Die Ausbeute bei der Zählung von Gasen ist praktisch 100%, soweit das Gas im aktiven Volumen enthalten ist. Das aktive Volumen ist in einer darauf berechneten Ionenkammer gleich dem Gesamtvolumen, muß allerdings für ein Zählrohr in der Regel eigens bestimmt werden.

Die Begrenzung des aktiven Volumens eines Zählrohres ist aus seinen Dimensionen wegen der komplizierten Feldverhältnisse nicht abzuleiten. Die Unsicherheit kann jedoch durch Messung mit einem Zählrohr mit veränderlichem aktivem Volumen ausgeschaltet werden (24). Durch eine Glashülse, die über den Zähldraht geschoben wird, läßt sich nämlich das aktive Volumen verändern, ohne daß das Zählrohr geöffnet werden muß. Da die Unsicherheiten an den Enden gleichbleiben, entspricht die Differenz der Aktivitäten bei zwei verschiedenen Stellungen der Glashülse der Differenz der Volumina. Es ist also dann die absolute Aktivität je Volumseinheit bekannt. Das aktive Volumen anderer Zählrohre ergibt sich durch Vergleich, indem man sie mit dem gleichen Gasgemisch wie das Zählrohr mit veränderlichem Zählvolumen füllt.

Eichproben können entweder ihrerseits mit Hilfe eines Meßgerätes bekannter Ausbeute hergestellt werden, oder ihre Aktivität kann aus einer Gleichgewichtsbeziehung zu einer wägbaren Muttersubstanz berechnet werden. So emittiert z. B. UX_2 im radioaktiven Gleichgewicht mit einem Milligramm seiner Muttersubstanz Uran in der Minute 740 β-Teilchen. (Das Gleichgewicht stellt sich mit der Halbwertzeit des dazwischenliegenden UX_1 ein.) Genetische Beziehungen kann man sich übrigens auch dann zunutze machen, wenn keines der im Gleichgewicht stehenden Radioelemente in wägbarer Form vorliegt. Die Absolutzählung von α-Teilchen (in der Ionenkammer) verläuft nämlich leichter als die Absolutzählung von β-Teilchen (im Zählrohr). So bestimmt man lieber statt des β-Strahlers Radium E seine Tochtersubstanz, das α-aktive Radium F.

Eine originelle Methode (5, 23) zur Absolutbestimmung von β-Aktivitäten verzichtet auf die Berechnung der Komponenten des Zählfaktors und auch auf die Verwendung einer Eichprobe bekannten Gehaltes an Radioelement. Die Methode beruht auf der Verwendung von Koinzidenzschaltungen. Die Schaltungen bewirken, daß die in zwei GEIGER-Zählrohren stattfindenden Ionisationsvorgänge nur dann registriert werden, wenn sie innerhalb eines sehr kurzen Zeitraumes, z. B. von 10^{-7} Sekunden, einander folgen. Absolutbestimmungen nach dieser Methode sind nur möglich, wenn ein β-aktives Radioelement praktisch gleichzeitig auch γ-Strahlung abgibt. Zu solchen Kernarten gehören z. B. ^{24}Na, ^{42}K, ^{60}Co, ^{76}As, ^{86}Rb, ^{131}J.

Unter der Annahme isotroper Verteilung der abgegebenen Strahlung lassen sich die zur Ermittlung der Absolutaktivität nach dieser Methode notwendigen Beziehungen für einen einfachen Fall, nämlich Abgabe eines γ-Quants je β-Zerfall, leicht ableiten: Bezeichnet man die zu bestimmende Absolutaktivität mit A, die mit einem nur β-empfindlichen Zählrohr gemessene Aktivität mit B, die mit einem nur γ-empfindlichen Zählrohr gemessene Aktivität mit G, die mit den gleichen Zählrohren in Koinzidenzschaltung gemessene Aktivität mit K und die Ausbeuten der beiden Zählrohre mit q_β und q_γ, so gelten die Beziehungen:

$$B = A \cdot q_\beta, \quad G = A \cdot q_\gamma, \quad K = A\, q_\beta \cdot q_\gamma. \tag{2.12}$$

Durch Auflösung ergeben sich Ausdrücke für die drei unbekannten Größen dieser Gleichungen, nämlich:

$$q_\beta = K/G, \quad q_\gamma = K/B, \quad A = BG/K. \tag{2.13}$$

Die in den Gleichungen verwendeten Meßgrößen sind natürlich nicht mit den ursprünglich abgelesenen Werten identisch, sondern werden aus diesen unter Berücksichtigung der folgenden Umstände abgeleitet: 1. Leerwert, 2. γ-Aktivität, die unvermeidlich vom β-empfindlichen Zählrohr mitregistriert wird, 3. zufällige (statistische) β-γ-Koinzidenzen (abhängig vom Auflösungsvermögen der Koinzidenzschaltung). Mit Hilfe des für ein bestimmtes Radioelement in einer bestimmten Anordnung ermittelten Wertes von q_β oder q_γ können nun weitere Absolutbestimmungen an diesem Element ohne Koinzidenzanordnung ausgeführt werden.

In den meisten Fällen wird eine Anzahl von Standardproben nach der Koinzidenzmethode gemessen und die derart geeichten Proben werden dann zur Bestimmung von q-Werten von anderen Geräten verwendet.

Eine direkte Übertragung eines experimentell gefundenen q-Wertes auf ein anderes Radioelement ist auch hier nicht möglich, da der Wert von q von der Energie der Strahlung abhängt, diese Abhängigkeit aber durch Art und Anordnung der Meßgeräte beeinflußt wird. Trägt man jedoch die für ein bestimmtes Zählrohr in einer Normalanordnung mit verschiedenen Radioelementen ermittelten q-Werte in einem Diagramm gegen die Energie der Strahlung auf, so erhält man eine Kurve, aus der man durch Interpolieren q-Werte für andere Strahler, z. B. auch für reine β-Strahler wie ^{32}P oder ^{35}S, ermitteln kann.

Absolutaktivitäten können auch nach anderen Methoden bestimmt werden, die jedoch größere apparative Anforderungen stellen und daher für die radiochemische Analyse nicht in Frage kommen. Zu diesen gehört die Bestimmung der Ladung, die von der isoliert befestigten Probe mit ihrer Strahlung abgegeben wird (13, 29). Bestimmung durch Messung der abgegebenen Energie in einem Kalorimeter ist in den Fällen anwendbar, wo die durchschnittliche Energie eines β-Teilchens und die Ausbeute an Bremsstrahlung bekannt sind (58, 77).

Eine ausführliche Zusammenstellung über die verschiedenen Methoden der Absolutbestimmung von Aktivitäten und deren Anwendung auf einzelne Radioelemente liegt vor (54, 66a).

Von verschiedenen Firmen und Laboratorien werden in den letzten Jahren Präparate mit bekannter Absolutaktivität zur Verfügung gestellt, die eine Eichung von Meßgeräten ermöglichen. Allerdings empfiehlt es sich, solche Eichungen in gewissen Zeitabständen zu wiederholen, da z. B. durch Veränderungen in den Meßgeräten Änderungen in der Zählausbeute auftreten können [vgl. z. B. (32)].

5. Identifizierung von Radioelementen.

Wenn die chemische Verarbeitung einer Probe gestattet ist, so besteht ein wichtiges Hilfsmittel zur Identifizierung eines Radioelementes in der Nachprüfung, in welcher chemischen Fraktion es sich anreichert. Ist die chemische Natur des Elementes dann festgestellt, so ist die Zuordnung der Strahlung zu einem seiner Isotope meist nicht mehr schwer.

Bequemer ist die „zerstörungsfreie" Identifizierung. Die Identifizierung muß sogar zerstörungsfrei durchgeführt werden, wenn keine Zeit für eine chemische Aufarbeitung zur Verfügung steht oder wenn die Probe nicht beschädigt werden darf. Auch kommt es vor, daß die klare Entscheidung doch nicht so mühelos gelingt, um welches Isotop eines und desselben Elementes es sich handelt. In allen diesen Fällen erfolgt die Identifizierung durch die Bestimmung der Halbwertszeit oder der Energie der Strahlung. Ist in der Probe nur ein einziges Radioelement vorhanden, das die betreffende Strahlenart (α-, β- oder γ-Strahlung) emittiert, so ist die Identifizierung nicht schwer, aber bei der Untersuchung von Mischungen stößt man auf Schwierigkeiten.

a) Bestimmung von Halbwertszeiten.

Halbwertszeiten zwischen einigen Sekunden und mehreren Jahren können in günstigen Fällen aus den Abklingkurven bestimmt werden. Mit Spezialgeräten lassen sich sogar Halbwertszeiten von Mikrosekunden bestimmen. Für die Mikrochemie kommen aber die extrem kurzen Halbwertszeiten nicht in Betracht.

Wenn α-, β- und γ-Strahlen nebeneinander vorliegen, so werden sie für die Messung durch geeignete Absorber voneinander getrennt. Auch eine Trennung der Strahlungen aus gleichartigen Strahlern durch Absorber ist möglich, wenn die Energien (die „Härten") sehr verschieden sind. So gelingt z. B. die Trennung von β-aktivem Uran X_2 ($E_{max} = 2{,}32$ MeV) von seiner Muttersubstanz, dem ebenfalls β-aktiven Uran X_1 ($E_{max} = 0{,}20$ MeV).

Sind aber die Härten der Strahlungen miteinander vergleichbar, so daß eine reinliche Trennung durch Absorber unmöglich ist, so kann die Unterscheidung noch immer auf Grund der Verschiedenheit der Halbwertszeiten erfolgen. Man kann dann die „zusammengesetzte" Abklingkurve in Komponenten zerlegen (Abb. 10). Jede einzelne Komponente muß streng nach dem Exponentialgesetz des radioaktiven Zerfalls abklingen, d. h. der Logarithmus ihrer Aktivität nimmt linear mit der Zeit ab.

Der am spätesten aufgenommene Teil der Abklingkurve ist praktisch nur auf das längstlebige Radioelement zurückzuführen. Durch Zurückextrapolation (am bequemsten in der logarithmischen Darstellung!) bis zum Beginn der zusammengesetzten Abklingkurve erhält man daher die reine vollständige Abklingkurve dieser Komponente. Durch Subtraktion dieser Teilkurve von der Gesamtkurve erhält man eine Kurve, die dem zeitlichen Verlauf der Summe der Aktivitäten aller übrigen Komponenten entspricht und mit der nun wieder wie mit der Gesamtkurve verfahren wird. Bei mehr als drei Komponenten wird diese Zerlegung in der Regel zu ungenau, doch kann manchmal die Genauigkeit durch Zwischenschaltung von Absorbern, eventuell auch Absorbern verschiedener Dicke, verbessert werden. Das Problem der Trennung vieler β-aktiver Isotope voneinander tritt bei der Untersuchung der Spaltstücke des Urans auf.

Wenn das Zerfallsprodukt eines Radioelementes selbst wieder aktiv ist, so entstehen komplexe Abklingkurven, deren Verlauf auch durch das Verhältnis der Halbwertszeiten bestimmt ist. Auch dieser Fall tritt bei den Spaltprodukten des Urans häufig auf, da sie einen großen Neutronenüberschuß mitbringen und daher zu mehrfachem β-Zerfall neigen. Ein typischer Fall ist das Mutter-Tochter-Paar ^{140}Ba-^{140}La (beide β-aktiv) mit den Halbwertszeiten 308 Stunden und 40 Stunden. Bezüglich Darstellungen solcher Abklingkurven muß auf die Lehrbücher der Radioaktivität verwiesen werden (56, 63).

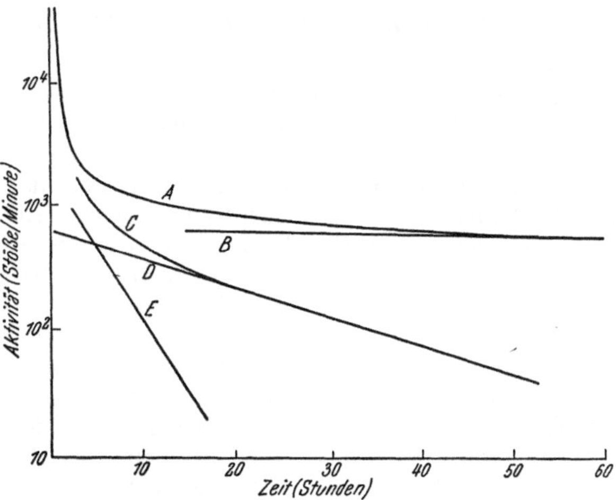

Abb. 10. Abklingkurve eines Gemisches von Rubidium 86, Kalium 42 und Cäsium 134 (nach G. E. BOYD, Analyt. Chemistry **21,** 344 [1949]).

A = gemessene Aktivität,
B = Abklingkurve des Rubidium 86 ($T_{1/2}$ = 19,5 Tage),
C = $A — B$,
D = Abklingkurve des Kalium 42 ($T_{1/2}$ = 12,8 Stunden),
E = $C — D$ = Abklingkurve des Cäsium 134 ($T_{1/2}$ = 2,8 Stunden).

b) Identifizierung von Alpha-Strahlern durch ihre Energie.

Zu den allgemein anwendbaren Methoden der Energiebestimmung und damit der Identifizierung von α-Strahlern gehören die Bestimmung der Ablenkung in magnetischen Feldern, der Reichweite der Strahlen in Ionenkammern, Nebelkammern oder Emulsionen, schließlich der Energie der individuellen Strahlen in Ionenkammern, Szintillations- oder Proportionalzählern. Die Reichweitenbestimmung ist auch durch Steigerung der Dicke von zwischengeschalteten Folien aus Glimmer oder Aluminium bis zur gänzlichen Absorption der Strahlung möglich; die Methode ist wegen ihrer Einfachheit auch für den Radiochemiker empfehlenswert.

Für die Untersuchung von Mischungen von α-Strahlern haben sich Spezialschaltungen, die Stromstöße aus Ionenkammern je nach ihrer Größe auf verschiedene Zählwerke weiterleiten („pulse analyzers" oder „kick sorters"), als ein bedeutender Fortschritt erwiesen (37). Man findet hier nämlich mit kleinen Aktivitäten das Auslangen und erfaßt auch kurzlebige Folgeprodukte, deren chemische Abtrennung schwierig wäre. So konnte man mehrere Transurane nachweisen, die in kleinsten Mengen neben den oft ebenfalls α-aktiven Elementen vorlagen, aus denen sie durch Kernumwandlungen im Zyklotron hergestellt worden waren. Mühevoller, aber grundsätzlich durchführbar und apparativ einfach ist die Auflösung der Mischungen nach der Photomethode, die ja die unabhängige Vermessung jeder einzelnen Bahnspur in der Emulsion gestattet.

Für die Umrechnung der Reichweite auf die Geschwindigkeit bzw. Energie dient zwischen 3 und 7 cm Luft die Geiger-Formel $R = 9{,}67 \cdot 10^{-28} v^3$, äquivalent $E = 2{,}12\, R^{2/3}$. Hier stellt R die Reichweite in Luft von 15° C, v die Geschwindigkeit in cm/sec und E die Energie in MeV dar. Für geringere Reichweiten ist R ungefähr proportional zu $v^{3/2}$, für größere zu v^4.

Während die Reichweiten- und Energiebestimmungen von α-Teilchen in der radiochemischen Analyse nur vereinzelt Anwendung finden, wie z. B. bei den Versuchen mit Transuranen, sind solche Bestimmungen an β-Teilchen von allgemeiner Bedeutung.

c) Identifizierung von Beta-Strahlern durch ihre Energie.

Auch zur Energiemessung an β-Teilchen sind magnetische Spektrometer konstruiert worden. Wegen ihrer großen Genauigkeit wäre die Methode für radiochemische Analysen wohl geeignet, die Geräte sind aber kompliziert und stehen in den meisten Laboratorien nicht zur Verfügung. Statt dessen erfolgt die Energiemessung an β-Strahlern und damit ihre Identifizierung fast immer durch Aufnahme von Absorptionskurven. Aus den Absorptionskurven wird entweder der Absorptionskoeffizient oder die Reichweite ermittelt. Aus jeder der beiden Größen läßt sich mit Hilfe von empirischen Formeln, wenn gewünscht, der Absolutwert der Energie abschätzen.

Einige Absorptionskoeffizienten, die aus dem exponentiellen Teil der Absorptionskurve bestimmt worden sind, sind schon in Tab. 1 gegeben worden. Es muß allerdings dazu gemahnt werden, für einigermaßen genaue Vergleiche die Werte der Absorptionskoeffizienten in der zur Untersuchung der Probe verwendeten Anordnung zu bestimmen; die Abhängigkeit dieser Werte von der Anordnung ist so groß, daß eine Verwendung der bei sehr guter Geometrie erzielten Werte, die als Kenngrößen — ähnlich wie optische Absorptionskoeffizienten — betrachtet werden können, meist nicht in Frage kommt.

Enthält eine Probe mehrere β-Strahler hinreichend verschiedener Energie, so kann die Absorptionskurve rechnerisch bzw. graphisch in ihre Bestandteile zerlegt werden, wobei man analog wie bei der Zerlegung einer Abklingkurve (Abschnitt 5 a) vorgeht. Formell entspricht das Abklingen ja der Absorption durch den Absorber „Zeit"!

Aus dem Absorptionskoeffizienten läßt sich die Maximalenergie der β-Strahlung mit Hilfe der empirischen Formel von Perey (59, 60)

$$E = 0{,}17 + 14{,}7/\mu \qquad (2.\,14)$$

berechnen, wobei E in MeV einzusetzen ist und der Absorptionskoeffizient μ in cm^2/g ausgedrückt wird. Die Formel soll zwischen 0,6 und 5 MeV gelten. Eine von Evans (27) für einen nicht sehr klar begrenzten Bereich angegebene Beziehung lautet

$$E = (22/\mu)^{3/4}. \qquad (2.\,15)$$

Alle diese Beziehungen sind schon deshalb recht ungenau, weil ja, wie bereits hervorgehoben, der Zahlenwert von μ von der Anordnung nicht unabhängig ist.

Exakter ist die Kennzeichnung der β-Strahlung durch ihre Reichweite, die — für ein gegebenes Absorbermaterial — eine eindeutige Kenngröße ist. Die experimentelle Bestimmung der Reichweite ist allerdings nicht ganz einfach. So ist in diesem Falle die Absorption in Zählrohrwand usw. zu berücksichtigen. Sodann sprechen die Meßgeräte auch auf die γ-Strahlung an, die von vielen β-Strahlern abgegeben wird, sowie auf die Bremsstrahlung, die beim Durchgang der Elektronen durch die Materie entsteht. Schließlich liefern

Positronen, wenn solche vorliegen, durch „Zerstrahlung" Photonen. Da die elektromagnetische Strahlung durch die Absorber meist nicht wesentlich geschwächt wird, kann man ihre Intensität durch Messung mit dicken Absorberschichten ermitteln und in Abzug bringen.

Die bekannteste Methode zur praktischen Bestimmung von Reichweiten ist die von FEATHER (31, 38). Nach dem Vorschlag FEATHERs wird die Absorptionskurve mit der unter identischen Bedingungen aufgenommenen Kurve eines β-Strahlers bekannter Reichweite verglichen. FEATHER verwendet als Vergleichsstoff das Radium E (^{210}Bi, $T_{1/2} = 5$ Tage), welches keine γ-Aktivität aufweist und dessen Reichweite in Aluminium von mehreren Autoren übereinstimmend mit 476 ± 2 mg/cm^2 angegeben wird. Die für die FEATHER-Methode grundlegende Annahme liegt nun darin, daß die Intensitäten von β-Strahlungen verschiedener Energie auf den gleichen Bruchteil vermindert werden, wenn die Absorberdicke den gleichen Bruchteil der Reichweite der β-Strahlung beträgt. Weiter wird die An-

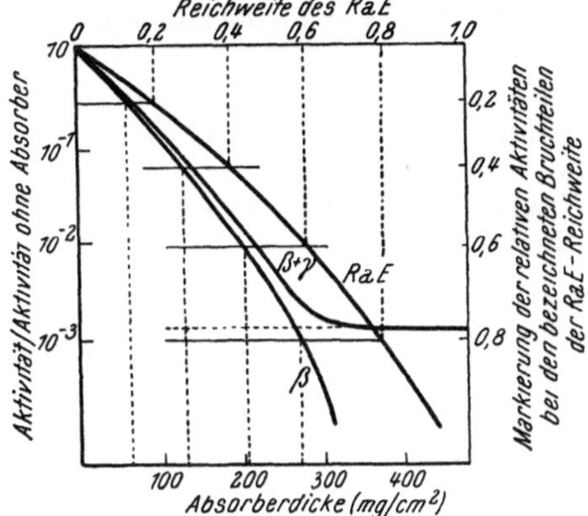

Abb. 11. Absorptionskurve für die FEATHER-Reichweitebestimmung.

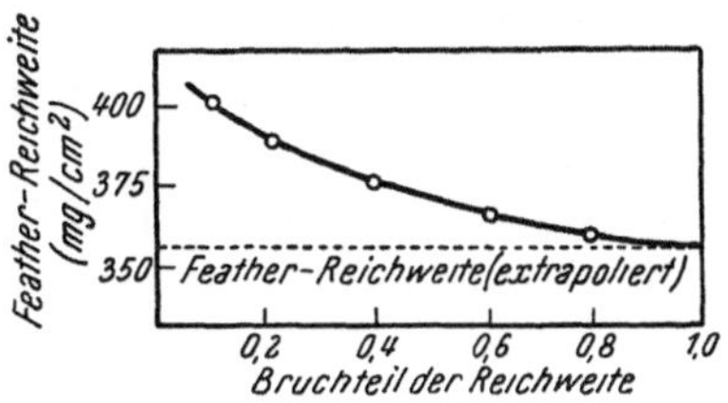

Abb. 12. Extrapolationsdiagramm für die FEATHER-Reichweitebestimmung.

nahme gemacht, daß diese Beziehung um so genauer gilt, je mehr sich die Absorberdicke der Reichweite der Strahlung nähert. Zur Durchführung des Vergleiches werden die unter identischen Bedingungen ausgeführten Absorptionsmessungen für Radium E und den zu untersuchenden Strahler in der aus Abb. 11 ersichtlichen Weise aufgetragen. Die γ-Aktivität wird von der experimentell gefundenen Gesamtaktivität ($\beta + \gamma$) abgezogen. Dadurch erhält man die reine β-Strahlabsorptionskurve des zu untersuchenden Radioelements. Durch jene Punkte der Radium-E-Absorptionskurve, die den Intensitäten bei gewissen Bruchteilen der Reichweite des Radium E — z. B. je ein Zehntel — entsprechen, werden horizontale Linien gezogen. Diese horizontalen Linien schneiden nun die β-Absorptionskurve des zu untersuchenden Strahlers derart, daß die Schnittpunkte die entsprechenden Bruchteile der Reichweite angeben. Daher läßt sich aus jedem Schnittpunkt ein Wert für die Reichweite bestimmen. Diese Werte werden nun im FEATHER-Diagramm (Abb. 12) gegen den Bruchteil der Reichweite, bei dem die Ermittlung erfolgt, aufgetragen. Die durch die Punkte gezogene Kurve wird bis zur vollen Reichweite extrapoliert und dieser Wert als endgültig angenommen. Das Absinken der meisten FEATHER-Kurven mit zunehmender Absorberdicke dürfte auf die besondere Form des Energiespektrums der β-Teilchen aus dem Radium-E-Zerfall zurückzuführen sein; dieses weist im Vergleich zum Spektrum anderer β-Strahler eine große Zahl energiearmer Elektronen auf. Dieses Absinken ist insbesondere in Anwesenheit erheblicher γ-Intensitäten von Nachteil. Die β-Absorptionskurve wird dann bei größeren Absorberdicken ziemlich ungenau, so daß zur Reichweitebestimmung nur der

Anfangsteil verwendet werden kann. Dann ist aber im FEATHER-Diagramm eine Extrapolation über ein weites Gebiet notwendig. Manche Autoren haben daher andere β-Strahler als Vergleichsstoffe für die FEATHER-Methode vorgeschlagen, z. B. das Uran X_2 mit einer Reichweite von 1105 mg/cm² (38).

Die FEATHER-Methode kann auch in Fällen angewendet werden, wo mehr als eine Komponente der β-Strahlung gegenwärtig ist, also bei komplexen Zerfallsvorgängen oder bei Vorliegen mehrerer Radioelemente. Voraussetzung ist allerdings ein hinreichender Unterschied zwischen den Energien der Komponenten. Genauere Verfahren zwecks Bestimmung von Reichweiten aus Absorptionsmessungen sind von mehreren Autoren vorgeschlagen worden (8, 48, 72).

Die Reichweitebestimmung monoenergetischer Elektronen, wie sie z. B. in den Elektronenhüllen durch innere Umwandlung entstehen, kann in ähnlicher Weise in gewissen Fällen durch Auswertung einer der Abb. 4 analogen Absorptionskurve erfolgen.

Die Energie der β-Strahlung kann nun auch aus der Reichweite mit Hilfe empirischer Beziehungen bestimmt werden. Eine Reihe derartiger Beziehungen, die in gleicher Weise für monoenergetische und kontinuierliche β-Strahlung gelten müßten, ist vorgeschlagen worden. FEATHER (31) leitete aus den eigenen Reichweitebestimmungen eine Formel für Energien $> 0,7$ MeV ab:

$$R = 0,543\,E - 0,160 \tag{2. 16}$$

(R = Reichweite in g/cm², E = Energie in MeV). SARGENT (64) bestimmte Reichweiten durch Extrapolation der linearen Teile der Absorptionskurve (Abb. 4) von monoenergetischen Elektronen und fand:

$$R = 0,526\,E - 0,094. \tag{2. 17}$$

Diese Beziehung ist für $E > 0,6$ MeV nützlich. GLENDENIN und CORYELL (38) haben zwei Ausdrücke angegeben. Für $0,8 < E < 3$ MeV soll

$$R = 0,542\,E - 0,133, \tag{2. 18}$$

für $0,15 < E < 0,8$ MeV

$$R = 0,407\,E^{1,38} \tag{2. 19}$$

gelten. LIBBY (50, 51) findet für $0,05 < E < 0,2$ MeV

$$R = 0,67\,E^{5/3}. \tag{2. 20}$$

Da aber insbesondere die Formeln für kleine Energien nur beschränkte Gültigkeit haben, empfiehlt es sich, an ihrer Stelle die veröffentlichten Diagramme (Reichweite gegen Energie) zu verwenden (38, 57 a). Am besten ist es allerdings, sich mit Radioelementen bekannter Energie eine eigene Eichkurve für das benützte Gerät aufzustellen! Eine ausführliche Übersicht über die vorgeschlagenen Reichweite-Energie-Beziehungen und die Reichweitebestimmung aus Absorptionskurven liegt vor (47).

Da Beziehungen zwischen Energie und Reichweite einerseits und zwischen Energie und Absorptionskoeffizienten anderseits bestehen, kann man durch die Kombination solcher Beziehungen eine Beziehung zwischen der Reichweite und dem Absorptionskoeffizienten bzw. der Halbwertsdicke $h_{1/2}$ (in g/cm²) gewinnen. So erhält man durch Vereinigung der Formeln von FEATHER (2. 16) und PEREY (2. 14):

$$R = 11,5\,h_{1/2} - 0,32. \tag{2. 21}$$

Man vergesse aber nicht, daß eigentlich die Begriffe des Absorptionskoeffizienten und der Reichweite unvereinbar sein sollten!

Für die Identifizierung von β-Strahlern kann man sich auch der Szintillationsspektrometer bedienen [s. (15)]. Bei den Szintillationszählern (s. den Beitrag von KARLIK, LINTNER und BERNERT zu diesem Band) liefern die Photoelektronenvervielfacher Impulse, deren Größe über ein großes Bereich der Energie des erregenden Teilchens ungefähr proportional ist [s. z. B. (41, 68)]. Zählt man nur jene Impulse, deren Größe innerhalb eines engen Bereiches liegt [Schaltung s. z. B. (35, 69)], und verändert die Lage dieses Bereiches — das in Analogie zu spektroskopischen Methoden auch als Spalt bezeichnet wird —, so erhält man ein Impulsspektrum, das dann durch Vergleich mit der Strahlung von Eichsubstanzen in ein Energiespektrum verwandelt wird.

Diese Spektren sind für β-Strahler mit einfachem Zerfallsschema in einem längeren mittleren Bereich gerade Linien, die nach den hohen Energien abfallen. Durch Extrapolieren der geraden Stücke bis zum Schnitt mit der Abszisse erhält man Punkte, die als Maß für die maximalen β-Energien verwendet werden können. Nach einmal vorgenommener Eichung einer Meßanordnung kann dann eine ungefähre Energiebestimmung an unbekannten Proben ausgeführt werden.

Sind in einem Gemisch mehrere Radioelemente vorhanden, so ist eine Auflösung des Spektrums möglich, wenn die linearen Abschnitte der Einzelspektren noch deutlich auftreten, d. h. wenn die Intensitäten von der gleichen Größenordnung und die Energien nicht zu ähnlich sind. Beispielsweise konnten zwei Radioelemente mit maximalen β-Energien von 0,15 und 0,40 MeV noch gut nebeneinander bestimmt werden, nicht jedoch zwei Strahler von 0,40 und 0,52 MeV (15).

d) Identifizierung von Gamma-Strahlern durch ihre Energie.

Die beim radioaktiven Zerfall freiwerdende elektromagnetische Strahlung besitzt in allen Fällen ein Linienspektrum. Die Energie der Photonen, die mit der Schwingungszahl durch die Formel $E = h\,v$ verknüpft ist, kann nun zu ihrer Identifizierung herangezogen werden. Als Meßmethoden kommen grundsätzlich in Frage: Bestimmung des Glanzwinkels an Kristallgittern, Messung der Energie der in Materie freigesetzten Elektronen, die Bestimmung des Absorptionskoeffizienten und Szintillationsspektrometrie. Die Absorptionsmethode hat den Vorteil, daß sie ohne zusätzliche Meßgeräte ausgeführt werden kann, und ist für radiochemische Laboratorien die wichtigste.

Die Absorption elektromagnetischer Strahlung einer einheitlichen Energie folgt dem Exponentialgesetz (Gl. 2. 5). Allerdings wird beim COMPTON-Effekt und bei der Paarbildung (durch darauffolgende Zerstrahlung) Quantenstrahlung geringerer Energie erzeugt. Diese „Fluoreszenzstrahlung" wird ebenfalls von den Meßgeräten registriert. Um diese Strahlung, deren Richtung meist von der Richtung der Primärstrahlung abweicht, möglichst vollständig auszuschalten und exponentielle Absorptionskurven zu erhalten, wählt man „gute Geometrie". Außerdem werden die im Absorber erzeugten Elektronen durch Zwischenschaltung einer Folie aus einem Stoff niederer Ordnungszahl am Eindringen in das Meßgerät gehindert. Am häufigsten dienen Blei und Aluminium als Absorber.

Die Aktivität wird mit verschiedenen Absorberdicken bestimmt und der Absorptionskoeffizient α graphisch oder rechnerisch ermittelt. Die Umrechnung auf die Energie der Strahlung erfolgt — oberhalb der Röntgenabsorptionskanten (siehe Abschnitt 3, d) — mit Hilfe von Kurven, wie sie in Abb. 6 wiedergegeben sind. Ist die Quantenstrahlung nicht monoenergetisch, sondern setzt sie sich aus wenigen Komponenten stark verschiedener Energie zusammen, so kann die Absorptionskurve wie die von β-Strahlung in die Komponenten zerlegt und die Energie der Komponenten bestimmt werden.

Die zur γ-Energiebestimmung verwendeten Szintillationsspektrometer sind die gleichen, wie die zur β-Energiebestimmung dienenden (15). Ein Unterschied besteht gewöhnlich nur im verwendeten Szintillator — so wird für β-Strahlung oft Anthracen, für γ-Strahlung häufig mit Thallium aktiviertes Natriumjodid verwendet. Die Bestimmung der γ-Strahlung erfolgt jedoch mit größerer Genauigkeit als die der β-Strahlung. Die γ-Strahlung besteht nämlich immer aus diskreten Linien und liefert daher im Impulsspektrum — neben einem bei geringen Energien liegenden Compton-Kontinuum — ausgeprägte Intensitätsmaxima der Photoelektronen, die praktisch die gesamte Photonenenergie besitzen. Allerdings ist dabei infolge statistischer Schwankungen in den Anzahlen der auf die Photokathode auftreffenden Photonen und der in Photokathode und Vervielfacher austretenden Elektronen doch eine gewisse Verschmierung des Spektrums zu beobachten. Dadurch wird das Auflösungsvermögen beschränkt. Versuche haben ergeben, daß mit entsprechenden Vorsichtsmaßregeln noch γ-Energien, die sich um 0,1 MeV unterscheiden, aufgelöst werden. Auch eine quantitative Auswertung der Szintillationsspektrogramme, d. h. eine direkte Bestimmung mehrerer Komponenten eines Gemisches, ist möglich; doch muß in dieser Hinsicht auf die Originalarbeiten verwiesen werden (15).

6. Herstellung von Proben zur Aktivitätsmessung.

Die Messung von Aktivitäten kann grundsätzlich an gasförmigen, flüssigen oder festen Präparaten durchgeführt werden. Maßgebend für die jeweils angewendete Methode ist die chemische Natur des Radioelements und seiner Begleitstoffe, die Art und Energie der abgegebenen Strahlung, die erforderliche Genauigkeit der Messung und schließlich die auf Grund der Halbwertszeit für die Messung zur Verfügung stehende Zeit. Der Herstellung der Proben wird hier ein eigener Abschnitt gewidmet, da die Schwankungen in der Aktivität, die sich aus der mangelnden Reproduzierbarkeit der Proben ergeben, in den meisten Fällen am stärksten zu den Meßfehlern der Bestimmungen beitragen. Selbst mit erprobten Methoden erreicht man bei festen Proben gewöhnlich nur eine Reproduzierbarkeit von 1 bis 3%.

a) Gasförmige Proben.

Radioaktive Gase können direkt in das Zählgerät eingeführt werden oder das Zählgerät umspülen. Die erste Methode wird insbesondere bei β-Strahlern sehr kleiner Energie (Tritium, Kohlenstoff 14) angewendet (Kap. IX). Sie hat den Vorteil, daß die Aktivität nahezu verlustfrei gemessen werden kann. Allerdings ist die Messung relativ umständlich, da das Zählrohr für jede Messung frisch gefüllt werden muß. Die α-aktiven Emanationen und anderen Edelgase können frei von ihren Muttersubstanzen natürlich nur im Gaszustand gemessen werden.

b) Flüssige Proben.

Die Aktivitätsmessungen an Flüssigkeiten oder Lösungen bieten vor allem den Vorteil, daß homogene und der Form nach reproduzierbare Präparate leicht und schnell hergestellt werden können. Die Selbstabsorption ist aber natürlich größer, als wenn gelöste feste Stoffe vor der Messung ausgefällt und dabei konzentriert werden. Daher wird die Messung von Flüssigkeiten besonders bei harten Strahlen und großen Intensitäten angewendet.

Bei einer einfachen, jedoch durch schlechte Ausbeute gekennzeichneten Ausführungsform der Methode wird die Flüssigkeit in einer flachen Schale an ein Endfenster- oder Mantelzählrohr herangebracht (67). Man kann auch die Flüssigkeit in einer Eindampfschale mit dünnem Boden auf ein nach oben zeigendes Endfenster aufsetzen (55). Um die Verdunstung zu unterbinden, kann die Oberfläche mit einem dünnen Zaponlackfilm bedeckt werden (36). Fehler durch Adsorption oder Verdunstung des Lösungsmittels durch die Lackschicht müssen ausgeschaltet werden (40). Für β-Strahlenenergien von > 1 MeV soll die Reproduzierbarkeit der Messungen dann $^1/_2\%$ betragen, ist demnach also besser als bei festen Proben.

Tauchzähler mit dünnen Wänden werden in die Gefäße eingeführt, die die aktive Lösung enthalten. Die Gefäße sollen so groß sein, daß man es mit „unendlich dicken" Flüssigkeitsschichten zu tun hat; dabei wird also direkt ein Relativwert der spezifischen Aktivität bestimmt. Da die Zählrohrwand von der Flüssigkeit benetzt wird, kann Adsorption von Radioelementen eintreten. Daher empfiehlt sich eine Leerwertsbestimmung nach jeder Aktivitätsmessung und darauffolgender gründlicher Spülung des Zählrohres (3, 4, 71). Die Adsorption aus Lösungen trägerfreier Radioelemente ist besonders gefährlich, kann aber durch Zusatz von Trägern oder Komplexbildnern herabgesetzt werden.

Man kann auch die Aktivität strömender Flüssigkeiten messen; die Flüssigkeit wird zu diesem Zweck in einem spiralförmigen Rohr unter einem Endfensterzählrohr vorbeigeführt oder man kann Spezialzählrohre verwenden, die eine direkt ins aktive Volumen eingebaute Spirale besitzen [s. z. B. (16)].

c) Feste Proben.

Feste Proben können besonders durch Eindampfen, Ausfällen oder elektrolytische Abscheidung hergestellt werden.

Eindampfen von kleineren Flüssigkeitsmengen wird auf einer flachen Scheibe, von größeren Mengen in flachen Schälchen ausgeführt. Bei Verwendung einer flachen Unterlage, z. B. einer Glasscheibe, kann die Ausbreitung der Flüssigkeit durch einen Ring aus einem das Lösungsmittel abstoßenden Lack verhindert werden (22). Eine Herstellung homogener Proben ist schwierig, wenn die gelöste Stoffmenge groß ist. In diesem Falle scheidet sich der Stoff nämlich ungleichmäßig ab, und zwar setzt sich gewöhnlich die Hauptmenge an der Schälchenwand in Ringform ab. Kleinkristalline oder amorphe Abscheidung ist natürlich grobkristalliner Abscheidung vorzuziehen. Man kann sie in manchen Fällen durch Kunstgriffe erreichen. Zum Beispiel bewirkt Zusatz von Tetraäthylenglykol feinkristalline Abscheidung beim Eindampfen von Uranylnitrat. Die günstige Wirkung dürfte auf einer Änderung der Oberflächenspannung beruhen (22, 43, 44). Das Glykol kann nach dem Eindampfen zuerst durch Erhitzen polymerisiert und dann durch weiteres Erhitzen abgebrannt werden, wodurch gleichmäßige Schichten aus reinem Uranoxyd entstehen. Ähnliche Verfahren sind bei Plutoniumoxyd, Neptuniumoxyd und Gold angewendet worden. Es wird auch empfohlen, Pyridin statt Wasser als Lösungsmittel für Uranylnitrat zu verwenden. Stoffen, die in geeigneten organischen Lösungsmitteln löslich sind, kann man Zaponlack zusetzen, wodurch beim Eindampfen gleichmäßige Schichten entstehen. Stört der Lack, so kann er nachträglich ebenfalls weggebrannt werden (22).

Manchmal kann man gleichmäßige Verteilung erzielen, indem man ein dünnes Filtrierpapier auf die Scheibe oder auf den Boden des Schälchens legt. Gute Ergebnisse wurden durch Auftropfen der Flüssigkeit auf eine rotierende Scheibe erzielt, die gleichzeitig von einem Heißluftstrom bestrichen wird (6, 11). Beheizung durch die Unterlage soll überhaupt vermieden werden. Beheizung durch eine Lampe von oben ist vorzuziehen. Sehr gleichmäßige Proben sind auch durch gleichzeitige Wirkung einer Lampe und eines Heißluftstroms erzielt worden, der die Flüssigkeit in rotierende Bewegung versetzt (75).

Wenn die Probe durch Ausfällen hergestellt wird, vermeidet man flockige, hydratisierte Niederschläge. Zum Beispiel bilden sich beim Trocknen der Metall-hydroxyde tiefe Sprünge in der Probe aus und der Niederschlag zieht sich schließ-lich in einige dichte Bruchstücke zusammen. Derartige Niederschläge sind ungleichmäßig und haften schlecht an der Unterlage. Anderseits können fein-kristalline Niederschläge durch die Filter laufen. Das spielt allerdings keine Rolle, wenn nur die spezifische Aktivität zu ermitteln ist und das Gewicht des Niederschlages ohne Schwierigkeit bestimmt werden kann.

Die Niederschläge werden am besten in besonders konstruierten Nutschen oder Zentrifugenröhrchen gesammelt. Papier wird zwar viel als Filtermedium verwendet, es ist aber zu beachten, daß die Poren-größe schwankt und die getrockneten Proben sich

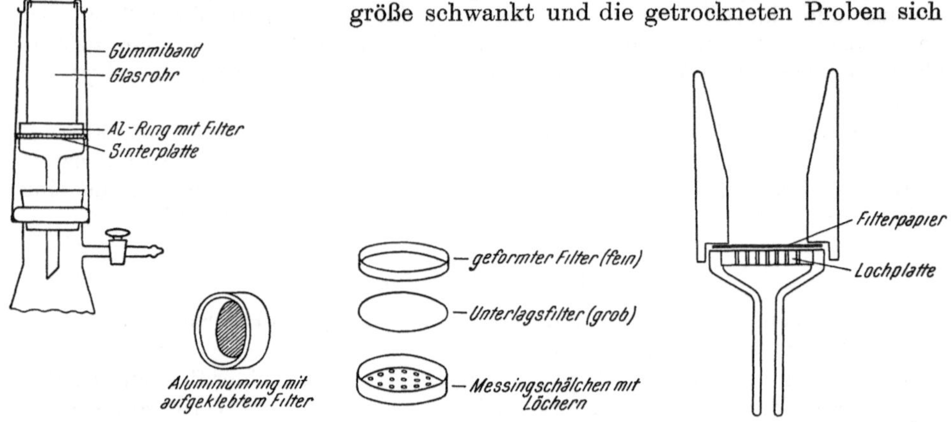

Abb. 13. Spezialnutsche nach MACKENZIE und DEAN (52).

Abb. 14. Spezialnutsche nach ARMSTRONG und SCHUBERT (2).

Abb. 15. Dreiteilige Spezialnutsche (Schnitt).

leicht werfen. Glasfritten sind oft vorzuziehen, wobei jedoch unter Umständen vor jeder neuen Verwendung zu prüfen ist, ob keine Aktivität am Filter haften geblieben ist.

Es sei auf einige Spezialnutschen zur reproduzierbaren Herstellung von Proben hingewiesen: MACKENZIE und DEAN (52) sammeln den Niederschlag auf einem Filterpapier, das an einen Aluminiumring geklebt wird. Die Konstruk-tion der Nutsche ist aus Abb. 13 ersichtlich. Ein durchlochtes Messingschälchen mit eingelegtem Filterpapier wird von ARMSTRONG und SCHUBERT (2) als Nutsche verwendet. Ein grobes Filterpapier dient als Unterlage; ein feines Filterpapier wird bereits vor Einlegen in das Messingschälchen in die passende Form gepreßt (Abb. 14) und am Rande mit dem Schälchen durch Paraffin verbunden, um eventuelles Ablösen zu verhindern. Im Laboratorium der Verfasser wird eine dreiteilige Nutsche verwendet (Abb. 15).

Um einerseits die Vorteile der Filtration durch Papier beizubehalten, ander-seits die Nachteile des Papiers als Unterlage zu vermeiden, ist vorgeschlagen worden, die Niederschläge nach der Filtration durch Aufpressen einer mit thermo-plastischem Kunststoff überzogenen Metallplatte (z. B. aus Blei) auf diese zu übertragen und dann das Papier abzuheben. Das Aufpressen erfolgt in der Hitze, so daß eine gute Verbindung zwischen Unterlage und Niederschlag ent-steht (74).

Zentrifugenröhrchen zur Sammlung von Niederschlägen besitzen einen flachen abnehmbaren Boden. In einer Ausführungsform ist das Rohr selbst aus Glas, während der Boden aus einem Kunstharzplättchen besteht, das durch Messinggewinde an das Rohr angepreßt wird (49). Einfacher ist ein Zentrifugenröhrchen aus Polyäthylen, welches sich nach außen verjüngt, so daß ein Metallschälchen aufgesetzt werden kann (Abb. 16).

Nach der Sammlung des Niederschlages wird er gewöhnlich mit einem leichtflüchtigen Lösungsmittel (Alkohol, Aceton) gewaschen und dann getrocknet. Selbst kleine Reste von Feuchtigkeit können die Selbstabsorption stark vergrößern und damit erhebliche Fehler verursachen.

Absitzen aus leichtflüchtigen Lösungsmitteln kann auch zur Herstellung gleichmäßiger Proben verwendet werden. Der z. B. durch Filtration gewonnene Niederschlag wird getrocknet, fein verrieben und dann in der Flüssigkeit aufgeschlemmt. Nach dem Absitzen wird die Flüssigkeit verdampft. Natürlich kann die Methode von Verlusten begleitet sein, was aber nicht stört, wenn nur die spezifische Aktivität bestimmt wird. Die Methode hat sich für $Ba^{14}CO_3$ bewährt.

Um Schichtverschiebungen in der fertigen Probe oder gar Verluste durch Stauben zu vermeiden, kann man sie vor der Messung mit einer dünnen Folie bedecken oder besser mit der sehr verdünnten Lösung eines Kunstharzklebers in einem leichtflüchtigen Lösungsmittel benetzen.

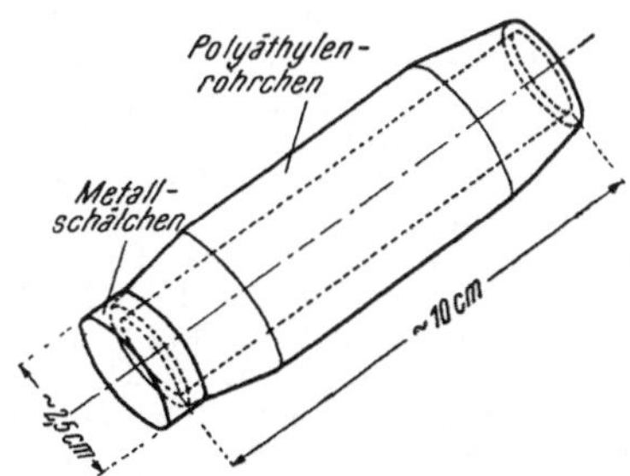

Abb. 16. Einfaches Zentrifugenröhrchen für aktive Niederschläge.

Unregelmäßigkeiten in den Proben beeinflussen vor allem den Beitrag der energiearmen Elektronen zur Aktivität. Eine Eliminierung der langsamen Elektronen durch einen Absorber kann daher — um den Preis einer Intensitätsverminderung — die Reproduzierbarkeit verbessern. Kleinhalten der Fläche der Probe hat die gleiche Wirkung. Übrigens machen sich aus geometrischen Gründen Unregelmäßigkeiten der Probe um so mehr bemerkbar, je näher sie dem Zählrohr liegt.

Elektrolytische Abscheidung von Meßproben wird bei gewissen Metallen angewendet, und zwar sowohl der Elemente selbst als auch ihrer Oxyde. Die Schichten sollen natürlich möglichst gleichmäßig sein, was nicht immer ganz einfach zu erzielen ist. Geeignete Elektrolysebedingungen (Lösungszusammensetzung, Spannung, Stromdichte, Elektrodenform, Temperatur usw.) sind für eine Reihe der schwersten Elemente (Thorium, Protaktinium, Uran, Neptunium, Plutonium) angegeben worden (22, 44), wobei die elektrolytische Abscheidung von Uran und Plutonium besonders ausführlich bearbeitet wurde. Diese Elemente werden durchwegs in Form der Oxyde abgeschieden. Die dicksten Schichten, die auf diesem Weg hergestellt werden können und noch genügend gleichmäßige Verteilung aufweisen, liegen um 1 mg/cm². Abscheidung in elementarer Form zur Herstellung von Meßproben ist vor allem beim Eisen angewendet worden (vgl. Kap. IX). Die Elektrolyse trägerfreier Radioelemente wird in Kap. III, Abschn. 7, besprochen werden.

Schließlich kommt noch die Erzeugung dünner fester Proben durch Aufdampfen in Frage, ihr Anwendungsbereich ist aber auf Spezialfälle beschränkt. So konnten Uran- und Thoriumoxydschichten durch Aufdampfen der Acetonylacetonatkomplexe im Vakuum bei 150° C erzeugt werden. Aus den aufgedampften

Schichten der Komplexverbindungen erzeugt man durch Hydrolyse und darauffolgende Hitzebehandlung die Oxyde (22, 44).

Literatur.

(1) Anderson, E. C., W. F. Libby, S. Weinhouse, A. F. Reid, A. D. Kirshenbaum u. A. V. Grosse, Physic. Rev. 72, 931 (1947). — (2) Armstrong, W. D., u. J. Schubert, Analyt. Chemistry 20, 270 (1948).

(3) Bale, W. F., F. L. Haven u. M. L. Le Fevre, Rev. Sci. Instruments 10, 193 (1939). — (4) Barnes, A. H., Rev. Sci. Instruments 7, 107 (1936). — (5) Barnóthy, J., u. M. Forró, Rev. Sci. Instruments 22, 415 (1951). — (6) Benson, A. A., u. M. Calvin, Science 105, 648 (1947). — (7) Berne, E., Rev. Sci. Instruments 22, 509 (1951). — (8) Bleuler, E., u. W. Zünti, Helv. Physica Acta 19, 375 (1946). — (9) Broda, E., W. E. Grummitt, J. Guéron, L. Kowarski u. G. Wilkinson, Proc. Physic. Soc. 60, 460 (1948). — (10) Burtt, B. P., Nucleonics 5 (2), 28 (1949).

(11) Calvin, M., C. Heidelberger, J. C. Reid, B. M. Tolbert u. P. F. Yankwich, Isotopic Carbon. New York. 1949. — (12) Chiang, R. S., u. J. E. Willard, Science 112, 81 (1950). — (13) Clark, R. K., Rev. Sci. Instruments 21, 753 (1950). — (14) Cohen, R., Ann. physique 7, 185 (1952). — (15) Connally, R. E., u. M. B. Leboeuf, Analyt. Chemistry 25, 1095 (1953). — (16) Cook, G. B., u. J. F. Duncan, J. Chem. Soc. London 1949, [S] 369. — (17) Cotton, E., A. Lévêque u. R. Cohen, J. physique Radium 15, 109 (1954). — (18) Cranford, J. A., Nat. Nucl. En. Ser. IV—14 B, 1307, New York 1949. — (19) Cunningham, B. B., A. Ghiorso u. T. C. Hindman, Nat. Nucl. En. Ser. IV—14 B, 1192, New York 1949. — (20) Cunningham, B. B., A. Ghiorso u. A. H. Jaffey, Nat. Nucl. En. Ser. IV—14 B, 1198, New York 1949.

(21) Davisson, C. M., u. R. D. Evans, Rev. Mod. Physics 24, 79 (1952). — (22) Dodson, R. W., A. C. Graves, L. Helmholz, D. L. Hufford, R. M. Potter u. J. G. Povelites, Nat. Nucl. En. Ser. V—3, 1, New York 1952. — (23) Dunworth, J. V., Rev. Sci. Instruments 11, 167 (1940).

(24) Eidinoff, M. L., Analyt. Chemistry 23, 632 (1951). — (25) Elliott, N., u. E. Shapiro, Nat. Nucl. En. Ser., IV—9 I, 36, New York 1949. — (26) Evans, R. D., Physic. Rev. 45, 29, 38 (1934). — (27) In: The Science and Engineering of Nuclear Power, Bd. I. Cambridge, Mass. 1947. — (28) Evans, R. D., u. R. O. Evans, Rev. Mod. Physics 20, 309 (1948).

(29) Failla, G., siehe W. E. Siri, Isotopic Tracers. New York 1949. — (30) Fano, U., Nucleonics 11 (8), 8 (1953). — (31) Feather, N., Proc. Cambridge Phil. Soc. 34, 599 (1938). — (32) Feitelberg, G., Science 109, 456 (1949). — (33) Fields, P. R., u. G. L. Pyle, Analyt. Chemistry 23, 1004 (1951). — (34) Finney, G. D., u. R. D. Evans, Physic. Rev. 48, 503 (1935). — (35) Francis, J. E., P. R. Bell u. J. C. Gundlach, Rev. Sci. Instruments 22, 133 (1951). — (36) Freedman, A. J., u. D. N. Hume, Analyt. Chemistry 22, 932 (1950).

(37) Ghiorso, A., A. H. Jaffey, H. P. Robinson u. B. B. Weissbourd, Nat. Nucl. En. Ser., IV—14 B, 1226, New York 1949. — (38) Glendenin, L. E., Nucleonics 2, 12 (1948). — (39) Glendenin, L. E., u. A. K. Solomon, Science 112, 623 (1950). — (40) Goddu, R. F., u. L. B. Rogers, Science 114, 99 (1951).

(41) Hopkins, J. I., Rev. Sci. Instruments 22, 29 (1951). — (42) Houtermans, F. G., L. Meyer-Schützmeister u. D. H. Vincent, Z. Physik 134, 1 (1952). — (43) Hufford, D. L., u. B. H. Scott, Bericht der U. S. Atomenergieforschung MDDC 1515 (1945). — (44) Hufford, D. L., u. B. H. Scott, Nat. Nucl. En. Ser., IV—14 B, 1149, New York 1949.

(45) Johnston, F., u. J. E. Willard, Science 109, 11 (1949).

(46) Kalmon, B., Nucleonics 11 (7), 56 (1953). — (47) Katz, L., u. A. S. Penfold, Rev. Mod. Physics 24, 28 (1952). — (48) Katz, L., A. S. Penfold, H. J. Moody, R. N. H. Haslam u. H. G. Johns, Physic. Rev. 77, 289 (1950).

(49) Larson, F. C., A. R. Maass, C. V. Robinson u. E. S. Gordon, Analyt. Chemistry 21, 1206 (1949). — (50) Libby, W. F., Physic. Rev. 69, 671 (1946). — (51) Analyt. Chemistry 19, 2 (1947).

(52) Mackenzie, A. J., u. L. A. Dean, Analyt. Chemistry 20, 559 (1948). — (53) Mann, W. B., u. H. H. Seliger, J. Res. Nat. Bur. Stand 50, 197 (1953). — (54) Manov, G. G., Nat. Res. Council Report No. 13, Washington 1953. — (55) McKay, H. A. C., Rev. Sci. Instruments 12, 103 (1941). — (56) Meyer, St., u. E. Schweidler, Radioaktivität. Berlin. 1927. — (57) Meyer-Schützmeister, L., u. D. H. Vincent, Z. Physik 134, 9 (1952). — (57 a) In: Landolt-Börnstein, Bd. I/5, Berlin, Göttingen, Heidelberg 1952. — (58) Myers, O. E., Nucleonics 5, 37 (1949).

(59) Perey, M., C. r. acad. sci., Paris 218, 714 (1944). — (60) J. physique Radium 6, 28 (1945).

(61) Reid, A. F. in: Preparation and Measurement of Isotopic Tracers. Ann Arbor. 1946. — (62) Rose, G., u. E. W. Emery, Nucleonics 9 (1). 5 (1951). — (63) Rutherford, E., J. Chadwick u. C. D. Ellis, Radiations from Radioactive Substances. Cambridge 1930.

(64) Sargent, B. W., Canad. J. Res. 17, 82 (1939). — (65) Seliger, H. H., Physic. Rev. 78, 491 (1950); 88, 408 (1952). — (66) Seliger, H. H., u. L. Cavallo, J. Res. Nat. Bur. Stand. 47, 41 (1951). — (66 a) Seliger, H. H., u. A. Schwebel, Nucleonics 12 (7), 54 (1954). — (67) Smith, J. H. C., u. D. B. Cowie, J. Appl. Physics 12, 78 (1941).

(68) Taylor, C. J., W. K. Jentschke, M. E. Remley, F. S. Eby u. P. G. Kruger, Physic. Rev. 84, 1034 (1951).

(69) Van Rennes, A. B., Nucleonics 10 (8), 22 (1952). — (70) Veall, N., Brit. Med. Bull. 8, 124 (1952).

(71) Wang, J. C., J. F. Marvin u. K. W. Stenstrom, Rev. Sci. Instruments 13, 81 (1942). — (72) Widdowson, E. E. W., u. F. C. Champion, Proc. Physic. Soc. 50, 185 (1938). — (73) Wilson, W., Proc. Roy. Soc. London, Ser. A 82, 612 (1909). — (74) Winteringham, F. P. W., Nature 164, 183 (1949). — (75) Wright, M. L., Nature 168, 289 (1949).

(76) Yaffe, L., u. K. L. Justus, J. Chem. Soc. London 1949, [S] 341.

(77) Zumwalt, L. R., C. V. Cannon, G. H. Jenks, W. C. Peacock u. L. M. Gunning, Science 107, 47 (1948).

III. Das chemische Verhalten radioaktiver Stoffe.

1. Vorbemerkungen.

Die chemische Arbeit mit radioaktiven Stoffen kann gegenüber der Arbeit mit inaktiven Stoffen eine Reihe von Besonderheiten aufweisen. Vor allem zeichnen sich Radioelemente — wie in Kap. I dargelegt — dadurch aus, daß sie durch Messung der radioaktiven Strahlung in um so kleinerer Menge nachweisbar sind, je kurzlebiger sie sind. Man kann daher das chemische Verhalten aktiver Stoffe oft auch noch dann studieren, wenn sie nur in völlig unwägbarer und unsichtbarer Menge vorliegen. Die Radiochemie ist also in dieser Hinsicht eine ins Extrem getriebene Mikrochemie.

Das chemische Verhalten dieser unwägbaren Mengen oder „Spuren" unterscheidet sich natürlich in verschiedener Hinsicht von dem makroskopischer Mengen. Besonders sind Adsorptionserscheinungen an Phasengrenzflächen in hohem Maße zu berücksichtigen. Da diese Grenzflächenvorgänge verhältnismäßig schwer zu beherrschen sind, besteht die Tendenz, für radiochemische Trennungen möglichst solche Vorgänge zu verwenden, bei denen sich Spuren ebenso wie größere Stoffmengen verhalten, wo also die Grenzflächenvorgänge, die für das abweichende Verhalten der Radioelemente verantwortlich sind, keine wesentliche Rolle spielen. Diese Tendenz kommt im starken Anwachsen der radiochemischen Verwendung von Kunstharz-Ionenaustauschern, Flüssigkeitsextraktionen und Destillationen insbesondere gegenüber den Fällungsmethoden zum Ausdruck. Aber auch in (anscheinend) homogenen Systemen können infolge Anwesenheit von Spuren von Verunreinigungen in unwägbarer Menge vorliegende Radioelemente in besonderen chemischen Formen auftreten [s. (336)]. Schließlich ist auch die Störung radiochemischer Untersuchungen durch die Konzentrierung von Radioelementen in Mikroorganismen möglich, die in den Versuchslösungen auftreten und manchmal nur schwierig festzustellen sind (390).

Ein weiteres Merkmal der Radiochemie besteht in der Notwendigkeit, auf den Zeitfaktor Rücksicht zu nehmen. Offenbar können bei der Arbeit mit kurzlebigen Stoffen keine langwierigen chemischen Methoden Verwendung finden. Daher werden manchmal zur Abtrennung verschiedener radioaktiver Isotope desselben Elements, bzw. zur Darstellung von Verbindungen dieser Isotope, sehr verschiedene Methoden angewendet. Zum Beispiel ist bei der Aufarbeitung des 8-Tage-Jods 131, eines Produkts der Kernspaltung des Urans, nicht die gleiche Eile geboten wie bei der des früher ausschließlich bekannten 25-Minuten-Jods 128, das beim Neutroneneinfang durch natürliches Jod entsteht.

Ein anderer Punkt, der in vielen Fällen berücksichtigt werden muß, ist die radioaktive — im Gegensatz zur chemischen — Reinheit des Arbeitsstoffes. Man kann und muß oft den radiochemischen Arbeitsprozeß so leiten, daß die Beimengung von anderen aktiven Stoffen auf ein Minimum reduziert bleibt. Aktive Fremdelemente müssen, soweit erforderlich, entfernt werden; schon eine chemisch unbeachtliche Menge eines Fremdelements kann unter Umständen nicht geduldet werden, wenn seine spezifische Aktivität groß ist. Auch aktive isotope Verunreinigungen wirken störend, indem sie die Zerfallskurve komplizieren und gegebenenfalls auch radioaktive Folgeprodukte erzeugen. Aktive Isotope können natürlich nachträglich nicht mehr entfernt werden, aber man kann häufig die chemischen Operationen so leiten, daß ihre Einschleppung in das Präparat verhindert wird. Verdünnung durch inaktive Isotope ist zu vermeiden, wenn „gewichtslose" Präparate oder — allgemeiner gesprochen — Präparate hoher spezifischer Aktivität erhalten werden sollen.

In den Abschnitten 2 bis 7 werden nun das Verhalten der Radioelemente bei verschiedenen chemischen Operationen sowie die sich daraus ergebenden Trennungsmethoden beschrieben.

Schließlich muß die Radiochemie auch die Auswirkungen der bei den Kernumwandlungen freigesetzten Energie in Betracht ziehen. Von Interesse sind vor allem die „spezifisch radiochemischen Effekte" — d. h. die Effekte, die jenem Teile der Kernreaktionsenergie zuzuschreiben sind, der auf das Molekül übertragen wird, in dem sich der reagierende Kern befindet. Sie können nämlich einerseits unerwartete Störungen hervorrufen, anderseits bei der trägerfreien Isolierung von Radioelementen sowie in verschiedenen anderen Fällen ein wertvolles Hilfsmittel darstellen (Abschn. 8 dieses Kapitels).

Die allgemeinen strahlenchemischen Effekte werden bei der chemischen Verwendung von Radioelementen nach Möglichkeit ausgeschaltet, indem man mit Intensitäten arbeitet, die vernachlässigbare Wirkung ausüben. Hier soll daher lediglich gezeigt werden, in welchen Fällen doch mit allgemeinen strahlenchemischen Einflüssen zu rechnen ist (Abschn. 9 dieses Kapitels).

Weiter wird der Radiochemiker überprüfen müssen, ob seine Versuchsergebnisse durch „Isotopeneffekte" beeinflußt werden. Unterlagen für die Abschätzung solcher Effekte bringt Abschnitt 10.

2. Fällung und Kristallisation.

a) Allgemeines.

Die Arbeitskonzentration trägerfreier oder trägerarmer Radioelemente kann in vielen Fällen (kurzlebige Radioelemente) so gering sein, daß bei Zugabe eines der üblichen Fällungsmittel das Löslichkeitsprodukt nicht überschritten wird, und zwar auch dann nicht, wenn ein erheblicher Überschuß des Fällungsmittels angewendet wird. Beispielsweise kommt Thorium B-(Radioblei)-Lösungen mit einer Aktivität von 1 Mikrocurie pro Liter eine Konzentration von $3{,}6 \cdot 10^{-15}$ Mol/Liter zu. Unter der Annahme vollkommener Dissoziation des gelösten Bleisulfats beträgt dessen Löslichkeitsprodukt bei 25° C $2 \cdot 10^{-10}$. Daraus ergibt sich, daß selbst die größten erreichbaren Konzentrationen an Sulfat-Ion nicht zur Fällung von Thorium B-Sulfat führen können.

Relativ einfach liegen die Verhältnisse, wenn das Radioelement nicht trägerfrei erhalten werden muß und daher ein mit dem Radioelement isotoper Träger verwendet werden kann. So können z. B. unter den natürlich radioaktiven Stoffen Thorium B, Radium B und Radium D mit inaktivem Bleiträger, Thorium C und Radium E mit Wismutträger gefällt werden. (Vor Beginn der Abtrennung muß man dafür sorgen, daß Radioelement und Träger im gleichen chemischen Zustand vorliegen.) Die Abtrennung erfolgt dann nach den üblichen makrochemischen Methoden. Die Verteilung des Radioelements zwischen Niederschlag und Lösung ergibt sich direkt aus dem Volumen der Lösung, der Menge des Niederschlages und seiner Löslichkeit.

Soll hingegen das Radioelement später trägerfrei oder trägerarm isoliert werden, so muß bei der Fällung oder Kristallisation mit einem Träger gearbeitet werden, der sich in bezug auf Kristallisation oder Fällung ähnlich wie das Radioelement verhält, aber nicht isotop ist. Ein mehr oder weniger großer Teil des Radioelements wird dann beim Abkühlen oder Eindampfen der Lösung mit auskristallisieren („Mitkristallisation") bzw. bei Zusatz des Fällungsmittels in den Niederschlag übergehen („Mitfällung"). Bei der Mitfällung wird zweckmäßig zwischen Mitfällung durch Mischkristallbildung einerseits und Mitfällung durch Adsorption anderseits unterschieden. (Mitkristallisation dagegen findet in nennenswertem Maße nur durch Mischkristallbildung statt, da die Oberfläche des Bodenkörpers relativ klein ist.) Diese Einteilung soll nun der weiteren Diskussion zugrunde gelegt werden.

Oft ist die Mitfällung unerwünscht. Auf einen Weg zur Unterdrückung einer solchen Mitfällung soll in Abschnitt 2, g hingewiesen werden.

Unter besonderen Umständen gelingt schließlich scheinbar eine trägerlose Ausfällung, auch ohne daß das Löslichkeitsprodukt einer Verbindung des Radioelements erreicht wird. Von dieser praktisch wichtigen, aber theoretisch verwickelten Erscheinung wird in Abschnitt 4 (Radiokolloide) die Rede sein.

b) Mitkristallisation durch echte Mischkristallbildung.

Kristallisationen und Fällungen beruhen beide darauf, daß die Löslichkeit eines gelösten Stoffes überschritten wird. Bei Kristallisationen wird die Überschreitung — in der Regel allmählich — durch Eindampfen oder Abkühlen der Lösung bewirkt, bei Fällungen — in der Regel plötzlich — durch Zusätze von Fällungsmitteln.

Für eine quantitative Diskussion von Mitkristallisationsvorgängen sei nun ein System betrachtet, in dem das Radioelement im Vergleich zum inaktiven Träger nur in sehr geringer Konzentration vorliegt. In diesem ist die Verteilung des Radioelements zwischen Mutterlauge und einer „differentiellen" Oberflächenschicht des Bodenkörpers unter vorgegebenen Bedingungen, wie chemische Zusammensetzung des Systems, Kristallform des Niederschlages, Temperatur usw., durch einen konstanten „Verteilungskoeffizienten" charakterisiert. Dieser Koeffizient f ist durch die Beziehung

$$f = \frac{A_N}{B_N} \frac{B_L}{A_L} \tag{3.1}$$

definiert, wobei A_L und B_L die Mengen des Radioelements und des Trägerelements in der Lösung und A_N und B_N die Mengen der beiden Elemente in der differentiellen Oberflächenschicht des Niederschlages bezeichnen. Ein einfacher, allgemein gültiger Zusammenhang zwischen dem Zahlenwert von f und sonst bekannten Größen, wie z. B. den Löslichkeiten der Reinstoffe, ist bisher nicht

gefunden worden; ja, man kann nicht einmal voraussagen, ob in einem bestimmten System f kleiner oder größer als eins sein wird.

Der Verteilungskoeffizient kann eine starke Temperaturabhängigkeit aufweisen, wobei an Umwandlungspunkten der Bodenkörper sprunghafte
Änderungen beobachtet werden (212). In Tab. 4 sind einige Verteilungskoeffizienten auf Grund der Angaben von B. Goldschmidt (213) zusammengestellt.

Trotz vorgegebenem Werte des Verteilungskoeffizienten kann nun die integrale
Verteilung verschieden sein. Sie hängt nämlich davon ab, ob die Kristallisation
unter Bedingungen erfolgt, die die Herstellung eines Gleichgewichtes zwischen
dem Kristallinneren und der Mutterlauge erleichtern oder nicht. Denn da sich
das Mengenverhältnis Radioelement : Träger in der Mutterlauge während der
Kristallisation merklicher Mengen verschiebt, nämlich für $f > 1 (< 1)$ ver-
kleinert (vergrößert), ist das Innere der Kristalle, wenn es sich nicht mit ihrer Oberfläche ins Gleichgewicht setzt, in den späteren Stadien der Kristallisation reicher (ärmer) an Radioelement, als dem Gleichgewicht mit der verarmten (angereicherten) Mutterlauge entspricht. Die Herstellung eines Gleichgewichtes innerhalb des Kristalls kann nur durch Rekristallisation erfolgen, da die Diffusion viel zu langsam

Tabelle 4. *Verteilungskoeffizienten bei der Mitkristallisation bzw. Mitfällung von Radium.*

Salz	Temperatur ° C	Verteilungs-koeffizient
$BaBr_2 \cdot 2\,H_2O$	25	9
$Ba(OH)_2 \cdot 8\,H_2O$	20	0,1
$BaSO_4$...............	20	1,8
$SrCl_2 \cdot 6\,H_2O$	20	0,015
$SrSO_4$...............	20	340
$CaSO_4$...............	20	0,02
$PbSO_4$...............	20	11

vor sich geht. Die Rekristallisation wird durch kräftiges Rühren, Kleinhalten
der Kristalle und Langsamkeit der Kristallisation erleichtert.

In einem Extremfall, nämlich dem Fall völligen Gleichgewichtes — d. h.
Gleichgewicht sowohl innerhalb der Kristalle als auch zwischen den Kristallen
und der Mutterlauge —, ist das Radioelement in den makroskopischen Kristallen
homogen verteilt. Die Verteilung gehorcht dann einfach dem Verteilungsgesetz
von Berthelot und Nernst, d. h. die Verteilung gleicht der eines gelösten Stoffes
zwischen zwei flüssigen Phasen. Es gilt unter dieser Bedingung auch für die
integrale Verteilung ein Gl. (3. 1) analoges Gesetz: $f = (A'/B')\,(B_L/A_L)$, in dem
A' und B' die Gesamtmengen im Niederschlag bezeichnen. Die einfachste Form
des Berthelot-Nernstschen Verteilungsgesetzes erhält man, wenn man in diesem
Ausdruck statt der Mengen (A_N, A_L, B_N, B_L) die Konzentrationsgrößen a_N, a_L,
b_N, b_L einsetzt und berücksichtigt, daß b_N/b_L praktisch konstant ist:

$$f' = a_N/a_L. \tag{3. 2}$$

Chlopin (86 bis 91) bestätigte dieses Verteilungsgesetz an kräftig gerührten
kristallisierenden Lösungen von radiumhältigem Bariumchlorid, die anfänglich
in verschiedenem Ausmaß übersättigt waren. Der beobachtete Zahlenwert
von f im Gleichgewicht war vom Grad der Übersättigung unabhängig. Auch
bei langsamer Kristallisation nicht gerührter Barium-Radium-Chloridlösungen
stellt sich nach Mumbrauer (459) überraschenderweise die Berthelot-Nernst-
sche Verteilung ein.

Wenn dagegen die Kristallisationsbedingungen so gewählt werden, daß sich
ein Gleichgewicht nur zwischen der Mutterlauge und den Kristalloberflächen
einstellt (also der andere Extremfall vorliegt), so ist die Verteilung des Radioelements über die Kristalle zwar kontinuierlich, aber inhomogen. Die Ver-

teilung zwischen der Kristall- und der Lösungsphase gehorcht dann dem Gesetz von DOERNER und HOSKINS (129). Bezeichnet man die Gesamtmengen des Radioelements mit A und die des Trägers mit B, die abgeschiedenen Mengen mit A' und B', so ergibt sich (s. Gl. [3. 1]), da wir nun $A_N = dA'$ und $B_N = dB'$ setzen müssen:

$$\frac{dA'}{dB'} = f\,\frac{A_L}{B_L} = f\,\frac{A-A'}{B-B'} \tag{3. 3}$$

und nach Integration:

$$\log\frac{A}{A-A'} = f\log\frac{B}{B-B'}. \tag{3. 4}$$

Eine Verteilung nach DOERNER und HOSKINS ergibt sich, wie erwartet, wenn die Kristallisation durch isothermes Eindampfen einer gesättigten Lösung erfolgt. Dies wurde von RIEHL und KÄDING (491) an einer Barium-Radium-Chloridlösung festgestellt. MUMBRAUER (459) hat gezeigt, daß das Verteilungs-gesetz von DOERNER und HOSKINS auch gilt, wenn die Kristalle schnell gebildet und sofort abfiltriert werden. Läßt man dagegen diese Kristalle längere Zeit in Berührung mit der Lösung, so stellt sich durch Umkristallisieren eine homogene Verteilung ein.

Soll die isomorphe Abscheidung eine möglichst große Anreicherung des Radioelements in der Kristallphase bewirken, so wählt man für diese „fraktionierte Kristallisation" zunächst Arbeitsbedingungen, unter denen der Verteilungskoeffizient einen möglichst großen Wert hat. Offenbar ist es auch vorteilhaft, die DOERNER-HOSKINS-Verteilung — und nicht die BERTHELOT-NERNST-Verteilung — anzustreben. Der Vorteil ist durch die Kurven (Abb. 17) veranschaulicht (37). Natürlich nimmt auf jeden Fall der Trenneffekt mit zunehmender Verarmung der Mutterlauge ab und eine quantitative Abscheidung kann überhaupt nicht stattfinden. Die Erzeugung grober Kristalle bietet nicht nur den Vorteil, daß Rekristallisation erschwert wird, sondern auch den, daß Adsorptionserscheinungen weniger stark störend wirken können. Grobe Kristalle werden z. B. leicht aus stark sauren Bariumchlorid- und -nitratlösungen erhalten.

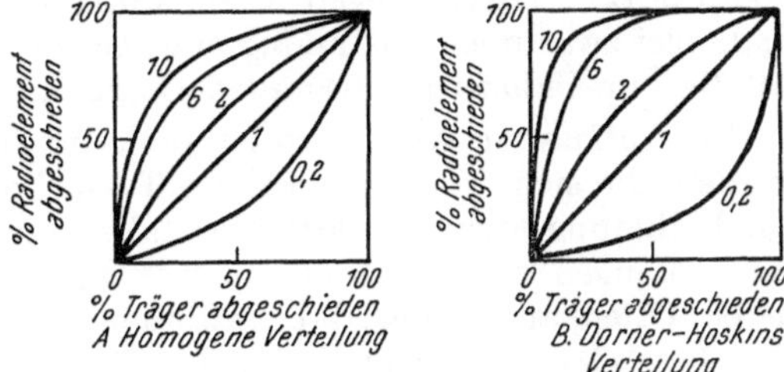

Abb. 17. Abscheidung eines Radioelementes bei der Mitkristallisation.

Das klassische Beispiel für die Anreicherung eines Radioelements durch Kristallisation ist die vom Ehepaar CURIE durchgeführte Abtrennung des Radiums aus Pechblende, wobei in der letzten Stufe des Verfahrens das Radium vom Barium-Träger durch fraktionierte Kristallisation der Bromide geschieden wird. Die Bromidkristallisation verdient gegenüber anderen Mitkristallisationen wegen der Größe der Verteilungskoeffizienten den Vorzug. [Für eine ausführliche Literaturzusammenstellung über Mitkristallisations- und Mitfällungsmethoden bei der Radiumgewinnung s. (204)]. Heute stehen Verfahren, die auf der unterschiedlichen Adsorption an Ionenaustauschersäulen beruhen, mit dem klassischen Verfahren in Konkurrenz (s. Abschnitt 3, c).

c) Mitkristallisation durch anomale Mischkristallbildung.

Mischkristallbildung erfolgt in allen Fällen, wo makroskopische Mengen der beiden Stoffe sich als isomorph erweisen. Darüber hinaus wird aber manchmal der Eintritt gewichtsloser Mengen eines Salzes in einen Kristall beobachtet, obwohl wägbare Mengen nicht zur Mischkristallbildung mit dem Trägersalz befähigt sind. Die Verteilungskoeffizienten sind auch bei dieser „anomalen" Mischkristallbildung, die von Hahn eingehend studiert wurde [s. (241)], gut reproduzierbar. Sie hängen von den Mengenverhältnissen, von der Anwesenheit von Fremdionen, von den Arbeitsbedingungen usw. wenig ab, so daß auf diese Weise eine Abgrenzung gegenüber der Mitfällung durch Adsorption auch bei diesen Systemen möglich ist.

Anomale Mischkristallbildung wurde an den Systemen $BaCl_2$—$PbCl_2$, Ag_2CrO_4—$PbCrO_4$, $NaCl$—$PbCl_2$, KCl—$PbCl_2$ und KBr—$PbBr_2$ beobachtet (240, 243, 334, 460, 481). Im erstgenannten System konnte die Grenze der anomalen Mischkristallbildung, d. h. die Aufnahmefähigkeit des Bariumchloridgitters für Blei, zu 0,1 Mol-% bestimmt werden. Der Einbau des Bleis dürfte mit der Komplexbildung durch Blei in konzentrierten Halogenidlösungen zusammenhängen (179). Nach Hahn handelt es sich um den Einbau der Ionen $PbCl_3^-$ oder $PbCl_4^{--}$ (241). Gegen diese Annahme scheint allerdings zu sprechen, daß Radioblei zwar noch aus mäßig starker, aber nicht aus konzentrierter Salzsäure mit Barium-Chlorid mitkristallisiert (223).

Die Auffassung von Hahn ist auch durch Booth (40) einer Kritik unterzogen worden, die sich besonders auf die Tatsache stützt, daß es Stoffe gibt, die zwar durch Bildung anomaler Mischkristalle aufgenommen werden, wenn sie in wägbaren Mengen vorliegen, aus hochverdünnten Lösungen aber nicht mitkristallisieren. Offenbar erfordert daher die anomale Mitkristallisation von Radioelementen eine besondere Erklärung: Booth führt die anomale Mischkristallbildung im weiteren Sinne, d. h. Aufnahme kleiner wägbarer Mengen wie auch radioaktiver Spuren, auf die Übereinstimmung oder Ähnlichkeit gewisser Kristallebenen der beiden Verbindungen — also z. B. $NaCl$ und $PbCl_2$ — zurück, die sich bei wägbaren Mengen auch durch Beeinflussung der Kristallisationsform bemerkbar macht. Die Übereinstimmung von Kristallebenen reicht aber noch nicht aus, um den Einbau von Radioelementen zu bewirken. Aufnahme von Spuren (Radioelementen) — im Gegensatz zum Einbau wägbarer Mengen — erfolgt nur, wenn neben der Übereinstimmung der Kristallebenen eine sehr starke Bindung der betreffenden Ionen ans Gitter vorliegt. Dies scheint für Blei und Cadmium der Fall zu sein, die auch einen besonders starken Einfluß auf die Kochsalzkristallisation ausüben, wenn sie in wägbaren Mengen vorliegen. Elemente, die, wie Mangan und Wismut, zwar aus Lösungen größerer Konzentration, jedoch nicht aus hochverdünnten Lösungen mitgefällt werden, üben auf die Kochsalzkristallisation einen bedeutend geringeren Einfluß aus als Blei und Cadmium. Eine wirklich grundlegende Erklärung der anomalen Mitkristallisation von Radioelementen wird aber erst möglich sein, wenn eine größere Anzahl von Systemen sowohl in radiochemischer als in kristallographischer Hinsicht eingehend untersucht ist.

d) Mitfällung durch Mischkristallbildung.

Grundsätzlich liegen die Verhältnisse bei der Mitfällung durch Mischkristallbildung ähnlich wie bei der Mitkristallisation durch Mischkristallbildung. Praktisch können aber bei den Fällungen starke lokale Konzentrationsunterschiede auftreten, die die Reproduzierbarkeit verschlechtern und die theoretische Erfassung erschweren.

B. Goldschmidt (213) hat die Mitfällung von Radium mit Strontiumsulfat, Calciumsulfat, Bleisulfat und Bleikarbonat bei 20° C studiert und in diesen Fällen folgende Verteilungskoeffizienten gefunden: 340; 0,02; 11; 0,06. Näher untersucht wurde auch die Mitfällung von Radium an Bariumchromat (281, 446, 468). Durch Verwendung einer homogenen Fällungsmethode konnte neuerdings gute Reproduzierbarkeit erzielt werden: der sauren Barium-Radium-Chromatlösung wurde Harnstoff oder Kaliumcyanat zugesetzt; durch Zersetzung wurde dann eine homogene Ammoniakentwicklung bewirkt, die Neutralisation der Säure und Fällung der Chromate herbeiführt (519). Einige neuere Anwendungen isomorpher Mitfällungen sind die folgenden: Gewichtslose Mengen von Radioarsen in Form des Arsenits oder Arsenats werden nach STARKE (562) zuerst an Magnesiumoxyd adsorbiert. Dann wird die Magnesia in Salzsäure aufgelöst und schließlich nach Zusatz von Ammoniumchlorid, Wasserstoffperoxyd (zur Oxydation zum Arsenat), Phosphation (als Träger) und Ammoniak als Magnesium-Ammonium-Phosphat ausgefällt, das mit dem Arsenat isomorph ist. Radioschwefel, der bei der Bestrahlung von Tetrachlorkohlenstoff mit schnellen Neutronen neben Radiophosphor und Radiochlor entsteht, kann durch Wasserstoffperoxyd zum Sulfat oxydiert und dieses dann nach Zusatz von Bariumion und Kaliumchromat als Bariumsulfat ausgefällt werden, da es mit Bariumchromat isomorph ist (153, 157). Inaktives Phosphat wird dabei zugesetzt, um die Adsorption des Radiophosphors zu unterdrücken.

Auch bei der Mitfällung von Selen oder Astat an elementarem Tellur, die durch Einleiten von Schwefeldioxyd in tellurige Säure erfolgt, dürfte es sich um isomorphe Mischkristallbildung handeln (180, 182). Das gleiche gilt für die Mitfällung von Francium an Cäsiumperchlorat, Cäsiumsilikowolframat und anderen wenig löslichen Cäsiumsalzen (199, 313, 478).

e) Mitfällung durch Adsorption. Theorie.

Auch Fremdionen, die nicht in das Gitter eines Kristalls eingebaut werden können, können bei dessen Abscheidung aus einer Lösung „mitgerissen" werden. Es handelt sich dann also um einen Adsorptionsvorgang an den Kristalloberflächen. Die Fremdionen können natürlich auch nachträglich, wenn auch meist mit geringerer Ausbeute, an einem vorgebildeten Niederschlag adsorbiert werden. Adsorptionsvorgänge spielen unvermeidlich auch dann eine zusätzliche Rolle, wenn Einbau in das Gitter stattfinden kann.

Für die Unterscheidung zwischen der Mitfällung durch Mischkristallbildung und der Mitfällung durch Adsorption gibt es mehrere Kriterien, die man vor allem OTTO HAHN verdankt. Zunächst ist bei Mitfällung durch Mischkristallbildung das Verhältnis Radioelement : Träger in Niederschlag und Mutterlauge im wesentlichen durch die chemische Zusammensetzung des Systems und die Temperatur bestimmt; es ist aber in guter Näherung von den Fällungsbedingungen unabhängig. Dagegen üben diese Bedingungen bei Mitfällung durch Adsorption einen starken Einfluß auf die Verteilung des Radioelements aus. Eine Unterscheidung zwischen den beiden Arten der Mitfällung ist in gewissen Fällen auch dadurch möglich, daß Einbau in das Gitter eine kontinuierliche, manchmal auch eine homogene Verteilung des Radioelements über den Bodenkörper bewirkt, während die Adsorption normalerweise nur an den Kristalloberflächen stattfinden kann. Die Verteilung kann in günstigen Fällen anschaulich mit Hilfe der Autoradiographie untersucht werden.

Zum Verständnis der Mitfällung durch Adsorption kann man die Oberfläche des Niederschlages als elektrische Doppelschicht betrachten. LOTTERMOSER (410, 411) hat gezeigt, daß die Ladung der Salzniederschläge von den im Überschuß vorhandenen Ionen bestimmt wird; sie sind verhältnismäßig fest am Kristall adsorbiert. Die Gegenionen sind weniger fest adsorbiert und befinden sich auf Grund ihrer thermischen Energie in einer diffusen Schicht, die schnell mit gleichgeladenen Ionen der Lösung austauscht. In Abb. 18 ist die Struktur der Oberfläche eines Jodsilberniederschlages schematisch wiedergegeben.

Es ist nun durchaus möglich, daß auch solche Ionen, die des isomorphen Einbaues im Kristallinneren nicht fähig sind, in die Grenzschicht eingebaut werden, indem sie zuerst mit Ionen der Gegenionenschicht austauschen und dann fest adsorbiert werden. Qualitativ wird man annehmen dürfen, daß erstens ein solcher Einbau (oder vielleicht besser Zubau) durch eine entgegengesetzte Ladung des Kristalls erleichtert werden wird. Zweitens wird der Einbau um so wirkungsvoller vor sich gehen, je größer die Affinität der entgegengesetzt

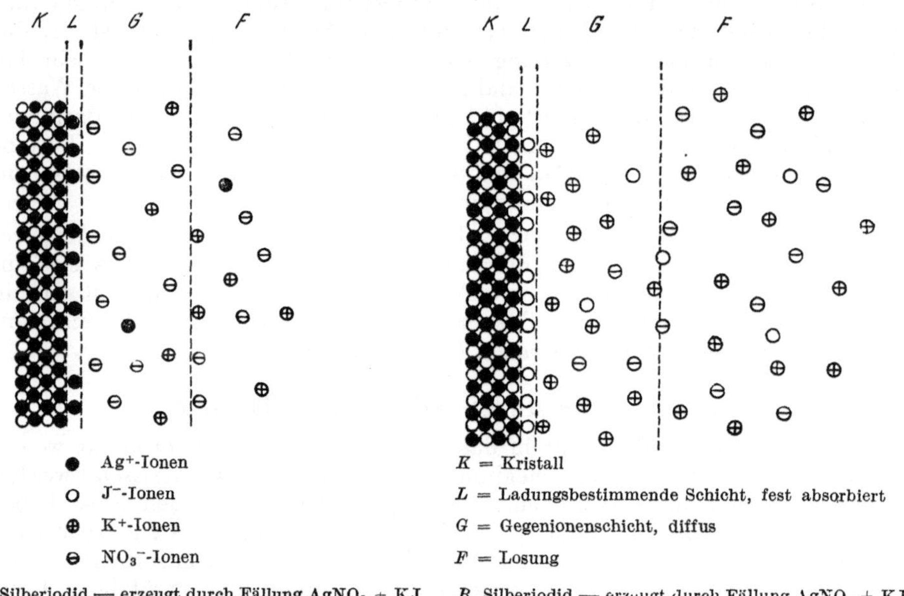

A. Silberjodid — erzeugt durch Fällung AgNO₃ + KJ mit AgNO₃ im Überschuß.

B. Silberjodid — erzeugt durch Fällung AgNO₃ + KJ mit KJ im Überschuß.

Abb. 18. Schema der Oberfläche eines von Losung umspülten Kristalls.

geladenen Ionen des Gitters zu den Ionen des Radioelements ist; die Schwerlöslichkeit des aus diesen beiden Ionen gebildeten Salzes in makroskopischer Menge ist ein ungefähres Maß dieser Affinität. Sie ist durch eine Anzahl von Umständen (Ladung, Ionenradius, Polarisierbarkeit, Hydratationsenergie) bestimmt. Außerdem hängt das Ausmaß der Adsorption natürlich in allen Fällen von der Oberflächengröße sowie der Oberflächenstruktur der Kristalle ab. Sie kann sich dementsprechend auch mit der Zeit ändern, wenn der Niederschlag rekristallisiert. Frisch gefällte Niederschläge und besonders solche, bei denen die Fällung rasch durchgeführt wurde, besitzen daher das größte Adsorptionsvermögen (316).

Die Bedingungen der Mitfällung durch Adsorption lassen sich in diesem Sinne nach Hahn (239) in folgender Weise ausdrücken: Ein in beliebiger Verdünnung vorliegendes Ion wird an einem Niederschlag stark adsorbiert, wenn der Niederschlag eine dem Ion entgegengesetzte Ladung trägt und wenn die durch Adsorption entstandene Verbindung zwischen dem Radioelement und dem entgegengesetzt geladenen Ion im vorliegenden Lösungsmittel schwer löslich ist. Die Bedeutung der Schwerlöslichkeit der „Adsorptionsverbindung" ist schon von PANETH 1914 (472) an zahlreichen Beispielen nachgewiesen worden. (Es genügt aber auch, wenn die Verbindung nicht schwerlöslich, sondern wenig dissoziiert ist; so wird Hg^{++} an Silbercyanidniederschlägen stark adsorbiert.)

Ein Beispiel für diese Verhältnisse liefern die Untersuchungen von FAJANS und ERDEY-GRÚZ (166) über die Adsorption von Radioblei (ThB) an vorgebildetem Silberbromid. Die Niederschläge wurden durch Umsatz äquivalenter Mengen hergestellt und gut gewaschen, so daß sie ungeladen und besonders rein waren. Bei Vergrößerung der Bromidkonzentration in der Lösung, aus der die Adsorption erfolgte, wurde nun eine Zunahme der ThB-Adsorption beobachtet, — die Vergrößerung der Anzahl der Ionen in der ladungsbestimmenden Schicht bewirkt also eine ebensolche Vergrößerung der Zahl der adsorbierten Gegenionen. Fremdanionen, die in die ladungsbestimmende Schicht eingebaut werden können (z. B. Chlorid), wirken ebenso wie Bromidion, während andere Fremdanionen (Sulfat, Oxalat, Phosphat) wirkungslos bleiben. Eine Vergrößerung der H^+-Konzentration bei konstanter Br^--Konzentration führt zu einer Abnahme der ThB-Adsorption, was auf Verdrängung von Pb^{++} in der Gegenionenschicht durch H^+ oder aber auch auf eine Verkleinerung der Oberfläche der Kristalle durch beschleunigte Rekristallisation zurückzuführen sein kann.

Der Einfluß der Löslichkeit auf die Adsorption wurde von IMRE (316) am Beispiel von Silberhalogenidniederschlägen nachgewiesen. Thorium X (^{224}Ra) und Mesothor 2 (^{228}Ac), deren Halogenide gut löslich sind, werden sehr wenig adsorbiert, Thorium B (^{212}Pb) hingegen wird stark adsorbiert. IMRE nimmt auf Grund seiner Experimente an, daß das Mesothor 2 überhaupt nur in der diffusen Gegenionenschicht festgehalten wird.

HAHN führt auch noch einen Sonderfall der Mitfällung durch Adsorption ein, nämlich Mitfällung durch „innere Adsorption". In diesem Falle soll die Adsorption an den Oberflächen wachsender Kristalle stattfinden, worauf durch Ausbildung neuer Kristallschichten Einschluß erfolgt. Die Adsorption muß dabei durch starke Kräfte erfolgen, d. h. es muß zur Bildung beständiger, unlöslicher Oberflächenverbindungen oder -komplexe kommen, da sonst das Radioelement bei der Ausbildung weiterer Kristallschichten von den Trägerionen verdrängt würde. Nach BOOTH (40) beruhen jedoch die von HAHN auf „innere Adsorption" zurückgeführten Mitfällungen nicht auf einer Adsorption der Radioelemente an den Netzebenen der wachsenden Kristalle, sondern auf Adsorption an Fehlstellen.

HAHN gibt Kriterien an, durch die die „innere Adsorption" von anderen Formen der Mitfällung unterschieden werden soll. Die Mitfällung von Blei, Thorium X (Radium) und Polonium mit Alkalisulfaten wird auf „innere Adsorption" zurückgeführt (241).

f) Mitfällung durch Adsorption. Anwendungen.

Für Mitfällungen durch Adsorption ist zum Beispiel das Eisenhydroxyd wegen seiner großen Oberfläche besonders gut geeignet. So kann man einer Mesothoriumlösung, in der sich Radiothor (^{228}Th) nachgebildet hat, Eisenion zusetzen und mit Ammoniak fällen; das Radiothor fällt mit (237). (Das ist eine gebräuchliche Methode zur Herstellung hochemanierender Radiothorpräparate.) Es empfiehlt sich, Kohlendioxyd auszuschließen, da dieses eine Fällung von schwerlöslichem Radium-(MsTh 1)-Karbonat bewirken kann, und/oder eine solche Fällung durch Zusatz von „Zurückhalteträger" (s. Abschnitt 2, g), nämlich von Bariumion, zu unterdrücken. Die gleiche Methode ist auch zur Trennung von Radiothor und seinem Folgeprodukt Thorium X (^{224}Ra) geeignet.

In ähnlicher Weise kann aus Uranylnitratlösungen das Folgeprodukt Uran X_1 (^{234}Th) abgeschieden werden (113). Man setzt der Lösung Eisenträger zu und fällt Ammoniumuranat und Eisenhydroxyd mit Ammoniak. Durch Zugabe von Ammoniumcarbonat wird das Uran komplex gelöst, während der zurückbleibende Eisenhydroxydniederschlag das Uran X_1 zurückhält. Es überrascht dabei, daß das Uran X_1 nicht auch in komplexe Lösung geht, wie man es eigentlich von einem Thoriumisotop erwarten würde; offenbar ist es aber an das Eisenhydroxyd fest gebunden.

Adsorption an Eisenhydroxyd wird auch zur Anreicherung von radioaktivem Phosphat verwendet, das man durch Bestrahlung von Schwefel mit Neutronen erzeugt (39, 103, 352). Auf diesem Weg erzielt man insbesondere gute Trennung von anderen Anionen (z. B. Sulfat), die am Eisenhydroxyd bedeutend schwächer als das Phosphat adsorbiert werden. Schließlich sind auch Indium und Zinn [Trennung von Cadmium (435)], Mangan [Trennung von Kobalt (434)], Wolfram (194), Platin (287) und Magnesium (399) durch Mitfällung an Eisenhydroxyd abgetrennt worden. Der Mechanismus von Mitfällungen an Eisenhydroxyd ist von Kurbatov und Mitarbeitern näher untersucht worden (137, 366, 369).

Auch Mangandioxyd wird häufig für Mitfällungen durch Adsorption verwendet [s. (185)]. So kann man kleinste Mengen Radium in sehr großen Mengen Wasser durch Mitfällung an Mangandioxyd, das durch Zugabe von Kaliumpermanganat und Manganchlorid in der Lösung erzeugt wird, anreichern und so den analytischen Nachweis ermöglichen (324). Aus einem Gemisch von Zirkon und Niob kann das Niob an Mangandioxyd adsorbiert werden, während Zirkon in Lösung verbleibt (105). Auch Anreicherung von Protaktinium (228, 422, 426, 586) und von Polonium (342) durch Adsorption an Mangandioxyd wird verwendet.

Hahn und Meitner (245) trennen das kurzlebige Uran X_2 (^{234}Pa, $T_{1/2} = 1,2$ Min.) von der Muttersubstanz Uran X_1 (^{234}Th) durch Adsorption an vorgebildetem Tantalpentoxyd.

Starke (562) verwendet vorgebildetes Magnesiumoxyd zur Adsorption von Arsenationen. Born und Drehmann (41) adsorbieren Radiokupfer an vorgebildetem Wismutsulfid und trennen so vom Zink, aus dem das Kupfer durch Neutronenbestrahlung hergestellt worden war. Auch Platin und Osmium konnten an Wismutsulfid mitgefällt werden (287). Gallium wird an Zinksulfid oder Zinkoxychinolat und — umgekehrt — Zink an Galliumoxychinolat mitgefällt (287).

Zur Anreicherung von radioaktivem Phosphat, das durch Neutronenbeschuß von Schwefel hergestellt wurde, kann statt Eisenhydroxyd auch Lanthanhydroxyd verwendet werden (10). Protaktinium wird an Zirkonphosphat angereichert (342). Radiosilber kann von Palladium, Rhodium und Ruthenium durch Adsorption an Kalomel in guter Ausbeute abgetrennt werden (277). Die Abtrennung kleinster Thoriummengen kann durch Mitfällung an Zirkonjodat ausgeführt werden (236).

Mitfällung durch Adsorption ist auch bei der Entfernung von Radioelementen aus den Abwässern der Anlagen, die im Atomkernreaktor gewonnenes Plutonium und Spaltprodukte vom Uran abtrennen, und der Laboratorien, die mit größeren Mengen Radioelementen arbeiten, von Bedeutung. Als besonders wirksam erweisen sich Eisenhydroxydfällungen, die durch Zugabe von Kalk erzeugt werden, und Fällungen von Calciumphosphat, denen zur Erhöhung der Wirkung noch fein verteilter Ton zugesetzt wird [s. z. B. (92, 376, 508)].

g) Abtrennung durch Vermeidung der Mitfällung oder durch selektive Auflösung.

Viele Abtrennverfahren beruhen darauf, daß eine Makrokomponente unter Bedingungen ausgefällt oder auskristallisiert wird, unter denen ein Radioelement nicht am Niederschlag adsorbiert wird, sondern in der Lösung zurückbleibt.

Die Vermeidung der Adsorption kann erforderlich sein, weil sonst Radioelement verlorengeht oder der Niederschlag eine unerwünschte radioaktive Beimengung erhält.

So gelingt die Abtrennung des kurzlebigen Thalliumisotops Thorium C″ ($T_{1/2}$ = 3,1 Min.) von den Muttersubstanzen Thorium B (Blei) und Thorium C (Wismut) durch Fällung von Eisenhydroxyd aus der Mutterlösung mit Ammoniak (315). Nur die Blei- und Wismutisotope werden adsorbiert. Das Thorium C″ bildet sich aus dem Thorium C des Niederschlages rasch nach und kann durch Auslaugen mit heißem Wasser immer wieder rein gewonnen werden. Ebenso kann man Makromengen Silber durch Fällung als Chlorid aus einer Poloniumlösung entfernen (115). Die Anreicherung von Uran X_1 aus Uranylnitrat (vgl. auch Abschnitt 2, f) gelingt, indem man das letztere durch Auskristallisieren entfernt (205). Mesothor 1 (Radium) kann aus seinen Lösungen derart abgeschieden werden, daß die Tochtersubstanz Radiothor (Th) nicht am Niederschlag adsorbiert wird. Zu diesem Zwecke fällt man Bariumträger aus der Lösung mit konzentrierter Salzsäure aus (639). Umgekehrt bleibt trägerfreies Mesothor 1 in Lösung zurück, wenn die Muttersubstanz Thorium mit Ammoniak unter Ausschluß von Kohlendioxyd als Hydroxyd gefällt wird (35). Die Folgeprodukte des Radiums, Radium D (Pb), Radium E (Bi) und Radium F (Po) können vom Radium abgetrennt werden, indem man dieses — gegebenenfalls in Anwesenheit von Bariumträger — mit überschüssiger konzentrierter Bromwasserstoffsäure ausfällt. Salzsäure wäre nicht brauchbar, da Bleichlorid mit Bariumchlorid einen anomalen Mischkristall bildet (siehe Abschnitt 2, c) (241). Die Folgeprodukte des Radiums können weiter getrennt werden, indem man das Blei mit isotopem Träger mit Hilfe von konzentrierter Salzsäure abscheidet, wobei Wismut und Polonium in Lösung bleiben (299).

Verschiedene Radioelemente können vom Wismutträger getrennt werden, indem man diesen durch Hydrolyse ausfällt (287).

Bei der Gewinnung von Radioelementen durch Beschuß von Tantal mit schnellen Ionen erfolgt die Abtrennung, indem der Auffänger („target") zuerst in einem Säuregemisch (Salpetersäure-Flußsäure) gelöst wird, und das Tantal entweder durch Abdampfen der Flußsäure [Trennung vom Rhenium (187)] oder durch Laugezusatz als Hydroxyd [Trennung vom Wolfram (194)] gefällt wird.

Die unerwünschte Adsorption von Radioelementen an Kristallen oder Niederschlägen, die bei Fällungs- und Mitfällungstrennungen auftritt, kann durch Zusatz sogenannter Zurückhalteträger besonders wirksam ausgeschaltet werden. Man setzt der Lösung isotope oder nichtisotope inaktive Ionen zu, die eine Ladung gleichen Vorzeichens tragen wie das Ion, dessen Adsorption verhindert werden soll, und ähnlich wie dieses am Niederschlag adsorbiert werden. Diese zugesetzten Ionen verdrängen dann die gewichtslosen Mengen des Radioelements von der Oberfläche. Die adsorbierten Mengen des inaktiven Zurückhalteträgers sind zu klein, um den Radiochemiker zu stören.

Die selektive Auflösung, also das Verfahren, mit dessen Hilfe, wie oben beschrieben, Thorium C″ gewonnen wird, gestattet auch für sich allein beispielsweise die Trennung des Thoriums und Aktiniums vom Barium (und auch vom Radium, wenn gleichzeitig anwesend): Während die Nitrate der Erdalkalimetalle in absolutem Alkohol unlöslich sind, lösen sich jene des Thoriums und Aktiniums leicht auf (236, 252, 476).

Wird Radiophosphor durch Beschuß von elementarem Schwefel mit schnellen Neutronen hergestellt, so kann man den gebildeten Phosphor mit siedender Essigsäure extrahieren (39). Zur Isolierung von Radiovanadin aus Titan-Auffängern, in denen es durch Deuteronenbeschuß erzeugt worden war, wird das

Titan in das Sulfat übergeführt, dieses mit Soda und Salpeter geschmolzen und das Vanadin aus dem Schmelzkuchen mit kaltem Wasser extrahiert; Titandioxyd bleibt zurück (279). Die wichtige Herstellung von langlebigem Radionatrium (^{22}Na) erfolgt gewöhnlich durch Reaktion von Magnesium mit Deuteronen. Nach der Bestrahlung wird die Probe mit Salpetersäure zur Trockene eingedampft. Nach Verglühen des Magnesiumnitrats zum Oxyd kann das Radionatrium mit Wasser herausgelöst werden (132, 610).

3. Adsorption an vorgebildeten Oberflächen.

a) Allgemeines.

Hier wird im Gegensatz zu den Abschnitten 2, e und f nicht von der Adsorption an Salzniederschlägen die Rede sein, die außerhalb der Lösung des Radioelements vorgebildet und dann in diese eingebracht werden; die Adsorption an diesen Salzniederschlägen unterscheidet sich, wie wir bereits ausgeführt haben, nur wenig von der Mitfällung mit den Salzen durch Adsorption oder Mischkristallbildung. Vielmehr soll hier die Adsorption von Radioelementen an hochmolekularen Feststoffen (Gläsern, Harzen, Kohle, Fasern) besprochen werden, die in die Lösung eingeführt oder mit ihr in Berührung gebracht werden.

Schon 1909 beobachtete Ritzel (492), daß Uran X$_1$ (^{234}Th) aus Uranylnitratlösungen an Aktivkohle adsorbiert wird. Das Adsorptionsgleichgewicht stellte sich erst nach Tagen ein. Ohne sich über die Isotopie des Uran X$_1$ mit Thorium im klaren zu sein, stellte Ritzel fest, daß die Adsorption schon durch kleine Thoriummengen verhindert wird. Später fanden Freundlich und Kämpfer (175), daß auch Zirkonionen, Farbstoffe und organische Säuren das Uran X$_1$ verdrängen, jedoch nicht Alkali- und Erdalkalisalze, die offenbar selbst nur schwach adsorbiert werden.

Während es sich bei der Adsorption an Kohle nicht um reine Ionenaustauschwirkung handeln kann, ist in anderen Fällen, z. B. bei Zellulose, eindeutig nachgewiesen, daß der Mechanismus der Adsorption in einem Ionenaustausch besteht. In dieser Hinsicht besteht also eine gewisse Verwandtschaft mit der Adsorption an vorgebildeten Salzniederschlägen.

Die Ionenadsorption an Gefäßwänden, Filtermedien usw. ist eine ernste Fehlerquelle. Anderseits kann die Adsorption an hochmolekularen Festkörpern auch für Trennungen nutzbar gemacht werden. Aktivkohle (vgl. auch Abschn. 8, e) und ganz besonders Kunstharze (siehe Abschnitt 3, c) sind mit großem Erfolg in der Radiochemie eingesetzt worden.

Adsorption an Aktivkohle (92) und an Ionenaustauschern (16) ist auch zur Entfernung von Radioelementen aus hochaktiven Abwässern herangezogen worden.

b) Adsorption an Glas und verwandten Stoffen.

Die Kenntnis der Adsorption der Radioelemente an Gefäßwänden ist für den Radiochemiker unbedingt erforderlich. Horovitz und Paneth (304, 305) haben als erste festgestellt, daß Radioelemente an Glaswänden festgehalten werden. Eine Untersuchung von Leng (388) lieferte quantitative Aussagen über die Adsorption von Radioblei an verschiedenen Gläsern. Hensley, Long und Willard (283) haben gefunden, daß die Adsorption von Radionatrium an Glas mit dem pH-Wert und der Temperatur zunimmt und daß sich nach etwa 6 Stunden ein Adsorptionsgleichgewicht einstellt. Die adsorbierte Menge wird auch durch Vorbehandlung des Glases, z. B. durch Waschen mit Säure oder Erhitzen in einer Flamme, verändert. Die Desorption von bereits adsorbierten Na-Ionen durch reines Wasser erfolgt sehr langsam.

Radiosilber wird nach Untersuchungen derselben Autoren etwa ebenso rasch wie Natrium an Glas adsorbiert. Auch in diesem Falle verläuft die Desorption durch Wasser sehr träge. Schnellere Desorption wird durch Behandeln mit Salpetersäure erzielt; jedoch reichen auch diese Geschwindigkeiten nicht an die von Reaktionen mit freien Ionen heran.

Auch an Quarzglas wurde Adsorption von Natriumionen beobachtet, wenn auch in geringerem Maße als am Glas. Interessanterweise scheint der Temperaturkoeffizient der Adsorption am Glas positiv, am Quarz dagegen negativ zu sein. HENSLEY, LONG und WILLARD erklären dies durch eine Verschiedenheit des Adsorptionsmechanismus. Man dürfte mit der Annahme nicht fehlgehen, daß beim Quarz praktisch nur die Oberfläche, beim Glas aber tiefere Schichten bei der Adsorption eine Rolle spielen.

SCHÖNFELD und BRODA (528) haben die Adsorption des Bleis an Glas und ihre Beeinflussung durch zugesetzte Elektrolyte untersucht. Verschiedene Ionen weisen verschiedene verdrängende Kraft auf: die Radiobleiadsorption wird erst durch 1-m Kaliumchloridlösung, aber schon durch 0,01-m Kupferchloridlösung auf 1% des Normalwertes verringert. Die gleiche Wirkung wird durch Einstellen des pH-Wertes auf 3,5 erzielt. Da die Adsorption nur teilweise reversibel ist, kann das Blei durch Waschen mit Elektrolytlösungen nur teilweise entfernt werden. Auch tauscht adsorbiertes Radioblei mit inaktivem Blei nur teilweise aus. Merkliche Bleiverluste treten praktisch bis zu Konzentrationen von 10^{-5}-m auf.

Die Adsorption dieser Kationen am Glas kann mit großer Sicherheit durch Austausch an den $\rightarrow$ SiOH- bzw. $\rightarrow$ SiONa-Gruppen der Oberfläche erklärt werden. Auch die Austauschkapazität stimmt mit dem auf Grund dieser Annahme berechneten Wert überein.

Die Adsorption von Anionen am Glas ist weniger fühlbar und über ihren Mechanismus besteht weniger Klarheit. Immerhin ist die Adsorption von radioaktivem Phosphat (282, 597) und von Perrhenat (454) untersucht worden.

Um die Adsorption an Gefäßwänden auszuschalten, wird in radiochemischen Laboratorien vielfach mit Gefäßen gearbeitet, die mit Wachs, organischen Kunstharzen oder Silikonen ausgekleidet sind oder zur Gänze aus Kunstharzen (z. B. aus Polystyrol) bestehen (vgl. Kap. IV, Abschn. 6, g).

c) Adsorption an Ionenaustauschern.

Die besondere Eignung der Ionenaustauscher für radiochemische Trennungen ergibt sich aus zwei Tatsachen: 1. (radioaktive) Spuren verhalten sich bei der Adsorption an den Austauschern quantitativ so wie größere Stoffmengen — man kann daher ohne Schwierigkeit die mit größeren Mengen erzielten Erkenntnisse beim Arbeiten mit gewichtslosen Spuren anwenden. 2. Mit Ionenaustauschern kann man Trennungen nach dem Prinzip der Chromatographie ausführen — also in einem relativ einfachen Arbeitsgang einen Trenneffekt vielstufig ausnutzen und so auch sehr ähnliche Stoffe einfach und doch scharf voneinander trennen. Die Chromatographie von Radioelementen ist im Prinzip auch mit anderen Adsorbenzien als Kunstharzen möglich. So sind einige Arbeiten mit Aluminiumoxyd ausgeführt worden (400, 401, 402, 404, 432, 499). Jedoch sind die Vorteile der Kunstharz-Ionenaustauscher so groß, daß für die Säulenchromatographie der Ionen von Radioelementen heute praktisch kein anderes Adsorbens mehr verwendet wird.

Die besten Kunstharzaustauscher sind hinsichtlich ihrer adsorbierenden Gruppen einheitlich und werden auch durch starke Säuren und Basen nicht verändert. Bei Kationenaustauschern sind die austauschenden Gruppen Karboxyl- oder vor allem Sulfonsäuregruppen, bei Anionenaustauschern Amingruppen, wobei die am stärksten basischen Austauscher tertiäre und quaternäre Ammoniumgruppen enthalten. Die Kapazität der Ionenaustauscher beträgt in den meisten Fällen zwischen 1,5 und 5 Milliäquivalent pro Gramm Trockengewicht. Eingehende Diskussion der Eigenschaften von Ionenaustauschern ist in Monographien und Sammelreferaten erfolgt [z. B. (134, 362, 463)] (s. a. S. 271).

Ionenaustauschgleichgewichte können näherungsweise durch das Massenwirkungsgesetz beschrieben werden. Bezeichnet man in einem Kationenaustauscher die austauschenden Ionen mit A^{m+} und B^{n+}, die Anionenendgruppen des Austauschers mit R^-, so lautet der Austauschvorgang

$$n\,A^{m+} + m\,(B\,R_n) \rightleftharpoons m\,B^{n+} + n\,(A\,R_m). \tag{3.5}$$

Die Gleichgewichtskonstante lautet dann

$$K = \left(a_{B^{n+}}\right)^m \left(a_{AR_m}\right)^n / \left(a_{A^{m+}}\right)^n \left(a_{BR_n}\right)^m. \tag{3.6}$$

Für äußerst kleine Konzentrationen des einen Ions, B^{n+}, wie sie bei Radioelementen in gewichtsloser Menge auftreten, sind die folgenden Vereinfachungen möglich. Die Aktivitäten des radioaktiven Ions in Lösung $(a_{B^{n+}})$ und Austauscher $\left(a_{BR_n}\right)$ sind bei Konstanthaltung der Konzentrationen des anderen Ions (A^{m+}) den entsprechenden Konzentrationen $C_{B^{n+}}$ und C_{BR_n} proportional. Die adsorbierte Menge des Stoffes A ändert sich nur wenig und kann daher als konstant betrachtet werden. Unter diesen Bedingungen ist also die adsorbierte Menge des Ions B seiner Konzentration in der Lösung proportional. Dies trifft für jede einzelne Komponente eines Gemisches von Radioelementen zu, wenn die Konzentration der in wägbaren Mengen vorliegenden Ionen konstant gehalten wird.

Die Gleichgewichtskonstante — also die Bindungsfestigkeit der Ionen — wird in erster Linie durch ihre Ladung, dann aber auch durch ihren Radius im hydratisierten Zustand bestimmt. Die Bindungsfestigkeit nimmt mit der Ladung zu und mit dem Radius ab (51, 622). Für sulfonsäureaktive Austauscher gilt die Reihe Th > La > Seltene Erden > Y > Ba > Cs > Sr > K > NH$_4$ > > Na > H > Li. Die Unterschiede zwischen den Bindungsfestigkeiten verschiedener Ionen wachsen mit dem Vernetzungsgrad des Austauschers an (361). Daher verläuft die Trennung an stärker vernetzten Austauschern besser, was allerdings von einer Verlangsamung der Austauschvorgänge begleitet ist.

Eine Abtrennung durch einfache Adsorption oder Desorption, also durch einen einstufigen Vorgang, kann mit guter Ausbeute verlaufen, wenn der Unterschied der Bindungsfestigkeiten groß ist. Derartige Trennungen können grundsätzlich durch einfaches Aufschlemmen des Austauschers in der Lösung und Abfiltrieren ausgeführt werden. In der Praxis arbeitet man hier aber ähnlich wie bei den weiter unten beschriebenen chromatographischen Trennungen, indem man die Lösungen durch eine Austauschersäule fließen läßt.

Diese Arbeitsmethode ist zur Anreicherung von Radioelementen verwendet worden, die in verdünnten Lösungen vorliegen. So konnten Radioelemente aus Urin abgeschieden und bestimmt werden (513, 537). Cäsium konnte auf Grund seiner relativ großen Adsorptionsfestigkeit auf diesem Wege aus Lösungen von Alkalisalzen und Säuren angereichert werden (451).

Die Trennung ist besonders einfach, wenn das eine der Radioelemente als Kation, die anderen aber ungeladen oder als Anionen vorliegen. Wird beispielsweise Eisen zur Mitfällung radioaktiven Phosphats zugesetzt, so kann das Eisen dann durch Wasserstoffionen ersetzt werden, indem man die schwach saure Lösung des Niederschlages durch eine mit Wasserstoffionen beladene Kationenaustauschersäule schickt (39). Francium kann von Silikowolframsäure, an der es trägerfrei mitgefällt wurde, durch Adsorption an einem Kationenaustauscher getrennt werden; nach der Adsorption wäscht man zuerst die noch verbleibende Silikowolframsäure aus der Säule und verdrängt dann das Francium mit starker Salzsäure (313).

Die Trennung von Ionen gleicher Ladung kann erleichtert werden, indem man die wirksamen Konzentrationen der Ionen, die nicht adsorbiert werden sollen, durch Komplexbildung zurückdrängt. Umgekehrt können adsorbierte Ionen mit Hilfe geeigneter Komplexbildner bevorzugt aus den Austauschern eluiert werden. Beispielsweise bildet Zirkon mit Oxalsäure einen stabilen Komplex und kann daher mit Oxalsäure selektiv ausgewaschen werden. Voraussetzung für derartige Trennungen ist ein hinreichend verschiedenes Verhalten der Ionen gegenüber den Komplexbildnern.

Trennungen sehr ähnlicher Stoffe voneinander werden an Ionenaustauschersäulen nach den Methoden der Chromatographie ausgeführt. Durch die wiederholte Adsorption und Desorption der Ionen beim Durchfluß durch die Säule werden kleine Unterschiede in der Adsorptionsfestigkeit derart ausgenützt, daß auch chemisch sehr ähnliche Ionen voneinander getrennt werden können. Tatsächlich wurde die Chromatographie an Austauschersäulen zum Zwecke der Trennung gewichtsloser Mengen von Radioisotopen der seltenen Erden entwickelt, die bei der Urankernspaltung entstehen. [Der Gedanke, die seltenen Erden durch Chromatographie zu trennen, war schon 1936 ausgesprochen worden, ohne daß aber Versuche angestellt wurden (374)]. Die Erkenntnis der Überlegenheit der Trennung an Austauschern bei der Lösung solcher Probleme führte zu einem eingehenden Studium der Eigenschaften dieser Körper; die erste Serie von Arbeiten wurde gemeinsam im Novemberheft 1947 des J. Amer. Chem. Soc. veröffentlicht.

Um nun ein genaueres Bild von der Chromatographie von Radioelementen an Ionenaustauschersäulen zu geben, soll die Trennung der seltenen Erden aus der Kernspaltung beschrieben werden. Sie verläuft nach folgenden Grundsätzen: Das Gemisch der Spaltprodukte wird zuerst aus saurer Lösung (pH = 1 bis 2) in einem Band am oberen Ende der Säule adsorbiert. Durch Spülen mit 0,5-m Oxalsäure eluiert man Zirkon und Niob, während alle zwei- und dreiwertigen Ionen adsorbiert bleiben. Mit 5%iger Zitratlösung (pH = 3, durch Zusatz von NH_3 eingestellt) entfernt man die dreiwertigen Spaltprodukte, während die gleiche Zitratlösung bei pH = 5 auch ein- und zweiwertige Ionen eluiert. Die Trennung der seltenen Erden voneinander erfolgt gewöhnlich so, daß man das mit Zitrat bei pH = 3 erhaltene Eluat neuerlich adsorbiert, zunächst Yttrium mit Zitrat bei pH = 2,7 eluiert und dann mit Zitrat bei pH = 3 wäscht, wobei die einzelnen seltenen Erden nacheinander aufgefangen werden (596). Die Trennung der Erdalkalimetalle Sr und Ba wird ebenfalls an einer separaten Säule durch Eluieren bei pH = 5 ausgeführt. Eine Eluierkurve für Radioelemente einiger seltenen Erden ist in Abb. 19 wiedergegeben.

Die Reihe der Adsorptionsfestigkeiten der seltenen Erden, die die Reihenfolge beim Eluieren bestimmt, ergab sich als La > Ce > Pr > Nd > Pm > > Sm > Eu > Gd > Tb > Dy > Y > Ho > Er > Tm > Yb > Cp. Das bis dahin unbekannte Element 61 (Promethium), das in Form mehrerer radioaktiver Isotope bei der Kernspaltung des Urans entsteht, wurde gerade auf Grund seiner Stellung in der Adsorptionsreihe identifiziert (431). Relativ einfach ist die Abtrennung des Scandiums (484) oder des Aktiniums (418) von den seltenen Erden.

Unter Annahme von Gleichgewichtseinstellung läßt sich die Trennschärfe zwischen zwei Ionen im einstufigen Adsorptionsvorgang aus den verschiedenen Gleichgewichtskonstanten (Adsorption und Komplexbildung) berechnen. Beispielsweise gilt für die Trennung von zwei seltenen Erden (353) der Trennfaktor

$$\alpha = \frac{[M'R_3]}{[M''R_3]} \cdot \frac{[M''(H_2Cit)_3]}{[M'(H_2Cit)_3]} = \frac{k_A'}{k_A''} \cdot \frac{k_D'}{k_D''}, \tag{3. 7}$$

wobei die Größen $[MR_3]$ die Konzentrationen am Austauscher, $[M(H_2Cit)_3]$ die Konzentrationen der Zitratkomplexe in der Lösung bezeichnen und die

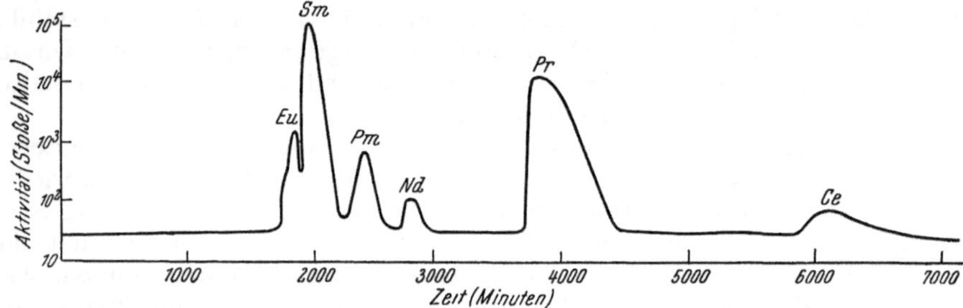

Abb. 19. Trennung von Radioisotopen der seltenen Erden durch Chromatographie an einer Kationenaustauschersäule (353). (Austauscher: Dowex 50, Arbeitstemperatur: 100° C, Länge der Austauschersäule: 97 cm, Querschnitt: 0,26 cm², Durchflußgeschwindigkeit: 1,0 ml/cm²/Minute, Konzentration des Zitratpuffers: 5%, pH der Elution: 1610 Minuten pH = 3,33, dann pH = 3,40.)

Gleichgewichtskonstanten der Adsorption k_A bzw. der Dissoziation des Komplexes k_D durch die Beziehungen

$$k_A = \frac{[MR_3][NH_4^+]^3}{[M^{3+}][NH_4R]^3}, \tag{3. 8}$$

$$k_D = \frac{[M^{3+}][H_2Cit^-]^3}{[M(H_2Cit)_3]} \tag{3. 9}$$

definiert sind.

Der Trennfaktor bei einer Gleichgewichtstrennung ist also von der Ammonium- und Zitratkonzentration wie auch vom pH unabhängig. Die Trennung der seltenen Erden beruht nun darauf, daß sich die einzelnen Erden sowohl hinsichtlich der Adsorption am Austauscher als auch der Komplexbildung mit Zitrat unterscheiden, und zwar derart, daß die Brüche im Ausdruck (3. 7) entweder beide größer oder beide kleiner als eins sind, die Unterschiede also in der gleichen Richtung wirken. Beispielsweise gilt für die beiden seltenen Erden Cer und Yttrium $(k_A)_{Ce}/(k_A)_Y = 1,55$ (431) und $(k_D)_{Ce}/(k_D)_Y = 2,9$ (353). Der Zahlenwert von α zeigt hier nur eine geringe Temperaturabhängigkeit.

Die Einstellung des Adsorptionsgleichgewichtes am Austauscher erfolgt relativ langsam. Geschwindigkeitsbestimmend ist nämlich nicht der Austausch selbst, der eine Ionenreaktion ist und daher äußerst rasch verläuft, sondern die Diffusion durch die Flüssigkeitsschicht um die Austauscherteilchen und die Diffusion innerhalb dieser Teilchen. [Bei kleinen Ionenkonzentrationen — etwa < 0,003-m — ist die Diffusion in der Grenzschicht, bei großen — etwa > 0,1-m — die Diffusion in den Teilchen allein maßgebend (48).] Bei der chromatographischen Trennung am Austauscher erfolgt daher gewöhnlich keine Gleichgewichtseinstellung, so daß die Trenneffekte, die unter Annahme des Gleichgewichtes errechnet wurden, nicht erreicht werden; der Trennfaktor gibt nur qualitative Hinweise. Die langsame Gleichgewichtseinstellung bewirkt auch, daß die Bänder, die von einzelnen Stoffen auf der Säule eingenommen werden, im Vergleich zur Chromatographie mit Gleichgewichtseinstellung verbreitert und die Trennungen dementsprechend unschärfer sind.

Die Trennschärfe für eine vorgegebene Ionenmischung ist also bei einem vorgegebenen Austauschermaterial von mehreren Faktoren abhängig. Jede Veränderung der Arbeitsbedingungen, die die Anzahl der Adsorptions- und Desorptionsvorgänge vergrößert, die ein Ion auf dem Wege durch die Austauschersäule durchschnittlich mitmacht, oder die die Gleichgewichtseinstellung fördert, wird die Trennschärfe erhöhen. Eine Verlängerung der Säule wird daher, wenn die anderen Versuchsbedingungen konstant gehalten werden, die Trennung verbessern. Weiters arbeitet man mit möglichst geringen Durchflußgeschwindigkeiten und kleinen Austauscherteilchen, da hierdurch sowohl die Anzahl der Adsorptionsvorgänge als auch die Gleichgewichtseinstellung günstig beeinflußt werden. Temperaturerhöhung fördert natürlich ebenfalls die Gleichgewichtseinstellung und damit die Trennschärfe. Große Verteilungskoeffizienten, z. B. $[MR_3]/[M(H_2Cit)_3]$ in Gl. (3. 7), haben die gleiche Wirkung wie kleine Durchflußgeschwindigkeiten, indem sie das tatsächliche Fortschreiten der Ionen in der Säule verlangsamen. Bei der Trennung der seltenen Erden beeinflussen also die Zitrat-, Ammonium- und Wasserstoffionenkonzentration zwar nicht den Trennfaktor α, wohl aber durch ihre Wirkung auf den Verteilungskoeffizienten die praktische Trennwirkung an den Austauschersäulen. In der Praxis muß ein günstiges Kompromiß zwischen der Forderung der möglichst weitgehenden Gleichgewichtseinstellung und der Forderung nach Kürze der Versuchsdauer gesucht werden. Eine eingehende Behandlung der kinetischen Faktoren der Austauscherchromatographie ist in einer Reihe von Arbeiten erfolgt (50, 353, 439).

Nachdem die Gesetzlichkeiten der Chromatographie mit Ionenaustauschern an den seltenen Erden erforscht worden waren, wurde die Methode für andere radiochemische Trennungen herangezogen.

So können einwandfreie Trennungen der Alkalimetalle durchgeführt werden. Nachdem das Gemisch im obersten Teil der Säule adsorbiert wurde, wird mit Salzsäure (102, 344) oder mit Perchlorsäure (343) eluiert. Eine beträchtliche Beschleunigung der Trennung erzielt man durch Eluieren mit dem für Lithium und Natrium wirksamen Komplexbildner Uramildiessigsäure; die Einstellung des erforderlichen pH-Wertes erfolgt, da kleinere Kationen zu stark verdrängend wirken würden, bei dieser Methode mit Hilfe von Dimethylamin oder Tetramethylammoniumhydroxyd (68).

Die Trennung Natrium-Magnesium, die zur Herstellung des langlebigen Radionatriums erforderlich ist (vgl. S. 50), gelingt ebenfalls an einer Kationenaustauschersäule, wobei sich als Elutionsmittel wieder Perchlorsäure (42) und Salzsäure (405) bewährt haben.

Große praktische Bedeutung kommt auch der an Ionenaustauschern durchführbaren Trennung Radium-Barium zu (605). Die Elution kann einfach mit Salzsäure (488) oder mit Zitratlösungen als Komplexbildner (593, 594) durchgeführt werden.

Die chemische Ähnlichkeit zwischen den seltenen Erden und den „Transplutonen", die sich auch nur schwer voneinander trennen lassen, ließ die Ionenaustauscherchromatographie, die ja zum Zeitpunkt der ersten Arbeiten über die Transplutone bereits bekannt war, von vornherein als die beste Trennmethode für diese Gruppe von Elementen erscheinen. Die als geeignet aufgefundenen

Elutionsbedingungen sind denen ähnlich, die bei den seltenen Erden angewandt werden: 0,25 m Ammoniumzitratlösung bei $pH = 3,5$; Temperatur der Elution 87° C (573, 574, 588, 589, 590). Die große Leistungsfähigkeit der Austauschertrennung wird durch den ersten Nachweis von Californium (Element 98) besonders anschaulich gemacht. Da nur sehr kleine Aktivitäten des neuen Elements, das man durch Beschuß von Curium im Zyklotron herstellen wollte, erwartet werden konnten, mußte man die relative Eluiergeschwindigkeit des noch unbekannten Elements im voraus abschätzen. Dies gelang unter der Annahme, daß die Transurane Aktiniden sind, d. h. daß sich die Elektronenkonfiguration dieser Atome von der des Aktiniums durch Auffüllung der 5 f-Schale unterscheidet, analog wie die der Lanthaniden sich von der des Lanthans durch Auffüllung der 4 f-Schale unterscheidet. Dann entsprechen die Transplutone Americium, Curium, Berkelium und Californium den Lanthaniden Europium, Gadolinium, Terbium, Dysprosium. Die relativen Eluiergeschwindigkeiten dieser seltenen Erden sind aber bekannt. Aus den ebenfalls schon vorher gemessenen Eluiergeschwindigkeiten von Americium, Curium und Berkelium wurde auf die entsprechende Größe beim Californium extrapoliert. Tatsächlich gelang gleich beim ersten Versuch der Nachweis einer neuen α-Aktivität, die dem Californium zuzuordnen ist, in der berechneten Fraktion des Eluats.

Schwierigkeiten bot zunächst die praktisch wichtige Trennung der Aktiniden von den Lanthaniden, die ja beide durch Reaktionen hochgeladener Atomkerne entstehen können. Bei der Zitratmethode überlagern einander die beiden Gruppen; die Trennung gelingt daher nicht. Eluiert man aber mit 13-molarer Salzsäure, so erhält man die seltenen Erden erst, nachdem alle Transurane ausgewaschen wurden; man kann also die Gruppentrennung in wenigen Minuten mit einem Schlag durchführen (573). Die Trennung dürfte auf einer allerdings geringen Tendenz der Aktiniden zur Bildung von Chloridkomplexen beruhen (s. a. S. 271).

Die Trennung von Thorium (UX_1) von einem großen Überschuß Uran gelingt ebenfalls an Austauschersäulen. Man adsorbiert hiezu das UX_1 aus konzentrierter Uranylnitratlösung am Austauscher, eluiert dann mit Salzsäure das adsorbierte Uran und wäscht schließlich das UX_1 mit Salzsäure in umgekehrter Strömungsrichtung aus der Säule (606). Einfacher scheint die Elution des UX_1 — nach vorheriger Entfernung des Urans durch Salzsäureelution — mit Oxalsäure zu verlaufen, die nach Eindampfen der Lösung leicht wegsublimiert (139).

Die unmittelbaren Folgeprodukte des UX_1 — UX_2 und UZ — können nun von diesem ebenfalls mit Hilfe von Kationenaustauschersäulen abgetrennt werden (18). Man adsorbiert das vom Uran abgetrennte UX_1, in dem sich bereits Gleichgewichtsmengen UX_2 und UZ gebildet haben — dies ist nach etwa zwei Tagen der Fall — an der Austauschersäule. Beim Eluieren mit 5%iger Ammoniumzitratlösung vom $pH = 2,5$ wäscht man die Protaktiniumisotope UX_2 und UZ rasch aus; das Thoriumisotop UX_1 bleibt zurück. Da das UX_2 mit einer Halbwertszeit von etwa einer Minute abklingt, ist schon nach wenigen Minuten im Eluat als aktiver Körper nur noch das UZ vorhanden. Um möglichst reines UX_2 zu erhalten, wartet man nach der Elution einige Minuten, bis sich in der Säule das UX_2 wieder mit dem UX_1 ins Gleichgewicht setzt. Eluiert man nun neuerlich, so wird dieses UX_2 ziemlich frei von UZ ausgewaschen.

Auch unwägbare Spuren Aktinium können von Trägermengen Lanthan am Kationenaustauscher durch Eluieren mit Ammoniumzitrat ($pH = 5,5$) abgetrennt werden (635, 636). Die Trennung von Spuren Neptunium vom Uran gelingt, wenn man das Neptunium in der fünfwertigen Form an einem Kationenaustauscher adsorbiert. Beim Eluieren mit 13-m Salzsäure wird es dann bedeutend schneller aus der Säule gewaschen als das Uran (426). Schließlich ist auch eine wirkungsvolle Zirkon-Hafnium-Trennung an einer Kationenaustauschersäule — zunächst mit Hilfe der radioaktiven Isotope — entwickelt worden, bei der mit Salzsäure (572) oder Schwefelsäure (407) eluiert wird.

Auch die Anionenaustauscher haben sich für radiochemische Trennungen bewährt. Sie sind zuerst zur Anreicherung von Radioelementen herangezogen worden, so z. B. von Protaktinium aus flußsauren Lösungen, in denen ein $[PaF_7]^{2-}$-Ion vorliegt (586). Eine ähnliche Anreicherung findet auch aus 8-m Salzsäure statt (359). Störende Eisen- und Zirkonspuren wurden durch Adsorption an Anionenaustauschern aus 10-m Salzsäure entfernt (399). Wismut wird aus Lösungen hoher Chloridkonzentration an Anionenaustauschern stärker adsorbiert als Blei. Darauf beruhend konnte der Positronenzerfall des Wismutisotops 207 ($T_{1/2} = 50$ Jahre) in das kurzlebige Isomere des Blei 207 ($T_{1/2} = 0,82$ Sekunden) nachgewiesen werden. Das Wismut wurde zuerst am Austauscher adsorbiert; aus dem Abklingen der an der Waschlösung gemessenen Aktivität konnte der Nachweis für die Bildung des kurzlebigen Isomeren erbracht werden (71).

Nun sind auch eine ganze Reihe von chromatographischen Trennmethoden für Anionen ausgearbeitet worden — insbesondere für die Metalle Niob, Tantal, Zirkon, Hafnium, Protaktinium (272, 307, 308, 309, 358, 359, 360, 634). Diese Methoden beruhen in erster Linie auf den Unterschieden in den Bildungskonstanten der komplexen Anionen mit Fluorid- oder Chloridionen; als Eluierlösungen werden daher Salzsäure, Flußsäure oder Gemische dieser beiden Säuren verwendet. Beispielsweise trennt man die Radioelemente Protaktinium, Zirkon, Niob und Tantal, indem man zuerst durch Schütteln an einer kleinen Menge Anionenaustauscher adsorbiert, diesen dann als oberste Schicht in eine Austauschersäule einbringt und nun eluiert. Da die Unterschiede in den Komplexbildungskonstanten in diesem Falle relativ groß sind, kann man den Trennungsvorgang durch mehrmaligen Wechsel der Eluierlösung beschleunigen: Zuerst werden mit einem Gemisch aus 9-m Salzsäure und 0,004-m Fluß-, säure Protaktinium und Zirkon eluiert — wobei eine einwandfreie Trennung dieser beiden Elemente erfolgt —, dann wird mit 9-m Salzsäure und 0,18-m Flußsäure das Niob und schließlich mit 4-m Ammoniumchlorid und molarer Flußsäure das Tantal eluiert (360). Für die Trennung Niob-Tantal hat sich auch Elution mit flußsäurehaltigem Methyläthylketon bewährt (130, 624). Beim Beschuß von Wolfram mit schnellen Ionen bilden sich Radiorhenium und Radioosmium, die nach Auflösen und Einstellung des pH-Wertes auf 6 bis 8 als Perrhenat und Perosmat vorliegen. Das Wolfram befindet sich in der Wolframatform. Während das Wolfram dann an der Säule nur wenig adsorbiert wird, werden Perrhenat und Perosmat zurückgehalten und können durch Elution mit Ammoniak voneinander getrennt werden (54).

Technetium, das man durch Neutronenbestrahlung von Molybdän gewinnen kann, kann von diesem an einer Anionenaustauschersäule getrennt werden; nach Adsorption (von Molybdat und Pertechnat) wird zuerst das Molybdän mit Oxalat und dann das Technetium mit Rhodanid eluiert (268). Die Trennung von Rhenium und Technetium gelingt nach einer ähnlichen Methode (14, 170).

An Anionenaustauschern konnten auch Radio-Promethium und -Europium mit gutem Wirkungsgrad getrennt werden, die in 0,012-m Zitratlösung vom pH = 2,1 in komplexem Zustand vorlagen (310). Auch die Trennung der Halogenid-Ionen gelingt an Anionenaustauschersäulen; die Elution kann mit Natriumnitratlösung vorgenommen werden (14). (Weitere Anwendung s. S. 271.)

Die Eignung der Ionenaustauscher zur Trennung sogar chemisch sehr ähnlicher Ionen legte den Gedanken einer Isotopentrennung durch Austauscher nahe. Taylor und Urey (583, 584) erzielten eine gewisse Trennung der Lithium-isotope durch eine bis zu 30 Meter lange Zeolithsäule; das leichtere Isotop ^{6}Li wurde fester als das schwerere Isotop ^{7}Li gebunden. Ähnliche Trennungen wurden von Brewer am Kalium bewerkstelligt (53). Besser eignen sich Kunstharzaustauscher. Glückauf (200) erhielt an einer 1 Meter langen, mit kleinen Teilchen gefüllten Säule bei geringer Durchflußgeschwindigkeit eine kleine Lithiumfraktion, die nur mehr zu weniger als 1% aus ^{6}Li bestand.

Die Verteilung von Radioelementen zwischen Ionenaustauscher und Lösung kann auch zur Bestimmung verschiedener physikalisch-chemischer Größen herangezogen werden, darunter von Aktivitätskoeffizienten der Radioelemente (529, 530, 603), Komplexbildungskonstanten (529, 532, 533, 534, 535, 538), Wertigkeiten und Ladungssinn der Ionen von Radioelementen.

Zur Bestimmung der Aktivitätskoeffizienten wird die Verteilung des Radio-elementes zwischen Austauscher und Lösung bei verschiedenen Elektrolyt-konzentrationen bestimmt. Durch Extrapolation erhält man die Verteilung in unendlich verdünnter Lösung, aus der man die thermodynamische Gleichgewichts-konstante (vgl. Gl. 3. 6) berechnet. Unter der Annahme, daß die Aktivitäten im Austauscher den Molenbrüchen proportional sind, können dann aus den bei verschiedenen Konzentrationen gemessenen Verteilungen der Radioaktivität die Aktivitätskoeffizienten errechnet werden.

Die Bestimmung des Ladungssinnes läßt sich besonders einfach durchführen, indem man die Lösung durch eine Säule schickt, in der Segmente aus Kationen- und Anionenaustauschern alternieren. Man tastet dann die Segmente mit einem Strahlenmeßgerät ab oder mißt die Aktivitäten von Eluaten aus den einzelnen Segmenten. Nach dieser Methode wurden Radiophosphatproben untersucht, wobei neben dem zu erwartenden negativen Hauptanteil auch ausfiltrierbare und positiv geladene Formen des Radiophosphors festgestellt wurden, die auf Adsorption an feinsten Verunreinigungen (Staub) zurückzuführen sein dürften (301).

Die Wertigkeit radioaktiver Ionen läßt sich aus der Verteilung zwischen Austauscher und Lösung bei Fremdionenzusatz in verschiedener Konzentration bestimmen. Wenn das nicht radioaktive Ion (A^{m+}) einwertig ist und in großem Überschuß vorliegt, ergibt sich aus Gl. (3. 6)

$$\log [C_{B^{n+}}/C_{BR_n}] = \log K_c + n \log [C_{A^+}/s],$$

wobei s die Kapazität des Austauschers bezeichnet. Trägt man also den Logarith-mus des Verhältnisses der Aktivitäten in Lösung und am Austauscher gegen den Logarithmus der Konzentration des Fremddions auf, so erhält man aus der Neigung der Geraden die Ladung des radioaktiven Ions (575). Eine solche Bestimmung ist für Protaktinium in saurer Lösung durchgeführt worden (615).

An Ionenaustauschern wurde auch irreversible Adsorption von radioaktivem Jodid beobachtet (597). Diese dürfte durch Oxydation zum freien Jod am Austauscher mit nachfolgender Substitution oder Addition zustande kommen.

Ionenaustauscher aus Kunstharz sind auch zur Untersuchung der sogenannten Radiokolloide herangezogen worden (527, 531, 536). Diese Arbeiten werden in Abschnitt 4 besprochen werden.

Die großen Erfolge, die mit Kunstharzaustauschersäulen erzielt wurden, haben dazu angeregt, in Säulen angeordnete Ionenniederschläge, an deren Ober-flächen Ionenaustauschvorgänge ablaufen können, für radiochemische Trennungen heranzuziehen. So konnte eine Bromid-Bromat-Trennung an einer Silberoxyd-Kieselgur-Säule ausgeführt werden (26). Aus dem Gemisch der beiden Ionen wird lediglich das Bromid adsorbiert, während das Bromat rasch durchrinnt und mit Wasser sofort quantitativ entfernt werden kann. Dann wird mit einer Jodidlösung eluiert, wobei das Jodid das adsorbierte Bromid wegen seiner größeren Affinität zum Silberoxyd verdrängt. Allerdings tritt im letzten Teil der austretenden Bromidbande auch schon Jodid auf. Der Vorteil der Salzniederschläge für derartige Trennungen liegt in ihrer großen Spezifität; wesentliche Nachteile sind die im Vergleich zu Kunstharzaustauschern kleine Kapazität und geringere chemische Widerstandsfähigkeit und die Schwierigkeit einer Regenerierung, die unter Umständen die Verwendung einer neuen Säule für jede Trennung erforderlich macht.

d) Adsorption an Zellulose, Papierchromatographie.

Zellulose besitzt Karboxylgruppen, die ihr die Eigenschaften eines Austauschers verleihen.

Neben den Kunstharzaustauschern könnte sie trotz ihrer unvergleichlich geringeren Kapazität (312) als Kationenaustauscher Bedeutung gewinnen. Dahin wirken ihre leichte Zugänglichkeit und die durch ihre Oberflächenentwicklung und Quellfähigkeit bedingte rasche Gleichgewichtseinstellung. Jedenfalls aber muß die Austauschernatur der Zellulose bei analytischen Arbeiten mit Radioelementen berücksichtigt werden, da sonst grobe Fehler unvermeidlich sind. So übersah LIND (398) bei der Bestimmung der Löslichkeit des Radiumsulfats die Adsorption des Radiums durch das Filterpapier und verlor 98,5% des gelösten Radiums (158).

Die Adsorption von Radioelementen an Papier ist zuerst bei den Zerfallsprodukten des Radon beobachtet worden (207). Aber erst viel später wurde der Mechanismus der Adsorption als der einer Austauschadsorption an den Karboxylgruppen des Papiers erklärt (528). Die Adsorption der Kationen ist reversibel. Anionen werden nicht merklich adsorbiert. Die Verdrängungsreihe stimmt mit der Reihe überein, die für solche Kunstharzaustauscher gilt, die ebenfalls nur an Karboxylgruppen austauschen. Die Reihe unterscheidet sich von der Reihe, die für Sulfogruppen gilt, durch die vollkommen andere Stellung der H^+-Ionen, die an Karboxylgruppen relativ fest gebunden werden.

Die Adsorption von Radiocalcium an Zellulose ist zur Bewertung von Netzmittelwirkungen herangezogen worden (372).

In den letzten Jahren wurde die Papierchromatographie zu einem wichtigen Hilfsmittel für die Analyse und Trennung kleinster Mengen organischer und anorganischer Stoffe entwickelt*. Nachdem man festgestellt hatte, daß kleine Mengen von Elementen auf diesem Weg einfach und ohne Zusatz schwerflüchtiger Stoffe, wie z. B. von Salzen, getrennt werden können [s. Übersichtsarbeiten (383, 384, 482, 616)], prüfte man die Eignung der Papierchromatographie für Probleme der Radiochemie (46, 178, 385, 386). Es ergab sich, daß einwandfreie Trennungen auch dann erzielt werden können, wenn sich die Mengen der anwesenden Ionen um mehrere Zehnerpotenzen unterscheiden. Die R_f-Werte sind von den eingesetzten Substanzmengen praktisch unabhängig, solange keine Salzeffekte und keine Störungen durch Adsorption auftreten.

---

* Bei der Papierchromatographie handelt es sich in den meisten Fällen um eine Form der Verteilungschromatographie, d. h. der für den Trennvorgang maßgebliche Effekt ist die unterschiedliche Verteilung zwischen zwei Flüssigkeitsphasen, von denen die eine am Adsorbens festgehalten wird, während die andere an der ersten Phase vorbeiströmt. Die Adsorption am Papier spielt gewöhnlich nur eine untergeordnete Rolle. Die Behandlung der Radio-Papierchromatographie erfolgt aber zweckmäßig an dieser Stelle im Anschluß an die Methoden der Radiochromatographie an Ionenaustauschern.

Die folgende Zusammenstellung gibt einen Überblick über die bereits durchgeführten Trennungen: Mangan-Eisen-Kobalt, Lösungsmittel: Kollidin-Pyridin-Essigsäure (178) oder Azeton-Salzsäure-Wasser (385, 450); Abtrennung von Radiozinkverunreinigungen aus Radiokobalt, Lösungsmittel: Azeton-Salzsäure-Wasser (386); Eisen-Nickel-Zink und Eisen-Kobalt-Zink, Lösungsmittel: Butanol-Pyridin mit Diphenylaminzusatz (178); Titan-Scandium, Lösungsmittel: Kollidin-Wasser mit Dimethylglyoximzusatz (178); Natrium-Kalium, Lösungsmittel: Salzsäure-Weinsäure (178); Mangan-Zink, Lösungsmittel: Isopropylketon mit Diphenylaminzusatz (178); Blei-Wismut-Polonium (RaD-RaE-RaF), Lösungsmittel: Butanol-Pyridin-Essigsäure (178) oder Butanol-Salzsäure (127); Rhodium-Palladium und Rhodium-Eisen, Lösungsmittel: Butanol-Salzsäure (46); Magnesium-Natrium, Lösungsmittel: 80%iger Äthylalkohol (46); Protaktinium-Uran, Lösungsmittel: Äther-Salpetersäure (46, 385); Thorium (UX$_1$)-Uran (UII), Lösungsmittel: Butanol-Salzsäure (46); Abtrennung radioaktiver Verunreinigungen aus Radioeisen, Lösungsmittel: Azeton-Salzsäure (46); Zink-Kupfer: Lösungsmittel: Butanol-Salzsäure (385, 599); Radiozinn aus Indium, Lösungsmittel: Butanol-Salzsäure (386); Reinigung von Radiothallium, Lösungsmittel: Amylalkohol — 2-n Salzsäure (386).

Hinweise auf papierelektrophoretische Trennungen von Radioelementen finden sich in Abschn. 7 c dieses Kapitels.

4. Radiokolloide.

In Abschnitt 2, a ist bereits zahlenmäßig dargelegt worden, wie weit man beim Zusatz eines Fällungsmittels zu einer „gewichtslosen" Menge eines Radioelements von der Erreichung des Löslichkeitsprodukts entfernt sein kann. Merkwürdigerweise ist es in vielen Fällen dennoch möglich, auch ohne Trägerzusatz einen Niederschlag zu erzielen. Dieser Niederschlag ist zwar unsichtbar, kann aber durch Filtrieren, Zentrifugieren usw. aus der Lösung abgetrennt werden. Die ersten Experimente über dieses Problem wurden schon 1912 angestellt (207), doch ist bis heute keine völlig befriedigende Erklärung dieser praktisch wichtigen Erscheinung gegeben worden. Man bezeichnet die in der Lösung schwebenden Niederschläge, deren Existenz so überraschend ist, als „Radiokolloide".

Paneth (471) fand, daß radioaktive Isotope von Blei und Wismut unter Bedingungen, die bei Vorliegen makroskopischer Mengen zur Fällung führen würden, also insbesondere im schwach alkalischen Gebiet, nicht durch Ultrafilter hindurchdiffundieren können. Hevesy (293) stellte fest, daß die Diffusionskoeffizienten der Radiokolloide im groben Durchschnitt einer mittleren Teilchenmasse von 8 Atomen entsprechen. Sedimentation im Schwerefeld wurde beobachtet (370, 371), von anderen Forschern zwar bestritten, aber dann doch wieder aufgefunden (367). Sedimentation im Zentrifugalfeld ist eine häufig benützte Untersuchungsmethode (79, 80, 231, 357, 505). Bei der Einwirkung auf Photoplatten — entweder durch direktes Auftropfen der Lösung oder durch Autoradiographie von Oberflächen, die mit einer solchen Lösung in Berührung gekommen waren — geben Radiokolloide, etwa Polonium, nicht eine gleichförmige Schwärzung oder ein einheitliches Netz von Bahnspuren, sondern Flecke oder Sterne, die durch die stellenweise vergrößerte Konzentration des Radioelements hervorgebracht werden (47, 57, 77, 78).

Bei Elektrolyse können die „Lösungen" kolloidaler Radioelemente anomale Wanderungsrichtung aufweisen. Beispielsweise wurde das Radium A vorwiegend an der Anode aufgefunden (206, 207, 208). Zusatz von Salz- oder Kolloidlösungen bewirkt Verstärkung der Aufladung oder Umladung im Einklang mit ihren Wirkungen auf sonstige Kolloide.

Als weiterer Hinweis auf das Vorliegen von Radiokolloiden dient ein Adsorptionsverhalten, das von dem von Ionenlösungen stark abweicht. Die Adsorption ist besonders stark und irreversibel (207). Besonders gut eignen sich die Ionenaustauscher zur Untersuchung. Während der Zusatz von Fremdionen auf adsorbierte Ionen nur verdrängend wirken kann, unterdrücken Fremdionen nicht nur die Adsorption von Radiokolloiden nicht, sondern steigern sie unter Umständen sogar, indem sie flockend wirken (22, 527, 531, 536). Die Adsorption selbst erfolgt dann wohl nicht durch Austausch an ionisierbaren Gruppen, sondern unspezifisch an der ganzen Grenzfläche (15). Dies wird dadurch bestätigt, daß die Kapazität sich als stark vermindert erweist. Adsorbiertes Radiokolloid tauscht auch bedeutend langsamer gegen inaktive Isotope aus als ein in Ionenform adsorbiertes Radioelement (527). Die Verhältnisse sind (an Kunstharzaustauschern) mit Zirkon- und Niobverbindungen (531, 536) und (an Papier) mit Bleisulfid (527) untersucht worden. Praktisch kann man zur Abtrennung der radiokolloidal vorliegenden Elemente die Fremdelektrolytkonzentration derart vergrößern, daß beim Durchfluß der Säule nur die Kolloide adsorbiert werden, während radioaktive Ionen anderer Elemente infolge Verdrängung in Lösung bleiben.

Für die Radioelemente Wismut 212 (RaE) und Thorium 234 (UX_1) konnte gezeigt werden, daß Adsorption an kolloidalen Graphitschichten bei Vorliegen von Radiokolloiden auftritt (3). Dadurch ergibt sich eine einfache Methode des Radiokolloidnachweises: In die zu untersuchende Lösung wurde ein Mantelzählrohr eingetaucht, das außen mit kolloidalem Graphit überzogen war; die Zunahme der gemessenen Aktivität nach dem Eintauchen ist dann auf Radiokolloidadsorption zurückzuführen. Auch die Auflösung der Radiokolloide kann nach diesem Verfahren laufend verfolgt werden (2).

Die starke Adsorption der Radiokolloide ist für die trägerfreie Abscheidung' von Radioelementen herangezogen worden, und zwar besonders aus Proben, die durch Beschuß im Zyklotron erzeugt worden waren. Zu den auf diesem Weg abgetrennten Elementen gehören: Beryllium aus Lithiumproben (275), s. a. (543); Magnesium aus Aluminiumproben (274); Scandium aus Titanproben (189) und aus Calciumproben (138); Eisen aus Kobaltproben (191); Yttrium aus Strontiumproben (363), s. a. (544); Zirkon aus Yttriumproben (367); Wismut aus Bleiproben (190); Cer aus Lanthanproben (364). Die für die angeführten Elemente angewendete Methode besteht im wesentlichen darin, daß die bestrahlten Proben zuerst in Säure aufgelöst und dann entweder mit überschüssiger Natronlauge oder mit überschüssigem Ammoniak versetzt werden. Beim Filtrieren durch Papier oder durch Glasfritten werden die gebildeten Radioelemente zurückgehalten, z. B. das Wismut zu 98% und das Magnesium zu 75%. Beim weiteren Waschen mit Lauge oder Ammoniak treten auch keine erheblichen Verluste ein — z. B. beim Wismut von weniger als 1% und beim Magnesium von 5%. Das adsorbierte Radiokolloid wird schließlich mit Säure vom Filter abgelöst.

Neben den bereits aufgezählten Elementen ist auch noch bei folgenden Elementen abnormes Verhalten — z. B. bei der Adsorption an Papierfiltern — beobachtet und durch Radiokolloidbildung gedeutet worden: Titan (6), Silber (542), Zinn (435), Barium (531), Lanthan (540), Gold (539), Thorium (365, 368), Protaktinium (421), Plutonium (531).

Manche Autoren bestreiten, daß die Radiokolloide eine theoretische Realität besitzen. Man könnte sich nämlich vorstellen, daß die in äußerst geringer Menge vorliegenden Radioelemente gar keine unabhängigen oder einheitlichen Niederschläge bilden, sondern an Gefäßwänden oder unvermeidlich vorhandenen festen Verunreinigungen (Staubteilchen, Fasern usw.) adsorbiert werden, die Wände oder Verunreinigungsteilchen gewissermaßen markieren und „Pseudokolloide" bilden. Solche Vorstellungen sind z. B. von ZSIGMONDY (640), HAHN (239) und WERNER (618) vertreten worden. Daß die Radiokolloide nur in annähernd neutralen oder alkalischen Lösungen beobachtet werden, könnte dadurch erklärt werden, daß andernfalls die Verdrängung vom Adsorbens durch H-Ionen übermächtig wirkt. Es besteht auch kein Zweifel, daß einige ältere Ergebnisse an Radiokolloiden (471, 618), die vor den neueren Untersuchungen über die Ionenadsorption an Fasern und Wänden erhalten worden sind, sich heute wirklich zwanglos eben auf Grund von Adsorption von Ionen deuten lassen. Auch einige neuere Arbeiten sind in dieser Hinsicht Zweifel unterworfen.

Die oben erwähnten Versuche zur Adsorption von Zirkonhydroxyd an Kunstharz und von Bleisulfid an Papier lassen sich zwar nicht durch Adsorption von Einzelionen deuten, es wäre aber nicht unmöglich, daß die Einzelionen zunächst von Verunreinigungen (etwa Kieselsäure bzw. Kupfersulfid), die in größerer Menge vorliegen, aufgenommen werden und diese markierten Verunreinigungen dann als ganze nach Gesetzen adsorbiert werden, die von denen der Ionenadsorption abweichen. Das wäre auch eine Erklärung für die Ergebnisse, die HEVESY bei den Diffusionsversuchen erhalten hat.

Die entgegengesetzte Auffassung der Radiokolloide wird vor allem von HAISSINSKY (254) vertreten. Nach HAISSINSKY sind die Radiokolloide im Prinzip keine Pseudokolloide, sondern echte einheitliche Kolloide. Diese Auffassung stützt sich darauf, daß fortschreitende Reinigung der Lösungen zwar zu einer Verringerung der Radiokolloidbildung, aber nicht zu ihrem Verschwinden führt (505, 618). Auch müßte man nach der Pseudokolloidhypothese mit zunehmender Konzentration des Radioelements auf Grund der fortschreitenden Absättigung der Oberfläche der Verunreinigungen eine Abnahme des kolloidalen Anteiles des Radioelements erwarten. CHAMIÉ und HAISSINSKY (80) fanden nun zwar eine solche Abnahme bei äußerst verdünnten Polonium-Lösungen, bei höheren Konzentrationen jedoch wieder eine Zunahme. HAISSINSKY versucht die Diskrepanz zwischen dem Wert des Löslichkeitsprodukts und der Tatsache der Kolloidbildung durch den Hinweis zu überbrücken, daß bei hochunlöslichen Verbindungen das wirkliche Löslichkeitsprodukt praktisch gar nicht richtig bestimmt werden könne. Eine solche Bestimmung macht nämlich die Voraussetzung, daß wirklich eine scharfe Trennung zwischen zwei Phasen im inneren Gleichgewicht (Bodenkörper und Lösung) ausgeführt werden kann. Dies sei aber infolge der extremen Langsamkeit, mit der hochunlösliche Niederschläge rekristallisieren und sich dabei ins innere Gleichgewicht setzen, z. B. bei den Schwermetallhydroxyden und -sulfiden, gar nicht möglich. Tatsächlich sind die Niederschläge oft amorph und unübersichtlichen Alterungsvorgängen unterworfen; die wahren Löslichkeitsprodukte seien also gar nicht bekannt.

Jedenfalls ist unabhängig vom Ausgang der theoretischen Kontroverse die praktische Möglichkeit der trägerlosen Ausfällung von Radioelementen für den Radiochemiker sehr bedeutsam. Eine nützliche Literaturzusammenstellung über die Radiokolloide haben neuerdings SCHWEITZER und JACKSON gegeben (541).

5. Verteilung zwischen Lösungsmitteln.

Die Verteilung von Radioelementen zwischen Lösungsmitteln entspricht im allgemeinen der Verteilung der isotopen Elemente in wägbarer Menge. Abweichungen treten auf, wenn der betrachtete Stoff an Grenzflächen angereichert wird oder wenn der chemische Zustand des Elements von der Verdünnung abhängt, also z. B. wenn ein Dissoziationsgleichgewicht wirksam ist.

NERNST hat 1891 den Satz aufgestellt, daß das Verhältnis der Konzentrationen in den beiden Phasen konstant ist, wenn der Stoff in beiden Phasen das gleiche Molekulargewicht besitzt. Eine experimentelle Bestätigung dieses Satzes für gewichtslose Mengen von Radioelementen haben GRAHAME und SEABORG (222) erbracht. Der Verteilungskoeffizient von Gallium zwischen 6-m Salzsäure und Äther erwies sich im Konzentrationsbereich von 10^{-3}- bis 10^{-12}-m als konstant. Gleichfalls konnten McCALLUM und HOSKOVSKY (414) zeigen, daß der Koeffizient von Kobaltrhodanid zwischen Amylalkohol und wäßriger Ammoniumrhodanidlösung im Bereich 10^{-5}- bis 10^{-12}-m unverändert bleibt. In beiden Versuchsreihen wurde die Ionenstärke der wäßrigen Lösung — und damit auch der Aktivitätskoeffizient des Radioelements — durch einen großen konstanten Überschuß von Fremdionen konstant gehalten; im ersteren Falle von Salzsäure, im letzteren Falle von Ammoniumrhodanid. Ein bekannter Verteilungskoeffizient kann umgekehrt dazu benützt werden, ein Radioelement chemisch zu identifizieren (222).

Wegen der Klarheit der theoretischen Verhältnisse und der Einfachheit der praktischen Durchführung haben die Extraktionsmethoden guten Eingang in die Radiochemie gefunden. Die Ausarbeitung neuer Methoden wird durch das Studium von Verteilungsgleichgewichten und Komplexbildnern erleichtert, das neuerdings beträchtlich ausgedehnt wurde [s. z. B. (33, 447, 455) u. S. 271]. Für die Radiochemie ist es dabei nützlich, daß Extraktionsmethoden auch in der anorganischen Analyse immer häufiger Verwendung finden, insbesondere zur Kolorimetrie von Spurenelementen (520). Unter Umständen kann für Trennungen auch die verschiedene Geschwindigkeit ausgenützt werden, mit der Verbindungen verschiedener Radioelemente im selben System den Übertritt in eine zweite Phase vollziehen (319). Eine wichtige Rolle spielen Extraktionen bei den in Abschnitt 8 besprochenen SZILARD-CHALMERS-Reaktionen.

In manchen Fällen können die Radioelemente in Form der Elemente oder einfacher Verbindungen, besonders der Salze, der Trennung unterworfen werden. Gerne werden auch Komplexverbindungen angewendet, da sie oft vergrößerte Neigung zeigen, selektiv von bestimmten organischen Lösungsmitteln aufgenommen zu werden. Streng genommen beruht allerdings auch die Aufnahme von einfachen Salzen durch nicht ionisierende Lösungsmittel in der Regel auf Komplexbildung.

In elementarer Form können zum Beispiel Halogene abgetrennt werden, die bei der Kernspaltung entstehen. Die bestrahlten wäßrigen Uranlösungen werden zu diesem Zwecke nach Zusatz von Halogenträger mit Tetrachlorkohlenstoff oder Toluol geschüttelt (62, 250, 375, 391).

Das Element 85 (Astat) ist ein Halogen, das nur radioaktive Isotope besitzt. Sein längstlebiges Isotop wird durch Beschuß von Wismut mit α-Teilchen hergestellt und dann aus der in Säure aufgelösten Probe mit organischen Lösungsmitteln extrahiert. Aus alkalischer Lösung gelingt die Extraktion nicht, was offenbar auf die Bildung negativer Ionen zurückzuführen ist (108, 328).

Elementarer Radioschwefel kann durch Reduktion im Wasserstoffstrom von isomorph an $BaCrO_4$ mitgefälltem Sulfat zum Sulfid, Oxydation des Sulfids mit Kaliumferricyanid zum Schwefel und Extraktion des Schwefels aus dem Reaktionsgemisch mit Benzol gewonnen werden (154).

Bei der Bestrahlung von Schwefelkohlenstoff mit schnellen Neutronen bildet sich durch die Kernreaktion ${}^{32}_{16}\text{S}$ (n, p) ${}^{32}_{15}\text{P}$ Radiophosphor in oxydierter Form, der dann durch Ausschütteln mit Wasser abgetrennt werden kann. Kleine

Mengen Schwefelkohlenstoff, die in die Wasserphase übergehen, werden durch Extraktion mit Benzol entfernt (152).

Die Löslichkeit des Uranylnitrats in Äther ist schon frühzeitig einerseits zur Reinigung des Urans, anderseits zur Gewinnung seines Zerfallsprodukts Uran X_1 (Th) benützt worden (113). Man schüttelt die Uranylnitrat-Hydrat-Kristalle mit Äther. Aus dem Kristallwasser bildet sich nun eine wäßrige Phase, die das Uran X_1 enthält, während ein Großteil des Urans im Äther gelöst bleibt. Das Verteilungsgewicht des Urans zwischen wäßrigen und organischen Phasen ist neuerdings eingehend untersucht worden (203). Durch Ausschütteln kann das Uran auch von Spaltprodukten und Transuranen getrennt werden (114). Für die praktische Arbeit mit größeren Uranmengen dürfte nach wie vor der Diäthyläther den Vorzug verdienen, da er einerseits einen guten Verteilungskoeffizienten aufweist und anderseits relativ billig ist (611).

Haissinsky (252) hat vorgeschlagen, Radium, Aktinium und Thorium durch Extraktion zu trennen. Radiumnitrat ist in Alkohol und Pyridin unlöslich, Aktiniumnitrat ist in diesen beiden Lösungsmitteln, Thoriumnitrat hingegen nur in Alkohol löslich. Natürlich lösen sich alle genannten Nitrate im Wasser.

Protaktinium kann mit β,β'-Dichlordiäthyläther aus stark salzsaurer Lösung (6-n), die mit Magnesiumchlorid gesättigt ist, extrahiert werden. Dabei erfolgt gute Trennung von Zirkon, Titan und anderen Elementen (423).

Bei der Bestrahlung von Zink mit Deuteronen entstehen aktive Isotope von Gallium und Kupfer. Gallium kann aus der salzsauren Lösung des Zinks mit Äther ausgeschüttelt werden (222) [siehe auch (287)].

Auch für die Extraktion von Radiogold (193) und Radioplatin (287) aus stark salzsauren Lösungen hat sich Äther als geeignetes Lösungsmittel erwiesen. Für die Abtrennung des Neptuniums von Lanthan-Träger und anderen Salzen eignet sich die Ätherextraktion der sechswertigen Form aus konzentrierter Ammoniumnitratlösung, der noch Aluminiumnitrat und Salpetersäure zugesetzt werden (426).

Dreiwertiges Eisen, das vielfach bei Mitfällungen als Träger verwendet wird, kann mittels Ätherextraktion aus stark salzsaurer Lösung von den meisten gefällten Radioelementen getrennt werden. Auch dem Eisen verhältnismäßig ähnliche Elemente, wie Kobalt — das normal nicht dreiwertig auftritt —, können nach dieser Methode vom Eisen abgetrennt werden (64, 232). Ebenfalls ätherlöslich ist das Eisenrhodanid (156). Statt des Äthyläthers sind auch andere Äther vorgeschlagen worden (109, 464). Nicht durchführbar ist aber die Ätherextraktion von Radioeisen in trägerfreiem Zustand aus der salzsauren Lösung. Offenbar verlagert sich das Gleichgewicht in verdünnter Lösung, was auf eine Veränderung der chemischen Form des Eisens schließen läßt.

Mesityloxyd kann für verschiedene Trennungen in den natürlichen Zerfallsreihen herangezogen werden: während nämlich Wismut, Polonium und Thorium aus wäßrigen Lösungen extrahiert werden, bleiben Radium und Blei zurück (430).

Die folgenden Trennungen sind Beispiele für die radiochemische Verwendung organischer Komplexbildner:

Radiokupfer kann mit 10^{-4}-m Dithizon in Tetrachlorkohlenstoff aus 0,1-m Salzsäure quantitativ ausgezogen werden. Dieses Verfahren wird z. B. nach der oben erwähnten Bestrahlung von Zink angewendet (278). Dithizonextraktionen können durch Änderung des pH-Wertes der wäßrigen Phase zu einer großen Zahl verschiedener Trennungen benutzt werden (520), beispielsweise der wichtigen Trennung Blei-Wismut-Polonium (Radium D-Radium E-Radium F). Blei wird bei pH = 9 mit sehr guter Ausbeute extrahiert, bleibt hingegen bei pH = 3 nahezu vollständig in der wäßrigen Phase zurück. Polonium und Wismut gehen unter diesen Bedingungen in die Lösungsmittelphase. Zur Trennung Polonium-Wismut bedient man sich der Tatsache, daß der Verteilungskoeffizient des Wismuts stark von den im Wasser vorhandenen Anionen abhängt (45).

Eine kompliziertere Extraktionsmethode ist für die Abtrennung von Radiocadmium aus deuteronenbeschossenem Silber angegeben worden (436). Das Silber wird in Salpetersäure gelöst und durch Ammoniumrhodanid komplex gebunden. Bei pH = 5 (eingestellt durch Pufferung mit Natriumacetat) wird das Cadmium mit Chloroform extrahiert, das 5% Pyridin enthält. Spuren von Silber, die in das Chloroform übergehen, können durch eine zweite Extraktion entfernt werden: Das Chloroform wird zur Trockene eingedampft, der Rückstand in 1%iger Schwefelsäure gelöst und mit 0,005%iger Dithizonlösung in Chloroform extrahiert.

Abtrennungsmethoden für Vanadin und Mangan, die bei der Bestrahlung von Chrom mit Deuteronen entstehen, konnten auf Grund einer eingehenden Untersuchung des Systems KCNS—Oxin—Methylisobutylketon angegeben werden (319). Man geht von einer Lösung aus, in der sich Vanadin in der vier-, Mangan in der zwei- und Chrom in der dreiwertigen Form befindet. Bei pH = 3 wird das Vanadin mit dem Keton aus einer Lösung extrahiert, die in bezug auf Kaliumrhodanid 1-m und in bezug auf Oxin 10^{-2}-m ist. Dann wird die Kaliumrhodanidkonzentration auf 8-m und der pH-Wert auf 7 erhöht und das Mangan mit dem Keton extrahiert. Chrom bleibt interessanterweise zurück, da sich sein Komplex nur langsam bildet.

Für die Trennung des Urans von seinen Spaltprodukten haben sich die Komplexbildner Acetylaceton und Dibenzoylmethan als geeignet erwiesen (217). Man bestrahlt den in einem organischen Lösungsmittel gelösten Urankomplex. Die Komplexbildungstendenz der Spaltprodukte ist im allgemeinen geringer als die des Urans, so daß sie mit Wasser ausgeschüttelt werden können.

Komplexe mit Acetylaceton eignen sich auch für weitere Trennungen. So bilden sich bei der Bestrahlung von Kobalt mit Neutronen unter gewissen Bedingungen gleichzeitig ^{59}Fe und (in 3000mal größerer Aktivität) ^{60}Co. Das Eisen kann bei pH 4 bis 7 mit xylolischer Acetylacetonlösung in radiochemisch reiner Form erhalten werden (350). Auch Protaktinium ist mit Lösung von Acetylaceton extrahiert worden (421). Die Komplexbildungskonstanten eines substituierten Acetylacetons, des α-Thenoyl-Trifluoroacetons (TTA), für verschiedene Elemente sind stark verschieden, so daß diese Verbindung für eine Reihe von Trennungen besonders geeignet ist (489). So wurde das beim Neutronenbeschuß von Lithium entstehende ^{7}Be mit Hilfe dieses Reagens aus einer komplizierten Mischung abgetrennt (34). Bei dieser Trennung dürften die Unterschiede in der Komplexbildungsgeschwindigkeit eine wichtige Rolle spielen. TTA hat auch zur erstmaligen Darstellung einer wägbaren Menge Aktinium (1 γ) aus 1 g Radium gedient, das im Reaktor mit Neutronen bestrahlt worden war (234). Weitere Anwendungen des α-Thenoyltrifluoroacetons sind die Anreicherung von Americium, das zur Erzeugung von Curium benötigt wurde (617), die Extraktion von Zirkon aus Gemischen mit Niob (105), die Trennung von Zirkon und Hafnium durch fraktionierte Extraktion (306), die Trennung von Radiocalcium von Scandium (extrahiert wird das Scandium bei pH = 4,5 [509]), die Abtrennung von Radium und Aktinium aus bestrahlten Thoriumproben (extrahiert wird das Thorium aus salpetersaurer Lösung, pH = 2,5 [441]), die Trennung von Thorium von Lanthanträger oder aus Uran-Lösungen (236), die Abtrennung von Protaktinium aus bestrahlten Thoriumproben (extrahiert wird Protaktinium aus 4 n salpetersaurer Lösung [440]), und die Extraktion von Neptunium in der vierwertigen Form zur Entfernung von Verunreinigungen (426).

Eine Anreicherungsmethode für Protaktinium aus Uranerzen bzw. aus salpetersauren Ablaugen der Urangewinnung schließt eine Reihe von Extraktionsstufen ein (143). Direkt aus Ablaugen wird das Protaktinium durch Extraktion mit Tributylphosphat gewonnen und dann mit Flußsäure wieder in wäßrige Lösung gebracht. Extraktionen mit Diisopropylcarbinol und Diisopropylketon werden schließlich zur Reinigung des Protaktiniums verwendet. Für die Trennung kleiner Mengen von Protaktinium von Mangan, das als Mitfällungsträger zugegeben wurde, eignet sich Extraktion des Kupferronkomplexes in Amylacetat (422).

Eingehende Untersuchungen sind auch über die Extraktion des Plutoniums angestellt worden, das sehr stark zur Komplexbildung neigt (z. B. mit Acetylacetonat und 3,5-Dinitrobenzoesäure) (s. [483]).

Durch Methyldioctylamin in Xylol wird aus einer Lösung, die Niob und Tantal enthält und mindestens 8-m salzsauer ist, lediglich das Niob extrahiert (130, 198, 382). Tetraphenylarsoniumchlorid dient zur Trennung des Technetiums vom Molybdän, aus dem es durch verschiedene Kernreaktionen gewonnen wird; bei der Extraktion bildet sich das in Chloroform lösliche Tetraphenylarsonium-Pertechnat (598). Ein Dibutoxy-Tetraäthylenglykol-Äther-Gemisch kann zur Extraktion von Thorium bzw. Ionium aus salpetersauren Lösungen verwendet werden, wobei die seltenen Erden nicht mitextrahiert werden (477). Das schon genannte Tributylphosphat ist auch zur Gewinnung größerer Ioniummengen aus Pechblenderückständen eingesetzt worden (477). Die Francium-Astat-Trennung kann ebenfalls mit Tributylphosphat durchgeführt werden (314): Aus 3-m Salzsäure wird mit einer 10%igen Lösung von Tributylphosphat in Äther nur das Astat extrahiert. Mit Hilfe von Mono- und Dibutylphosphat in Dibutyläther gelingt die Abtrennung von Radiozirkon und Radioniob von den anderen bei der Urankernspaltung gebildeten Radioelementen in einem einzigen Arbeitsgang (523).

6. Trennungen von Radioelementen durch Verflüchtigung.

a) Verflüchtigung von Elementen aus kondensierten Phasen.

Trennungen können wirkungsvoll auch durch Ausnützung von Differenzen in der Flüchtigkeit durchgeführt werden.

Wenn das Radioelement bei Zimmertemperatur ein Gas ist, so findet ein Durchtritt des Gases durch die Grenzfläche fest/gasförmig bzw. flüssig/gasförmig spontan statt. Je größer die Grenzfläche ist und je mehr Zeit man dem Gas für den Diffusionsvorgang gibt, desto größer ist unter sonst gleichen Umständen die Ausbeute. Die Diffusionszeit ist natürlich durch die Halbwertszeit beschränkt.

So können die Emanationen der drei natürlichen radioaktiven Reihen aus den Lösungen ihrer Muttersubstanzen abgetrennt werden, indem man — vorzugsweise unter Erwärmen — einen Gasstrom durchbläst. Die Abtrennung verläuft beim relativ langlebigen Radon quantitativ. Die auf dieser Abtrennung beruhende Messung der Emanationen oder ihrer Folgeprodukte dient zur indirekten Bestimmung kleiner Mengen natürlich radioaktiver Stoffe (Kap. IX, Abschn. 4 b). Die hochverdünnten und sehr reinen Lösungen der Folgeprodukte, die durch Einleiten der Emanationen in Wasser hergestellt werden können, stellen bequeme Quellen von Radioblei usw. dar (63). Die Standardmethoden der Abtrennung sind in den Lehrbüchern der Radioaktivität (z. B. [116, 448, 518]) und in Spezialwerken (327) ausführlich besprochen. Das abgetrennte Radon kann als γ-Strahlungsquelle oder (nach Vermischen mit Beryllium) als Neutronenquelle (s. Kap. VII) Verwendung finden.

Auch „hochemanierende", d. h. oberflächenreiche Festkörper dienen als Emanationsquellen. Solche Quellen werden erhalten, indem die Muttersubstanz oder deren Vorläufer, z. B. Radium, Mesothor oder Radiothor, mit geeigneten Trägern, z. B. Eisenhydroxyd oder Bariumcarbonat, gemeinsam ausgefällt werden. Bei der Fällung und Trocknung der Niederschläge ist darauf zu achten, daß die Präparate große Oberfläche besitzen. Insbesondere ist Zusammenbacken durch Erhitzen zu vermeiden (164, 245). Gute Präparate emanieren über 90% des gebildeten Radons.

Durch geeignete Experimente läßt sich zwischen einem — temperaturunabhängigen — Anteil des Radons unterscheiden, der unmittelbar beim Entstehen durch Rückstoß aus der Oberfläche ausgestoßen wird, und einem — temperaturabhängigen — Anteil, der verhältnismäßig langsam hinausdiffundiert. Die Emanierfähigkeit kann zur Charakterisierung von Feststoffen, Beobachtung ihrer Umwandlungen usw. verwendet werden („Emaniermethode"; s. S. 107).

Auch radioaktive Edelgase, die bei künstlich herbeigeführten Kernreaktionen entstehen, lassen sich nach Emaniermethoden abtrennen. Zu ihnen gehören die bei der Kernspaltung gebildeten Isotope von Krypton und Xenon. Die Abtrennung aus bestrahlten Uranlösungen kann äußerst rasch erfolgen, so daß kurzlebige Isotope erfaßt werden (11, 65, 128, 216, 246, 247, 248, 551, 633). Man kann auch mit oberflächenreichen Festkörpern arbeiten. Für die Uranate von Alkylaminen werden Ausbeuten bis zu 100% angegeben (219). Krypton und Xenon können aber an emanierenden Festkörpern auch durch andere Kernreaktionen als Spaltung gebildet werden. So kann man Kieselgel mit Silbernitrat imprägnieren, dem man Radioisotope von Brom oder Jod zugesetzt hat, aus denen durch β-Zerfall Krypton bzw. Xenon gebildet werden.

Die chemische Trennung der beiden Edelgase Krypton und Xenon kann durch fraktionierte Adsorption an Aktivkohle erfolgen. Bei Kühlung des Adsorbens durch Eis-Kochsalz-Mischung wird nämlich nur Xenon, bei Kühlung durch flüssige Luft auch Krypton adsorbiert (242). Bei Kühlung durch feste Kohlensäure ist das Verhältnis der abgeschiedenen Mengen der beiden Edelgase von der Strömungsgeschwindigkeit abhängig (247, 248, 250). Die Zerfallsprodukte der Edelgase haften fest am Adsorbens.

Die insbesondere bei der Kernspaltung entstehenden zahlreichen Brom- und Jodisotope können ebenfalls durch Verflüchtigung gewonnen werden. Zunächst muß man dazu die Radioelemente, die in Form von einwertigen Ionen vorliegen können, in die elementare Form überführen. So kann man durch Zusatz von Kaliumbromid als Träger und Kaliumbromat als Oxydationsmittel das Brom ins Element, das Jod dagegen in das Jodat überführen; anschließend destilliert man nur das Brom in einem inerten Gasstrom über. Zur Abtrennung des Jods anderseits versetzt man mit Jodidträger und einem schwachen Oxydationsmittel (Natriumnitrit oder Ferrichlorid), durch das das Bromid nicht oxydiert wird (250). Auch das im Zyklotron durch Bestrahlung von Tellur mit Deuteronen oder im Reaktor durch Neutronen erzeugte Radiojod kann durch Verflüchtigung rein dargestellt werden. Zu diesem Zwecke löst man zunächst die bestrahlte Probe in Säure. Sodann setzt man, wenn gewünscht, Träger zu, unterwirft einem Reduktions-Oxydations-Zyklus, damit das Jod mit Sicherheit als Element vorliegt, und destilliert (351, 479, 547) (vgl. S. 222).

In der letzten Zeit findet aber auch das Jodisotop 132 ($T_{1/_2}$ = ·2,4 Stunden) Verwendung als Indikator (s. S. 222). Wegen seiner Kurzlebigkeit liefern die Erzeuger aber nicht das abgetrennte Radioelement, sondern seine Muttersubstanz ^{132}Te ($T_{1/_2}$ = 77 Stunden). Dieses wird in einer eutektischen Mischung von Lithiumchlorid und Kaliumchlorid (Schmelzpunkt 365° C) aufgelöst. Will man das jeweils gebildete Jod abtrennen, also das Tellur „melken", so heizt man an, leitet einen Luftstrom durch die Schmelze und erhält so das reine Radiojod (629).

Radioquecksilber kann aus leicht zersetzlichen Verbindungen durch Erhitzen auf etwa 250° C verflüchtigt und derart abgetrennt werden. Z. B. wurde es in dieser Weise im Rahmen der Untersuchung quecksilberhaltiger Heilmittel von Radionatrium getrennt, das als Chlorid zurückbleibt (486). Aber auch Quecksilber, das als Träger zur Mitfällung von Radiosilber zugesetzt wurde, kann nach Umwandlung in das Sulfat durch starkes Erhitzen verflüchtigt werden, während Silber zurückbleibt (277). Platin kann an Quecksilbersulfid mitgefällt werden, wobei das Quecksilbersulfid dann durch Erhitzen zersetzt und abgetrieben wird (287).

b) Verflüchtigung von Elementen aus Oberflächen.

Eine Anzahl Arbeiten sind der Verflüchtigung von Radioelementen aus Oberflächen gewidmet worden. Kurzlebige Radioelemente, die nur in geringer Menge vorliegen, bedecken die Oberflächen nur teilweise. Bei den älteren Untersuchungen hat man sich der natürlichen radioaktiven Blei-, Wismut- und Poloniumisotope bedient (36, 300, 339, 409, 501, 511, 609, 630). Bei einer vorgegebenen Temperatur wird immer nur ein Teil des Radioelements verflüchtigt, wobei die Größe dieses Teiles von der Art der Oberfläche, von der Art der Gasatmosphäre, von dem Alter der Schicht und anderen Umständen abhängt. Offenbar sind die einzelnen Atome mit verschiedener Festigkeit an ihre Plätze gebunden. Beispielsweise beginnt die Verflüchtigung von Polonium von einer Platinunterlage bei 350° C, aber von einer Palladiumunterlage erst bei 500 bis 600° C (326, 500). Astat wird an eine Glasunterlage weniger fest gebunden als an Gold oder Platin (328).

Die Verflüchtigung von Oberflächen ist zur Reinigung von Radioblei, -wismut und -polonium herangezogen worden (511, 512, 558). Polonium kann dann durch Kondensation an einer kalten Oberfläche geringer Größe konzentriert werden; Platin und Palladium eignen sich wegen ihrer bedeutenden Affinität zum Polonium gut als Auffängermaterial (475, 500, 502). Monoatomare Schichten von Radiophosphor sind durch Verflüchtigung von Eisenphosphat dargestellt worden (556). In neuerer Zeit verflüchtigt man oft Radioelemente, die an Ort und Stelle durch künstliche Kernreaktionen gebildet worden sind. Diese Verfahren eignen sich natürlich nur für Radioelemente, die mit den Ausgangsstoffen nicht isotop sind. Solche Radioelemente werden in der Regel nur durch Beschuß mit geladenen Teilchen gebildet. Diese dringen in das beschossene Material kaum ein, so daß Radioelemente nur an der Oberfläche entstehen. Eine Abtrennung von Radiocadmium beruht auf einer Verflüchtigung von der Oberfläche von Silberproben, die mit Deuteronen beschossen worden waren (7). Das synthetische Element Astat wird im Zyklotron durch Beschuß von Wismut mit α-Teilchen erzeugt (108, 180, 328); es kann dann durch Erhitzen beim Schmelzpunkt des Wismuts (271°) im Hochvakuum von dort verflüchtigt und kondensiert werden. Auch die Trennung Astat-Francium konnte auf diesem Weg durchgeführt werden, wobei der Schnelligkeit der Methode besondere Bedeutung zukommt (314).

Bei sehr hohen Temperaturen können auch Cäsium- und Franciumsalze verflüchtigt und an einer kalten Oberfläche niedergeschlagen werden; dadurch kann man sehr reine Präparate dieser Radioelemente gewinnen (236, 313).

c) Verflüchtigung durch Überführung in eine Verbindung.

Präparate großer Reinheit sind auch durch Verflüchtigung von Radioelementen in Verbindungsform erzielt worden. Die Methode wird daher in wachsendem Ausmaß zur Aufarbeitung von im Zyklotron beschossenen Proben herangezogen. Aktives ^{75}Se, das mit Tellur als Träger in elementarer Form gefällt worden war, konnte durch Bromwasserstoff in das Tetrabromid übergeführt und bei 200° C im Stickstoffstrom abdestilliert werden (182). In Form von Selentetrabromid kann dieses Element auch von Palladium getrennt werden (192). Für diese und ähnliche Trennungen hat sich eine besondere Destillationsflasche gut bewährt (524). Radioosmium und Radiorhenium, die beim Beschuß von Wolfram mit schnellen Ionen gebildet werden, können nach folgender Methode getrennt werden: Nach Auflösen der Probe durch Schmelzen mit Kaliumhydroxyd und Kaliumnitrat (500°) wird konzentrierte Salpetersäure zugesetzt, wodurch das Wolfram als Wolframsäure ausfällt, während das Osmium zum Tetroxyd oxydiert wird. Dieses kann abdestilliert werden (188) [siehe auch (287)]. Anschließend kann man das Rhenium durch Zugabe konzentrierten Bromwasserstoffes in das Tribromid verwandeln und ebenfalls abdestillieren (Kohlensäurestrom) (187, 276). Radiozinn und -indium werden im Zyklotron aus Cadmium erzeugt. Nach der Trennung vom Cadmium durch Fällung der gebildeten Radioelemente mit Ferrihydroxyd werden Schwefelsäure und Bromwasserstoff zugesetzt und das gebildete Zinntetrabromid im Kohlensäurestrom bei 220° C abdestilliert (435).

Eine gute Trennung des Technetium von Molybdän, aus dem es durch Neutronenbeschuß und β-Zerfall entsteht, erzielt man durch Destillation aus konzentrierter Schwefelsäure, bei der nur das Technetium (in Form des Tc_2O_7) übergeht (268). Auf Grund der unterschiedlichen Flüchtigkeiten kann man auch Technetium von Rhenium, das häufig als Technetiumträger verwendet wird, trennen: Erhitzt man die beiden Elemente in 80%iger Schwefelsäure auf 200° und leitet Chlorwasserstoff durch, so geht nur das Rhenium über (480).

Beim Beschuß von Zinn mit Deuteronen entstehen Radioisotope von Antimon, Indium und Cadmium. Man fällt das Antimon und Indium mehrmals mit Cadmiumträger als Sulfide, während die Fällung der Hauptmenge des Zinns durch Zusatz von Oxalsäure verhindert wird. Sodann wird in Salzsäure gelöst, das Zinn mit Perchlorsäure zum Zinn(IV)-salz oxydiert und bei 200° C als Tetrachlorid abdestilliert. Schließlich führt man durch Bromwasserstoff das Antimon in das Tribromid über, das ebenfalls abdestilliert wird. Das Cadmium und Indium verbleiben im Rückstand (437).

Radioblei und -thorium können von den Sulfaten ihrer Muttersubstanzen getrennt werden, indem man bei 500 bis 800° C einen Strom von Chlorwasserstoff und Tetrachlorkohlenstoff über die Mischungen leitet. So werden Blei und Thorium in flüchtige Chloride verwandelt, während die Muttersubstanzen als Sulfate im Rückstand bleiben (469).

STARKE (562) verwandelt Radioarsen, das durch Mitfällung an Magnesiumammoniumphosphat abgeschieden worden war, durch Behandeln mit Zink und Salzsäure in flüchtigen Arsenwasserstoff. Das elementare Radioarsen wird dann wie in der MARSH-Probe durch Erhitzen gewonnen.

Bei der Bestrahlung von Kochsalz mit Neutronen bilden sich Radioschwefel und Radiophosphor. Erhitzt man die aktiven Kristalle im Wasserstoffstrom auf 770°, so diffundieren die aktiven Atome zur Oberfläche. Während Phosphor zurückbleibt, wird Schwefel zu Schwefelwasserstoff reduziert und kann dann aus dem Wasserstoffstrom abgeschieden werden, indem man diesen durch Bromwasser leitet (85).

7. Elektrochemische Methoden der Radiochemie.

a) Elementare theoretische Überlegungen.

Elektrochemische Methoden zur Trennung und Abscheidung von Radioelementen auch in gewichtsloser Menge sind wegen ihrer Sauberkeit beliebt. Die abgeschiedenen Radioelemente können von den Elektroden wieder abgelöst werden oder es können die festhaftenden gleichmäßigen Schichten direkt zu radioaktiven Energie- oder Intensitätsmessungen herangezogen werden. Die Abscheidungsmethoden sind entweder stromlos oder sie bedienen sich des elektrischen Stromes (elektrolytische Methoden). Einen wertvollen Überblick über das Gesamtgebiet verdankt man Haissinsky (260). Die praktischen Gesichtspunkte sind von Rogers (496) zusammengefaßt worden. Dieser Autor hat Abscheidungen aus Volumina von 0,01 ml durchgeführt.

Für die Möglichkeit der Abscheidung von Ionen in gewichtsloser wie in wägbarer Menge ist der Wert der Potentialdifferenz an der Grenzfläche Elektrode/Lösung maßgeblich. Liegt das Radioelement in der Lösung in wägbarer Menge vor, so kann die Abscheidungsspannung E, ausgehend vom Normalpotential E_0 des Elements, in bekannter Weise berechnet werden. Die Ionenkonzentration (streng genommen: -aktivität) des betrachteten Elements muß dabei nach der Formel von Nernst $E = E_0 + \dfrac{RT}{nF} \log c$ berücksichtigt werden.

Inwieweit man die Gültigkeit der Formel von Nernst auch für äußerst kleine Konzentrationen annehmen kann, ist eine theoretisch interessante Frage, der eine große Zahl von Untersuchungen gewidmet worden ist (97, 98, 119, 226, 233, 255, 263, 266, 280, 291, 497, 498). Man würde allerdings erwarten, daß die Formel bei sehr geringer Konzentration versagen muß: nämlich dann, wenn die Konzentration so klein ist, daß die Atome des Radioelements, die sich während der Potentialbestimmung auf der Elektrodenoberfläche abscheiden, dort nicht einmal mehr eine monoatomare Schicht bilden können. (1 cm² Oberfläche braucht zur Bedeckung $\sim 10^{-8}$ Mol; das entspricht z. B. beim RaF schon einer Aktivität von 10 mC, beim ThB gar von 3 Curie.) Wenn nun der Bedeckungsgrad veränderlich ist, kann offenbar eine wesentliche Voraussetzung der Nernst-Formel nicht mehr gelten, daß nämlich der Lösungsdruck des Metalls konstant gesetzt werden kann. Außerdem darf man dann auch nicht mehr annehmen, daß der Lösungsdruck von der chemischen Natur der Unterlage, also der Elektrode, unabhängig ist (227). Die radioaktiven Atome sitzen nämlich nicht auf ihresgleichen, sondern — mit von ihrer Natur abhängiger Affinität — auf der Unterlage. Schließlich ist noch in hohem Maß zu berücksichtigen, wie besonders von Haissinsky (263) und Rogers (70) betont wurde, daß auch auf Unterlagen gleicher chemischer Natur Stellen sehr verschiedener Haftfestigkeit bestehen. Unter diesen Umständen ist es sehr bemerkenswert, daß das Nernst-Gesetz sich wenigstens in einzelnen Fällen bis hinab zu äußerst geringen Konzentrationen (Wismut auf Gold bis $3 \cdot 10^{-16}$ n) (119) als gültig erwiesen hat.

Wenn wägbare Mengen des Elements überhaupt nicht zur Verfügung stehen, wie das bis in die jüngste Zeit beim Polonium der Fall war, bleibt nichts anderes übrig, als den Wert des Normalpotentials aus Messungen der Abscheidungsspannung bei der größtmöglichen erreichbaren Konzentration mit Hilfe der

Nernst-Formel durch Extrapolation zu gewinnen. Abscheidungsspannungen werden in der Elektrochemie wägbarer Mengen aus der Lage des Knickes in der Strom-Spannungs-Kurve ermittelt. Die Aufnahme einer Strom-Spannungs-Kurve nach der üblichen Weise ist nun mit gewichtslosen Mengen nicht möglich, da der Stromtransport auf· alle Fälle nur zum geringsten Teile durch die in gewichtsloser Menge vorliegenden Ionen erfolgt. Statt dessen haben zuerst Hevesy und Paneth (297) im Jahre 1913 die Abhängigkeit der unter experimentellen Normalbedingungen pro Zeiteinheit abgeschiedenen Mengen des Radioelements von der Spannung untersucht. Dabei werden Kurven der in Abb. 20 dargestellten Form erhalten, aus denen das „kritische" Abscheidungspotential, d. h. die Zersetzungsspannung (an Kathode oder Anode) recht genau abgelesen werden kann. Joliot (329) hat ein Gerät gebaut, an dem man die Aktivität der Elektroden laufend ablesen kann, ohne die Elektrolyse zu unterbrechen. Die strenge Aufrechterhaltung des Potentials durch einen Potentiostaten kann entscheidende Bedeutung besitzen (99, 100, 373, 496).

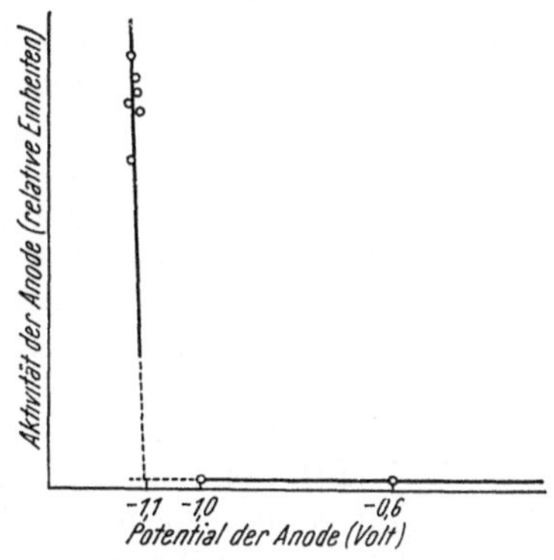

Abb. 20. Elektrolytische Abscheidung von trägerfreiem Thorium B (475).

So interessant auch theoretisch die Frage des Gültigkeitsbereiches der Nernst-Formel ist, so wenig ist doch im allgemeinen die Ausarbeitung von Trennmethoden davon abhängig. Bei der stromlosen Arbeit erfolgt die Abscheidung des kationischen Radioelements an einem Blech aus einem unedleren Metall. Die „nutzbare" Potentialdifferenz wird daher durch den (konstanten) Lösungsdruck dieses Metalls und die Konzentration seiner Ionen bestimmt. Wenn nun die Konzentration zum Zwecke der Verbesserung der Potentialdifferenz niedrig gehalten wird, also Ionen des' unedlen Metalls nicht eigens zugesetzt werden, ist ihre Konzentration und damit auch die Größe des Potentialsprunges schlecht definiert (38). Man muß also, nachdem man sich ganz ungefähr aus der Literatur von der Lage der Potentiale überzeugt hat, empirisch feststellen, ob und wieweit unter den gewählten experimentellen Bedingungen eine Abscheidung möglich ist. Handelt es sich anderseits um eine elektrolytische Abscheidung, so kann man die nutzbare Potentialdifferenz frei einstellen und wird die Richtigkeit dieser Einstellung, die wieder auf Grundlage einer groben Abschätzung des Zersetzungspotentials erfolgen wird, empirisch überprüfen müssen.

Zahlreich sind, wie von Rogers (496) betont wird, die Quellen von Experimentalfehlern. Bei der quantitativen Abscheidung gewichtsloser Ionenmengen ist — ebenso wie sonst bei radiochemischer Arbeit ohne Trägerzusatz — darauf zu achten, daß keine Verluste durch Austauschadsorption an Gefäßwänden usw. (siehe Abschnitt 3, b und d) oder durch Radiokolloidbildung (siehe Abschnitt 4) entstehen. Eine andere Gefahr besteht in mechanisch oder elektrochemisch bedingten Verlusten beim Waschen der Elektroden nach der Abscheidung. Die letzteren Verluste können · durch geeignete Einstellung des Potentials und Zusatz geeigneter Salze zum Waschwasser herabgesetzt werden. Einschleppung von Verunreinigungen durch Staub oder Reagenzien ist sehr zu fürchten; oft kann man die eingeschleppten Ionen durch „Vorelektrolyse" vor Zugabe der Radioelemente entfernen.

Die quantitative Ablösung des abgeschiedenen Radioelements von der Unterlage stellt oft ein Problem dar. Behandelt man eine unedle Unterlage mit Säure, so gelingt zwar die Ablösung, aber die Lösung wird durch Fremdionen verunreinigt. Anderseits bleibt beim Behandeln einer edlen Unterlage (Platin oder Gold) Radioelement zurück, was durch Legierungsbildung erklärt wird. Besonders stark wird Polonium von Platin zurückgehalten.

b) Stromlose Abscheidungen.

Lerch (389) hat die Methode der stromlosen Abscheidung in die Untersuchung der natürlichen radioaktiven Reihen eingeführt. Die verhältnismäßig edleren Metalle, die Glieder dieser Reihen bilden, werden aus den Lösungen ihrer Ionen an unedleren Metalloberflächen niedergeschlagen. So lassen sich aus saurer Lösung Polonium an Silber, Nickel oder Kupfer (44, 115, 148, 257, 260, 429), Wismut in der Hitze an Nickel (294), Blei (und natürlich auch Wismut und Polonium) an Zink (153) niederschlagen. Die wichtige Blei-Wismut-Polonium-(RaD-RaE-RaF)-Trennung läßt sich also bewerkstelligen, indem man zuerst an Silber nur das Polonium und dann an Nickel aus der vom Polonium befreiten Lösung nur das Wismut niederschlägt. Wird die Lösung während der Abscheidung gerührt, oder die Metallfolie rotiert, und verwendet man mehrere Folien nacheinander, so ist die Abscheidung schließlich quantitativ. Aus dem vom Nickel abgeschiedenen (künstlichen) Wismutisotop 207 läßt sich das nachwachsende kurzlebige Bleiisotop 207 leicht durch Salzsäure laufend ablösen (176).

Bei solchen Trennungen ist allerdings für eine Unterdrückung der Adsorption solcher Ionen zu sorgen, die in Lösung bleiben und später gegebenenfalls aus diesen Lösungen gewonnen werden sollen (160). Ein Beispiel ist die Adsorption des RaE (Bi) bei der Abscheidung von RaF (Po). Die Unterdrückung der Adsorption ist um so notwendiger, als die Adsorptionsgleichgewichte sich sehr rasch einstellen, während die elektrochemische Abscheidung durch Ersetzung der Atome aus der Folie durch radioaktive Atome, obwohl sie letzten Endes im Prinzip quantitativ verläuft, mehrere Stunden in Anspruch nehmen kann. Da aus der Lösung gemäß einer Isotherme jeweils nur ein Teil der unedlen Ionen adsorbiert wird, kann die adsorbierte Menge herabgesetzt werden, indem man mehrfach wieder auflöst und die elektrochemische Abscheidung wiederholt. Sehr wirkungsvoll ist auch eine Verdünnung der adsorbierbaren Fremdionen durch inaktive Isotope, aber der dadurch bedingte Verlust von spezifischer Aktivität dieser Ionen ist natürlich nicht mehr rückgängig zu machen; er muß daher meist vermieden werden, wenn diese Ionen später selbst gewonnen werden sollen.

Die auf unedlen Metallen erhaltenen Präparate sind nicht sauber, da die Oberfläche der Metalle in der Lösung ungleichmäßig korrodiert und — besonders auch, wenn es sich um starke Polonium-Präparate handelt — unter Einwirkung der ionisierenden Strahlung oxydiert wird. Man muß sich daher auch vor Abblättern der Oberflächenschicht in acht nehmen. Sauberere Präparate erhält man, wenn man die Radioelemente in einer zweiten Stufe des Verfahrens elektrolytisch auf eine Edelmetalloberfläche überträgt. Dies kann z. B. für Wismut oder Polonium geschehen, indem man die beladene Kupferfolie in Säure auflöst, das Radioelement auf einer kleinen Menge Träger (Aluminium oder Lanthan) mit Ammoniak fällt (wobei das Folienmaterial in Lösung bleibt), dann filtriert, den Niederschlag wieder in Säure löst und dann diese Lösung einer Elektrolyse zwischen Platinelektroden unterwirft.

Auch eine einstufige Abscheidung relativ edler Metalle an Platin ist von Erbacher (147) vorgeschlagen worden. Auf wasserstoffbeladenem Platin scheiden sich nämlich in saurer Lösung Polonium und Wismut direkt stromlos ab, in alkalischer Lösung sogar auch Blei. Die erreichbaren Dichten der Radioelemente auf der Oberfläche sind aber kleiner als bei der Elektrolyse. Später wurde ein ähnliches Verfahren für Antimon beschrieben (285).

HAISSINSKY (256) hat als erster die Methode der stromlosen Abscheidung auf ein künstlich hergestelltes Radioelement ausgedehnt. Radiokupfer wurde von einem großen Überschuß von inaktivem Zink getrennt, indem die Lösung mit einer Bleifolie in Berührung gebracht wurde.

Radioantimon, das durch Neutronenbeschuß von Zinn erzeugt wurde, kann von diesem durch stromlose Abscheidung an Kupferelektroden abgetrennt werden (494).

Astat, das nach seiner Stellung im periodischen System zu den Halogenen zählt, weist schon weitgehende metallische Eigenschaften auf, so daß es aus Lösung an Silberfolien abgeschieden werden kann (180).

Die Potentialverhältnisse bei der stromlosen Abscheidung können unter Umständen durch Komplexbildung günstig beeinflußt werden. So drückt ERBACHER (147) durch Zusatz von Thioharnstoff zu einer normal salzsauren Lösung die Konzentration von Goldionen derart herab, daß stromlose Abscheidung von Polonium auch an einer Goldfolie erfolgen kann. Komplexierung würde sich zweifellos auch bei der Trennung mehrerer Radioelemente durch stromlose Abscheidung bewähren.

Was den Mechanismus der stromlosen Abscheidung betrifft, so haben HEVESY (294, 296) und HAISSINSKY (260, 262, 265) gezeigt, daß sie mindestens in der Regel über Lokalelemente erfolgen muß. Es zeigt sich nämlich, daß sogar der „Austausch" zwischen einem Metall und der Lösung seines eigenen Ions äußerst weitgehend ist und auch rasch verläuft. Bereits nach wenigen Minuten kann der „Austausch" viele Atomschichten ergreifen. Das läßt sich natürlich nur dadurch erklären, daß eine Rekristallisation in der Weise stattfindet, daß das Metall an gewissen (unedleren) Stellen in Lösung geht und an anderen (edleren) Stellen sich niederschlägt. Es bestehen also „Löslichkeitslokalelemente". Die Abscheidung verläuft also, mikroskopisch gesehen, durchaus unregelmäßig. Mit einer solchen Unregelmäßigkeit ist dann auch bei der Abscheidung von Fremdionen zu rechnen. ERBACHER (149, 150, 151) meint allerdings, daß in gewissen Fällen auch regelmäßige monoatomare Belegung festzustellen sei.

c) Elektrolytische Verfahren.

Das anzuwendende Potential, wie auch die zweckmäßige Zusammensetzung des Bades müssen in der Praxis trotz der Kenntnis der Normalpotentiale doch im wesentlichen empirisch ermittelt werden (496). Sorgfältige Konstanthaltung des Potentials kann über den Erfolg von Trennungen entscheiden (s. S. 71).

Elektrolytische Abscheidungsverfahren sind für viele Kationen der natürlichen radioaktiven Reihen vorgeschlagen worden: Blei (135, 159, 160, 260, 297, 473), Wismut (253, 267), Polonium (257, 260, 297), Protaktinium (43, 118, 145, 259, 260, 261), Radium (als Amalgam an einer Quecksilberkathode) (117), Uran (169, 173, 260, 560). Unter den künstlichen Radioelementen sind ebenfalls viele Verfahren beschrieben worden: Eisen (251, 506), Kupfer (485, 565), Zink (233), Technetium (171, 495), Ruthenium (225, 396), Silber (226, 545), Cadmium (632), Indium (322), Antimon (285, 408, 509), Tellur (509), Astat (328), Plutonium (107, 452). In manchen Fällen erfolgt die Abscheidung kathodisch als Element oder niederes Oxyd, in anderen anodisch als höheres Oxyd. Natrium läßt sich wie Radium als Amalgam gewinnen (84).

Überraschend ist zunächst die Beobachtung, daß bestimmte unedle Elemente, wie Radium, Thorium und Aktinium, auch ohne Quecksilber kathodisch abgeschieden werden können (17, 110, 123, 153, 258, 260, 292, 442). Die Erklärung

dafür stammt von Tödt (591). Die Schichten an der Kathode bestehen gar
nicht aus den Metallen, sondern aus unlöslichen Hydroxyden oder Karbonaten.
Die Versuchsbedingungen müssen so gewählt werden, daß eine Ausflockung
der Radioelemente im Inneren der Lösung verhindert und erst in unmittelbarer
Nähe der Kathode ermöglicht wird; dann bilden sich festhaftende Schichten
an der Kathode. Diese Bedingungen sind gegeben, wenn stark saure Lösungen
mit hohen Stromdichten unter guter Rührung elektrolysiert werden. Der Strom
transportiert die Ionen des Radioelements gar nicht an die Kathode, sondern
nur bis in die enge alkalische Zone, die sie umgibt; dort fallen die Radioelemente
aus. Das Verfahren eignet sich nicht zur Abscheidung größerer Mengen.

Auch bei elektrolytischen Trennungen kann die Trennschärfe durch Komplexbildung verbessert werden. So trennen Griess und Rogers (227) Radiosilber
von wägbaren Mengen Palladium nach Komplexierung mit Cyanidion. Die
Wirksamkeit der Komplexierung wurde zuerst polarographisch geprüft.

Abscheidungen und Trennungen im elektrischen Feld nach Ionisierung
durch radioaktiven Rückstoß werden in Abschn. 8, b und c besprochen.

d) Elektrophoretische Verfahren.

Eine Trennung im elektrischen Felde kann auch ohne Abscheidung an den
Elektroden bewerkstelligt werden, indem man sich auf die Verschiedenheit der
Wanderungsrichtung und -geschwindigkeit von Ionen stützt, also eine Elektrophorese durchführt. Für die Trennung von einfachen, also relativ kleinen Ionen
hat sich vor allem die Elektrophorese in mehrphasigen Systemen bewährt, in
denen die zu trennenden Stoffe in einer Phase in nicht beweglicher Form vorliegen.
Am häufigsten wird die Papierelektrophorese verwendet.

Einige radiochemische Trennungen konnten einfach auf Grund des unterschiedlichen Ladungssinnes der zu trennenden Ionen durchgeführt werden:
Das Gemisch von Radioelementen wurde auf ein Papierblättchen aufgetragen,
dieses dann in einen Stoß identischer angefeuchteter Blättchen eingeschoben und
der ganze Stoß elektrisch belastet (181). Z. B. wandern in Ammoniumoxalatlösung
Trägermengen Mangan zur Kathode, trägerfreies Niob und Zirkon zur Anode,
während seltene Erden stationär bleiben. In starker Salzsäure bleibt Arsen
stationär, Kupfer wandert zur Kathode. Für Trennungen, die auf Unterschieden
in der Wanderungsgeschwindigkeit beruhen, wird die Papierelektrophorese am
besten auf einem Papierstreifen ausgeführt, auf den man das Gemisch in Form
eines möglichst kleinen Tropfens aufbringt. Die Leistungsfähigkeit wird durch
Trennungen von Barium-Radium (347) und der seltenen Erden (521) veranschaulicht; für die letztere wurden, ähnlich wie bei den Trennungen an Ionenaustauschern, Komplexbildner verwendet.

Für größere Stoffmengen kann man eine kontinuierliche Ausführungsform der
Papierelektrophorese benützen (136, 386, 522, 570a; s. a. S. 271). Das Verfahren
zeichnet sich dadurch aus, daß die Spannung horizontal an einen hängenden
Papierbogen angelegt wird, der von einer Lösung von oben nach unten durch-
strömt wird. Das zu trennende Stoffgemisch wird an einer Stelle des oberen
Papierrandes kontinuierlich aufgegeben und die einzelnen Fraktionen werden am
unteren Papierrand, der mit einer größeren Zahl von Zungen versehen ist, eingesammelt.

Neuerdings gewinnt die mehrdimensionale Papierelektrophorese und eine
Kombination von Papierelektrophorese und Papierchromatographie, die man
als „Elektrochromatographie" bezeichnet, an Bedeutung [Übersicht s. (386, 570)].
Die zweidimensionale Papierelektrophorese wird durch aufeinanderfolgende

Belastung im elektrischen Feld in den zwei Richtungen eines Papierbogens ausgeführt; besonders gute Ergebnisse erzielt man durch Heranziehung verschiedener Lösungsmittel bzw. von Komplexbildnern (569). Die „Elektrochromatographie", die im Gegensatz dazu ein einstufiger Prozeß ist, wird in einer Anordnung ausgeführt, die der der kontinuierlichen Papierelektrophorese ähnlich ist, jedoch wird das Stoffgemisch nicht kontinuierlich, sondern lediglich vor Beginn der Trennung als Tropfen am oberen Papierrand aufgebracht. Die „Elektrochromatographie" wird man vor allem dann anwenden, wenn in einem Stoffgemisch manche Trennungen am besten durch Chromatographie, andere hingegen am besten durch Elektrophorese gelingen (522, 570a).

Diese Methoden gestatten die oft überraschend schnelle und scharfe Trennung von radioaktiven anorganischen Ionen in guter Ausbeute. Auch für die Trennung kleinster Mengen markierter Verbindungen, z. B. der Aminosäuren, sind sie hervorragend geeignet. Zweifellos wird die nahe Zukunft auf diesem Gebiet stürmische Entwicklung bringen.

e) Redoxpotentiale von Radioelementen.

Gelingt es, in einer Lösung die Mengenverhältnisse der verschiedenen Wertigkeitsformen eines Radioelementes zu bestimmen, so können seine Redoxpotentiale zumindest näherungsweise ermittelt werden.

So haben SEABORG und WAHL (550) die Verteilung von Neptunium im Gleichgewicht mit „Oxydations-Reduktions-Puffern" über die verschiedenen Wertigkeiten durch nachträglichen Zusatz geeigneter Fällungsreagenzien geprüft. Ähnliche Versuche sind auch mit Berkelium ausgeführt worden (588). Da das auftretende Redoxpotential bei einem homogenen System, bei dem keine Assoziation des Radioelements auftritt, nicht von den Absolutwerten der Konzentrationen, sondern nur von den relativen Konzentrationen der Ionen mit den einzelnen Wertigkeiten abhängt, liefern die mit radioaktiven Spuren erzielten Ergebnisse Aussagen über die Redoxpotentiale der Makromengen.

8. Ausnützung spezifisch radiochemischer Effekte.
a) Grundsätzliches.

Bei spontanen Kernumwandlungen wird Energie freigesetzt. Ein Teil dieser Energie verbleibt dem unmittelbar betroffenen Atom. Diese Energie kann in vielen Fällen hinreichen, um chemische Umwandlungen dieses Atoms herbeizuführen. Ist das Endprodukt der Kernumwandlung radioaktiv, so kann die Natur dieser Umwandlungen untersucht werden. Außerdem können solche Umwandlungen dazu benützt werden, das Atom in eine chemische Form überzuführen, die vom Standpunkt der weiteren Experimente wünschenswert erscheint. Die chemische Wirkung der Kernumwandlung wird also präparativen Zwecken nutzbar gemacht. Normalerweise liegt das Radioelement dabei nur in gewichtsloser Menge vor. Chemische Effekte dieser Art, die also unmittelbar und selektiv solche Atome betreffen, die eine Kernumwandlung erlitten haben, sollen als „spezifisch radiochemische Effekte" bezeichnet werden. Sie sind von den chemischen Wirkungen zu unterscheiden, die an einem System durch absorbierte Strahlung hervorgerufen werden, wobei die Strahlung entweder durch eine Komponente des Systems oder durch eine äußere Quelle emittiert werden kann; diese „strahlenchemischen" Effekte, zu deren Erzielung man zweckmäßig z. B. Röntgenstrahlung verwenden kann, sind nicht selektiv.

Die spezifisch radiochemischen Effekte sind vor allem bei solchen Kernreaktionen von Interesse, bei denen sich die Ordnungszahl des Atoms nicht ändert. Solche Reaktionen sind der spontane γ-Zerfall, also die spontane Umwandlung isomerer Kerne ineinander, und dann — unter den induzierten Reaktionen — die (n, γ)-, (n, 2 n)- und (γ, n)-Reaktionen. Da in solchen Fällen Anfangs- und Endatom isotop sind, versagen chemische Trennungsmethoden, die auf der Verschiedenheit dieser Atome beruhen; wenn aber das radioaktive Atom infolge eines spezifischen radiochemischen Effektes in einer veränderten chemischen Form vorliegt, also in einem andersartigen Molekül enthalten ist, kann es von den isotopen Ausgangsatomen ohne weiteres chemisch abgetrennt werden.

Führt die Kernreaktion zu einem nichtisotopen Kern, wie dies z. B. beim einfachen α-Zerfall zutrifft, so können natürlich grundsätzlich immer die normalen chemischen Trennungsmethoden Anwendung finden; die spezifisch radiochemischen Effekte müssen also nicht zu Hilfe genommen werden. Dennoch können die spezifisch radiochemischen Effekte auch in solchen Fällen entscheidende Vorteile bieten, und zwar vor allem deshalb, weil sie einfacher und weniger langwierig sein können als die normalen Trennmethoden. Sie empfehlen sich daher besonders bei kurzlebigen Reaktionsprodukten.

b) Effekte bei der Emission schwerer Teilchen.

Wenn ein Kern ein schweres Teilchen, beispielsweise ein α-Teilchen, emittiert, so läßt sich die kinetische Energie E_R des Rückstoßkernes aus seiner Masse M_R und aus Energie und Masse E_T und M_T des emittierten Teilchens auf Grund des Impulssatzes berechnen:

$$E_R = M_T E_T / M_R. \tag{3. 10}$$

Bei α-Zerfällen ist die Energie des emittierten Teilchens von der Größenordnung $5 \cdot 10^6$ eV, das Massenverhältnis etwa 50, daher die Rückstoßenergie von der Größenordnung 10^5 eV. Diese Energie ist also bei weitem ausreichend, um chemische Bindungen zu zerreißen. Dabei ist aber die Reichweite der Rückstoßkerne — etwa im Vergleich zur Reichweite von α-Teilchen gleicher Energie — gering, da sie auf Grund ihrer geringen Geschwindigkeit besonders stark ionisierend wirken. Beispielsweise beträgt in Luft die Reichweite eines ThC''-Kernes, der beim α-Zerfall von ThC entsteht, nur 0,13 mm.

Die von einem Präparat ausgeschleuderten Rückstoßkerne können auf einer in der Nähe angeordneten Platte aufgefangen und dort, wenn sie radioaktiv sind, durch ihre Aktivität nachgewiesen werden. Z. B. wird das ThC'' durch seine β-Aktivität ($T_{1/2} = 3,1$ Min.) nachgewiesen. Befindet sich der Auffänger in geringerer Entfernung von der Quelle, als der Reichweite der Rückstoßkerne entspricht, so ist die Ausbeute konstant; bei größerer Entfernung werden die Rückstoßkerne nur insoweit aufgefangen, als sie nach ihrer Bremsung in der Luft zum Auffänger diffundieren. Daher wird in diesem Bereich eine schnelle Abnahme der Ausbeute mit der Entfernung beobachtet. Um eine Selbstabsorption der Rückstoßkerne in der Quelle zu vermeiden, muß mit äußerst dünnen Schichten gearbeitet werden. Auf dem einfachen Rückstoßprinzip beruhende Trennungen sind nur in der Frühzeit der Radioaktivität angewendet worden (238, 244, 510).

Wesentlich größere Ausbeuten erzielt man, wenn die Rückstoßatome in einem elektrischen Feld eingesammelt werden (244, 619, 631). Die Abscheidung wird dadurch ermöglicht, daß die Rückstoßatome in ionisierter Form geboren werden. Sie erfolgt nahezu quantitativ an der negativen Elektrode, wenn die Feldstärke zur Unterdrückung der Rekombination der Ionen hinreicht. Eine Feldstärke von einigen 100 Volt/cm genügt gewöhnlich. An positiv geladenen Auffängern werden nur solche Rückstoßkerne adsorbiert, die direkt auf sie auftreffen.

Als radiochemische Abtrennungsmethode hat die Sammlung ionisierter Rückstoßkerne im elektrischen Felde vor allem in den natürlichen radioaktiven Reihen Anwendung gefunden. Sie eignet sich besonders für Folgeprodukte der Emanationen, nämlich für die mit A, B und C'' bezeichneten Radioelemente. Um Gemische der Folgeprodukte, den sogenannten kurzlebigen Niederschlag, zu erhalten, bringt man Substanzen mit hohem Emaniervermögen (s. Abschnitt 6, a), die die Muttersubstanzen der Emanationen enthalten, in ein elektrisches Feld (144). Beim relativ langlebigen Radon muß dies zur Vermeidung der Abdiffusion in einem geschlossenen Gefäß ausgeführt werden. Auch das Produkt des seltenen α-Zerfalls des RaE (RaE'' = $^{206}_{81}$Tl) konnte auf Grund des Rückstoßes aufgefunden werden (58). Mehrfach wurde die Rückstoßmethode bei der Untersuchung der Neptunium-Zerfallsreihe angewendet, die in der Natur nicht vorkommt (146, 235).

Eine Rückstoßtrennung nach α-Zerfall ist auch statt in dünner Schicht in Lösung — also ohne räumliche Trennung von Anfangs- und Endatomen — möglich. Die Trennung geht dann allerdings in eine gewöhnliche radiochemische Trennung über, da man sich zu ihrer Durchführung auf den chemischen Unterschied zwischen Anfangs- und Endstoff nach Verlust der Rückstoßenergie stützen kann. Immerhin kann eine solche Trennung unter Umständen dadurch erleichtert werden, daß das radioaktive Atom aus einem komplexen oder organischen Molekül ausgeschleudert wird, in dem das Mutteratom enthalten ist. So tritt neugebildetes UX_1 aus dem Komplex des Uranyl-Ions mit Dibenzoylmethan oder mit Benzoylazeton aus, obwohl Thorium-Ion mit diesen Stoffen stabile Komplexe bildet (264).

Rückstoßeffekte sind auch zur Abtrennung der Gesamtheit der Produkte der Spaltung des Urankernes herangezogen worden (330, 341, 443). Unter gewissen Umständen kann man dabei auch die Rückstoßatome je nach ihrer Reichweite in Fraktionen zerlegen (340). Auch diese Verfahren erfordern die Verwendung dünner (Uran-)Schichten. Anderseits kann man das Uran auch in komplexe Verbindungen überführen, z. B. die in organischen Flüssigkeiten gut löslichen Dibenzoylmethankomplexe, und die Spaltprodukte dann durch Schütteln mit Wasser extrahieren (217, 218).

Auch die Rückstoßtrennung bei (γ, n)-Reaktionen (Kernphotoeffekt) gehört in diesen Abschnitt. Dennoch geht in diesem Falle (abweichend vom α-Zerfall) die Trennung keinesfalls in eine einfache radiochemische Trennung über, da Anfangs- und Endatom isotop sind. Man führt also ähnlich wie beim SZILARD-CHALMERS-Effekt (s. unten) gewissermaßen eine Isotopentrennung in statu nascendi durch. Aus Intensitätsgründen bedient man sich niemals einer dünnen Schicht, sondern immer der gelösten Substanz. Auch hier muß der Anfangsstoff in undissoziierbarer Form vorliegen. Beispielsweise ist es gelungen, durch Kernphotoeffekt Brom aus Äthylbromid herauszuschlagen und als Silberbromid zu fällen. Die spezifische Aktivität des Broms im Niederschlag beträgt allerdings nur das Zehnfache der Aktivität im Äthylbromid, was auf die beträchtlichen strahlenchemischen Wirkungen zurückzuführen sein dürfte (19). Durch Bestrahlung von Kristallen der komplexen Kobaltverbindung $K_3Co(C_2O_4)_3 \cdot 3\,H_2O$ im Synchrotron wurde das energiereiche Kernisomere des ^{58}Co in Form von Co^{++} erzeugt und nach Auflösen in Wasser durch Adsorption an einem Kationenaustauscher abgetrennt, während das inaktive Kobalt in Form des Anions vorlag und daher nicht adsorbiert wurde (93, 298). Kupfer wird durch Kernphotoeffekt aus seinem mit Salicylaldehyd-o-Phenylendiamin gebildeten Komplex herausgeschlagen. Das gebildete ^{62}Cu kann mit Wasser ausgeschüttelt werden (302, 559). Nach der Bestrahlung von Platin-Ammoniakaten, z. B.

[Pt(NH$_3$)$_4$]Cl$_2$ mit energiereichen Photonen kann ein Großteil des gebildeten Radioplatins als Chloroplatinat isoliert werden (94). Nach der Bestrahlung von fester oder flüssiger Kohlensäure wurden 50—100% des gebildeten Kohlenstoffs 11 in Form des Kohlenoxyds aufgefunden (507) (s. a. S. 271).

Die bei der Emission schwerer Teilchen auftretenden Rückstoßenergien können, ebenso wie jene, die beim Szilard-Chalmers-Effekt [s. Abschn. f („Rückstoßsynthesen")] auftreten, eine direkte Einführung der radioaktiven Folgeprodukte der betreffenden Kernreaktion in Verbindungen bewirken. So tritt bei der Bestrahlung eines Gemisches von Tetrachlorkohlenstoff und Schwefelkohlenstoff ein Großteil des durch die Reaktion ^{35}Cl(n, p)^{35}S gebildeten Radioschwefels als Schwefelkohlenstoff auf (140). Nach Bestrahlung von Chinolinoxalat im Reaktor werden je mehrere Prozent des gebildeten Radiokohlenstoffs als Oxalsäure und als Naphthalin aufgefunden (111). Ähnliche Ergebnisse wurden bei Bestrahlung von Pyridin-Oxalat beobachtet (186) (s. a. S. 271).

c) Effekte bei der Emission von Beta-Teilchen.

Da beim β-Zerfall drei Teilchen — Rückstoßatom, β-Teilchen und Neutrino — entstehen, auf die sich die freiwerdende Energie verteilt, besitzen die Rückstoßatome im Gegensatz zu jenen beim α-Zerfall keine einheitliche Energie. Außerdem liegt sogar die maximale Rückstoßenergie in der Regel unterhalb 100 eV. Die Atome können daher nur ganz besonders dünne Schichten durchschlagen. Infolgedessen sind die Ausbeuten bei den β-Rückstoßtrennungen viel kleiner als jene, die beim α-Rückstoß erzielt werden. Immerhin ist eine Anreicherung der C- und C'-Körper gelungen, wobei die Muttersubstanzen als dünne Schichten vorlagen (244).

Größere Bedeutung hat der β-Rückstoß bei Trennungen in der Gasphase. In den β-Zerfallsreihen der Urankernspaltstücke bilden sich unter anderem zahlreiche Isotope der Edelgase Krypton und Xenon (vgl. Abschn. 6, a), die wegen ihrer inerten Natur leicht durch einfaches Herausblasen aus bestrahlten Lösungen oder durch spontanen Austritt aus hochemanierenden bestrahlten Festkörpern erhalten werden können. Die Folgeprodukte dieser β-aktiven Edelgase konnten im elektrischen Feld eingesammelt werden (242, 247, 249).

In Lösung können die Folgeprodukte des β-Zerfalls oft in alternativer chemischer Form, z. B. Valenz, auftreten (66, 67, 122, 456, 465). Auch die chemische Form wurde untersucht, in der das Radiojod vorliegt, das sich durch β-Zerfall von Tellur 131 bildet, das als Chlorid in Benzol gelöst ist (348). Teilweise tritt dabei Substitution, d. h. Bildung von (Radio-)Jodbenzol, ein. Eine praktische Anwendung solcher Prozesse ist bisher nicht erfolgt.

Rückstoßatome werden auch beim K-Einfang beobachtet (5, 325, 632). Der Rückstoß muß hier gänzlich auf die Emission des Neutrinos zurückgeführt werden. Der Effekt findet aber keine radiochemische Anwendung.

d) Verseuchung durch Rückstoßeffekte.

Rückstoßenergie kann auch auf benachbarte, selbst nicht an einer Kernreaktion beteiligte Atome übertragen werden. Dadurch können diese Atome z. B. aus einer Schicht herausgeschlagen werden, was bei radioaktiven Präparaten zu störenden Verseuchungen der Umgebung führen kann. Die Größe des Effekts ist bei einem bestimmten Radioelement von einer Reihe von Umständen abhängig, zu denen die Art der Unterlage, die Dicke, die Konzentration und das Alter des Präparats und auch der herrschende Gasdruck gehören (378, 379, 380). Verseuchung durch Rückstoß macht sich besonders beim Polonium unangenehm fühlbar, da die Halbwertszeit einerseits kurz genug ist, um verhältnis-

mäßig viele Zerfallsvorgänge pro Zeiteinheit (hohe spezifische Aktivität) hervor-
zurufen, anderseits aber lang genug, um die Verseuchung anhalten zu lassen.
Neben der Verseuchung führt dieser Effekt auch zu einem Aktivitätsverlust
der Quelle, der die Genauigkeit von Messungen beeinträchtigen kann.

e) SZILARD-CHALMERS-Effekt.

Der Rückstoß kann auch durch die Emission von Photonen bedingt sein
(„COMPTON-Rückstoß"). Dies ermöglicht die Isolierung der mit den Ausgangsatomen isotopen Produkte von (n, γ)-Kernreaktionen, also des einfachen
Neutroneneinfanges. Der Einfang gibt wegen der oft beträchtlichen Einfangquerschnitte häufig große Ausbeuten und wird daher sehr gerne zur Herstellung
der Radioelemente verwendet.

SZILARD und CHALMERS (582) zeigten als erste, daß ein durch Neutroneneinfang gebildetes Radioelement von dem bestrahlten Ausgangsmaterial auf
Grund einer chemischen Umwandlung abgetrennt werden kann, die eine Folge-
erscheinung der Kernreaktion ist. Sie isolierten aus Jodäthyl, das sie mit
Neutronen bestrahlt hatten, einen bedeutenden Teil der erzeugten Aktivität
durch Ausschütteln mit Wasser. Offenbar wird die Bindung des Jods an den
Alkylrest im Zusammenhang mit der Kernreaktion gesprengt. In der Wasserphase liegt dann das Jod als Molekül oder als Ion vor. Austausch zwischen dem
freien Jod und dem Jodäthyl findet offensichtlich gar nicht oder doch nur sehr
langsam statt, so daß die Abtrennung nicht gestört wird; dies ist natürlich
eine der Voraussetzungen für das Auftreten eines SZILARD-CHALMERS-Effekts,
der praktisch ausgenützt werden kann. Daher findet man auch keinen solchen
Effekt an Stoffen, in denen die an der Kernreaktion teilnehmenden Atome in
Ionenbindung vorliegen, z. B. einfachen Salzen. So ist auch bis jetzt kein
SZILARD-CHALMERS-Effekt an den Alkalimetallen aufgefunden worden, da sie
keine anderen als elektrovalente Bindungen eingehen.

Wie Versuche über den Neutroneneinfang durch Gold gezeigt haben, kann
der γ-Rückstoß auch zum Austritt des neugebildeten Kerns aus einer Oberfläche
führen. Er kann dann bei Arbeit im Vakuum an einer anderen Oberfläche aufgefangen werden (425). Selbst im Inneren des festen Goldes läßt sich andeutungs-
weise eine Art SZILARD-CHALMERS-Effekt feststellen, indem der Diffusionskoeffizient des in situ erzeugten Radiogoldes zunächst abnorm groß ist; offenbar
wird das Atom beim Einfang des Neutrons auf eine Art Zwischengitterplatz
gebracht (416).

Der SZILARD-CHALMERS-Effekt kann in vielen Fällen zur Herstellung von
Radioelementen mit hoher spezifischer Aktivität herangezogen werden. Bei
den schweren Elementen führt Bestrahlung mit langsamen Neutronen nahezu
ausschließlich zu ihrem Einfang. Abtrennung oder Anreicherung des Radioelements ist daher nach den üblichen Methoden unmöglich. Liegt das bestrahlte
Element jedoch in einer Form vor, aus der das neugebildete Isotop durch SZILARD-
CHALMERS-Effekt entfernt wird, so kann dann die Abtrennung auf Grund der
Verschiedenheit der chemischen Formen, in denen sich aktive und inaktive
Isotope befinden, vorgenommen werden. Tab. 5 gibt eine Übersicht über die
bisher aufgefundenen Beispiele des SZILARD-CHALMERS-Effekts. Die Abtrennung kann praktisch z. B. durch Fällung mit entsprechendem nichtaktivem —
isotopem oder nichtisotopem — Trägerzusatz, durch Verteilung zwischen
Lösungsmitteln, durch Anreicherung an einem Adsorbens, etwa Aktivkohle,
oder durch Sammlung der gebildeten Ionen im elektrischen Feld erfolgen. Für
eine erfolgreiche elektrische Sammlung ist häufig chemische Affinität der
Elektrode für den abzuscheidenden Stoff wichtig.

Tabelle 5. *Überblick über die Untersuchungen von* Szilard-Chalmers-*Effekten.*

Element	Bestrahlte Verbindung	Abtrennungsmethode	Literaturhinweise
15 P	Trialkyl- und Triarylphosphate	H_2O-Extraktion	(163)
	Phosphite, Phosphate	Fällung mit Träger	(13, 392)
16 S	Schwefelkohlenstoff	Abdampfen des CS_2	(9)
	Cystin	Unzersetztes Cystin abgeschieden, Sulfat gefällt	(406)
17 Cl	Halogenalkyle, Halogenwasserstoff	H_2O-Extraktion	(8, 52, 74, 75, 104, 161, 172, 177, 211, 269, 338, 412, 453, 493, 499, 555, 576, 582, 627)
		Adsorption der gebildeten Radioelemente	(155, 162, 412, 499)
		Sammlung durch Elektrolyse	(168, 356, 474, 499, 581)
	Halogenate, Perhalogenate	Halogenid mit Träger als AgHal gefällt	(4, 8, 25, 27, 95, 121, 201, 221, 311, 355, 392, 413)
		Extraktion mit Lösungsmitteln	(49, 96)
23 V	Vanadin-8-Oxychinolat	Fällung als Ag-Vanadat	(580)
	Vanadin-Kupferronat	H_2O-Extraktion	(580)
	Natriumvanadat	Fällung von Ag-Vanadat	(580)
	V-Phthalocyanin	Komplex nach Auflösen in H_2SO_4 durch Verdünnen gefällt	(287)
24 Cr	Chromat, Bichromat, Chromsäure	Fällung mit Träger als $Cr(OH)_3$	(224, 462, 470)
25 Mn	Permanganate, Manganate	Als MnO_2 abfiltriert (mit Träger oder trägerfrei)	(4, 8, 12, 55, 61, 131, 333, 392, 415, 490)
26 Fe	Ferrocyanid	Radioeisen an $Al(OH)_3$ mitgefällt	(595, 625)
	$H_4Fe(CN)_6$	Eisen mit Äther extrahiert	(349)
27 Co	Kobalt-Triäthylendiamin-Nitrat	Abscheidung an Zinkstaub	(566)
	Verschiedene Kobaltkomplexe mit Ammoniak und Diaminen	Fällung mit Träger als $Co(OH)_3$	(579)
	Natrium-Kobalticyanid	Fällung mit α-Nitroso-β-Naphthol	(82)
	Co^{+++}-Hexammin-Nitrat	Fällung mit Co^{++}-Träger oder Adsorption an Austauscher	(345)
	$Cu[CuCo(CN)_6]_2$	Austausch des freigesetzten Co gegen Cu-Ionen in wäßriger Lösung	(69)
29 Cu	Cu-Komplex des Acetessigesters	Extraktion mit wäßrigen Lösungen	(209)
	Cu-Salicylaldehyd-o-Phenylendiamin	Fällung als CuS	(133, 302)
	Cu-Phthalocyanin	H_2O-Extraktion oder Fällung des in konz. H_2SO_4 gelösten Komplexes durch Verdünnen	(290)
30 Zn	Zn-Phthalocyanin	Komplex nach Auflösen in H_2SO_4 durch Verdünnen gefällt	(287)

Fortsetzung der Tabelle 5.

Element	Bestrahlte Verbindung	Abtrennungsmethode	Literaturhinweise
31 Ga	Ga-Phthalocyanin	Komplex nach Auflösen in H_2SO_4 durch Verdünnen gefällt	(287)
	Ga-Phthalocyaninsulfosäure	Mitfällung an $Fe(OH)_3$	(287)
33 As	Kakodylsäure	Adsorption an MgO Mitfällung an $Fe(OH)_3$	(562) (377)
	Kakodylat	Fällung als As_2S_3	(4, 8, 24, 577)
	Arsenit, Arsenat	Fällung mit Träger bzw. Zurückhalteträger als $MgNH_4PO_4$	(59, 60, 121, 392, 457, 458)
		Arsenat als Ag-Salz gefällt	(578)
	Arsin	Abscheidung im elektrischen Feld	(168, 474)
34 Se	Selenit, Selenat	Fällung als elementares Se	(120, 121)
35 Br	Siehe 17 Cl		
42 Mo	Mo-Phthalocyaninsulfosäure	Mitfällung an Cu-Ferrocyanid oder Zn-Oxinat	(287)
45 Rh	Rhodium-Triäthylendiamin-Nitrat	Abscheidung an Zn-Staub	(566)
46 Pd	Pd-Phthalocyaninsulfosäure	Mitfällung mit $Fe(OH)_3$ oder Co-α-Nitroso-β-Naphthol	(287)
49 In	In-Phthalocyaninsulfosäure	Mitfällung an $Fe(OH)_3$	(287)
50 Sn	Zinntetraphenyl	H_2O-Extraktion aus Benzollösung	(561)
51 Sb	Antimontriphenyl	H_2O-Extraktion	(285, 335, 445, 625, 628)
	Antimonpentafluorid	Verdampfen der bestrahlten Substanz	(625)
	Antimontriphenyl-Hydroxochlorid	Extraktion mit Seignettesalzlösung	(285)
52 Te	Tellurdiphenyl	Abscheidung an Gefäßwand mit und ohne elektrisches Feld	(546)
	Tellurat	Tellurit als elementares Te gefällt	(121, 549)
53 J	Siehe 17 Cl		
66 Dy	Dy-Phthalocyanin	Komplex in Chinolin gelöst, Radio-Dy mit H_2SO_4 ausgeschuttelt oder an Kohle absorbiert	(289)
75 Re	K-Chlororhenat	Re-IV mit Tetramethyl-o-Toluidin gefällt, aktives Re-VII in Lsg.	(286, 288)
	Re(III)-chlorid	Unzersetzte Verbindung mit Äther-Benzonitril extrahiert	(288)
76 Os	Os-Phthalocyanin	Komplex nach Auflösen in H_2SO_4 durch Verdünnen gefällt	(287)
77 Ir	Iridium-Triäthylendiamin-Nitrat	Abscheidung an Zn-Staub	(566)

Fortsetzung der Tabelle 5.

Element	Bestrahlte Verbindung	Abtrennungsmethode	Literaturhinweise
77 Ir	Ir-Phthalocyaninsulfo- säure	Mitfällung an $Fe(OH)_3$	(287)
	Na-Chloroiridat	Radio-Ir an $Fe(OH)_3$ mit- gefällt, oder Chloroiridat als K-Salz gefällt	(112)
78 Pt	Platin-Triäthylendiamin- Nitrat	Abscheidung an Zn-Staub	(566)
	Pt-Phthalocyanin	Komplex nach Auflösen in H_2SO_4 durch Ver- dünnen gefällt	(287)
79 Au	Aurat	An kolloidalem Gold ad- sorbiert	(427, 428)
		Mit Hg ausgeschuttelt	(427)
	Natriumgoldthiosulfat	Mit Hg ausgeschuttelt	(428)
	Komplex Dibenzoyl- methan-$SiAuCl_4$	Adsorption an Aktivkohle aus Lösung in Aceto- nitril	(284)
		Extraktion aus Lösung in Benzonitril mit wässri- ger KCN-Lösung	(284)
82 Pb	Bleitetraphenyl	H_2O-Extraktion	(433)
83 Bi	Wismuttriphenyl	H_2O-Extraktion	(433)
92 U	Uranylsalze	Fällung der Uranylsalze als Na-Uranylacetat (vierwertiges Uran bleibt in Lösung)	(230)
	Ammoniumuranylacetat	Fraktionierte Fällung von basischem Uranylacetat (bevorzugte Fällung von Uran niederer Wertig- keit)	(318)
	Uranylbenzoylacetonat	Adsorption an $BaCO_3$	(564)
	Uranyldibenzoylmethan	H_2O-Extraktion	(218)
	Uranylsalicylaldehyd-o- Phenylendiamin	H_2O-Extraktion Adsorption an Aktivkohle	(133, 220) (444)

Für die wichtige Trennung isomerer, d. h. durch einen γ-Zerfall miteinander in Beziehung stehender gleichzeitig isotoper und isobarer Atome (Kap. II, Abschn. 2, d) (553) stellt der Szilard-Chalmers-Effekt die einzige Methode dar, nach der sie vollzogen werden kann. Die Trennung von Kernisomeren ist z. B. beim Bromisotop 80 durchgeführt worden. Das energiereichere Isomere (der angeregte Zustand) dieses Isotops geht mit 4,4 Stunden Halbwertszeit unter stark konvertierter Photonenemission in den β-aktiven Tochterkern (Grundzustand) mit der Halbwertszeit 18 Minuten über. Liegt das aktive Mutteratom in kovalenter Bindung vor, z. B. als Brom-Alkyl, so kann die Bindung beim isomeren Übergang gesprengt werden, so daß das Tochteratom vorwiegend als elementares Brom oder als Bromidion aufscheint.

Der Szilard-Chalmers-Effekt an den Bromisomeren ist von zahlreichen Autoren untersucht worden (1, 72, 73, 76, 124, 125, 126, 165, 215, 270, 271, 337, 516, 517, 552, 621). Als Ausgangsstoffe dienten häu ig Alkylbromide, daneben auch Bromate und Komplexe, wie $[Co(NH_3)_5Br]^{++}$. Isomerentrennungen sind auch bei Selen (375), Tellur (546, 548, 549, 626), Indium (214, 215, 323) und Rhenium (288) gelungen.

Die quantitative Diskussion des Szilard-Chalmers-Effekts durch Compton-Rückstoß nach Neutronenein ang ($E\gamma$ = mehrere MeV) führt zu dem Ergebnis, daß die Rückstoßenergie nahezu immer zur Sprengung chemischer Bindungen ausreicht und daß daher der Anteil des erzeugten Radioelements, der von der bestrahlten Substanz abgetrennt werden kann, im allgemeinen 100%, der komplementäre Wert (Retention) also 0% betragen sollte. Diese theoretische Ausbeute wird jedoch vor allem wegen des Auftretens von Sekundärreaktionen oft praktisch nicht erreicht und kann von den Bestrahlungsbedingungen abhängen [siehe z. B. (56, 563)]. Besonders gut untersucht wurden diese Verhältnisse an den Beispielen der Ionen AsO_4^{---}, AsO_3^{---} und MnO_4^- (59, 392, 457, 490).

Anderseits findet man in manchen Fällen experimentell einen SZILARD-CHALMERS-Effekt, in denen er auf Grund der für den COMPTON-Rückstoß verfügbaren Energie nicht zu erwarten wäre. Dies bezieht sich besonders auf den γ-Zerfall unter Emission von energiearmen Photonen. Man glaubt, daß in solchen Fällen die Dissoziation durch die innere Umwandlung der Photonen verursacht wird, indem der Verlust der Elektronen Störungen in der Elektronenhülle des Moleküls hervorruft (124, 165, 547, 552, 581, 623).

Neben dem SZILARD-CHALMERS-Effekt treten grundsätzlich auch strahlenchemische Effekte auf, durch die unter dem Einfluß ionisierender Strahlung aus inaktiven Molekülen unter anderem die gleichen Reaktionsprodukte erzeugt werden können, wie sie in aktivem Zustande durch SZILARD-CHALMERS-Effekt hervorgebracht werden. Diese inaktiven Stoffe setzen dann zwar nicht die Gesamtaktivität, wohl aber die spezifische Aktivität der Reaktionsprodukte herab. Eine Verminderung der Gesamtaktivität des Reaktionsprodukts tritt auf, wenn die ionisierende Strahlung das Reaktionsprodukt in Ausgangsstoff zurückverwandelt [s. z. B. (59, 96, 465)]. Die spezifische Aktivität wird durch den Vergleich der Aktivität mit der Menge des Reaktionsprodukts bestimmt; diese Menge ist allerdings nur bei Verwendung sehr intensiver Strahlenquellen, vor allem der Uranreaktoren, meßbar. Eine systematische Untersuchung der strahlenchemischen Beeinflussung der Ausbeute des SZILARD-CHALMERS-Effekts ist am Kaliumbromat durchgeführt worden (49, 96).

Zur Steigerung der spezifischen Aktivität können zwei Maßnahmen herangezogen werden: 1. Die durch den SZILARD-CHALMERS-Effekt gewinnbare Gesamtaktivität steigt mit der Bestrahlungszeit durch das Abklingen der gebildeten Radioelemente nicht linear an, sondern strebt asymptotisch einem Grenzwert zu, die Menge der strahlenchemischen Reaktionsprodukte ist jedoch der Zeit proportional; daher kann durch Verkürzung der Bestrahlungsdauer eine Vergrößerung der spezifischen Aktivität erzielt werden. Zur Gewinnung großer Gesamtaktivitäten, die gleichzeitig große spezifische Aktivität aufweisen, empfiehlt es sich also, mit möglichst großen Intensitäten durch möglichst kurze Zeit zu bestrahlen. 2. In verschiedenen Fällen ist es möglich, das Verhältnis zwischen der Dichte der langsamen Neutronen und der Intensität der begleitenden ionisierenden Strahlung zu vergrößern und so die spezifische Aktivität zu steigern. Im Uranreaktor bestrahlt man zu diesem Zweck in der „thermischen Säule". Eine Ausschaltung der Strahlungseffekte ist — zumindest bei Untersuchungen, die nur kleine Neutronendichten erfordern — durch Verwendung der nahezu γ-strahlfreien Polonium-Beryllium-Quellen möglich.

Es sei noch darauf verwiesen, daß der SZILARD-CHALMERS-Effekt neben seiner großen Bedeutung für die Radiochemie auch als Untersuchungsmethode für die Ermittlung von Ordnungszuständen in kondensierten Phasen, der Festigkeit von Komplexen, der energetischen Verhältnisse bei gewissen chemischen Reaktionen usw. Bedeutung gewinnt.

Zusammenfassende Darstellungen des Szilard-Chalmers-Effekts finden sich in der Literatur (56, 394, 417, 419, 420, 465, 563) (s. a. S. 272).

f) Radiochemische Rückstoßsynthesen.

Die spezifisch radiochemischen Effekte können zur direkten Einführung radioaktiver Atome in kovalente Verbindungen herangezogen werden (201, 487). Rückstoßatome reagieren nämlich mit den Molekülen, auf die sie auftreffen. So können sie z. B. Atome, die besonders auch mit den Rückstoßatomen isotop sein können (393), ersetzen. Es entstehen dann radioaktiv markierte Moleküle. Markierung nach dieser Methode ist von Bedeutung, wenn die Einführung der aktiven Atome durch einfache Synthese schwierig oder zeitraubend ist.

Auf die Möglichkeit derartiger „Rückstoßsynthesen" ist schon bei Besprechung der Kernreaktionen unter Emission schwerer Teilchen (Abschn. 8, b) verwiesen worden.

Glückauf und Fay (201) haben die chemischen Produkte des Neutroneneinfangs durch Halogenalkylmoleküle untersucht. Markierte Moleküle entstehen entweder aus den Molekülen dieser Stoffe oder aus eigens zugesetzten Fremdmolekülen. Zum Beispiel bildet sich bei der Bestrahlung von Bromoform markierter Tetrabromkohlenstoff und bei Bestrahlung von Bromoform + Phenol markiertes Bromphenol. Statt durch Neutroneneinfang können Rückstoßsynthesen auch mit Hilfe der bei isomeren Umwandlungen freiwerdenden Energie ausgeführt werden. Auf diesem Wege kann man z. B. Radiobrom in Tetrachlorkohlenstoff (633), Benzol und Naphthalin (438) einführen.

In letzter Zeit sind zahlreiche weitere Rückstoßsynthesen von Halogenverbindungen untersucht worden (101, 183, 184, 202, 210, 211, 303, 320, 321). In großem Maßstab sind sie im Uranreaktor ausführbar.

Die markierten Moleküle trennt man nach chemischen Verfahren. Man setzt Trägermoleküle für die Molekülarten zu, mit deren Bildung zu rechnen ist, und führt dann die Trennung z. B. durch fraktionierte Destillation aus. Trägerfreie Abtrennung der neu entstandenen Verbindungen ist mit Hilfe der Chromatographie an Aktivkohle, Destillation und fraktioniertem Ausfrieren ausgeführt worden.

9. Strahlenchemische Störungen.

Strahlenchemische Wirkungen sind in der Regel nicht zu befürchten, wenn man nur mit Mengen an Radioelementen arbeitet, die noch bequem meßbar sind. Immerhin sei eine Unterlage für eine zahlenmäßige Abschätzung der Größe solcher Effekte gegeben.

Die Strahlenchemie arbeitet mit dem Begriff der „Ionenausbeute" I, der dem photochemischen Begriff der Quantenausbeute analog gebildet ist (381). Die Ionenausbeute einer Reaktion gibt also an, wieviele Moleküle durchschnittlich, bezogen auf jedes im System gebildete Ionenpaar, zur Reaktion kommen. (Damit soll allerdings nicht gesagt werden, daß die Reaktionen unter Teilnahme der Ionen verlaufen müssen — s. Kap. X.)

Bei allen strahlenchemischen Reaktionen — mit Ausnahme von Kettenreaktionen — ist die Ionenausbeute, wie sich zeigt, höchstens von der Größenordnung der Einheit. Wenn nun der Betrag an Strahlenenergie, der zur Bildung eines Ionenpaares benötigt wird, im Mittel gleich 30 eV gesetzt wird (vgl. S. 258), so liefert ein Strahl von E eV offenbar $E/30$ Ionenpaare. Voraussetzung ist, daß die ganze Energie tatsächlich innerhalb des Systems absorbiert wird. Die gesamte zur Verfügung stehende Energie ε ist daher $3,7 \cdot 10^{10} A \cdot t \cdot \overline{E}$, wenn A die Aktivität des Radioelements in Curie, t die Zeit in Sekunden und $\overline{E}$ die mittlere Teilchenenergie bezeichnet. Setzt man beispielsweise $I = 1$, $t = 10^5$ Sekunden, $A = 10^{-3}$ Curie und $\overline{E} = 5 \cdot 10^5$ eV, so erhält man für den Umsatz $X = \varepsilon \cdot I/30 = 6,2 \cdot 10^{16}$ Moleküle oder etwa 10^{-7} Mol. Man erkennt, daß Störungen durch strahlenchemische Effekte selten zu beobachten sein werden. Das gilt vor allem für anorganische Systeme.

Immerhin waren z. B. bei Experimenten über die Disproportionierung von vierwertigem in drei- und sechswertiges Plutonium Strahlenwirkungen zu berücksichtigen (106). Auch bei Löslichkeitsbestimmungen schwerlöslicher Silbersalze (28) und bei Selbstdiffusionsmessungen an Zinkoxyd (403) haben sie sich störend bemerkbar gemacht. Für beide Versuchsreihen waren hohe Aktivitäten eingesetzt worden. Im letzteren Falle ließ sich die Deutung der Anomalien durch besondere Versuche mit äußeren Strahlenquellen bestätigen.

Sorgfalt wird man in erster Linie bei der biochemischen Anwendung der Radioelemente üben müssen. Die Arbeitskonzentrationen von empfindlichen Makromolekülen (Enzymen!) können nämlich sehr geringe Werte annehmen, wenn sie, wie es richtig ist, in Mol/Liter ausgedrückt werden. Für einige biologische Systeme (Enzymsysteme, Keimlinge) ist tatsächlich starke Empfindlichkeit gegen ionisierende Strahlen beobachtet worden (20, 21, 295, 331, 346, 466, 514, 515). Sowohl bei Bestrahlung durch äußere Quellen als auch durch in der Lösung selbst enthaltene Radioelemente können sich schon Dosen von wenigen Röntgen (s. Kap. X) fühlbar machen, und zwar auch in den Stoffwechselvorgängen, die mit Radioelementen untersucht werden sollen. Angaben über die Strahlungsdosen, die von Radioelementen geliefert werden, finden sich ebenfalls in Kap. X. Hier sei nur als Beispiel angeführt, daß eine Radiophosphorlösung von einem Mikrocurie pro ml in einer Stunde bereits eine „Selbstbestrahlungsdosis" von einem Röntgen liefert. Bei Konzentrierung des Radioelements an bestimmten Stellen des Systems können örtlich noch viel größere Dosen auftreten (514, 515).

Beträchtliche Strahlenwirkung kann endlich auch in (ebenfalls organisch-chemischen) Systemen auftreten, in denen Kettenreaktionen, beispielsweise durch Radikale ausgelöste Polymerisationen, möglich sind (81, 397, 424, 554).

Durch die Strahlenwirkung können auch bei der Lagerung markierter Verbindungen hoher spezifischer Aktivität störende Verunreinigungen entstehen. Lagert man z. B. mit Radiokohlenstoff markierte Zucker hoher spezifischer Aktivität längere Zeit, so kann die Strahlung chemische Veränderungen an Zuckermolekülen bewirken. Infolgedessen werden dann auch kleine Mengen anderer markierter Verbindungen vorliegen. Wenn beispielsweise eine Glukoseprobe der spezifischen Aktivität von $0,1$ mC pro mg vorliegt, so werden innerhalb eines Jahres nach obiger Formel (mit $I = 1$) größenordnungsmäßig 6% der Glukose in andere Verbindungen umgewandelt.

In einigen Fällen hat man gelagerte markierte Kohlenstoffverbindungen auf neugebildete radioaktive Verunreinigungen geprüft. Die zu erwartenden Zersetzungseffekte wurden tatsächlich beobachtet (229, 387, 557, 592, 607). Bei manchen Stoffen überschreitet die Selbstzersetzung das auf Grund der oben angegebenen Formel errechnete Ausmaß sogar sehr beträchtlich. In der Praxis wird man die Stoffe so lagern, daß nur ein Minimum der Strahlung in ihnen selbst absorbiert wird. Beispielsweise kann man sie in Flüssigkeiten auflösen, die sogar unter der Einwirkung der Strahlung reaktionsträge bleiben. In festem Zustand wird man sie in dünner Schicht oder in inniger Mischung mit einem festen Pulver aufbewahren, von dem sie vor Verwendung leicht abgetrennt werden können.

10. Isotopeneffekte.

a) Allgemeines.

Der Radiochemiker wertet seine Versuchsergebnisse gewöhnlich auf Grund der Annahme aus, daß alle Isotope eines Elements chemisch gleich sind. Während nun aber diese Annahme bei den schwereren Elementen praktisch vollkommen berechtigt ist, bestehen bei den leichtesten Elementen doch erhebliche chemische Unterschiede zwischen den Isotopen. Die Unterschiede im chemischen Verhalten sind nämlich vor allem durch die Unterschiede im Atomgewicht verursacht; diese Unterschiede sind aber bei leichten Elementen relativ viel bedeutender als bei schweren Elementen. So besitzen die schweren Wasserstoffisotope Deuterium und Tritium das doppelte bzw. dreifache Atomgewicht des gewöhnlichen Wasserstoffs, während schon beim Kohlenstoff der Unterschied zwischen dem langlebigen radioaktiven Isotop ^{14}C und dem häufigeren der beiden stabilen Isotope (^{12}C) nur mehr 17% beträgt. Bei mittelschweren oder schweren Elementen kann ein Isotopeneffekt überhaupt nur beobachtet werden, wenn man seine Größe durch Vielstufigkeit des Verfahrens potenziert.

Selbstverständlich sind die chemischen Unterschiede davon unabhängig, ob die Atomkerne stabil oder instabil sind. Der chemische Unterschied zwischen einem stabilen und einem instabilen Atom ist also unter sonst gleichen Umständen nicht größer als der zwischen zwei stabilen Isotopen. Daß ein Atom radioaktiv ist, kann durch kein chemisches Experiment festgestellt werden, bevor der Zerfall tatsächlich eintritt.

Unterschiede im chemischen Verhalten von Isotopen werden als Isotopeneffekte bezeichnet. Isotopeneffekte sind sowohl in bezug auf die Lage von Gleichgewichten als auch in bezug auf Reaktionsgeschwindigkeiten bekannt [neuere Zusammenfassungen (31, 568) (s. a. S. 272)]. Die Isotopeneffekte können wenigstens qualitativ meistens durch Unterschiede in den chemischen Aktivierungsenergien gedeutet werden. Alle Isotopeneffekte nehmen mit steigender Temperatur der Systeme ab.

Für die einer chemischen Bindung zugehörige Nullpunktsenergie gilt unter weitgehender Vereinfachung $E_0 = h\nu/2$ und für die charakteristische Frequenz $\nu = (\varkappa/\mu)^{1/2}/2\,\pi$, wobei μ die „reduzierte Masse" $m_1\,m_2/(m_1 + m_2)$ und $\varkappa$ die vom Isotopengewicht unabhängige Bindungskraft bedeuten. Um die Bindung zu zerreißen, muß sie bis auf ein gewisses Energieniveau angeregt werden. Die Höhe dieses Niveaus, die durch die Bindungskraft bestimmt ist, soll für alle Isotope eines Elements gleich sein. Dann ist die Differenz zwischen der Nullpunktsenergie und der Zerreißenergie — eben die Aktivierungsenergie — für schwere Isotope größer als für leichte Isotope. Tatsächlich reagieren die schweren Isotope, wie das Experiment zeigt, in der Regel langsamer. Es sind allerdings auch entgegengesetzte Fälle bekannt geworden (195, 449).

Nach Berechnungen von Bigeleisen (29) sollen die kinetischen Isotopeneffekte die folgenden Maximalwerte nicht überschreiten: $^{1}H/^{2}H$ 18, $^{1}H/^{3}H$ 60, $^{12}C/^{13}C$ 1,25, $^{12}C/^{14}C$ 1,50, $^{14}N/^{15}N$ 1,14 und $^{16}O/^{18}O$ 1,19. Eine Überschreitung dieser Werte ist bisher tatsächlich nicht aufgefunden worden; gewöhnlich sind die beobachteten Werte bedeutend geringer.

In jedem reagierenden System ist der kennzeichnende Maximalwert nur zu Beginn der Reaktion festzustellen, da im Laufe der Reaktion eine Verarmung der Ausgangsstoffe an dem schneller reagierenden Isotop eintreten muß. Wird eine Reaktion quantitativ zu Ende geführt, so ist natürlich überhaupt kein Isotopeneffekt mehr zu beobachten. Formeln für die Abhängigkeit der integralen Abreicherung vom Reaktionsumsatz sind abgeleitet worden (638).

Die Größe der kinetischen Isotopeneffekte wird offenbar vom Reaktionsmechanismus bestimmt. Es konnte auch bereits gezeigt werden, daß Reaktionen, die zwar die gleichen Endprodukte liefern, aber auf verschiedenen Wegen verlaufen, von unterschiedlichen Isotopeneffekten begleitet sind. So gilt bei der enzymatischen Harnstoffverseifung für das Verhältnis der Reaktionsgeschwindigkeiten $k(^{12}C)/k(^{14}C) = 1{,}03$, bei der säurekatalysierten Verseifung jedoch ein Wert von 1,10 (525, 526).

Für den Isotopeneffekt an Gleichgewichten kann man auf Grund der Beziehungen für die Nullpunktsenergie aussagen, daß der Ersatz eines leichteren durch ein schwereres Isotop diejenige Nullpunktsenergie stärker erniedrigen wird, die die größere ist, d. h. also die der festeren Bindung. Daher ist eine Anreicherung der schwereren Isotope in den fester gebundenen Formen zu erwarten. Dies gilt z. B. für Austauschreaktionen vom Typus $HR_1 + DR_2 \rightleftarrows$ $\rightleftarrows HR_2 + DR_1$.

Die in der Natur beobachteten Schwankungen der Isotopenzusammensetzung von Elementen sind stets, soweit es sich nicht um die Auswirkung von Kernreaktionen handelt, auf Isotopeneffekte zurückzuführen.

b) Effekte am Wasserstoff.

Die am Wasserstoff auftretenden Isotopeneffekte müssen aus dem genannten Grunde die Effekte an irgendeinem anderen Element übertreffen. Viele Untersuchungen sind in bezug auf das stabile Isotop Deuterium angestellt worden. Auch über das Verhalten des Tritiums, das erst seit kürzerer Zeit zur Verfügung steht, liegen bereits Ergebnisse vor. Es zeigt sich tatsächlich, daß die Effekte unter Umständen sehr groß sind und daß daher bei der Anwendung von Tritium als Indikator stets geprüft werden muß, ob Fehler durch Isotopeneffekte auftreten können. In dieser Hinsicht empfiehlt sich das Studium der reichen Literatur über die Isotopeneffekte mit Deuterium (83, 167, 174, 354), damit man auch für chemische Systeme, wo keine Beobachtungen mit Tritium vorliegen, wenigstens zu einer Abschätzung der Größe des Effekts kommt.

Einige Beispiele sollen das Ausmaß der Isotopeneffekte beim Deuterium und Tritium veranschaulichen. Bekanntlich wird die elektrolytische Abscheidung zur technischen Deuteriumgewinnung ausgenützt. Der Trennfaktor beträgt an blanken Platinelektroden für Deuterium 6 bis 10, für Tritium ~ 14 (141). 2-Deuteropropanol-2 wird in sauren Bichromatlösungen mit einer Geschwindigkeit oxydiert, die nur ein Fünftel der entsprechenden Geschwindigkeit beim gewöhnlichen Isopropylalkohol beträgt (620). Die Chlorknallgasreaktion verläuft bei Verwendung von Tritium nur ein Drittel so schnell wie bei Verwendung gewöhnlichen Wasserstoffes (332).

Beträchtliche Isotopeneffekte in bezug auf Wasserstoff sind auch bei biochemischen Vorgängen — darunter bei enzymatisch katalysierten Reaktionen — beobachtet worden (142, 196, 197, 587, 604, 614). So wurde Ratten Wasser zugeführt, das gleichzeitig mit Deuterium und Tritium markiert war. Man fand dann in chemisch isolierten Fraktionen der Leber eine Zunahme des Verhältnisses Deuterium-Tritium gegenüber dem Wasser, und zwar im Glykogen um 8%, in den Fettsäuren um 18% (142). (Hinweis auf Übersicht s. S. 272.)

Im Gleichgewicht liegt der Verteilungskoeffizient von Deuterium zwischen Wasser (flüssig) und Wasserdampf (p_{H_2O}/p_{HDO}) bei 23° C bei 1,076 (608), zwischen Wasser und Wasserstoff bei 25° C bei 3,7. Der Verteilungskoeffizient von Tritium zwischen Wasser und Wasserstoff beträgt sogar 6,3 (32, 395). Stark von eins abweichende Koeffizienten treten auch bei den Verteilungsgleichgewichten zwischen Wasser und anderen Verbindungen auf. Beispielsweise beträgt der Koeffizient für Deuterium zwischen Äthylmerkaptan und Wasser 0,43 (317), zwischen Anilin und Wasser 1,11 (273). Beim Austausch von Tritium zwischen den verschiedenen Halogenwasserstoffverbindungen sind nach theoretischen Überlegungen Verteilungskoeffizienten bis 6 zu erwarten (30).

c) Effekte am Kohlenstoff.

Die Effekte sind natürlich viel kleiner als am Wasserstoff, konnten in vielen Fällen bisher überhaupt nicht aufgefunden, müssen in anderen Fällen aber doch berücksichtigt werden. Zusammenfassende Referate liegen vor (31, 503, 568).

Im allgemeinen ist die ^{12}C—^{12}C-Bindung schwächer als die ^{12}C—^{13}C- und die ^{12}C—^{14}C-Bindung. Beispielsweise zerreißt die ^{12}C—^{12}C-Bindung bei der thermischen und Ionisationsspaltung des Propans um 20% schneller als die ^{12}C—^{13}C-Bindung (23, 567). Bei der thermischen Dekarboxylierung von Malon- und Brommalonsäure wird die ^{12}C—^{12}C-Bindung 1,12- bzw. 1,4mal schneller als die ^{14}C—^{12}C-Bindung gesprengt (637). Die Dehydratisierung durch konzentrierte Schwefelsäure geht an ^{12}C-Ameisensäure um 10% rascher vor sich als an ^{14}C-Ameisensäure (504).

Bei der Photosynthese durch Gerstenkeimlinge und Algen wurde eine beschleunigte Aufnahme der leichten Kohlensäure im Vergleich zu der von ^{14}C- oder ^{13}C-Kohlensäure aufgefunden (601, 612, 613). So wird auch erklärt, warum das $^{12}C/^{13}C$-Verhältnis in pflanzlichem Material, wie Kohle und Holz, 91 bis 92 beträgt, während beispielsweise für Urgestein 89 bis 90 beobachtet wird (461, 467).

Weniger ausgeprägt als die kinetischen Effekte sind natürlich wieder die Gleichgewichtseffekte. So gilt z. B. für die Reaktion

$$H^{12}CN + {}^{13}CN^- \rightleftharpoons H^{13}CN + {}^{12}CN^-$$

der Verteilungskoeffizient 1,03 (600); für die Reaktion

$$^{13}CO_2 + {}^{12}CO_3^{--} \rightleftharpoons {}^{12}CO_2 + {}^{13}CO_3^{--}$$

der Koeffizient 1,015 (602); schließlich für die Reaktion

$$[Co(NH_3)_4{}^{12}CO_3]^+ + {}^{14}CO_3^{--} \rightleftharpoons [Co(NH_3)_4{}^{14}CO_3]^+ + {}^{12}CO_3^{--}$$

der Koeffizient 1,11 (571).

d) Effekte am Schwefel.

Isotopenfraktionierung wurde bei der bakteriellen Reduktion von Sulfat zu Schwefelwasserstoff beobachtet. Wie zu erwarten, waren die leichteren Schwefelisotope im Schwefelwasserstoff angereichert (585).

Literatur.

(1) Adamson, A. W., u. J. M. Grunland, J. Amer. Chem. Soc. 73, 5508 (1951). — (2) Adler, I., u. J. Steigman, J. Physic. Chem. 57, 440, 443 (1953). — (3) J. Physic. Chem. 56, 493 (1952). — (4) d'Agostino, O., Gazz. chim. ital. 65, 1071 (1935). — (5) Allen, J. S., Physic. Rev. 61, 692 (1942). — (6) Allen, J. S., M. L. Pool, J. D. Kurbatov u. L. I. Quill, Physic. Rev. 60, 155, 425 (1941). — (7) Alvarez, L. W., A. C. Helmholz u. E. Nelson, Physic. Rev. 57, 660 (1940). — (8) Amaldi, E., O. d'Agostino, E. Fermi, B. Pontecorvo, F. Rasetti u. E. Segrè, Proc. Roy. Soc. London, Ser. A 149, 522 (1935). — (9) Anderson, E. C., W. F. Libby, S. Weinhouse, A. F. Reid, A. D. Kirshenbaum u. A. V. Grosse, Physic. Rev. 72, 931 (1947). — (10) Arrol, W. J., Nucleonics 11 (5), 26 (1953). — (11) Arrol, W. J., K. F. Chackett u. S. Epstein, Canad. J. Res. 27 B, 757 (1949). — (12) Aten, A. H. W., u. J. B. M. van Berkum, J. Amer. Chem. Soc. 72, 3273 (1950). — (13) Aten, A. H. W.,

H. van der Straaten u. P. C. Riesebos, Science 115, 267 (1952). — (14) Atteberry, R. W., u. G. E. Boyd, J. Amer. Chem. Soc. 72, 4805 (1950). — (15) Ayres, J. A., J. Amer. Chem. Soc. 69, 2879 (1947). — (16) Ind. Eng. Chem. 43, 1526 (1952). — (17) Baeyer, O., O. Hahn u. L. Meitner, Physik. Z. 15, 649 (1914); 16, 6 (1915). — (18) Barendregt, F., u. S. Tom, Physica 17, 817 (1951). — (19) Barkas, W. H., P. R. Carlson, J. E. Henderson u. W. H. Moore, Physic. Rev. 58, 577 (1940). — (20) Barron, E. S. G., in (466). — (21) Barron, E. S. G., u. S. Dickman, J. Gen. Physiol. 32, 595 (1949). — (22) Baumann, W. C., Ind. Eng. Chem. 38, 46 (1946). — (23) Beeck, O., J. W. Otvos, D. P. Stevenson u. C. D. Wagner, J. Chem. Physics 16, 255 (1948). — (24) Berger, M., Buu-Hoi, P. u. R. Daudel, E. Holovée, A. Lacassagne u. R. Royer, Bull. soc. chim. France 1946, 51. — (25) Berne, E., J. Chem. Soc. London 1949, [S] 338. — (26) Acta Chem. Scand. 5, 1260 (1952). — (27) Acta Chem. Scand. 6, 1106 (1952). — (28) Berne, E., u. I. Leder, Z. Naturforsch. 8a, 719 (1953). — (29) Bigeleisen, J., Science 110, 14 (1949). — (30) J. Chem. Physics 18, 48 (1950). — (31) Annual Rev. Physic. Chem. 3, 39 (1952). — (32) Black, J. F., u. H. S. Taylor, J. Chem. Physics 11, 395 (1943). — (33) Bock, R., H. Kusche u. E. Bock, Z. analyt. Chem. 138, 167 (1953). — (34) Bolomey, R. A., u. L. Wish, J. Amer. Chem. Soc. 72, 4483 (1950). — (35) Boltwood, B. B., Physik. Z. 8, 559 (1907). — (36) Bonet-Maury, P., Ann. physique 11, 253 (1929). — (37) Bonner, N. A., u. M. Kahn, Nucleonics 8 (2), 55 (1951). — (38) Nucleonics 8 (3), 40 (1951). — (39) Booth, A. H., Canad. J. Res. 27 B, 933 (1949). — (40) Booth, A. H., Trans. Faraday Soc. 47, 633, 640 (1951). — (41) Born, H. J., u. U. Drehmann, Naturwiss. 32, 159 (1944). — (42) Bouchez, R., u. G. Kayas, C. r. acad. sci., Paris 228, 1222 (1949). — (43) Bouissières, G., J. physique Radium 2, 72 (1941). — (44) Bull. soc. chim. France 1952, 536. — (45) Bouissières, G., u. C. Ferradini, Analyt. Chim. Acta 4, 610 (1950). — (46) Bouissières, G., u. M. Lederer, Bull. soc. chim. France 1952, 904. — (47) Boyd, G. A., Nucleonics 4 (1), 40 (1949). — (48) Boyd, G. E., A. W. Adamson u. L. S. Myers, J. Amer. Chem. Soc. 69, 2836 (1947). — (49) Boyd, G. E., J. W. Cobble u. S. Wexler, J. Amer. Chem. Soc. 74, 237 (1952). — (50) Boyd, G. E., L. S. Myers u. A. W. Adamson, J. Amer. Chem. Soc. 69, 2849 (1947). — (51) Boyd, G. E., J. Schubert u. A. W. Adamson, J. Amer. Chem. Soc. 69, 2818 (1947). — (52) Breshnewa, N. J., S. S. Roginski u. A. A. Schilinski, Acta Physico-chim. URSS 5, 549 (1936). — (53) Brewer, A. K., J. Amer. Chem. Soc. 61, 1597 (1939). — (54) Brickam, G. S., S. E. Turner u. L. O. Morgan, Analyt. Chemistry 22, 200 (1950). — (55) Broda, E., J. chim. phys. 45, 193 (1948). — (56) Advances in Radiochemistry. Cambridge: University Press. 1950. — (57) Broda, E., u. F. Epstein, Mh. Chem. 81, 355 (1950). — (58) Broda, E., u. N. Feather, Proc. Roy. Soc. London, Ser. A 190, 20 (1947). — (59) Broda, E., u. H. Müller, Mh. Chem. 81, 457 (1950). — (60) J. chim. phys. 48, 206 (1953). — (61) Broda, E., u. W. Rieder, J. Chem. Soc. London 1949, [S] 356. — (62) Broda, E., u. P. K. Wright, Nature 158, 871 (1946). — (63) Broda, E., H. Fabitschowitz u. T. Schönfeld, Mh. Chem. 83, 482 (1952). — (64) Broda, E., N. Feather u. D. H. Wilkinson, Phys. Soc. Conference Reports, S. 114. Cambridge. 1947. — (65) Brown, S. C., J. W. Irvine u. M. S. Livingston, J. Chem. Physics 12, 132 (1944). — (66) Burgus, W. H., u. J. W. Kennedy, J. Chem. Physics 18, 97 (1950). — (67) Burgus, W. H., T. H. Davies, R. R. Edwards, H. Gest, C. W. Stanley, R. R. Williams u. C. D. Coryell, J. chim. phys. 45, 165 (1948). — (68) Buser, W., Helv. Chim. Acta 34, 1635 (1951). — (69) Buser, W., u. V. Imobersteg, Exper. 9, 288 (1953). — (70) Byrne, J. T., u. L. B. Rogers, J. Elektrochem. Soc. 98, 457 (1951). — (71) Campbell, E. C., u. F. Nelson, Physic. Rev. 91, 499 (1953). — (72) Capron, P., Physic. Rev. 81, 336 (1951). — (73) Capron, P., u. E. Crêvecoeur, IIIe Congrès National des Sciences, Bruxelles (1950). — (74) Capron, P. C., u. E. Crêvecoeur, J. chim. phys. 49, 29 (1952). — (75) Capron, P., E. Crêvecoeur u. M. Faes, J. Chem. Physics 17, 349 (1949). — (76) Capron, P. C., G. Stokkink u. M. van Meerssche, Nature 157, 806 (1946). — (77) Chamié, C., J. physique Radium 10, 44 (1929) — (78) C. r. acad. sci., Paris 208, 1300 (1939). — (79) Chamié, C., u. M. Guillot, C. r. acad. sci., Paris 190, 1187 (1930). — (80) Chamié, C., u. M. Haissinsky, C. r. acad. sci., Paris 198, 1229 (1934). — (81) Chapiro, A., C. Cousin, Y. Landler u. M. Magat, Rec. trav. chim. Pays-Bas 68, 1037 (1949). — (82) Chatterjee, S., u. P. Ray, Trans. Bose Res. Inst. Calcutta 13, 43 (1937). — (83) —, Chemie der Deuteriumverbindungen, Diskussionstagung der Deutschen Bunsengesellschaft, Z. Elektrochem. 44, 3 (1938). — (84) Chemla, M., u. J. Pauly, Bull. soc. chim. France 20, 432 (1953). — (85) Chemla, M., u. P. Sue, C. r. acad. sci., Paris 233, 247 (1951). — (86) Chlopin, W., Z. anorg. Chem. 143, 97 (1925). — (87) Ber. dtsch. chem. Ges. 64, 2653 (1931). — (88) Chlopin, W., u. B. Nikitin, Z. anorg. Chem. 166, 311 (1927). — (89) Chlopin, W.,

u. A. Polessitzky, Z. anorg. Chem. 172, 310 (1929). — (90) Z. physik. Chem., Abt. A 145, 67 (1929). — (91) Chlopin, W., A. Polessitzky u. P. Tolmatscheff, Z. physik. Chem., Abt. A 145, 57 (1929). — (92) Christenson, C. W., M. B. Ettinger, G. G. Robeck, E. C. Hermann, K. C. Kohr u. J. F. Newell, Ind. Eng. Chem. 43, 1509 (1951). — (93) Christian, D., u. D. S. Martin, Physic. Rev. 80, 1110 (1950). — (94) Christian, D., R. F. Mitchell u. D. S. Martin, Physic. Rev. 86, 946 (1952). — (95) Cleary, R. E., W. H. Hamill u. R. R. Williams, J. Amer. Chem. Soc. 74, 4675 (1952). — (96) Cobble, J. W., u. G. E. Boyd, J. Amer. Chem. Soc. 74, 1282 (1952). — (97) Coche, A., C. r. acad. sci., Paris 225, 936 (1947). —(98) J. chim. phys. 48, 135 (1951). — (99) J. chim. phys. 48, 146 (1951). — (100) J. chim. phys. 49, C 110 (1952). — (101) Coffin, C. C., u. W. D. Jamieson, J. Chem. Physics 20, 1324 (1952). — (102) Cohn, W. E., u. H. W. Kohn, J. Amer. Chem. Soc. 70, 1986 (1948). — (103) Cohn, W. E., Isotope Branch Circular C-1, USAEC (1947). — (104) Collie, C. H., u. P. F. D. Shaw, J. chim. phys. 48, 198 (1951). — (105) Connick, R. E., u. W. H. McVey, J. Amer. Chem. Soc. 71, 3182 (1949). — (106) J. Amer. Chem. Soc. 75, 474 (1953). — (107) Cook, O. A., Nat. Nucl. En. Ser. IV—14 B, 147, New York. 1949. — (108) Corson, D. R., K. R. Mackenzie u. E. Segrè, Physic. Rev. 57, 459 (1940). — (109) Coryell, C. D., unveröffentlicht. — (110) Cotelle, S., u. M. Haissinsky, C. r. acad. sci., Paris 206, 1644 (1938). — (111) Croatto, U., G. Giacomello u. A. G. Maddock, Ric. sci. 21, 1598 (1951). — (112) Ric. sci. 21, 1788 (1951); 22, 265 (1952). — (113) Crookes, W., Proc. Roy. Soc. London 66, 409 (1900). — (114) Cunningham, B. B., u. L. B. Werner, J. Amer. Chem. Soc. 71, 1521 (1949). — (115) Curie, I., J. chim. phys. 22, 471 (1925). — (116) Les Radioéléments Naturels. Paris. 1946. — (117) Curie, M., u. A. Debierne, C. r. acad. sci., Paris 151, 523 (1910).

(118) Danon, J., u. C. Ferradini, C. r. acad. sci., Paris 234, 1361 (1952). — (119) Danon, J., u. M. Haissinsky, J. chim. phys. 49, C 123 (1952). — (120) Daudel, R., C. r. acad. sci., Paris 213, 479 (1941). — (121) C. r. acad. sci., Paris 214, 547 (1942). — (122) Davies, T., J. Physic. Coll. Chem. 52, 595 (1948). — (123) Dennis, L. M., u. A. B. Ray, J. Amer. Chem. Soc. 40, 124 (1918). — (124) de Vault, D. C., u. W. F. Libby, Physic. Rev. 55, 322 (1939). — (125) Physic. Rev. 58, 688 (1940). — (126) J. Amer. Chem. Soc. 63, 3216 (1941). — (127) Dickey, E. E., J. Chem. Education 30, 525 (1953). — (128) Dodson, R. W., u. R. D. Fowler, Physic. Rev. 57, 966 (1940). — (129) Doerner, H., u. W. Hoskins, J. Amer. Chem. Soc. 47, 662 (1925). — (130) Douglas, D. L., A. C. Mewherter u. R. P. Schuman, Physic. Rev. 92, 369 (1953). — (131) Drehmann, U., Naturwiss. 28, 708 (1941). — (132) Naturwiss. 33, 24 (1946). — (133) Duffield, R. B., u. M. Calvin, J. Amer. Chem. Soc. 68, 1129 (1946). — (134) Duncan, J. F., u. B. A. J. Lister, Quart. Rev. Chem. Soc. London 2, 307 (1948). — (135) Dunning, J. R., u. G. B. Pegram, Physic. Rev. 47, 325 (1935). — (136) Durrum, E. L., J. Amer. Chem. Soc. 73, 4875 (1951). — (137) Duval, J. E., u. M. H. Kurbatov, J. Physic. Chem. 56, 982 (1952). — (138) J. Amer. Chem. Soc. 75, 2246 (1953). — (139) Dyrssen, D., Svensk Kem. Tidskr. 62, 153 (1950).

(140) Edwards, R. R., F. B. Nesbett u. A. K. Solomon, J. Amer. Chem. Soc. 70, 1670 (1948). — (141) Eidinoff, M. L., J. Amer. Chem. Soc. 69, 977, 2507 (1947). — (142) Eidinoff, M. L., G. C. Perri, J. E. Knoll, B. J. Marano u. J. Arnheim, J. Amer. Chem. Soc. 75, 248 (1953). — (143) Elson, R., G. W. Mason, D. F. Peppard, P. A. Sellers u. M. H. Studier, J. Amer. Chem. Soc. 73, 4974 (1951). — (144) Elster, J., u. H. Geitel, Physik. Z. 3, 305 (1902). — (145) Emmanuel, H., u. M. Haissinsky, C. r. acad. sci., Paris 206, 1102 (1938). — (146) English, A. C., T. E. Cranshaw, P. Demers, J. A. Harvey, E. P. Hinks, J. V. Jelley u. A. N. May, Physic. Rev. 72, 253 (1947). — (147) Erbacher, O., Naturwiss. 20, 390 (1932). — (148) Z. physik. Chem., Abt. A 165, 421 (1933). — (149) Z. physik. Chem., Abt. A 178, 15 (1936). — (150) Z. physik. Chem., Abt. A 180, 141 (1937). — (151) Chem.-Ztg. 62, 601 (1938). — (152) Z. physik. Chem., Abt. B 42, 173 (1939). — (153) Angew. Chem. 54, 485 (1941). — (154) Erbacher, O., in: Naturforschung und Medizin in Deutschland 1939 bis 1946 (Fiat-Review) 23, 113. Wiesbaden. 1949. — (155) Erbacher, O., u. M. Beck, Z. anorg. Chem. 252, 357 (1944). — (156) Erbacher, O., W. Herr u. M. Wiedemann, Z. anorg. Chem. 252, 282 (1944). — (157) Erbacher, O., u. H. V. Laue-Lemcke, Z. anorg. Chem. 259, 249 (1949). — (158) Erbacher, O., u. B. Nikitin, Z. physik. Chem., Abt. A 158, 216 (1932). — (159) Erbacher, O., u. K. Philipp, Z. Physik 51, 309, 311 (1928). — (160) Z. physik. Chem., Abt. A 150, 214 (1930). — (161) Z. physik. Chem., Abt. A 176, 169 (1936). — (162) Ber. dtsch. chem. Ges. 69, 893 (1936). — (163) Z. physik. Chem., Abt. A 179, 263 (1939). — (164) Erbacher, O., u. G. Radoch, Naturwiss. 32, 37 (1944).

(165) Fairbrother, F., Nature 145, 307 (1940). — (166) Fajans, K., u. T. Erdey-Grúz, Z. physik. Chem., Abt. A 158, 97 (1932). — (167) Farkas, A., Orthohydrogen,

Parahydrogen and Heavy Hydrogen. Cambridge. 1935. — (168) FAY, J. W. J., u. F. PANETH, J. Chem. Soc. London 1936, 384. — (169) FISCHER, A., Z. anorg. Chem. 81, 170 (1913). — (170) FISCHER, S. A., u. V. W. MELOCHE, Analyt. Chemistry 24, 1100 (1952). — (171) FLAGG, J. F., u. W. E. BLEIDNER, J. Chem. Physics 13, 269 (1945). — (172) FOX, M. S., u. W. F. LIBBY, J. Chem. Physics, 20, 487, (1952). — (173) FRANCIS, M., u. TCHENG DA TCHANG, C. r. acad. sci., Paris 200, 1024 (1935). — (174) FRERICHS, R., Ergebn. exakt. Naturwiss. 13, 257 (1934). — (175) FREUNDLICH, H., u. H. KÄMPFER, Z. physik. Chem. 90, 681 (1915). — (176) FRIEDLÄNDER, G., u. E. WILSON, Physic. Rev. 91, 498 (1953). — (177) FRIEDMANN, L., u. W. F. LIBBY, J. Chem. Physics 17, 647 (1949). — (178) FRIERSON, W. J., u. J. W. JONES, Analyt. Chemistry 23, 1447 (1951). — (179) FROMHERZ, H., Z. physik. Chem. 68, 233 (1931). (180) GARRISON, W. M., J. D. GILE, R. D. MAXWELL u. J. G. HAMILTON, Analyt. Chemistry 23, 204 (1951). — (181) GARRISON, W. M., H. HAYMOND u. R. MAXWELL, J. Chem. Physics 17, 665 (1949). — (182) GARRISON, W. M., R. D. MAXWELL u. J. G. HAMILTON, J. Chem. Physics 18, 155 (1950). — (183) GAVORET, G., J. chim. phys. 50, 183, 434 (1953). — (184) GAVORET, G., u. N. IVANOFF, Bull. soc. chim. France 1952, 166. — (185) GEST, H., u. L. E. GLENDENIN, Nat. Nucl. En. Ser. IV—9 I, 171. New York. 1949. — (186) GIACOMELLO, G., Ric. sci. 21, 1211 (1951). — (187) GILE, J. D., W. M. GARRISON u. J. G. HAMILTON, J. Chem. Physics 18, 995 (1950). — (188) J. Chem. Physics 18, 1419 (1950). — (189) J. Chem. Physics 18, 1685 (1950). — (190) J. Chem. Physics 19, 256 (1951). — (191) J. Chem. Physics 19, 1217 (1951). — (192) GILE, J. D., H. R. HAYMOND, W. M. GARRISON u. J. G. HAMILTON, J. Chem. Physics 19, 660 (1951). — (193) GILE, J. D., W. M. GARRISON u. J. G. HAMILTON, J. Chem. Physics 20, 339 (1952). — (194) J. Chem. Physics 20, 523 (1952). — (195) GILMAN, H., G. E. DUNN u. G. S. HAMMOND, J. Amer. Chem. Soc. 73, 4499 (1951). — (196) GLASCOCK, R., Nucleonics 9 (5), 28 (1951). — (197) GLASCOCK, R. F., u. W. G. DUNSCOMBE, Biochemic. J. 151, 2 (1952). — (198) GLENDENIN, L. E., Nat. Nucl. En. Ser. IV—9, 1523, New York. 1949. — (199) GLENDENIN, L. E., u. C. M. NELSON, Nat. Nucl. En. Ser. IV—9 B, 1642. New York. 1951. — (200) GLÜCKAUF, E., s. (134). — (201) GLÜCKAUF, E., u. J. W. J. FAY, J. Chem. Soc. London 1936, 390. — (202) GLÜCKAUF, E., R. B. JACOBI u. G. P. KITT, J. Chem. Soc. London 1949, [S] 330. — (203) GLÜCKAUF, E., H. A. C. MCKAY u. A. R. MATHIESON, Trans. Faraday Soc. 47, 437 (1951). — (204) GMELINS Handbuch der anorganischen Chemie, System Nr. 31, S. 40, 8. Aufl. Berlin 1931. — (205) GODLEWSKI, T., Phil. Mag. (6), 10, 45 (1905). — (206) Le radium 10, 250 (1913). — (207) Kolloid-Z. 14, 229 (1914). — (208) Phil. Mag. 27, 618 (1914). — (209) GOLDHABER, M., u. B. SAUNDERS, s. Nature 142, 709 (1938). — (210) GOLDHABER, S., u. J. E. WILLARD, J. Amer. Chem. Soc. 74, 318 (1952). — (211) GOLDHABER, S., R. CHIANG u. J. WILLARD, J. Amer. Chem. Soc. 73, 2271 (1951). — (212) GOLDSCHMIDT, B., C. r. acad. sci., Paris 205, 41 (1937). — (213) Ann. chim. 13, 88 (1940). — (214) GOLDSMITH, G. J., Physic. Rev. 74, 1249 (1948). — (215) GOLDSMITH, G. J., u. E. BLEULER, J. Physic. Coll. Chem. 54, 717 (1950). — (216) GÖTTE, H., Naturwiss. 28, 449 (1940). — (217) Z. Naturforsch. 1, 377 (1946). — (218) Angew. Chem., Abt. A 60, 19 (1948). — (219) GÖTTE, H., u. G. RADOCH, Z. Naturforsch. 2a, 427 (1947). — (220) GOVAERTS, J., u. P. JORDAN, Exper. 6, 329 (1950). — (221) GRAHAME, D. C., u. H. J. WALKE, Physic. Rev. 60, 909 (1941). — (222) GRAHAME, D. C., u. G. T. SEABORG, J. Amer. Chem. Soc. 60, 2524 (1938). — (223) GRAHL, U., Naturwiss. 32, 60 (1944). — (224) GREEN, J. H., u. A. G. MADDOCK, Nature 164, 788 (1949). — (225) GRIESS, J. C., J. Electrochem. Soc. 100, 429 (1953). — (226) GRIESS, J. C., J. T. BYRNE u. L. B. ROGERS, J. Electrochem. Soc. 98, 447, 452 (1951). — (227) GRIESS, J. C., u. L. B. ROGERS, J. Electrochem. Soc. 95, 129 (1949). — (228) GROSSE, A. v., u. M. S. AGRUSS, J. Amer. Chem. Soc. 57, 438 (1935). — (229) GROVE, W. P., u. J. R. CATCH, Brit. Med. Bull. 8, 234 (1952). — (230) GUÉRON, J., u. E. BRODA, Acta Physica Austriaca 5, 414 (1951). — (231) GUILLOT, M., C. r. acad. sci., Paris 190, 1553 (1930). (232) HAENNY, C., A. JACCOTTET u. R. MAYER, Helv. Chim. Acta 32, 1406 (1949). — (233) HAENNY, C., u. P. MIVELAZ, Helv. Chim. Acta 31, 633 (1948). — (234) HAGEMANN, F., J. Amer. Chem. Soc. 72, 768 (1950). — (235) HAGEMANN, F., L. I. KATZIN, M. H. STUDIER, A. GHIORSO u. G. T. SEABORG, Physic. Rev. 72, 253 (1947). — (236) HAGEMANN, F., L. I. KATZIN, M. H. STUDIER, G. T. SEABORG u. A. GHIORSO, Physic. Rev. 79, 435 (1950). — (237) HAHN, O., Physik. Z. 9, 246 (1908). — (238) Physik. Z. 10, 81 (1909). — (239) Z. physik. Chem., Abt. A 144, 161 (1929). — (240) Z. Elektrochem. 38, 511 (1932). — (241) Applied Radiochemistry. New York. 1936. — (242) Ann. Physik. (5), 36, 368 (1939). — (243) HAHN, O., H. KÄDING u. R. MUMBRAUER, S. B. preuß. Akad. Wiss., phys.-math. Kl. 1930, 547. — (244) HAHN, O., u. L. MEITNER, Physik. Z. 10, 422, 697 (1909). — (245) Physik. Z. 14, 758 (1913).

— (246) Hahn, O., u. F. Strassmann, Naturwiss. 27, 163 (1939). — (247) Naturwiss. 28, 54 (1940). — (248) Naturwiss. 28, 455 (1940). — (249) Z. Physik 121, 729 (1943). — (250) Hahn, O., F. Strassmann u. W. Seelmann-Eggebert, Z. Naturforsch. 1, 545 (1946). — (251) Hahn, P., Analyt. Chemistry 17, 45 (1945). — (252) Haissinsky, M., C. r. acad. sci., Paris 196, 1788 (1933). — (253) J. chim. phys. 31, 43 (1934). — (254) Les Radiocolloïdes. Paris. 1934. — (255) J. chim. phys. 32, 116 (1935). — (256) Nature 136, 141 (1935). — (257) Le Polonium. Paris. 1937. — (258) J. chim. phys. 34, 321 (1937). — (259) Nature 156, 423 (1945). — (260) Électrochimie des substances radioactives. Paris. 1946. — (261) J. chim. phys. 43, 66 (1946). — (262) J. chim. phys. 45, 224 (1948). — (263) Exper. 8, 125 (1952). — (264) Haissinsky, M., u. M. Cottin, J. chim. phys. 45, 270 (1948). — (265) Haissinsky, M., M. Cottin u. B. Varjabedian, J. chim. phys. 45, 212 (1948). — (266) Haissinsky, M., H. Faraggi, A. Coche u. P. Avignon, J. physique Radium 10, 312 (1949). — (267) Haissinsky, M., S. Rosenblum u. R. Walen, J. physique Radium 10, 312 (1949). — (268) Hall, N. F., u. D. H. Johns, J. Amer. Chem. Soc. 75, 5787 (1953). — (269) Hamill, W. H., u. R. R. Williams, J. Chem. Physics 16, 1171 (1948). — (270) Hamill, W. H., u. H. A. Young, J. Chem. Physics 17, 215 (1949). — (271) J. Chem. Physics 20, 888 (1952). — (272) Hansen, R. S., u. K. Gunnar, J. Amer. Chem. Soc. 71, 4158 (1949). — (273) Harada, M., u. T. Titani, Bull. Chem. Soc. Japan 11, 554 (1936). — (274) Haymond, H. R., J. Z. Bowers, W. M. Garrison u. J. G. Hamilton, J. Chem. Physics 18, 1119 (1950). — (275) Haymond, H. R., W. M. Garrison u. J. G. Hamilton, J. Chem. Physics 18, 1685 (1950). — (276) J. Chem. Physics 20, 199 (1952). — (277) Haymond, H. R., K. H. Larson, R. D. Maxwell, W. M. Garrison u. J. G. Hamilton, J. Chem. Physics 18, 391 (1950). — (278) Haymond, H. R., R. D. Maxwell, W. M. Garrison u. J. G. Hamilton, J. Chem. Physics 18, 901 (1950). — (279) J. Chem. Physics 18, 756 (1950). — (280) Heal, H., Canadian Atomic Energy Rept. MC 33 (1944). — (281) Henderson, L. M., u. F. C. Kracek, J. Amer. Chem. Soc. 49, 738 (1927). — (282) Hensley, W., J. Amer. Ceram. Soc. 34, 188 (1951). — (283) Hensley, J. W., A. O. Long u. J. E. Willard, Ind. Eng. Chem. 41, 1415 (1949). — (284) Herr, W., Z. Naturforsch. 3a, 645 (1948). — (285) Z. anorg. Chem. 258, 94 (1949). — (286) Z. Naturforsch. 7b, 55 (1952). — (287) Z. Naturforsch. 7b, 201 (1952). — (288) Z. Elektrochem. 56, 911 (1953). — (289) Angew. Chem. 65, 303 (1953). — (290) Herr, W., u. H. Götte, Z. Naturforsch. 5a, 629 (1950). — (291) Herzfeld, K. F., Physik. Z. 14, 29 (1913). — (292) Hevesy, G., Z. Elektrochem. 16, 672 (1910). — (293) Physik. Z. 14, 49 (1913). — (294) Physik. Z. 16, 52 (1915). — (295) Naturwiss. Rdschau 7, 45 (1954). — (296) Hevesy, G., u. M. Biltz, Z. physik. Chem., Abt. B 3, 271 (1929). — (297) Hevesy, G., u. F. Paneth, S. B. Wien. Akad. Wiss. 122, 1037, 1049 (1913); 123, 1619 (1914). — (298) Hoffmann, D. C., u. D. S. Martin, J. Physic. Chem. 56, 1097 (1953). — (299) Hofmann, K. A., u. V. Wölfl, Ber. dtsch. chem. Ges. 35, 1453 (1902). — (300) Holesch, E., S. B. Wien. Akad. Wiss. 140, 663 (1931). — (301) Holm, L. W., Research 5, 286 (1952). — (302) Holmes, O. G., u. K. J. McCallum, J. Amer. Chem. Soc. 72, 5319 (1950). — (303) Hornig, J. F., G. Levey u. J. E. Willard, J. Chem. Physics 20, 1556 (1952). — (304) Horovitz, K., Z. Physik 15, 371 (1923). — (305) Horovitz, K., u. F. Paneth, S. B. Wien. Akad. Wiss. 123, 1819 (1914). — (306) Huffmann, E. H., u. L. J. Beaufaut, J. Amer. Chem. Soc. 71, 3179 (1949). — (307) Huffmann, E. H., G. M. Iddings u. R. C. Lilly, J. Amer. Chem. Soc. 73, 4474 (1951). — (308) Huffmann, E. H., u. R. C. Lilly, J. Amer. Chem. Soc. 71, 4147 (1949). — (309) J. Amer. Chem. Soc. 73, 2902 (1951). — (310) Huffmann, E. H., u. R. Oswalt, J. Amer. Chem. Soc. 72, 3323 (1950). — (311) Hull, D. E., C. E. Shiflett u. S. C. Lind, J. Amer. Chem. Soc. 58, 535 (1936). — (312) Husemann, E., u. O. H. Weber, J. prakt. Chem. 159, 335 (1941). — (313) Hyde, E. K., J. Amer. Chem. Soc. 74, 4181 (1952). — (314) Hyde, E. K., u. A. Ghiorso, Physic. Rev. 90, 267 (1953).

(315) Imre, L., Z. physik. Chem., Abt. A 146, 41 (1930). — (316) Z. physik. Chem., Abt. A 153, 127 (1931). — (317) Ingold, C. K., u. C. L. Wilson, Z. Elektrochem. 44, 62 (1938). — (318) Irvine, J. W., Physic. Rev. 55, 1105 (1939). — (319) Irvine, J. W., u. R. D. Lemmermann, Analyt. Chemistry 23, 681 (1951). — (320) Ivanoff, N., Bull. soc. chim. France 1953, 266. — (321) Ivanoff, N., u. G. Gavoret, J. chim. phys. 50, 524 (1953).

(322) Jacobi, E., Helv. Physica Acta 22, 66 (1949). — (323) Helv. Chim. Acta 35, 1480 (1952). — (324) Jacobi, R. B., J. Chem. Soc. London 1949, [S] 315. — (325) Jacobsen, J., Physic. Rev. 70, 789 (1946). — (326) Jedrzejowski, H., C. r. acad. sci., Paris 188, 1043 (1929). — (327) Jennings, W., u. S. Russ, Radon, Its Technique and Use. London. 1948. — (328) Johnson, G., R. Leininger u. E. Segrè, J. Chem. Physics 17, 1 (1949). — (329) Joliot, F., J. chim. phys. 27, 119 (1930). — (330) C. r.

acad. sci., Paris **219**, 488 (1944). — (331) JONES, H. B., in (466). — (332) JONES, W.M., Bericht der USA-Atomenergiekommission AECU 926 (1950). — (333) JORDAN, P., Helv. Chim. Acta **34**, 699 (1951).

(334) KÄDING, H., Z. physik. Chem., Abt. A **162**, 174 (1932). — (335) KAHN, M., J. Amer. Chem. Soc. **73**, 479 (1951). — (336) KAHN, M., u. A. C. WAHL, J. Chem. Physics **21**, 1185 (1953). — (337) KARAMJAN, A., Doklady Akad. Nauk **64**, 491 (1949). — (338) KARAMJAN, A. S., u. G. E. KOGAN, Doklady Akad. Nauk **68**, 477 (1949); **69**, 787 (1949). — (339) KARLIK, B., u. T. BERNERT, S. B. Wien. Akad. Wiss. **151**, 267 (1942). — (340) KATCOFF, S., u. L. J. BROWN, J. Chem. Physics **17**, 505 (1949). — (341) KATCOFF, S., J. A. MISKEL u. C. W. STANLEY, Physic. Rev. **74**, 631, 1225 (1948). — (342) KATZIN, L. I., Q. VAN WINKLE u. J. SEDLET, Bericht der USA-Atomenergiekommission AECD 2811. — (343) KAYAS, G., C. r. acad. sci., Paris **228**, 1002 (1949). — (344) J. chim. phys. **47**, 408 (1950). — (345) KAYAS, G., u. P. SUE, Bull. soc. chim. France **1950**, 1145. — (346) KELLY, L. S., u. H. B. JONES, Proc. Soc. Exp. Biol. Med. **74**, 493 (1950). — (347) KENDALL, J., E. R. JETTE u. W. WEST, J. Amer. Chem. Soc. **48**, 3114 (1926). — (348) KENE-SHEA, F. J., u. M. KAHN, J. Amer. Chem. Soc. **74**, 5254 (1952). — (349) KENNY, A. W., u. W. R. MATON, Nature **162**, 567 (1948). — (350) KENNY, A. W., W. R. MATON u. W. T. SPRAGG, Nature **165**, 483 (1950). — (351) KENNY, A. W., u. W. T. SPRAGG, J. Chem. Soc. London **1949**, [S] 323. — (352) J. Chem. Soc. London **1949**, [S] 326. — (353) KETELLE, B. H., u. G. E. BOYD, J. Amer. Chem. Soc. **69**, 2800 (1947). — (354) KIRSHENBAUM, J., Physical Properties and Analysis of Heavy Water. New York. 1951. — (355) KOLTHOFF, I. M., u. H. C. YUTZY, J. Amer. Chem. Soc. **56**, 1634 (1937). — (356) KORSUNSKI, N. I., N. N. NIKOLAJEWSKAJA u. M. A. BACH, J. exp. theoret. Phys. (USSR) **9**, 524 (1939). — (357) KORVEZÉE, K., J. chim. phys. **30**, 130 (1933). — (358) KRAUS, K. A., u. G. E. MOORE, J. Amer. Chem. Soc. **71**, 3263, 3855 (1949). — (359) J. Amer. Chem. Soc. **72**, 4293 (1950). — (360) J. Amer. Chem. Soc. **73**, 9, 13, 2900 (1951). — (361) KRESSMAN, T. R. E., u. J. A. KITCHENER, J. Chem. Soc. London **1949**, 1190. — (362) KUNIN, R., u. R. J. MYERS, Ion Exchange Resins. New York. 1950. — (363) KURBATOV, J. D., u. M. H. KURBATOV, J. Physic. Coll. Chem. **46**, 441 (1942). — (364) KURBATOV, J. D., u. M. L. POOL, Physic. Rev. **65**, 61 (1944). — (365) KURBATOV, J. D., u. A. M. SILVER-STEIN, J. Physic. Coll. Chem. **54**, 1250 (1950). — (366) KURBATOV, M. H., FU CHUN-YU u. J. D. KURBATOV, J. Chem. Physics **16**, 87 (1948). — (367) KURBATOV, M. H., u. J. D. KURBATOV, J. Chem. Physics **13**, 208 (1945). — (368) KURBATOV, M. H., H. B. WEBSTER u. J. D. KURBATOV, J. Physic. Coll. Chem. **54**, 1239 (1950). — (369) KUR-BATOV, M. H., G. B. WOOD u. J. D. KURBATOV, J. Chem. Physics **19**, 258 (1951).

(370) LACHS, H., u. H. HERSZFINKIEL, J. physique Radium **2**, 319 (1921). — (371) LACHS, H., u. L. WERTENSTEIN, Physik. Z. **23**, 318 (1922). — (372) LAMBERT, J.M., Ind. Eng. Chem. **42**, 1394 (1950). — (373) LAMPHERE, R., u. L. B. ROGERS, Analyt. Chemistry **22**, 463 (1950). — (374) LANGE, E., u. K. NAGEL, Z. Elektrochem. **42**, 210 (1936). — (375) LANGSDORF, A., u. E. SEGRÈ, Physic. Rev. **57**, 105 (1940). — (376) LAUDERDALE, R. A., Ind. Eng. Chem. **43**, 1538 (1951). — (377) LAURENT, H., u. P. SIMMONIN, J. physique Radium **14**, 294 (1953). — (378) LAWSON, R. W., S. B. Wien. Akad. Wiss. **124**, 513 (1915). — (379) S. B. Wien. Akad. Wiss. **127**, 1315 (1918). — (380) Nature **102**, 464 (1919). — (381) LEA, D. E., Actions of Radiations on Living Cells. Cambridge. 1946. — (382) LEDDICOTTE, G. W., u. F. L. MOORE, J. Amer. Chem. Soc. **74**, 1618 (1952). — (383) LEDERER, E., u. M. LEDERER, Chromatography. Amsterdam. 1953. — (384) LEDERER, M., Progrès récents de la chromatographie. Paris. 1952. — (385) Analyt. Chim. Acta **8**, 134 (1953). — (386) Konferenz uber radiochemische Umwandlungen. Mailand-Rom. 1953. — (387) LEMMON, R. M., Nucleonics **11** (10), 44 (1953). — (388) LENG, H., S. B. Wien. Akad. Wiss. **136**, 19 (1927). — (389) LERCH, F., Ann. Physik **12**, 745 (1903). — (390) LEWIN, S. Z., P. J. LUCCHESI u. J. E. VANCE, J. Amer. Chem. Soc. **75**, 6058 (1953). — (391) LIBBY, W. F., Physic. Rev. **55**, 1269 (1939). — (392) J. Amer. Chem. Soc. **62**, 1930 (1940). — (393) Science **93**, 283 (1941). — (394) J. Amer. Chem. Soc. **69**, 2523 (1942). — (395) J. Chem. Physics **11**, 101 (1943). — (396) LIETZKE, M. H., u. J. C. GRIESS, J. Electrochem. Soc. **100**, 434 (1953). — (397) LIND, S. C., D. C. BARDWELL u. J. H. PERRY, J. Amer. Chem. Soc. **48**, 1556 (1926). — (398) LIND, S. C., J. E. UNDERWOOD u. G. F. WHITTEMORE, J. Amer. Chem. Soc. **40**, 465 (1918). — (399) LINDNER, M., Physic. Rev. **91**, 642 (1953). — (400) LINDNER, R., Z. phys. Chem. **194**, 51 (1944). — (401) Z. Naturforsch. **2a**, 329, 333 (1947). — (402) Z. Elektrochem. **54**, 421 (1950). — (403) Acta Chem. Scand. **6**, 457 (1952). — (404) LINDNER, R., u. O. PETER, Z. Naturforsch. **1**, 67 (1946). — (405) LINNENBOM, V. J., J. Chem. Physics **20**, 1657 (1952). — (406) LIPP, M., u. H. WEIGEL, Naturwiss. **39**, 189 (1952). — (407) LISTER, B. A. J., J. Chem. Soc.

London 1951, 3123. — (408) Livingood, J. J., u. G. T. Seaborg, Physic. Rev. 50, 435 (1936). — (409) Loria, S., S. B. Wien. Akad. Wiss. 124, 567 (1915). — (410) Lottermoser, A., J. prakt. Chem. 72, 39 (1905). — (411) J. prakt. Chem. 75, 374 (1906). — (412) Lu, C. S., u. S. Sugden, J. Chem. Soc. London 1939, 1273. (413) McCallum, K. J., u. O. G. Holmes, Canad. J. Chem. 29, 691 (1951). — (414) McCallum, K. J., u. S. A. Hoskovsky, J. Chem. Physics 16, 255 (1948). — (415) McCallum, K. J., u. A. G. Maddock, Trans. Faraday Soc. 49, 1150 (1953). — (416) McKay, H. A. C., Trans. Faraday Soc. 34, 845 (1938). — (417) McKay, H. A. C., in: Progress in Nuclear Physics, Bd. I, S. 168 (Herausgeber O. R. Frisch). London. 1950. — (418) McLane, C. K., u. S. Peterson, Nat. Nucl. En. Ser. IV—14 B, 1385. New York. 1949. — (419) Maddock, A. G., Research 2, 556 (1949). — (420) Endeavour 12, 95 (1953). — (421) Maddock, A. G., u. G. L. Miles, J. Chem. Soc. London 1949, [S] 248. — (422) Maddock, A. G., u. G. L. Miles, J. Chem. Soc. London 1949, [S] 253. — (423) Maddock, A. G., u. L. H. Stein, J. Chem. Soc. London 1949, [S] 258. — (424) Magat, M., Konferenz über radiochemische Umwandlungen. Mailand-Rom. 1953. — (425) Magnusson, L. B., Physic. Rev. 81, 285 (1951). — (426) Magnusson, L. B., S. G. Thompson u. G. T. Seaborg, Physic. Rev. 78, 363 (1950). — (427) Majer, V., Naturwiss. 25, 252 (1937). — (428) Chem. Listy 33, 130 (1939). — (429) Marckwald, W., Ber. dtsch. chem. Ges. 38, 593 (1905). — (430) Marechal-Cornil, J., u. E. Picciotto, Bull. soc. chim. Belgique 62, 372 (1953). — (431) Marinsky, J. A., L. E. Glendenin u. C. D. Coryell, J. Amer. Chem. Soc. 69, 2781 (1947). — (432) Martin, M., J. T. Yang u. P. Daudel, Analyt. Chim. Acta 3, 222 (1949). — (433) Maurer, W., u. W. Ramm, Z. Physik 119, 602 (1942). — (434) Maxwell, R. D., J. D. Gile, W. M. Garrison u. J. G. Hamilton, J. Chem. Physics 17, 1340 (1949). — (435) Maxwell, R. D., H. R. Haymond, D. R. Bomberger, W. M. Garrison u. J. G. Hamilton, J. Chem. Physics 17, 1005 (1949). — (436) Maxwell, R. D., H. R. Haymond, W. M. Garrison u. J. G. Hamilton, J. Chem. Physics 17, 1006 (1949). — (437) J. Chem. Physics 17, 1340 (1949). — (438) May, S., M. Roux, Buu-Hoi u. R. Daudel, C. r. acad. sci., Paris 228, 1865 (1949). — (439) Mayer, S. W., u. E. R. Tompkins, J. Amer. Chem. Soc. 69, 2866 (1947). — (440) Meinke, W. W., J. Chem. Physics 20, 754 (1952). — (441) Meinke, W. W., u. R. E. Anderson, Analyt. Chemistry 24, 708 (1952). — (442) Meitner, L., Physik. Z. 12, 1094 (1911). — (443) Rev. Mod. Physics 17, 287 (1945). — (444) Melander, L., Acta Chem. Scand. 1, 169 (1947). — (445) Acta Chem. Scand. 2, 290 (1948). — (446) Merkulowa, M. S., Trav. inst. état radium (URSS) 3, 141 (1937). — (447) Metzsch, F. A., Angew. Chem. 65, 586 (1953). — (448) Meyer, St., u. E. Schweidler, Radioaktivität. Berlin. 1927. — (449) Meyerson, A. L., u. F. Daniels, Science 108, 676 (1948). — (450) Michalowicz, A., u. M. Lederer, J. physique Radium 13, 669 (1952). — (451) Miller, H. S., u. G. E. Kline, J. Amer. Chem. Soc. 73, 2741 (1951). — (452) Miller, H. W., u. R. J. Brouns, Analyt. Chemistry 24, 536 (1952). — (453) Miller, J. M., u. R. W. Dodson, J. Chem. Physics 18, 865 (1950). — (454) Morgan, L. O., Analyt. Chemistry 22, 200 (1950). — (455) Morrison, G. H., Analyt. Chemistry 22, 1388 (1951). — (456) Mortensen, R. A., u. P. A. Leighton, J. Amer. Chem. Soc. 56, 2397 (1934). — (457) Müller, H., u. E. Broda, Mh. Chem. 82, 48 (1951). — (458) J. chim. phys. 48, 206 (1951). — (459) Mumbrauer, R., Z. physik. Chem., Abt. A 156, 113 (1931). — (460) Z. physik. Chem., Abt. A 163, 142 (1933). — (461) Murphy, B. F., u. A. O. Nier, Physic. Rev. 59, 771 (1941). — (462) Muxart, R., R. Daudel u. M. Haissinsky, Nature 159, 538 (1947).

(463) Nachod, F. C. (Herausgeber), Ion Exchange. New York. 1949. — (464) Nachtrieb, N. H., u. R. H. Fryxell, J. Amer. Chem. Soc. 70, 3552 (1948). — (465) Nesmejanow, A. N., L. A. Sasonow u. I. S. Sasonowa, Uspechi Chimi, Moskwa, 22, 133 (1953); s. a. Sowjetwissenschaft 6, 345, 523 (1953). — (466) Nickson, J. J. (Herausgeber), Symposium on Radiobiology. New York. 1952. — (467) Nier, A. O., u. E. Gulbranson, J. Amer. Chem. Soc. 61, 697 (1939). — (468) Nikitin, B. A., C. r. acad. sci. URSS, 1, 19 (1934). — (469) Nikitin, B., u. A. Polessitzky, C. r. acad. sci. URSS 33, 494 (1941).

(470) Ottar, B., Nature 172, 362 (1953).

(471) Paneth, F., S. B. Wien. Akad. Wiss. 121, 2193 (1912). — (472) S. B. Wien. Akad. Wiss. 123, 2349 (1914). — (473) Paneth, F., u. W. Bothe, in: Handbuch der anorganischen Arbeitsmethoden, Bd. II (2), S. 1027 (Herausgeber E. Tiede u. F. Richter). Berlin. 1925. — (474) Paneth, F., u. J. W. J. Fay, Nature 135, 820 (1935). — (475) Paneth, F., u. G. Hevesy, S. B. Wien. Akad. Wiss. 122, 1049 (1913). — (476) Pappas, A. C., Bull. soc. chim. France 1949, 705. — (477) Peppard, D. F., G. Asanovitch, R. W. Atteberry, O. du Temple, M. V. Gergel, A. W. Gnaedinger, G. W. Mason, V. H. Mesche, E. S. Nachtman u. I. O. Winsch, J. Amer. Chem. Soc.

75, 4576 (1953). — (478) PEREY, M., L'Élément 87. Paris. 1946. — (479) PERLMAN, I., I. L. CHAIKOFF u. M. E. MORTON, J. Endocrinology 30, 487 (1942). — (480) PERRIER, C., u. E. SEGRÈ, J. Chem. Physics 5, 712 (1937). — (481) POLESSITZKY, A., Z. physik. Chem., Abt. A 161, 325 (1932). — (482) POLLARD, L. F., u. J. F. W. McOMIE, Chromatographic Methods of Inorganic Analysis. London. 1953. — (483) PURKAYASTHA, B. C., Nucleonics 3 (6), 2 (1948).

(484) RADHAKRISHNA, P., Analyt. chim. Acta 8, 140 (1953). — (485) RATNER, A. P., u. M. KANTOR, Bull. acad. sci. URSS 1942, 307. — (486) REASER, P. B., G. E. BURCH, S. A. THREEFOOT u. C. T. RAY, Science 109, 198 (1949). — (487) REID, A. F., Physic. Rev. 69, 530 (1946). — (488) REID, A. F., Ind. Eng. Chem. 40, 76 (1948). — (489) REID, J. C., u. M. CALVIN, J. Amer. Chem. Soc. 72, 2948 (1950). — (490) RIEDER, W., E. BRODA u. J. ERBER, Mh. Chem. 81, 657 (1950). — (491) RIEHL, N., u. H. KÄDING, Z. physik. Chem., Abt. A 149, 180 (1930). — (492) RITZEL, A., Z. physik. Chem. 67, 724 (1909). — (493) ROBERTS, A., u. J. W. IRVINE, Physic. Rev. 53, 609 (1938). — (494) ROBINSON, J. D., u. M. KAHN, J. Amer. Chem. Soc. 75, 2004 (1953). — (495) ROGERS, L. B., J. Amer. Chem. Soc. 71, 1507 (1949). — (496) Analyt. Chemistry 22, 1386 (1950). — (497) ROGERS, L. B., D. P. KRAUSE, J. C. GRIESS u. D. B. EHRLINGER, J. Electrochem. Soc. 95, 33 (1949). — (498) ROGERS, L. B., u. A. F. STEHNEY, J. Electrochem. Soc. 95, 25 (1949). — (499) ROGINSKII, S. S., u. M. GOPSTEIN, Physik. Z. Sowjetunion 7, 672 (1935). — (500) RONA, E., S. B. Wien. Akad. Wiss. 141, 533 (1932). — (501) RONA, E., u. M. HOFFER, S. B. Wien. Akad. Wiss. 144, 397 (1935). — (502) RONA, E., u. E. A. SCHMIDT, S. B. Wien. Akad. Wiss. 137, 103 (1928). — (503) ROPP, G. A., Nucleonics 10 (10), 22 (1952). — (504) ROPP, G. A., A. J. WEINBERGER u. O. K. NEVILLE, J. Amer. Chem. Soc. 73, 5573 (1951). — (505) ROSENBLUM, C., u. E. W. KAISER, J. Physic. Chem. 39, 797 (1935). — (506) ROSS, J., u. M. CHAPIN, Rev. Sci. Instruments 13, 77 (1942). — (507) ROWLAND, F. S., u. W. F. LIBBY, J. Chem. Physics 21, 1493 (1953). — (508) RUCKHOFT, C. C., M. L. KRIEGER u. D. W. MOELLER, Ind. Eng. Chem. 43, 1516 (1951). — (509) RUPP, A. F., in: J. R. BRADFORD (Herausgeber), Radioisotopes in Industry. New York. 1953. — (510) RUSS, S., u. W. MAKOWER, Phil. Mag. 19, 100 (1910). — (511) RUSSELL, A. S., Phil. Mag. 24, 134 (1912). — (512) RUSSELL, A. S., u. J. CHADWICK, Phil. Mag. 27, 112 (1914). — (513) RUSSELL, E. R., R. C. LESKO u. J. SCHUBERT, Nucleonics 7 (1), 60 (1950). — (514) RUSSELL, R. S., Proc. Isotope Techniques Conference, S. 402. Oxford. 1951. — (515) RUSSELL, R. S., u. R. P. MARTIN, Nature 163, 71 (1949). — (516) RUSSINOW, L. J., u. A. S. KARAMJAN, Doklady Akad. Nauk 55, 599 (1947). — (517) RUSSINOW, L., u. A. KARAMJAN, Doklady Akad. Nauk 55, 603 (1947); 58, 573 (1947). — (518) RUTHERFORD, E., J. CHADWICK u. C. D. ELLIS, Radiations from Radioactive Substances. Cambridge. 1930.

(519) SALUTSKY, M. L., J. G. STILES u. A. W. MARTIN, Analyt. Chemistry 25, 1677 (1953). — (520) SANDELL, E. B., Colorimetric Determination of Traces of Metals. New York: Interscience Publishers. 1944. — (521) SATO, T. R., H. DIAMOND, W. P. NORRIS u. H. H. STRAIN, J. Amer. Chem. Soc. 74, 6154 (1952). — (522) SATO, T. R., W. P. NORRIS u. H. H. STRAIN, Analyt. Chemistry 24, 776 (1952). — (523) SCADDEN, E. M., u. N. E. BALLOU, Analyt. Chemistry 25, 1602 (1953). — (524) SCHERRER, J. A., J. Res. Nat. Bur. Stand. 21, 95 (1938). — (525) SCHMITT, J. A., u. F. DANIELS, J. Amer. Chem. Soc. 75, 3564 (1953). — (526) SCHMITT, J. A., A. L. MEYERSON u. F. DANIELS, J. Physic. Chem. 56, 919 (1952). — (527) SCHÖNFELD, T., u. E. BRODA, Mh. Chem. 81, 1153 (1950). — (528) Mikrochem. 36/37, 485 (1951). — (529) SCHUBERT, J., J. Physic. Coll. Chem. 52, 340 (1948). — (530) J. Amer. Chem. Soc. 73, 4488 (1951). — (531) SCHUBERT, J., u. E. E. CONN, Nucleonics 4 (6), 2 (1949). — (532) SCHUBERT, J., u. A. LINDENBAUM, Nature 166, 913 (1950). — (533) J. Amer. Chem. Soc. 74, 3529 (1952). — (534) SCHUBERT, J., u. J. W. RICHTER, J. Physic. Coll. Chem. 52, 350 (1948). — (535) J. Amer. Chem. Soc. 70, 4259 (1948). — (536) J. Coll. Sci. 5, 376 (1950). — (537) SCHUBERT, J., E. R. RUSSELL u. L. B. FARABEE, Science 109, 316 (1949). — (538) SCHUBERT, J., E. R. RUSSELL u. L. S. MYERS, J. Biol. Chem. 185, 387 (1950). — (539) SCHWEITZER, G. K., u. W. N. BISHOP, J. Amer. Chem. Soc. 75, 6330 (1953). — (540) SCHWEITZER, G. K., u. W. M. JACKSON, J. Amer. Chem. Soc. 74, 4178 (1952). — (541) J. Chem. Education 29, 513 (1952). — (542) SCHWEITZER, G. K., u. J. W. NELLS, J. Amer. Chem. Soc. 74, 6186 (1952). — (543) J. Amer. Chem. Soc. 75, 4354 (1953). — (544) SCHWEITZER, G. K., B. R. STEIN u. W. M. JACKSON, J. Amer. Chem. Soc. 75, 793 (1953). — (545) SCHWEITZER, G. K., u. D. L. WILHELM, J. Amer. Chem. Soc. 75, 5432 (1953). — (546) SEABORG, G. T., G. FRIEDLANDER u. J. W. KENNEDY, J. Amer. Chem. Soc. 62, 1309 (1940). — (547) SEABORG, G. T., u. J. J. LIVINGOOD, Physic. Rev. 54, 775 (1938). — (548) SEABORG, G. T., J. J. LIVINGOOD u. J. W. KENNEDY, Physic. Rev. 55, 794 (1939). — (549) Physic. Rev. 57,

363 (1940). — (550) Seaborg, G. T., u. A. Wahl, J. Amer. Chem. Soc. 70, 1128 (1948). — (551) Seelmann-Eggebert, W., Naturwiss. 28, 451 (1940). — (552) Segrè, E., R. Halford u. G. T. Seaborg, Physic. Rev. 55, 321 (1939). — (553) Segrè, E., u. A. C. Helmholz, Rev. Mod. Physics 21, 271 (1949). — (554) Seitzer, W. H., R. H. Goeckermann u. A. V. Tobolsky, J. Amer. Chem. Soc. 75, 755 (1953). — (555) Shaw, P. F. D., u. C. H. Collie, J. Chem. Soc. London 1949, 1217. — (556) Sherwin, C., Physic. Rev. 73, 216 (1948). — (557) Skraba, W. J., J. G. Burr u. D. N. Hess, J. Chem. Physics 21, 1296 (1953). — (558) Slater, J. W., Phil. Mag. 9, 628 (1905). — (559) Slätis, H., u. L. Melander, Physic. Rev. 74, 709 (1948). — (560) Smith, E. F., Ber. dtsch. chem. Ges. 13, 751 (1880). — (561) Spano, H., u. M. Kahn, J. Amer. Chem. Soc. 74, 568 (1952). — (562) Starke, K., Naturwiss. 28, 631 (1940). — (563) Physik. Z. 42, 184 (1941). — (564) Naturwiss. 30, 577 (1942). — (565) Steigman, J., Physic. Rev. 57, 771 (1938). — (566) Physic. Rev. 59, 498 (1941). — (567) Stevenson, D. P., C. D. Wagner, O. Beeck u. J. W. Otvos, J. Chem. Physics 16, 993 (1948). — (568) Steward, D. W., Annual Rev. Physic. Chem. 2, 67 (1951). — (569) Strain, H. H., Analyt. Chemistry 24, 356 (1952). — (570) Strain, H. H., u. G. W. Murphy, Analyt. Chemistry 24, 50 (1952). — (570a) Strain, H. H., u. J. C. Sullivan, Analyt. Chemistry 23, 816 (1951). — (571) Stranks, D. R., u. G. M. Harris, J. Chem. Physics 19, 257 (1951). — (572) Street, K., u. G. T. Seaborg, J. Amer. Chem. Soc. 70, 4268 (1948). — (573) J. Amer. Chem. Soc. 72, 2790 (1950). — (574) Street, K., S. G. Thompson u. G. T. Seaborg, J. Amer. Chem. Soc. 72, 4832 (1950). — (575) Strickland, J. D. H., Nature 169, 620 (1952). — (576) Sue, P., J. chim. phys. 38, 123 (1941). — (577) J. chim. phys. 40, 17 (1943). — (578) J. chim. phys. 45, 177 (1948). — (579) Sue, P., u. G. Kayas, J. chim. phys. 45, 188 (1948). — (580) Sue, P., u. T. Yuasa, J. chim. phys. 41, 160 (1944). — (581) Suess, H., Z. physik. Chem., Abt. B 45, 297, 312 (1940). — (582) Szilard, L., u. T. A. Chalmers, Nature 134, 462 (1934).

(583) Taylor, T. I., u. H. C. Urey, J. Chem. Physics 5, 597 (1937). — (584) J. Chem. Physics 6, 419 (1938). — (585) Thode, H. G., H. Kleerekoper u. McElcheran, D., Research 4, 581 (1951). — (586) Thompson, R., AECD 1897 (1948). — (587) Thompson, R. C., u. J. E. Ballou, Arch. Biochem. Biophysics 42, 219 (1953). — (588) Thompson, S. G., B. B. Cunningham u. G. T. Seaborg, J. Amer. Chem. Soc. 72, 2798 (1950). — (589) Thompson, S. G., A. Ghiorso u. G. T. Seaborg, Physic. Rev. 77, 838 (1950). — (590) Thompson, S. G., K. Street u. G. T. Seaborg, Physic. Rev. 78, 298 (1950). — (591) Tödt, F., Z. physik. Chem., Abt. A 113, 329 (1924). — (592) Tolbert, B. M., P. T. Adams, E. L. Bennett, A. M. Hughes, M. R. Kirk, R. M. Lemmon, R. M. Noller, R. Ostwald u. M. Calvin, J. Amer. Chem. Soc. 75, 1867 (1953). — (593) Tompkins, E. R., J. Amer. Chem. Soc. 70, 3520 (1948). — (594) USA Pat. 2554649 (1951). — (595) Tompkins, E. R., W. E. Cohn, A. W. Adamson u. R. R. Williams, Nat. Nucl. En. Ser. IV—9 I, 195. New York. 1949. — (596) Tompkins, E. R., J. X. Khym u. W. E. Cohn, J. Amer. Chem. Soc. 69, 2769 (1947). — (597) Tompkins, P. C., O. M. Bizzell u. C. D. Watson, Nucleonics 7 (2), 42 (1950). — (598) Tribalat, S. u. J. Beydon, Analyt. Chim. Acta 6, 96 (1952); 8, 22 (1953). — (599) Tupper, R., u. R. W. Watts, Nature 173, 349 (1952).

(600) Urey, H. C., J. Chem. Soc. London 1947, 562. — (601) Science 108, 489 (1948). — (602) Urey, H. C., u. L. J. Greiff, J. Amer. Chem. Soc. 57, 321 (1935).

(603) Vanselow, A. P., J. Amer. Chem. Soc. 54, 1307 (1932). — (604) Verley, W. G., J. R. Rachele, V. du Vigneaud, M. L. Eidinoff u. J. E. Knoll, J. Amer. Chem. Soc. 74, 5941 (1952). — (605) Vermeulen, T., u. N. K. Hiester, Ind. Eng. Chem. 44, 636 (1952). — (606) Vestermark, T., s. (139).

(607) Wagner, C. D., u. V. P. Guinn, J. Amer. Chem. Soc. 75, 4861 (1953). — (608) Wahl, M. H., u. H. C. Urey, J. Chem. Physics 3, 411 (1935). — (609) Walchshofer, L., S. B. Wien. Akad. Wiss. 138, 363 (1929). — (610) Wang, J. H., u. J. W. Kennedy, J. Amer. Chem. Soc. 72, 2080 (1950). — (611) Warner, R. K., Austral. J. Appl. Sci. 3, 156 (1952). — (612) Weigl, J. W., u. M. Calvin, J. Chem. Physics 17, 210 (1949). — (613) Weigl, J. W., P. M. Warrington u. M. Calvin, J. Amer. Chem. Soc. 73, 5058 (1951). — (614) Weinberger, D., u. J. W. Porter, Science 117, 636 (1953). — (615) Welch, G. A., Nature 172, 458 (1953). — (616) Wells, R. A., Quart. Rev. Chem. Soc. London 7, 307 (1953). — (617) Werner, L., AECD 2729. — (618) Werner, O., Z. physik. Chem., Abt. A 156, 89 (1931). — (619) Wertenstein, L., C. r. soc. sci., Varsovie 8, 327 (1915). — (620) Westheimer, F. H., u. N. Nicolaides, J. Amer. Chem. Soc. 71, 25 (1949). — (621) Wexler, S., u. T. H. Davies, J. Chem. Physics 18, 376 (1950). — (622) Wiegner, G., Kolloid-Z. 36, 341 (1925). — (623) Willard, J. E., J. Amer. Chem. Soc. 62, 256 (1940). — (624) Williams, A. F., J. Chem. Soc. London 1952, 3155. — (625) Williams, R. R., J. Physic. Coll.

Chem. **52**, 603 (1948). — (626) WILLIAMS, R. R., J. Chem. Physics **16**, 513 (1948). — (627) WILLIAMS, R. R., u. W. H. HAMILL, J. Chem. Physics **18**, 783 (1950). — (628) WILLIAMS, R. R., G. H. JENKS, W. B. LESLIE, J. W. RICHTER u. Q. V. LARSON, Nat. Nucl. En. Ser. IV—9 I, 184. New York. 1949. — (629) WINSCHE, W. E., L. G. STANG u. W. D. TUCKER, Nucleonics 8 (3), 14 (1951). — (630) WOOD, A. B., Proc. Roy. Soc. London, Ser. A **150**, 395 (1915). — (631) WOOD, A. B., u. W. MAKOWER, Phil. Mag. **30**, 811 (1915). — (632) WRIGHT, B., Physic. Rev. **71**, 839 (1947). — (633) WU, C. S., u. E. SEGRÈ, Physic. Rev. **67**, 142 (1945).

(634) YANG JENG-TSONG, C. r. acad. sci., Paris **231**, 1059 (1950). — (635) J. chim. phys. **47**, 805 (1950). — (636) YANG JENG-TSONG u. M. HAISSINSKY, Bull. soc. chim. France **16**, 549 (1949). — (637) YANKWICH, P. E., u. M. CALVIN, J. Chem. Physics **17**, 169 (1949). — (638) YANKWICH, P. E., Analyt. Chemistry **21**, 318 (1949). — (639) YOVANOWITCH, D. K., J. chim. phys. **23**, 1 (1926).

(640) ZSIGMONDY, R., Kolloid-Z. **6**, 304 (1913).

IV. Indikatoranalyse.

1. Einleitung.

Die außerordentliche Empfindlichkeit des Nachweises radioaktiver Stoffe hatte man in der Frühzeit der Erforschung der Radioaktivität bei der Bestimmung kurzlebiger Glieder der natürlichen Zerfallsreihen kennengelernt. Aus den für diese Stoffe ausgearbeiteten Bestimmungsmethoden haben sich dann die „Indikatormethoden" in der Weise entwickelt, daß man an sich inaktive Elemente oder Verbindungen durch Zusatz geeigneter Isotope radioaktiv „indiziert" — oder „markiert" — hat, um der Vorteile teilhaftig zu werden, die die enorme Empfindlichkeit des Nachweises der Radioaktivität mit sich bringt. In diesem Kapitel sollen nun analytische Methoden besprochen werden, bei denen der zu bestimmende Stoff vor Beginn der zu untersuchenden Vorgänge „markiert" wird, so daß dann Teilmengen durch bloße Aktivitätsmessung bestimmt werden können. (Zur Verfolgung kleinster Mengen kann im Grenzfall das Radioelement frei von inaktiven Isotopen verwendet werden.) Diese Methoden werden als Methoden der Indikatoranalyse bezeichnet.

Die Indikatoranalyse besitzt neben dem in Abschn. 2 zu besprechenden Merkmal der außerordentlichen Empfindlichkeit noch weitere Vorzüge. Die Analyse kann oft ohne jede chemische Abtrennung durchgeführt werden, da ja die Anwesenheit von inaktiven Fremdstoffen nicht stört, solange die durch sie hervorgerufene Selbstabsorption der Strahlung erträglich bleibt. Man kann die Indikatoranalyse auch zur Bestimmung von Stoffen im Inneren von Systemen verwenden, ohne diese zu öffnen oder zu zerlegen („zerstörungsfreie Analyse"). So kann man den Weg aktiver Stoffe im Blutkreislauf des lebenden Tieres oder in einer Chromatographiersäule verfolgen, indem man das Meßgerät außen an die zu prüfenden Stellen des Körpers bzw. an die Oberfläche der Säule anlegt. Schließlich kann man sogar die Lage aktiver Stoffe innerhalb eines unzugänglichen Raumes durch Abtasten der Oberfläche mit richtungsempfindlichen Geräten ermitteln (Abschn. 6, p).

Die Grundlagen der Indikatoranalyse werden in den Abschnitten 2 bis 5 besprochen.

Im abschließenden Abschnitt 6 sollen typische Anwendungsbeispiele der Indikatoranalyse gegeben werden.

2. Die Empfindlichkeit des Nachweises mit Radioindikatoren.

Durch radioaktive Indizierung kann man die mit anderen Methoden erzielbaren Erfassungsgrenzen oft um mehrere Größenordnungen unterschreiten.

Im Grenzfall kann es sogar gelingen, einzelne Atome zu bestimmen. Dieser praktisch bisher nicht angestrebte Grenzfall liegt vor, wenn ein von inaktiven Isotopen freies Radioelement innerhalb des empfindlichen Volumens eines mit 100% Ausbeute messenden Gerätes zur Gänze abklingen gelassen wird. Mehr als die Bestimmung einzelner Atome kann man billigerweise von keiner mikrochemischen Methode verlangen!

Die Beziehung zwischen der in einer Probe vorliegenden Menge eines Elements (Zahl der Atome) und der an ihr gemessenen Aktivität lautet allgemein

$$N = (A - A_0)/(\lambda \cdot q \cdot S), \tag{4.1}$$

wobei A die vom Meßgerät angezeigte Aktivität und A_0 den Leerwert dieses Meßgerätes in Stößen pro Zeiteinheit, q die Ausbeute der Messung, $S = N^*/N$ die spezifische Aktivität (hier als Verhältnis der Anzahlen der aktiven und inaktiven Atome des Elements definiert) und λ die Zerfallskonstante des radioaktiven Isotops bezeichnen. Offenbar hängt die Erfassungsgrenze von der Größe des Leerwertes A_0 ab. Ganz grob wird man sagen dürfen, daß für Zwecke der Analyse die echte Aktivität $(A - A_0)$ im allgemeinen mindestens etwa ebenso groß sein soll wie der Leerwert. Die Erfassungsgrenze N_{min} beträgt dann also

$$N_{min} = A_0/(\lambda \cdot q \cdot S). \tag{4.2}$$

Erfolgt die Messung nicht mit Hilfe eines zählenden Gerätes, sondern etwa mit einer integrierenden Ionenkammer, so kann der Ausdruck (4.2) ausgewertet werden, indem man die Meßwerte — z. B. also den gemessenen Sättigungsstrom — in Stoßzahlen pro Zeiteinheit umrechnet.

Tabelle 6a. *Ungefähre Kenngrößen wichtiger Meßgeräte.* *

Meßgerät	Leerwert (Stöße/Sekunde)	Ausbeute
Geiger-*Zählrohre*		
Glockenform	0,2—0,6	
bei Messung harter β-Strahler		0,1—0,2
bei Messung weicher β-Strahler (dünnes Zählrohrfenster, dünne Probe)		0,03—0,1
bei Messung von γ-Strahlern (Zählrohrfenster mit Bleiabsorber bedeckt)		0,005
Strömungszählrohr bei Messung an dünnen Proben	0,2—0,6	0,5
Flüssigkeitszählrohr mit angeschmolzenem Mantel zur Aufnahme von 10-ml-Proben	0,2—0,3	
bei Messung harter β-Strahler (^{24}Na, ^{32}P)		0,1
bei Messung mittelharter β-Strahler (^{59}Fe, ^{131}J)		0,01
Gaszählrohr		
(40 ml Inhalt)	1,0	0,95
mit Antikoinzidenzschaltung	0,1	
Ionenkammern		
Messung von α-Strahlern	0,002—0,01	
an gasförmigen Proben		1,0
an dünnen festen Proben		0,5
Szintillationszähler für Messung von γ-Strahlern	0,5—3	
mit Koinzidenzschaltung	0,1—0,5	
Probe wie beim Glockenzählrohr angeordnet		0,05—0,15
Probe mantelförmig um Szintillator angeordnet		0,1—0,3
Probe in becherförmigem Szintillator		0,2—0,6

* Unter mäßiger Panzerung (3 bis 5 cm Blei).

Der Ausdruck (4. 2) zeigt, daß die Erfassungsgrenze vom Radioelement, vom Meßgerät und von der Meßprobe abhängt: Das Radioelement ist durch bestimmte Werte von λ und S charakterisiert; seine Strahlungsart legt nahe, welches Meßgerät heranzuziehen ist. Das Meßgerät weist einen gewissen Wert von A_0 auf, und auch q bewegt sich für jedes Meßgerät innerhalb gewisser Grenzen. Die tatsächliche Meßausbeute hängt schließlich von Form und Zusammensetzung der Meßprobe ab, da diese ja die geometrische Ausbeute und Selbstabsorption mitbestimmen.

Ungefähre Kenngrößen (Ausbeute, Leerwert) wichtiger Meßgeräte sind aus Tab. 6a ersichtlich. Bei einem Vergleich der Empfindlichkeit ist natürlich zu bedenken, daß von der Natur der Strahlung abhängt, welche Proben man noch als dünn bezeichnen kann. So sinkt die Ausbeute bei weicher β-Strahlung und besonders bei α-Strahlung mit zunehmender Schichtdicke rasch ab.

In Tab. 6b soll nun die Abhängigkeit der Erfassungsgrenze unverdünnter Radioelemente ($S = 1$) von der Halbwertszeit für die beiden wichtigsten Meßgeräte größenordnungsmäßig veranschaulicht werden. Die Zahlenwerte gründen sich auf die in Tab. 6a gemachten Angaben über die Kenngrößen der verschiedenen Meßgeräte (A_0 und q). Die Selbstabsorption wird dabei als verschwindend klein angenommen; es handelt sich also um dünne Proben.

Tabelle 6b. *Abhängigkeit der Erfassungsgrenze von der Halbwertszeit.*

Gerät mit zugehörigem A_0/q-Wert (vgl. Tab. 6a)	Erfassungsgrenze (Mol)		
	$T_{1/2} = 1$ Tag	$T_{1/2} = 1$ Jahr	$T_{1/2} = 1000$ Jahre
Zählrohr (β-Messung) $0,5/0,1 = 5$	$1 \cdot 10^{-18}$	$4 \cdot 10^{-16}$	$4 \cdot 10^{-13}$
Ionenkammer (α-Messung) $0,01/1 = 0,01$	$2 \cdot 10^{-21}$	$8 \cdot 10^{-19}$	$8 \cdot 10^{-16}$

Diese theoretischen Erfassungsgrenzen werden allerdings in der Regel praktisch nicht erreicht werden, da Radioelemente nur schwer von den letzten Spuren inaktiver isotoper Beimengungen freigehalten werden können. Besonders ungünstig liegt die spezifische Aktivität S bei Radioelementen, die durch Neutroneneinfang [(n, γ)-Reaktion] ihrer stabilen Isotope hergestellt werden. Zu diesen gehören die meisten Radioelemente, die in den Reaktoren hergestellt werden (s. Tab. 9). Die Ausgangsstoffe bleiben als Ballast mit dem Radioelement vermischt.

Die spezifischen Aktivitäten S, die sich beim Neutroneneinfang ergeben, lassen sich aus dem atomaren Einfangquerschnitt σ des Ausgangsmaterials, aus dem Neutronenfluß f, aus der Bestrahlungsdauer t und der Zerfallskonstante λ des Radioelements berechnen (vgl. S. 163):

$$S = N^*/N = (f \cdot \sigma/\lambda)\,(1 - e^{-\lambda t}). \qquad (4.\ 3)$$

Setzt man typische Werte in Ausdruck (4. 4) ein — $f = 10^{11}$ (Reaktor, vgl. Tab. 8), $\sigma = 10^{-24}\,\mathrm{cm}^2$ (vgl. Tab. 7) und $t = T_{1/2}$ — so erhält man $S = 5 \cdot 10^{-14}\,(1/\lambda)$. Man erkennt mit Hilfe von (4. 2), daß sogar unter diesen ungünstigen Umständen bei Auftreten einer β-Aktivität mit dem Geiger-Zählrohr ($A_0 = 0,5$, $q = 0,1$) 10^{-10} Mol des Radioelements noch immer bequem nachgewiesen werden können. Die Indikatoranalyse ist also selbst bei Verwendung von Radioelementen niedriger spezifischer Aktivität noch immer sehr empfindlich.

Für die verschiedenen Radioelemente, die im Reaktor gewonnen werden, kann man die Erfassungsgrenze aus den in Tab. 9, Spalte 9, angegebenen Sättigungsaktivitäten berechnen: Für die Erfassungsgrenze G (in Gramm) gilt

$$G = A_0/(3,7 \cdot 10^7 \cdot q \cdot A_s),$$

wobei A_s die aus der Tab. 9 entnommene Sättigungsaktivität in Millicurie pro Gramm bezeichnet.

Viel höhere spezifische Aktivitäten erhält man — wenn einfacher Neutroneneinfang zur Aktivierung benützt werden muß — durch den Szilard-Chalmers-Effekt (Kap. III, Abschn. 8, e; Kap. IX, Abschn. 1). Höhere spezifische Aktivitäten werden aber vor allem durch andere Kernreaktionen als Neutroneneinfang erhalten; das sind also Reaktionen, bei denen nichtisotope Atome als Ausgangsstoffe dienen. Einige derartige Reaktionen können im Uranreaktor bewirkt werden: neben der Kernspaltung u. a. die Reaktionen

$$^{14}_{7}N\ (n,\ p)\ ^{14}_{6}C,\quad ^{32}_{16}S\ (n,\ p)\ ^{32}_{15}P,\quad ^{35}_{17}Cl\ (n,\ p)\ ^{35}_{16}S,\quad ^{130}_{52}Te\ (n,\ \gamma)\ ^{131}_{52}Te\ \xrightarrow{\beta}\ ^{131}_{53}J.$$

Eine große Vielfalt von Radioelementen wird schließlich aus nichtisotopen Ausgangsstoffen bei Verwendung von Ionenbeschleunigern erzeugt, mit deren Hilfe man Atomkerne mit geladenen Teilchen (Protonen, Deuteronen, Heliumionen) beschießt (vgl. S. 193).

3. Kriterien für die Eignung von Radioelementen für Indikatormethoden.

Während das Prinzip der Indikatormethode einfach ist, gibt es doch einige Gesichtspunkte, die bei der praktischen Auswahl und Verwendung des Radioelements nicht außer acht gelassen werden dürfen. Mehrere dieser Punkte sind sinngemäß auch bei anderen radiochemischen Verfahren der Analyse, vor allem bei Methoden mit aktivem Reagens (Kap. V) und Isotopenverdünnungsmethoden (Kap. VI), zu berücksichtigen. Hier sollen nur die allgemeinen Fragen behandelt werden. Wie weit sich individuelle Radioelemente als Indikatoren eignen, wird dann in Kap. IX besprochen werden.

a) Halbwertszeit und Strahlenart.

Die Halbwertszeit des Radioelements soll nicht zu klein sein, da sonst die Aktivität schon auf dem Wege von der Erzeugungs- zur Verwendungsstelle und dann weiter während der Versuchsdauer zu stark abklingt. Längere Halbwertszeiten gewähren auch den Vorteil, daß markierte Verbindungen nicht immer von neuem dargestellt werden müssen. In dieser Hinsicht kann die Länge der Halbwertszeit des Kohlenstoffs 14 (5570 Jahre) als ein glücklicher Zufall betrachtet werden.

Anderseits sind die Probleme der Deaktivierung, d. h. der „Entseuchung" von Versuchsgeräten, bei den langlebigen Radioelementen oft ernst, während bei kurzlebigen Radioelementen die Deaktivierung durch Abklingen von selbst erfolgt. Auch Versuchstiere können bei der Arbeit mit langlebigen Stoffen unter Umständen nur ein einziges Mal verwendet werden. Schließlich ist noch zu bedenken, daß kurzlebige Stoffe in kleineren Mengen nachgewiesen werden können (vgl. Tab. 6 b); von diesem Standpunkt aus bietet beispielsweise die Markierung organischer Verbindungen durch Radiowasserstoff statt -kohlenstoff einen Vorteil.

Bei der Auswahl des Radioelements wird man neben der Halbwertszeit auch die Art der Strahlung berücksichtigen. Im allgemeinen vorzuziehen sind β-Strahler, da die Meßtechnik relativ einfach und doch überaus empfindlich ist.

b) Radioaktive Reinheit.

Große Bedeutung kann der radioaktiven Reinheit der verwendeten Indikatoren zukommen, d. h. der Reinheit von fremden radioaktiven Kernarten. Die Anforderungen in bezug auf radioaktive Reinheit unterscheiden sich insofern von den üblichen Anforderungen auf chemische Reinheit, als unter Umständen schon geringe Gewichtsmengen an Verunreinigungen einen wesentlichen Beitrag zur Aktivität liefern können. Selbst wenn der ursprüngliche Anteil der Verunreinigung an der Gesamtaktivität klein ist, können bei der Indikatoranalyse erhebliche Fehler entstehen, wenn sich die Verunreinigung während der chemischen Umsetzungen in einem Teil des untersuchten Systems anreichert, ohne daß eine entsprechende Anreicherung des zu verfolgenden Radioelements stattfindet. Beispielsweise wurde man erst durch zunächst unerklärliche Versuchsergebnisse bei der Untersuchung der Yttrium-Mitfällung mit Cer auf eine Radiocer-Beimengung im Radioyttrium aufmerksam (38). Ein anderes Beispiel: Kalium wird von gewissen Geweben rascher als Natrium aufgenommen, so daß sich schon eine kleine Verunreinigung von Radionatrium durch Radiokalium störend bemerkbar macht. Dagegen würde eine solche Verunreinigung z. B. bei der Untersuchung der Diffusionsgeschwindigkeit des Natriumions in wäßriger Lösung viel weniger stören. Man erkennt, daß die Anforderungen bezüglich radioaktiver Reinheit vom Verwendungszweck abhängen.

Die Prüfung von Radioelementen auf ihre radioaktive Reinheit kann durch physikalische Messungen — also durch Aufnahme von Abklinge- und Absorptionskurven (Kap. II, Abschn. 5) — erfolgen. Andernfalls prüft man nach radiochemischen Verfahren: Dem zu prüfenden Stoff werden Träger für die vermuteten Verunreinigungen zugesetzt, die Träger dann nach chemischen Methoden abgetrennt und auf Aktivität geprüft.

Kennt man einmal die in einem Radioelement vorliegenden Verunreinigungen, so wird man womöglich die Messungen so gestalten, daß die Verunreinigungen entweder überhaupt nicht berücksichtigt werden müssen, oder daß doch ihr Beitrag zur Gesamtaktivität in einfacher Weise ermittelt und dann abgezogen werden kann. Gelingt dies nicht, so ist eine radiochemische Reinigung erforderlich. Diese Reinigung wird mit Vorteil vor der Verwendung des Radioelements durchgeführt, so daß bei der Indikatoranalyse dann nur mehr einfache Aktivitätsmessungen benötigt werden. Eine Abtrennung aus der fertigen Analysensubstanz unmittelbar vor der Messung wird meistens, da doch in der Regel mehrere Proben gemessen werden sollen, mehr Arbeit erfordern. Man wird die Abtrennung in diesem späten Stadium daher nur dann vorziehen, wenn sie Trägerzusatz erfordert, die damit verbundene Verringerung der spezifischen Aktivität vor der Durchführung der chemischen Reaktionen aber vermieden werden soll.

Am besten ist es natürlich, die Einschleppung radioaktiver Verunreinigungen von vornherein zu vermeiden. Man wird daher selbstverständlich reine Ausgangsstoffe verwenden und verseuchte Arbeitsmittel vermeiden. Auch wird man solche Kernreaktionen zur Erzeugung der Radioelemente auswählen, bei denen die Gefahr der Bildung störender Beimengungen am geringsten ist. Zum Beispiel wird man bei der Aktivierung individueller seltener Erden durch Neutroneneinfang schnelle Neutronen tunlichst ausschalten, damit keine andere Kernreaktion als die (n, γ)-Reaktion eintreten kann, die zu einem Isotop des bestrahlten Elements führt; insbesondere nicht die (n, p)-Reaktion, die das nächstniedrige Element liefern würde.

Nicht nur die Anwesenheit von aktiven Fremdelementen, sondern auch die von störenden Isotopen läßt sich durch geeignete Maßnahmen unterdrücken. Zum Beispiel wird man radioaktiv reines Thorium X ($^{224}_{88}$Ra) erzeugen, indem man es in Thoriumsalzen nachwachsen läßt, die vorher durch geeignete chemische Reaktionen von allen Radiumisotopen befreit worden waren.

In Abschnitt 5 wird noch von der „radiochemischen", im Gegensatz zur hier behandelten „radioaktiven" Reinheit die Rede sein. Als zwar radioaktiv rein, aber radiochemisch unrein soll eine Substanz bezeichnet werden, die zwar nur die „richtigen" radioaktiven Atome, diese aber zum Teil in „falscher" chemischer Form enthält.

c) Radioaktive Folgeprodukte.

Gewisse Probleme ergeben sich bei der Verwendung von Radioelementen, deren Folgeprodukte selbst radioaktiv sind. Derartige Radioelemente sind in der Übersichtstabelle 9 (Spalte 11) gekennzeichnet. In den meisten Fällen besitzen die Folgeprodukte veränderte Ordnungszahl und daher auch veränderte chemische Eigenschaften.

Man wird versuchen, derartige störende Folgeprodukte — genau wie andere radioaktive Verunreinigungen — bei der Messung nicht zu berücksichtigen (vgl. vorhergehenden Abschnitt). Chemische Abtrennung der Folgeprodukte vor Verwendung des Indikators ist nur sinnvoll, wenn die Versuchsdauer im Vergleich zu beiden Halbwertszeiten sehr klein ist. Abtrennung nach dem Versuch — d. h. vor der Aktivitätsmessung — ist häufig möglich, aber natürlich unbequem, da sie an jeder Probe gesondert durchzuführen ist.

Entsteht das Folgeprodukt aber durch γ-Zerfall (Kap. II, Abschn. 2, d), ist es also ein Kernisomeres des Ausgangsstoffes, so stört es meist nicht, solange es in der gleichen chemischen Form wie das Ausgangselement vorliegt. Dies trifft zu, wenn kein Szilard-Chalmers-Effekt (Kap. III, Abschn. 8) auftritt. Wenn jedoch ein solcher Effekt auftritt, so wird das Produkt des γ-Zerfalles am besten als „fremdes" Radioelement betrachtet und womöglich bei der Messung nicht berücksichtigt — z. B. durch selektive Absorption seiner Strahlung.

Es gibt allerdings auch Fälle, wo die Existenz eines aktiven Folgeprodukts nützlich ist. Das trifft nämlich dann zu, wenn die Strahlung des Ausgangsstoffes zwar schwer, die des Folgeprodukts aber leicht gemessen werden kann; besonders günstig ist es, wenn das Folgeprodukt eine so kurze Halbwertszeit aufweist, daß mit der Messung gewartet werden kann, bis es sich mit dem Mutterkörper ins Gleichgewicht gesetzt hat. Solche Systeme liegen bei den Bleiisotopen Radium D und Thorium B vor, die man lieber indirekt durch die Strahlung ihrer Tochterkörper Radium E bzw. Thorium (C + C″) bestimmt (vgl. Abb. 25).

d) Menge an Radioelementen.

Was die einzusetzende Menge an Radioelement betrifft, so wird man zu erreichen suchen, daß die Intensitäten aller Meßproben so groß sind, daß die statistischen Schwankungen keine nennenswerte Fehlerquelle mehr bilden, ohne daß die Meßdauer zu lang wird. Anderseits wird man keine überflüssig großen Intensitäten verwenden, weil Radioelemente nicht nur Geld kosten, sondern allzu große Intensitäten auch 1. nicht immer leicht meßbar sind, 2. das Laboratorium verseuchen, 3. gesundheitliche Gefahren mit sich bringen (vgl. Kap. X) und 4. strahlenchemische Reaktionen bewirken können (vgl. Kap. III, Abschn. 9).

4. Bestimmung von Elementen und Verbindungen durch Indikatoranalyse.

In den natürlichen Radioelementen, deren Bestimmung in Kap. IX behandelt werden wird, ist die Isotopenzusammensetzung und damit die spezifische Aktivität des Elements in den meisten Fällen stets die gleiche. Anders steht es grundsätzlich, wenn ein sonst inaktives Element mit radioaktiven Isotopen — die meist künstlich hergestellt werden, aber auch in gewissen Fällen (Blei, Wismut) in der Natur vorgefunden werden — markiert wird. Dann kann die spezifische Aktivität innerhalb weiter Grenzen auf einen willkürlichen Wert eingestellt werden.

Deshalb ist natürlich umgekehrt ohne Kenntnis der spezifischen Aktivität auch kein direkter Schluß von der gemessenen Aktivität auf die vorliegende Menge des Elements möglich. (Gewisse Ausnahmen von dieser Regel werden in Abschnitt 6, q dieses Kapitels behandelt werden.) So konnte in dem Pionierversuch von HEVESY und PANETH (162) die in Lösung gegangene Bleimenge und daher auch das Löslichkeitsprodukt des Bleisulfids aus der Verteilung der Aktivität zwischen Lösung und Bodenkörper erst berechnet werden, nachdem die spezifische Aktivität des Bleis einmal gemessen war.

Ist die spezifische Aktivität zwar nicht bekannt, aber innerhalb des betrachteten Systems doch mit Sicherheit konstant, so zeigt die Aktivitätsbestimmung immerhin an, in welcher Weise sich das indizierte Element über die Teile des Systems verteilt. Diese Teile können verschiedene Phasen sein. So war in dem genannten Experiment wenigstens die Verteilung des Bleis über Lösung und Bodenkörper auch schon ohne die Kenntnis der spezifischen Aktivität bestimmbar.

Die Schwierigkeiten, die sich ergeben, wenn die spezifische Aktivität nicht nur unbekannt, sondern im betrachteten System auch nicht einmal konstant ist, seien durch folgendes Beispiel veranschaulicht: Injiziert man einem Versuchstier ein Radioelement, dessen stabile Isotope im Körper in unbekannter Menge vorhanden sind, so ist unmittelbar zwar eine Verfolgung des Radioelements möglich. Aber weder die Verteilung des inaktiven Elements noch seine Gesamtmenge können ermittelt werden, solange sich keine konstante spezifische Aktivität im Körper einstellt. Ob sie sich einstellt, hängt von der Geschwindigkeit ab, mit der der Austausch das Element im ganzen Körper erfaßt.

Einen Extremfall in dieser Hinsicht stellt das Calcium dar. Hier kann sich konstante spezifische Aktivität nach Injektion praktisch überhaupt nicht einstellen, da das in den Knochen gebundene Calcium nur äußerst langsam austauscht. Die spezifische Aktivität des Calciums wird also im Blutkreislauf relativ groß, in den Knochen klein sein. Weder die Verteilung des Calciums über den Körper, noch die Gesamtmenge an Calcium kann bestimmt werden.

Soll ein Element durch Zugabe eines aktiven Isotops markiert werden, so ist dafür zu sorgen, daß die Indikatoratome schon in der zu markierenden Form vorliegen oder durch Austausch in diese übergehen können. Beispielsweise kann man gelöstes Jod entweder durch Zugabe von aktivem Jod oder von aktivem Jodid markieren. Die Markierung durch Radiojodid ist möglich, weil zwischen beiden chemischen Formen (Jodmolekül und Jodidion) schneller Austausch erfolgt. Markierung wird aber unmöglich, wenn ein derartiger Austausch nicht stattfindet, wenn also das betreffende Atom in einer oder in beiden Formen (Indikatorzusatz und zu markierender Stoff) kovalent oder komplex sehr fest gebunden ist. Auch Einschluß in Kolloidteilchen kann den Austausch unmöglich machen. So bildet sich bei der Herstellung von Radiozirkonium-Lösungen leicht ein Radiokolloid, das mit der Ionenform nicht austauscht. Um einwandfrei zu markieren, muß das Radiokolloid zuerst durch Behandlung mit starker Säure zerstört werden (76, 77).

Anderseits läßt sich gerade die Tatsache, daß Atome aus gewissen Molekülen nicht austauschen, für die Indikatoranalyse nutzbar machen. Man kann sie, da bei unterbundenem Austausch Moleküle markiert werden können, von der Bestimmung der Elemente auf die der Verbindungen ausdehnen. Über die

Austauschfähigkeit von Atomen in verschiedenerlei Verbindungen liegt viel experimentelles Material vor (70, 75, 98, 125, 150).

Man kann z. B. Tetraäthylblei, also eine kovalente Verbindung, mit Radioblei markieren und dann auch in Anwesenheit von Bleisalzen durch Indikatoranalyse bestimmen (164). Zu bedenken ist allerdings, daß bei erhöhter Temperatur unter Umständen kovalent gebundene Atome doch ausgetauscht werden können, beispielsweise das Brom in Bromnaphthalin und Bromanthracen (268). Auch Katalysatoren können den Austausch von Halogenatomen bewirken (vgl. Abschn. 5). In bezug auf Komplexverbindungen sei als Beispiel genannt, daß sich Chromat-Ion neben Chrom(III)-ion bestimmen läßt.

Dagegen findet zwischen Atomionen immer schneller Austausch statt. Es wäre aussichtslos, Eisen(II)-ion neben Eisen(III)-ion durch Indikatoranalyse bestimmen zu wollen.

5. Die Markierung von Verbindungen.

Wenn eine Verbindung durch Indikatoranalyse bestimmt werden soll, so ist das Radioelement in der Weise in die Verbindung einzubauen, daß es unter den Versuchsbedingungen nicht gegen Atome ausgetauscht wird, die in anderen Verbindungen enthalten sind. Das aktive Atom ist jedenfalls kovalent oder komplex zu binden (Abschn. 4).

Markierte Verbindungen haben vor allem für organisch-chemische und biochemische Untersuchungen große Bedeutung erlangt. Die Synthesen werden gewöhnlich unter Verwendung markierter einfacherer Verbindungen ausgeführt. Gegebenenfalls wird Biosynthese verwendet. Auf derartige Methoden, durch die Verbindungen hergestellt werden, die mit den wichtigen Radioelementen Kohlenstoff 14, Wasserstoff 3 und Schwefel 35 markiert sind, wird in Kap. IX eingegangen (s. a. S. 272).

Wenn auch die Synthese unter Verwendung markierter Bausteine zweifellos die zumeist angemessene Methode ist, so haben sich doch in Sonderfällen auch andere Verfahren bewährt. So kann man in manchen Fällen die zu markierende Verbindung in inaktiver Form mit radioaktiven Verbindungen unter solchen Bedingungen zusammenbringen, daß Austausch stattfindet. In dieser Weise können bestimmte organische Halogenverbindungen durch Austausch mit aktivem Aluminiumhalogenid (37, 53, 54, 331), Lithiumhalogenid (194) oder Alkylhalogenid (mit Phosphorhalogenid als Katalysator) (69) markiert werden. Cystein wurde in Anwesenheit von Enzymen durch Kontakt mit Radioschwefelwasserstoff markiert (304). Tritium konnte mit Hilfe eines Platinkatalysators in den Purinring eingeführt werden, und zwar in Stellungen, wo es weder in Säure noch in Lauge austauscht (99). Natriummetall konnte durch Erhitzen mit aktivem Kochsalz aktiviert werden (245).

Man hat auch fertige Verbindungen durch Bestrahlung mit Neutronen aktiviert. Dies ist möglich, wenn erstens das interessierende Element durch Neutroneneinfang in das aktive Isotop übergeht und zweitens das Atom bei der Aktivierung nicht — oder wenigstens in einem Teil der Fälle nicht — durch Szilard-Chalmers-Effekt (Kap. III, Abschn. 8, e) aus dem Molekül ausscheidet; wenn ein Teil der Atome dem Szilard-Chalmers-Effekt unterliegt, muß man sie nachträglich durch chemische Abtrennung entfernen. Direkte Bestrahlung ist z. B. in den Fällen des Cystins [Markierung am Schwefel (17)] und des Vitamins B 12 [Markierung am Kobalt (6, 301)] vorgeschlagen worden. Allerdings haben dann weitere Arbeiten negative Ergebnisse erbracht (215, 253, 354).

Methodisch interessant ist in dieser Hinsicht eine Untersuchung der Düngewirkung von phosphathaltigen Gesteinen mit Hilfe von Radiophosphor (221). Da eine Synthese der Gesteine — also Einbau von zuvor hergestelltem Radiophosphat — nicht möglich war, wollte man den Phosphor im Gestein durch Bestrahlung mit Neutronen aktivieren. Es stellte sich aber heraus, daß der aktive Phosphor im Gestein nur mehr zur Hälfte als Orthophosphat vorlag. Schließlich gelang es, das Radiophosphat durch mehrtägiges Erhitzen auf 500° C wieder gänzlich in die Orthophosphatform zurückzuführen.

Im Gegensatz zu den beschriebenen Verfahren, bei denen der SZILARD-CHALMERS-Effekt eine Fehlerquelle darstellt, gibt es auch Verfahren, die den Effekt zur Markierung von Molekülen ausnützen. Das sind die Verfahren der „radioaktiven Rückstoßsynthese" (Kap. III, Abschn. 8, f).

Bei gewissen sehr großen Molekülen, bei denen geringe Abweichungen in Zusammensetzung und Struktur keine Rolle spielen, kann man auf die völlige Identität der zu markierenden und der markierten Verbindung verzichten. Man markiert dann durch Reaktion mit kleinen Mengen von niedermolekularen Verbindungen hoher spezifischer Aktivität. So scheint sich für die nachträgliche Markierung von Eiweiß die Behandlung mit ammoniakalischer Jod-Jodkali-Lösung (^{131}J) oder Senfgasen bzw. den entsprechenden Sulfonen (^{35}S) zu eignen (43, 117, 118, 129, 190).

Die synthetischen Verfahren zur Erzeugung markierter Verbindungen hoher spezifischer Aktivität erfordern oft das Arbeiten mit äußerst kleinen Stoffmengen. Schwierigkeiten können sich insbesondere ergeben, wenn die Verbindung aus einem Stoffgemisch abgetrennt werden muß. Fällungs- und Kristallisationsmethoden sind wegen des Auftretens von Adsorption für derartige Trennungen wenig geeignet. Besser taugen Destillationen, Extraktionen, Verteilungen zwischen Lösungsmittelpaaren unter verschiedenen Bedingungen, Chromatographie, Papierchromatographie und -elektrophorese.

An den markierten Verbindungen muß dann eine radiochemische Identitäts- und Reinheitsprüfung vorgenommen werden. Für derartige Prüfungen können die sonst üblichen Methoden, wie z. B. Schmelzpunktsbestimmungen oder Aufnahme eines Absorptionsspektrums, versagen.

Die radiochemische Reinheit wird geprüft, indem man den zu untersuchenden Stoff — gegebenenfalls unter Trägerzusatz für die vermutlichen Verunreinigungen — geeigneten Trennungen unterwirft und dann die spezifischen Aktivitäten neu bestimmt. Eine Änderung der spezifischen Aktivität bei einer solchen Trennung, also eine An- oder Abreicherung, zeigt radiochemische Unreinheit an. Besteht der Verdacht, daß eine vermutete aktive Verunreinigung der zu gewinnenden Verbindung chemisch besonders ähnlich sein könnte, so kann man ein geeignetes Derivat herstellen, dieses dann weiter reinigen und auf Konstanz der spezifischen Aktivität prüfen. Auch hier wird man sich möglichst solcher Methoden bedienen, bei denen störende Adsorptionseffekte in den Hintergrund treten, also vor allem Destillationen, Verteilungsmethoden und Chromatographie. Die besonderen Vorteile der Chromatographie werden in Abschn. 6, k noch ausführlicher besprochen.

6. Anwendungsbeispiele der Indikatoranalyse.

In den folgenden Abschnitten sollen praktische Beispiele für die Indikatoranalyse gegeben werden; dabei soll einerseits die Vielfalt der Anwendungsmöglichkeiten aufgezeigt, anderseits die Arbeitsmethodik veranschaulicht werden. Die Vielseitigkeit der Indikatoranalyse findet in der schnell anwachsenden Zahl der mit ihrer Hilfe durchgeführten Untersuchungen Ausdruck. So gibt schon die 1948 erschienene Bibliographie von Sue (311) hunderte Anwendungen an.

Es wird sich in den folgenden Abschnitten eine Überschneidung mit Abschnitten des Kap. III nicht vermeiden lassen. Das liegt im Wesen der Sache. Denn dieselben chemischen Verfahren, die mit Hilfe der Indikatoranalyse untersucht werden können, können dann auch zur Durchführung radiochemischer Trennungen Verwendung finden. Im vorliegenden Kapitel soll aber das Gewicht auf die analytische Seite gelegt werden.

a) Nachweis und Bestimmung von Gasen und Dämpfen.

Ein gutes Beispiel der Anwendung der Indikatormethode auf ein mikroanalytisches Problem stellen die klassischen Arbeiten von Paneth dar, die zur Entdeckung der Hydride des Wismuts, Poloniums und Bleis führten (257, 258, 259). Schon vor Paneth hatte man nach derartigen Hydriden gesucht. Insbesondere hatte man sich bemüht, ein Hydrid des Wismuts herzustellen, da bei diesem Element auf Grund seiner Stellung im periodischen System die Existenz eines stabilen Hydrids am wahrscheinlichsten war. Alle Versuche hatten jedoch wegen der Unempfindlichkeit der Nachweismethoden negative Ergebnisse geliefert.

Paneth arbeitete nun mit Radiowismut. Magnesiumblech oder Magnesiumpulver wurde mit Hilfe von Thoron mit Thorium B und Thorium C (Radioblei und Radiowismut) beladen. Das aktivierte Magnesiumblech wurde sodann unter Durchleiten von Stickstoff in verdünnter Säure gelöst. Nach Befreiung von Feuchtigkeitströpfchen wurde der Stickstoffstrom in ein Emanationselektroskop geleitet. Dort trat alsbald eine Aktivität auf, die mit der charakteristischen Halbwertszeit des Thorium C (60 Minuten) abklang. Da im Elektroskop keine vergleichbare Thorium-B-Aktivität festgestellt wurde, konnte die beobachtete Aktivität offenbar nicht durch mitgerissene oder hinübergespritzte Lösung verursacht sein. Die gasförmige Natur der aktiven Verbindung ergab sich eindeutig aus ihrer Kondensierbarkeit bei der Temperatur der flüssigen Luft. Bei langsamem Erwärmen gelang es, einen kleinen Teil der kondensierten Verbindung wieder zu verdampfen. Diese Ergebnisse zeigen, daß der Aktivitätstransport auf ein flüchtiges Wismuthydrid zurückzuführen ist.

Paneth verwendete die Indikatoranalyse weiter, um die Stabilität des Wismutwasserstoffes genauer zu untersuchen: Der Gasstrom wurde bei verschiedenen Temperaturen durch Röhren geleitet und dann einerseits der unzersetzt gebliebene (gasförmige) Wismutwasserstoff und anderseits auch sein festes Zersetzungsprodukt durch Messung der Aktivität bestimmt.

Die Existenz des Bleiwasserstoffes, der mit bedeutend kleinerer Ausbeute als Wismutwasserstoff gebildet wird, ergab sich aus einer genaueren Untersuchung der Abklingkurven. Schließlich wurde durch ähnliche Versuche auch Poloniumwasserstoff aufgefunden.

Eine andere interessante Anwendung der Indikatoranalyse stellt die Bestimmung kleiner Dampfdrucke dar. So wurde der Dampfdruck des Thorium-Acetonylacetonats durch Bestimmung des mit einem Gasstrom mitgeführten Thoriums gemessen (277, 356). Ähnlich wurden die Dampfdrucke von Reinmetallen, z. B. von Silber (217, 287) und von Gold (152) und die Partialdrucke von Legierungskomponenten, z. B. von Gold in Gold-Kupfer (152) bestimmt. Der Dampfdruck von markiertem weißem Phosphor konnte nach einer statischen Methode gemessen werden, indem der gesättigte Dampf in einen Mantel eingeführt wurde, der das Zählrohr umgab (87).

Die beim Betrieb von Radioröhren aus den Oxydkathoden verdampfenden Erdalkalimengen konnten durch Markierung abgeschätzt werden. Es war auf diesem Wege möglich, die Abhängigkeit der Verdampfung von der Kathodentemperatur, von der Stärke des Emissionsstromes und vom Alter der Oxydkathode zu ermitteln (207). Ähnliche Arbeiten sind auch für Thorium durchgeführt worden (297). In anderen Arbeiten wurden die Verluste von Strontium und Strontiumoxyd durch Verdampfung aus sehr dünnen Schichten verfolgt, die Wanderung des Strontiums in der Oberfläche unter verschiedenen Bedingungen beobachtet (4) sowie der Dampfdruck des Strontiumoxyds bestimmt (235).

Arbeiten über die Verflüchtigung und Kondensation natürlicher Radioelemente sind bereits in Kap. III, Abschn. 6, b besprochen worden.

Analytische Verfahren, bei denen Verluste durch Verflüchtigung möglich erschienen, wie z. B. Rutheniumbestimmung durch Kupellierung (318), Veraschung von Erdöl zur Bestimmung von Natrium, Calcium und Eisen (239) und Veraschung von biologischem Material zur Bestimmung von Beryllium (322, 323) sind mit Radioindikatoren überprüft worden. Umgekehrt wurde festgestellt, daß die Destillation von Osmium als Tetroxyd aus Lösungen sulfidischer Erze nicht quantitativ verläuft, und daraufhin ein verbessertes Aufschlußverfahren entwickelt (157).

Die Indikatoranalyse hat sich auch zur Untersuchung von Destillationstrennungen bewährt. Man kann z. B. Destillationen verfolgen, die entweder von einem Gemisch ausgehen, in denen eine Komponente nur in sehr geringer Menge vorliegt, oder bei denen besonders scharfe Trennungen erreicht werden sollen (168, 222, 312).

Quecksilberdampf ist schon in sehr kleinen Mengen gesundheitsschädlich; als Toleranzkonzentration wird 10^{-4} g Hg pro Kubikmeter angegeben. Überall dort, wo ständig mit Quecksilber gearbeitet wird, ist daher die Kenntnis der Dampfkonzentration in der Luft von großer Bedeutung. Solche Bestimmungen können unter Verwendung radioaktiven Quecksilbers in einfacher Weise durchgeführt werden (131, 173): In der Umgebung der am meisten gefährdeten Arbeiter wurde ein Dampfsammler aufgestellt, der eine quantitative Quecksilberabscheidung durch Kondensation an tiefgekühlten Oberflächen ermöglichte. Die durchgesaugte Luftmenge wurde kleingehalten, um sich auf Luft aus der Umgebung des mit (markiertem) Quecksilber hantierenden Arbeiters zu beschränken. Die Aktivität am Sammler ergab die Quecksilbermenge in der Luft. Konzentrationen von ungefähr 10^{-5} g pro Kubikmeter konnten noch festgestellt werden; durch Verwendung von Quecksilber höherer spezifischer Aktivität kann die Empfindlichkeit weiter gesteigert werden.

Radioaktiv markierte Gase ermöglichen einen sehr empfindlichen Nachweis von Undichtigkeiten (127); beispielsweise sind undichte Stellen in Spezialkabeln nach dieser Methode aufgefunden worden (137).

b) Emanierverfahren.

In Kap. III, Abschn. 6, a ist auf die Umstände hingewiesen worden, die die Fähigkeit zum Austritt radioaktiver Gase aus „emanierenden" Festkörpern bestimmen. Die Untersuchung des Emaniervermögens (EV) ist nun im Laboratorium O. Hahns zu einer vielseitigen Methode der Festkörperuntersuchung entwickelt worden (Emaniermethode).

Die radioaktiven Muttersubstanzen (meist Radium, Thorium X oder Radiothor) werden in Salze (Kap. III, Abschn. 2), Gläser (149) oder Metalle (288, 288a, 340) eingebaut. Dann werden diese Festkörper gewissen Einflüssen, z. B. einer

Erhitzung, ausgesetzt. Die durch diese Einflüsse hervorgerufenen Wirkungen, z. B. Gitterumwandlungen, Rekristallisationen, chemische Reaktionen usw., ziehen in zahlreichen Fällen beträchtliche Änderungen des EV nach sich. Diese Änderungen werden laufend beobachtet. Man kann also z. B. während des Erwärmens an sprunghaften Änderungen des EV die Temperaturen feststellen, bei denen ein Körper Umwandlungen erfährt. Die Natur der Umwandlungen muß dann allerdings durch andere Untersuchungsverfahren ermittelt werden.

Die Messungen des EV können auch zur quantitativen Bestimmung von Oberflächengrößen von Festkörpern und von Diffusionskonstanten von Edelgasen innerhalb der Festkörper und an ihren Oberflächen herangezogen werden (116, 177, 288a, 359, 360). Auch Aussagen über den Bau dünner Schichten, z. B. von multimolekularen Bariumstearatschichten, wurden durch das EV gewonnen (134).

Im übrigen muß auf die Spezialliteratur über die Emanierverfahren verwiesen werden (141, 142, 143, 144, 145, 146, 147, 264, 290, 358, 360, 361).

c) Untersuchung der Adsorption aus der Gasphase.

Für die Untersuchung der Gasadsorption ist die Indikatoranalyse vor allem dann wertvoll, wenn die adsorbierte Menge sehr gering ist. Sie eignet sich auch zur Bestimmung der Adsorption einzelner Komponenten aus Gasgemischen. Im folgenden werden einige Beispiele gegeben.

Die Adsorption der Radiumemanation ist an Hydroxyden (148) sowie an Kohle und Kieselgel (23, 119, 136, 250, 300) untersucht worden. Auch die Adsorption von Radon aus dem Gemisch mit Argon wurde untersucht (59). Die Bestimmung erfolgte durch Messung der Gasaktivität vor und nach der Adsorption.

Durch Verwendung von Radiokohlensäure konnte die chemische Adsorption an Kupfer, Nickel und Silber so empfindlich gemessen werden, daß man sich auf Messungen an kleinen Oberflächenbezirken ($\sim 1\ cm^2$) beschränken und dadurch auch die Adsorption an verschiedenen Kristallebenen ermitteln konnte (83, 84). Im Zusammenhang mit Untersuchungen über den Mechanismus der Fischer-Tropsch-Synthese wurde die Adsorption von Kohlenoxyd am Katalysator geprüft (199).

Radioarsen wurde zur Untersuchung der Adsorption des Arsenwasserstoffes an Aktivkohle verwendet (165). Seine Verteilung in durchströmten Körpern aus Aktivkohle wurde durch Zerlegung des Adsorbens in einzelne Schichten und Messung der Aktivität dieser Schichten festgestellt. Radioaktives Trikresylphosphat wurde zur Prüfung der Adsorption in Gasmasken verwendet (40). Auch die Adsorption von Trikresylphosphat an Glas wurde bestimmt (29).

Durch Verwendung von Radiobrom konnte die Chemisorption dieses Elements an Glasoberflächen (183) und an Silikon-Glasschutzüberzügen (328) verfolgt werden. In bezug auf die Reaktion mit Silikon wurde festgestellt, daß es sich um einen photochemischen Vorgang handelt.

Die Haftfestigkeit von Metallen auf verschiedenen Unterlagen beim Aufdampfen und Abdampfen hat sich bestimmen lassen (93, 120). Derartige Untersuchungen mit natürlichen Radioelementen (Polonium, Wismut, Blei) sind schon in Kap. III, Abschn. 6, b erwähnt worden.

Auch die Dicke dünner aufgedampfter Schichten läßt sich durch Indikatoranalyse messen. Derartige Untersuchungen sind u. a. für Antimon (92), Wismut (12, 13) und Gold (22) angestellt worden. Nach ähnlichen Verfahren wurde untersucht, wo und in welchen Mengen sich die Reaktionsprodukte der Getter in Verstärkerröhren niederschlagen (91). Die Verteilung des Bleis wurde bestimmt, das sich im Explosionsmotor durch Zersetzung von Tetraäthylblei bildet (202).

d) Untersuchung der Diffusion in Gasen und Flüssigkeiten.

Bei der Untersuchung von Diffusionsvorgängen liegt ein klarer Fall dafür vor, daß sich die Indikatormethodik sowohl bei der Beantwortung analytischer als auch kinetischer Fragestellungen bewährt: 1. Die Diffusionseffekte in kondensierten Phasen sind häufig so gering, daß sie nur mit hochempfindlichen Methoden festgestellt werden können. 2. Die von verschiedenen Gesichtspunkten besonders interessante Selbstdiffusion kann überhaupt nur mit Hilfe markierter Atome bestimmt werden.

Die Messung der Selbstdiffusion in Gasen ist vor allem zur Bestimmung ihrer Druckabhängigkeit vorgenommen worden. Die Meßanordnung besteht aus zwei Gasräumen, die durch ein enges Rohr verbunden sind; diese beiden Gasräume sind entweder als Ionisationskammern ausgebildet oder man schließt sie mit szintillierenden Kristallen ab, von denen die erzeugten Lichtblitze dann durch einen durchsichtigen Kunststoffstab (Plexiglas) an die außerhalb befindlichen Elektronenvervielfacher weitergeleitet werden. Dadurch können die Messungen laufend ausgeführt werden. Untersuchungen liegen über Kohlensäure (bis 150 Atmosphären) (5, 273, 319) und Argon (171) vor.

Die ersten Versuche über die Diffusion in Flüssigkeiten wurden mit Zellen ausgeführt, die aus zwei durch eine poröse Membran getrennten Räumen' bestehen. Die Diffusion findet lediglich in den Membranporen statt, während die Ausbildung eines Konzentrationsgefälles in den beiden Räumen durch Rühren verhindert wird. Der Nachteil dieser Methode besteht darin, daß die Zellen mit Stoffen geeicht werden müssen, deren Diffusionskoeffizient bekannt ist. Auch mit Störungen durch Oberflächendiffusionsvorgänge an der Membran ist zu rechnen. Die Messung der Aktivität erfolgt an Proben, die laufend der ursprünglich inaktiven Seite der Zelle entnommen werden (1, 2, 52, 249, 344).

Zur Messung der Selbstdiffusion in Flüssigkeiten bis zu sehr hohen Drucken sind Zellen verwendet worden, die den bereits erwähnten Gas-Zellen ähneln: In einer oder jeder der beiden Zellenhälften, die durch eine Sinterplatte voneinander getrennt sind, wird die Aktivität laufend durch einen Szintillator gemessen, der die Zelle abschließt. Die Hinleitung der Lichtblitze zum Elektronenvervielfacher erfolgt so wie bei den Gasdiffusionszellen durch Plexiglasstäbe (85a, 86, 195).

Andere Methoden der Diffusionsmessung in Flüssigkeiten verwenden Kapillaren von bekanntem Querschnitt. Bei einer Ausführungsform wurden Blöcke aus Kunstharz verwendet, die sich gegeneinander verdrehen ließen, so daß die durch alle Blöcke durchlaufenden Kapillaren unterbrochen werden konnten. Die Kapillarenabschnitte wurden nun teilweise mit aktiver, teilweise mit inaktiver Lösung gefüllt und durch Drehen der Blöcke verbunden. Nach einer gewissen Diffusionszeit wurden die Kapillarenabschnitte wieder getrennt und die Aktivität des übergetretenen Stoffes gemessen (336).

Nach einem verbesserten Verfahren werden Kapillaren mit aktiver Flüssigkeit gefüllt und in ein größeres Volumen inaktiver Flüssigkeit eingehängt. Die inaktive Flüssigkeit (Wasser, Salzlösungen, Salzschmelzen, Quecksilber) wird gerührt. Bestimmt wird die aus der Kapillare ausgetretene aktive Substanz (8, 30, 57, 166, 230, 333, 334, 335, 337).

Es ist auch versucht worden, Kapillaren, in denen Flüssigkeitsdiffusion stattfindet, mit Hilfe eines Zählrohres von sehr scharfer Ausblendung abzutasten (330).

Schließlich ist ein Verfahren vorgeschlagen worden, bei dem die Abnahme der oberhalb der Lösung gemessenen Aktivität infolge der Zunahme der Selbstabsorption bei Eindiffusion des aktiven Stoffes in inaktive Lösung gemessen

wird. (Das Verfahren ist einer Methode zur Messung der Selbstdiffusion in Feststoffen verwandt; vgl. Abschn. 6, 1). Um Konvektion auszuschalten, muß die
Flüssigkeit in einer porösen Schicht — z. B. in einer Sinterplatte — immobilisiert
werden. Die Auswertung erfolgt durch Eichung mit Substanzen mit bekannten
Diffusionskoeffizienten (126).

Die Messung der Diffusion in mehrphasigen Systemen gibt, wenn die Diffusions-
koeffizienten innerhalb der einzelnen Phasen bekannt sind, Aussagen über die
Diffusion durch die Phasengrenzfläche und damit auch Aussagen über deren
Struktur. Solche Messungen sind an den Systemen Schwefeldioxyd-Heptan und
Phenol-Wasser-Schwefelsäure ausgeführt worden (324).

e) Untersuchung von Lösungen oberflächenaktiver Stoffe.

Eine direkte quantitative Untersuchung der Anreicherung oberflächenaktiver
Stoffe in Oberflächen ist schwierig. In gewissen Fällen kann nun die Indikatoranalyse zur Bestimmung der Oberflächenkonzentration herangezogen werden
(9, 10, 94, 170, 186, 187, 188, 285). Baut man nämlich in den oberflächenaktiven
Stoff ein Radioelement mit weicher β-Strahlung ein, so wird durch Messung
mit einem über der Flüssigkeitsoberfläche angeordneten Fensterzählrohr nur
jene Strahlung erfaßt, die aus einer relativ dünnen Oberflächenschicht herrührt.
Tritium ist wegen seiner extrem weichen β-Strahlung in diesem Zusammenhang
von besonderem Interesse. Der Beitrag tieferer Flüssigkeitsschichten zur Gesamtaktivität wird durch Messung einer Lösung bestimmt, die die gleiche Menge
des gleichen Radioelements in Form einer nicht oberflächenaktiven Verbindung
enthält.

Die Methode ermöglicht es auch, die Adsorption in Systemen zu untersuchen,
in denen mehr als ein oberflächenaktiver Stoff vorliegt. Ebenfalls kann die
Verteilung anderer Stoffe, die mit oberflächenaktiven Stoffen in Wechselwirkung stehen, bestimmt werden; beispielsweise die Verteilung von Calcium-
ionen in Gegenwart von Sulfonsäuren oder die Adsorption von Sulfationen in
Gegenwart von Netzmitteln (189).

Auch die Anreicherung von Netzmitteln an Grenzflächen fest-flüssig kann
auf diesem Wege gemessen werden. Dazu wird zweckmäßig der Feststoff
(Adsorbens) in sehr dünner, für die β-Strahlen des Adsorptivs noch gut durch-
lässiger Schichtdicke verwendet.

In Sonderfällen kann man die Methode durch Heranziehung von Rückstoß-
effekten (vgl. Kap. III, Abschn. 8) besonders empfindlich gestalten. So konnte
die Anreicherung von Wismut in den Oberflächen von Seifenlösungen mit Hilfe
des zu 34% durch α-Emission zerfallenden Thorium C (Wismut 212) untersucht
werden. Die aus der Oberfläche durch Rückstoß herausgeschlagenen Thallium-
208- (Thorium C''-) Ionen wurden mit Hilfe eines elektrischen Feldes an einer
Folie abgeschieden und dann durch Aktivitätsmessung nachgewiesen (11). Die
Empfindlichkeit einer derartigen Rückstoßmethode übertrifft auch die der Messung von besonders weicher β-Strahlung um ein Vielfaches: Während die maximale
Reichweite von Tritium-β-Teilchen in Wasser immerhin noch etwa 10^{-3} cm
beträgt, ist für die Thallium-208-Rückstoßkerne eine Reichweite von nur 10^{-5} cm
berechnet worden. Diese Methode ist einem Verfahren zur Messung der Selbstdiffusion verwandt (vgl. Abschn. 6, 1).

f) Untersuchung der Verteilung zwischen flüssigen Phasen.

Verteilungsgleichgewichte kleiner Stoffmengen zwischen mehreren flüssigen
Phasen lassen sich durch Indikatoranalyse schnell und bequem bestimmen.

Beispiele für derartige Untersuchungen finden sich bereits im Kapitel über das chemische Verhalten radioaktiver Stoffe (Kap. III, Abschn. 5).

Die Methode ist auch für die Bestimmung der gegenseitigen Löslichkeit von nicht mischbaren Flüssigkeiten von Interesse. So konnte die Löslichkeit von Wasser in Kohlenwasserstoffen durch Markierung von Wasser mit Tritium (36, 185) bestimmt werden. Um jede mechanische Trennung der beiden flüssigen Phasen (Wasser und Kohlenwasserstoff) — die kaum einwandfrei durchzuführen ist — überflüssig zu machen, wurden die beiden Flüssigkeiten in zwei Sättigungsgefäßen angeordnet, durch die ein inertes Trägergas im Kreis gepumpt wurde. Der Kohlenwasserstoff befand sich auf diese Weise in Berührung mit dem gesättigten Wasserdampf; daher mußte sich schließlich das Lösungsgleichgewicht genau wie bei einem direkten Kontakt der beiden flüssigen Phasen einstellen. Nach der Einstellung des Gleichgewichtes wurde der Kohlenwasserstoff in ein mit Calciumoxyd beschicktes Gefäß überdestilliert, wodurch das Wasser gebunden wurde. Dann wurde der nunmehr wasserfreie Kohlenwasserstoff durch abermalige Destillation entfernt. Die Aktivitätsmessung erfolgte wie in Kap. IX, Abschn. 3, c beschrieben. 10^{-12} Mol Wasser konnten bei den verwendeten spezifischen Aktivitäten bestimmt werden. Der Isotopeneffekt dürfte bei diesen Bestimmungen beträchtlich sein.

Weitere Anwendungsbeispiele der Bestimmung der Verteilung markierter Stoffe zwischen flüssigen Phasen sind die folgenden: Bestimmung der Löslichkeit von Bleitetraphenyl in Kohlenwasserstoffen unter Verwendung der mit Radium D markierten Verbindung (204); Bestimmung von Komplexbildungskonstanten durch Messung der Verteilung der markierten Ionen zwischen wäßrigen und organischen Phasen, die den Komplexbildner enthielten (76, 282); Bestimmung der Verteilung von Phosphor zwischen geschmolzenem Eisen und Schlacke und der Geschwindigkeit der Einstellung dieser Verteilung (350).

Indikatormethoden sind auch bei der Entwicklung von Extraktionsverfahren für analytische Zwecke angewendet worden. Zum Beispiel wurden mit ihrer Hilfe Methoden für die Abtrennung von Beryllium — Extraktion als Acetylacetonat mit Benzol (322) — und von Indium — Extraktion als Jodid mit verschiedenen organischen Lösungsmitteln (174) — ausgearbeitet (siehe auch Kap. III, Abschn. 5).

g) Untersuchung der Adsorption aus Flüssigkeiten.

Die Vielfalt der Mechanismen, nach denen Adsorption gewichtsloser Mengen aus Lösungen an Festkörpern erfolgen kann, ist schon in Abschn. 3, b und 3, c von Kap. III behandelt worden. Zur Untersuchung derartiger Adsorptionsvorgänge in bestimmten Systemen wird man sich natürlich vorzugsweise der Indikatormethodik bedienen (s. a. Abschn. 6, e).

Die Aufnahme von Natriumionen durch Gläser ist von WILLARD und seinen Kollegen eingehend untersucht worden (154, 218, 347). Bei manchen Versuchen erwies es sich als zweckmäßig, sowohl die Natriumionen des Glases als auch die der Lösung zu markieren; dies war unter gleichzeitiger Verwendung von Natrium 22 und Natrium 24 möglich. Andere Untersuchungen über die Adsorption an Glas (und Zellulose) wurden schon in Kap. III, Abschn. 3 genannt.

Fehler in analytischen Arbeitsgängen, die durch Adsorption an den Wänden der Glasgefäße auftreten, sind beim Phosphat und Silber durch Indikatoranalyse untersucht worden (158, 278). Überzüge für Glasgefäße, von denen eine Herabsetzung der Adsorptionsverluste zu erwarten war, wurden auf diese Weise geprüft (278).

In mehreren Arbeiten ist die Adsorption radioaktiv markierter Ionen an der Oberfläche von Mineralen und mineralischen Produkten (z. B. Sintermagnesit) untersucht worden (72, 289, 342). Anreicherung an den Korngrenzen konnte durch Radioautographie festgestellt werden (342).

Um einen besseren Einblick in die Grenzflächenvorgänge bei der Flotation zu erhalten, wurde die Adsorption von Fettsäuren und von Bariumionen an gemahlenem Quarz in Abhängigkeit von Ionenzusätzen bestimmt (124). Hierzu wurden mit Radiokohlenstoff markierte Laurinsäure und Radiobarium verwendet. Auch am Schwefel markiertes Xanthat wurde bei Untersuchungen von Flotationsverfahren eingesetzt (123).

Die Adsorption gelöster Ionen an Metalloberflächen ist insbesondere von Erbacher untersucht worden (100, 101, 102, 155, 156). Die Methode eignet sich naturgemäß vor allem für die Beobachtung der sehr geringen Abscheidung unedlerer Kationen oder von Anionen. Erbacher konnte nach diesem Verfahren u. a. den Einfluß mechanischer Vorbehandlungen der Metalloberfläche ermitteln. Von anderen Autoren wurden der Einfluß der Ionenadsorption auf die Potentialbildung (255, 256), die Verteilung der adsorbierten Ionen über die Metalloberfläche (342) und Zusammenhänge mit der Passivierung untersucht (139).

h) Untersuchung von Lösungs- und Fällungsvorgängen.

Als Hevesy und Paneth 1912 die Indikatoranalyse erfanden, wandten sie sie zuerst auf die Löslichkeitsbestimmung schwerlöslicher Bleisalze an (162). Für die Bestimmung der Löslichkeit des Bleichromats wurde Blei, das mit Radium D markiert worden war und dessen spezifische Aktivität bekannt war, mit überschüssigem Chromat gefällt. Der Niederschlag wurde durch Waschen gereinigt und mit Wasser geschüttelt. Nach Einstellung des Lösungsgleichgewichtes wurde ein Teil der Lösung abfiltriert und eingedampft. Aus der Aktivität des Eindampfrückstandes konnte dann die gelöste Bleimenge berechnet werden.

Ähnliche Löslichkeitsbestimmungen sind seither an einer großen Zahl von Stoffen durchgeführt worden, so z. B. an Radiumsulfat (103), Bleisulfat (276), Bleisalicylaldoximat (175, 176), Kobalthydroxyd (63), Kobalt-α-nitroso-β-naphthol und Kobalt-β-nitroso-α-naphthol (64), Tantalhydroxyd (151), Silberbromid (281), Hafniumoxyd (78), Kupfer(I)-rhodanid (246) und Magnesiumammoniumphosphat (246). Bei einigen dieser Bestimmungen wurde die gesättigte Lösung ebenso wie bei Hevesy und Paneth eingedampft; bei anderen wurde mit Träger gefällt. Schließlich kann man auch die Lösungen direkt mit dem Flüssigkeitszählrohr messen, wobei allerdings in gewissen Fällen die Adsorption des Radioelements am Zählrohr durch Zugabe von Trägern oder Komplexbildnern unterdrückt werden muß. So wurde Silberbromidlösungen inaktives Silbernitrat und Kaliumcyanid zugefügt (31). Die Änderung von Löslichkeiten durch Lösungsgenossen ist ebenfalls durch Indikatoranalyse bestimmt und zur Ermittlung von Aktivitätskoeffizienten herangezogen worden (251).

Durch Einbau kleiner Mengen gewisser seltener Erden (Aktivatoren) in Kristalle (z. B. Strontiumsulfid) erhält man Phosphore mit guter Infrarotempfindlichkeit. Die Herstellung der Phosphore erfolgt gewöhnlich durch Kristallisation aus Salzschmelzen, denen die seltenen Erden zugesetzt werden. Quantitative Untersuchungen der Verteilung der Aktivatoren zwischen Schmelze und Kristall konnten durch Verwendung von Radioisotopen der seltenen Erden, vor allem von Europium, durchgeführt werden (95, 224, 266, 267): Nach Einstellung des Verteilungsgleichgewichtes wurden Schmelze und Kristall durch

Filtration (bei Temperaturen bis zu 1000° C!) getrennt und dann die Aktivitätsverteilung ermittelt.

Bei Germanium, das für die Verwendung im Transistor besonders rein sein
muß, konnte die Aufnahme von Metallspuren aus Graphitschmelztiegeln untersucht werden. Der Tiegel wurde durch vorherige Bestrahlung mit Neutronen
aktiviert und dann die während des Schmelzvorganges auf das Germanium
übergegangene Aktivität beobachtet (240).

Eine weitere Anwendung der Indikatoranalyse auf Lösungs- und Fällungs-
vorgänge betrifft die Wirkung von Wasch- und Netzmitteln auf Schmutzschichten.
Diese wurden durch Mischung von Mineralöl, Palmitinsäure, Bariumcarbonat
und Aktivkohle hergestellt, wobei jeweils eine der drei letztgenannten Komponenten in aktiver Form eingesetzt wurde (254). In anderen Versuchsreihen
wurde die Markierung der Schmutzschichten auch mit Gemischen von Spaltprodukten vorgenommen, die an kolloidalen Erden stark adsorbiert werden (201).

Durch Markierung mit Radiokupfer konnte die Verteilung dieses Elements
zwischen Faser und Fällbad bei der Herstellung von Kupferseide verfolgt werden
(286).

Die Mechanismen der Mitfällung aus wäßrigen Lösungen sind in Kap. III,
Abschn. 2 in Hinblick auf die Trennung von Radioelementen ausführlich besprochen worden. Für die Untersuchung von Mitfällungsvorgängen verwendet
man die Indikatoranalyse auch dort, wo das System für die Trennung von
Radioelementen keine Bedeutung hat. Beispielsweise ist die Mitfällung von Radionatrium und Radiostrontium mit Kaliumnitrat untersucht worden (261, 262).

i) Überprüfung von analytischen Lösungs- und Fällungsmethoden.

Die Indikatoranalyse eignet sich aus drei Gründen vorzüglich zur Überprüfung von analytischen — und insbesondere von mikroanalytischen —
Methoden: 1. Einzelne Komponenten können in sehr kleinen Mengen bestimmt
werden. 2. Diese Bestimmung ist ohne Abtrennung möglich. 3. Die radioaktive
Überprüfung deckt auch jede scheinbare Bewährung einer Methode, die durch
die Kompensation mehrerer Fehler vorgetäuscht ist, sofort auf.

Vor allem sind Radioindikatoren zur Prüfung verwendet worden, ob a) die
Fällung quantitativ verläuft, b) unerwünschte Stoffe mitgefällt werden und
c) Verluste beim Waschen der Niederschläge auftreten. Soll auf die Vollständigkeit der Abtrennung der zu bestimmenden Komponente geprüft werden, so
markiert man diese selbst; will man hingegen untersuchen, ob Verunreinigungen
mit abgetrennt werden, so markiert man einen oder mehrere der begleitenden Stoffe.

Eine Anzahl z. T. klassischer analytischer Methoden ist derart überprüft
worden und es sind gelegentlich wesentliche Mängel dieser Methoden aufgedeckt
worden. Unter anderem wurden die folgenden Analysenverfahren systematisch
untersucht: Fällung von Ammoniumphosphormolybdat, wobei sich die von
Woy angegebenen Bedingungen als ungünstig erwiesen (Fehler bis 1,5%) und
auf Grund der Untersuchung verbessert werden konnten (109); Fällung von
Orthophosphat in Gegenwart von Pyrophosphat, wobei sich zeigte, daß bei
Verwendung von Zink oder Cadmium statt Magnesium wesentlich geringere
Mitfällung von Pyrophosphat erzielt wird (309).

Die Überprüfung einer für die Trennung von Platin, Iridium und Gold häufig
verwendeten Methode ergab merkliche Fehler (104). Die drei Metalle wurden
nach Zusatz von Radiogold durch Reduktion mit Ameisensäure gefällt. Nach
Waschen und Glühen des Niederschlages fand man bei Behandlung mit Königs-
wasser, das Gold und Platin zur Gänze auflösen sollte, daß bis zu 3% des Goldes

im Rückstand verbleiben. Anderseits bleiben bei der Gold-Platin-Trennung durch Fällen des Goldes aus alkalischer Lösung mit Wasserstoffperoxyd 3% des Goldes in Lösung zurück.

Wertvolle Untersuchungen mit Hilfe der Indikatoranalyse sind über die Trennung seltener Erden ausgeführt worden. Eine Überprüfung der Fällung des Lanthans als Doppelsulfat ergab, daß einerseits Ytteerden in Mengen von einigen Prozent mitgefällt werden, anderseits Lanthan zu einigen Prozent in Lösung verbleibt (34).

Eingehend untersucht wurde auch die Mitfällung von Lanthan und Yttrium bei der Fällung von Cer als Jodat (38). Durch mehrmaliges Umfällen konnte die Menge der mitgefällten Erden auf ein nicht mehr störendes Maß herabgesetzt werden. Schließlich konnten die besten Bedingungen für die Fällung der seltenen Erden als Oxalate durch Versuche mit Radioyttrium ermittelt werden (243). Durch Verwendung von Radiozirkon wurden die Bedingungen aufgefunden, unter denen die Fällung von Lanthan als Fluorid die geringste Mitfällung von Zirkon verursacht (128).

Abscheidungen von Uran in kleinsten Mengen wurden mit Hilfe des in großer spezifischer Aktivität künstlich hergestellten Isotops 237 untersucht, und zwar für die Fällung als Ammoniumuranat (3) und für die Mitfällung an Calciumfluorid (138).

Auch die folgenden Vorgänge wurden durch Indikatoranalyse untersucht: Fällung von Zinn(II)-ionen mit Kaliumferrocyanid (115); Fällung von Blei als Oxychlorid (298); Fällung von Zink als Phosphat, Sulfid, Oxychinolat und Anthranilat (327); Fällung von Niob und Tantal als Hydroxyde im Rahmen von Stahlanalysen (50); Fällung von Germanium als germanododekamolybdänsaures Oxychinolin (51). Mitreißen von Tellur bei der Fällung von Antimonoxyd [s. (293)], Verluste beim Waschen von Kaliumchloroplatinat-Niederschlägen (159, 160), Mitfällung von Beryllium mit Aluminiumoxychinolat [s. (115)], Mitfällung von Magnesium mit Calciumoxalat (299), Mitfällung von Kobalt an Zinnsulfid (114), Mitfällung von Zink, Kobalt und Eisen an verschiedenen säureunlöslichen Sulfiden (280), Mitfällung von Phosphat- und Sulfationen an Niederschlägen mit negativer Aufladung wie Silber- und Quecksilbersulfid (130), Mitfällung von Strontium an Bariumchromat und Bariumchlorid (229), Mitfällung von Zink, Kobalt und Kupfer an Berylliumhydroxyd (88).

Auch elektrolytische Abscheidungen sind mit Radioindikatoren überprüft worden, darunter die Mitabscheidung von Zink mit Kupfer unter Verwendung von Radiozink (140) und die Trennung von Wismut, Antimon und Zink bei Abscheidung unter genau kontrolliertem Kathodenpotential (90).

Hinweise auf die Überprüfung von Trennungen durch Extraktion, Chromatographie usw. finden sich in den entsprechenden Abschnitten dieses Kapitels. Die Prüfung auf Verluste durch Verflüchtigung — oder Unvollständigkeit der Verflüchtigung — wurde in Abschn. 6, a besprochen.

k) Indikatormethodik und Chromatographie.

Mit Hilfe radioaktiver Indikatoren kann man die Leistungsfähigkeit chromatographischer Methoden in verschiedener Hinsicht steigern. Da die Methoden der Säulen- und Papierchromatographie vor allem für die Analyse und Trennung organischer Stoffe kaum von anderen Methoden in ihrer Wirksamkeit erreicht werden, ergeben sich durch die Kombination von Chromatographie und Radioaktivitätsmessung Arbeitsverfahren von erstaunlicher Empfindlichkeit und Trennschärfe. Zusammenstellungen finden sich in der Literatur (18, 216). Die gleichen Leistungssteigerungen mit Hilfe von Radioindikatoren sind natürlich auch bei anderen Methoden, die ebenso wie die Chromatographie auf der unterschiedlichen Wanderungsgeschwindigkeit verschiedener Stoffe beruhen [s. (310)], also z. B. der Papierelektrophorese, möglich.

Als Grundoperation der „Radiochromatographie" kann man die Identifizierung der einzelnen Substanzen betrachten. Sie erfolgt nach dem bereits in Abschn. 5 besprochenen Prinzip: Der zu identifizierende aktive Stoff — einerlei, ob er schon ursprünglich aktiv war oder nur zum Zwecke der Identifizierung markiert wurde — wird mit dem inaktiven bekannten Stoff vermischt, dessen chemische Identität mit dem aktiven Stoff vermutet wird. Bleibt sodann die spezifische Aktivität aller aus dem derart gebildeten Gemisch gewonnenen Fraktionen bei allen weiteren Trennungsoperationen identisch, so sind auch die beiden Stoffe wirklich als identisch zu betrachten. Chromatographische Methoden geben nun sehr scharfe Trennungen ähnlicher Stoffe, so daß schon bei ihrer einmaligen Anwendung oft auf jedes weitere Trennungsverfahren verzichtet werden kann. In anderen Fällen ist ein zweiter Versuch zu chromatographischer Trennung unter abgeänderten Bedingungen nützlich, z. B. Entwicklung mit einem anderen Lösungsmittel.

Zur besonders strengen Prüfung auf Identität wird man nicht nur die spezifische Aktivität der gesamten aktiven Fraktion, die aus einer Chromatographiersäule ausgewaschen wird, oder die spezifische Aktivität der Substanz in einem gesamten Fleck auf einem Papierchromatogramm messen. Man wird vielmehr Fraktion oder Fleck noch weiter zerlegen und die spezifischen Aktivitäten der einzelnen Subfraktionen bestimmen: Erst die Konstanz der spezifischen Aktivität in allen Subfraktionen wird man als Beweis für die Identität betrachten. Mit dieser verfeinerten Methode können noch sehr ähnliche Stoffe, wie z. B. isomere Aminosäuren, im Papierchromatogramm voneinander unterschieden werden (s. S. 157). Diese geben bei einfachem Nachweis durch Farbreaktion nur einen Fleck, bei Markierung einer Komponente beobachtet man aber die Schwankungen der spezifischen Aktivität. Auf diesem Wege wird also eine Schärfe des Identitätsnachweises erzielt, wie sie ohne Verwendung der Indikatormethode, also etwa lediglich durch Bestimmung von R_F-Werten oder Vergleich mit Kontrollchromatogrammen, auf keinen Fall erreicht werden kann.

Ein besonderer Vorteil des radioaktiven Nachweises in der Chromatographie ergibt sich aus dem zerstörungsfreien Charakter dieser Messung. Die meisten anderen Nachweismethoden, z. B. die in der Papierchromatographie häufig verwendeten Farbreaktionen, führen zu irreversiblen Änderungen und kommen daher z. B. für präparative chromatographische Verfahren nicht in Frage. Im Gegensatz dazu wird die laufende Überprüfung der Trennungen durch die Strahlenmessung ohne Eingriff einfach und schnell vorgenommen.

Die Messung erfolgt meist durch Abtasten mit entsprechenden Geräten. In der Literatur ist eine Reihe solcher Geräte beschrieben worden, die das Abtasten automatisch besorgen (39, 184, 208, 241, 274, 306, 348, 352). Im Falle von Papierchromatogrammen kann die Bestimmung auch radioautographisch erfolgen (338). Die quantitative Auswertung von Radioautogrammen durch Photometrieren ist allerdings nur mit geringer Genauigkeit möglich; zur Verbesserung der Genauigkeit ist die Auszählung von Spuren vorgeschlagen worden, die in Kernemulsionen erzeugt werden (338).

Sind in einem Papierchromatogramm zwei Radioelemente verschiedener Strahlenenergie vorhanden, so kann zur gesonderten Bestimmung dieser Elemente mit und ohne Absorber gemessen werden. Auch bei der radioautographischen Auswertung kann man Absorber heranziehen. In gewissen Fällen genügt es schon, einen Film einerseits an der empfindlichen, anderseits an der unempfindlichen Seite mit einem Papierchromatogramm in Berührung zu bringen: Die weiche Strahlung des Kohlenstoffes 14 oder des Schwefels 35 dringt im Gegensatz zu der harten Strahlung des Phosphors 32 oder des Jods 131 durch die Unterlage der Emulsion nicht durch (27, 193).

Zuerst sollen nun chromatographische Trennungen besprochen werden, in denen die zu trennenden Stoffe bereits von vornherein radioaktiv sind. Zu dieser Gruppe gehört die Chromatographie von Gemischen aus Stoffwechseluntersuchungen, in denen Radioindikatoren eingesetzt wurden. Die Untersuchung der hydrolysierten Schilddrüsenextrakte von Ratten, denen man Radiojod injiziert hatte, ist eines der ersten Anwendungsbeispiele für eine derartige Trennung (111, 112). Die Papierchromatogramme der Schilddrüsenextrakte wurden autoradiographisch untersucht. Durch Vergleich mit Chromatogrammen bekannter Stoffe ergab sich, daß das Jod zuerst in Form gewisser jodhaltiger Aminosäuren aufgenommen wurde. Einige dieser Aminosäuren waren im Chromatogramm in solchen Mengen vorhanden, daß sie schon durch Ninhydrinreaktion nachgewiesen werden konnten; zwischen den Ninhydrinflecken des Tyrosins und Dijodtyrosins wurde jedoch eine Zone erheblicher Aktivität beobachtet, die keinem Ninhydrinfleck entsprach. Bei Zusatz von Monojodtyrosin zu den Schilddrüsenextrakten trat dann ein Ninhydrinfleck an dieser Stelle auf. So wurde gezeigt, daß die Aktivität auf diesen Stoff zurückzuführen ist, daß also offenbar das Monojodtyrosin, das in der Schilddrüse nur in kleinsten, schwierig nachweisbaren Mengen vorliegt, eine Zwischenstufe bei der Jodaufnahme darstellen kann. Ähnliche Arbeiten mit Radiojod sind auch von anderen Autoren durchgeführt worden (205, 316, 317, 320).

Große Erfolge wurden bei der Untersuchung des Mechanismus der Photosynthese erzielt, und zwar nach ersten Bemühungen anderer Forscher (110) vor allem von Calvin und Mitarbeitern (21, 27, 28, 65, 66, 308). Pflanzen wurde radioaktive (^{14}C-) Kohlensäure dargeboten; die Pflanzen wurden nach verschiedenen Assimilationszeiten abgetötet, Extrakte zweidimensional auf Papier chromatographiert und die Stoffverteilung im Chromatogramm radioautographisch ermittelt. Als erstes Produkt der Photosynthese konnte die Phosphorglycerinsäure identifiziert werden; der erste freie nichtphosphorylierte Zucker ist der Rohrzucker. Zur eindeutigen Identifizierung der einzelnen Substanzen wurden die Chromatogramme zerschnitten, die Stoffe eluiert und dann unter Zusatz der vermutlich identischen inaktiven Verbindungen nochmals chromatographiert. Überlagerung von „Farbfleck" und „Aktivitätsfleck" bewies die Identität. Um festzustellen, welche „Aktivitätsflecke" phosphorylierten Verbindungen zuzuschreiben sind, wurden analoge Photosyntheseversuche mit inaktiver Kohlensäure, aber in Gegenwart von aktivem Phosphat (^{32}P) ausgeführt. Die Lage der Aktivitätsflecke im Chromatogramm ergab natürlich direkt die Lage der phosphorylierten Verbindungen.

Weitere Anwendungsbeispiele der Radiochromatographie auf Stoffwechseluntersuchungen: Durch Zusatz von markiertem (^{14}C-) α-Lysin zu Leberextrakten konnte gezeigt werden, daß ein in der Leber vorhandenes Enzym die Bildung von α-Aminoadipinsäure aus Lysin bewirkt (42). Schwefelhaltige Stoffwechselprodukte im Harn von Ratten, denen man markiertes (^{35}S-) Methionin verfüttert hatte, konnten durch papierchromatographische Trennung identifiziert werden (321). Insekten wurden mit dem radioaktiv markierten bromhaltigen Analogen des DDT besprüht und die Stoffwechselprodukte chromatographisch aufgearbeitet (353).

Die großen Vorteile der „Radiochromatographie" haben auch zur Anwendung dieser Methodik auf Stoffe Anreiz gegeben, die nicht von vornherein radioaktiv markiert sind. Hier erfolgt die Indizierung also erst vor der chromatographischen Trennung, und zwar nach einer der folgenden Methoden: a) Zusatz von aktivem isotopem Material, b) Reaktion mit einem radioaktiv markierten Reagens (vgl. Kap. V, Abschn. 5), c) Austausch mit aktiven Stoffen (gegebenenfalls unter Vermittlung eines Katalysators) oder d) Bestrahlung der Stoffe. Praktisch angewendet werden die beiden ersten Methoden, da andernfalls leicht Komplikationen eintreten.

Diese Chromatographie nachträglich indizierter Stoffe findet gewisse wichtige Anwendungen: Die quantitative Trennung inaktiver Stoffe kann überprüft werden. Sind nämlich die zu bestimmenden Stoffe (Fraktionen) nur in sehr kleinen Mengen vorhanden, so können die sonstigen zur Verfügung stehenden Methoden zwar die nötige Empfindlichkeit für die Bestimmung der Gesamtmengen der einzelnen Stoffe besitzen, jedoch für die Überprüfung der Zerlegung des Stoffgemisches in die einzelnen Fraktionen bereits zu unempfindlich sein. Diese Überprüfung erfordert nämlich Gehaltsbestimmungen an Teilmengen der einzelnen Stoffe, also an Subfraktionen. Indiziert man aber vor der Trennung, so läßt sich die Zerlegung in die einzelnen Fraktionen durch Aktivitätsmessung verfolgen. Erst die schließliche quantitative Bestimmung der einzelnen Fraktionen, also der Gesamtmengen der einzelnen Stoffe, erfolgt durch die sonst üblichen Methoden.

Beispielsweise kann man kleine Mengen seltener Erden an einer Ionenaustauschersäule trennen, nachdem man ein Gemisch der Radioisotope dieser Elemente zugesetzt hat. Die Trennung in Fraktionen wird durch Aktivitätsmessung (z. B. mit einer Durchlaufzelle) verfolgt. Es wird also festgestellt, ob zwischen den Fraktionen, wie es sein soll, inaktive „Zonen" liegen. Zum Schluß werden die in den Fraktionen gesammelten Mengen der einzelnen seltenen Erden nach einer Methode bestimmt, die nun nicht mehr für die betreffende Erde spezifisch sein muß.

Radioaktive Indizierung ist wegen der Einfachheit und Zerstörungsfreiheit des Nachweises auch bei der Ausarbeitung neuartiger chromatographischer Verfahren herangezogen worden (198, 351).

Von großer Bedeutung ist die Radiochromatographie für empfindliche Reinheits- und Identitätsprüfungen, wobei vor allem der Papierchromatographie und verwandten Methoden Interesse zukommt. Nehmen wir an, daß die Identität eines in kleiner Menge vorliegenden Stoffes bereits wahrscheinlich ist und durch Radiochromatographie endgültig sichergestellt werden soll. Man kann nun eine Menge des Stoffes, dessen Identität mit der Analysensubstanz vermutet wird, in markierter Form der Analysensubstanz zusetzen, das Gemisch chromatographieren und auf Identität des Verhaltens prüfen. Es handelt sich also in gewissem Sinne um die Umkehrung der oben definierten „Grundoperation".

Eine solche Methode ist z. B. zur Analyse eines Insektizids herangezogen worden, von dem bekannt war, daß seine Wirkung auf die Verbindung Diäthyl-Äthylmerkaptoäthyl-Thiophosphat zurückzuführen ist, jedoch nicht, um welches Isomere dieser Verbindung es sich hierbei handelt (121). Zur Analyse wurden zuerst die beiden fraglichen Isomeren in markierter Form (^{32}P) synthetisiert. Chromatographie der beiden Syntheseprodukte ergab, daß jedes nur eine Bande liefert und die beiden Banden einander nicht überlagern, so daß einerseits eine Bestimmung der beiden Stoffe nebeneinander möglich ist, anderseits aber auch bei der Synthese mit Sicherheit keine Isomerisierung aufgetreten war. Dann wurden die markierten Stoffe der Analysenprobe zugesetzt und diese chromatographiert. Die Probe verteilte sich auf zwei Zonen, die den bereits beobachteten Zonen bei der Chromatographie der aktiven Reinstoffe entsprachen und innerhalb deren die spezifische Aktivität praktisch konstant blieb. Dadurch wurden die Komponenten des Insektizids eindeutig identifiziert und die Trennung in Fraktionen mittels Chromatographie ermöglicht, so daß eine quantitative Bestimmung der beiden Isomeren mit gewöhnlichen Methoden angeschlossen werden konnte.

Bei diesem Vorgehen treten jedoch unter Umständen Schwierigkeiten auf. Die zugesetzte Menge muß nämlich wesentlich kleiner als die zu identifizierende Stoffmenge sein, sonst können Schwankungen der spezifischen Aktivität im Chromatogramm nicht mehr gut festgestellt werden. Auch kann die Synthese der markierten Verbindung schwierig sein, da sie ja meistens den Einbau von Radiokohlenstoff erfordert.

Diese Schwierigkeiten entfallen bei Indizierung durch Reaktion mit einem markierten Reagens (Methode b): Während man die Analysensubstanz durch Einwirken des aktiven Reagens markiert, führt man den Zusatzstoff mit Hilfe von inaktivem Reagens in das analoge Derivat über. Nun wird das Gemisch der Reaktionsprodukte chromatographiert. Diese Methode unterliegt keinen Beschränkungen in bezug auf die spezifische Aktivität mehr. Überdies wird man dann mit *einer* markierten Verbindung bei der Prüfung einer ganzen Stoffklasse das Auslangen finden. also die Radiosynthese nur einmal durchführen müssen. Endlich ist dann auch die Verwendung energiereicher Strahler statt des Radiokohlenstoffes möglich.

- Für Aminosäuren haben Keston, Udenfriend und Levy (192) markiertes p-Jodphenylsulfonylchlorid als Reagens herangezogen. Um die schwierige Ermittlung der spezifischen Aktivität überflüssig zu machen, die die Bestimmung kleinster Mengen in Teilen der Chromatogrammflecken erfordert, verwendeten diese Autoren eine originelle Methode. Sie behandelten die Analysensubstanz mit dem mit Radiojod markierten Reagens, die Zusatzsubstanz jedoch mit dem chemisch identischen, aber mit Radioschwefel markierten Reagens. Infolgedessen mußten lediglich Aktivitätsmessungen durchgeführt werden, aus denen dann das Aktivitätsverhältnis (^{131}J/^{35}S) berechnet wurde. Udenfriend (326) konnte zeigen, daß mit dieser Methode eine Unterscheidung zwischen Leucin und Isoleucin und zwischen Valin und Norvalin möglich ist. Quantitative Bestimmungen, die mit Hilfe der beschriebenen Methode möglich sind, werden in Kap. VI, Abschn. 4 besprochen.

Schließlich ist es manchmal auch möglich, inaktive Stoffe zu chromatographieren und erst für den Stoffnachweis auf dem Chromatogramm oder in den Eluatfraktionen radioaktive Methoden heranzuziehen. So ist vorgeschlagen worden, Papierchromatogramme entweder durch Reaktion mit einem gasförmigen markierten Reagens — z. B. Jodmethyl — oder (bei Vorliegen von Stoffen mit großem Einfangsquerschnitt) durch Bestrahlung mit Neutronen im Reaktor zu „entwickeln" (352) (vgl. Kap. V und VII).

Als nachträgliche Indizierung durch ein radioaktives Reagens ist auch eine von Wieland vorgeschlagene Ausführungsform seiner „Retentionsanalyse" für Papierchromatogramme [s. z. B. (345)] von Aminosäuren anzusehen (346). Die Retentionsanalyse für Aminosäuren besteht bekanntlich darin, daß man im Papierchromatogramm im rechten Winkel zur Entwicklungsrichtung kupferhaltige Lösungen, z. B. Kupferacetat in Tetrahydrofuran, aufsteigen läßt. Die Aminosäuren bilden nun mit dem Kupfer stabile Komplexe, so daß die Front an den Stellen, wo sich Aminosäuren befinden, so lange zurückgehalten wird, bis die Komplexbildungskapazität der Aminosäuren erschöpft ist. Die Fläche zwischen der geradlinigen Front der aufsteigenden Kupferverbindung und der tatsächlichen Front, die durch ein Farbreagens sichtbar gemacht wird, ist ein Maß für die Aminosäuremengen. Bei der radioaktiven Ausführungsform wird nun Kupfer 64 zugesetzt. Durch Aktivitätsmessung direkt auf dem Aminosäurefleck erhält man die Menge des dort vorliegenden Kupfers. Die von den Aminosäuren gebundenen Kupfermengen erhält man dann, indem man die „Hintergrundmenge" abzieht. Das ist die Menge (Aktivität), die an den Stellen gemessen wird, wo sich keine Aminosäuren befinden.

l) Untersuchung der Diffusion und von Verteilungen in Festkörpern.

Ähnlich wie die Fremd- und Selbstdiffusion in Flüssigkeiten (siehe Abschn. 6, d) kann auch die Diffusion in Festkörpern untersucht werden. Die verschiedenen Versuchsmethoden unterscheiden sich hauptsächlich durch die Art, in der aktive und inaktive Phase in Kontakt gebracht werden, und durch das Verfahren der Messung der Aktivitätsverteilung. Ausführliche Zusammenfassungen finden sich in der Literatur (153, 172, 214).

Als aktive Phase kann z. B. eine dünne Schicht dienen, die durch Aufdampfen (7, 210) oder Elektrolyse (19, 307) hergestellt wird. Eine Schicht von aktivem Calciumcarbonat wurde durch Fällung erzeugt, indem die inaktive Calciumcarbonatprobe zuerst mit Ammoniumcarbonat befeuchtet und dann mit aktivem Calciumchlorid in Berührung gebracht wurde (209). Eine aktive Oberflächenschicht kann schließlich durch Kernumwandlung an Ort und Stelle hervorgebracht werden; hier kommt vor allem der (d, p)-Reaktion Bedeutung zu, da wegen der geringen Reichweite der schnellen Ionen die Aktivierung auf eine dünne Schicht beschränkt bleibt, anderseits aber doch keine Änderung der Ordnungszahl der Atome erfolgt. Durch derartigen Beschuß mit Deuteronen wurde Kupfer aktiviert (275).

Ist die aktive Phase dicker, so wird sie angepreßt. Allerdings gibt einfache Pressung manchmal nur mangelhaften Kontakt. Diese Schwierigkeit kann gewöhnlich durch Sinterung behoben werden (181).

Die Methoden zur Bestimmung der Aktivitätsverteilung teilen sich in drei Gruppen. Innerhalb der ersten Gruppe wird die in die ursprünglich inaktive Phase eingewanderte Menge an Radioelement direkt durch Aktivitätsmessung bestimmt. So kann die Probe in der Diffusionsrichtung mit einem Zählrohr abgetastet werden. Oder es wird die Verteilung der Aktivität entlang eines Schnittes in der gleichen Richtung radioautographisch bestimmt (180). Der Probekörper kann auch mechanisch zerlegt werden, z. B. durch Ablösen dünner Schichten (284), Abfeilen (179, 211) oder Zerschneiden mit einem Mikrotom (71, 85, 97, 223). Diese Verfahren sind freilich nur anwendbar, wenn die Diffusion schon relativ weit fortgeschritten ist. Doch ist es in gewissen Fällen auch gelungen, aktiven und inaktiven Teil nach stattgefundener Diffusion genau an der Grenzfläche wieder zu trennen (209); dann können auch sehr kleine Diffusionseffekte durch Messung der in den inaktiven Teil übergetretenen Aktivität bestimmt werden.

Liegen verschiedene Diffusionsmechanismen nebeneinander vor — z. B. Gitterdiffusion und Kanaldiffusion —, so können aus der räumlichen Verteilung der Radioelemente nach einer gewissen Diffusionsdauer die Diffusionskoeffizienten nach den einzelnen Mechanismen berechnet werden [s. z. B. (211)].

Sehr empfindliche Bestimmungen gestatten die Methoden der zweiten Gruppe, die auf der Schwächung der radioaktiven Strahlung in der Probe beruhen. Das

Prinzip dieser Methoden sei an einem typischen Beispiel erläutert: Die aktive Phase wird als dünne Schicht aufgebracht und ihre Aktivität bestimmt. Dringt das Radioelement nun durch Diffusion in die inaktive Phase ein, so nimmt die scheinbare Aktivität wegen der zunehmenden Selbstabsorption der Strahlung ab. Ist nun einerseits der Diffusionskoeffizient in der Probe konstant, so daß die Verteilung des Radioelements bekannten integrierten Formen des Fickschen Gesetzes gehorcht, und anderseits der Absorptionskoeffizient der Strahlung in der Probe bekannt, so kann aus der Abnahme der gemessenen Aktivität der Diffusionskoeffizient berechnet werden (56, 172, 307, 365). Auf eine Diskussion der Berechnungsmethoden soll hier verzichtet werden. Statt des Aktivitätsverlustes durch Wegdiffusion kann man auch die Aktivitätszunahme durch Zudiffusion bestimmen (161, 341).

Durch Einsatz verschiedener Strahlenarten kann die Empfindlichkeit der Methoden der zweiten Gruppe variiert werden [vgl. (209)]. — Wenig empfindlich — aber wegen der Häufigkeit β-aktiver Radioelemente am meisten angewendet — ist sie natürlich bei Verwendung von β-Strahlen [Anwendungsbeispiele: (307, 365)]. Größer ist die Empfindlichkeit bei Anwendung der weniger durchdringenden α-Strahlen (211).

Den Höhepunkt an Empfindlichkeit erreicht die Methode jedoch, wenn die Strahlen gemessen werden, die aus den Rückstoßkernen des α-Zerfalles bestehen (163, 211). Diese Ausführungsform ist nur in Sonderfällen anwendbar, z. B. bei Diffusionsmessungen an Blei: Die Oberfläche einer Probe wird mit Thorium (B + C) aktiviert. Beim α-Zerfall des Thoriums C, das sich alsbald mit dem Thorium B ins Gleichgewicht setzt, entstehen ThC''-Rückstoßkerne. Soweit diese aus der Probe austreten können, werden sie an einer negativ geladenen Folie aufgefangen und durch Aktivitätsmessung bestimmt. Die Reichweite der Rückstoßkerne ist der der α-Teilchen bei weitem unterlegen, die Bestimmung also dementsprechend empfindlicher.

Die dritte Gruppe von Methoden kann nur in Fällen angewendet werden, in denen der Stoff, dessen Selbstdiffusion zu bestimmen ist, mit einer isotopen Form in einer flüssigen Phase (oder eventuell in einem Gas) relativ leicht austauscht, d. h. wenn die geschwindigkeitsbestimmende Reaktion des Isotopenaustausches zwischen dem Feststoff und der anderen Phase nicht die Grenzflächenreaktion, sondern die Selbstdiffusion im Inneren des Feststoffes ist. In diesen Fällen kann man aus der Abnahme oder Zunahme der Aktivität der Lösung den Selbstdiffusionskoeffizienten berechnen. Die Kinetik des Austausches ist bei derartigen Versuchen von der Form der festen Phase abhängig; die Gleichungen, die die Berechnung des Diffusionskoeffizienten ermöglichen, sind sowohl für kugelförmige Körper (47, 362) wie für dünne Platten (364) abgeleitet worden. Messungen sind an Kunstharzionenaustauschern (49, 305) und an Salzen, z. B. an Silberbromid (366), vorgenommen worden, wobei die Feststoffe von Lösungen der radioaktiv markierten Ionen umspült wurden.

Die folgende Zusammenstellung soll einen Überblick über die bereits ausgeführten Messungen von Selbstdiffusionskoeffizienten an Feststoffen geben:

Graphit (106), Natrium und andere Alkalimetalle (219, 244), Schwefel (85), Eisen (35), Kobalt (135, 252, 279), Kupfer (73, 271, 275, 307), Zink (19, 20), Silber (19, 167, 181, 228, 325), Indium (97), Zinn (107, 108), Tantal (96), Gold (220, 284), Blei (161, 163), Wismut (294), plastizierte Kunstharze (55, 56), verschiedene Salze, Oxyde usw. (82, 211, 212, 213, 223, 238, 242, 272, 363, 365).

Soll die Verteilung einer Mikrokomponente innerhalb einer festen Phase ermittelt werden, so markiert man diese Komponente und bestimmt ihre Verteilung nach einer der direkten Methoden, die auch für die Messung der Diffusion geeignet sind. So ist die Verteilung von Verunreinigungen in Kristallen durch Radioautographie der Kristalle (145) oder durch fortlaufendes Ablösen der Oberflächenschichten mit nachfolgender Aktivitätsbestimmung durchgeführt worden (260). Verteilungen, wie sie sich z. B. beim Zementieren oder Anlassen ergeben, können durch Markierung eines Legierungsbestandteiles verfolgt werden (105, 296, 314, 315, 339).

Die Art der Verteilung von Mikrokomponenten über einen Festkörper wird häufig von der Herstellung abhängen. Zum Beispiel können die Bedingungen bei der Abkühlung eine Rolle spielen. So erwies sich die Kenntnis dieser Zusammenhänge bei Germanium-Transistoren als wichtig. Durch Markierung der Mikrokomponenten, z. B. von Antimon, konnten die Verteilungen rasch und einfach bestimmt werden (58, 240, 263).

Zellulose bindet an ihren Carboxylgruppen kleine Mengen von Ionen (vgl. Kap. III, Abschn. 3, d). In handelsüblichem Papier sind es zumeist Erdalkaliionen. Die Wanderung solcher Ionen im Papier bei Belastung mit hohen Gleichspannungen konnte durch radioaktive Markierung verfolgt werden (288). [Eine ähnliche Methode ist zur Bestimmung der Überführungszahl von Calcium im Oxyd benützt worden (213).]

Die Oberflächendiffusion ist oftmals mit Radioindikatoren untersucht worden. Die Wanderung adsorbierter Fremdstoffe kann nach diesem Verfahren verfolgt werden (24, 120, 178, 291, 295). Auch die Wanderung der Atome des Festkörpers selbst kann beobachtet werden, wenn bloß die Oberfläche selbst markiert wird (248). So ist auch die Diffusion in verschiedenen Kristallebenen vergleichbar (349). Die erforderliche Markierung kann wieder nach den oben beschriebenen Verfahren erfolgen. Für die Bestimmung der Aktivitätsverteilung kommt Abtasten mit einem gut ausgeblendeten Zählrohr wie auch Radioautographie in Frage.

m) Untersuchung von Stoffübergängen zwischen Festkörpern.

Dem Stoffübergang zwischen reibenden Festkörpern kommt natürlich enorme technische Bedeutung zu. So war die unmittelbare Prüfung von Stoffübergängen bei der Reibung das Ziel gröberer Untersuchungen, bei denen ein Maschinenteil markiert wurde (60, 169). Es wurden Arbeiten mit Kolbenringen (16, 61), Getrieben (41), Ziehdüsen (62) und Schneidewerkzeugen (74, 227) ausgeführt. Untersuchungen des Reibungsvorganges mit Radioelementen sind auch in Laboratoriumsprüfgeräten vorgenommen worden, die die gleichzeitige Messung der Reibung, Gleitgeschwindigkeit und auftretenden Temperatur gestatten (133, 270, 283). Wesentlich ist, daß sich nach der Indikatormethode auch der Materieübergang zwischen chemisch gleichartigen Oberflächen bestimmen läßt und daß dabei nicht nur der Bruttoeffekt, sondern auch der Übergang nach beiden Richtungen gesondert festgestellt werden kann [s. z. B. (265)]. Von Bedeutung ist schließlich, daß durch Messung des Reibungsverschleißes mit Radioindikatoren die Versuchszeiten gegenüber anderen Methoden bedeutend reduziert werden können.

Für die Untersuchung des Wirkungsmechanismus von Schmiermitteln konnten Radioelemente mit Erfolg herangezogen werden (270) (s. Abschn. 6, n).

n) Bestimmung von Reaktionsumsätzen.

Auch für die Verfolgung von Reaktionen, in denen eine oder mehrere Komponenten nur in sehr geringer Menge umgesetzt werden, ist die Indikatoranalyse nützlich. Geringe Umsätze dieser Art erleiden die „Katalysatoren" bei Polymerisationsreaktionen. Die vom Polymeren aufgenommene Menge ist daher manchmal schwierig zu bestimmen. Verwendet man jedoch einen markierten Katalysator, so bestimmt man diese Menge einfach durch Aktivitätsmessung am Polymeren. Die folgenden Katalysatoren und Kettenüberträger sind schon in markierter Form eingesetzt worden: Persulfat (33, 231, 302, 303), Alkylmerkaptane (231, 332), Zinntetrabromid (203), Alkylmagnesiumbromid (203), Bisulfit (33). Besteht Klarheit über den Mechanismus der Polymerisation, so kann die Aktivitätsmessung auch zur Bestimmung des Molekulargewichtes dienen (33).

Molekulargewichtsbestimmungen an γ-Polyoxymethylenen konnten ebenfalls durch Indikatoranalyse ausgeführt werden (81). Die Darstellung der Verbindungen erfolgte aus einem Gemisch von Paraformaldehyd und radioaktivem Methylalkohol bekannter spezifischer Aktivität, so daß aus der spezifischen Aktivität der gebildeten γ-Polyoxymethylene ihr mittleres Molekulargewicht berechnet werden konnte.

Erhitzt man Gläser in Berührung mit gewissen sauer reagierenden Feststoffen, wie Tonen oder Chromtrioxyd, so gibt das Glas an diese Stoffe alkalische Bestandteile ab, vor allem also Natrium. Eine empfindliche Untersuchung dieser heterogenen Reaktion ist mit Glas ausgeführt worden, das im Reaktor mit Neutronen bestrahlt worden war (113).

Durch Indikatoranalyse konnte sogar die Reaktion zwischen einer festen Phase und einer monomolekularen Schicht verfolgt werden. Schichten aus kohlenstoffmarkierter Stearinsäure wurden auf verschiedene Oberflächen aufgebracht. Nach einiger Zeit wurde die Oberfläche mit Lösungsmitteln gewaschen. Aus der zurückbleibenden Aktivität konnte auf den Reaktionsumsatz durch Salzbildung geschlossen werden (25). Auch der Übergang markierter Stearinsäure von einer monomolekularen Schicht an einer Oberfläche auf eine andere Oberfläche verschiedener chemischer Natur wurde beobachtet (313). Anderseits konnte durch Versuche mit markierten Metalloberflächen der Zusammenhang zwischen der Schmierwirkung von Stearinsäure und verwandten Stoffen einerseits und der Reaktion mit der Oberfläche unter Salzbildung anderseits verfolgt werden (44, 45, 232).

Ein Anwendungsbeispiel der Indikatoranalyse auf Gasreaktionen bezieht sich auf die Entfernung von (markiertem) Äthylen aus einem Luftstrom durch einen Silbernitrat-Tonerde-Kontakt, durch den der Kohlenwasserstoff zur Kohlensäure oxydiert wird (182).

Durch Indikatoranalyse hat man auch photo- und strahlenchemische Umsätze bestimmt. Markiertes Tetraäthyl- und Tetraphenylblei wurden in Gasphase und in Lösung mit Ultraviolett bestrahlt und das freigesetzte Blei ermittelt (204). Die Einwirkung ionisierender Strahlung auf Radiokohlensäurelösungen wurde untersucht (122). Auch die Messung von Strahlungsdosen kann indikatoranalytisch erfolgen (s. Kap. X, Abschn. 3).

o) Indikatormethoden in der Biologie.

Schon ein Hinweis auf die biochemischen und physiologischen Problemkreise, die mit Hilfe von Indikatormethoden bearbeitet werden können, veranschaulicht ihre große Bedeutung für die Untersuchung biologischer Systeme: Aufklärung von Stoffwechselvorgängen, Bestimmung der Aufnahme und Abgabe von Elementen oder Verbindungen (Nährstoffe, Wirkstoffe, Spurenelemente, Heilmittel, Gifte usw.) durch den Gesamtorganismus oder durch einzelne Organe, Verfolgung von Zirkulationsvorgängen, Ermittlung von Membrandurchlässigkeiten usw.

Man erkennt, daß auch bei den Anwendungen der Radioindikatoren auf die Biologie eine Unterscheidung von „analytischen" und „kinetischen" Methoden (vgl. Kap. I, Abschn. 2) möglich ist. Formell gilt also ähnliches wie für die Anwendung auf die Untersuchung der Diffusion: Einerseits kann das Verhalten von geringen Spuren markierter Stoffe im biologischen System verfolgt werden. Anderseits kann der Stofftransport in einem Medium geprüft werden, das den interessierenden Stoff bereits enthält. Diese Problemstellung ist jener bei der Messung der Selbstdiffusion verwandt.

Beispiele für die „analytische" Anwendung liefern die zahlreichen Untersuchungen über die Resorption von Schwermetallionen durch den tierischen Organismus. Bekannte Beispiele für die „kinetische" Anwendung bilden die Bestimmungen der Geschwindigkeit von Transporten, etwa der Geschwindigkeit, mit der sich (intravenös oder oral verabreichtes) Radionatrium über den Körper verbreitet. „Kinetische" Anwendungen liegen auch in den Untersuchungen der Reaktionswege bei Stoffwechselvorgängen vor. Während für die erste Gruppe von Problemen grundsätzlich auch andere — wenn auch zumeist weniger empfindliche — Methoden herangezogen werden können, ist die unmittelbare Untersuchung der Probleme der zweiten Gruppe ohne markierte Atome unmöglich.

Wiewohl das biologische Hauptanwendungsgebiet der Indikatormethodik bei der biochemischen und physiologischen Grundlagenforschung liegt, so hat sie sich doch auch als diagnostisches Hilfsmittel bewährt, z. B. zur Untersuchung der Schilddrüsenfunktionen mit Radiojod und zur Auffindung von Tumoren (vgl. Abschn. 6, p).

Im vorliegenden Handbuchteil sind Probleme, die sich aus Fragestellungen der Biologie ergeben, soweit ihre Behandlung methodisch interessant ist, im Zusammenhang mit den Problemen besprochen, die sich aus Fragestellungen anderer Zweige der Wissenschaft ergeben. Dagegen fällt eine zusammenfassende Darstellung der Ergebnisse der Anwendung der Radioaktivität auf die mikrochemischen Probleme der Biologie außerhalb des Rahmens dieses Beitrages.

Es kann daher an dieser Stelle nur auf die ausgezeichneten Spezialwerke hingewiesen werden, die diesen Problemen gewidmet sind. In erster Linie sind hier die Bücher von KAMEN (191) und HEVESY (159) sowie das von SCHWIEGK herausgegebene Sammelwerk (292) zu nennen. Nützliche erste Einführungen in das Gebiet stellen auch das Büchlein von BERNERT (32) und die Übersicht von WEYGAND (343) dar.

p) Räumliche Ortung.

Das einfache Abtasten eines Systems mit geeigneten Meßgeräten ermöglicht gewisse Aussagen über die räumliche Verteilung radioaktiv markierter Spuren. Derartige Lagebestimmungen sind bereits bei der Anwendung der Indikatoranalyse auf die Chromatographie (Abschn. 6, k) und die Untersuchung von Zirkulationsvorgängen in lebenden Organismen (Abschn. 6, o) erwähnt worden.

Diese einfachen Methoden sind meist ausreichend, wenn es sich bloß um ein- oder zweidimensionale Ortung handelt. Hier genügt naturgemäß längen- oder flächenmäßiges Absuchen. Schwieriger ist die dreidimensionale Ortung. Man verwendet hierzu ein Meßgerät, z. B. ein Zählrohr, das nur auf Strahlung aus einem ziemlich kleinen Raumwinkel anspricht. Das Zählrohr wird entlang der Grenzfläche des aktiven Körpers verschoben und überall jene Lage bestimmt, in der man maximale Aktivität registriert. Die aktive Substanz muß dann, wenn sie an einem Punkt konzentriert ist, im Schnittpunkt all der Linien liegen, die an allen Orten der Grenzfläche die Richtung maximaler Intensität kennzeichnen.

Diese Methode ist zur Lagebestimmung von Tumoren, insbesondere im Gehirn, herangezogen worden. Es ist bekannt, daß Fluoreszein und einige seiner Derivate in Tumoren angereichert werden. Injiziert man nun die markierten Farbstoffe in den Blutkreislauf, so wird die Geschwulst zur bevorzugten Strahlenquelle (15, 46, 233, 234, 236, 237). Für derartige Untersuchungen hat vor allem Dijod-(^{131}J-)Fluoreszein (46, 329) Verwendung gefunden. Durch Aufnahme von Radiojod-Ion machen sich Metastasen von Schilddrüsenkrebsen bemerkbar (269). Da die β-Strahlung vom Körper absorbiert wird, muß man sich auf den Nachweis der γ-Strahlung stützen. Für den klinischen Gebrauch sind besondere Meßgeräte gebaut worden (79, 80, 89, 196, 247). Die Szintillationszählung verdient hier wegen ihrer größeren Empfindlichkeit den Vorzug vor der Geiger-Zählung [s. z. B. (26, 197, 206)].

Ein neuartiges Prinzip zur Lagebestimmung beruht auf einer besonderen Eigenschaft der Positronen (355). Sobald Positronen sich mit Elektronen der umgebenden Materie vereinigen, werden zwei Photonen von je 0,51 MeV gebildet und in entgegengesetzter Richtung ausgestrahlt (vgl. S. 10). Dieser Vorgang spielt sich bei genügender Dichte der umgebenden Materie sehr nahe vom Ort der Positronenemission ab. Die Methode besteht nun darin, daß der Körper mit zwei Szintillationszählern in Koinzidenzschaltung (s. Kap. II, Abschn. 4, f) abgetastet wird. Dabei stehen sich diese Zähler jeweils auf entgegengesetzten Seiten des abzutastenden Systems gegenüber; die Richtungen maximaler Empfindlichkeit der beiden Zähler fallen zusammen. Werden Koinzidenzen über den Leerwert hinaus beobachtet, so muß geschlossen werden, daß Zerstrahlungsvorgänge auf einer Linie stattfinden, die die beiden Szintillationszähler miteinander verbindet, d. h. daß sich auch die Positronenstrahler in unmittelbarer Nähe dieser Linie befinden. Für diese Methode der Tumorortung wird als Strahlungsquelle sulfoniertes Kupferphthalocyanin mit eingebautem Kupfer 64 verwendet.

Während die beschriebenen Methoden eine große Anzahl von Einzelmessungen erfordern, hat man bereits mit der Entwicklung vollkommen selbsttätiger Geräte begonnen, die gleich direkt die Lage der aktiven Stoffe anzeigen. Sie entsprechen also in gewisser Hinsicht einem kombinierten Fernsehaufnahme- und -wiedergabegerät. Nur wird nicht sichtbares Licht, sondern die Strahlung radioaktiver Stoffe registriert. Ein automatisches Abtastgerät einfacherer Konstruktion hat sich bereits im klinischen Gebrauch zur Bestimmung der Ausdehnung gewisser Organe bewährt. Während ein gut ausgeblendeter Szintillationszähler (67) den entsprechenden Teil der Körperoberfläche abtastet, wird eine mit dem Zähler gekoppelte Feder über ein Blatt Papier bewegt. Mit Hilfe eines Untersetzers wird die Feder nach einer gewissen Anzahl von Stößen aus der normalen Fortbewegungsrichtung heraus und dann wieder in diese zurück bewegt, so daß eine scharfe Zacke entsteht. Die Häufigkeit dieser Zacken ist dann ein Maß für die Strahlungsintensität; dadurch erhält man also ein Diagramm, aus dem die von einer Strahlenquelle eingenommene Fläche direkt ersichtlich ist (68). Nach Verabreichung von Radiojod kann mit diesem Gerät die Ausdehnung der Schilddrüse bestimmt werden (357). Die Anreicherung von markiertem kolloidalem Gold ermöglicht die Bestimmung der Leberausdehnung (132).

Bei einem anderen Gerät, das aber noch keine praktische Anwendung gefunden hat, wird das Abtasten durch Drehung des Zählrohres ähnlich der Drehung eines Scheinwerfers besorgt. Die vom Zählrohr gelieferten Impulse betätigen ein aus vielen Einzellämpchen bestehendes rasterartiges Anzeigesystem. Die

Gesamtheit der Lämpchen vermittelt direkt ein Bild der Aktivitätsverteilung (225, 226).

Während das Hauptanwendungsgebiet der räumlichen Ortung radioaktiv markierter Stoffe sicherlich auch weiterhin bei physiologischen Untersuchungen liegen wird, soll doch auf die allgemeine Anwendbarkeit der Methode hingewiesen werden. Beispielsweise konnte die Bewegung von Insekten oder Würmern, die sich in die Erde eingraben, verfolgt werden: Die Tiere wurden mit Radiokobalt markiert und ihre Lage dann mit einem über der Bodenoberfläche befestigten Zählrohr bestimmt. Während die horizontalen Lagekoordinaten der Tiere aus der Stellung maximaler Intensität gefunden wurden, konnte ihre Tiefe aus dem Betrag der maximalen Intensität berechnet werden (14).

q) Bestimmung von Absolutmengen ohne Kenntnis der spezifischen Aktivität.

Bestimmung von Absolutmengen durch Indikatoranalyse ist in besonderen Fällen ohne Kenntnis der spezifischen Aktivität möglich. Das trifft nämlich dann zu, wenn geeignete konzentrationsabhängige Verteilungsgleichgewichte bekannt sind. Wird einer zu bestimmenden Menge eines Stoffes der gleiche Stoff in markierter Form und gewichtsloser Menge zugesetzt, so kann man die Verteilung zwischen zwei Phasen durch Messung der Aktivität bestimmen. Bei konzentrationsabhängigen Verteilungsgleichgewichten kann man aus der gefundenen Verteilung sofort auf die Gesamtmenge des Stoffes schließen.

Dieses Prinzip ist aber bis jetzt nur in einem Falle angewendet worden (200). Barium wurde durch seine Verteilung zwischen einer Lösung und einer festen Phase (Eisenhydroxyd) bestimmt, an der es adsorptiv festgehalten wurde. Den zu untersuchenden Bariumlösungen wurde zuerst eine gewichtslose Menge Radiobarium und eine bestimmte Menge Eisenchlorid zugesetzt, das Eisen dann bei genau eingestelltem pH-Wert mit Ammoniak gefällt und die Aktivitätsverteilung ermittelt. Eichkurven wurden mit bekannten Bariummengen aufgenommen. Beispielsweise wurden bei einer Eisenmenge von $1 \cdot 10^{-5}$ Mol, einem gesamten Lösungsvolumen von 10,6 bis 11,2 ml, einer Ammoniumchloridkonzentration von $1,1 \cdot 10^{-2}$ m und einem pH-Wert von 7,5 die folgenden Verteilungswerte gemessen:

Gesamtmenge Barium (Mol)	$2 \cdot 10^{-6}$	$2 \cdot 10^{-7}$	$2 \cdot 10^{-8}$	$1 \cdot 10^{-9}$	$1 \cdot 10^{-10}$	$1 \cdot 10^{-12}$
Prozent Barium adsorbiert	4,2	8,2	10,9	11,9	16,1	16,3

Unter den angewendeten Arbeitsbedingungen ist also eine größenordnungsmäßige Abschätzung der vorliegenden Menge zwischen 10^{-6} und 10^{-10} Mol Barium möglich. Unter geänderten Arbeitsbedingungen (pH = 8) wird das Bestimmungsbereich verkleinert, aber die Bestimmungsgenauigkeit verbessert. Elemente, die sich ähnlich wie Barium verhalten, stören natürlich bei der Bestimmung. Es dürfte andere Verteilungsgleichgewichte geben, die ebenfalls Grundlagen für derartige Bestimmungsmethoden bilden können.

Literatur.

(1) ADAMSON, A. W., J. Chem. Physics 15, 762 (1947). — (2) ADAMSON, A. W., J. W. COBBLE u. J. M. NIELSEN, J. Chem. Physics 17, 740 (1949). — (3) ALLEN, M. B., s. (48). — (4) ALLISON, H. W., u. G. E. MOORE, Physic. Rev. 78, 354 (1950). — (5) AMDUR, I., J. W. IRVINE, E. A. MASON u. J. ROSS, J. Chem. Physics 20, 436 (1952). — (6) ANDERSON, R. C., u. Y. DELABARRE, J. Amer. Chem. Soc. 73, 4051 (1951). — (7) ANDERSON, J. S., u. J. S. RICHARDS, J. Chem. Soc. London 1946, 537. — (8) ANDERSON, J. S., u. K. SADDINGTON, J. Chem. Soc. London 1949, [S] 381. — (9) ANIANSSON, G., J. Physic. Coll. Chem. 55, 1286 (1951). — (10) ANIANSSON, G., u. O. LAMM,

Nature 165, 357 (1950). — (11) Aniansson, G., u. N. H. Steiger, J. Chem. Physics 21, 1299 (1953). — (12) Antal, J. J., u. A. H. Weber, Physic. Rev. 85, 710 (1952). — (13) Rev. Sci. Instruments 23, 424 (1952). — (14) Arnason, A. P., R. A. Fuller u. J. W. T. Spinks, Science 111, 5 (1950). — (15) Ashkenazy, M., J. Lab. Clin. Med. 34, 1580 (1949). — (16) —, Atomics 4, 279 (1953).

(17) Ball, E. G., A. K. Solomon u. O. Cooper, J. Biol. Chem. 177, 81 (1949). — (18) Balston, J. N., u. B. E. Talbot, A Guide to Filter Paper and Cellulose-Powder Chromatography. London. 1952. — (19) Banks, F. R., Physic. Rev. 59, 376 (1941). — (20) Banks, F. R., u. H. Day. Physic. Rev. 57, 1067 (1940). — (21) Bassham, J. A., A. A. Benson u. M. Calvin, J. Biol. Chem. 185, 781 (1950). — (22) Bearinger, V. W., s. (13). — (23) Becker, A., u. K. H. Stehberger, Ann. Physik (5) 1, 529 (1929). — (24) Beischer, D. E., Science 115, 682 (1952). — (25) J. Physic. Chem. 57, 134 (1953). — (26) Belcher, E. H., H. D. Evans u. J. G. Winter, Brit. Med. Bull. 8, 172 (1952). — (27) Benson, A. A., J. A. Bassham, M. Calvin, T. C. Goodale, V. A. Haas u. W. Stepka, J. Amer. Chem. Soc. 72, 1710 (1950). — (28) Benson, A. A., u. M. Calvin, Science 105, 648 (1947). — (29) Bernard, R., F. Davoine u. J. Hirtz, C. r. acad. sci., Paris 232, 1826 (1951). — (30) Berne, E., u. A. Klemm, Z. Naturforsch. 8 a, 400 (1953). — (31) Berne, E., u. I. Leder, Z. Naturforsch. 8 a, 719 (1953). — (32) Bernert, T., Die künstliche Radioaktivität in Biologie und Medizin. Wien. 1949. — (33) Berry, K. L., u. J. H. Peterson, J. Amer. Chem. Soc. 73, 5195 (1951). — (34) Beydon, J., C. r. acad. sci., Paris 224, 1715 (1947). — (35) Birchenall, C. E., u. R. F. Mehl, J. Appl. Physics 19, 217 (1948). — (36) Black, C., G. G. Joris u. H. S. Taylor, J. Chem. Physics 16, 537 (1948). — (37) Blau, M., u. J. E. Willard, J. Amer. Chem. Soc. 73, 442 (1951). — (38) Boldridge, W. F., u. D. N. Hume, s. (48). — (39) Bonet-Maury, P., Bull. soc. chim. France 1953, 1066. — (40) Born, H. J., u. K. G. Zimmer, Naturwiss. 28, 447 (1940). — (41) Borsoff, V. N., D. L. Cook u. J. W. Otvos, Nucleonics 10 (10), 67 (1952). — (42) Borsook, H., C. L. Deasy, A. J. Haagen-Smit, G. Keighley u. P. H. Lowy, J. Biol. Chem. 173, 423 (1948). — (43) Boursnell, J. C., R. R. Coombs u. V. Rizk, Biochemic. J. 55, 745 (1953). — (44) Bowden, F. P., u. A. C. Moore, Research 2, 585 (1949). — (45) Trans. Faraday Soc. 47, 900 (1951). — (46) Boyack, J., G. E. Moore u. D. F. Clausen, Nucleonics 3 (4), 62 (1948). — (47) Boyd, G. E., A. W. Adamson u. L. S. Myers, J. Amer. Chem. Soc. 69, 2836 (1947). — (48) Boyd, G. E., u. D. N. Hume, Nat. Nucl. Ener. Ser. VIII—1, 662. New York. 1950. — (49) Boyd, G. E., u. B. A. Soldano, J. Amer. Chem. Soc. 75, 6091, 6105 (1953). — (50) Boyd, T. F., u. M. Galan, Analyt. Chemistry 25, 1568 (1953). — (51) Bradacs, L. K., I.-M. Ladenbauer u. F. Hecht, Mikrochim. Acta [Wien] 1953, 229. — (52) Brady, A. P., u. J. D. Salley, J. Amer. Chem. Soc. 70, 914 (1948). — (53) Breshneva, N., Acta physicochim. URSS 5. 549 (1936). — (54) Shurnal Fisitscheskoi Chimii, Moskwa 8, 849 (1936). — (55) Bueche, F., Physic. Rev. 86, 652 (1952). — (56) Bueche, F., W. M. Cashin u. P. Debye, J. Chem. Physics 20, 156 (1952). — (57) Burkell, J. E., u. J. W. Spinks, Canad. J. Chem. 30, 311 (1952). — (58) Burton, J. A., E. D. Kolb, W. P. Slichter u. J. D. Struthers, J. Chem. Physics 21, 1991 (1953). — (59) Burtt, B. P., u. J. D. Kurbatov, J. Amer. Chem. Soc. 70, 2279 (1946). — (60) Burwell, J. T., Nucleonics 1 (4), 38 (1947). — (61) Burwell, J. T., u. S. F. Murray, Nucleonics 6 (1). 34 (1950). — (62) Button, J. C., A. J. Davies u. R. Tourret, Nucleonics 9 (5), 34 (1951).

(63) Cacciapuoti, B. N., u. F. Ferla, Atti accad. Lincei (Rend.), Classe sci. fis. mat. nat. 28, 385 (1938). — (64) Ann. chim. applicata 29, 166 (1939). — (65) Calvin, M., u. A. A. Benson, Science 107, 476 (1948). — (66) Science 109, 140 (1949). — (67) Cassen, B., L. Curtis u. C. Reed, Nucleonics 6 (2), 78 (1950). — (68) Cassen, B., L. Curtis, C. Reed u. R. Libby, Nucleonics 9 (2), 46 (1951). — (69) Chatterjee, S. D., J. Indian Chem. Soc. 17, 712 (1940). — (70) —, Chemistry Conference, Brookhaven National Laboratory, BNL-C-8 (1948). — (71) Chemla, M., C. r. acad. sci., Paris 232, 1553 (1951). — (72) Church, T. G., Canad. J. Res. 28 A, 164 (1950). — (73) Cohen, G., u. G. C. Kuczynski, J. Appl. Physics 21, 1339 (1950). — (74) Colding, B., u. L. G. Erwall, Nucleonics 11 (2), 46 (1953). — (75) —, Colloque internat. du Centre National de la Recherche Scientifique V, J. chim. phys. 45, 141 (1948). — (76) Connick, R. E., u. W. H. McVey, J. Amer. Chem. Soc. 71, 3182 (1949). — (77) Connick, R. E., u. W. H. Reas, J. Amer. Chem. Soc. 73, 1171 (1951). — (78) Cooley, R. A., u. H. O. Banks, J. Amer. Chem. Soc. 73, 4022 (1951). — (79) Corbett, B. D., u. A. J. Honour, Nucleonics 9 (5), 43 (1951). — (80) Proc. Isotope Techniques Conference. S. 130. Oxford. 1951. — (81) Croatto, U., u. G. Giacomello, Gazz. chim. ital. 82, 712 (1952). — (82) Crooks, H. N., Carnegie Inst. Tech. Report No. 12 (1949). — (83) Crowell, A. D., u. H. E. Farnsworth, Physic. Rev. 78, 351 (1950). — (84) J. Chem. Physics 19, 1205 (1951). — (85) Cuddeback, R. B., u. H. G. Drickamer, J. Chem. Physics 19,

790 (1951). — (85a) J. Chem. Physics **21**, 597 (1953). — (86) CUDDEBACK, R. B., R. C. KOELLER u. H. G. DRICKAMER, J. Chem. Physics **21**, 589 (1953).

(87) DAINTON, F. S., u. H. M. KIMBERLEY, Trans. Faraday Soc. **46**, 912 (1950). — (88) DAUDEL, P., R. MUXART u. R. MELET, Bull. soc. chim. France 1953, C 104. — (89) DAVIS, R. G., Electronics **23** (11), 72 (1950). — (90) DEAN, J. A., u. S. A. REYNOLDS, Analyt. Chemistry **25**, 1935 (1953). — (91) DEBIESSE, J., u. G. NEYRET, Vide, Paris **6**, 1098 (1951). — (92) DEVIENNE, M., C. r. acad. sci., Paris **232**, 1088 (1951); **234**, 80 (1952). — (93) J. physique Radium **14**, 257 (1953). — (94) DIXON, J. K., A. J. WEITH, A. A. ARGYLE u. D. J. SALLEY, Nature **163**, 845 (1949). — (95) DREEKEN, A., u. R. WARD, J. Amer. Chem. Soc. **73**, 4679 (1951).

(96) EAGER, R. L., u. D. B. LANGMUIR, Physic. Rev. **89**, 911 (1953). — (97) ECKERT, R. E., u. H. G. DRICKAMER, J. Chem. Physics **20**, 13 (1952). — (98) EDWARDS, R. R., Annual Rev. Nucl. Sci. **1**, 301 (1952). — (99) EIDINOFF, M. L., u. J. E. KNOLL, J. Amer. Chem. Soc. **75**, 1992 (1953). — (100) ERBACHER, O., Z. physik. Chem., Abt. A **163**, 196, 215 (1933); Abt. A **178**, 15, 43 (1936); Abt. A **180**, 141 (1937); Abt. A **182**, 243, 256 (1938). — (101) Z. Elektrochem. **44**, 594 (1938). — (102) Chem.-Ztg. **62**, 601 (1938). — (103) ERBACHER, O., u. B. NIKITIN, Z. physik. Chem., Abt. A **158**, 216 (1932). — (104) ERBACHER, O., u. K. PHILIPP, Angew. Chem. **48**, 409 (1935). — (105) ERWALL, L. G., u. M. HILLERT, Research **4**, 242 (1951).

(106) FELDMANN, M., W. GOEDDEL u. G. J. DIENES, Physic. Rev. **86**, 623 (1952). — (107) FELDMANN, M. H., W. V. GOEDDEL, G. J. DIENES u. W. GOSSEN, J. Appl. Physics **23**, 1200 (1952). — (108) FENSHAM, P. J., Austral. J. Scient. Res. **3** A, 91, 105 (1950). — (109) FERLA, F., Ann. chim. applicata **28**, 331 (1938). — (110) FINK, K., u. R. M. FINK, Science **107**, 253 (1948). — (111) Science **108**, 358 (1948). — (112) FINK, R. M., C. E. DENT u. K. FINK, Nature **160**, 801 (1947). — (113) FITZGERALD, J. V., Glass Ind. **30**, 259 (1949). — (114) FLAGG, J. F., J. Amer. Chem. Soc. **63**, 3150 (1941). — (115) FLAGG, J. F., u. E. O. WIIG, Ind. Eng. Chem., Analyt. Ed. **13**, 341 (1941). — (116) FLÜGGE, S., u. K. E. ZIMEN, Z. physik. Chem., Abt. B **42**, 179 (1939). — (117) FRANCIS, G. E., u. A. WORMALL, Proc. IX. Internat. Congr. Pure Appl Chem. **2**, 421 (1947). — (118) FRANCIS, G. E., W. MULLIGAN u. A. WORMALL, Nature **167**, 748 (1951). — (119) FRANCIS, M., Kolloid-Z. **59**, 292 (1932). — (120) FRAUENFELDER, H., Helv. Physica Acta **23**, 347 (1950).

(121) GARDNER, K., u. D. F. HEATH, Analyt. Chemistry **25**, 1849 (1953). — (122) GARRISON, W. M., D. C. MORRISON, J. G. HAMILTON, A. A. BENSON u. M. CALVIN, Science **114**, 416 (1951). — (123) GAUDIN, A. M., u. J. S. CARR, Analyt. Chemistry **24**, 887 (1952). — (124) GAUDIN, A. M., u. C. S. CHANG, Mining Engng. **4**, 193 (1952). — (125) GEIB, K. H., in: Handbuch der Katalyse, Bd. VI, S. 36. Wien. 1943. — (126) GEMANT, A., J. Appl. Physics **19**, 1160 (1948). — (127) GEMANT, A., E. HINES u. E. L. ALEXANDERSON, J. Appl. Physics **22**, 460 (1951). — (128) GEST, H., W. H. BURGUS u. T. H. DAVIES, Bericht der USA-Atomenergiekommission AECD 2560. — (129) GILMORE, R. C., M. C. ROBBINS u. A. F. REID, Nucleonics **12** (2), 65 (1954). — (130) GLAZMAN, Y. M., u. D. N. STRAZHESKO, Doklady Akad. Nauk (SSSR) **75**, 411 (1950). — (131) GOODMAN, C., J. W. IRVINE u. C. F. HORAN, J. Industr. Hyg. Toxicol. **25**, 275 (1943). — (132) GOODWIN, W. E., F. K. BAUER, T. BARRETT u. B. CASSEN, Amer. J. Roentgenol. Radium Therapy **68**, 963 (1952). — (133) GREGORY, J. N., Nature **157**, 443 (1946). — (134) GREGORY, J. N., J. F. HILL u. S. MOORBATH, Trans. Faraday Soc. **48**, 643 (1952). — (135) GRUSON, P. L., Doklady Akad. Nauk. (SSSR) **86**, 289 (1952). — (136) GÜBELI, O., u. K. STAMMBACH, Helv. Chim. Acta **34**, 1257 (1951). — (137) GUÉRON, J., Nucleonics **9** (5), 53 (1951).

(138) HAAN, A. DE, s. (48). — (139) HACKERMANN, N., u. R. A. POWERS, J. Physic. Chem. **57**, 139 (1953). — (140) HAENNY, CH., u. P. MIVELAZ, Helv. Chim. Acta **31**, 633 (1948). — (141) HAHN, O., Z. Elektrochem. **29**, 189 (1923). — (142) Ann. Chem. **440**, 121 (1924). — (143) Naturwiss. **12**, 1140 (1924). — (144) Naturwiss. **17**, 296 (1929). — (145) Ber. dtsch. chem. Ges. **67** A, 150 (1934). — (146) Applied Radiochemistry. Ithaca. 1936. — (147) J. Chem. Soc. London 1949, [S] 259. — (148) HAHN, O., u. M. BILTZ, Z. physikal. Chem. **126**, 323 (1927). — (149) HAHN, O., u. H. MÜLLER, Glastechn. Ber. **7**, 380 (1929). — (150) HAISSINSKY, M., J. chim. phys. **47**, 957 (1950). — (151) HAISSINSKY, M., u. R. BOVY, Bull. soc. chim. France **17**, 827 (1950). — (152) HALL, L. D., J. Amer. Chem. Soc. **73**, 757 (1951). — (153) HARWOOD, J. J., Nucleonics **2** (1), 57 (1948). — (154) HENSLEY, J. W., A. O. LONG u. J. E. WILLARD, Ind. Eng. Chem. **41**, 1415 (1949). — (155) HERR, W., Chemie **58**, 46 (1945). — (156) Angew. Chem. **59**, 155 (1947). — (157) Angew. Chemie **65**, 568 (1953). — (158) HERSHENSON, H. M., u. L. B. ROGERS, Analyt. Chemistry **24**, 219 (1952). — (159) HEVESY, G., Radioactive Indicators. New York. 1948. — (160) HEVESY, G., u. L. HAHN, Kgl. Danske Vidensk. Selsk., biol. Medd. **16**, 1 (1941). — (161) HEVESY, G., u. A. OBRUTSCHEWA, Nature **115**,

674 (1925). — (162) Hevesy, G., u. F. Paneth, Z. anorg. Chem. **82**, 323 (1913). — (163) Hevesy, G., u. W. Seith, Z. Physik **56**, 790 (1929). — (164) Hevesy, G., u. L. Zechmeister, Ber. dtsch. chem. Ges. **53**, 410 (1920). — (165) Hickey, J. W., u. E. O. Wiig, J. Amer. Chem. Soc. **70**, 1574 (1948). — (166) Hoffmann, R. E., J. Chem. Physics **20**, 1567 (1952). — (167) Hoffmann, R. E., u. D. Turnbull, J. Appl. Physics **22**, 634 (1951). — (168) Hughes, H. E., u. J. O. Maloney, Chem. Engng. Progress **48**, 192 (1952). — (169) Hull, D. E., Conference on Atomic Energy in Industry, Nat. Ind. Conf. Board. New York. 1952. — (170) Hutchinson, E., J. Coll. Sci. **4**, 600 (1949). — (171) Hutchinson, F., J. Chem. Physics **17**, 1081 (1949). — (172) Hutter, J. C., Bull. soc. chim. France **1951**, 45 D.

(173) Irvine, J. W., u. C. Goodman, J. Appl. Physics **14**, 496 (1943). (174) Irving, H. M., F. J. Rosotti u. J. G. Drysdale, Nature **169**, 649 (1952). — (175) Ishibashi, M., J. Chem. Soc. Japan **55**, 1070 (1934). — (176) Bull. Chem. Soc. Japan **10**, 362 (1939).

(177) Jagitsch, R., Z. physik. Chem., Abt. A **192**, 56 (1943). — (178) Jedrzejowski, H., C. r. acad. sci., Paris **194**, 1340 (1932). — (179) Johnson, J. R., J. Appl. Physics **20**, 129 (1949). — (180) Johnson, J. R., R. H. Bristow u. H. H. Blau, J. Amer. Ceram. Soc. **34**, 165 (1951). — (181) Johnson, R. P., Amer. Inst. Mining Metallurg. Engr., Techn. Publ. **143**, 107 (1941). — (182) Johnson, W. T. M., u. K. A. Krieger, Brookhaven Conference Rep. No 4, 16 (1950). — (183) Johnston, F. J., s. (347). — (184) Jones, A. R., Analyt. Chemistry **24**, 1055 (1952). — (185) Joris, G. G., u. H. S. Taylor, J. Chem. Physics **16**, 45 (1948). — (186) Judson, C. M., A. A. Argyle, J. K. Dixon u. D. J. Salley, J. Chem. Physics **19**, 378 (1951). — (187) Judson, C. M., A. A. Argyle, D. J. Salley u. J. K. Dixon, J. Chem. Physics **18**, 1302 (1950). — (188) Judson, C. M., A. A. Lerew, J. K. Dixon u. D. J. Salley, J. Chem. Physics **20**, 519 (1952). — (189) J. Physic. Chem. **57**, 916 (1953).

(190) Kalle, E., Z. Naturforsch. **7 b**, 661 (1952). — (191) Kamen, M. D., Radioactive Tracers in Biology, 2nd Edition. New York. 1951. — (192) Keston, A. S., S. Udenfriend u. M. Levy, J. Amer. Chem. Soc. **69**, 3151 (1947). — (193) J. Amer. Chem. Soc. **72**, 748 (1950). — (194) Kieffer, F., u. P. Rumpf, Bull. soc. chim. France **1951**, 584. — (195) Koeller, R. C., u. H. G. Drickamer, J. Chem. Physics **21**, 267, 575 (1953). — (196) Kohl, D. A., Nucleonics **11** (7), 16 (1953). — (197) Kohl, D., G. Moore u. S. Chou, Nucleonics **9** (1), 68 (1951). — (198) Kritchevsky, D., u. M. Calvin, J. Amer. Chem. Soc. **72**, 4330 (1950). — (199) Kummer, J. T., u. P. H. Emmett, J. Amer. Chem. Soc. **73**, 2886 (1951). — (200) Kurbatov, M. H., u. J. D. Kurbatov, J. Amer. Chem. Soc. **69**, 438 (1947).

(201) Lambert, J. M., J. H. Roecker, J. J. Pescatore, G. Segura u. S. Stigman, Nucleonics **12** (2), 40 (1954). — (202) Landerl, H. P., u. B. M. Sturgis, Ind. Eng. Chem. **45**, 1744 (1953). — (203) Landler, Y., Rec. trav. chim. Pays-Bas **68**, 992 (1949). (204) Leighton, P. A., u. R. A. Mortensen, J. Amer. Chem. Soc. **58**, 448 (1936). — (205) Lemmon, R. M., W. Tarpey u. K. G. Scott, J. Amer. Chem. Soc. **72**, 758 (1950). — (206) Le Roy, G. V., W. R. Tweedy u. M. Ashkenazy, J. Lab. Clin. Med. **37**, 122 (1951). — (207) Leverton, W. F., u. W. G. Shepperd, Physic. Rev. **85**, 389 (1952). — (208) Lindberg, O., u. J. P. Hummel, Ark. Kemi (Mineral. Geol.) **1**, 17 (1949). — (209) Lindner, R., J. Chem. Soc. London **1949**, [S] 395. — (210) Z. Elektrochem. **54**, 430 (1950). — (211) Acta Chem. Scand. **5**, 735 (1951). — (212) Acta Chem. Scand. **6**, 457 (1952). — (213) Acta Chem. Scand. **6**, 468 (1952). — (214) Lindner, R., u. G. Johansson, Acta Chem. Scand. **4**, 307 (1950). — (215) Lipp, M., u. H. Weigel, Naturwiss. **39**, 189 (1952). — (216) Lissitzky, S., u. R. Michel, Bull. soc. chim. France **1952**, 891. — (217) Ljubimow, A. P., u. A. A. Granowskaja, Shurnal Fisitscheskoi Chimii, Moskwa **27**, 437 (1953). — (218) Long, A. O., u. J. E. Willard, Ind. Eng. Chem. **44**, 916 (1952).

(219) Mac Donald, D. K. C., J. Chem. Physics **21**, 177 (1953). — (220) Mc Kay, H., Trans. Faraday Soc. **34**, 845 (1938). — (221) Mackenzie, A. J., u. J. W. Borland, Analyt. Chemistry **24**, 176 (1952). — (222) Maloney, J. O., H. E. Hughes u. B. Seay, Bericht der USA-Atomenergiekommission AEC NP 1366 (1949). — (223) Mapother, D., H. N. Crooks u. R. Maurer, J. Chem. Physics **18**, 1231 (1950). — (224) Mason, R. W., C. F. Hiskey u. R. Ward, J. Amer. Chem. Soc. **71**, 509 (1949). — (225) Mayneord, W. V., R. C. Turner, S. P. Newberry u. H. J. Hodt, Nature **168**, 762 (1951). — (226) Proc. Isotope/Techniques Conference, S. 1, Oxford. 1951. — (227) Merchant, M. E., J. Appl. Physics **22**, 1507 (1951). — (228) Miller, P., u. F. Banks, Physic. Rev. **61**, 648 (1942). — (229) Miller, W. B., M. B. Neiman u. L. A. Sasonow, Shurnal Analitischeskoi Chimii **7**, 269 (1952). — (230) Mills, R., u. J. W. Kennedy, J. Amer. Chem. Soc. **75**, 5696 (1953). — (231) Mochel, W. E., u. J. H. Peterson, J. Amer. Chem. Soc. **71**, 1426 (1949). — (232) Moore, A. C., Brit. J. Appl. Physics **2**, Suppl. 1, 54 (1951).

— (233) Moore, G. E., Science **107**, 569 (1948). — (234) Radiology **55**, 344 (1950). — (235) Moore, G. E., H. W. Allison u. J. D. Struthers, J. Chem. Physics **18**, 1572 (1950). — (236) Moore, G. E., A. Peyton u. L. French, J. Neurosurgery **5**, 392 (1948). — (237) Moore, G. E., L. H. Tobin u. J. C. Aub, J. Clin. Investigation **22**, 102 (1943). — (238) Moore, W. J., u. B. Selikson, J. Chem. Physics **19**, 1539 (1951). — (239) Morgan, L. O., u. S. E. Turner, Analyt. Chemistry **23**, 978 (1951). — (240) Morrison, G. H., Nucleonics **11** (1), 28 (1953). — (241) Müller, R. H., u. E. N. Wise, Analyt. Chemistry **23**, 207 (1951). — (242) Murin, A., u. Ju. Tausch, Doklady Akad. Nauk (SSSR) **80**, 579 (1951). — (243) Myers, L. S., s. (48).

(244) Nachtrieb, N. H., E. Catalano u. J. A. Weil, J. Chem. Physics **20**, 1185 (1950). — (245) Nachtrieb, N. H., J. A. Weil u. E. Catalano, J. Amer. Chem. Soc. **74**, 264 (1952). — (246) Neiman, M. B., W. B. Miller u. A. I. Fedossojewa, Doklady Akad. Nauk SSSR **75**, 719 (1950). — (247) Newell, R. R., W. Saunders u. E. Miller, Nucleonics **10** (7), 36 (1952). — (248) Nickerson, R. A., u. E. R. Parker, Trans. Amer. Soc. Metals **42**, 376 (1950). — (249) Nielsen, J. M., A. W. Adamson u. J. W. Cobble, J. Amer. Chem. Soc. **74**, 446 (1952). — (250) Nikitin, B. A., u. E. M. Joffe, Bull. acad. sci. URSS, Classe sci. chim. **1944**, 210. — (251) Nikitin, B., u. P. Tolmatscheff, Z. physik. Chem., Abt. A **167**, 260 (1933). — (252) Nix, F. C., u. F. E. Jaumot, Physic. Rev. **82**, 72 (1951). — (253) Numerof, P., u. J. Kowald, J. Amer. Chem. Soc. **75**, 4350 (1953).

(254) Ossipow, L., G. Segura, C. T. Snell u. F. O. Snell, Ind. Eng. Chem. **45**, 2779 (1953).

(255) Palacios, J., u. A. Baptista, C. r. acad. sci., Paris **234**, 1676 (1952). — (256) Nature **170**, 665 (1952). — (257) Paneth, F., Z. Elektrochem. **24**, 298 (1918). — (258) Ber. dtsch. chem. Ges. **51**, 1704 (1918). — (259) Paneth, F., u. O. Nörring, Ber. dtsch. chem. Ges. **53**, 1693 (1920). — (260) Pauly, J., C. r. acad. sci., Paris **232**, 2263 (1951). — (261) C. r. acad. sci., Paris **235**, 1215 (1952). — (262) Pauly, J., u. P. Sue, C. r. acad. sci., Paris **231**, 1479 (1950). — (263) Pearson, G. L., J. D. Struthers u. H. C. Theurer, Physic. Rev. **77**, 809 (1950). — (264) Perey, M., J. physique Radium **8**, 179 (1947). — (265) Peychès, I., Silicates ind. **17**, 241 (1952). — (266) Prener, J., J. Amer. Chem. Soc. **72**, 2692 (1950). — (267) Prener, J., R. W. Mason u. R. Ward, J. Amer. Chem. Soc. **71**, 1803 (1949). — (268) Pullman, B., P. Rumpf u. F. Kieffer, J. chim. phys. **45**, 150 (1948).

(269) Quimby, E., Conference on Atomic Energy in Industry, Nat. Ind. Conf. Board. New York. 1952.

(270) Rabinowicz, E., Brit. J. Appl. Physics **2**, Suppl. 1, 82 (1951). — (271) Raynor, G. V., H. Thomasson u. B. Rouse, Trans. Amer. Soc. Metals **30**, 313 (1942). — (272) Reddington, R. W., Physic. Rev. **82**, 574 (1951). — (273) Robb, W. L., u. H. G. Drickamer, J. Chem. Physics **19**, 1504 (1951). — (274) Rockland, L. B., J. Liebermann u. M. S. Dunn, Analyt. Chemistry **24**, 778 (1952). — (275) Rollin, B. V., Physic. Rev. **55**, 231 (1939). — (276) Rosenblum, C., Chem. Rev. **16**, 991 (1935). — (277) Rosenblum, C., u. J. F. Flagg, J. Franklin Inst. **228**, 471, 623 (1939). — (278) Rubin, B. A., Science **110**, 425 (1949). — (279) Ruder, R. C., u. C. E. Birchenall, J. Metals **191**, 142 (1951). — (280) Rudnev, N. A., Shurnal Analititscheskoi Chimii **8**, 3 (1953). — (281) Ruka, R., u. J. E. Willard, J. Physic. Coll. Chem. **53**, 351 (1949). — (282) Rydberg, J., Acta Chem. Scand. **4**, 1503 (1950).

(283) Sakmann, B. W., J. T. Burwell u. J. W. Irvine, J. Appl. Physics **15**, 459 (1944). — (284) Sagrubski, A. M., Phys. Z. Sowjetunion **12**, 118 (1937). — (285) Salley, D. J., A. J. Weith, A. A. Argyle u. J. K. Dixon, Proc. Roy. Soc. London, Ser. A **203**, 42 (1950). — (286) Sauerwein, K., Angew. Chemie **66**, 107 (1954). — (287) Schadel, H. H., u. C. E. Birchenall, J. Metals **188**, 1134 (1950). — (288) Schönfeld, T., u. M. Reinharz, Mh. Chem. **84**, 392 (1953). — (288a) Schreiner, H., Österr. Chem.-Ztg. **53**, 233 (1952). — (289) Radex-Rdschau **1952**, 255. — (290) In: F. Benesovsky (Hsg.), Pulvermetallurgie, S. 203. Wien. 1953. — (291) Schwarz, K., Z. physik. Chem., Abt. A **168**, 241 (1934). — (292) Schwiegk, H. (Hsg.), Künstliche radioaktive Isotope in Physiologie, Diagnostik und Therapie. Berlin. 1953. — (293) Seaborg, G. T., Chem. Rev. **27**, 267 (1940). — (294) Seith, W., Z. Elektrochem. **39**, 538 (1933). — (295) Seith, W., u. A. H. W. Aten, Z. physik. Chem., Abt. B **10**, 296 (1930). — (296) Seith, W., u. A. Keil, Z. Metallkunde **26**, 68 (1934). — (297) Shapiro, E., Physic. Rev. **78**, 352 (1949). — (298) Shvedov, V. P., Shurnal Obschtschei Chimii **17**, 33 (1947). — (299) Shurnal Analititscheskoi Chimii **3**, 147 (1948). — (300) Siebert, W., Z. physik. Chem., Abt. A **180**, 169 (1937). — (301) Smith, E. L., Biochem. J. **52**, 384 (1952). — (302) Smith, W. V., J. Amer. Chem. Soc. **71**, 4077 (1949). — (303) Smith, W. V., u. H. N. Campbell, J. Chem. Physics **15**, 338 (1947). — (304) Smythe, C. V., u. D. H. Halliday, J. Biol. Chem. **144**, 237 (1942). — (305) Soldano, B. A., u. G. E. Boyd, J. Amer.

Chem. Soc. **75**, 6099, 6107 (1953). — (306) Soloway, S., F. J. Rennie u. D. Stetter, Nucleonics **10** (4), 52 (1952). — (307) Steigman, J., W. Shockley u. F. C. Nix, Physic. Rev. **56**, 13 (1939). — (308) Stepka, W., A. A. Benson u. M. Calvin, Science **108**, 304 (1948). — (309) Straaten, H. van der, u. A. H. W. Aten, Rec. trav. chim. Pays-Bas **69**, 561 (1950). — (310) Strain, H. H., u. G. W. Murphy, Analyt. Chemistry, **24**, 50 (1952). — (311) Sue, P., Dix ans d'application de la radioactivité artificielle. Paris. 1948. — (312) Sue, P., u. A. Nouaille, C. r. acad. sci., Paris **230**, 954 (1950).

(313) Tadayon, J., u. E. K. Rideal, 13. Int. Kongr. reine u. angew. Chemie. Stockholm. 1953. — (314) Tammann, G., Z. Elektrochem. **38**, 530 (1932). — (315) Tammann, G., u. G. Bandel, Z. Metallkunde **25**, 153, 207 (1933). — (316) Taurog, A., I. L. Chaikoff u. W. Tong, J. Biol. Chem. **178**, 997 (1949). — (317) Taurog, A., W. Tong u. I. L. Chaikoff, Nature **164**, 181 (1949). — (318) Thiers, R., W. Graydon u. F. E. Beamish, Analyt. Chemistry **20**, 831 (1948). — (319) Timmmerhaus, K. D., u. H. G. Drickamer, J. Chem. Physics **19**, 1242 (1951); **20**, 981 (1952). — (320) Tishkoff, G. H., R. Bennett, V. Bennett u. L. L. Miller, Science **110**, 452 (1949). — (321) Tomarelli, R. M., u. K. Florey, Science **107**, 630 (1948). — (322) Toribara, T. Y., u. P. S. Chen, Analyt. Chemistry **24**, 539 (1952). — (323) Toribara, T. Y., u. R. E. Sherman, Analyt. Chemistry **25**, 1594 (1953). — (324) Tung, L. H., u. H. G. Drickamer, J. Chem. Physics **20**, 6, 10 (1952). — (325) Turnbull, D., Physic. Rev. **76**, 471 (1949).

(326) Udenfriend, S., J. Biol. Chem. **187**, 65 (1950).

(327) Vance, J. E., u. R. E. Borup, Analyt. Chemistry **25**, 610 (1953). — (328) Vandervort, G. L., u. J. E. Willard, J. Amer. Chem. Soc. **70**, 3148 (1948). — (329) Vigne, J., u. J. Fondarai, Bull. soc. chim. France **1953**, 331.

(330) Walker, L. A., Science **112**, 752 (1950). — (331) Wallace, C. H., u. J. E. Willard, J. Amer. Chem. Soc. **72**, 5275 (1950). — (332) Walling, C., J. Amer. Chem. Soc. **70**, 2561 (1948). — (333) Wang, J. H., J. Amer. Chem. Soc. **73**, 510, 4181 (1951). — (334) J. Amer. Chem. Soc. **74**, 1182, 1611, 1612 (1952). — (335) J. Amer. Chem. Soc. **75**, 2777 (1953). — (336) Wang, J. H., u. J. W. Kennedy, J. Amer. Chem. Soc. **72**, 2080 (1950). — (337) Wang, J. H., C. V. Robinson u. I. S. Edelman, J. Amer. Chem. Soc. **75**, 466 (1953). — (338) Weil, H., u. T. I. Williams, Angew. Chem. **63**, 457 (1951). — (339) Werner, O., s. (145). — (340) Naturwiss. **23**, 456 (1935). — (341) Wertenstein, L., u. H. Dobrowolska, J. physique Radium **4**, 324 (1923). — (342) Westermark, T. G., u. L. G. Erwall, Research **4**, 290 (1951). — (343) Weygand, F., Angew. Chemie **61**, 285 (1949). — (344) Whiteway, S. G., D. T. McLennan u. C. C. Coffin, J. Chem. Physics **18**, 229 (1950). — (345) Wieland, Th., Angew. Chem. A **60**, 313 (1948). — (346) Naturwiss. **36**, 280 (1949). — (347) Willard, J. E., J. Physic. Chem. **57**, 129 (1953). — (348) Williams, R. R., u. R. E. Smith, Proc. Soc. Exp. Biol. Med. **77**, 169 (1951). — (349) Winegard, W. C., u. B. Chalmer, Canad. J. Physics **30**, 422 (1952). — (350) Winkler, T. B., u. J. Chipman, Trans. Amer. Inst. Mining Metallurg. Eng. **167**, 111 (1946). — (351) Winteringham, F. P. W., A. Harrison u. R. G. Bridges, Nature **166**, 999 (1950). — (352) Nucleonics **10** (3), 52 (1952). — (353) Winteringham, F. P. W., P. H. Loveday u. A. Harrison, Nature **167**, 106 (1951). — (354) Woodbury, D. T., u. C. Rosenblum, J. Amer. Chem. Soc. **75**, 4364 (1953). — (355) Wrenn, F. R., M. L. Good u. P. Handler, Science **113**, 525 (1951).

(356) Young, R. C., J. Appl. Physics **12**, 306 (1941). — (357) Yuhl, E. T., L. A. Stirrett u. B. Cassen, Nucleonics **11** (4), 54 (1953).

(358) Zimen, K. E., Z. physik. Chem., Abt. B **37**, 231, 241 (1937). — (359) Z. Elektrochem. **44**, 590 (1938). — (360) Z. physik. Chem., Abt. A **191**, 1, 95 (1942); Abt. A **192**, 1 (1943). — (361) Handbuch der Katalyse, Bd. IV, S. 211. Wien. 1943. — (362) Ark. f. Kemi (Min., Geol.) **20 A**, No. 18 (1945). — (363) In: Fundamental Mechanisms of Photogr. Sensitivity. S. 53. London. 1953. — (364) Proc. Int. Symp. on Reactivity of Solids. S. 85. Göteborg. 1952. — (365) Zimen, K. E., G. Johansson u. M. Hillert, J. Chem. Soc. London 1949, [S] 392. — (366) Zimen, K. E., P. Schmeling u. F. Svensson, Proc. Int. Symp. on Reactivity of Solids. S. 93. Göteborg. 1952.

V. Analyse mit radioaktiven Reagenzien.

1. Grundlage der Methode.

Die Bemühungen zur Entwicklung der Analyse mit radioaktiven Reagenzien entsprangen der Absicht, die besonderen Vorteile des radioaktiven Nachweises der Bestimmung solcher Elemente zuzuwenden, die vor der Entdeckung der künstlichen Radioaktivität nicht in aktiver Form bekannt waren. Die zu diesem Zweck entwickelte Analysenmethodik besteht darin, daß man den zu bestimmenden Stoff in einer wohldefinierten Reaktion mit einem radioaktiv markierten Stoff umsetzt und dann durch Aktivitätsmessungen den Reaktionsumsatz bestimmt. Derartige Verfahren sind vor allem von EHRENBERG ausgearbeitet worden, der auch die vor 1933 angegebenen Verfahren zusammenfassend besprochen hat (15, 16). Aber selbst nach der Entdeckung der künstlichen Radioaktivität hat die Analyse mit radioaktiven Reagenzien ihre Bedeutung nicht verloren, da sie es grundsätzlich gestattet, Radioelemente zu den Analysen heranzuziehen, mit denen es sich besser arbeiten läßt als mit den Isotopen des zu bestimmenden Elements. Von Bedeutung scheint aber vor allem die Tatsache, daß auf diesem Wege hochempfindliche Mikrobestimmungen funktioneller Gruppen in komplizierten organischen Molekülen (z. B. auch in Hochpolymeren) ausgeführt werden können. Der durch EHRENBERG geprägte Ausdruck „radiometrische Analyse" muß allerdings heute als zu umfassend durch den hier verwendeten Ausdruck „Analyse mit radioaktiven Reagenzien" ersetzt werden.

Voraussetzung für quantitative Bestimmungen mit Hilfe radioaktiver Reagenzien ist, daß die Umsatzverhältnisse bei der verwendeten Reaktion bekannt sind und daß die Reaktion praktisch vollständig abläuft. Eine Kenntnis spezifischer Aktivitäten ist bei manchen Verfahren überhaupt nicht notwendig; bei anderen Verfahren, wo sie erforderlich ist, kann die spezifische Aktivität des Reagens ein für allemal ermittelt werden. In manchen Fällen muß zur Durchführung der Analyse eine Kette von Reaktionen verwendet werden; dann soll die Abschlußreaktion einer solchen Kette, an der das radioaktive Reagens teilnimmt, als „Indikatorreaktion" bezeichnet werden.

Zur Bestimmung des Umsatzes müssen sich die Reaktionsprodukte leicht und vollkommen von den Ausgangsstoffen abtrennen lassen. Für diese Abtrennung ist es von Vorteil, wenn die Reaktionsprodukte in einem anderen Aggregatzustand als die Ausgangsstoffe vorliegen, beispielsweise aus einer Lösung niedergeschlagen werden.

Betrachten wir nun die schematische Reaktion

$$A + B = C,$$

die quantitativ abläuft und sich daher für die Analyse eignet. Zu bestimmen sei der Stoff A. Der Lösung wird nun eine bekannte Überschußmenge des radioaktiv indizierten Stoffes B zugesetzt, deren Gesamtaktivität bekannt ist. Nach Ablauf der Reaktion bestimmt man die Aktivität der Teilmenge von B, die nicht umgesetzt (z. B. nicht ausgefällt) wurde. Daraus ergibt sich der umgesetzte Bruchteil von B und damit auf Grund der stöchiometrischen Beziehungen die vorliegende Menge von A. Umgekehrt kann natürlich auch die umgesetzte Menge der Radioelemente direkt gemessen werden.

Auch „Reaktionen", die nicht nach stöchiometrischen Gesetzen ablaufen, können unter Umständen der Analyse nutzbar gemacht werden. So kann in gewissen Systemen der Verteilungskoeffizient eines Radioelements zwischen zwei Phasen innerhalb gewisser Grenzen als eine konstante Größe betrachtet werden. Dies gilt für viele Verteilungsgleichgewichte zwischen unmischbaren Flüssigkeiten (vgl. Kap. III, Abschn. 5), aber auch für gewisse Mitkristallisations- und Mitfällungsvorgänge (Kap. III, Abschn. 2, b und d). Verschiedene Analysen beruhen nun darauf, daß aus dem Bruchteil des Radioelements, der durch einen Niederschlag festgehalten (mitgefällt) wird, auf die Masse des Niederschlages geschlossen werden kann (Abschn. 3).

Mehrere im folgenden angeführte Methoden veranschaulichen die Eignung radioaktiv markierter Reagenzien zur Bestimmung funktioneller Gruppen. Gerade bei diesen Bestimmungen liegen die Erfassungsgrenzen mit den üblichen Methoden oft ziemlich hoch. Es gibt Fälle, in denen zur Erzielung einer quantitativen Reaktion an der funktionellen Gruppe ein großer Überschuß an Reagens erforderlich ist. Ist der Gehalt an der zu bestimmenden Gruppe klein, so kann nun sowohl die Abnahme der Reagensmenge wie auch die Änderung in der zu untersuchenden Substanz durch Derivatbildung (z. B. durch Gewichtszunahme) so klein sein, daß ein Nachweis nicht mit Sicherheit möglich ist. Gelingt es jedoch, die Derivatbildung durch Aktivitätsmessung zu bestimmen, so ist eine bedeutende Steigerung der Empfindlichkeit erzielbar; im Gegensatz zu den nichtradioaktiven Methoden wird der Umsatz nun direkt und nicht aus der Differenz zweier Werte ermittelt.

Die radioaktiven Reagenzien sind also besonders zur Mikrobestimmung funktioneller Gruppen geeignet. Gerade auf diesem Gebiete dürften in Zukunft Methoden ausgearbeitet werden, die sich durch eine wesentliche Verbesserung der Nachweisgrenzen auszeichnen. Äußerste Empfindlichkeit bei der Bestimmung funktioneller Gruppen ist beispielsweise erforderlich, wenn die Molekulargewichte hochpolymerer Stoffe durch Endgruppenbestimmung aufgefunden werden sollen. Die Vorteile der Radioreagenzien sind hier ganz offenkundig.

Hier soll noch auf einen anderen Vorteil der Bestimmungen mit Hilfe radioaktiver Reagenzien hingewiesen werden: Die Mikrobestimmung mit Hilfe spezifischer Reagenzien scheitert oft daran, daß das Reaktionsprodukt in so geringer Menge vorliegt, daß es entweder nicht eindeutig identifiziert oder nicht genügend genau bestimmt werden kann; dies tritt vor allem dann auf, wenn nur sehr kleine Stoffmengen vorliegen, oder wenn die Bestimmung des Reaktionsprodukts durch Begleitstoffe erschwert wird. Beide Hindernisse fallen nun weg, wenn mit einem markierten Reagens gearbeitet wird. Dann kann man nämlich vor der Isolierung des Reaktionsprodukts inaktiven Träger in jener Menge zusetzen, die zur Erzielung einer reinlichen Trennung erforderlich ist. Die Aktivität des derart isolierten Reaktionsprodukts ist dann das Maß für den zu bestimmenden Stoff; es ist auch nicht wesentlich, ob die Abtrennung quantitativ verläuft, da ja die Isotopenverdünnungsmethode (Kap. VI, Abschn. 2, b) für die Ausbeuteermittlung zur Verfügung steht, d. h. es reicht eine Bestimmung der spezifischen Aktivität des abgeschiedenen Reinstoffes aus.

Auch wenn die Identität des Reaktionsprodukts in Zweifel ist, bietet das Arbeiten mit radioaktiven Reagenzien bedeutende Vorteile: Die Überprüfung der Identität kann nun durchgeführt werden, indem man die vermutlich identische Substanz in inaktiver Form zusetzt und das Verhalten des Gemisches überprüft, wenn es verschiedenen Vorgängen (z. B. Lösungsmittelverteilung oder Chromatographie) unterworfen wird. Sind die beiden Stoffe identisch, so muß die spezifische Aktivität in allen Fraktionen die gleiche bleiben (vgl. Kap. IV, Abschn. 5).

2. Fällungsmethoden.

a) Natürlich radioaktive Reagenzien.

Einfach ist die Bestimmung von Ionen, die mit radioaktiven Ionen der entgegengesetzten Ladung schwerlösliche Salze geben. Als Beispiel sei die Chromatbestimmung mit radioaktivem Blei beschrieben (8, 16): Der Chromatlösung wird ein Überschuß an Bleilösung zugesetzt, die mit Thorium B markiert wurde. Die Bleikonzentration der zugesetzten Lösung ist entweder auf Grund der Einwaage bekannt oder wird mit gewöhnlichen analytischen Methoden bestimmt. Der erzeugte Bleichromatniederschlag wird abzentrifugiert. Ein Teil der überstehenden. Lösung wird sodann herauspipettiert und ihre Aktivität wird nach Einstellung des radioaktiven Gleichgewichtes ThB-ThC gemessen. Die Aktivität dieser Lösung setzt sich aus der des überschüssigen Bleis und aus der des gelösten Bleichromats zusammen. Diese Aktivität wird mit der der Reagenslösung verglichen. Der zweite Beitrag kann im Falle des Bleichromats wegen seiner geringen Löslichkeit vernachlässigt werden, ist jedoch bei stärker löslichen Niederschlägen — etwa beim Bleisulfat — zu berücksichtigen. Besonders einfach ist die Auswertung der Ergebnisse, wenn eine Serie von Eichproben bekannten Gehaltes der gleichen Fällungsreaktion unterworfen wird. Der gesuchte Wert wird dann durch Interpolation gefunden. Eine Berücksichtigung der Löslichkeit der Niederschläge ist in diesem Falle nicht mehr erforderlich, auch kann die Bestimmung der Aktivität der zur Fällung verwendeten Bleilösung unterbleiben. Die Anwendung dieser Methode ist daher besonders bei Reihenbestimmungen zu empfehlen.

Will man die Aktivitätsbestimmung erst längere Zeit (mehrere Tage) nach der Fällungsreaktion durchführen, so kann man — wenn wir beim Beispiel des Bleichromats bleiben — zur Fällung inaktives Blei verwenden und das überschüssige Blei zu einem beliebigen späteren Zeitpunkt nach einer Isotopenverdünnungsmethode (vgl. Kap. VI) bestimmen (16): Zu einem bestimmten Volumen der inaktiven bleihaltigen Lösung unbekannter Konzentration, die bei der Fällung hinterbleibt, wird ein ebenfalls bestimmtes Volumen einer radioaktiv indizierten Bleisalzlösung bekannter Konzentration zugesetzt. Nach Durchmischung wird die gleiche Menge Blei wie das im aktiven Zusatz enthaltene durch die berechnete Menge einer bleifällenden Lösung, z. B. Kaliumchromatlösung, wieder ausgefällt. Der Niederschlag wird abzentrifugiert und die Aktivität der Lösung bestimmt. Aus der Gesamtaktivität der zugesetzten Lösung (R_1) und der gesamten Restaktivität (R_f) sowie der zugesetzten Bleimenge (X_1) ergibt sich der Bleigehalt der Ausgangslösung (X_2):

$$X_2 = \frac{R_f X_1}{R_1 - R_f}.$$

Geben die zur Verfügung stehenden radioaktiven Ionen mit dem zu bestimmenden Stoff keinen schwerlöslichen Niederschlag, so kann die Bestimmung unter Umständen dennoch auf einem von EHRENBERG vorgeschlagenen Umweg ausgeführt werden (9). Durch Aneinanderreihen mehrerer Fällungen kann man nämlich schließlich zur Lösung eines Stoffes gelangen, der mit zur Verfügung stehenden radioaktiven Ionen einen schwerlöslichen Niederschlag liefert, für den also eine Umsatzbestimmung mit aktivem Reagens durchführbar ist. Beispielsweise lautet die Reaktionsfolge für die Chloridbestimmung: Fällung des Chlorids mit überschüssigem (inaktivem) Silbernitrat, des Silbers mit überschüssigem (inaktivem) Kaliumchromat und des Chromats mit überschüssigem radioaktiv markiertem Bleinitrat.

Reaktionsketten ermöglichen auch die Bestimmung von Alkalimetallen: Kalium (11) wird als Hexanitritokobaltiat(III) gefällt und der Niederschlag nach längerem Stehen abzentrifugiert und gewaschen. Der Niederschlag wird nun mit überschüssigem Permanganat oxydiert, das restliche Permanganat mit Oxalat reduziert und das verbliebene Oxalat mit indizierter Bleilösung in einer Indikatorreaktion gefällt. Natrium (26) wird als $NaMg(UO_2)_3(CH_3COO)_9 \cdot 9\,H_2O$ gefällt und das überschüssige Fällungsmittel mit Hilfe von radioaktiver Bleinitratlösung gefällt und bestimmt. Zur Bestimmung von Lithium (oder auch des Erdalkalimetalls Calcium) wird das Element als Phosphat gefällt, der Niederschlag abfiltriert und in Säure aufgelöst. Die freigesetzte Phosphorsäure wird mit aktivem Bleinitrat als Reagens bestimmt (26).

Acidimetrische bzw. alkalimetrische Bestimmungen können durch Auflösung von radioaktiv markiertem Hydroxyd oder Carbonat ausgeführt werden. Aktives Bleicarbonat wird in Zentrifugengläschen mit den zur Eichung bzw. Bestimmung dienenden Säuremengen umgesetzt. Das ungelöste Bleicarbonat wird dann abzentrifugiert, ein aliquoter Teil der Lösung eingedampft und die Aktivität bestimmt. Bleifällende Anionen dürfen nicht anwesend sein. Soll nicht Säure, sondern Alkali bestimmt werden, so wird zuerst mit überschüssiger Säure versetzt und dann der Säureüberschuß mit Bleicarbonat bestimmt (16).

Bei einer von EHRENBERG vorgeschlagenen Kohlensäurebestimmung wird die Kohlensäure in Barytlauge aufgefangen. Die verbleibende Barytlauge wird mit überschüssiger aktiver Bleinitratlösung versetzt und schließlich die in Lösung verbleibende Aktivität bestimmt (11, 12).

Bei Ammoniakbestimmungen nach KJELDAHL kann der Ammoniak in aktiver Bleinitratlösung aufgefangen und das überschüssige Blei durch Messung der Aktivität bestimmt werden (10).

Die von EHRENBERG vorgeschlagenen oxydimetrischen Verfahren (13) werden mit Hilfe einer Sulfidlösung bekannter Konzentration ausgeführt. Durch die jeweilige Oxydationsreaktion wird ein Teil des Sulfids zu Schwefel oxydiert. Die Fällung des verbliebenen Sulfids erfolgt nun mit überschüssiger indizierter essigsaurer Bleilösung. Die Aktivität der Lösung entspricht nun dem Anteil des Bleis, der infolge der vorhergegangenen Oxydation eines Teiles des Sulfids nicht gefällt wurde. Bestimmungen dieser Art wurden für Jod, Permanganat, Eisen(III) und Kupfer(II) durchgeführt.

Eine Zuckerbestimmung beruht auf Oxydation des Zuckers mit Ferricyanidion und Bestimmung des gebildeten Ferrocyanidions durch Fällung mit radioaktiv indiziertem Blei (14).

b) Künstlich radioaktive Reagenzien.

Nachdem die künstlich radioaktiven Stoffe leichter zugänglich geworden waren, fanden sie in einer Anzahl von Bestimmungsverfahren mit radioaktiv markierten Reagenzien Anwendung. Eine Thalliumbestimmung (39) beruht auf der Fällung mit radioaktivem Jodid. Der aktive Niederschlag (TlJ) wird in einem zerlegbaren Röhrchen (s. Abb. 16) abzentrifugiert, so daß die Aktivitätsbestimmung direkt am Niederschlag, wie er sich am Boden des Röhrchens sammelt, ausgeführt werden kann. Die Bestimmung des Thalliumgehaltes erfolgt durch Vergleich mit den Aktivitäten, die aus den Lösungen bekannter Thalliumkonzentration nach Zusatz der gleichen indizierten Jodidlösung erhalten wurden.

Für die Thalliumbestimmung kann auch mit Kobalt 60 markiertes Hexamminkobalti-Trichlorid verwendet werden (27). Der gebildete Niederschlag $[Co(NH_3)_6]\,[TlCl_6]$ wird abfiltriert, dann in Wasserstoffperoxyd und Essigsäure gelöst und die Aktivitätsmessung am Eindampfrückstand dieser Lösung vorgenommen. Ein halbes Mikrogramm Thallium kann noch gut bestimmt werden.

Natriumkobaltihexanitrit kann ebenfalls mit Kobalt 60 markiert und für eine sehr empfindliche Kaliumbestimmung (bis etwa 10 μg) verwendet werden (28). Die aktiven Kaliumniederschläge können unmittelbar auf einer Sinternutsche unter ein Zählrohr gebracht werden. Die Auswertung erfolgt durch Vergleich mit Niederschlägen aus Eichlösungen.

Silber kann durch Fällen mit aktivem Arsenit bestimmt werden (4). SUE (44) verwendet radioaktives Phosphat zur Magnesiumbestimmung. Die Magnesiumlösung wird mit überschüssiger Phosphatlösung gefällt. Bestimmt wird die Aktivität des Niederschlages. Vor dem Abfiltrieren wird noch inaktives Magnesiumammoniumphosphat zugegeben, um eine bessere Abtrennung des Niederschlages zu gewährleisten. (Der Austausch zwischen dem zugesetzten inaktiven Niederschlag und den aktiven Phosphationen der Lösung geht so langsam vor sich, daß die Genauigkeit der Bestimmung nicht beeinträchtigt wird.) Der Zusatz inaktiven Niederschlages zur Erleichterung der Abtrennung kann auch bei anderen Bestimmungen angewendet werden. Bei einer Radioreagensbestimmung von Silber nach SUE (44) wird überschüssige Natriumjodidlösung verwendet, die mit radioaktivem Jod indiziert wurde. Vor Abtrennung des Niederschlages wird Eisenhydroxyd als eine Art Filterhilfe zugesetzt. (Inaktiver Silberjodidzusatz kann nicht verwendet werden, da Austausch mit der Lösung zu rasch erfolgt.)

Nach einer von MÖLLER und SCHWEITZER (38) angegebenen Methode wird zu bestimmendes Thorium mit überschüssiger Pyrophosphatlösung bekannter Aktivität gefällt und die Aktivität des Filtrats bestimmt. Die Aktivitätsmessung kann direkt an der Flüssigkeit erfolgen; Unterschiede in der Dichte der Lösung, die die Selbstabsorption der β-Strahlen verändern würden, werden durch Einstellen gleicher Dichte in allen Proben mittels Zusatzes von Natriumnitrat ausgeglichen. Die natürliche Radioaktivität des Thoriums wirkt nicht störend, da nicht nur das Thorium, sondern auch der Großteil seiner Folgeprodukte ausgefällt wird. Die Fällung erfolgt in 0,3-normaler Säure, da bei dieser Konzentration die dreiwertigen seltenen Erden nicht ausfallen; vierwertiges Cer muß vor der Fällung reduziert werden. Bei Analysen von Monazitsand muß jedoch vor der Indikatorreaktion die Hauptmenge der seltenen Erden abgetrennt werden.

GOVAERTS und BARCIA-GOYANES (19, 20) geben eine Methode zur Bestimmung von Chrom, Vanadin und Molybdän an, bei der diese Elemente auf Grund chemischer Vorbehandlung nur als Anionen vorliegen und mit radioaktiv markierter Silberlösung gefällt werden. Die Aktivitätsbestimmung erfolgt an den Silberniederschlägen. Bei den Silbervanadatniederschlägen waren die Aktivitätsmessungen nicht gut reproduzierbar, hingegen konnte durch Auflösen dieser Niederschläge und neuerliche Fällung des Silbers als Chlorid eine befriedigende Übereinstimmung erzielt werden.

Eine äußerst empfindliche Bestimmung von Fettsäuren beruht auf Fällung der Säure mit einem radioaktiv markierten Kobaltsalz. Nach KAUFMANN und BUDWIG (29, 30) bringt man einige Tropfen Petrolätherlösung der Säure auf Filtrierpapier, trocknet und setzt dann das Papier 20 bis 30 Minuten Ammoniakdämpfen aus. Dann behandelt man mit einer radioaktiv indizierten Kobaltacetatlösung (^{60}Co), wodurch die unlösliche Kobaltseife gebildet wird. Der Überschuß an radioaktivem Reagens wird nun mit Wasser ausgewaschen. Die Messung der Aktivität erfolgt direkt am getrockneten Papier und gestattet durch Vergleich mit Proben bekannten Gehaltes die Ermittlung der vorliegenden Menge.

3. Mitfällungsmethoden.

Bei einer Reihe von Analysen hat EHRENBERG nicht die Fällung von radioaktiv markiertem Blei als schwerlösliches Salz, sondern die Mitfällung des trägerfreien Bleiisotops Thorium B mit verschiedenen Niederschlägen zur Bestimmung der Niederschlagsmengen herangezogen. Kennt man den Verteilungskoeffizienten des mitgefällten trägerfreien Radioelements zwischen Bodenkörper und Lösung, so kann man aus einer durch Aktivitätsmessung ermittelten Verteilung des Radioelements und dem bekannten Lösungsvolumen die Niederschlagsmenge und damit auch die Konzentration des im Unterschuß vorliegenden Ions des Niederschlages berechnen. Wie leicht einzusehen ist, wären die Bestimmungen dieser Art sehr einfach, wenn der Verteilungskoeffizient konstant wäre. In Wirklichkeit ist er jedoch von einer Reihe nur schwer zu erfassender Faktoren abhängig, so daß alle derartigen Mitfällungsbestimmungen nur nach Vergleichsmethoden, d. h. mit Hilfe empirisch ermittelter Eichkurven, ausgeführt werden können. Wegen der Schwankungen im Verteilungskoeffizienten müssen in den Eichversuchen mit bekannten Mengen des zu bestimmenden Ions die Bedingungen eingehalten werden, bei denen die Fällung in der zu untersuchenden Lösung ausgeführt wird. Die Mitfällungsmethoden sind also nur dann anwendbar, wenn die Zusammensetzung der zu untersuchenden Lösung soweit bekannt ist, daß die Fällungsbedingungen der Eichung mit denen der Bestimmung genügend gut übereinstimmen, um Änderungen im Verteilungskoeffizienten zu verhindern.

Als Beispiel einer Mitfällungsanalyse dieser Art sei die von Ehrenberg (16) vorgeschlagene Calcium- bzw. Oxalatbestimmung beschrieben. Der zu analysierenden Calciumlösung wird zuerst saure, mit Thorium B indizierte Bleinitratlösung (10^{-6} n) und dann ammoniakalische, gesättigte Ammoniumoxalatlösung im Überschuß zugesetzt. Nach mehrstündigem Stehen wird der Calciumoxalatniederschlag (mit mitgerissenem Blei) abzentrifugiert und die Aktivität der Lösung bestimmt. Bei der Oxalatbestimmung wird der Lösung des Oxalats überschüssige Calciumchloridlösung zugesetzt, die mit Thorium B indiziert wurde.

4. Titrationsmethoden.

Man kann die radioaktiven Stoffe auch als Titrationsindikatoren benützen (33). Eine Lösung des Fällungsmittels von bekanntem Titer wird radioaktiv indiziert. Man gibt nun Fällungsmittel im Überschuß zu und bestimmt dann die Aktivität der überstehenden Lösung. Nach Zugabe einer weiteren Menge Fällungsmittel wird die Aktivität nochmals bestimmt. Aus den beiden Aktivitäts- und Volumswerten wird der Äquivalenzpunkt direkt ermittelt, ohne daß die Bestimmung spezifischer Aktivitäten erforderlich wäre.

Für die rasche Durchführung solcher „radiometrischen Titrationen" gibt Langer (33) eine einfache Apparatur an: Im Titrationsgefäß wird gut gerührt, um rasche Gleichgewichtseinstellung zu gewährleisten. Nach Zugabe des Fällungsmittels wird die Flüssigkeit durch eine Fritte in den konzentrisch angeordneten Mantel eines Flüssigkeits-Geiger-Zählrohres gesaugt. Langer verwendete dünnwandige Glasmantelzählrohre mit angeschmolzenem oder angekittetem Flüssigkeitsbehälter aus Glas und einem Volumen von 5 bis 10 ml. Natürlich kann das Verfahren nur mit Radioelementen ausgeführt werden, bei denen ständig radioaktives Gleichgewicht herrscht. In erster Linie kommen als Titrationsindikatoren radioaktive Isotope in Frage, die ein stabiles Zerfallsprodukt aufweisen. Eine Verwendung beispielsweise von Thorium B für eine derartige Bestimmung wäre unmöglich.

Die Aktivitätsgröße, die in die Berechnung des Äquivalenzpunktes eingeht, ist die Gesamtaktivität der Lösung oder eine proportionale Größe. Daher wird der an einem konstanten Volumen gemessene Aktivitätswert für die aufgetretene Verdünnung korrigiert, und zwar durch Multiplikation mit dem Faktor

$$\frac{\text{Ausgangsvolumen} + \text{zugesetztes Volumen Fällungsmittel}}{\text{Ausgangsvolumen}}$$

Trägt man die derart korrigierte Aktivität gegen das Volumen des zugesetzten Fällungsmittels auf, so erhält man Kurven, die denen bei der Leitfähigkeitstitration sehr ähnlich sind. Die Form der Kurven wird durch die Löslichkeit der Niederschläge beeinflußt. Die in Abb. 21 (links) gezeigte Kurve gilt für sehr schwerlösliche Niederschläge (bei leichter löslichen Niederschlägen ist vor allem der Knickpunkt unscharf).

Durch Titration mit radioaktivem Phosphat ($Na_2H^{32}PO_4$) hat LANGER (33) die folgenden Ionen bestimmt: Magnesium, Uranyl, Silber, Blei und Thorium. Wichtig ist, daß die Niederschläge rasch grobkörnig werden, so daß beim Aufsaugen in das GEIGER-Zählrohr keine Verstopfung der Glasfritte eintritt und auch kein fein verteilter Niederschlag in den Flüssigkeitsmantel des Zählrohres gelangen kann. Die Titration der drei letztgenannten Ionen mußte in Natriumacetatlösung ausgeführt werden, um brauchbare Niederschläge zu erhalten.

Die Titration von Chlorid und Bromid kann mit radioaktivem Silber ausgeführt werden (34).

Steht trägerfreies Radioelement, das mit dem zu bestimmenden Element isotop ist, zur Verfügung, so kann dieses als Indikator für die titrimetrische Bestimmung verwendet werden. (Hier handelt es sich also eigentlich um eine Abart der Indikatoranalyse; vgl. Kap. IV). In

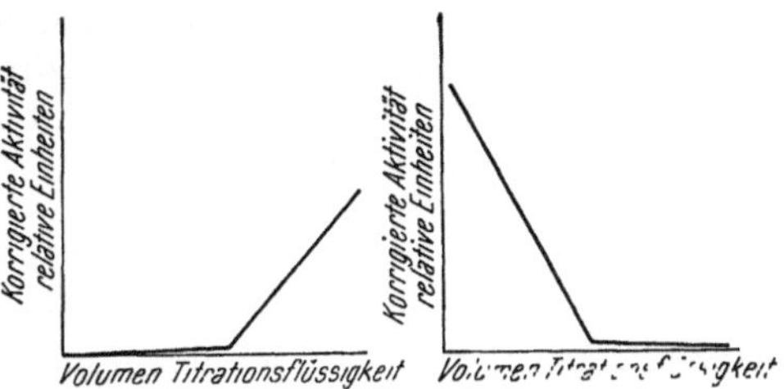

Abb. 21. Titration mit radioaktiv markierten Reagenzien.

diesem Falle wird das Fällungsmittel nur im Unterschuß zugesetzt. Die Aktivität wird wieder bei mindestens zwei Zusätzen gemessen. Man erhält dann Titrationskurven von der Art der Abb. 21 (rechts).

Bei einer anderen Art von Titrationsmethoden werden Radioelemente als Adsorptionsindikatoren verwendet. Beim Äquivalenzpunkt einer Fällungstitration tritt bekanntlich eine plötzliche Umladung des Niederschlages auf (vgl. Kap. III, Abschn. 2, e). Für Ionen, die in Mikromengen vorliegen, und die nicht isomorph mitgefällt, jedoch stark adsorbiert werden können, tritt daher bei diesem Punkt eine sprunghafte Änderung der Verteilung zwischen Niederschlag und Lösung auf. Diese kann nach radioaktiver Markierung eines solchen Ions leicht beobachtet werden. Soll beispielsweise eine Sulfatbestimmung durchgeführt werden, so titriert man die Lösung nach Zusatz einer kleinen Menge Radiophosphat mit Bariumchloridlösung. Während das Radiophosphat vor Erreichen des Äquivalenzpunktes kaum adsorbiert wird, wird es nach dem Hinüberwechseln von negativer zu positiver Aufladung des Niederschlages relativ stark adsorbiert. Dies stellt man durch Messung der in Lösung verbleibenden Aktivität fest und kann so den Äquivalenzpunkt der Fällungstitration bestimmen (18).

5. Methoden auf Grundlage von anderen als Fällungsreaktionen.

Es soll nun gezeigt werden, daß auch andere als Fällungs- und Mitfällungsreaktionen, wie z. B. Reduktions- und Oxydationsvorgänge, Gasentwicklungen, Komplexbildungen, Bildungen neuer Verbindungen durch Kovalenzbetätigung, ja sogar komplizierte biochemische Vorgänge zur Grundlage von Bestimmungen mit radioaktiven Reagenzien gemacht werden können.

a) Reduktions- und Oxydationsvorgänge.

Zur Bestimmung von Jod wird dieses mit Brom oder Permanganat zum Jodat aufoxydiert und dann mit einem Überschuß an radioaktiver Jodidlösung (^{131}J) versetzt. Beim Ansäuern bildet sich freies Jod, das mit Tetrachlorkohlenstoff extrahiert wird. Die Aktivität des freien Jods wird nun bestimmt. Aus der bekannten spezifischen Aktivität der als Reagens zugegebenen Jodidlösung wird die ursprünglich vorhandene Menge inaktives Jod berechnet (41).

b) Gasentwicklung.

Eine Wasserbestimmung mit Hilfe von radioaktivem Aluminiumchlorid (^{36}Cl), das durch Reaktion von Aluminiumpulver mit aktivem Silberchlorid im Vakuum bei 450° C hergestellt wird, wurde von Wallace und Willard (48) ausgeführt. Nach der Gleichung $AlCl_3 + H_2O \rightarrow Al(OH)Cl_2 + HCl$ wird aus Wasser quantitativ radioaktiver Chlorwasserstoff gebildet, der dann z. B. durch Ausfrieren abgetrennt werden kann. Aus der spezifischen Aktivität des Aluminiumchlorids und der Aktivität des gebildeten Chlorwasserstoffes ergibt sich die an der Reaktion beteiligte Menge Wasser.

c) Komplexbildung.

Komplexbildungsreaktionen können grundsätzlich zur Bestimmung des Komplexbildners wie auch zu der des komplex gebundenen Elements herangezogen werden. Da aber die Markierung des Komplexbildners meist schwierig ist, so sind bis jetzt nur Bestimmungen mit dem komplex gebundenen Element als aktivem Reagens, also Bestimmungen des Komplexbildners ausgeführt worden. So konnte die Löslichkeit von Dithizon in Wasser mit Radiosilber bestimmt werden (7). Den gesättigten Dithizonlösungen wurde ein Überschuß an Radiosilber zugegeben, der gebildete Silberdithizonat-Komplex mit Chloroform extrahiert und das extrahierte Silber durch Aktivitätsmessung bestimmt.

Eine Radioreagensbestimmung von Aminosäuren beruht auf der Fähigkeit dieser Stoffe, Kupfer komplex zu binden (1, 2). Eine Suspension von fein verteiltem Radiokupferphosphat (^{64}Cu) wird mit der Aminosäurelösung vermengt. Die Mischung wird nach einiger Zeit abfiltriert und das durch Komplexbildung in Lösung gegangene Kupfer mittels Aktivitätsmessung bestimmt. Nach den Angaben der Autoren sind für verschiedene Aminosäuren gesonderte Eichkurven erforderlich; die große Empfindlichkeit der Methode gestattet aber auch, kleinste Mengen zu bestimmen, z. B. die in einzelnen Flecken eines Papierchromatogramms enthaltenen Aminosäuren.

d) Reaktionen mit Kovalenzbetätigung.

Aminosäuren können mit überschüssigem, am Jod markierten p-Jod-Phenylsulfonylchlorid, das gewöhnlich mit Jod-131 markiert ist, versetzt und so quantitativ in markierte Derivate übergeführt werden (Literatur s. Kap. VI, Abschn. 4). Nach einwandfreier Abtrennung des nicht umgesetzten Reagens vom gebildeten Derivat, bei der man auch inaktives Derivat als Träger zusetzen kann, wird die Aktivität des Derivats bestimmt. Aus ihr kann man auf die Menge Aminosäure schließen. Eine Bestimmung einzelner Aminosäuren kann dann mit Hilfe der Isotopenverdünnungsmethode durchgeführt werden, weshalb auch die Einzelheiten der Versuchstechnik erst in Kap. VI, Abschn. 4 besprochen werden.

Da Sulfonamidbindungen kaum angegriffen werden, wenn man die Peptidbindungen von Eiweiß unter schonenden Bedingungen hydrolysiert, kann markiertes p-Jod-Phenylsulfonylchlorid auch für die Bestimmung der freien Aminogruppen (endständiger oder basischer Aminosäuren) in Eiweiß herangezogen werden (45, 47). Hierzu wird das Eiweiß zuerst mit dem markierten Reagens behandelt und dann das gebildete p-Jod-Phenylsulfonyl-Eiweiß („Pipsyl-Eiweiß") hydrolysiert. Allerdings ist noch fraglich, ob das Pipsylchlorid alle freien Aminogruppen erfaßt, d. h. ob sich nicht gewisse Gruppen auf Grund eines Einschlusses im Eiweißmolekül der Reaktion entziehen. Eine weitere Fehlerquelle stellen Verluste an Pipsyl-Aminosäuren bei der Hydrolyse dar. Diese kann man aber ausschalten, indem man entweder gesonderte Kontrollversuche anstellt oder indem man vor der Hydrolyse dem radiojodmarkierten Pipsyl-Eiweiß die mit Radioschwefel markierte Pipsyl-Aminosäure zusetzt und den bei der Hydrolyse zerstörten Anteil dieses Zusatzes bestimmt. Aus dem Hydrolysat werden die Pipsyl-Aminosäuren mit Äther extrahiert. Ihre Gesamtaktivität ist ein Maß für die Zahl der freien Aminogruppen im Eiweiß. Aufschluß über die Natur der Aminogruppen, d. h. ihre Zugehörigkeit zu gewissen Aminosäureresten, erhält man durch Zerlegung des Gemisches in die einzelnen Komponenten, was am besten durch Papierchromatographie und Isotopenverdünnungsmethode erreicht wird (vgl. Kap. IV, Abschn. 6, k und Kap. VI, Abschn. 4).

Radioaktiv indizierte Reagenzien, die sich an Doppelbindungen quantitativ anlagern, können zur Bestimmung des ungesättigten Anteils einer Verbindung oder eines Stoffgemisches verwendet werden. KAUFMANN und BUDWIG (31) haben eine Jodzahlbestimmung auf dieser Grundlage ausgearbeitet. Die zu untersuchende Fettlösung wird in bekannter Menge auf Papier aufgetropft und das Lösungsmittel verdampft. Dann behandelt man mit einer Lösung radioaktiv indizierten Monojodbromids. Das überschüssige Reagens wird mit Äthylalkohol und Wasser ausgewaschen. Die Aktivität des Papiers wird nach Trocknung mit dem Zählrohr gemessen und mit den Aktivitäten verglichen, die mit Eichproben erzielt werden. Sind die zu bestimmenden Stoffe in Alkohol löslich, so muß man sie durch entsprechende Behandlung in unlösliche Derivate überführen; für Fettsäuren kann dies durch Verwandlung in schwerlösliche Metallseifen, z. B. durch Behandlung mit Kupferacetat, erfolgen.

Freie Aldehyd- bzw. Ketogruppen in Polysacchariden konnten mit markiertem Cyanid unter Cyanhydrinbildung umgesetzt und aus der von den Polysacchariden aufgenommenen Menge Radiokohlenstoff, die nach Verseifung zur Säure bestimmt wurde, konnte der Carbonylgehalt, bzw. bei Kenntnis des Aufbaus der Moleküle ihr mittleres Molekulargewicht ermittelt werden (25).

Reaktionen unter Betätigung von Hauptvalenzen liegen auch den in Abschn. 6 besprochenen Methoden der Bestimmung freier Radikale zugrunde.

e) Heterogene Reaktionen und Reaktionen in Papierchromatogrammen.

Der Nachweis kleinster Stoffmengen an Oberflächen kann in gewissen Fällen mit Hilfe radioaktiver Reagenzien bewerkstelligt werden. So wurde festgestellt, daß verschiedene Metalle Radiojod aus Amyljodidlösung sehr unterschiedlich aufnehmen; die stärkste Aufnahme erfolgt durch Silber, Chrom, Blei und Kupfer. Wurden Metalloberflächen, gegen die man zuerst andere Metalle gerieben hatte, z. B. eine Stahlplatte, über die eine Kupferspitze gezogen worden war, in der Radiojodlösung gebadet, so konnten dann durch Radioautographie die bei der Reibung übertragenen Metallspuren festgestellt werden (42).

Auch die Adsorption an Feststoffen durch gewisse funktionelle Gruppen kann mit Hilfe von Radioelementen sehr empfindlich verfolgt und so zur Bestimmung der funktionellen Gruppen herangezogen werden. Ein Beispiel hiefür ist eine Bestimmung des Carboxylgehaltes von Zellulose (vgl. Kap. III, Abschn. 3, d). Die Zelluloseproben werden hierzu bis zur Einstellung des Adsorptionsgleichgewichtes (14 Stunden) in markierter, 5×10^{-4} m Cer-Acetatlösung gebadet und dann das adsorbierte Cer durch Aktivitätsmessung bestimmt. Die Ermittlung des Carboxylgruppengehaltes erfolgt mit Hilfe von Eichkurven (46).

Aktive Reagenzien können auch, wie bereits in Kap. IV, Abschn. 6, k erwähnt wurde, zum Nachweis von Stoffen in Papierchromatogrammen herangezogen werden. In dieser Hinsicht erprobt wurden neben den bereits erwähnten Reagenzien für Aminosäuren [Radiokupfer und Methyljodid (^{131}J)] die Reagenzien Radiojodbromid für Doppelbindungen (32), Radiokobaltacetat für Fettsäuren (32) und aktiver Schwefelwasserstoff für Metallspuren (17).

f) Biochemische Vorgänge.

Bemerkenswert ist schließlich der Gedanke, biochemische Vorgänge für Bestimmungen mit radioaktiven Reagenzien heranzuziehen. Praktisch angewendet wurde dieser Gedanke bereits für die Bestimmung von Thiouracil in Geweben [s. (43)]. Die Teile von Tieren, in denen Thiouracil bestimmt werden sollte, wurden zerkleinert an Ratten verfüttert. Nach einer gewissen Zeit wurde diesen Ratten Radiojod injiziert. Die Ratten wurden nach einem weiteren Zeitabschnitt getötet und die von der Schilddrüse aufgenommene Menge Radiojod wurde durch Aktivitätsmessung ermittelt. Da schon kleinste Mengen Thiouracil die Jodaufnahme durch die Schilddrüse stark beeinflussen, ergab sich auf diesem Weg eine sehr empfindliche und schnelle Bestimmungsmethode. Zur Auswertung wurden Eichkurven aufgenommen, indem anderen Ratten bekannte Thiouracilmengen injiziert wurden und die Radiojodaufnahme in gleicher Weise gemessen wurde.

Auf einem ähnlichen Prinzip beruht eine Bestimmungsmethode für Desoxycorticosteron (5). Die Proben werden subkutan männlichen Ratten injiziert, bei denen vorher die Nebenniere entfernt wurde. Eine Stunde später erhalten diese Ratten eine Injektion markierten Kaliumchlorids (^{42}K). Während der nächsten sechs Stunden wird der ausgeschiedene Harn gesammelt und das darin enthaltene Radiokalium bestimmt. Desoxycorticosteron beschleunigt die Kaliumausscheidung beträchtlich, so daß schon 10 μg derart festgestellt werden können. Eine weitere Radioreagensmethode dieser Art wird S. 272 besprochen.

6. Bestimmung von freien Radikalen mit Hilfe radioaktiver Reagenzien.

Mehrere Autoren haben freie Radikale auf markierte Reagenzien einwirken lassen und dann den Reaktionsumsatz durch Strahlungsmessung bestimmt. Derartige Bestimmungen zeichnen sich durch große Empfindlichkeit des Nachweises für freie Radikale überhaupt aus, gestatten unter Umständen aber auch, in einem Gemisch verschiedener freier Radikale die einzelnen Komponenten zu bestimmen. Die bisher ausgeführten Untersuchungen können zwanglos in zwei Gruppen eingeteilt werden: a) Ein Metallspiegel wird radioaktiv markiert. Man bestimmt entweder die Aktivitätsabnahme des Spiegels, die beim Darüberströmen eines Gases auftritt, das freie Radikale enthält, oder man bestimmt die vom Gasstrom mitgeführte Menge des Radioelements; b) dem Gas oder der Flüssigkeit, welche die freien Radikale enthalten, wird ein markiertes Reagens zugegeben. Nach Abtrennung des nicht verbrauchten Reagens bestimmt man den Umsatz.

Die erste dieser Methoden, die eine radiochemische Modifikation der Methode von PANETH und HOFEDITZ (40) darstellt, wurde zuerst mit Metallspiegeln aus markiertem Blei erprobt (35) Über den aktiven Spiegel wurde Tetraphenyl- oder Tetramethylblei geleitet. Wurde das Gas, bevor es den Spiegel erreichte, ultraviolett bestrahlt oder erhitzt, so wurde in einer Kühlfalle hinter dem Spiegel Aktivität festgestellt.

Nach einer ähnlichen Methode wurde die Bildung von freien Radikalen bei der Pyrolyse von Acetaldehyd untersucht (3). Verwendet man einen Spiegel aus einem Metall, das mit freien Radikalen bedeutend leichter als mit atomarem Wasserstoff reagiert, so kann man prüfen, ob bei Reaktionen mit atomarem Wasserstoff freie Radikale auftreten. So konnte mit Hilfe eines Radiowismut- spiegels gezeigt werden, daß atomarer Wasserstoff mit Dimethylquecksilber unter Bildung freier Radikale reagiert (23). Auch Radiotellur ist verwendet worden (37). Zur Verfeinerung der Methode wurde auch das Abtasten des markierten Metallspiegels mit einem ausgeblendeten Zählrohr vorgeschlagen (24).

Als gasförmiges oder gelöstes Radioreagens für freie Radikale hat Radiojod gedient. Die ersten Versuche wurden mit strömenden Gasen ausgeführt: Hinter der Stelle, an der die Photolyse oder Pyrolyse der zu untersuchenden Stoffe er- folgte, wurde gasförmiges Radiojod injiziert. Die gebildeten Alkyljodide wurden ausgefroren und nach Zusatz von Träger durch fraktionierte Destillation getrennt. Die Aktivitäten in den einzelnen Fraktionen zeigten dann an, welche freien Radikale gebildet worden waren (6, 22). So konnte festgestellt werden, daß Propylradikale unter gewissen Bedingungen in Äthylen und Methylradikale zerfallen. In neueren Untersuchungen über Aceton und Methyläthylketon wurde ein Behälter mit einem gasförmigen Gemisch von Radiojod und dem organischen Stoff mit Ultraviolett bestrahlt. Für die Analyse wurde das überschüssige Radiojod an feinverteiltem Silber absorbiert und die Jodalkyle wurden nach Trägerzusatz durch Fraktionieren getrennt (36).

Bei Bestrahlung einer Lösung von Radiojod in n-Pentan mit Gammastrahlung wurde auch die Bildung verschiedener Jodalkyle festgestellt. Mit Hilfe von Trägerzusatz wurden Jodmethyl, -äthyl, -propyl, -butyl und -amyl mit Sicherheit identifiziert (49). Auch die Dissoziation von Äthyljodid bei ultravioletter Be- strahlung wurde durch Zugabe von Radiojod vor der Bestrahlung und Messung der in die organische Fraktion übergegangenen Aktivität bestimmt (21).

Literatur.

(1) BLACKBURN, S., u. A. ROBSON, Chem. and Ind. **1950**, 614. — (2) Biochemic. J. **54**, 295 (1953). — (3) BURTON, M., J. E. RICCI u. T. W. DAVIS, J. Amer. Chem. Soc. **62**, 265 (1940).

(4) DAUDEL, P., C. r. acad. sci., Paris **220**, 658 (1945). — (5) DORFMAN, R. I., Proc. Soc. Exp. Biol. Med. **70**, 732 (1949). — (6) DURHAM, R. W., G. R. MARTIN u. H. C. SUTTON, Nature **164**, 1052 (1949). — (7) DYRSSEN, D., u. B. HÖK, Svensk Kem. Tidskr. **64**, 80 (1952).

(8) EHRENBERG, R., Biochem. Z. **164**, 183 (1925). — (9) Biochem. Z. **183**, 63 (1927). — (10) Z. ges. exp. Medizin **56**, 466 (1927). — (11) Biochem. Z. **197**, 467 (1928). — (12) Mikrochem., PREGL-Festschrift 61 (1929). — (13) Mikrochem., EMICH-Festschrift 120 (1930). — (14) Biochem. Z. **226**, 250 (1930). — (15) In: Handbuch der biologischen Arbeitsmethoden (Herausgeber E. ABDERHALDEN), Abt. V, Teil 2/2, S. 1703. 1930. — (16) In: Physikalische Methoden der analytischen Chemie (Herausgeber W. BÖTTGER), Bd. I, S. 333. 1933. — (17) ERKELENS, P. C. VAN, Nature **172**, 358 (1953). — (18) ESCUE, R. B., u. N. P. BULLOCH, Analyt. Chemistry **25**, 1932 (1953).

(19) GOVAERTS, J., u. C. BARCIA-GOYANES, Nature **168**, 198 (1951). — (20) Analyt. Chim. Acta **6**, 121 (1952).

(21) HAMILL, W., u. R. H. SCHULER, J. Amer. Chem. Soc. **73**, 3466 (1951). — (22) HAMILL, W., R. R. WILLIAMS u. E. E. VOILAND, Brookhaven Conference Rep. 4, 78

(1950). — (23) Harris, G. M., u. A. W. Tickner, J. Chem. Physics 15, 686 (1947). — (24) Hollis, A., u. F. A. Paneth, Nature 169, 618 (1952).

(25) Isbell, H. S., Science 113, 532 (1951). — (26) Ishibashi, M., u. H. Kishi, J. Chem. Soc. Japan 57, 1039 (1936); 59, 510, 698, 702 (1938). — (27) Ishimori, T., Bull. Chem. Soc. Japan 26, 336 (1953). — (28) Ishimori, T., u. Y. Takashima, Bull. Chem. Soc. Japan 26, 481 (1953).

(29) Kaufmann, H. P., u. J. Budwig, Fette u. Seifen 52, 713 (1950). — (30) Fette u. Seifen 53, 69 (1951). — (31) Fette u. Seifen 53, 253 (1951). — (32) Fette u. Seifen 54, 348 (1952).

(33) Langer, A., J. Physic. Chem. 45, 639 (1945). — (34) Analyt. Chemistry 22, 1288 (1950). — (35) Leighton, P. A., u. R. A. Mortensen, J. Amer. Chem. Soc. 58, 448 (1936).

(36) Martin, G. R., u. H. C. Sutton, Trans. Faraday Soc. 48, 823 (1952). — (37) Miller, D. M., u. C. A. Winkler, Canad. J. Chem. 29, 537 (1951). — (38) Möller, Th., u. G. K. Schweitzer, Analyt. Chemistry 20, 1201 (1948). — (39) Moureu, H., P. Chovin u. R. Daudel, C. r. acad. sci., Paris 219, 127 (1944).

(40) Paneth, F., u. W. Hofeditz, Ber. dtsch. chem. Ges. 62, 1335 (1929).

(41) Raben, M. S., Analyt. Chemistry 22, 480 (1950). — (42) Rabinowicz, E., Nature 170, 1029 (1952).

(43) Salley, D. J., Conference on Atomic Energy in Ind., Nat. Ind. Conf. Board. New York. 1952. — (44) Sue, P., Bull. soc. chim. France 13, 102 (1946).

(45) Udenfriend, S., u. S. F. Velick, J. Biol. Chem. 190, 733 (1951).

(46) Valls, P., A. M. Venet u. J. Pouradier, Bull. soc. chim. France 1953, C 106. — (47) Velick, S. F., u. S. Udenfriend, J. Biol. Chem. 191, 233 (1951).

(48) Wallace, C. H., u. J. E. Willard, J. Amer. Chem. Soc. 72, 5275 (1950). — (49) Williams, R. R., u. W. H. Hamill, J. Amer. Chem. Soc. 72, 1857 (1950).

VI. Isotopenverdünnungsmethode.

1. Einleitung.

Die „Isotopenverdünnungsmethode" ist besonders zur Untersuchung von Gemischen sehr ähnlicher Stoffe geeignet, d. h. für Gemische, wo keine quantitativen Abtrennungsmethoden oder andere quantitativen Bestimmungsreaktionen für die einzelnen Bestandteile zur Verfügung stehen. Bei Abscheidung von Komponenten aus solchen Gemischen kann also die Reinheit nur auf Kosten des Abscheidungsgrades (der Ausbeute) und umgekehrt der Abscheidungsgrad nur auf Kosten der Reinheit verbessert werden. Sollen reine Stoffe abgeschieden werden, so können nur geringe Ausbeuten erzielt werden. Die Trennung seltener Erden oder der Aminosäuren voneinander sind Beispiele solcher Probleme.

Die Abscheidung der einzelnen Komponenten aus solchen Gemischen wird gewöhnlich mit Hilfe mehrstufiger Verfahren ausgeführt, die auf geringfügigen Unterschieden der einzelnen Bestandteile der Mischung, z. B. hinsichtlich der Löslichkeit, beruhen. Die — „einfache" oder „umgekehrte" — Isotopenverdünnungsmethode ermöglicht es nun, die Ausbeute bei der Abtrennung quantitativ zu bestimmen und so die Zusammensetzung der zu analysierenden Mischung zu ermitteln.

Das Prinzip der („einfachen") Methode ist das folgende: In einem Gemisch ähnlicher Stoffe soll eine Komponente bestimmt werden. Diesem Gemisch wird eine bekannte Menge der zu bestimmenden Komponente zugesetzt, wobei man diese durch anomale Isotopenzusammensetzung gekennzeichnet (markiert) hat. Die Markierung kann durch stabile oder radioaktive Isotope erfolgen. Inaktive Isotope finden vor allem dann Anwendung, wenn die Markierung am leichtesten mit Wasserstoff, Stickstoff oder Sauerstoff erfolgt — also mit Elementen, von denen nur schwierig meßbare oder überhaupt keine geeigneten Radioisotope zur Verfügung stehen.

Beispielweise wird einem Gemisch der seltenen Erden das zu bestimmende Element in radioaktiver Form in bekannter Menge zugefügt. Nach vollkommener Durchmischung wird der zu bestimmende Stoff nach einem der üblichen Verfahren abgeschieden, wobei die Ausbeute von untergeordneter, hingegen der erzielte chemische Reinheitsgrad von entscheidender Bedeutung ist. Die Isotopenzusammensetzung bzw. die spezifische Aktivität der abgeschiedenen Probe der seltenen Erde wird sodann bestimmt. Der ursprüngliche Gehalt der Mischung an dem zu bestimmenden Element kann aus der Menge des Zusatzes, der Isotopenzusammensetzung von Zusatz und isoliertem Reinstoff sowie den mittleren Molekulargewichten nach den unten angegebenen Formeln berechnet werden. Voraussetzung für die Anwendung dieser Methode ist, daß die aktiven Atome zum gleichen Bruchteil abgeschieden werden wie die inaktiven Atome, d. h. also, daß vor Beginn der Abtrennung völlige Durchmischung zwischen Zusatz und den im Gemisch vorliegenden inaktiven Atomen stattfindet. Sollen in einem Gemisch mehrere Komponenten bestimmt werden, so ist Zusatz von markierten Formen aller dieser Komponenten (etwa radioaktiver Ionen der seltenen Erden) und Abtrennung in reiner Form notwendig. Werden die erforderlichen Abtrennungen in ihrer Gesamtheit hierdurch vereinfacht, so kann der Zusatz der markierten Formen auch gleichzeitig erfolgen. Ein anderes Beispiel, wo nicht geladene Atome (Ionen), sondern ungeladene Atome zu bestimmen wären, wäre die Analyse der Edelgase.

Aber nicht nur Gemische von geladenen oder ungeladenen freien Atomen können nach der Isotopenverdünnungsmethode analysiert werden, sondern auch Gemische von Molekülen. In diesem Falle müssen die Moleküle des Zusatzes durch Einbau markierter Atome markiert werden können: Das markierte Atom muß so eingebaut sein, daß es nicht gegen Atome der nichtmarkierten Moleküle ausgetauscht wird. Praktisch muß die Markierung also so vorgenommen werden, daß die zur Markierung dienenden Atome überhaupt nicht austauschen. Austauschvorgänge, an denen nur Atome im nichtmarkierten Teile der Moleküle beteiligt sind, wirken nicht störend. Vor Beginn der Abtrennung muß, analog wie bei der Bestimmung von Elementen, vollkommene Durchmischung der markierten und nichtmarkierten, aber sonst gleichartigen Teilchen (hier also Moleküle) stattfinden, damit die Isotopenzusammensetzung des abgeschiedenen Reinstoffes mit der des nicht abgeschiedenen Stoffes übereinstimmt. Beispielsweise kann zur Bestimmung von Glykokoll in einem Gemisch der Aminosäuren Glykokoll zugesetzt werden, das mit ^{14}C markiert worden ist. Dann wird das Glykokoll chemisch rein abgetrennt und seine spezifische Aktivität bestimmt.

Von der „umgekehrten" Isotopenverdünnungsmethode wird in Abschn. 2, b die Rede sein.

Neben der Analyse von Gemischen sehr ähnlicher Stoffe und der von Mikrokomponenten, für die keine geeigneten quantitativen Abscheidungsmethoden vorliegen, wird die Isotopenverdünnungsmethode auch zur Bestimmung der Gesamtmenge von Stoffen in Systemen herangezogen, deren Ausdehnung nicht bekannt oder nur sehr schwierig zu ermitteln ist. In einem derartigen System kann durch chemische Analyse einer dem System entnommenen Probe zwar die Zusammensetzung, jedoch nicht die Gesamtmenge eines Stoffes bestimmt werden. Man kann aber die Größe des Systems bzw. Gesamtmengen bestimmen, wenn ein Stoff zur Verfügung steht, der sich nach Zugabe gleichmäßig auf das ganze System verteilt. Kennt man nämlich die zugegebene Menge und bestimmt die Konzentration des Stoffes nach Gleichverteilung an einer entnommenen Probe, so läßt sich die Größe des Systems berechnen. Der zugegebene Stoff, dessen Verdünnung bestimmt wird, muß nicht unbedingt mit

Stoffen des zu untersuchenden Systems isotop sein; beispielsweise kann man die Ausdehnung verschiedener Flüssigkeitssysteme auch durch Zusatz von löslichen Farbstoffen bestimmen. Die isotopen Stoffe besitzen jedoch den wesentlichen Vorteil, sich mit Sicherheit wie eine Komponente des Systems zu verhalten.

Als Beispiel einer derartigen Anwendung der Isotopenverdünnungsmethode sei die Bestimmung des Körperwassers im Menschen erwähnt. Da man nicht mit Sicherheit sagen kann, ob nicht Farbstoffe von gewissen Membranen zurückgehalten oder in gewissen Körperteilen — etwa durch Adsorption — angereichert werden, wird für diese Bestimmung vorzugsweise Wasser verwendet, das mit Deuterium oder mit Tritium markiert ist. Anwendungen dieser Art werden in Abschn. 5 beschrieben.

2. Die Varianten der Analyse durch Isotopenverdünnung.

Die grundlegenden Formeln für die Berechnungen sind von Gest, Kamen und Rainer ausgearbeitet worden (27, 45). Die allgemeinen Ausdrücke gelten natürlich in gleicher Weise für die Verwendung inaktiver wie für die aktiver Isotope. Es werden folgende Bezeichnungen verwendet: Die in der ursprünglichen Mischung enthaltene Menge der zu bestimmenden Substanz $(X_2 \, \mathrm{g})$ weist eine Konzentration des als Indikator betrachteten Isotops von R_2 Atom-% auf. Für den Zusatz, der im Rahmen der Isotopenverdünnungsmethode gemacht wird, betragen die entsprechenden Größen $X_1 \, \mathrm{g}$ und R_1 Atom-%. Im abgeschiedenen Reinstoff wird eine Konzentration von R_f Atom-% des Indikatorisotops festgestellt. Dann gilt

$$R_f = \frac{(R_1 X_1/M_1) + (R_2 X_2/M_2)}{(X_1/M_1) + (X_2/M_2)}, \tag{6.1}$$

wobei M_2 und M_1 das durchschnittliche Molekulargewicht der Substanz in der zu analysierenden Mischung und im Zusatz bezeichnen. Das durchschnittliche Molekulargewicht ist gegeben durch

$$M = \Sigma P_i M_i \tag{6.2}$$

(P_i — als Bruch ausgedrückt — ist gleich der Häufigkeit der Moleküle mit dem Molekulargewicht M_i).

a) Einfache Isotopenverdünnung und radioaktive Ausbeutebestimmung.

Soll ein Gemisch von Stoffen mit normaler Isotopenzusammensetzung analysiert werden, so wird Träger mit anomaler Isotopenzusammensetzung für jede der zu bestimmenden Komponenten zugesetzt (siehe Abschnitt 1). Für diese „einfache Isotopenverdünnung" kann die Gl. (6.1) vereinfacht werden, indem man die Isotopenzusammensetzungen statt in Atom-% (R) in Atom-%-Überschuß (C) über die normale (natürliche) Isotopenzusammensetzung (R_0) angibt. Dann gilt $C_1 = R_1 - R_0$, $C_2 = R_2 - R_0$ und $C_f = R_f - R_0$. Weiters gilt nun $R_2 = R_0$ und daher $C_2 = 0$, so daß man den vereinfachten Ausdruck (6.3) erhält:

$$X_2 = \left(\frac{C_1}{C_f} - 1 \right) \frac{M_2}{M_1} \cdot X_1. \tag{6.3}$$

Der Faktor M_2/M_1 ist nur dann von Bedeutung, wenn die Molekulargewichte wesentlich verschieden sind, d. h. wenn die Molekulargewichte klein und die Unterschiede zwischen der Isotopenzusammensetzung (ausgedrückt in Atom-%) der ursprünglichen Mischung und des Zusatzes groß sind.

Bei der Verwendung radioaktiver Indikatoren ist der Gehalt an diesen (ausgedrückt in Atom-%) praktisch in allen Fällen so klein, daß $M_1 = M_2$, d. h. daß eine Korrektur für die Änderung des Molekulargewichtes nicht notwendig ist. Daher gilt für radioaktive Isotope statt Gl. (6. 1) der vereinfachte Ausdruck:

$$A_f = \frac{A_1 X_1 + A_2 X_2}{X_1 + X_2}, \qquad (6.\ 4)$$

und wenn der zu analysierende Stoff inaktiv ist ($A_2 = 0$) statt Gl. (6. 3)

$$X_2 = \left(\frac{A_1}{A_f} - 1\right) X_1, \qquad (6.\ 5)$$

wobei A_1, A_2 und A_f die spezifischen Aktivitäten des Trägers, der zu bestimmenden Substanz und des abgeschiedenen Reinstoffes bedeuten. Da in die Berechnung nur die Verhältnisse spezifischer Aktivitäten eingehen, sind Absolutbestimmungen nicht erforderlich; die Messungen müssen lediglich unter genau reproduzierbaren Bedingungen ausgeführt werden.

An Stelle von Gl. (6. 5) kann man auch schreiben

$$X_2 = \frac{X_f G_1 - X_1 G_f}{G_f}, \qquad (6.\ 6)$$

wobei G_1 und G_f die zugesetzte bzw. die abgeschiedene Gesamtaktivität bezeichnen ($G_i = A_i \cdot X_i$).

Erfolgt der Zusatz des radioaktiv markierten Stoffes in unwägbarer Menge, also als trägerfreies oder trägerarmes Radioelement — bzw. als trägerfreie oder -arme radioaktive Verbindung —, so gilt die vereinfachte Beziehung

$$X_2 = \frac{A_1}{A_f} X_1 = \frac{G_1}{G_f} \cdot X_f. \qquad (6.\ 7)$$

Mit trägerfreiem radioaktivem Zusatz kann man arbeiten, wenn die vorliegenden Mengen zwar ohne Träger abgeschieden werden können, diese Abscheidung jedoch nicht quantitativ ist und die Ausbeute daher durch eine radioaktive Methode bestimmt werden soll.

Für mikroanalytische Bestimmungen ist die Isotopenverdünnungsmethode durch radioaktiven Zusatz dann ungeeignet, wenn die zur Abscheidung erforderliche Trägermenge um vieles größer als die zu bestimmende Menge ist. In diesem Falle wäre also in Gl. (6. 5) $X_1 \gg X_2$; daher wird der Ausdruck ($A_1/A_f - 1$) sehr klein und A_1/A_f wird nahezu eins. Da die Aktivitätsbestimmungen aber meist nur mit einer Genauigkeit von etwa 3% ausgeführt werden können, werden im Ausdruck ($A_1/A_f - 1$) Schwankungen um Größenordnungen auftreten. Schon wenn die Trägermenge nur das Zehnfache der zu bestimmenden Menge beträgt, bewirkt ein Fehler von 3% in der Aktivitätsmessung einen Fehler von 30% im Analysenergebnis.

b) Umgekehrte Isotopenverdünnungsmethode.

Die *„umgekehrte Isotopenverdünnungsmethode"* wird bei der Bestimmung radioaktiver Stoffe vor allem in Gemischen aktiver Stoffe verwendet. Dem Gemisch wird eine bekannte Menge einer inaktiven Substanz zugesetzt, die in radioaktiver Form im Gemisch enthalten ist. Nach homogener Durchmischung wird die Substanz in reiner Form isoliert, gewogen und auf Radioaktivität geprüft. Unter „Substanz" ist hier — so wie bei der einfachen Isotopenverdünnung — ein Element oder eine Verbindung zu verstehen.

Die Methode kann etwa Anwendung finden, wenn die Verteilung eines Spurenelements über ein großes System, z. B. über Bodenschichten, untersucht werden soll; das Spurenelement, etwa Kobalt in Form eines Salzes, wird dem Boden in radioaktiver Form mit bekannter spezifischer Aktivität zugeführt. Die Bestimmung kann aber nicht durch direkte Messung der Aktivität durchgeführt werden, da diese infolge der Selbstabsorption zu klein wäre. Man muß daher das Element zunächst durch chemische Verfahren konzentrieren. Zur Bestimmung der Verluste bei der Konzentrierung bedient man sich nun der umgekehrten Isotopenverdünnungsmethode. Man setzt der Probe inaktiven Träger (Kobaltsalz) zu, sorgt für völlige Durchmischung von Träger und Radioelement und trennt dann einen Teil in chemisch reiner Form ab. Auch bei der Aktivierungsanalyse zieht man häufig die umgekehrte Isotopenverdünnungsmethode zur Bestimmung von Abscheidungsausbeuten heran (vgl. Kap. VII, Abschn. 3, c).

Bezeichnet man mit X_2 die Menge der aktiven Substanz, die zu bestimmen ist, mit X_1 die Menge des inaktiven Zusatzes und mit A_2 und A_f die spezifischen Aktivitäten der Substanz im ursprünglichen Gemisch bzw. im abgeschiedenen Stoff, so gilt der aus Gl. (6. 4) abgeleitete Ausdruck:

$$X_2 = \frac{1}{\dfrac{A_2}{A_f} - 1}\, X_1. \tag{6.8}$$

Die bei der Bestimmung von A_2 auftretenden Probleme werden in Abschn. 2, c und d besprochen werden.

Im Gegensatz zur einfachen Isotopenverdünnung ist die umgekehrte Isotopenverdünnungsmethode in allen Fällen zur Mikroanalyse gut geeignet. In Gl. (6. 8) wird für eine Mikroanalyse wiederum $X_1 \gg X_2$, wodurch der Ausdruck $(A_2/A_f - 1)$ sehr groß wird, so daß man ihn einfach gleich A_2/A_f setzen kann. Daraus ist ersichtlich, daß der Fehler der Bestimmung lediglich von der gleichen Größe wie der Fehler der radioaktiven Messung ist.

Bei der umgekehrten Isotopenverdünnungsmethode und bei der Verwendung radioaktiver Reagenzien (siehe Abschnitt 2, c), die im Überschuß zugesetzt werden müssen, ist die vollkommen reine Isolierung der zu bestimmenden Komponente bzw. ihres Derivates kritisch, da hier radiochemische Reinheit erforderlich ist. Vor allem ist die Überprüfung notwendig, ob die radioaktiven Atome in der isolierten Fraktion tatsächlich in die zu isolierende Substanz eingebaut und nicht in irgendwelchen anhaftenden Verunreinigungen enthalten sind. Gewichtsmäßig sehr geringe Verunreinigungen können zu sehr erheblichen Fehlern führen, wenn sie eine große spezifische Aktivität aufweisen. Die einfache Isotopenverdünnungsmethode bietet in dieser Hinsicht geringere Fehlerquellen, da die Aktivität lediglich im chemisch einheitlichen Zusatz enthalten ist. Der gewünschten chemischen Zusammensetzung des Zusatzes kann man sich leicht versichern. Bei der umgekehrten Isotopenverdünnungsmethode können jedoch im Gemisch unerkannt eine ganze Reihe aktiver Verbindungen mit verschiedenen spezifischen Aktivitäten vorliegen.

Die Prüfung der abgeschiedenen Verbindung auf ihre radiochemische Reinheit erfolgt nach den in Kap. IV, Abschn. 5 besprochenen Methoden.

c) Isotopenverdünnung mit Hilfe eines radioaktiven Reagens.

Soll in einem Gemisch ähnlicher inaktiver Stoffe jede einzelne Komponente analytisch bestimmt werden, so ergibt sich bei Verwendung der einfachen Isotopenverdünnungsmethode die Notwendigkeit, jede einzelne Komponente in markierter Form herzustellen, was bei Verbindungen oft nur durch komplizierte synthetische Methoden möglich ist. Überdies kann man, wie bereits oben ausgeführt wurde, derartige Analysen nicht ausführen, wenn sehr kleine Mengen zu bestimmen sind. Diese Schwierigkeiten umgeht man jedoch, indem man, statt markierte Verbindung zuzusetzen, das Gemisch mit einem radioaktiv indizierten Reagens behandelt, das so gewählt wird, daß sich quantitativ radioaktive Derivate aller zu bestimmenden Substanzen bilden. Dadurch wird die Anwendung der umgekehrten Isotopenverdünnungsmethode möglich: Zur Analyse kann man dann dem Gemisch die nicht markierten Derivate aller zu bestimmenden Stoffe als Träger zusetzen. Die wichtigste bisher ausgearbeitete Anwendung dieser Methode ist die Analyse von Aminosäuregemischen nach KESTON und UDENFRIEND (Abschn. 4).

Die spezifische Aktivität des gesuchten Stoffes im Gemisch (A_2), die für die Berechnung der vorliegenden Menge nach Ausdruck (6. 8) erforderlich ist, wird bei der Isotopenverdünnungsanalyse mit radioaktivem Reagens aus der spezifischen Aktivität des Reagens berechnet, wobei man sich auf die bekannten Molgewichte von Reagens und gebildetem Derivat stützt. Ist die spezifische Aktivität des Reagens A_R, so gilt $A_2 = A_R M_R/M_2$, wobei M_R das Molgewicht des Reagens, M_2 das des Derivats bezeichnet.

Im Prinzip kann man die Isotopenverdünnung mit radioaktivem Reagens auch anwenden, wenn die Bildung des aktiven Derivats nicht quantitativ erfolgt. Hierzu muß allerdings die Ausbeute bei der Bildung des Derivats ermittelt werden. Dies kann ebenfalls mit Hilfe der Isotopenverdünnungsmethode geschehen. Man setzt zu diesem Zweck eine radioaktiv markierte Form der zu bestimmenden Verbindung vor Zugabe des radioaktiven Reagens in bekannter Menge und Aktivität zu, wobei die beiden Markierungen durch verschiedene, gewöhnlich hinsichtlich ihrer Strahlungscharakteristik gut unterscheidbare Radioelemente erfolgen sollen. (Die der Probe zugesetzte Menge soll hierbei nicht größer als die Menge sein, die zu bestimmen ist.) Aus Aktivitätsmessungen an dem mit beliebig großen Trägermengen abgeschiedenen Reinstoff, die eine Bestimmung der beiden Radioelemente nebeneinander gestatten (z. B. mit verschiedenen Absorbern), erhält man dann einerseits die Gesamtausbeute (Produkt der Ausbeute der Derivatbildung und Abscheidung) sowie anderseits die im abgeschiedenen Reinstoff vorliegende Menge Reagens. Man kann dann mit Hilfe der bekannten spezifischen Aktivität des Reagens die Menge der zu bestimmenden Substanz berechnen. Die Menge an inaktivem Derivat, das als Träger zugesetzt wurde, geht in diesem Fall in die Berechnungen nicht ein. Diese Methode bietet gegenüber der „einfachen Isotopenverdünnung", bei der nur markierte Form der zu bestimmenden Verbindung, jedoch kein radioaktives Reagens erforderlich ist, den Vorteil, daß sie auch die Bestimmung sehr kleiner Mengen gestattet.

d) Analyse durch „doppelte Isotopenverdünnung".

Ist die spezifische Aktivität (A_2) der zu bestimmenden Substanz nicht von vornherein bekannt und kann sie auch nicht aus anderen Größen abgeleitet werden (vgl. Abschn. 2, c), so versagt die umgekehrte Isotopenverdünnungsmethode, wie sie oben (Abschn. 2, b) beschrieben wurde. Ein Beispiel hiefür wäre das Problem der Bestimmung von Blei in einem Uranmineral, in dem ja aktives und inaktives Blei nebeneinander vorliegen. Dann ist die spezifische Aktivität des zu bestimmenden Bleis unbekannt. Bei der Bestimmung von Verbindungen statt von Atomen tritt der Fall etwa dann auf, wenn die aktiven Verbindungen aus anderen radioaktiven Verbindungen in Anwesenheit der isotopen inaktiven Verbindung mit nicht genau bekannter Ausbeute gebildet wurden. Das sind Verhältnisse, die insbesondere bei der Untersuchung von Stoffwechselvorgängen mit Radioindikatoren vorliegen. So hat man bei einer

Pflanze, die sich längere Zeit in einer $^{14}CO_2$-Atmosphäre befunden hat und in der nun die Menge eines radioaktiven Zuckers bestimmt werden soll, keine Möglichkeit, die spezifische Aktivität zu berechnen.

Nach einem Vorschlag von Bloch und Anker (8) kann die spezifische Aktivität des gesuchten Stoffes im Gemisch durch doppelte Ausführung der umgekehrten Isotopenverdünnungsanalyse bestimmt werden: Zu aliquoten Teilen des Stoffgemisches, das die markierte Verbindung enthält, werden verschiedene Mengen der inaktiven Verbindung als Träger zugesetzt. Nach Durchmischung wird die Verbindung isoliert und die Isotopenzusammensetzung bestimmt, die für jede der Parallelbestimmungen verschieden groß ist. Für zwei Bestimmungen an aliquoten Teilen kann man schreiben:

$$X_2 = \frac{1}{\dfrac{A_2}{A_f} - 1}\, X_1, \tag{6.9}$$

$$X_2 = \frac{1}{\dfrac{A_2}{A_f'} - 1}\, X_1'. \tag{6.10}$$

Die Auflösung dieser beiden Gleichungen ergibt:

$$X_2 = \frac{A_f' X_1' - A_f X_1}{A_f - A_f'}, \tag{6.11}$$

$$A_2 = \frac{(X_1' - X_1)\, A_f\, A_f'}{A_f' X_1' - A_f X_1}. \tag{6.12}$$

Für den Spezialfall, daß $X_1' = 2\,X_1$, gilt:

$$X_2 = \frac{X_1\,(2\,A_f' - A_f)}{A_f - A_f'}, \tag{6.13}$$

$$A_2 = \frac{A_f\,A_f'}{2\,A_f' - A_f}. \tag{6.14}$$

Ist die Menge des zu bestimmenden Stoffes sehr klein, so wird die Bestimmung sehr ungenau, da das Verhältnis A_f/A_f' dem Grenzwert X_1/X_1' zustrebt, so daß kleine Meßfehler sehr große Fehler im maßgebenden Glied $A_f'\,X_1' - A_f\,X_1$ hervorrufen. Es ist daher notwendig, die Zusätze inaktiven Trägers X_1 und X_1' so klein als möglich zu halten. Ist der zur erfolgreichen Abtrennung erforderliche Trägerzusatz ungefähr 50mal so groß wie die Menge des zu bestimmenden Stoffes, so scheint die Methode von Bloch und Anker keinesfalls mehr anwendbar zu sein. Bei Trägerzusätzen von mehr als 10mal der Menge der zu bestimmenden Substanz ist eine größenordnungsmäßige Ermittlung möglich.

e) Analyse durch Doppelverdünnung mit markiertem Träger.

Für die Methode von Bloch und Anker ist auch eine Erweiterung vorgeschlagen worden: Nach Berenbom, Sober und White (6) wird dem zu analysierenden Gemisch markierter Träger zugesetzt. Dadurch gelingt es beim Arbeiten mit stabilen Isotopen, die bei der Verdünnung auftretenden Änderungen der Isotopenzusammensetzung zu vergrößern und die relativen Meßfehler für diese Änderungen entsprechend zu verringern. So kann die Empfindlichkeit und Genauigkeit von Analysen durch doppelte Isotopenverdünnung unter Umständen beträchtlich gesteigert werden.

Bei Zusatz markierten Trägers gelten dann statt Gl. (6. 9) und (6. 10) die folgenden Beziehungen, die hier in der für stabile Isotope zweckmäßigen Form (vgl. S. 144) geschrieben werden:

$$R_f = \frac{X_1 \, R_1 + X_2 \, R_2}{X_1 + X_2}, \tag{6.15}$$

$$R_f{}' = \frac{X_1{}' \, R_1{}' + X_2 \, R_2}{X_1{}' + X_2}. \tag{6.16}$$

Durch Auflösen erhält man:

$$X_2 = \frac{X_1 \, (R_1 - R_f) - X_1{}' \, (R_1{}' - R_f{}')}{R_f - R_f{}'}. \tag{6.17}$$

Durch Einsetzen von Gl. (6. 17) in Gl. (6. 15) oder Gl. (6. 16) läßt sich dann auch R_2 berechnen, was insbesondere für Stoffwechseluntersuchungen angestrebt wird.

Die Leistungsfähigkeit der Methode beim Arbeiten mit stabilen Isotopen wird durch die Ergebnisse von BERENBOM, SOBER und WHITE (6) mit ^{15}N-markierten Stoffen veranschaulicht. Bei Bestimmungen von markiertem Glykokoll, das eine Isotopenzusammensetzung aufwies, die von der natürlichen nur wenig differierte, versagte die Analyse mit Hilfe von Träger der natürlichen Zusammensetzung; unter diesen Bedingungen war nämlich die Änderung der Isotopenzusammensetzung wegen des Meßfehlers bei den Bestimmungen im Massenspektrometer nicht mehr feststellbar. Wurde jedoch mit markierten Trägern gearbeitet, deren Zusammensetzung sich hinlänglich von der Zusammensetzung des zu bestimmenden Glykokolls unterschied, so wurden befriedigende Analysenergebnisse erzielt. Die Isotopenzusammensetzung der Träger konnte so variiert werden, daß bei einem Verhältnis von Träger zu Substanz von 25 : 1 und einem Glykokollgehalt von 0,1 mg Stickstoff noch eine Bestimmungsgenauigkeit von etwa 10% erzielt wurde. Bei einem Verhältnis von 62 : 1 betrug der mittlere Fehler der Bestimmung schon ungefähr 20%.

Eine Anwendung dieser Methode bei Bestimmung radioaktiv markierter Stoffe dürfte hingegen keinen Vorteil bieten. Das ist auf die Unterschiede in der Natur des Meßfehlers bei der Bestimmung der Isotopenzusammensetzung im Massenspektrometer einerseits und durch Aktivitätsmessung anderseits zurückzuführen. Bei der Bestimmung der Isotopenzusammensetzung im Massenspektrometer können nämlich deren Änderungen mit um so größerer relativer Genauigkeit bestimmt werden, je größer sie sind. Bei der Messung von Aktivitäten ist aber zu berücksichtigen, daß selbst nach weitgehender Ausschaltung des statistischen Fehlers, was z. B. durch lange Meßzeiten möglich ist, gewöhnlich ein gewisser konstanter relativer Fehler der Größenordnung 1 bis 2% auftritt, der durch Schwankungen der Präparatform, Schwankungen der Geometrie der Meßanordnung usw. bedingt ist. Daher kann die relative Meßgenauigkeit der Änderung der spezifischen Aktivität bei der Verdünnung wohl kaum durch Verwendung von radioaktiv markiertem Träger verbessert werden.

3. Anwendung der Isotopenverdünnungsmethode in der anorganischen und Elementaranalyse.

Die Isotopenverdünnungsmethode stammt, wie so viele andere Anwendungsmöglichkeiten radioaktiver Indikatoren, von G. HEVESY (40), der diese Methode das erste Mal zu einer Mikrobleibestimmung verwendete.

Bei Mikrobleibestimmungen durch anodische Abscheidung des Bleis als Dioxyd wurden stark schwankende Werte erhalten. Hevesy unterzog nun das Abscheidungsverfahren einer Untersuchung, indem er den Lösungen radioaktives Blei (Radium D) als Indikator zusetzte. Die Abscheidungen wurden sodann unter verschiedenen Bedingungen durchgeführt, wobei sich die jeweilige Ausbeute der Abscheidung aus dem Verhältnis der abgeschiedenen und der zugesetzten RaD-Mengen ergab. (Die Aktivitätsmessung wurde erst nach Einstellung des radioaktiven Gleichgewichtes mit dem Folgeprodukt des Radium D, nämlich Radium E, ausgeführt, da das Radium D selbst sehr weiche β-Strahlung, das Radium E hingegen sehr harte β-Strahlung aufweist, so daß praktisch nur die letztere gemessen wird.) Es stellte sich heraus, daß unter den bislang verwendeten Bedingungen nur einige Prozent des Bleis abgeschieden wurden, während man eine 100%ige Ausbeute angenommen hatte. Hevesy führte nun jede einzelne Bestimmung mit Radium D-Zusatz aus, bestimmte den Abscheidungsgrad durch Aktivitätsmessung und korrigierte die auf Grund der Bleidioxydabscheidung erhaltenen Werte entsprechend dem Abscheidungsgrad. Mit Hilfe dieser Methode konnte Hevesy Bleibestimmungen an 30 g Mineral auf Bleigehalte von der Größenordnung 10^{-6} Gewichtsteile ausdehnen. Auch bei der elektrogravimetrischen Bestimmung kleiner Zinkmengen in Aluminiumlegierungen wurde eine Ausbeutebestimmung durch die Radioaktivität (^{65}Zn) angewendet (78).

Sue hat die Isotopenverdünnungsmethode zur Analyse der Alkalimetalle herangezogen (76, 77). Durch Zusatz von radioaktivem Kaliumchlorid (^{42}K) zu Alkalinitratgemischen und Fällung eines Teiles des Kaliums als Perchlorat wird der Kaliumgehalt bestimmt. Da die Ausbeute der Kaliumperchloratfällung nicht entscheidend ist, kann durch mehrmaliges reinigendes Umfällen oder Waschen des Niederschlages ein hoher Reinheitsgrad erzielt werden. Aus dem Gewicht des ausgefällten Perchlorats und den Aktivitäten des zugesetzten Kaliumchlorids und des abgeschiedenen Kaliumperchlorats ergibt sich der Kaliumgehalt des Alkalinitratgemisches.

Über eine Cerbestimmung nach der Isotopenverdünnungsmethode berichten Freedman und Hume (26). Den cerhaltigen Lösungen wird radioaktives Cer (^{144}Ce) als Indikator zugesetzt. Das Cer wird als Cerijodat, Cerihydroxyd oder Percerihydroxyd abgeschieden, wobei die Abscheidungsmethode je nach den anderen Bestandteilen der Probe ausgewählt wird. Der Niederschlag wird wieder aufgelöst und das Cer(IV)-Ion in schwefelsaurer Lösung spektrophotometrisch bestimmt. Die Ausbeute der Abtrennung wird durch Vergleich des Radio-Cer in aliquoten Teilen der zur spektrophotometrischen Bestimmung hergestellten Lösungen mit dem gesamten zugesetzten Radio-Cer ermittelt. Die spezifische Aktivität des als Indikator zugesetzten radioaktiven Cers wird zweckmäßig möglichst groß gehalten, um mit einem so kleinen Cerzusatz auskommen zu können, daß die spektrophotometrische Bestimmung nicht beeinflußt wird. Durch besondere Maßnahmen konnte eine Genauigkeit der Aktivitätsmessung von 0,5% und damit eine gute Genauigkeit der Bestimmung überhaupt erzielt werden.

Die Ausbeute von Thoriumabscheidungen kann mit Hilfe von UX_1 bestimmt werden. Dies ist ein Verfahren, das besonders für die Analyse von Mineralen Beachtung verdient (11) [s. auch (31)]. Z. B. wurde für Thoriumgehalte von 0,1 bis 1% in Monazitsand die Ausbeute der Fällung von Thoriumhydroxyd bestimmt, und zwar bei einem pH-Wert von 5,7, bei dem Thorium schon weitgehend ausfällt, die Seltenen Erden aber noch gelöst bleiben. Eine Störung durch die Aktivität des Thoriums und seiner Folgeprodukte wurde durch Anwendung hoher Aktivität des UX_1 (hundertfache Thoriumaktivität) verhindert.

Auch bei Urananalysen kann eine Ausbeutebestimmung mit Hilfe eines der kürzerlebigen Uranisotope ausgeführt werden (69).

Bei einer von BARKER (5) angegebenen Mikrobestimmung von an Eiweiß gebundenem Jod wird das Jod nach einer Chromsäurebehandlung aus dem Reaktionsgemisch abdestilliert und im Destillat durch seine katalytische Wirkung auf die Reduktion des Cer(IV)-Ions durch arsenige Säure colorimetrisch bestimmt. NESH und PEACOCK (58) prüften diese Bestimmungsmethode mit Hilfe von radioaktivem Jod und konnten zeigen, daß die bei der Destillation erzielte Ausbeute keineswegs quantitativ ist, sondern zwischen 77 und 96% schwankt. Daher schlagen sie vor, die Methode stets mit einer radioaktiven Ausbeutebestimmung zu verbinden. Diese erfolgt durch Zusatz von trägerfreiem radioaktivem Jodid zum gelösten Eiweiß vor Beginn der Chromsäurebehandlung.

Beträchtliche Schwierigkeiten bietet bekanntlich die Analyse von Niob-Tantal-Gemischen. Häufig wird für diese Analysen die Fällung mit Tannin verwendet: Zuerst wird bei niedrigem pH-Wert das Tantal gefällt, dann bei höherem das Niob. Dabei wird jedoch nur sehr mangelhafte Trennung erzielt. Der Tantalniederschlag enthält Niob und umgekehrt der Niobniederschlag Tantal. Wiederholtes Umfällen verbessert zwar die Trennung, eignet sich aber wegen des beträchtlichen Zeitaufwandes nicht für ein praktisch nützliches Analysenverfahren. BEYDON und FISHER (7 a) haben nun eine radioaktive Ausbeutebestimmung zur Verbesserung des Verfahrens herangezogen. Hierzu untersuchten sie zuerst die Fällung von Tantal mit Tannin. Mit Hilfe von Tantal 182 als Indikator stellen sie fest, daß bei pH 3,8 nur mehr 1% Tantal in Lösung verbleibt, bei pH 4,0 nur mehr 0,2% (vgl. die in Kap. IV, Abschn. 6 i besprochenen Untersuchungen). Nun konnte die Analyse in folgender Weise durchgeführt werden: Der Lösung der Proben wird mit Niob 95 markiertes Niob zugesetzt. Dann wird Tantal bei pH 3,8 mit Tannin gefällt und im Filtrat bei pH 6,0 das Niob. Die Niederschläge werden nun zu Oxyden verglüht und an diesen durch Aktivitätsmessung der Anteil des Niobs bestimmt, der von Tantal mitgefällt wurde. Bei der Berechnung des Tantal- und Niobgehaltes wird angenommen, daß 1% des Tantals mit dem Niob gefällt wurde. Titan kann — so wie bei den bisher üblichen Analysen — colorimetrisch in den aufgelösten Oxyden bestimmt werden.

Bei einem von BRADACS, LADENBAUER und HECHT (10) angewendeten Gang der Germanium-Bestimmung ergaben sich insofern Schwierigkeiten, als Germaniumdioxyd-Niederschläge, die bei der Abtrennung des Germaniums auftreten, nicht quantitativ gelöst werden konnten. Die Bestimmung konnte jedoch durch Verwendung von Germanium 71 gut durchgeführt werden. Dieses wurde den Analysenproben nach deren Auflösung zugesetzt. Am Schluß der Analyse wurde dann durch Aktivitätsmessung an dem für die gravimetrische Bestimmung gefällten germanododekamolybdänsauren Oxychinolin festgestellt, welche Verluste durch die Schwerlöslichkeit des Germaniumdioxyds aufgetreten waren.

Weitere Anwendungsbeispiele der Methode, über die Veröffentlichungen vorliegen, sind: Abtrennung von Actinium (^{227}Ac) unter Verwendung von Mesothor 2 (^{228}Ac) (16), Abtrennung von Protactinium (^{231}Pa) unter Verwendung von UZ (^{234}Pa) (35). Ausbeutebestimmungen dieser Art lassen sich im Prinzip auf jede Bestimmungsmethode anwenden.

Diese Verfahren sind den im Kapitel über Indikatoranalyse beschriebenen Überprüfungsmethoden (Kap. IV, Abschn. 6, a und 6, i) verwandt. Eine getrennte Behandlung erschien jedoch zweckmäßig: In den Fällen, in denen eine Überprüfung keine Mängel der Analysenmethodik aufzeigt oder solche Mängel durch Abänderungen der Methodik beseitigt werden können, ist eine weitere Verwendung von Radioindikatoren nicht mehr erforderlich. Diese Fälle wurden in Kap. IV besprochen. Gelingt es jedoch nicht, quantitative Abtrennungsmethoden zu entwickeln, so müssen, wie im vorliegenden Kapitel besprochen, Ausbeutebestimmungen für jede einzelne Analyse herangezogen werden.

Solche Ausbeutebestimmungen sind aber auch nützlich, wenn eine quantitative Abscheidung schwierig oder außergewöhnlich langwierig ist. Diese Schwierigkeiten bei der Abscheidung treten vor allem dann auf, wenn das zu bestimmende Element nur in kleinster Menge vorhanden ist; die radioaktive Ausbeutebestimmung ist daher gerade in der Mikroanalyse von Bedeutung. Da die wesentlichen Fehler der gewöhnlichen Methoden häufig in der Abtrennung reiner Verbindungen und nicht in der Bestimmung der abgetrennten Menge zu suchen sind, stellt die Isotopenverdünnungsmethode, mit deren Hilfe man bei entsprechenden Vorsichtsmaßregeln den Abtrennungsgrad mit einer Genauigkeit von 1% bestimmen kann, eine wertvolle Bereicherung der analytischen Methodik dar.

Eine Anwendung etwas anderer Art kann die Ausbeutebestimmung durch Aktivitätsmessung finden, wenn Schwierigkeiten nicht in einer Abtrennungsmethode, sondern bei der Auswertung an sich empfindlicher Bestimmungsmethoden auftreten. Diese Art der Anwendung ist im Zusammenhang mit der Strontiumanalyse von Meerwasser (Strontiumgehalt ungefähr $1{,}0 \times 10^{-5}$ Gewichtsteile) vorgeschlagen worden (73). Für solche Analysen lag zwar eine an sich empfindliche flammenphotometrische Methode vor, jedoch war die Herstellung geeigneter Eichproben schwierig. Smales hat nun gezeigt, wie die Herstellung von Eichproben durch eine radioaktive Ausbeutebestimmung überflüssig gemacht werden kann. Der Wasserprobe wird Radiostrontium (^{90}Sr) mit möglichst großer spezifischer Aktivität zugesetzt. Dann wird ein Teil des Strontiums an einem Bariumsulfatniederschlag, den man in der Lösung erzeugt, mitgefällt. Aus Aktivitätsmessungen an der Lösung vor und nach der Fällung erhält man den Bruchteil des Strontiums, der mitgefällt wurde. Nun werden aliquoten Teilen des Filtrates verschiedene Mengen inaktives Strontium zugesetzt und für jede der so erhaltenen Lösungen der Flammenphotometerwert (Emissionsintensität der Strontiumlinie) bestimmt. Aus der Kurve dieser Flammenphotometerwerte und dem entsprechenden Wert der ursprünglichen Lösung ergibt sich die Menge Strontium, die am Bariumsulfat mitgefällt wurde. Da aber aus den Aktivitätsmessungen bekannt ist, welchen Anteil der Gesamtmenge Strontium das mitgefällte Strontium ausmacht, kann die Gesamtmenge sofort berechnet werden. Diese Art der Anwendung dürfte überall dort von Interesse sein, wo analytische Methoden zur Verfügung stehen, die die Feststellung gestatten, ob zwei Proben den gleichen Gehalt an einem Stoff aufweisen, bei denen aber eine direkte quantitative Auswertung schwierig ist.

Die Isotopenverdünnungsmethode kann auch zur Elementaranalyse von verschiedenen Stoffen herangezogen werden, wobei sie in erster Linie für die gewöhnlich schwierig zu bestimmenden Elemente, insbesondere den Sauerstoff, von Interesse ist. Die Vorteile einer Elementaranalyse durch Isotopenverdünnung bestehen darin, daß in ihrem Rahmen quantitative Abtrennungen nicht erforderlich sind. Eine derartige Bestimmung besteht aus folgenden Schritten: 1. Abwägen einer Probe. 2. Zugabe des mit Isotopen markierten Elements in bekannter Menge und bekanntem Isotopenverhältnis. Die Zugabe kann in Form des Elements oder in Form einer Verbindung erfolgen. 3. Herstellung der Isotopengleichverteilung, d. h. Austausch zwischen den Atomen des Moleküls und des Zusatzes, damit in allen vorliegenden chemischen Formen die gleiche Isotopenzusammensetzung vorliegt. Der Austausch kann z. B. durch

Erhitzen in einem abgeschlossenen Gefäß auf Temperaturen, bei denen die zu untersuchende Verbindung vollständig zersetzt wird, erzielt werden. 4. Bestimmung der Isotopenzusammensetzung des zu bestimmenden Elements im Gemisch. Eine derartige Elementaranalyse kann im Prinzip mit stabilen wie mit radioaktiven Isotopen ausgeführt werden. In einigen Fällen, wie z. B. beim Sauerstoff und Stickstoff, sind aber die radioaktiven Isotope so kurzlebig, daß nur die stabilen verwendet werden können. Die Verwendung stabiler Indikatoren hat den Vorteil, daß, wenn ein Massenspektrometer zur Verfügung steht, keine Trennungen notwendig sind, da das Massenspektrometer auch in Anwesenheit anderer Elemente direkt die Isotopenzusammensetzung des zu bestimmenden Elements liefert. Die genauesten Bestimmungen bei Markierung durch stabile Atome sind im Hinblick auf die Meßbarkeit im Massenspektrometer möglich, wenn in der normalen Isotopenzusammensetzung ein Isotop stark überwiegt und der Zusatz hinsichtlich Menge und Isotopenzusammensetzung so ausgewählt wird, daß im Gemisch beide Isotope in ungefähr gleicher Menge vorhanden sind. GROSSE, HINDIN und KIRSHENBAUM haben Sauerstoff-, Kohlenstoff- und Stickstoffbestimmungen in organischen Stoffen (32, 33, 51) und Sauerstoffbestimmungen in Metallen (51 a) auf diesem Weg ausgeführt.

Neuerdings sind auch die stabilen Isotope der schwereren Elemente in Mengen präparativ abgetrennt worden, die die Durchführung massenspektrometrischer Elementaranalysen gestatten (41). Solche Analysen, die sehr empfindlich sein können, sind bereits für die folgenden Elemente ausgeführt worden: Uran (10), Blei (10), Thorium (79, 79 a) und Xenon (43) in Gesteinen; Calcium und Argon in Kalium (42); Nickel und Zink in Kupfer (65); Selen und Krypton in Brom (65); Gadolinium und Samarium in Europium (37).

Bemerkenswert ist, daß nach dieser Methode gleichzeitig die Menge und die Isotopenzusammensetzung eines Elements bestimmt werden können. So wurden die in Kaliummineralen vorhandenen Mengen Argon 40 und Calcium 40 bestimmt, woraus auch die Halbwertszeit des Kalium 40 und das Verzweigungsverhältnis (β-Zerfall/K-Einfang) berechnet werden konnte [(42), s. auch (17)]. In anderen Fällen wurde nach diesem Verfahren die Tatsache einer Verzweigung erstmalig experimentell nachgewiesen (65).

4. Anwendung der Isotopenverdünnungsmethode in der organischen und Biochemie.

Die ersten Bestimmungen organischer Verbindungen sind mit den stabilen Isotopen des Wasserstoffs und Stickstoffs ausgeführt worden: RITTENBERG, SCHOENHEIMER, FORSTER und GRAFF bestimmten Palmitinsäure in einem Fettsäuregemisch mit Hilfe deuteriummarkierter Palmitinsäure sowie Leucin und Glutaminsäure in Eiweißhydrolysaten mit Hilfe der mit Stickstoff 15 markierten Verbindungen (29, 66, 70). Beinahe zur selben Zeit berichtete USSING (81) über Isotopenverdünnungsanalysen mit deuteriummarkierten Aminosäuren.

Weitere Untersuchungen über Eiweißhydrolysate mit Hilfe stabiler Isotope sind von FORSTER an Serumalbumin (25), von SHEMIN (72) an Hämoglobin und β-Lactoglobulin und von BARKER, HUGHES und YOUNG (4) zur l-Glutaminsäurebestimmung angestellt worden. In diesen Arbeiten werden auch verbesserte Methoden zur Isolierung der einzelnen Aminosäuren angegeben.

Die Genauigkeit derartiger Isotopenverdünnungsverfahren ist von der Reinheit der zugesetzten und der abgeschiedenen Verbindungen und von der Genauigkeit der Bestimmung der Isotopenzusammensetzung abhängig. Eine eingehende

Diskussion dieser Faktoren ist in den Veröffentlichungen von Rittenberg, Forster und Graff enthalten (29, 66). Besondere Probleme ergeben sich durch die Stereoisomerie der Aminosäuren. Die in der Natur vorkommenden Aminosäuren sind optisch aktiv, und zwar weisen sie nahezu ausnahmslos die l-Konfiguration auf. Hingegen sind die synthetischen Aminosäuren, die beim Einbau der Indikatoren entstehen, Racemate. Reine Stereoisomere und Racemate haben gewöhnlich verschiedene Löslichkeit, was bei der Abtrennung einer reinen Probe nach dem Zusatz der markierten Verbindung berücksichtigt werden muß. Man kann nach einer von drei Methoden verfahren (66):

1. Das Eiweißhydrolysat wird durch entsprechende Behandlung vollkommen racemisiert, die racemische Aminosäure wird zugegeben und aus dem Gemisch eine Probe der racemischen Verbindung isoliert. Diese Methode hat kaum Anwendung gefunden, da unter den Bedingungen der Racemisierung gewöhnlich auch andere Reaktionen, wie z. B. Abbau von Aminosäuren, auftreten.

2. Die markierte racemische Aminosäure wird in die Stereoisomeren gespalten; nur das natürliche Isomere wird für die Isotopenverdünnungsanalyse verwendet.

3. Die racemische Aminosäure wird dem Aminosäuregemisch zugesetzt, aus diesem jedoch nur das natürliche vorkommende Isomere isoliert. In den ersten Stufen der Trennung werden gewöhnlich das Stereoisomere und das Racemat gemeinsam abgeschieden und erst später voneinander getrennt.

Mit Hilfe der letztgenannten Methode, die in den meisten Fällen angewendet wurde, kann man auch beide Stereoisomere bestimmen (29): Dem Aminosäuregemisch wird die markierte racemische Verbindung zugesetzt. Die zu bestimmende Aminosäure wird abgeschieden und in zwei Fraktionen mit verschiedener optischer Aktivität, d. h. mit verschiedener Zusammensetzung hinsichtlich der beiden stereoisomeren Formen zerlegt. Die Zusammensetzung wird aus der spezifischen Drehung berechnet; aus der Isotopenzusammensetzung der beiden Proben ergibt sich der Gehalt des ursprünglichen Gemisches an l- wie an d-Form der Aminosäure. Unter der Annahme, daß X_1 Gramm des markierten Racemats zugesetzt wurden, gilt bei Vernachlässigung der Unterschiede im Molekulargewicht:

$$X_2{}^{\mathrm{d}} = \left(\frac{C_1}{C_f{}^{\mathrm{d}}} - 1 \right) \frac{X_1}{2}, \tag{6.18}$$

$$X_2{}^{\mathrm{l}} = \left(\frac{C_1}{C_f{}^{\mathrm{l}}} - 1 \right) \frac{X_1}{2}. \tag{6.19}$$

Gelingt es, eine stereoisomere Form und das Racemat rein abzuscheiden, so liegen die Verhältnisse einfach: Aus der gemessenen Isotopenzusammensetzung des isolierten Stereoisomeren und der isolierten racemischen Probe wird die Isotopenzusammensetzung im nichtisolierten Stereoisomeren berechnet, da die Zusammensetzung des abgeschiedenen Racemats ($C_f{}^{\mathrm{dl}}$) das Mittel aus der Zusammensetzung der beiden stereoisomeren Formen ist:

$$C_f{}^{\mathrm{dl}} = \frac{1}{2} (C_f{}^{\mathrm{d}} + C_f{}^{\mathrm{l}}). \tag{6.20}$$

Wird z. B. die l-Form isoliert, so ergibt sich für den Gehalt an d-Form:

$$X_2{}^{\mathrm{d}} = \left(\frac{C_1}{2\,C_f{}^{\mathrm{dl}} - C_f{}^{\mathrm{l}}} - 1 \right) \frac{X_1}{2}. \tag{6.21}$$

Gelingt die Isolierung von reinem Stereoisomeren und reinem Racemat nicht, so bestimmt man die Isotopenzusammensetzung ($C_f{}^M$) von zwei Mischungen, deren Zusammensetzung durch Messung der optischen Aktivitäten ermittelt wird. Wird der Anteil der l-Form (d-Form) mit P^{l} (P^{d}) bezeichnet, so gilt:

$$C_f{}^M = P^{\mathrm{d}}\, C_f{}^{\mathrm{d}} + P^{\mathrm{l}}\, C_f{}^{\mathrm{l}}. \tag{6.22}$$

C_f^d und C_f^1 können daher aus Messungen der Isotopenzusammensetzung von zwei verschiedenen Gemischen bestimmt werden.

Die Bestimmung der l- und d-Aminosäuren durch Isotopenverdünnung ist zur Prüfung der von Kögl aufgestellten Hypothese herangezogen worden, daß in Krebsgeschwulst ein beträchtlicher Gehalt an d-Aminosäure auftritt (29, 52).

Über Nucleinsäureanalysen mit Hilfe der Isotopenverdünnungsmethode berichtet Abrams (1). Den zu untersuchenden Nucleinsäuren wurde ^{14}C-markiertes Guanin und ^{13}C-markiertes Adenin zugesetzt und das Gemisch der Hydrolyse unterworfen. Die gebildeten Purine wurden zuerst durch Fällung abgeschieden und dann chromatographisch voneinander an Ionenaustauschern getrennt. Dann wurden die Isotopenzusammensetzungen der erhaltenen Fraktionen bestimmt. Es konnte gezeigt werden, daß die Trennung Guanin-Adenin vollkommen scharf verlaufen war. Da hier die Trennung mit sehr kleinen Stoffmengen möglich ist, konnte die einfache Isotopenverdünnungsmethode auch auf sehr kleine Mengen (40 mg Nucleinsäure) angewendet werden; je 5 mg markiertes Adeninsulfat und Guaninsulfat wurden zugesetzt.

Der Gehalt der Phosphatide verschiedener Organe an den basischen Bestandteilen Cholin und Colamin wurde ebenfalls mit Hilfe der Isotopenverdünnungsmethode bestimmt (12). Auch Gemische von organischen Sulfiden, Sulfoxyden und Sulfonen wurden analysiert (38). Synthetischen Gemischen von Dibenzylsulfid, -sulfoxyd und -sulfon wurden die unter Verwendung von Radioschwefel (^{35}S) hergestellten radioaktiven Verbindungen in bekannter Menge zugesetzt. Die Abscheidung erfolgte durch fraktionierte Kristallisation aus Petroläther bzw. 95%igem Alkohol. Alle Aktivitätsmessungen erfolgten an Benzidinsulfatproben, die durch Oxydation nach Carius und Fällen mit Benzidin erhalten wurden. Die Untersuchungen ergaben, daß bei genauem Arbeiten ein durchschnittlicher Analysenfehler von 1,4% auftrat; in keinem einzigen Falle wurde ein Fehler von mehr als 3% beobachtet.

Für die folgenden Bestimmungen wurde ebenfalls die einfache Isotopenverdünnungsmethode herangezogen: Naphthalin in Teer (Zusatz von markiertem Naphthalin) (55); Vitamin B 12 (Zusatz von am Kobalt markiertem Vitamin) (3, 67); 4-Chloro-2-Methyl-Phenoxy-Essigsäure in Mischung mit anderen Phenoxy-Essigsäuren (Zusatz der am Chlor markierten Verbindung) (74); γ-Hexachlorbenzol in Mischung mit Isomeren [Markierung mit ^{36}Cl (15) oder ^{14}C (61a)]. Auch Penicillin G (Benzylpenicillin) wurde in einer Mischung verschiedener Penicilline bestimmt, indem die mit ^{13}C markierte Verbindung zugesetzt wurde, die durch Schimmelwachstum in Anwesenheit von markiertem Phenyl-Acetamid gewonnen worden war (14). In der Analysenprobe wurde das Kalium-Benzylpenicillin zu Phenyl-Essigsäure hydrolysiert, diese decarboxyliert und die Isotopenzusammensetzung der freigesetzten Kohlensäure bestimmt. Eine andere Methode benutzt ^{35}S-markiertes Penicillin (28a).

Eine Reihe von Bestimmungen organischer Stoffe sind durch Isotopenverdünnung mit Hilfe eines radioaktiven Reagens ausgeführt worden (vgl. Abschnitt 2, c). Keston, Udenfriend, Cannan und Levy (47, 48, 49, 50, 82, 83) haben auf diesem Weg Aminosäuregemische analysiert. Ihre Arbeiten sollen hier eingehender besprochen werden, um zu illustrieren, welche Probleme bei derartigen Bestimmungen auftreten und wie sie gelöst werden können. Als radioaktives Reagens wurde p-Jod (^{131}J)-Phenyl-Sulfonylchlorid („Pipsylchlorid") verwendet. Dieses wird den Aminosäuregemischen — z. B. Eiweißhydrolysaten — zugesetzt, wobei sich radioaktive Derivate aller vorliegenden Aminosäuren bilden (vgl. S. 118 und S. 138). Das Gemisch wird nun nach einer Isotopenverdünnungsmethode aufgearbeitet.

Je nach dem Abtrennungsverfahren, das angewendet werden soll, gibt es hierbei verschiedene Varianten. Wird die Abtrennung mit Methoden ausgeführt, die das Vorliegen größerer Mengen erfordern, z. B. Fällungsmethoden, so setzt man inaktiven Träger, den man sich aus inaktivem Reagens und den zu bestimmenden Substanzen herstellt, in den entsprechenden Mengen zu und bestimmt dann die spezifische Aktivität der abgeschiedenen Reinsubstanz, indem man einerseits die Aktivität mißt und anderseits die Gesamtmenge bestimmt (z. B. durch Auswägen oder mittels Spektralphotometers). Soll hingegen die Trennung nach Methoden ausgeführt werden, die nur kleinste Substanzmengen erfordern — etwa durch Papierchromatographie —, so führt man eine radiometrische Ausbeutebestimmung für das gebildete Derivat durch: vor Beginn der Abtrennung setzt man zu dem Gemisch radioaktiver Derivate eine bekannte Menge isotoper Derivate zu, die mit einem anderen Radioelement als das radioaktive Reagens markiert wurden. KESTON, UDENFRIEND und LEVY (49, 50) haben bei den Aminosäurebestimmungen für diese Markierung radioaktiven Schwefel — Pipsylchlorid ^{35}S — verwendet. Zur Bestimmung sind dann nach erfolgter Abtrennung lediglich Aktivitätsmessungen erforderlich, die unter Umständen direkt auf dem Papierchromatogramm ausgeführt werden können. Die Aktivitätsmessungen müssen die gesonderte Ermittlung des Gehaltes an jedem der beiden Radioelemente (des zur Markierung des radioaktiven Reagens und des zur Markierung des zugesetzten isotopen Derivates verwendeten) gestatten. Dies erfolgt gewöhnlich durch Messung unter verschiedenen Absorberdicken. (Von KESTON, UDENFRIEND und LEVY wurde ein 0,0076 cm dicker Aluminiumabsorber verwendet. Von diesem war aus Eichversuchen bekannt, daß er die β-Strahlung des Schwefel 35 zu 99,7%, die des Jod 131 aber nur zu 44% absorbierte.) Aus der Aktivität des Elements, mit dem das Reagens markiert wurde, läßt sich nun die in Form des Derivates abgetrennte Menge der zu bestimmenden Verbindung angeben. Anderseits liefert die Aktivität des Radioelements, mit dem das zugesetzte Derivat markiert wurde, die Ausbeute der Abtrennung, so daß man die Menge der zu bestimmenden Verbindung im ursprünglichen Gemisch erhält.

Die Reaktion des „Pipsylchlorids-^{131}J" mit den Aminosäuren muß unter Bedingungen ausgeführt werden, bei denen möglichst quantitative Bildung der „Monopipsylaminosäuren" erfolgt. Bei zu großem Überschuß an Pipsylchlorid bilden sich Dipipsylaminosäuren; diese Reaktion erfolgt jedoch nicht quantitativ, so daß der Gedanke fallengelassen werden mußte, die Analyse mit Hilfe der Dipipsylderivate durchzuführen. Die besten Resultate werden erzielt, wenn man die Monopipsylderivate durch mehrmalige Teilreaktion herstellt, wobei die gebildeten Derivate nach jeder Teilreaktion durch Extraktion mit Äther entfernt werden. Die Reaktion der Aminosäure kann durch das Verschwinden des Aminostickstoffes [Nachweis mit der Naphthochinonmethode von FOLIN (22)] verfolgt werden.

Für die Bestimmung von Glykokoll, Alanin und Prolin in Eiweißhydrolysaten haben KESTON, UDENFRIEND und CANNAN (48) Zusatz von inaktivem Träger und Abtrennung durch mehrstufige Extraktion (Verteilung zwischen Chloroform und verdünnter Salzsäure), gefolgt von Reinigung durch Umkristallisieren, verwendet. Glutaminsäure, Asparaginsäure, Oxyprolin, Serin, Threonin und γ-Aminobuttersäure wurden nach Zusatz der ^{35}S-Pipsylderivate durch papierchromatographische Trennung bestimmt (50). Nach einer verbesserten Vorgangsweise wurden elf Aminosäuren in einem Milligramm Eiweiß bestimmt (82). Bestimmungen verschiedener Aminosäuren wurden an folgenden Substanzen ausgeführt: β-Lactoglobulin (47, 48, 50), Hämoglobin (47, 48), Insulin (47),

Aldolase (48), Seidenhydrolysaten (49), Phosphoglycerinaldehyd-Dehydrogenase (48), Serumalbumin (50), Phosphorylase (83). Die für diese Bestimmungen eingesetzten Mengen betrugen je 1 bis 2 mg Eiweißhydrolysat. Da der Gehalt an manchen Aminosäuren nur bei 1% betrug, wurden also Aminosäuren in Mengen von 10 μg im Gemisch nach dieser Methode einwandfrei bestimmt.

Wird die Trennung papierchromatographisch ausgeführt, so gestattet die radioaktive Meßmethode die eindeutige Identifizierung und Bestimmung von äußerst ähnlichen Stoffen (etwa Leucin und Isoleucin), die im Papierchromatogramm gewöhnlich nicht voneinander unterschieden werden können, da sie in die gleiche Bande des Chromatogramms zu liegen kommen. Man zerschneidet nämlich die Stellen des Papierchromatogramms, an denen nach beendigter Trennung Aktivitäten aufgefunden werden, in kleinere Streifen und bestimmt das Verhältnis der Aktivitäten von ^{131}J und ^{35}S für jeden dieser Streifen. Dieses Verhältnis ist nun für alle Streifen, die aus einer Bande stammen, konstant, wenn die Aminosäure, aus der durch Reaktion mit Pipsylchlorid-^{131}J ein aktives Derivat gebildet wurde, mit der Aminosäure identisch ist, die im zugesetzten Pipsyl-^{35}S-Aminosäurederivat vorliegt [(80); vgl. Kap. IV, Abschn. 6, k].

Die Verwendung von markiertem Pipsylchlorid zur Bestimmung der freien Aminogruppen in Eiweißstoffen wurde in Kap. V, Abschn. 5, d besprochen.

Ein gutes Beispiel für die umgekehrte Isotopenverdünnungsmethode liefert eine Arbeit über die Verteilung und den Abbau von Dicumarol. Den Versuchstieren wurde die markierte Verbindung mit bekannter spezifischer Aktivität injiziert. Nach einer gewissen Zeitspanne wurden die Tiere getötet und die Aktivitäten einzelner Organe bestimmt. Dann wurde den Organen inaktives Dicumarol zugesetzt, mit diesen gut vermischt und aus dem Gemisch durch wiederholtes Umkristallisieren reines Dicumarol abgeschieden. Aus der spezifischen Aktivität dieses Stoffes konnte nun die im Organ vorhandene Menge aktiven Dicumarols sowie — durch eine Differenzmethode — die Menge seiner Abbauprodukte berechnet werden (53).

Ähnlich wurde die Haltbarkeit des Vitamin B 12 bestimmt. Da Vitamin B 12 in den fraglichen Präparaten nur in sehr kleinen Mengen vorliegt, wurde es für die Versuche in markierter Form (Kobalt 60) angewendet. Nach mehrmonatiger Lagerung wurde inaktive Substanz zugesetzt und nach Durchmischung reines Vitamin B 12 abgetrennt. Aus der spezifischen Aktivität dieses Stoffes konnte der unzersetzte Anteil berechnet werden (68, 68a).

5. Bestimmung der Ausdehnung großer Systeme durch die Isotopenverdünnungsmethode.

Analytische Bestimmungen der Radioaktivität an Teilmengen können, wie bereits in Abschnitt 1 erwähnt wurde, nicht nur zur Ermittlung des Gehaltes eines Systems an einem Stoff, sondern auch zur Bestimmung der Gesamtmenge dieses Stoffes dienen. Voraussetzung hierfür ist, daß während der Versuchsdauer Gleichgewichtseinstellung eintritt, d. h. gleichmäßige Verteilung der markierten Stoffe über das System erfolgt. Die Methode besteht darin, daß dem System eine radioaktive Form des zu bestimmenden Stoffes zugesetzt wird — und zwar mit bekannter Gesamtaktivität und in möglichst kleiner Menge, damit die Änderung der Gesamtmenge vernachlässigt werden kann. Nach Einstellung gleichmäßiger Verteilung wird eine kleine Probe des zu bestimmenden Stoffes isoliert und durch Messung der Radioaktivität die spezifische Aktivität ermittelt. Für die Gesamtmenge des Stoffes X_2 gilt dann:

$$X_2 = \frac{G_1}{A_f},$$

wobei G_1 die Gesamtaktivität des Zusatzes und A_f die spezifische Aktivität der abgeschiedenen Probe bezeichnet.

Diese Methode ist u. a. für physiologische Systeme von Bedeutung, weil Zusatz und entnommene Probe so klein gehalten werden können, daß die Funktionen des Systems nicht gestört werden. Diese Methode muß daher in gewisser Hinsicht als eine Mikromethode bezeichnet werden. Viele physiologische Systeme erfüllen die wesentliche Voraussetzung der raschen Gleichgewichtseinstellung. Darauf wird geprüft, indem dem System in Zeitabständen nach der Injektion der aktiven Stoffe Proben entnommen und ihre Aktivitäten bestimmt werden; bleiben sie — natürlich unter Berücksichtigung des Abklingens — konstant, so hat sich Gleichgewicht eingestellt. Allerdings muß noch in jedem Einzelfall überlegt werden, welche Teile des Systems in dieses Gleichgewicht einbezogen sind, also ob z. B. Austausch auch mit dem Zellinneren erfolgt. Dies kann unter Umständen durch Probeentnahmen an verschiedenen Stellen des Systems untersucht werden.

Eine ausführliche Übersicht über die mit Hilfe dieser Methoden in der Physiologie erzielten Erfolge hat Hevesy in seinem Werk „Radioactive Indicators" (39) gegeben, so daß nur Beispiele zur Veranschaulichung angeführt seien [siehe auch (18)]. Die Verfahren lassen sich offenbar grundsätzlich auf verschiedenste Untersuchungen übertragen, z. B. auf die chemische Technik, aber auch auf die Ökologie. Beispielsweise könnte man versuchen, die Anzahl der Mücken auf einer Insel zu bestimmen, indem man eine gewisse Anzahl Mücken einfängt, sie mit radioaktiven Stoffen füttert oder besprüht und dann wieder freiläßt. Nachdem sich die markierten Mücken gleichmäßig über die Insel verteilt haben, fängt man wieder eine Anzahl Mücken ein, und bestimmt nun die „spezifische Aktivität" dieser Probe. Bei so großen Einheiten wie Tieren läßt sich freilich eine Markierung auch schon auf andere Weise als durch Radioaktivität bewerkstelligen.

Eine der physiologischen Bestimmungen, die mit der Isotopenverdünnungsmethode ausgeführt wurde, ist die Ermittlung des Wassergehaltes im Menschen. Radioaktives Wasser wurde intravenös injiziert (61). Proben wurden nach verschiedenen Zeitabständen entnommen und auf Aktivität geprüft. Bei Menschen ergab sich annäherndes Gleichgewicht nach einer Stunde und ein Wassergehalt von 62 bis 64%. Ähnliche Bestimmungen wurden auch mit deuteriummarkiertem Wasser ausgeführt (18, 57). (Es ist bekannt, daß sich ein Teil des Wasserstoffes in den organischen Verbindungen des Körpers mit Wasserstoff- oder Hydroxylionen des Körperwassers im Austauschgleichgewicht befindet. Die beteiligten Mengen sind aber im Vergleich zum Wassergehalt des Körpers so gering, daß dieser Effekt bei den Körperwasserbestimmungen nicht berücksichtigt werden muß.)

Die Isotopenverdünnungsmethode wird auch zur Bestimmung verschiedener „Räume" des Körpers verwendet, z. B. der extrazellulären Flüssigkeit und des Plasmavolumens. Eine genaue Bestimmung dieser physiologisch klar definierten Räume ist allerdings schwierig, da sich die in Frage kommenden markierten Zusätze nicht ideal verhalten, d. h. die Räume, über die sie nicht hinausgehen sollten, doch im Lauf der Zeit in merklichem Ausmaß verlassen.

Diese Verluste treten vor allem bei der Bestimmung des extrazellulären Flüssigkeitsvolumens auf. Alle bisher verwendeten Stoffe dringen in merklichem Ausmaß in die Zellen ein: Radionatrium (2, 20, 44, 56), Radiobrom (19), Radiosulfat (71, 84, 85) und verschiedene andere Stoffe [s. (18)]. Man spricht daher je nach der Bestimmungsmethode von einem „Natriumraum", „Bromraum" usw.

Für die Bestimmung des Plasmavolumens hat man kolloidale Stoffe, nämlich mit Radiojod oder -brom markierte Eiweißkörper, herangezogen (21, 62).

Die Bestimmung des Blutvolumens kann durch Markierung der roten Blutkörperchen ausgeführt werden, wobei man annimmt, daß ein Übergang der radioaktiven Atome aus den Blutkörperchen oder ein Übergang dieser selbst in andere Organe während der Versuchsdauer nicht in nennenswertem Ausmaß erfolgt. L. Hahn und Hevesy (34) haben zu diesem Zwecke Radiophosphor herangezogen. Ein Versuchstier erhält radioaktives Phosphat in die Blutgefäße injiziert. Ein Teil dieses Phosphats wird in die Nucleinsäuren der roten Blutkörperchen eingebaut, während das übrige an den Organismus abgegeben wird. Nun wird eine Blutmenge dieses radioaktiven Blutspenders einem zweiten Versuchstier injiziert. Nach einigen Minuten sind die radioaktiven roten Blutkörperchen gleichmäßig im Blut dieses Tieres verteilt. Das Blutvolumen ergibt sich aus dem Verhältnis der spezifischen Aktivitäten des Blutes der beiden Tiere. (Neuere Arbeiten mit Radiophosphor: 7, 46, 54, 63, 64.) Ähnliche Untersuchungen wurden auch mit radioaktivem Eisen (7, 18, 28, 36, 59) und Chrom (30, 75) ausgeführt.

Bei ersten Versuchen am Menschen wurde der Einbau des Indikators in die Blutkörperchen nicht im Körper einer Versuchsperson vorgenommen. Vielmehr wurde das Radiophosphat einfach einer abgenommenen Blutprobe zugesetzt und diese für mehrere Stunden bei 37° C geschüttelt. Dabei wird eine hinreichende Aktivität von den Blutkörperchen aufgenommen. Hierauf wurde die Aktivität der Blutkörperchen bestimmt und das nunmehr markierte Blut wieder injiziert. In verschiedenen Zeitabständen wurden Blutproben entnommen und die Aktivität der abzentrifugierten Blutkörperchen bestimmt.

Neuerdings wird der Einbau der Radioelemente in die roten Blutkörperchen für die Versuche an Menschen auch *in vivo* vorgenommen, d. h. durch mehrmalige Injektion der radioaktiven Stoffe, vor allem von Radioeisen, in einen „radioaktiven Blutspender".

Eine Erweiterung dieser Methoden gestattet auch die Bestimmung des Blutvolumens einzelner Körperteile (60). Durch Abschnüren der Adern wird der zu untersuchende Teil, z. B. ein Bein, isoliert und in den nicht abgebundenen Teil radioaktives Blut injiziert. Nach einigen Minuten wird eine Probe entnommen, aus deren Aktivität das Volumen des zirkulierenden Anteiles berechnet wird. Man entfernt nun die Abschnürung, wodurch sich die radioaktiven Blutkörperchen auf das gesamte Blutvolumen verteilen und die spezifische Aktivität absinkt. Eine neuerliche Probeentnahme und Messung der spezifischen Aktivität gibt das gesamte Blutvolumen, die Differenz der beiden Werte das Blutvolumen im abgebundenen Körperteil.

Neben der Bestimmung von verschiedenen Flüssigkeitsräumen, wie sie gerade beschrieben wurde, konnte auch der Gehalt des Körpers an einigen Stoffen — genauer: der austauschbare Teil dieses Gehaltes — bestimmt werden. Moore (57) [siehe auch (13)] ermittelte den Körpergehalt an austauschbarem Kalium mit radioaktivem Kaliumchlorid (^{42}K). Die natürliche Radioaktivität des Kaliums (β-Zerfall von ^{40}K) ist zu schwach, um die Versuchsergebnisse zu beeinflussen. Die Aktivitätsmessungen erfolgen jeweils an den roten Blutkörperchen, die in 1 ml Blut enthalten sind. Der Kaliumgehalt der Blutkörperchen wurde analytisch bestimmt, so daß die spezifische Aktivität des Kaliums berechnet werden konnte. Die bis zur Probeentnahme im Harn ausgeschiedene

Aktivität wurde gemessen und berücksichtigt. Für die zu bestimmende Kaliummenge gilt:

$$X_K = (G_Z - G_H)/A_K,$$

wobei G_Z und G_H die Gesamtaktivitäten im Zusatz bzw. im ausgeschiedenen Harn und A_K die spezifische Aktivität des Kaliums in den Blutkörperchen im Gleichgewicht bezeichnen. Analoge Bestimmungen des austauschbaren Natriums wurden ebenfalls durchgeführt (23, 24).

Mit Hilfe der hier beschriebenen Bestimmungsmethoden für die Kaliummenge im Körper und das Volumen der extrazellulären Flüssigkeit (durch Radionatrium-Isotopenverdünnung) kann auch der Kaliumgehalt der Zellen ermittelt werden. Zu diesem Zweck bestimmt man den Kaliumgehalt der Körperflüssigkeit nach einer der üblichen Methoden, berechnet mit Hilfe des bekannten extrazellulären Flüssigkeitsvolumens das extrazelluläre Kalium und zieht dieses vom Gesamtkalium des Körpers ab.

Literatur.

(1) Abrams, R., Arch. Biochemistry **30**, 44 (1951). — (2) Aikawa, J. K., Amer. J. Physiol. **162**, 695 (1950).

(3) Bacher, F. A., A. E. Boley u. C. E. Shonk, s. (68). — (4) Barker, C. C., I. W. Hughes u. G. T. Young, J. Chem. Soc. London 1951, 3047. — (5) Barker, S. B., J. Biol. Chem. **173**, 715 (1948). — (6) Berenbom, M., H. Sober u. J. White, Arch. Biochemistry **29**, 369 (1950). — (7) Berlin, N. I., R. L. Huff, D. L. van Dyke u. T. G. Hennessy, Proc. Soc. Exp. Biol. Med. **71**, 176 (1949). — (7a) Beydon, J., u. C. Fisher, Analyt. Chim. Acta **8**, 538 (1953). — (8) Bloch, K., u. H. S. Anker, Science **107**, 228 (1948). — (9) Bradacs, L. K., I.-M. Ladenbauer u. F. Hecht, Mikrochim. Acta [Wien] **1953**, 229. — (10) Brown, H., M. Inghram, E. Larsen, C. Patterson u. G. Tilton, Geol. Soc. Amer., Bull., Nov. 1951. — (11) Buttlar, H. v., u. N. Isaac, Bull. centre phys. nucl. Univ. Brux. No. 36 (1952).

(12) Chargaff, E., M. Ziff u. D. Rittenberg, J. Biol. Chem. **144**, 343 (1942). — (13) Corsa, L., J. M. Olney, R. W. Steenburg, M. R. Ball u. F. D. Moore, J. Clin. Investigation **29**, 1280 (1950). — (14) Craig, J. T., J. B. Tindell u. M. Senkus, Analyt. Chemistry **23**, 332 (1951). — (15) Craig, J. T., P. F. Tryon u. W. G. Brown, Analyt. Chemistry **25**, 1661 (1953). — (16) Curie, M., J. chim. phys. **27**, 1 (1930). — (17) Curran, S. C., Quart. Rev. Chem. Soc. London **7**, 1 (1953).

(18) Edelman, I. S., J. M. Olney, A. H. James, L. Brooks u. F. D. Moore, Science **115**, 447 (1952). — (19) Elich, L. P., O. H. Pearson u. R. W. Rason, New England J. Med. **243**, 471 (1950).

(20) Fenn, W. O., J. Appl. Physics **12**, 316 (1941). — (21) Fine, J., u. A. M. Seligman, J. Clin. Investigation **22**, 285 (1943); **23**, 720 (1944). — (22) Folin, O., J. Biol. Chem. **51**, 377 (1922). — (23) Forbes, G. B., u. A. Perley, J. Lab. Clin. Med. **34**, 1599 (1949). — (24) Forbes, G. B., u. A. Perley, J. Clin. Investigation **30**, 558 (1951). — (25) Forster, G. L., J. Biol. Chem. **159**, 431 (1945). — (26) Freedman, A. J., u. D. N. Hume, Analyt. Chemistry **22**, 932 (1950).

(27) Gest, H., M. D. Kamen u. J. R. Reiner, Arch. Biochemistry **12**, 273 (1947). — (28) Gibson, J. G., S. Weiss, R. D. Evans, W. C. Peacock, J. W. Irvine, W. M. Good u. A. F. Kip, J. Clin. Investigation **25**, 616 (1946). — (28a) Gordon, M., A. J. Virgona u. P. Numerof, Analyt. Chemistry **26**, 1208 (1954). — (29) Graff, S., D. Rittenberg u. G. L. Forster, J. Biol. Chem. **133**, 745 (1945). — (30) Gray, S. J., u. K. Sterling, Science **112**, 179 (1950). — (31) Grosse, A. V., Physic. Rev. **42**, 565 (1932). — (32) Grosse, A. V., S. G. Hindin u. A. D. Kirshenbaum, Analyt. Chemistry **21**, 386 (1949). — (33) Grosse, A. V., u. A. D. Kirshenbaum, Analyt. Chemistry **24**, 584 (1952).

(34) Hahn, L., u. G. Hevesy, Acta Physiol. Scand. **1**, 3 (1940). — (35) Hahn, O., Applied Radiochemistry. Ithaca. 1936. — (36) Hahn, P. F., W. M. Balfour, J. F. Ross, W. F. Bale u. G. H. Whipple, Science **93**, 87 (1941). — (37) Hayden, R. J., J. H. Reynolds u. M. G. Inghram, Physic. Rev. **75**, 1500 (1949). — (38) Henriques, F. C., u. C. Margnetti, Analyt. Chemistry **18**, 476 (1946). — (39) Hevesy, G., Radioactive Indicators. New York. 1948. — (40) Hevesy, G., u. R. Hobbie, Z. analyt. Chem. **88**, 1 (1932).

(41) Inghram, M. G., J. Physical Chem. **57**, 809 (1953). — (42) Inghram, M. G., H. Brown, C. Patterson u. D. C. Hess, Physic. Rev. **80**, 916 (1950). — (43) Inghram, M. G., u. J. H. Reynolds, Physic. Rev. **78**, 822 (1950).

(44) KALTREIDER, N. L., J. Exper. Med. **74**, 569 (1941). — (45) KAMEN, M. D., Radioactive Tracers in Biology. Second Edition. New York. 1951. — (46) KELLEY, F. J., D. H. SIMONSEN u. R. ELMAN, J. Clin. Investigation **27**, 795 (1948). — (47) KESTON, A. S., S. UDENFRIEND u. R. K. CANNAN, J. Amer. Chem. Soc. **68**, 1390 (1946). — (48) J. Amer. Chem. Soc. **71**, 249 (1949). — (49) KESTON, A. S., S. UDENFRIEND u. M. LEVY, J. Amer. Chem. Soc. **69**, 3151 (1947). — (50) J. Amer. Chem. Soc. **72**, 748 (1950). — (51) KIRSHENBAUM, A. D., A. G. STRENG u. A. v. GROSSE, Analyt. Chemistry **24**, 1361 (1952). — (51 a) KIRSHENBAUM, A. D., u. A. V. GROSSE, Analyt. Chemistry **26**, 1955 (1954). — (52) KÖGL, F., H. ERXLEBEN u. G. J. VAN VEERSEN, Z. physiol. Chem. **277**, 251 (1943).

(53) LEE, C. C., L. W. TREVOY, J. W. T. SPINKS u. L. B. JAQUES, Proc. Soc. Exp. Biol. Med. **74**, 151 (1950). — (54) LIONETTO, F., u. B. H. SWEET, J. Chem. Education **30**, 631 (1953).

(55) MACDONALD, W. S., u. H. S. TURNER, Chem. and Ind. **1952**, 1001. — (56) MANERY, J. F., u. W. F. BALE, Amer. J. Physiol. **132**, 215 (1941). — (57) MOORE F. D., Science **104**, 157 (1946).

(58) NESH, F., u. W. C. PEACOCK, Analyt. Chemistry **22**, 1573 (1950). — (59) NICKERSON, J. L., L. M. SHARPE, W. S. ROOT, T. C. FLEMING u. M. I. GREGERSON. Federation Proc. **9**, 94 (1950). — (60) NYLIN, G., Ark. Kemi Mineral. Geol., Ser. A **20**, Nr. 17 (1945).

(61) PACE, N., L. KLINE, H. K. SCHACHMAN u. M. HARFENIST, J. Biol. Chem. **168**, 459 (1947). — (61 a) PALIN, D. E., Analyt. Chemistry **26**, 1856 (1954).

(62) QUIMBY, E., Conference on Atomic Energy in Ind., Nat. Ind. Conf. Board. New York. 1952.

(63) REEVE, E. B., Brit. Med. Bull **8**, 181 (1952). — (64) REEVE, E. B., u. N. VEALL, J. Physiol. **108**, 12 (1949). — (65) REYNOLDS, J. H., Physic. Rev. **79**, 789 (1950). — (66) RITTENBERG, D., u. G. L. FORSTER, J. Biol. Chem. **133**, 737 (1940). — (67) ROSENBLUM, C., Conference on Atomic Energy in Ind., Nat. Ind. Conf. Board. New York. 1952. — (68) ROSENBLUM, C., in: J. R. BRADFORD (Herausg.), Radioisotopes in Industry. New York. 1953. — (68 a) ROSENBLUM, C., u. D. T. WOODBURY, J. Amer. Pharmaceut. Assoc. **41**, 368 (1952). — (69) ROTHSTEIN, A., A. FRENKEL u. C. LARRABEE, Bericht der USA-Atomenergiekommission AECD 2815 (1949).

(70) SCHOENHEIMER, R., S. RATNER u. D. RITTENBERG, J. Biol. Chem. **130**, 703 (1939). — (71) SHEATZ, G. C., u. W. S. WILDE, Amer. J. Physiol. **162**, 687 (1950). — (72) SHEMIN, D., J. Biol. Chem. **159**, 439 (1945). — (73) SMALES, A. A., Analyst **76**, 348 (1951). — (74) SORENSEN, P., Acta Chem. Scand. **5**, 630 (1951). — (75) STERLING, K., u. S. J. GRAY, J. Clin. Investigation **29**, 1614 (1950). — (76) SUE, P., Nature **157**, 622 (1946). — (77) Bull. soc. chim. France **1947**, 405.

(78) THEURER, K., u. T. R. SWEET, Analyt. Chemistry **25**, 119 (1953). — (79) TILTON, G. R., M. INGHRAM, u. C. PATTERSON, Geol. Soc. Amer., Bull., Nov. 1952. — (79 a) TILTON, G. R., L. T. ALDRICH u. M. G. INGHRAM, Analyt. Chemistry **26**, 894 (1954).

(80) UDENFRIEND, S., J. Biol. Chem. **187**, 65 (1950). — (81) USSING, H. H., Nature **144**, 977 (1939).

(82) VELICK, S. F., u. S. UDENFRIEND, J. Biol. Chem. **190**, 721 (1951). — (83) VELICK, S. F., u. L. F. WICKS, J. Biol. Chem. **190**, 741 (1951).

(84) WALSER, M., Proc. Soc. Exp. Biol. Med. **79**, 372 (1952). — (85) WALSER, M., D. W. SELDIN u. A. J. GROLLMAN, J. Clin. Investigation **32**, 299 (1953).

VII. Aktivierungsanalyse.

1. Kennzeichnung der Methode.

Durch Bestrahlung mit Elementarteilchen (einschließlich Photonen) oder Verbänden von Elementarteilchen (beispielsweise α-Teilchen) können in Kernarten Reaktionen hervorgerufen werden, bei denen sich neue, radioaktive Kernarten bilden. Die Intensität der auf diese Weise erzeugten Radioaktivität ist nun ein Maß für die ursprünglich vorhandene Menge der reagierenden Kernart. (Gelingt es, wenigstens eines der Produkte der Kernreaktion durch Messung während der Bestrahlung zu bestimmen, so ist eine Analyse auch möglich, wenn keine radioaktiven Stoffe als Reaktionsprodukte auftreten.) Kann der Anteil einer Kernart in einem Element als konstant und bekannt angenommen werden, was ja in der Regel zutrifft, so ist die Bestimmung der Kernart der Bestimmung des Gesamtelements gleichwertig.

Der Gedanke, die durch Bestrahlung erzeugten Aktivitäten für die Analyse auszuwerten, stammt von Hevesy (42), der bei Bestrahlung von Proben seltener Erden mit Neutronen Aktivitäten beobachtete, die er durch Anwesenheit von Verunreinigungen erklären konnte.

Diese Methode der „Aktivierungsanalyse" eignet sich in erster Linie für den Nachweis spurenhafter Verunreinigungen, da sie außergewöhnlich empfindlich sein kann. Zur mikroanalytischen Bestimmung gewisser Elemente hat sich die Aktivierungsanalyse allen anderen in Frage kommenden Methoden, einschließlich der Spektroskopie, überlegen gezeigt. Zur Bestimmung von größeren Mengen sind andere Methoden gewöhnlich genauer, jedoch wird man auch hier die Verwendung der Aktivierungsanalyse in Erwägung ziehen, wenn die alternativen Methoden langwierig oder umständlich sind.

Die Aktivierungsanalyse ermöglicht ein besonders einfaches Arbeiten, wenn man ohne chemische Abtrennungen das Auslangen findet, d. h. „zerstörungsfrei" arbeiten kann. Außerdem kommen natürlich beim zerstörungsfreien Arbeiten Substanzverluste nicht in Frage. Zerstörungsfrei kann gearbeitet werden, wenn einerseits die erzeugte Aktivität so intensiv ist, daß die Intensität trotz der Absorption der Strahlung im Begleitmaterial hinreicht, und wenn anderseits das Verhältnis der zu messenden Aktivität zu den in den Begleitstoffen erzeugten Aktivitäten günstig ist. In vielen Fällen läßt sich ein günstiges Verhältnis durch geeignete Wahl der Bestrahlungs- und Meßbedingungen erzielen. Auch eine direkte Bestimmung mehrerer Elemente nebeneinander in einer unzerstörten Probe ist unter der Voraussetzung möglich, daß die Aktivitäten auf Grund der Strahlungsart, der Energie oder der Halbwertszeit gut unterschieden werden können.

Aber auch wenn die relativen Intensitäten der erzeugten Aktivitäten eine chemische Abtrennung erforderlich machen, weist die Aktivierungsanalyse bedeutende Vorteile für hochempfindliche Mikroanalysen auf. Ein chemisches Arbeiten mit Mikromengen, bei dem oft Verluste durch Adsorption, Mitfällung usw. auftreten, wird nämlich vermieden, indem man nach der Bestrahlung isotope Träger für die erzeugten Radioelemente zusetzt und nun die erforderlichen Abtrennungen mit den Trägermengen ausführt. Die Abtrennung muß übrigens keineswegs quantitativ verlaufen, da man aus dem Verhältnis von zugesetzter und abgeschiedener Trägermenge die Ausbeute der Trennung berechnen und so für die Verluste korrigieren kann („umgekehrte Isotopenverdünnung", vgl. Kap. VI, Abschn. 2, b). Die Einschleppung von Verunreinigungen im Laufe des Analysenganges, die beim Arbeiten mit Spuren nach anderen analytischen Methoden vielfach zu empfindlichen Fehlern führen kann, fällt als Fehlerquelle bei der Aktivierungsanalyse vollkommen weg.

Die Aktivierungsanalyse kann manchmal zu Untersuchungen herangezogen werden, in denen eine Verwendung der Indikatoranalyse (vgl. Kapitel IV) zwar wünschenswert, aber nicht durchführbar ist. So können mit Elementen, von denen nur kurzlebige radioaktive Isotope bekannt sind, gewisse Untersuchungen, z. B. Bestimmungen der Verteilung des Elements in einem Versuchstier, nicht nach der Indikatormethode ausgeführt werden. In manchen dieser Fälle kann jedoch die Verteilung durch Verwendung des inaktiven Elements und Aktivierung des Elements erst nach Einstellung der Verteilung ermittelt werden.

Für den Ersatz der Indikatormethode durch die Aktivierungsanalyse kann in manchen Fällen noch ein weiterer Umstand sprechen. Müssen bei Indikatorversuchen große Aktivitäten verwendet werden, so kann die radioaktive Strahlung in biologischen Systemen Veränderungen herbeiführen, die auch im Versuchsergebnis Ausdruck finden (s. S. 84), so daß Aussagen über das Verhalten des normalen Systems auf diesem Wege nicht möglich sind. Bei der Aktivierungsanalyse erfolgt die Bestrahlung erst nach Ende des Vorganges, der untersucht werden soll. Eine Beeinflussung der Ergebnisse durch Strahlungswirkung ist vor allem dann ausgeschlossen, wenn die zu untersuchenden Teile bereits vor der Bestrahlung voneinander getrennt wurden.

Es ist auch vorgeschlagen worden, die Aktivierungsanalyse zur Auswertung von Papierchromatogrammen heranzuziehen. Aktiviert man das ganze Papierchromatogramm, so kann die Verteilung der erzeugten Radioelemente durch Abtasten mit dem Zählrohr oder mittels Radioautogrammes bestimmt werden (79, 80, 96) (vgl. Kap. IV, Abschn. 6, k).

Es ist weiter der Gedanke ausgesprochen worden, die Aktivierungsanalyse durch weitgehende Automatisierung zur selbsttätigen Steuerung technischer Vorgänge heranzuziehen: SENFTLE und GAUDIN (82) haben eine kontinuierliche Erzanalyse und -trennung vorgeschlagen, bei der das Erz auf einem Fließband vorzugsweise mit Neutronen aktiviert wird und dann unter einem Meßgerät durchläuft, das einen mechanischen Auswähler zur Trennung der an einem gewissen Element reichen Erzstücke steuert. Durch Veränderung der Zeit zwischen Bestrahlung und Messung oder durch Veränderung der Empfindlichkeit des Zählgerätes könnte man verschiedene Elemente auswählen. Die Methode scheint für silber-, kupfer- und manganhaltige Erze in Frage zu kommen, dürfte aber im allgemeinen die Verwendung eines Reaktors als Neutronenquelle erfordern.

Die Aktivierungsanalyse kann natürlich auch zur Bestimmung von Isotopenzusammensetzungen herangezogen werden. Zwar ist der Massenspektrograph für diesen Zweck viel allgemeiner verwendbar; es gibt aber doch Fälle, in denen die Aktivierungsanalyse den anderen Methoden zur Bestimmung von Isotopenzusammensetzungen überlegen ist. Ein solcher Fall liegt vor allem dann vor, wenn gewisse Isotope nur in sehr geringer Menge vorhanden sind. Derartige Bestimmungen der Isotopenzusammensetzung sind z. B. beim Lithium (siehe Abschn. 4, f, α), beim Chlor (55), beim Kupfer (92) und beim Uran (siehe Abschn. 4, f, λ) ausgeführt worden.

2. Grundlegende Berechnungen bei der Aktivierungsanalyse.

Zur Bestimmung mit Hilfe der Aktivierungsmethode wird die Probe in einem Fluß von geeigneten Elementarteilchen belassen, bis durch Kernreaktionen eine hinreichende Aktivität entstanden ist. Das Anwachsen der Anzahl der radioaktiven Atome einer bestimmten Art wird bei Verwendung eines einheitlichen Teilchenstromes durch folgende Gleichung gegeben:

$$dN^*/dt = f \cdot \sigma \cdot N - \lambda \cdot N^*, \tag{7.1}$$

wobei f den Teilchenfluß pro cm² und Sekunde, N die Zahl der reaktionsfähigen Kerne, N^* die Zahl der aktiven Kerne und λ deren Zerfallskonstante pro Sekunde bedeutet. σ ist der Wirkungsquerschnitt der betrachteten Kernart für die Reaktion mit den Teilchen bei der ihnen im besonderen Fall eigenen kinetischen Energie (kurz: „Reaktionsquerschnitt"). Der Reaktionsquerschnitt drückt die Wahrscheinlichkeit der betreffenden Kernumwandlung aus. Die Betrachtung der Dimension in Gl. (7.1) zeigt, daß σ die Dimension einer Fläche/Kern hat. Daher auch die Bezeichnung „Querschnitt"; man schreibt also jedem Kern formal einen Querschnitt zu, der von dem Teilchen „getroffen" werden muß, damit die beiden miteinander reagieren können. Als Einheit des Querschnittes wird das „Barn" verwendet: 1 Barn $= 10^{-24}$ cm². Diese Einheit ist von der gleichen Größenordnung wie der geometrische Querschnitt des Atomkerns.

Der Reaktionsquerschnitt steht mit dem in üblicher Weise definierten Absorptionskoeffizienten α (Dimension: cm⁻¹; er müßte hier natürlich als Absorptionskoeffizient auf Grund einer bestimmten Kernreaktion gefaßt werden) in der einfachen Beziehung

$$\sigma = \alpha/n \qquad (7.2)$$

wobei n die Zahl der Kerne pro Kubikzentimeter bezeichnet.

Die Verwendung von Querschnitten an Stelle von Absorptionskoeffizienten bietet aber den großen praktischen Vorteil, daß es sich im Gegensatz zum Absorptionskoeffizienten um eine „atomare" (streng genommen: „nukleare") Größe handelt, die konzentrationsunabhängig ist.

Der erste Term auf der rechten Seite der Gl. (7.1) ergibt sich in folgender Weise: Wird eine Probe, die n reaktionsfähige Kerne einer bestimmten Art pro cm³ enthält, einem senkrechten einheitlichen Teilchenfluß von f Teilchen pro cm² und Sekunde ausgesetzt, so gilt in Beziehung auf die betrachtete Kernreaktion:

$$- df = f \, \sigma \, n \, dl, \qquad (7.3)$$

wobei l die Schichtdicke in der Richtung des Teilchenflusses bezeichnet. Durch Integration erhält man für die Zahl der pro Zeiteinheit und Quadratzentimeter Oberfläche gebildeten aktiven Kerne

$$f_0 - f_l = \frac{(dN^*/dt)_{\text{Bildung}}}{F} = f_0 \, (1 - e^{-\sigma n l}), \qquad (7.4)$$

wobei f_0 den Teilchenfluß beim Auftreffen auf die Probe und F den Querschnitt der Probe bezeichnet. Ist die Änderung des Flusses beim Durchgang durch die Probe sehr gering, so ergibt sich die vereinfachte Beziehung

$$(dN^*/dt)_{\text{Bildung}} = f \, \sigma \, n \, l \, F = f \, \sigma \, N. \qquad (7.5)$$

Gl. (7.1) gilt also nur, wenn das Produkt σN nicht zu groß ist.

Der zweite Term der Gl. (7.1) drückt den Verlust an aktiven Atomen durch Zerfall aus.

Durch Integration der Gl. (7.1) nach der Zeit erhält man den Ausdruck für die Gesamtzahl der nach der Bestrahlungszeit t vorliegenden aktiven Atome:

$$N^* = f \, \sigma \, N \, (1 - e^{-\lambda t})/\lambda. \qquad (7.6)$$

Da das Produkt $f \, \sigma \, t$ in allen praktischen Fällen um viele Größenordnungen kleiner als eins ist, konnte N hier als konstant betrachtet werden.

Die unmittelbar nach Bestrahlung auftretende Aktivität A beträgt dann

$$A = \lambda \, N^* = f \, \sigma \, N \, (1 - e^{-\lambda t}). \qquad (7.7)$$

Für die ϑ Sekunden nach Ende der Bestrahlung auftretende Aktivität kann man schreiben:

$$A_\vartheta = f \, \sigma \, N \, e^{-\lambda \vartheta} \, (1 - e^{-\lambda t}). \qquad (7.8)$$

Bei Bestrahlungszeiten, die ein Vielfaches der Halbwertszeit des gebildeten Radioelements betragen, wird das Glied $e^{-\lambda t}$ klein gegen eins, so daß sich eine konstante Gesamtzahl der aktiven Atome

$$N^* = f \, \sigma \, N/\lambda \qquad (7.9)$$

und eine Sättigungsaktivität

$$A_\infty = f \, \sigma \, N \qquad (7.10)$$

einstellt.

Werden die Teilchen beim Eindringen in die Probe stark gebremst, so gilt die Voraussetzung des einheitlichen Teilchenflusses nicht mehr. In diesem Falle ist dann die Energieabhängigkeit der Reaktionsquerschnitte zu berücksichtigen. Diese wird noch eingehender zu besprechen sein.

Bei Proben, die Neutronen sehr stark absorbieren, herrscht im Inneren ein merklich geringerer Fluß als an der Oberfläche. Dadurch wird die Probe aber weniger stark aktiviert, als man auf Grund des einfallenden Neutronenflusses berechnen würde. Eine solche Verringerung der Aktivierung spielt auch bei Analysen nach einer Vergleichsmethode eine Rolle. Z. B. ist sie dann zu berücksichtigen, wenn Mikrokomponenten in einer sehr stark absorbierenden Analysenprobe zu bestimmen sind, jedoch keine Eichproben ähnlicher Zusammensetzung zur Verfügung stehen. Auch wenn Reinstoffe als Eichproben verwendet werden (vgl. z. B. die S. 180 besprochene Goldbestimmung), muß unter Umständen für die Verringerung des Neutronenflusses im Inneren der Eichprobe korrigiert werden. Das gelingt am besten durch Aufnahme empirischer Korrekturkurven (s. S. 180).

3. Varianten der Aktivierungsanalyse.

a) Absolut- und Vergleichsmethoden.

Die Aktivierungsanalyse wird gewöhnlich nach Vergleichsmethoden und nur in Einzelfällen nach Absolutmethoden ausgeführt. Aktivierungsanalysen nach der Absolutmethode erfordern nämlich nicht nur die Kenntnis der Zerfallskonstante und des Querschnittes bei der verwendeten Bestrahlungsenergie, sondern auch eine ständige Kontrolle von Teilchenfluß und Teilchenenergie und eine Absolutbestimmung der gebildeten Aktivität.

Bei Bestimmungen nach der Absolutmethode ist also eine ganze Reihe von Messungen erforderlich, von denen einige schwierig auszuführen sind und überdies nicht sehr genaue Ergebnisse liefern. Dies gilt z. B. für die Absolutbestimmung des Teilchenflusses und der Aktivität. Probleme der Absolutbestimmung von Aktivitäten sind bereits in einem früheren Abschnitt (Kap. II, Abschn. 4, e)' besprochen worden. Auch die Querschnitte der Kernreaktionen sind in vielen Fällen nicht einmal für wohldefinierte Teilchenenergien genau bekannt.

Besonders ungünstig sind die Bedingungen für Absolutbestimmungen, wenn die Aktivierung durch geladene Teilchen erfolgt. Geladene Teilchen, die in tiefere Schichten der Probe eindringen, erleiden große und nur schwer zu berechnende Energieverluste; gerade bei geladenen Teilchen aber hängen die Querschnitte äußerst stark von der Energie ab. Verwickelte Verhältnisse ergeben sich auch, wenn an dem zu bestimmenden Element bei der Bestrahlung mehrere Kernreaktionen nebeneinander stattfinden.

Auf Grund dieser Schwierigkeiten sind Absolutbestimmungen nur in vereinzelten Fällen, und zwar ausschließlich durch Bestrahlung mit langsamen Neutronen ausgeführt worden.

Bei der Vergleichsmethode werden Eichproben unter den gleichen Bedingungen — womöglich auch gleichzeitig — wie die Analysenproben bestrahlt und die erzeugten Aktivitäten miteinander verglichen. Besonderes Augenmerk ist darauf zu richten, daß alle Proben dem gleichen Teilchenfluß ausgesetzt sind. Für genauere Bestimmungen ist es angezeigt, dies durch Vorversuche zu überprüfen [vgl. z. B. (74a)].

b) Bestimmung mehrerer Elemente durch Unterscheidung der Strahlung.

Mehrere Elemente können auf Grund der Abklingkurven unzerstörter Proben nebeneinander bestimmt werden, wenn Halbwertszeiten und Querschnitte geeignete Werte aufweisen. Aus der Zerlegung der aufgenommenen Kurven (vgl. Kap. II, Abschn. 5, a) ergeben sich die Aktivitäten der einzelnen Radioelemente, wodurch ihre Identifizierung und Bestimmung möglich wird. Diese einfache Methode unterliegt aber gewissen Beschränkungen. Sie kann nicht für den Nachweis von Elementen angewendet werden, die bei Bestrahlung sehr langlebige Radioelemente bilden, da zu lange gemessen werden müßte. Weiter sind die Ungenauigkeiten der Subtraktion erheblich, wenn mehr als drei Aktivitäten vorliegen oder wenn die Unterschiede der Halbwertszeiten nicht ausgeprägt sind. Wenn schließlich die Reaktionsquerschnitte einer Makro- und einer Mikrokomponente von der gleichen Größenordnung sind, liefert die letztere nur einen kleinen Beitrag zur Gesamtaktivität; sein Abklingen ist nur schwer zu beobachten. Liegen die Werte der Halbwertszeiten und Einfangquerschnitte nicht sehr günstig, so kann manchmal zwar keine quantitative Bestimmung, aber immerhin ein qualitativer Nachweis verschiedener Elemente ausgeführt werden.

Durch Veränderung der Bestrahlungszeit werden die relativen Beiträge der einzelnen Komponenten zur Gesamtaktivität verändert. Eine solche Veränderung kann in manchen Fällen für die Zerlegung der Abklingkurve nützlich sein. Verkürzung der Bestrahlungsdauer erhöht den relativen Beitrag der kurzlebigen Komponenten, Verlängerung den der langlebigen. So wird man zur Prüfung auf kurzlebige Elemente kurz bestrahlen.

Unterscheiden sich die Strahlen, die von den einzelnen bei der Aktivierung gebildeten Radioelementen ausgehen, nach Art und Energie, so wird die Analyse durch Messung der Aktivität unter Ausschaltung bzw. Herabminderung einer oder mehrerer Komponenten durch Absorber ausgeführt. Für manche Analysen ist es notwendig, die Messungen mit zwischengeschalteten Absorbern zu verschiedenen Zeiten nach Ende der Bestrahlung auszuführen, d. h. mehrere Abklingkurven aufzunehmen.

c) Chemische Abtrennung erzeugter Radioelemente.

Führt die Zerlegung der Abklingkurven oder die Verwendung von Absorbern nicht zum Ziel, so müssen die Radioelemente chemisch voneinander getrennt werden. Die Menge des zu bestimmenden Elements in der Probe berechnet man aus dem Verhältnis der Aktivitäten der Präparate, die aus Analysenprobe und Eichprobe abgeschieden wurden, und aus dem Gehalt der Eichprobe.

Bei der chemischen Aufarbeitung nach der Bestrahlung wird gewöhnlich inaktiver Träger zugesetzt. Ein derartiger Zusatz ist besonders dann nötig, wenn in der Probe stabile Isotope des gebildeten Radioelements nur in so geringer Menge vorliegen, daß beim Arbeiten ohne Trägerzusatz Verluste zu befürchten wären. Da die zugesetzte Trägermenge gewöhnlich die in der Probe vorliegende Menge bei weitem übertrifft, ergibt sich die Ausbeute bei der Abtrennung des Radioelements aus dem Verhältnis zwischen dem Gewicht des zugesetzten Trägers und dem Gewicht des zur Messung abgeschiedenen Präparats. Die an dem Präparat gemessenen Aktivitäten müssen dann durch diese Ausbeute dividiert werden, um die ursprünglich in den Proben hervorgerufenen Aktivitäten zu erhalten.

Bei der chemischen Aufarbeitung muß man sich dessen versichern, daß Radioelement und zugesetzter isotoper Träger in der gleichen chemischen Form vorliegen, da sonst bei der Aufarbeitung An- oder Abreicherung des Radioelements zu befürchten ist. Die chemische Form des Radioelements ist nämlich vom Zustand und der chemischen Form der bestrahlten Probe und der Anwesenheit von Begleitstoffen nicht unabhängig (vgl. Kap. III, Abschn. 8). Es gibt Fälle, in denen sich das gebildete Radioelement zwischen mehreren chemischen Formen verteilt, die miteinander nicht austauschen. Zwei Beispiele: Radiostickstoff aus der Kernreaktion $^{12}_{6}C\,(d, n)\,^{13}_{7}N$ liegt hauptsächlich in elementarer Form vor, wenn Graphit beschossen wird, dagegen in Form von Verbindungen, wenn Lithiumcarbonat verwendet wird (90). Bestrahlt man eine Suspension von Siliziumkarbid mit schnellen Neutronen, so findet sich das gebildete ^{28}Al teils innerhalb des suspendierten Karbids, teils durch Rückstoß in wäßriger Lösung. Der Anteil der Aktivität in der Lösung nimmt mit abnehmender Teilchengröße zu und kann bis zu 20% betragen (52). Ist das gebildete Radioelement mit dem Ausgangselement isotop, was besonders bei Neutroneneinfang zutrifft, so bezeichnet man die durch die Kernreaktion bewirkten chemischen Umwandlungen als SZILARD-CHALMERS-Effekt (Kap. III, Abschn. 8, e).

4. Aktivierungsanalyse mit Neutronen.

a) Kernreaktionen mit Neutronen.

Bei der überwiegenden Mehrzahl aller Methoden zur Aktivierungsanalyse erfolgt die Aktivierung durch Einfang von Neutronen (n, γ-Reaktion), und zwar vor allem von energiearmen (langsamen) Neutronen. Die besondere Eignung der Neutronen ergibt sich erstens aus der Reaktionsfähigkeit dieser Teilchen, zweitens aus der Bequemlichkeit der Verwendung von Neutronenquellen, schließlich aber auch daraus, daß in letzter Zeit in den Urankernreaktoren sehr hohe Neutronenflüsse zur Verfügung stehen.

Die für die Reaktionsfähigkeit grundlegende Tatsache ist, daß Neutronen mangels einer elektrischen Ladung bei Annäherung an Atomkerne keine elektrostatische Abstoßung erfahren. Daher können Neutronen beliebig kleiner kinetischer Energie so nahe an Atomkerne herankommen, daß die Anziehung durch die Kernkräfte wirksam wird. Hingegen müssen geladene Teilchen, beispielsweise Protonen, zuerst die Coulomb-Abstoßung des Kerns überwinden, bevor sie zur Reaktion kommen können. Während also eine Aktivierung durch geladene Teilchen nur dann erfolgen kann, wenn diese Teilchen erhebliche kinetische Energie besitzen, ist Aktivierung schon durch langsame, ja sogar durch „thermische" Neutronen möglich. Als thermische Neutronen werden solche bezeichnet, die jede Energie, die über die thermische Energie der Umgebung hinausgeht, in Wechselwirkung mit Materie verloren haben.

Die Verwendung thermischer Neutronen bietet nun zunächst den Vorteil, daß sie innerhalb der Probe unmöglich weitere Energieverluste erleiden können, so daß also mit einem bestimmten konstanten Querschnitt σ gerechnet werden kann.

Außerdem übertreffen die Reaktionsquerschnitte für langsame Neutronen die Querschnitte für alle anderen Teilchen, einschließlich der schnellen Neutronen, vielfach um Größenordnungen. (Beispielsweise beträgt der Aktivierungsquerschnitt des natürlichen Dysprosium für thermische Neutronen das Mehrhundertfache des geometrischen Kernquerschnittes.) Die Größe der Einfangquerschnitte kann man durch die Ausdehnung des Wellenpaketes erklären, das mit den langsamen Neutronen verknüpft ist.

Thermische Neutronen besitzen bei Zimmertemperatur eine mittlere Geschwindigkeit von 2200 Meter/Sekunde (ebensoviel wie Wasserstoffatome der gleichen Temperatur), entsprechend einer Energie von 0,025 eV. Als langsame Neutronen werden gewöhnlich Neutronen unterhalb 1000 eV bezeichnet. Primär liefern alle Neutronenquellen nahezu ausschließlich schnelle Neutronen mit

Energien von Hunderttausenden oder Millionen Elektronvolt, so daß die langsamen Neutronen durch Verlangsamung dieser Neutronen gewonnen werden müssen. Die Verlangsamung wird dadurch bewerkstelligt, daß man die Neutronen mit leichten Atomkernen zusammenstoßen läßt, wobei sie durch elastischen Stoß Energie verlieren. Die bremsende Substanz wird als „Moderator" bezeichnet. Am wirksamsten verläuft die Bremsung in wasserstoffhaltigem Material (Wasser, Paraffinwachs). Thermisches Gleichgewicht der langsamen Neutronen wird in wasserstoffhaltigen Medien allerdings nur annähernd erreicht, weil Wasserstoff die langsamen Neutronen zu schnell absorbiert. Immerhin geht die Verlangsamung durch Wasserstoff so weit, daß ein großer Teil der anwesenden Neutronen sich im Bereich der thermischen Energien befindet; die Neutronen können als „fast thermisch" bezeichnet werden. Wirkliches thermisches Gleichgewicht kann nur in Medien erzielt werden, in denen die Verlangsamung statt durch leichten Wasserstoff durch Deuterium oder Kohlenstoff erfolgt. Deuterium wird aus finanziellen Gründen nur im Zusammenhang mit Uranreaktoren angewendet. Auch die Anwendung von Kohlenstoff ist — aus Intensitätsgründen — nur bei Reaktoren möglich; Kohlenstoff wirkt nämlich viel weniger stark bremsend als Wasserstoff, so daß sich die Neutronen über ein sehr großes Volumen verteilen müssen, bevor sie thermische Energie erreichen.

Nun hängen die Wirkungsquerschnitte von der wirksamen Temperatur der fast thermischen Neutronen ab, also von ihrer mittleren Energie. Eine wirkliche Ausschaltung aller nichtthermischen Neutronen durch völlige Verlangsamung ist nur im Anschluß an einen Reaktor möglich, indem eine sogenannte „thermische Säule", d.h. eine dicke, gewöhnlich aus Kohlenstoff bestehende Moderatorschicht zwischen Reaktorkern und Probe gesetzt wird (Abschn. 4, e).

Für langsame Neutronen von definierter Energie gilt im allgemeinen das „1/v-Gesetz", d. h. die Querschnitte nehmen proportional der reziproken Neutronengeschwindigkeit (der reziproken Wurzel der Neutronenenergie) zu. Zur anschaulichen Begründung für dieses einfache Gesetz kann man sich vorstellen, daß die Reaktionswahrscheinlichkeit um so größer ist, je längere Zeit das Neutron in der Umgebung des Kerns verbringt. Soweit das 1/v-Gesetz gilt, treten also die größten Querschnitte bei den geringsten Neutronenenergien auf — praktisch also bei thermischer Energie. Daher können gerade mit thermischen Neutronen bei gegebenem Teilchenfluß besonders hohe Aktivitäten erzielt und dementsprechend besonders kleine Stoffmengen bestimmt werden.

Es gibt allerdings bei vielen Kernarten Energiebereiche, innerhalb deren der Querschnitt Maxima zeigt und dort extrem hohe Werte annehmen kann; diese Bereiche werden als Resonanzbanden bezeichnet. Im Bereiche dieser Banden gilt also das 1/v-Gesetz nicht. Beispielsweise zeigt das Gold eine Bande bei 4,87 eV, das Indiumisotop 115 bei 1,44 eV usw. (siehe Abb. 22).

Elemente, die Resonanzbanden im fast thermischen Gebiet aufweisen, werden unter den gewöhnlichen Bestrahlungsbedingungen, bei denen ja noch keine völlige Verlangsamung der Neutronen eingetreten ist, stärker aktiviert, als sich bei Berechnung mit Hilfe der thermischen Einfangquerschnitte allein ergeben würde.

Grundsätzlich wäre es auch möglich, die relative Aktivierung eines oder mehrerer Elemente mit Resonanzbanden, die in einem Gemisch vorliegen, für Analysen zu erhöhen, indem man mit gefilterten Neutronen (vgl. S. 208) aktiviert. Durch derartige selektive Aktivierung könnte unter Umständen eine Analyse durch Aktivitätsmessung direkt an der bestrahlten Probe durchgeführt und so die chemische Abtrennung der Radioelemente erspart werden.

Die (n, γ)-Reaktion („Neutroneneinfang") ist diejenige Kernreaktion, für die die meisten Beispiele bekannt sind. Da sie nahezu unter allen Umständen exotherm ist, ist fast jeder Kern dieser Reaktion fähig — selbst mit thermischen Neutronen. Es kommt allerdings vor, daß die Reaktion durch andere Reaktionen, die mit ihr konkurrieren, in den Hintergrund gedrängt wird.

So gibt es einzelne Fälle, in denen auch die Emission schwerer Teilchen unter Absorption eines Neutrons exotherm verläuft. Wichtig sind die (n, p)-Reaktionen am ^{14}N und am ^{35}Cl sowie die (n, α)-Reaktionen am ^{6}Li und ^{10}B, die sämtlich auch schon mit thermischen Neutronen verlaufen. Die meisten (n, p)-Reaktionen und alle (n, 2 n)-Reaktionen hingegen sind endotherm und treten daher erst oberhalb von charakteristischen Energieschwellen, d. h. mit Neutronen einer gewissen Mindestenergie ein.

Auch die Kernspaltung durch Neutronen kann für die Aktivierungsanalyse herangezogen werden. Nach der Bestrahlung von Material, in dem man Spuren spaltbaren Materials vermutet, wird man die Aktivität eines Radioelements bestimmen, das in guter Ausbeute entsteht, leicht abzutrennen ist und das nur durch Kernspaltung entstanden sein kann (vgl. Abschn. 4, f, λ).

Im Einklang mit den durch die Reaktionen hervorgerufenen Verschiebungen des Protonen-Neutronen-Verhältnisses in den Kernen geben (n, γ)-, (n, p)- und (n, α)-Reaktionen sowie Kernspaltungen, sofern überhaupt aktive Stoffe gebildet werden, meist β^--aktive Produkte, (n, 2 n)-Reaktionen aber β^+- oder einfangaktive Produkte. Es sind jedoch auch Ausnahmen von dieser Regel bekannt.

Aktivierungsanalyse durch Bestrahlung mit Neutronen ist in gewissen Fällen auch dann möglich, wenn die Kernreaktion nicht zur Bildung eines radioaktiven Kerns führt; gelingt es nämlich, die bei der Reaktion mit bestimmten Kernen augenblicklich emittierten Teilchen zu messen, so erhält man auf diesem Weg ein Maß für die Konzentration der Kerne in der Probe (73). Zur Messung der Emission schwerer Teilchen wird die Probe z. B. in einen Proportionalzähler gebracht und dort mit Neutronen bestrahlt. Die Teilchen, die bei der Kernreaktion entstehen, z. B. Spaltstücke des Urans, wirken stark ionisierend und' werden vom Proportionalzähler registriert. Die Ausbeute ist hierbei von der Anordnung des Präparats abhängig. Eine Vergrößerung der eingebrachten Substanzmenge vergrößert die Empfindlichkeit der Methode nur innerhalb gewisser Grenzen, da die Reichweite schwerer, geladener Teilchen gering ist (einige mg/cm^2) und daher bald „unendliche Dicke" des Präparats erreicht ist.

Bei der analogen Messung der γ-Strahlung, die beim Neutroneneinfang emittiert wird, wird man sich vorzugsweise hochempfindlicher Szintillationszähler bedienen. Wegen der großen Durchdringungsfähigkeit der γ-Strahlen können dicke Proben verwendet werden.

Die Bequemlichkeit der Arbeit mit Neutronen hängt mit ihrer starken Durchdringungsfähigkeit zusammen, die wieder durch den Mangel an Wechselwirkung mit den Atomhüllen bedingt ist. Infolge der Durchdringungsfähigkeit erspart man sich bei der Arbeit mit „natürlichen Quellen" (s. S. 174) den unmittelbaren Kontakt mit den für Mensch und Gerät gefährlichen radioaktiven Stoffen; die Quellen können in fest schließenden Metall- und Glaskapseln enthalten sein; auch die Proben können, wenn sie flüchtig sind, den Neutronen in einem dichten Behälter ausgesetzt werden. Bei der Arbeit mit Neutronen aus Beschleunigern erfolgt die Aktivierung außerhalb des Vakuumsystems, ohne daß empfindliche dünnwandige Fenster erforderlich wären. Auch ist — wieder im Gegensatz zu geladenen Teilchen — keine Erhitzung während des Beschusses zu befürchten, so daß auch flüchtige und zersetzliche Stoffe analysiert werden können. Besonders einfach ist auch die Bestrahlung mit Neutronen aus dem Reaktor, in den die Probe durch einfache Vorrichtungen eingeführt wird.

b) Empfindlichkeit der Aktivierungsanalyse mit Neutronen.

Die Empfindlichkeit der Bestimmung durch Aktivierungsanalyse ist vor allem vom Einfangquerschnitt des Elements und von der Bestrahlungsintensität abhängig. Die Erfassungsgrenze wird dann unterschritten, wenn die erzeugte Aktivität unter eine gewisse Größe (A_{min}), auf die wir noch näher eingehen werden, absinkt. Eine große Anzahl der Radioelemente, die durch Neutroneneinfang gebildet werden, besitzt Halbwertszeiten von einigen Minuten bis zu mehreren Tagen, so daß zumindest die halbe Sättigungsaktivität ohne übermäßig lange Bestrahlung erreicht werden kann. Für größenordnungsmäßige Überlegungen können wir daher die Beziehung (7. 10) heranziehen. Dann gilt für die Erfassungsgrenze (N_{min}) eines Elements:

$$N_{min} = A_{min}/f \cdot \sigma \qquad (7.\,11)$$

(f in Teilchen pro cm² und Sekunde, σ in cm² pro Atom und A_{min} in Zerfällen pro Sekunde). Die Erfassungsgrenze ist also dem Querschnitt und der Intensität verkehrt proportional.

Um Aktivitätsbestimmungen mit einer Genauigkeit von einigen Prozent innerhalb nicht allzu langer Meßzeiten durchführen zu können, ist es erforderlich, daß vom Zählgerät eine gewisse Mindestzahl von Teilchen — einige Dutzend in der Minute — registriert werden. Bei einem Absinken unter diesen Wert werden die Messungen auf Grund der statistischen Schwankungen der Aktivität selbst und der Schwankungen im Leerwert zu ungenau. Nehmen wir nun an, daß es sich um Messungen mit Geiger-Fensterzählrohren handelt. Diese besitzen für β-Strahlung durchschnittlicher Maximalenergie (~ 1 MeV) eine Ausbeute von der Größenordnung 10%. Um dann die Registrierung etwa von 60 Stößen in der Minute zu bewirken, muß das aktive Präparat 600 Zerfälle in der Minute oder 10 Zerfälle in der Sekunde aufweisen, sodaß $A_{min} = 10$.

Um daraus die Anwendbarkeit der Aktivierungsanalyse durch Einfang thermischer Neutronen in jedem gewünschten Fall ermitteln zu können, sind in Tab. 7 die Einfangquerschnitte der Kernarten, aus denen Radioelemente entstehen, sowie die Halbwertszeiten der gebildeten Radioelemente zusammengestellt. In der Tab. 7 ist sowohl der Isotopeneinfangquerschnitt (Spalte 7), der die Reaktionswahrscheinlichkeit der betreffenden Kernart kennzeichnet, wie auch der atomare Einfangquerschnitt (Spalte 6; Isotopeneinfangquerschnitt mal relativer Häufigkeit des Isotops im natürlichen Element) angeführt. Soll die Empfindlichkeit der Bestimmung eines Elements berechnet werden, so setzt man den atomaren Einfangquerschnitt ein; für die Bestimmung einer Isotopenhäufigkeit natürlich den Isotopeneinfangquerschnitt.

Zur Auswertung der Formel (7. 11) ist schließlich eine Orientierung über den verfügbaren Fluß an thermischen Neutronen erforderlich. In Tab. 8 sind derartige Werte für einige praktisch wichtige Quellen zusammengestellt.

Betrachten wir als Beispiel die Bestimmung von Mangan ($\sigma = 10{,}7$ Barn) durch Neutroneneinfang. Mit einer größeren Ra-Be-Neutronenquelle (siehe Abschn. 4, c), die 10^4 thermische Neutronen pro cm² pro Sekunde liefert, sind noch

$$N_{min} = A_{min}/f \cdot \sigma = 10/(10^4 \times 10{,}7 \times 10^{-24}) = 9{,}3 \times 10^{19} \text{ Atome}$$

oder 8,5 mg bestimmbar. In einem Uranreaktor, der 10^{12} Neutronen pro cm² pro Sekunde liefert, sind es jedoch $9{,}3 \times 10^{11}$ Atome oder etwa $8{,}5 \times 10^{-11}$ Gramm Mangan. Aber auch bei bedeutend kleineren Einfangquerschnitten können mit Hilfe intensiver Neutronenquellen hochempfindliche Mikrobestimmungen ausgeführt werden, so daß prinzipiell ein großer Teil aller Elemente einer Mikroanalyse nach dieser Methode zugänglich ist.

Tabelle 7. *Wirkungsquerschnitte für Aktivierung durch Einfang thermischer Neutronen.* (Vorwiegend nach MATTAUCH u. FLAMMERSFELD, in LANDOLT-BÖRNSTEIN, 6. Aufl., Bd. I, 5. Teil, S. 294—296.)

Z	Aktives Isotop	$T_{1/2}$	Ausgangsisotop	Häufigkeit %	σ bezogen auf natürliches Isotopengemisch (atomarer Einfangquerschnitt) Barn	σ bezogen auf Reinisotop (isotoper Einfangquerschnitt) Barn
1	2	3	4	5	6	7
3	^{8}Li	0,89 s	^{7}Li	92,70	0,031	0,033
8	^{19}O	27,0 s	^{18}O	0,203	0,0000004	0,00022
9	^{20}F	10,7 s	^{19}F	100,0	0,0094	0,0094
11	^{24}Na	15,04 h	^{23}Na	100,0	0,41	0,41
12	^{27}Mg	9,58 m	^{26}Mg	10,97	0,0054	0,048
13	^{28}Al	2,30 m	^{27}Al	100,0	0,21	0,21
14	^{31}Si	2,59 h	^{30}Si	3,05	0,00485	0,116
15	^{32}P	14,07 d	^{31}P	100,0	0,23	0,23
16	^{35}S	88 d	^{34}S	4,215	0,011	0,26
17	^{36}Cl	$4,4 \cdot 10^5$a (?)	^{35}Cl	75,4	0,13	0,169
17	^{38}Cl	37,29 m	^{37}Cl	24,6	0,137	0,56
18	^{37}A	34,1 d	^{36}A	0,337	0,022	6,5
19	^{40}K	$12,7 \cdot 10^8$ a	^{39}K	93,08	2,8	3
19	^{42}K	12,44 h	^{41}K	6,729	0,067	1,0
20	^{45}Ca	152 d	^{44}Ca	2,13	0,013	0,63
20	^{49}Ca	8,5 m	^{48}Ca	0,178	0,002	1,1
21	^{46}Sc	85 d	^{45}Sc	100,0	22	22
21	^{46}Sc*	20 s	^{45}Sc	100,0	≈ 10	≈ 10
22	^{51}Ti	6 m	^{50}Ti	5,34	0,0075	0,141
23	^{52}V	3,74 m	^{51}V	99,77	4,50	4,50
24	^{51}Cr	25 d	^{50}Cr	4,31	0,50	11
24	^{55}Cr	1,3 h	^{54}Cr	2,38	≈ 0,00014	≈ 0,0061
25	^{56}Mn	2,59 h	^{55}Mn	100,0	10,7	10,7
26	^{59}Fe	46 d	^{58}Fe	0,34	0,0010	0,36
27	^{60}Co*	10,7 m	^{59}Co	100,0	0,66	0,66
27	^{60}Co	5,26 a	^{59}Co	100,0	21,7	21,7
28	^{65}Ni	2,6 h	^{64}Ni	1,16	0,0173	1,96
29	^{64}Cu	12,8 h	^{63}Cu	68,94	2,0	2,82
29	^{66}Cu	5,18 m	^{65}Cu	31,06	0,56	1,82
30	^{65}Zn	250 d	^{64}Zn	48,89	0,26	0,51
30	^{69}Zn	57 m	^{68}Zn	18,61	0,17	0,89
30	^{69}Zn*	13,8 h	^{68}Zn	18,61	0,016	0,085
31	^{70}Ga	19,8 m	^{69}Ga	60,12	0,855	1,40
31	^{72}Ga	14,08 h	^{71}Ga	39,84	1,30	3,36
32	^{71}Ge	11,4 d	^{70}Ge	20,65	≈ 0,095	≈ 0,45
32	^{75}Ge	1,37 h	^{74}Ge	36,34	0,14	0,38
32	^{77}Ge	12 h	^{76}Ge	7,72	0,0055	0,085
33	^{76}As	1,115 d	^{75}As	100,0	4,2	4,2
34	^{75}Se	127 d	^{74}Se	0,87	0,2	22
34	^{77}Se*	17,4 s	^{76}Se	9,02	≈ 0,6	≈ 6,7
34	^{81}Se	18 m	^{80}Se	48,82	0,23	0,479
34	^{81}Se*	57 m	^{80}Se	48,82	0,017	0,0354
34	^{83}Se	≈ 30 m	^{82}Se	9,19	0,0056	0,060
34	^{83}Se(?)	1,1 m	^{82}Se(?)	9,19	0,0045	0,047
35	^{80}Br	18,5 m	^{79}Br	50,53	4,1	8,1
35	^{80}Br*	4,54 h	^{79}Br	50,53	1,39	2,76
35	^{82}Br	1,50 d	^{81}Br	49,47	1,11	2,25
36	^{81}Kr	$2,1 \cdot 10^5$ a	^{80}Kr	2,266	0,283	12,5
37	^{86}Rb	19,5 d	^{85}Rb	72,2	0,52	0,72
37	^{88}Rb	17,8 m	^{87}Rb	27,8	0,033	0,122
38	^{87}Sr*	2,80 h	^{86}Sr	9,86	0,128	1,29
38	^{89}Sr	54,5 d	^{88}Sr	82,56	0,00415	0,0050
39	^{90}Y	2,54 d	^{89}Y	100,0	1,24	1,24
40	^{95}Zr	65 d	^{94}Zr	17,40	0,073	0,43

Fortsetzung der Tabelle 7.

Z	Aktives Isotop	$T_{1/2}$	Ausgangsisotop	Häufigkeit %	σ bezogen auf natürliches Isotopengemisch (atomarer Einfangquerschnitt) Barn	σ bezogen auf Reinisotop (isotoper Einfangquerschnitt) Barn
1	2	3	4	5	6	7
40	^{97}Zr	17 h	^{96}Zr	2,80	0,009	0,6
41	^{94}Nb	6,6 m	^{93}Nb	100,0	$\approx$ 1,4	$\approx$ 1,4
42	^{99}Mo	2,8 d	^{98}Mo	23,78	0,10	0,415
42	^{101}Mo	14,6 m	^{100}Mo	9,63	0,044	0,475
44	^{97}Ru	2,8 d	^{96}Ru	5,68	0,15	2,64
44	^{103}Ru	39,8 d	^{102}Ru	31,34	0,37	1,18
44	^{105}Ru	4,4 h	^{104}Ru	18,27	0,122	0,668
45	^{104}Rh*	4,34 m	^{103}Rh	100,0	11,6	11,6
45	^{104}Rh	41,8 s	^{103}Rh	100,0	137	137
46	^{109}Pd	14,1 h	^{108}Pd	26,7	3,0	11,2
46	^{111}Pd	26 m	^{110}Pd	13,5	0,0525	0,3
47	^{108}Ag	2,44 m	^{107}Ag	51,92	23,0	44,3
47	^{110}Ag*	270 d	^{109}Ag	48,08	1,1	2,3
47	^{110}Ag	24,5 s	^{109}Ag	48,08	45,6	97,0
48	^{115}Cd	2,25 d	^{114}Cd	28,86	0,30	1,1
48	^{115}Cd*	42,6 d	^{114}Cd	28,86	0,040	0,14
48	^{117}Cd	2,83 h	^{116}Cd	7,58	0,10	1,4
49	^{114}In*	49 d	^{113}In	4,23	2,52	56,0
49	^{116}In	13 s	^{115}In	95,77	49,5	51,8
49	^{116}In*	53,93 m	^{115}In	95,77	138	144,6
50	^{113}Sn	105 d	^{112}Sn	0,94	$\approx$ 0,012	$\approx$ 1,1
50	^{119}Sn*	$\approx$ 250 d	^{118}Sn	24,21	0,001	0,004
50	^{121}Sn	1,1 d	^{120}Sn	33,11	0,072	0,22
50	^{121}Sn*(?)	$\approx$ 1,1 a	^{120}Sn	33,11	0,018	0,056
50	^{123}Sn	41,5 m	^{122}Sn	4,61	0,0142	0,31
50	^{125}Sn	9,8 m	^{124}Sn	5,83	0,039	0,574
50	^{125}Sn	10 d	^{124}Sn	5,83	0,009	0,154
51	^{122}Sb	2,63 d	^{121}Sb	57,25	3,8	6,8
51	^{124}Sb	60 d	^{123}Sb	42,75	1,1	2,5
52	^{123}Te*	90 d	^{122}Te	2,43	$\approx$ 0,024	$\approx$ 1
52	^{125}Te*	58 d	^{124}Te	4,59	$\approx$ 0,23	$\approx$ 5
52	^{127}Te	9,3 h	^{126}Te	18,70	0,15	0,78
52	^{127}Te*	90 d	^{126}Te	18,70	0,014	0,073
52	^{129}Te	1,12 h	^{128}Te	31,85	0,0436	0,133
52	^{129}Te*	32 d	^{128}Te	31,85	0,00504	0,0154
52	^{131}Te	25 m	^{130}Te	34,51	0,0735	0,222
52	^{131}Te*	1,2 d	^{130}Te	34,51	< 0,003	< 0,008
53	^{128}J	24,99 m	^{127}J	100,0	6,25	6,25
55	^{134}Cs*	3,15 h	^{133}Cs	100,0	0,016	0,016
55	^{134}Cs	> 254 d	^{133}Cs	100,0	25,6	25,6
56	^{131}Ba	11,5 d	^{130}Ba	0,102	—	0,024
56	^{139}Ba	1,40 h	^{138}Ba	71,66	0,367	0,511
57	^{140}La	1,67 d	^{139}La	99,911	7,0	7,0
58	^{141}Ce	32,5 d	^{140}Ce	88,49	0,27	0,31
58	^{143}Ce	1,4 d	^{142}Ce	11,07	0,105	0,95
59	^{142}Pr	19,1 h	^{141}Pr	100,0	10,1	10,1
60	^{147}Nd	11,1 d	^{146}Nd	17,35	0,24	1,383
60	^{149}Nd	2 h	^{148}Nd	5,78	0,16	2,768
62	^{153}Sm	1,96 d	^{152}Sm	27,34	72,0	264
62	^{155}Sm	21 m	^{154}Sm	23,29	1,10	4,73
63	^{152}Eu	9,3 h	^{151}Eu	49	299	610
63	^{152}Eu*	5,3 a	^{151}Eu	49	1270	2590
63	^{154}Eu	5,4 a	^{153}Eu	51	449	880
64	^{159}Gd(?)	9,5 h	^{158}Gd(?)	24,95	2,3	9,2
64	^{159}Gd	18,0 h	^{158}Gd	24,95	1,1	4,4
64	^{161}Gd	3,6 m	^{160}Gd	22,01	0,18	0,82

Fortsetzung der Tabelle 7.

Z	Aktives Isotop	$T_{1/2}$	Ausgangsisotop	Häufigkeit %	σ bezogen auf natürliches Isotopengemisch (atomarer Einfangquerschnitt) Barn	σ bezogen auf Reinisotop (isotoper Einfangquerschnitt) Barn
1	2	3	4	5	6	7
65	^{160}Tb	71 d	^{159}Tb	100,0	>22	>22
66	^{165}Dy	2,42 h	^{164}Dy	28,18	725	2620
66	^{165}Dy*	1,25 m	^{164}Dy	28,18	580	2124
67	^{166}Ho	1,11 d	^{165}Ho	100,0	59,6	59,6
68	^{171}Er	7,5 h	^{170}Er	15,04	>1	>6,7
69	^{170}Tm	127 d	^{169}Tm	100,0	106	106
70	^{169}Yb	31,83 d	^{168}Yb	0,13	11	8500
70	^{175}Yb	4,2 d	^{174}Yb	31,92	22	74,4
70	^{177}Yb	1,8 h	^{176}Yb	—	0,9	—
71	^{176}Lu*	3,67 h	^{175}Lu	97,4	15,3	15,9
71	^{177}Lu	6,8 d	^{176}Lu	2,6	91,0	3500
72	^{181}Hf	45 d	^{180}Hf	35,11	3,5	10,0
73	^{182}Ta	117 d	^{181}Ta	100,0	20,6	20,6
73	^{182}Ta*	16,2 m	^{181}Ta	100,0	0,034	0,034
74	^{185}W	73,2 d	^{184}W	30,68	0,64	2,12
74	^{187}W	24,1 h	^{186}W	28,49	10,2	34,2
75	^{186}Re	3,87 d	^{185}Re	37,07	38,5	101
75	^{188}Re	18,9 h	^{187}Re	62,93	46,5	75,3
76	^{191}Os*	1,27 d	^{190}Os	26,38	0,66	2,50
76	^{191}Os	17 d	^{190}Os	26,38	2,19	8,3
77	^{192}Ir*	1,42 m	^{191}Ir	38,5	100	260
77	^{192}Ir	70 d	^{191}Ir	38,5	388	1000
77	^{194}Ir	19,0 h	^{193}Ir	61,5	79,0	128
78	^{193}Pt	4,33 d	^{192}Pt	0,8	1,20	150
78	^{197}Pt	18 h	^{196}Pt	26,6	0,30	1,1
78	^{199}Pt	29 m	^{198}Pt	7,2	0,292	4,05
79	^{198}Au	2,69 d	^{197}Au	100,0	96,4	96,4
80	^{203}Hg	43,5 d	^{202}Hg	29,54	0,725	2,454
80	^{205}Hg	5,5 m	^{204}Hg	6,72	0,0228	0,34
81	^{204}Tl	3,5 a	^{203}Tl	29,46	2,2	7,31
81	^{206}Tl	4,23 m	^{205}Tl	70,54	0,079	0,113
82	^{209}Pb	3,32 h	^{208}Pb	53,22	0,001	0,002
83	^{210}Bi	5 d	^{209}Bi	100,0	0,015	0,015

* Angeregtes Isomeres; (?) Massenzahl unsicher.

Eine Begrenzung der Empfindlichkeit der Aktivierungsanalyse ergibt sich durch störende Kernreaktionen; das sind insbesondere jene Kernreaktionen, durch die die zur Messung vorgesehene radioaktive Kernart nicht aus dem zu bestimmenden Element, sondern aus begleitenden Stoffen erzeugt wird. Solche Störungen sind vor allem dann möglich, wenn sich die Kernladungszahlen zu bestimmender und begleitender Elemente nur um eine oder zwei Einheiten unterscheiden. Dann kann z. B. die betreffende radioaktive Kernart einerseits aus dem zu bestimmenden Element durch Neutroneneinfang, anderseits aber auch

Tabelle 8. *Flüsse thermischer Neutronen, die von verschiedenen Quellen geliefert werden.*

Quelle	Neutronenfluß (Teilchen/cm²/sec)
1 Curie Radium-γ-Berylliumquelle	~ 10^4
1 Curie Radium-α-Berylliumquelle....	~ 10^5
D + D-Beschleuniger (200 kV).......	~ 10^6
Zyklotron	~ 10^9
Urankernreaktor	10^{11} bis 10^{14}

aus einem begleitenden Element gebildet werden — und zwar wenn dieses eine um Eins größere Ordnungszahl aufweist, durch (n, p)-Reaktion, oder, wenn seine Ordnungszahl um zwei größer ist, durch (n, α)-Reaktion. Da die beiden letzteren Reaktionsarten in den meisten Fällen nur durch schnelle Neutronen bewirkt werden, kann die Empfindlichkeit von Aktivierungsanalysen häufig durch zusätzliche Moderatorschichten gesteigert werden, bei Aktivierung im Reaktor am günstigsten durch Bestrahlung in der thermischen Säule (vgl. S. 168). Die Verringerung des Neutronenflusses wird dabei durch die weitgehende Ausschaltung störender Kernreaktionen mehr als wettgemacht.

Folgendes Beispiel soll die Begrenzung der Empfindlichkeit durch störende Kernreaktionen veranschaulichen: Bei Vorversuchen für die Natriumbestimmung in Aluminium mit Neutronen [^{23}Na (n, γ) ^{24}Na] wurde reinstes Aluminium im Reaktor bestrahlt. Dabei wurden je nach der Lage der Probe im Reaktor durch die Reaktion ^{27}Al (n, α) ^{24}Na Natriumaktivitäten erzeugt, die einem scheinbaren Natriumgehalt von 0,00019%—0,014% entsprachen (74a).

In den nun folgenden Abschnitten werden die verschiedenen Neutronenquellen und ihre Eignung für die Aktivierungsanalyse diskutiert.

c) Aktivierungsanalyse mit natürlichen Neutronenquellen.

Die sogenannten natürlichen Neutronenquellen bestehen aus einem radioaktiven Stoff und einem Element, aus dem die radioaktive Strahlung Neutronen freisetzt. Als Strahlungsquellen können entweder α- oder γ-aktive Stoffe verwendet werden. Die Neutronenfreisetzung erfolgt praktisch immer aus Beryllium, da das „letzte" Neutron im Kern $^9_4$Be besonders schwach gebunden ist. Eine große Annehmlichkeit aller natürlichen Quellen ist das Fehlen von Intensitätsschwankungen. Für eine eingehendere Diskussion der natürlichen Neutronenquellen wird auf die Literatur verwiesen (11, 37, 66).

Besonders gebräuchlich sind Gemische eines Radiumsalzes mit Berylliumpulver in gasdichten Kapseln aus Glas oder Metall („Ra-α-Be-Quellen"). In diesen Quellen erfolgt die Freisetzung der Neutronen hauptsächlich durch die Kernreaktion $^9_4$Be (α, n) $^{12}_6$C, wobei natürlich auch die α-Strahlung der Folgeprodukte des Radiums wirksam ist. In anderen Fällen wird die Emanation aus Radiumlösungen abgepumpt und in einer mit Berylliumpulver gefüllten Glasbirne ausgefroren, die dann abgeschmolzen wird. Die Aktivität solcher „Rn-α-Be-Quellen" nimmt natürlich mit der Halbwertszeit des Radon (3,8 Tage) ab; anderseits wird das zur Verfügung stehende Radium selbst nicht in Anspruch genommen.

Die „γ-Quellen", die Neutronen durch die Reaktion $^9_4$Be (γ, n) 2 α liefern, müssen einen γ-Strahler enthalten, der Quanten von mindestens 1,63 MeV (Bindungsenergie des „letzten" Neutrons im Beryllium) emittiert. Ein geeignetes Radioelement ist zunächst das Radium im Gleichgewicht mit seinen Folgeprodukten, dann aber auch z. B. das Antimonisotop 124, das künstlich hergestellt wird, γ-Strahlung von 1,7 MeV aussendet und eine Halbwertszeit von 60 Tagen hat. γ-Quellen sind leicht herzustellen, indem das Radioelement mit einer großen Menge Berylliummetall umgeben wird. Sie liefern in geeigneten Fällen Neutronen einheitlicher Energie, die Intensitäten sind aber viel kleiner als von α-Quellen gleicher radioaktiver Stärke.

Die gewöhnlich verwendeten natürlichen Neutronenquellen liefern Intensitäten von 10^4 bis 10^5 thermischen Neutronen pro cm^2 pro Sekunde. Mikroanalysen mit diesen Quellen sind daher nur bei Elementen möglich, die große Einfangquerschnitte besitzen und bei deren Aktivierung sich Radioelemente mit günstiger (mittellanger) Halbwertszeit bilden. Die folgenden Elemente besitzen Aktivierungsquerschnitte für thermische Neutronen von mehr als 10 Barn und die gebildeten Radioelemente haben Halbwertszeiten zwischen 15 Sekunden und drei Tagen: Mn, Rh, Ag, In, Pr, Sm, Eu, Tb, Dy, Ho, Yb, Cp, W, Re, Ir, Au. Diese Elemente können mit natürlichen Neutronenquellen ungefähr in Milligrammengen nachgewiesen werden; andere Elemente nur dann, wenn sie in größeren Mengen vorliegen.

d) Aktivierungsanalyse mit Beschleunigern.

Zur Neutronenerzeugung in Ionenbeschleunigern (elektrostatische Beschleuniger verschiedener Typen, Zyklotrone usw.) werden leichte Kerne als „target" (Auffänger) dem Beschuß durch die schnellen Ionen ausgesetzt. In erster Linie bedient man sich der Deuteronen als Geschoße, und zwar besonders für die Reaktionen ^2_1D (d, n) ^3_2He, ^7_3Li (d, n) 2 ^4_2He und ^9_4Be (d, n) $^{10}_5B$. Die Coulombschwelle der ersten Reaktion, der „D-D-Reaktion", ist so niedrig, daß brauchbare Neutronenausbeuten schon mit Deuteronenenergien von 100 bis 200 keV erzielt werden können. Stehen Deuteronen größerer Energie zur Verfügung, so wird für radiochemische Zwecke gewöhnlich die Reaktion am Beryllium verwendet, da sie größere Neutronenausbeuten liefert. Überdies hat das Beryllium als Element den Vorteil großer thermischer Beständigkeit, die für Deuterium in keiner Form, für Lithium nur um den Preis der Verbindungsbildung, d. h. weitgehender Verdünnung durch andere Elemente, erzielt werden kann. Bei den drei genannten Reaktionen, die alle exotherm sind, werden durchwegs energiereiche Neutronen erzeugt. Die schnellsten Neutronen liefert das Lithium. Übersichten über die Neutronenerzeugung mit Ionenbeschleunigern finden sich in der Literatur (11, 37).

Auch energiereiche Photonen, die durch schnelle Elektronen in einer Röntgenröhre oder in einem Betatron erzeugt werden, können durch Kernphotoeffekt (γ, n-Reaktion) zur Neutronenerzeugung dienen (82).

Statt der Neutronen, die durch die Kernreaktionen mit den schnellen Ionen erzeugt werden, können in geeigneten Fällen auch direkt die Ionen zur Aktivierung benützt werden (siehe Abschnitt 5). Die Intensität des Ionenstrahls ist auf Grund der geringen Ausbeute der Neutronen liefernden Kernreaktionen sehr viel größer als die des Neutronenflusses; anderseits ist aber auch die Ausbeute bei der Aktivierung direkt durch Ionen — wegen der zu überwindenden Potentialschwelle — viel kleiner als bei Aktivierung mit Neutronen. Boyd (9) hat die Frage diskutiert, unter welchen Umständen bei Verfügbarkeit eines Teilchenbeschleunigers Aktivierung durch Neutronen einer Aktivierung durch Ionen vorzuziehen ist. Da die Potentialschwelle mit der Kernladung zunimmt, wird dies, wenn man bemüht ist, möglichst große Aktivitäten zu erzeugen, vor allem bei der Bestimmung schwerer Elemente zutreffen. Es ist aber doch zu bedenken, daß durch Ionen Wirkungen entfaltet werden können, die sich von denen der Neutronen qualitativ unterscheiden. Während etwa die (d, p)-Reaktion in ihrer Wirkung qualitativ der (n, γ)-Reaktion gleichwertig ist, führen z. B. (d, n)-Reaktionen zu Radioelementen, die mit Hilfe von Neutronen aus dem gegebenen Ausgangsstoff gar nicht erhalten werden können. Die Entscheidung „Neutronen oder Ionen" muß daher in jedem Einzelfall gesondert getroffen werden.

e) Aktivierungsanalyse im Uranreaktor.

Der Uranreaktor ist wegen seines hohen Flusses an langsamen Neutronen (s. Tab. 8) das geeignetste Gerät für die meisten Aktivierungsanalysen. Für eine Diskussion des Reaktors muß auf die Spezialliteratur verwiesen werden [siehe z. B. (48, 49)].

Im Inneren des Reaktors sind neben den langsamen Neutronen auch schnelle Neutronen anwesend. Wird gewünscht, daß ausschließlich thermische Neutronen auf die zu untersuchende Probe einwirken, so erfolgt die Bestrahlung am Ende einer „thermischen Säule" (siehe Abschnitt 4, a). Dort ist der Fluß der langsamen Neutronen allerdings bedeutend kleiner als im Reaktor selbst.

Manche Atomenergielaboratorien übernehmen Proben zur Bestrahlung, so daß der Reaktor bis zu einem gewissen Grad auch Außenstehenden für Analysen zur Verfügung steht.

f) Zusammenstellung bereits ausgeführter Aktivierungsanalysen mit Neutronen.

In den folgenden Abschnitten werden bereits durchgeführte Analysen besprochen. Die hier gemachten Angaben sind keine genauen Arbeitsvorschriften, da diese bedeutend mehr Platz einnehmen würden, als in diesem Rahmen zur Verfügung steht. Sie gehen jedoch soweit auf die Einzelheiten ein, daß die Arbeitsmethodik der Aktivierungsanalyse und die Probleme, die sich bei der Entwicklung neuer Methoden ergeben, veranschaulicht werden.

Die Anordnung stimmt mit den Gruppen des periodischen Systems überein, wodurch gut gezeigt werden kann, daß sich die Aktivierungsanalyse gerade bei der Analyse chemisch sehr ähnlicher Stoffe bewährt.

Bei der Aktivierungsanalyse mit langsamen Neutronen wird die Aktivierung in fast allen Fällen durch einfachen Neutroneneinfang bewirkt. Bei den im folgenden besprochenen Analysen handelt es sich daher, wenn nicht anders ausdrücklich vermerkt, um Aktivierung durch (n, γ)-Reaktionen.

α) Alkalimetalle.

Durch Zerlegung der Abklingkurve von neutronenbestrahltem Rubidiumcarbonat hat Boyd (9) die Anwesenheit von Kalium und Cäsium nachgewiesen. Der Aktivitätsabfall wurde über mehrere Tage verfolgt und die so ermittelte, relativ langlebige Rubidiumaktivität von der Gesamtaktivität abgezogen, wobei ^{42}K $(T_{1/2} = 12,8$ Stunden) als eine Restkomponente erschien. Durch Subtraktion dieser Kaliumkomponente ergab sich schließlich die Anwesenheit von ^{134}Cs $(T_{1/2} = 2,8$ Stunden) (vgl. Abb. 10). Radiokalium und Radiocäsium sind eindeutig aus den stabilen Isotopen ^{41}K und ^{133}Cs durch Neutroneneinfang entstanden. Diese Elemente waren also als Verunreinigung vorgelegen.

Natrium und Kalium, die durch Neutroneneinfang Radioelemente zwar ähnlicher Halbwertszeit, aber stark verschiedener β-Strahlungsenergie (^{24}Na, $T_{1/2} = 15,0$ Stunden, $E_{max} = 1,39$ MeV; ^{42}K, $T_{1/2} = 12,4$ Stunden, $E_{max} = = 3,58$ MeV) liefern, konnten nebeneinander durch Verwendung von Absorbern bestimmt werden. Boyd (9) aktivierte Gemische von Natrium- und Kaliumcarbonat im Reaktor und bestimmte die Aktivitäten unter Verwendung zweier Absorber verschiedener Dicke. Die Methode beruht auf folgenden Überlegungen:

Die energieärmere Strahlung des Natriums wird von einem Aluminiumblech der Dicke 700 mg/cm² gänzlich absorbiert, während die β-Strahlung des Kaliums erst durch einen Absorber von 1700 mg/cm² unterdrückt wird. Die γ-Strahlung, die von beiden Radioelementen abgegeben wird, erleidet durch die Absorber keine merkliche Schwächung. Bezeichnet man die durch die Absorber hindurch gemessenen Aktivitäten mit A_{700} und A_{1700} und die Beiträge zur gemessenen

Aktivität mit K^β (β-Strahlung des ^{42}K), K^γ (γ-Strahlung des ^{42}K), Na^β (β-Strahlung des ^{24}Na) und Na^γ (γ-Strahlung des ^{24}Na), so gilt annähernd:

$$A_{700} = K^\beta + K^\gamma + Na^\gamma,$$

$$A_{1700} = K^\gamma + Na^\gamma.$$

Daraus ergibt sich, daß $A_{700} - A_{1700} = K^\beta$. Außerdem wird das Verhältnis $R = K^\gamma/K^\beta$ durch Aktivitätsmessung mit den beiden Absorbern an einer radiochemisch reinen ^{42}K-Probe bestimmt. Aus den Gleichungen

$$K^\beta = A_{700} - A_{1700},$$

$$K^\gamma = R\,K^\beta = R\,(A_{700} - A_{1700}),$$

$$Na^\gamma = A_{1700} - R\,(A_{700} - A_{1700})$$

können nun die einzelnen Aktivitätsbeiträge ermittelt werden. Diese können dann am besten durch Vergleich mit Eichproben in die Absolutmengen von Kalium und Natrium umgerechnet werden. Die Bestimmungen wurden an 100-mg-Proben ausgeführt. Nach einer Bestrahlung von fünf Minuten im Reaktor wurden die Proben in Wasser aufgelöst, aliquote Teile auf Uhrgläsern eingedampft und vermessen.

Die Vorteile einer solchen Analysenmethode liegen in der Einfachheit und Schnelligkeit. Ihnen steht in erster Linie die begrenzte Genauigkeit der Aktivitätsmessung entgegen. Schon ein kleiner relativer Fehler in der Aktivitätsbestimmung führt zu erheblichen Fehlern im Resultat, wenn A_{700} und A_{1700} nur wenig verschieden sind, d. h. wenn nur wenig Kalium anwesend ist. Sind neben Natrium und Kalium in der Probe noch andere Elemente vorhanden, die störende Strahlung liefern, so sind chemische Abtrennungen erforderlich, wodurch die Methode ihren wesentlichen Vorteil gegenüber anderen Verfahren einbüßt.

Eine Bestimmung von Natrium und Kalium in Nervenfasern von Tintenfischen wurde von KEYNES und LEWIS (57, 58, 63) ausgeführt. Nach Bestrahlung der Nervenfasern und von Eichproben der Alkalicarbonate im Reaktor wurde die Aktivität der Proben bestimmt, wobei Messingfilter der Schichtdicken 0,46 und 4,6 g/cm² verwendet wurden. Die Gehaltsbestimmung erfolgte ähnlich wie bei der von BOYD beschriebenen Methode. Der Beitrag des ebenfalls gebildeten ^{32}P zur gemessenen Gesamtaktivität wurde durch Bestimmung zu einem wesentlich späteren Zeitpunkt — also nach Abklingen der Na- und K-Aktivitäten — ermittelt und betrug in keinem Falle mehr als 1%. Die Strahlung des bei der Aktivierung gebildeten ^{35}S [^{35}Cl (n, p) ^{35}S] wird durch die verwendeten Absorber zur Gänze ausgeschaltet. Die Analysen konnten ohne Schwierigkeit an Proben von 0,3 mg ausgeführt werden, die etwa 0,3 Mikrogramm Natrium und 3 Mikrogramm Kalium enthielten. Exaktere Werte für Kalium wurden durch chemische Abtrennung erhalten. Nach Zugabe von Kaliumcarbonat als Träger wurde ein Teil des Kaliums als Dipikrylaminat ausgefällt und die Aktivität dieser Verbindung bestimmt. Die Genauigkeit der Methode wurde nicht durch die Fehler in der Aktivitätsmessung, sondern durch die Schwierigkeiten bei der Bestimmung des Volumens und Gewichtes der Nervenproben begrenzt. Die Aktivierungsanalyse erwies sich in diesem Fall als empfindlicher und einfacher als andere in Frage kommende mikroanalytische Methoden.

Eine allgemein anwendbare Aktivierungsmethode für die Bestimmung von Spuren der Alkalimetalle, bei der die gebildeten Radioelemente in chemisch reiner Form abgeschieden werden, ist von KELLEY, LEDDICOTTE und REYNOLDS (54) ausgearbeitet worden. Nach Auflösung der Probe werden zunächst die Schwermetalle und Erdalkalimetalle entfernt. Hierzu werden der Lösung der Probe Träger für die zu bestimmenden Alkalimetalle und für solche Elemente zugegeben, die in der Probe in kleineren Mengen vorhanden sein könnten. Nach Fällungen mit Ammoniumsulfid und Ammoniumcarbonat bleiben im wesentlichen nur die Alkalimetalle in Lösung. Die weitere Trennung erfolgt nun entweder nach der von Kayas (53) ausgearbeiteten Methode unter Verwendung einer Ionenaustauschersäule [s. auch (14)] oder durch Fällungen. Die Trennung durch Fällung kann nach folgendem Verfahren vorgenommen werden: Natrium wird mit Zinkuranylacetat gefällt. Der Niederschlag wird nicht direkt gemessen, sondern durch Behandeln mit einer 12%igen Lösung von Chlorwasserstoff in n-Butanol in einen Kochsalzniederschlag verwandelt, wodurch Störung durch Uran und dessen Folgeprodukte verhindert wird. Überdies besitzen die Kochsalzniederschläge konstantere Zusammensetzung und sind daher zur Bestimmung der Ausbeute der Abtrennung besser geeignet. Kalium wird aus der stark eingeengten Lösung als Kaliumchloroplatinat gefällt. Cäsium und Rubidium werden durchwegs mit Hilfe von Ionenaustauschersäulen abgetrennt. Die zur Aktivitätsmessung abgeschiedenen Alkalisalze müssen zwar chemisch rein, die Abscheidung jedoch nicht quantitativ sein, da ja die Ausbeute bestimmt werden kann.

Eine Bestimmung von Natrium und Kalium ist auch im Rahmen einer Aktivierungsanalyse der in Proben von Magnesium enthaltenen Verunreinigungen ausgeführt worden (4). Die bestrahlten Proben wurden nach Trägerzusatz chemisch getrennt. Nach Ausfällung der anderen Elemente, auf deren Bestimmung noch in den folgenden Abschnitten hingewiesen werden wird, konnte Kalium durch Fällung als Perchlorat und Natrium aus butylalkoholischer Lösung durch Einleiten von Chlorwasserstoff als Kochsalz abgeschieden werden. Während Kalium und verschiedene andere Elemente mit Hilfe des Reaktors in Magnesium noch leicht in Mengen von 10^{-6} Gewichtsteilen nachgewiesen werden konnten, lag die Erfassungsgrenze für Natrium unter den angewendeten Bestrahlungsbedingungen wegen der Reaktion ^{24}Mg (n, p) ^{24}Na um etwa zwei Größenordnungen höher.

Bei Bestimmungen von Natrium in Blei durch Neutronenaktivierung kann die Aktivitätsmessung häufig direkt an der Probe vorgenommen werden. Hierzu dürfen Kupfer und Arsen, die am stärksten störenden Elemente, nur in geringsten Mengen vorhanden sein (32). Die Natriumbestimmung in Aluminium wird weiter unten (Abschn. 4, f, β) besprochen.

Picciotto und Styvendael (74) bestimmten Lithium, indem sie thermische Neutronen auf die zu untersuchende Probe einwirken ließen und die in der (n, α)-Reaktion am Lithium-6 gebildeten Tritiumkerne ($^3_1$H) in einer photographischen Emulsion registrierten und abzählten. Der Querschnitt für diese Kernreaktion beträgt 65 Barn, so daß äußerst geringe Lithiummengen auf diesem Wege bestimmt werden können. Bei der Analyse von lithiumhaltigen Lösungen werden die Lösungen auf eine Emulsion aufgetropft und mit einer zweiten Emulsion bedeckt (Sandwichmethode). Feste Proben werden plangeschliffen und gegen eine Emulsion gepreßt. Nach der Aktivierung von Probe und Emulsion im Reaktor wird die Emulsion entwickelt. Bei der Spurenzählung werden nur Spuren berücksichtigt, die länger als $7,5\,\mu$ sind. So werden Spuren, die durch Kernreaktionen des Stickstoffs oder Bors erzeugt wurden, nicht mitgezählt; die der Reaktion ^{6}Li (n, α) ^{3}H zugehörige Spurenlänge ist $43\,\mu$, wovon $36,4\,\mu$ dem Tritiumkern und $6,6\,\mu$ dem α-Teilchen zuzuschreiben sind. Die Ermittlung des Lithiumgehaltes kann nach einer Absolutmethode ausgeführt werden. Ist der Neutronenfluß, dem die Proben ausgesetzt waren, nicht bekannt, so kann er aus der Zahl der innerhalb der Emulsion beobachteten Spuren aus der Reaktion ^{14}N (n, p) ^{14}C (am Gelatine-Stickstoff) berechnet werden. Für die Berechnung der Zahl der ^{6}Li (n, α) ^{3}H-Vorgänge pro Gewichtseinheit der Probe aus der Anzahl von Spuren, die bei der Bestrahlung fester Proben in Berührung mit Emulsionen gezählt werden, geben PICCIOTTO und STYVENDAEL besondere Formeln an. Die Methode soll bei einem Neutronenfluß von 10^{11} cm^{-2} sec^{-1} noch mit 10%iger Genauigkeit arbeiten, wenn die zu untersuchende Lösung, von der nur 10^{-3} ml zur Verfügung stehen müssen, einen Lithiumgehalt von 10^{-6} g/ml hat, bzw. wenn der zu untersuchende Festkörper, der eine plangeschliffene Oberfläche von nur einigen Quadratmillimetern aufweisen muß, 10^{-5} Gewichtsteile Lithium enthält.

Auch JANSSENS hat Lithiumgehalte aus Spurenzahlen berechnet (50, 51).

Schließlich ist die gleiche Kernreaktion ^{6}Li (n, α) ^{3}H zur Bestimmung des Lithium-6-Gehaltes in Lithiumproben benützt worden. Die α-Strahlung und Tritiumkerne wurden entweder durch eine zählende Ionenkammer (35) oder durch eine Photoplatte (photometrisch) bestimmt (41). Man hat aber auch das bei der Bestrahlung von Lithiumproben erzeugte Tritium durch Messung seiner Aktivität bestimmt und so die Isotopenzusammensetzung ermittelt (52a).

β) Kupfergruppe.

SEABORG und LIVINGOOD (81) haben Kupfer in Nickelproben durch Aktivierung mit Neutronen aus einem Zyklotron nachgewiesen. Die Aufnahme der Abklingkurven des bestrahlten Nickelpulvers zeigte das Vorliegen der aktiven Isotope ^{64}Cu und ^{66}Cu an, die im vorliegenden Falle durch Neutroneneinfang — also aus Kupfer — entstanden sein mußten.

Zur Kupferbestimmung in lumineszierenden Stoffen, die vor allem verschiedene Sulfide enthielten, aktivierte GRILLOT (39) im Uranreaktor und trennte dann nach folgender Methode ab: Zusatz von Kupferträger, Fällung des Kupfers als Oxinat bei pH 4, nach Auflösung des Niederschlages neuerliche Fällung des Kupfers als Sulfid und schließlich nach Auflösung dieses Niederschlages elektrolytische Abscheidung des Kupfers unter den üblichen Bedingungen.

Über die Bestimmung von Spuren Kupfer in Aluminiumproben berichten ALBERT, CARON und CHAUDRON (1). Die Bestimmung erfolgt auf Grund der Aktivität des Kupfer 64 ($T_{1/2} = 12,8$ Stunden). Spuren seltener Erden, die im Aluminium enthalten sind, werden ebenfalls aktiviert. Soll neben dem Kupfer auch Natrium bestimmt werden, so muß die Anwesenheit schneller Neutronen bei der Bestrahlung im Reaktor möglichst ausgeschlossen werden, da es sonst zur Bildung von Radionatrium aus Aluminium kommt (vgl. S. 174). Die Abtrennung des Kupfers erfolgte unter Trägerzusatz und durch Fällung als Kupfersulfid aus saurer Lösung. Zur Natriumbestimmung wurde nun die Hauptmenge Aluminium durch Einleiten von Chlorwasserstoff als Trichlorid gefällt. Der Niederschlag wurde auf Aktivität geprüft, um sicher zu gehen, daß keine anderen Elemente mitgefällt wurden. (Die bei der Bestrahlung erzeugte Aluminiumaktivität hat eine Halbwertszeit von 2,3 Minuten und ist daher schon abgeklungen.) Dann wurden die seltenen Erden mit Ammoniak ausgefällt. In Lösung verbleiben die Alkalimetalle, wobei die Bestimmung der Halbwertszeit zeigte, daß nur Natrium 24 vorhanden war. Die Methode erfaßt etwa 10^{-6} Gewichtsteile Kupfer und Natrium. Nach einem anderen Verfahren wird Natrium als Uranylacetat abgetrennt (74a).

Bei der Kupferbestimmung in sehr reinem Magnesium (4) (vgl. Abschn. 4, f, α) erfolgte die chemische Abscheidung des Radiokupfers und zugesetzten Trägers durch Fällung als Sulfid und Umfällung als Rhodanür.

Die Verteilung von Kupfer in Legierungen und an Metalloberflächen konnte durch Aktivierung nachgewiesen werden. So wurden Kupfer-Aluminium-Legierungen mit 1,5% Kupfer bestrahlt und dann der Radioautographie unterworfen (70). Nach einem ähnlichen Verfahren wurden Kupferspuren aufgefunden, die bei Reibungsvorgängen an Stahloberflächen hängen geblieben waren (76).

Silberbestimmungen sind wegen des großen Querschnittes der Bildung von Silber 108 durch Neutroneneinfang schon mit geringen Neutronenflüssen möglich. Nach einem einfachen Verfahren (69) werden pulverisierte Proben von einem Gramm in einem Paraffinblock mit den langsamen Neutronen aus einer Radium-Beryllium-Quelle von 25 mC (Neutronenfluß nur $\sim 10^2$) vier Minuten bestrahlt. Dann läßt man die von Silber 110 herrührende 22-Sekunden-Aktivität etwa 2 Minuten abklingen und mißt direkt an der bestrahlten Probe die vom Silber 108 herrührende 2,3-Minuten-Aktivität. Durch Vergleich mit Eichproben können auf diesem Wege noch Silbergehalte von 1% mit einer relativen Genauigkeit von 3% festgestellt werden, unter Verwendung stärkerer Neutronenquellen natürlich noch viel kleinere Gehalte. Für eine Analyse wird eine Viertelstunde benötigt.

Zur Messung der von Individuen in radiochemischen Laboratorien oder Atomenergieanlagen erhaltenen Strahlendosen können photographische Filme verwendet werden (vgl. Kap. X). Die aus dem latenten Bilde beim Entwickeln erhaltene Silbermenge (Schwärzung) wird gewöhnlich photometrisch bestimmt. Doch bietet eine Aktivierungsanalyse besonders hinsichtlich des Dosisbereiches, in dem die Filme verwendet werden können, Vorteile (6, 7). Man bestrahlt die fixierten Filme im Reaktor und mißt die vom Silber 110 abgegebene Strahlung z. B. mit dem Szintillationszähler.

Goldbestimmungen in Meteoriten wurden von Brown und Goldberg mit Hilfe des Uranreaktors ausgeführt (17). Nach einstündiger Bestrahlung wurden die Proben aufgelöst, Goldträger wurde zugesetzt, das Goldchlorid aus 10%iger Salzsäure mit Essigester extrahiert, mit Hydrochinon zum metallischen Gold reduziert und dieses abfiltriert. Die Ausbeute bei der chemischen Abtrennung betrug etwa 75%. Die Aktivität (^{198}Au, $T_{1/2} = 2,7$ Tage) wurde mit der von Eichproben verglichen. Da der Einfangquerschnitt des Goldes sehr groß ist, war der Neutronenfluß im Inneren der aus reinem Gold bestehenden Eichproben merklich kleiner als an der Oberfläche. Die notwendigen Korrekturen wurden empirisch durch Bestrahlung einer Reihe von Gemischen aus Eisen- und Goldstaub und Bestimmung der im Gold erzeugten spezifischen Aktivität ermittelt. Auch kleine Goldgehalte in Diamanten (ungefähr 10^{-5} Gewichtsteile) konnten durch Aktivierungsanalyse nachgewiesen werden (33).

Goldbestimmungen an Organen von Mäusen, denen man Goldlösungen injiziert hatte, wurden von Tobias und Dunn (93) ausgeführt. Die Organe wurden naß verascht und die Asche im Reaktor bestrahlt. Nach Auflösung der Asche wurde Goldträger zugesetzt, das Gold elektrolytisch an Platin abgeschieden und in dieser Form gezählt. Durch Aktivierung des Goldes aus 10 ml Blut konnten Mengen nachgewiesen werden, die einem Goldgehalt von 10 μg im ganzen menschlichen Körper entsprechen.

γ) Erdalkalimetalle.

Calcium und Strontium sind durch Aktivierung im Rahmen der bereits erwähnten Analyse von Magnesium bestimmt worden (4). Die Trennung erfolgt auf Grund bekannter Fällungsmethoden nach Zusatz von Träger zur Lösung. Barium und Strontium werden zuerst durch mehrmalige Fällung als Nitrate vom Calcium abgetrennt und dieses dann als Oxalat gefällt. Zur Trennung von Strontium wird das Barium als Chromat gefällt. Strontiumbestimmungen in Gewebe wurden nach einer ähnlichen Methode ausgeführt (15).

δ) Zinkgruppe.

Die Verteilung von Zinkspuren in sehr reinem Aluminium wurde durch Neutronenbestrahlung und darauffolgende Radioautographie untersucht (71). Es ergab sich, daß das Zink an den Kristallgrenzflächen angereichert wird.

Cadmiumbestimmungen in Kunstharzen wurden ebenfalls durch Neutronenaktivierung ausgeführt. Die bestrahlten Proben wurden naß verbrannt, nach Zusatz von Träger und Rückhalteträgern wurde das Cadmium mehrmals aus saurer Lösung als Sulfid gefällt und schließlich in Form von Cadmiumammoniumphosphat gemessen (15).

ε) Seltene Erden.

In der Gruppe der seltenen Erden gibt es viele Elemente mit großem Einfangquerschnitt. Die durch Neutronenbestrahlung erzeugten Aktivitäten sind in vielen Fällen durch Halbwertszeit oder Energie unterscheidbar, so daß verschiedene Mikrobestimmungen ohne chemische Trennung durchgeführt werden können.

Wie schon erwähnt, fand HEVESY (42) bei Aktivierung seltener Erden durch Neutronenbestrahlung mit einer α-Berylliumquelle die charakteristischen Aktivitäten von Radioelementen, die aus Beimengungen entstanden waren. So trat bei der Bestrahlung eines Yttriumpräparats die kennzeichnende Dysprosiumaktivität von 2,5 Stunden Halbwertszeit auf. HEVESY schloß aus der Intensität dieser Aktivität auf einen Gehalt der Größenordnung 1%. In einer späteren Arbeit zeigten HEVESY und LEVI (43), daß eine analytische Bestimmung von Europium in Gadolinium auf Grund der mit Neutronen erzeugten Aktivität durchgeführt werden kann. GOLDSCHMIDT und DJOURKEVITCH (36) bestimmten den Dysprosiumgehalt von Yttererde durch Vergleich mit Eichproben. Enthält die Yttererde Gadolinium oder andere Elemente mit besonders großem Einfangquerschnitt, so muß die dadurch in der Umgebung der Probe bewirkte Verringerung des Neutronenflusses gesondert bestimmt und in Rechnung gesetzt werden (Bestimmung von Europium und Dysprosium s. auch S. 272).

Kleine Mengen von Thulium und Cassiopeium wurden von BOTHE (8) in Proben seltener Erden mit thermischen Neutronen aus dem Zyklotron nachgewiesen. Die Aktivität des entstandenen ^{170}Tm wurde von anderen Aktivitäten der seltenen Erden mit ähnlichen Halbwertszeiten durch Aufnahme einer Absorptionskurve getrennt. Es ergaben sich Gehalte von 2% Cp und 0,05% Tm; das Thulium war spektrographisch nicht aufgefunden worden. In einem Erbiumpräparat wurde neben Thulium und Cassiopeium auch Yttrium nachgewiesen. Die Analyse eines Ytterbiumpräparats erforderte die Kombination von Abfalls- und Absorptionsmessungen.

Mit Hilfe des Uranreaktors wiesen KOHN und TOMPKINS (61) in Cer 0,63% Samarium, in Yttrium 1,2% Dysprosium, in Praseodym 0,023% Neodym und 0,01% Cer, schließlich in Lanthan 0,03% Cer nach. Dabei wurden die Bestrahlungsdauern und Meßbedingungen zweckmäßig variiert.

Bestrahlte Gemische seltener Erden wurden von LINDNER und PETER (64) an Aluminiumoxydsäulen chromatographisch getrennt und die Fraktionen dann auf Aktivität geprüft. Die Autoren bezeichnen die Methode als für die Untersuchung von Erbium-Thulium- und von Samarium-Europium-Gemischen geeignet.

Ketelle und Boyd (56) konnten Verunreinigungen in „spektroskopisch reinem" Erbiumoxyd durch Aktivierung im Uranreaktor nachweisen. Das Erbiumoxyd wurde nach der Bestrahlung aufgelöst und die Trennung der seltenen Erden an einer Ionenaustauschersäule aus Kunstharz durchgeführt (vgl. Kap. III, Abschn. 3, c). Das Eluat aus der Säule wurde durch eine mit Zählrohr versehene Durchlaufzelle geleitet, wobei mehrere Aktivitätsmaxima beobachtet wurden. Diese konnten auf Grund ihrer Lagen gegenüber dem weitaus größten Maximum der Erbiumaktivität und Vergleich mit Eluierkurven von aktivierten Proben bekannter Zusammensetzung dem Cassiopeium, Ytterbium, Thulium und Natrium zugeordnet werden. Eine grob quantitative Bestimmung wurde für das Thulium ausgeführt. Die Thuliumfraktion aus der Austauschersäule wurde aufgefangen und die Aktivität mit Meßgeräten bekannter Ausbeute bestimmt. Auf Grund der Halbwertszeit des ^{170}Tm, des Einfangquerschnittes des ^{169}Tm, des Neutronenflusses im Reaktor und der Bestrahlungsdauer konnte der Thuliumgehalt zu $1 \cdot 10^{-5}$ Teilen abgeschätzt werden. Die Autoren bemerken, daß bei längerer Bestrahlungsdauer noch wesentlich kleinere Thuliummengen hätten nachgewiesen werden können.

Die Trennung an Austauschersäulen ermöglicht es auch, in einem Arbeitsgang mehrere Elemente der seltenen Erden zu bestimmen. Für genauere Analysen zieht man Eichproben heran und vergleicht die Kurven, die man durch automatische Registrierung der in einer Durchlaufzelle gemessenen Aktivitäten erhalten kann (14). Man kann entweder die gesamte Trennung am Austauscher durchführen (14) oder vorher durch Fällungsmethoden in verschiedene Gruppen zerlegen (19).

ζ) Borgruppe.

Die Verteilung von Bor in Stählen konnte durch photographische Registrierung der durch die Reaktion ^{10}B (n, α) ^{7}Li freigesetzten α-Teilchen untersucht werden. Die plangeschliffenen Proben wurden gegen eine Photoplatte gepreßt und dann gemeinsam mit dieser langsamen Neutronen ausgesetzt (30, 44). Eine ähnliche Methode ist zur Borbestimmung in Gewebeschnitten benützt worden. Um die Schwärzung der Photoplatten durch γ-Strahlen möglichst klein zu halten, wurde mit Polonium-Beryllium-Quellen bestrahlt (68).

Die Bestimmung von Gallium in Eisenmeteoriten wurde von Brown und Goldberg durch Aktivierung im Uranreaktor durchgeführt (16). Bestrahlt wurden einschlußfreie Proben von einem halben Gramm, die vorerst zur Gewinnung reiner Oberflächen mit 6-n Salzsäure, Wasser und Alkohol gewaschen wurden. Durch die Bestrahlung im Reaktor während einer halben Stunde entstanden die β-Strahler ^{70}Ga ($T_{1/2} = 20$ Minuten) und ^{72}Ga ($T_{1/2} = 14{,}1$ Stunden). Gleichzeitig wurden Eichproben bestrahlt. Nach dem Ende der Bestrahlung und dem Abklingen des ^{70}Ga wurde die Probe in Salzsäure aufgelöst. Einige Milligramm Ga-Träger wurden zugefügt. Durch mehrmalige Ätherextraktion wurden Eisen und Gallium von den anderen Elementen getrennt. Das Eisen wurde als Hydroxyd gefällt und entfernt und das Gallium als Oxinat gefällt und gezählt. Die Eichproben (Galliumoxinat) wurden ebenfalls aufgelöst und ein solcher Teil wieder als Oxinat gefällt, daß ungefähr die gleiche Aktivität wie aus der Analysenprobe erhalten wurde. Durch Aufnahme der Abklingkurven wurde die radiochemische Reinheit des Galliums überprüft. Die Bestimmungen wurden zur Kontrolle unter veränderten Bedingungen des Neutronenflusses, der Probenlage im Reaktor und der Bestrahlungszeit ausgeführt, wobei stets gute Übereinstimmung erzielt wurde.

Nach einem ähnlichen Verfahren konnten kleinste Galliummengen in Aluminium bestimmt werden (15).

Indiumbestimmungen sind wegen des großen Einfangquerschnittes sehr empfindlich. Gemessen wird die β-Strahlung des Grundzustandes von Indium 116; dieses besitzt zwar eine Halbwertszeit von nur 13 Sekunden, die Aktivität klingt aber mit der 54-Minuten-Halbwertszeit des angeregten Zustandes ab. Bei indiumreichen Proben kann zerstörungsfrei gearbeitet werden (69). Aus armen Proben trennt man das Radioindium nach Trägerzusatz auf Grund seiner Eigenschaft ab, von Isopropyläther aus konzentrierter, aber nicht aus verdünnter Bromwasserstoffsäure extrahiert zu werden. Schon natürliche Neutronenquellen gestatten empfindlichen Nachweis — etwa 10^{-6} Gewichtsteile. Erfolgt die Aktivierung jedoch im Urankernreaktor, so kann die Empfindlichkeit um viele Größenordnungen gesteigert werden (bis 10^{-11} g Indium) (47).

MOUREU, CHOVIN und DAUDEL (72) haben Thallium bestimmt, indem sie es als Thalliumjodid ausfällten und dann das Jod im Niederschlag durch Neutronenaktivierung bestimmten. Die Methode ist der in Kap. V, Abschn. 2, b beschriebenen Fällungsmethode mit radioaktiv markiertem Jod ähnlich, die Aktivität wird aber erst durch Aktivierung des Niederschlages erzeugt. Die Auswertung der gemessenen Aktivitäten erfolgt durch Vergleich mit Eichproben. Eine direkte Aktivierungsanalyse für Thallium ist ebenfalls durchgeführt worden, und zwar zur Bestimmung des Gehaltes in Kaliumjodidkristallen (26). Nach Bestrahlung im Reaktor wurden die Proben gelöst, das Thallium in dreiwertiger Form aus stark salzsaurer Lösung mit Äther extrahiert und schließlich als Thallium(I)-jodid gefällt. Gemessen wird die Aktivität des Thallium 204, das zwar eine lange Halbwertszeit hat (4,0 Jahre), aber mit gutem Einfangquerschnitt gebildet wird.

η) Titangruppe.

Die Bestimmung von Spuren Hafnium in Zirkon ist verhältnismäßig einfach, da das Hafnium bedeutend größere Einfangquerschnitte als das Zirkon aufweist. REYNOLDS und BELL [s. (31)] haben zur Bestimmung des Hafniums die β-Aktivität des bei der Neutronenbestrahlung erzeugten ^{181}Hf ($T_{1/2} = 46$ Tage) verwendet. ATEN (5) und MUEHLHOUSE [s. (31)] verwendeten für ihre Analysen eine 19-Sekunden-Aktivität des Hafniums, die dem γ-Zerfall des angeregten Zustands des stabilen Hafnium 179 zuzuschreiben ist.

Eine Methode für die Zirkonbestimmung wurde von HUDGENS und DABAGIAN (46) ausgearbeitet. Da eine Unterscheidung der Hafnium- und Zirkonaktivitäten, die in Gemischen der beiden Elemente erzeugt wurden, auf physikalischem Wege (Abklingkurven, Absorber) bei sehr kleinen Zirkongehalten nicht möglich ist und eine chemische Trennung auf sehr große Schwierigkeiten stößt, wurde das Zirkon durch Messung der β-Aktivität des Niobisotops 95 ($T_{1/2} = 35$ Tage) bestimmt, das beim β-Zerfall des Zirkon 95 ($T_{1/2} = 65$ Tage) entsteht und daher bei der Neutronenbestrahlung von Zirkon gebildet wird (Für das genaue Zerfallschema wird auf die Originalarbeit oder auf kernphysikalische Tabellen verwiesen). Die Abtrennung des Niobs wurde nach folgender Methode ausgeführt: Die bestrahlten Hafniumoxyd-Zirkonoxyd-Proben wurden in einem Gemisch von Schwefelsäure, Salzsäure, Salpetersäure und Oxalsäure gelöst und 20 mg Niob als Träger zugesetzt. Durch Zugabe von Kaliumchlorat und Aufkochen der Lösung wurde das Niob in Form des Oxyds gefällt, abzentrifugiert und in Flußsäure wieder gelöst. Zur weiteren Entfernung von Zirkon wurde in Salpetersäure gelöstes Zirkonnitrat zugegeben und dann durch Bariumnitrat als Bariumfluorozirkonat ausgefällt. Dieser Schritt wurde unter neuerlicher Zugabe von Zirkonträger wiederholt. Nun wurde das Nioboxyd durch Ammoniak ausgefällt und durch einen der ursprünglichen Fällung analogen Arbeitsgang gereinigt. Der Niederschlag wurde verglüht und seine Aktivität im Strömungszählrohr bestimmt. Die Ermittlung des Zirkongehaltes erfolgte durch Vergleich mit Eichproben, die durch Mischung „reinen" Zirkon- und Hafniumoxyds hergestellt wurden. Die Aktivitäten, die bei Bestrahlung der Eichproben erhalten wurden, zeigten allerdings eindeutig, daß auch das „reine" Hafniumoxyd noch Spuren Zirkon enthielt. Ein etwaiger Niobgehalt der Analysenprobe stört nicht, da die Niobaktivitäten, die durch Neutronen- einfang aus Niob gebildet werden, im Vergleich zum Niob 95 sehr kurz- bzw. sehr langlebig sind. Da die gemessene Niobaktivität auch vom Zeitpunkt der letzten Trennung Zirkon-Niob abhängt, empfiehlt es sich, diese Trennung in der Analysen- und Vergleichsprobe gleichzeitig durchzuführen.

Zirkonium kann in Hafnium auch mit schnellen Neutronen bestimmt werden (5).

ϑ) Kohlenstoffgruppe.

Für eine Siliciumbestimmung wurden die im Reaktor bestrahlten Proben in Säure gelöst, das Silicium nach Trägerzusatz zuerst als SiO_2 gefällt, nach alkalischem Aufschluß in H_2SiF_6 übergeführt und abschließend als $BaSiF_6$ gefällt (2 a).

ι) Vanadingruppe.

Drei Tausendstel Mikrogramm Vanadin können bei einem Neutronenfluß von $5 \cdot 10^{11}$ in Rohöl bestimmt werden (15). Die induzierte Aktivität kann ohne chemische Abtrennung direkt an den flüssigen Proben gemessen werden; die stärkste, vom Chlor 38 herrührende Nebenaktivität wurde aus der Abklingkurve berücksichtigt.

Auch Tantal kann (in Erzen) zerstörungsfrei bestimmt werden. Die Be- stimmung wird durch die Tatsache möglich, daß einerseits Tantal 182 durch- dringende γ-Strahlen aussendet, anderseits die begleitenden Elemente entweder geringe Einfangquerschnitte aufweisen oder nur in kurzlebige Radioelemente umgewandelt werden. Das Tantal läßt sich auch in Anwesenheit von Niob bestimmen (7 a, 28, 65).

$\varkappa$) Stickstoffgruppe.

Auf die Möglichkeit einer Bestimmung von Stickstoff durch die Reaktion ^{14}N (n, p) ^{14}C mit langsamen Neutronen ist von Broda und Rohringer (13) hingewiesen worden. Bei einem Neutronenfluß von 10^{12}, Bestrahlungszeiten von einigen hundert Stunden und Messung im Gaszählrohr kann ein Mikrogramm Stickstoff erfaßt werden. Da der Querschnitt der zugrunde liegenden Reaktion ungefähr $2,10^5$mal größer ist als der für die Bildung von Kohlenstoff 14 aus natürlichem Kohlenstoff durch einfachen Neutroneneinfang (40a), ist diese empfindliche Methode auch für organische Verbindungen geeignet.

Phosphorbestimmungen mit langsamen Neutronen sind in sehr reinem Magnesium ausgeführt worden (vgl. Abschn. 4, f, α) (4). Nach Auflösung der Proben in konzentrierter Salpetersäure und Zugabe von Phosphatträger wurde als Ammonium-Phosphormolybdat gefällt und gemessen.

Die Bildung von Silicium 31 ($T_{1/2} = 170$ Minuten) aus Phosphor durch eine (n, p)-Reaktion mit schnellen Neutronen ist zum Nachweis phosphorylierter Verbindungen in Papierchromatogrammen herangezogen worden (80). Bei Bestrahlung im Zyklotron liegt die Erfassungsgrenze bei $1\,\mu g/cm^2$.

Smales und Mitarbeiter (86, 87) bestimmten Arsenspuren in Germanium- dioxyd, das für die Verwendung in Halbleitern besonders rein sein muß. Während mit anderen Methoden nur $(1 \text{ bis } 2) \cdot 10^{-6}$ Gewichtsteile nachgewiesen werden konnten, gelingt durch Aktivierungsanalyse der Nachweis von $2 \cdot 10^{-7}$ Teilen. Proben von 0,2 bis 1 g werden einem Neutronenfluß von 10^{12} cm^{-2} sec^{-1} 24 Stunden lang ausgesetzt. Aus dem Arsen (100% ^{75}As) bildet sich durch Neutroneneinfang das β-aktive ^{76}As ($T_{1/2} = 26,8$ Stunden, $E_{max} = 3,04$ MeV), während sich auf dem Reaktionsweg ^{76}Ge (n, γ) das β-aktive ^{77}Ge ($T_{1/2} = 12$ Stunden) und aus diesem das ebenfalls β^--aktive ^{77}As ($T_{1/2} = 40$ Stunden, $E_{max} = 0,8$ MeV) bildet. Die Proben werden nach Ende der Bestrahlung in Natronlauge aufgelöst. Nach Arsenträgerzusatz erfolgt die Abtrennung des Arsens, indem zuerst unter oxydierenden Bedingungen (Gegenwart von freiem Chlor) das Germaniumtetrachlorid und dann unter reduzierenden Bedingungen (Gegenwart von Bromwasserstoff) das Arsentrichlorid abdestilliert wird. Dieses wird aufgefangen und durch Ammoniumhypophosphitzusatz zum Metall reduziert, das man abfiltriert und zählt. Um den störenden Einfluß des in größerer Menge vorliegenden ^{77}As mit seiner weicheren Strahlung auszuschalten, zählt man entweder unter einem GEIGER-Zählrohr mit zwischengeschaltetem 300-mg/cm^2-Absorber oder man mißt mit einem Szintillationszähler, wobei der Verstärker so eingestellt wird, daß die energieärmeren Teilchen nicht registriert werden. Die Gehaltsbestimmung erfolgt durch Vergleich mit Eichproben.

Die Bestimmung des Arsens im Germanium wird durch die Tatsache kompliziert, daß die Kernladungszahlen der beiden Elemente nur um eine Einheit verschieden sind und daher Kernumwandlungen der beiden Elemente ineinander stattfinden. So entsteht durch Neutroneneinfang aus dem Germaniumisotop 74 (atomarer Einfangquerschnitt 0,14 Barn) das β-aktive Germanium 75, das mit einer Halbwertszeit von 89 Minuten in das Arsen 75 zerfällt. Durch die Bestrahlung wird also das zu bestimmende Element ständig erzeugt. Daher könnte die Methode bei sehr kleinen Arsengehalten ungenau werden, wenn die Bestrahlungszeiten ausgedehnt werden.

In ähnlicher Weise hat SMALES Arsenbestimmungen in Meerwasser (89) und in biologischem Material (88) durchgeführt. Bei einem Neutronenfluß von 10^{12}, wurden 10^{-10} g Arsen erfaßt. Die Art der erforderlichen radiochemischen Trennungen hängt von den leicht aktivierbaren Beimengungen in der Probe ab.

GRIFFON und BARBAUD (38) haben Spuren von Arsen in einzelnen Haaren durch Neutronenaktivierung im Reaktor bestimmt. Es war ihnen nicht nur möglich, die Gesamtmenge Arsen im Haar zu bestimmen, sondern sogar durch Abtasten mit einem Zählrohr, das mit einer Bleiblende versehen war, die Verteilung des Arsens im Haar festzustellen. Diese Methode hat bereits in der Kriminologie Verwendung gefunden: Die Verteilung des Arsens im Haar zeigt nämlich den Zeitpunkt an, zu dem das Arsen vom Körper aufgenommen wurde. Da die Haare eines Leichnams nur äußerst langsam zersetzt werden, kann auch noch Jahre nach dem Tode festgestellt werden, ob Arsen vorhanden ist und — darüber hinaus — ob ein ursächlicher Zusammenhang zwischen Arsenaufnahme und Tod besteht.

Bestimmungen von Antimon durch Aktivierung mit Neutronen sind in Zirkonoxyd- und in Bleiproben, in denen geringe Mengen Antimon vorhanden waren, durchgeführt worden. Bei der Untersuchung der Bleiproben, die von SUE (91) angestellt wurde, liegen die Verhältnisse relativ günstig, weil das Blei nur in sehr geringem Maß aktiviert wird, während der atomare Neutroneneinfangquerschnitt für die Reaktion ^{121}Sb (n, γ) ^{122}Sb immerhin 3,8 Barn beträgt. Bei 10^{-5} Gewichtsteilen Antimon konnte die Bestimmung mit einer Genauigkeit von einigen Prozent durchgeführt werden.

Im Gegensatz zu den Bestimmungen von Antimon in Bleiproben war bei der Analyse der Zirkonoxydproben chemische Abtrennung des Antimons erforderlich (45). Nach der Bestrahlung im Reaktor wurde die Probe gelöst, Antimonträger zugesetzt und das Antimon durch Destillation als Trichlorid abgetrennt. Weitere Reinigung erfolgte durch Extraktion des aufoxydierten Antimons (Sb^V) mit Isopropyläther, Fällung in Form des Antimonpentasulfids und elektrolytische Antimonabscheidung.

λ) Chromgruppe (Uranbestimmungen).

Chrombestimmungen durch Neutronenaktivierung sind im Rahmen der bereits erwähnten Analyse von sehr reinem Magnesium durchgeführt worden. Nach Trägerzusatz wurde das Chrom als Benzoat gefällt, dann zum Chromat oxydiert und nach mehrmaliger Reinigung der Lösung durch Fällung von Eisenhydroxyd in ihr als Bariumchromat gefällt und gezählt (4).

Für die Bestimmung von Uran durch Aktivierungsanalyse hat Smales (85) eine Methode ausgearbeitet, die auf der Abtrennung und Messung von ^{140}Ba beruht, das bei der Kernspaltung von Uran 235 gebildet wird [^{235}U (n, f)]. (Gegenüber thermischen Neutronen beträgt der isotope Spaltquerschnitt des Uran 235 551 Barn; dem entspricht ein atomarer Querschnitt des Urans natürlicher Isotopenzusammensetzung von 3,97 Barn.) Die erforderlichen Probemengen sind äußerst gering; so wurden in 0,5 g schweren Proben noch Urangehalte von 3×10^{-6} Gewichtsteilen bestimmt. Die Empfindlichkeit der Methode ist bei mehrwöchiger Bestrahlung im Uranreaktor mit einem Neutronenfluß von 10^{12} etwa 10^{-8} g Uran. Smales wählte das Barium 140 für die Abtrennung aus, weil es in guter Ausbeute gebildet wird, eine bequeme Halbwertszeit besitzt, β-Strahlung nicht zu geringer Energie aussendet, verhältnismäßig leicht abgetrennt werden kann und schließlich, weil in den Proben praktisch kein Barium vorhanden war. Barium 140 ($T_{1/2} = 12{,}8$ Tage) zerfällt in das ebenfalls β^--aktive Lanthan 140 ($T_{1/2} = 40$ Stunden, $E_{\max} = 2{,}1$ MeV). Gewöhnlich werden Proben von 0,1 g gleichzeitig mit Eichproben bestrahlt. Nach der Bestrahlung werden die Proben aufgelöst — wenn erforderlich mit Hilfe eines Natriumperoxydaufschlusses. Dann wird Bariumchlorid (100 mg) als Träger zugesetzt, die anderen Erdalkalien werden als Hydroxyde abgetrennt, das Barium als Sulfat gefällt, der Niederschlag mit Soda aufgeschlossen und das Barium als Chlorid wieder in Lösung gebracht. Zur weiteren Reinigung wird das Bariumchlorid nun mehrmals durch Zugabe eines Salzsäure-Äther-Gemisches gefällt. Dann werden reinigende Trennungen ausgeführt, um gegebenenfalls in Spuren vorhandene radioaktive Verunreinigungen zu entfernen: Natriumtellurat wird zugegeben und das Tellur mit Zinkpulver gefällt; Lanthannitrat wird zugefügt und mit Ammoniak gefällt, Kaliumjodidlösung wird zugegeben, das Jod durch Hypochlorit freigesetzt und abdestilliert. Nach neuerlicher Ausfällung von Bariumchlorid mit Salzsäure-Äther-Gemisch unter Zugabe von Lanthan- und Strontiumsalzen als Rückhalteträger wird Eisennitrat zugesetzt und das Eisen mit Ammoniak gefällt. Schließlich wird das Barium als Sulfat gefällt, die Ausbeute der Abtrennung durch Wägen bestimmt (sie beträgt etwa 50%) und die Aktivität gemessen. Es empfiehlt sich, die Aktivitätsmessungen an Analysen- und Eichproben in gleichen Zeitabständen von der letzten Trennung vom Lanthan auszuführen, da sonst für die unterschiedliche Bildung der Lanthanaktivität in den Proben korrigiert werden muß.

Die Anwesenheit von Thorium wirkt störend, da bei der Spaltung von ^{232}Th durch schnelle Neutronen Barium 140 gebildet wird. Da eine Berechnung der Aktivität des Bariums, das aus dem Thorium entsteht, schwierig ist, schlägt Smales vor, bei der Urananalyse thoriumhaltiger Proben gleichzeitig eine uranfreie Thoriumsalzprobe mitzubestrahlen, die gebildete Bariumaktivität zu bestimmen und auf Grund des Thoriumgehaltes, der allerdings gesondert bestimmt werden muß, zu korrigieren. Eine weitere Fehlerquelle ist die Anwesenheit von Barium in der Analysenprobe, die bei Bestrahlung mit Neutronen zur Bildung der aktiven Bariumisotope 131, 133 und 135 Anlaß gibt. Der Beitrag dieser Radioelemente zur gemessenen Aktivität kann durch Aufnahme von Absorptions- oder Abklingkurven festgestellt werden; es dürfte jedoch vorzuziehen sein, von der Messung der Bariumaktivität abzugehen und statt dessen das in der ausgefällten Bariumprobe gebildete Lanthan 140 chemisch abzutrennen und zu messen. Eine derartige Abtrennung, die am besten nach der Einstellung des radioaktiven Gleichgewichtes ^{140}Ba-^{140}La (also nach etwa 5 Tagen) erfolgt, kann z. B. durch Auflösen des Niederschlages, Zugabe von Lanthanträger und Fällung des Lanthans als Hydroxyd ausgeführt werden.

Statt des Barium 140 kann auch das kürzerlebige Barium 139 ($T_{1/2} = 86$ Minuten), das keine aktive Tochter bildet, zur Grundlage einer Uranbestimmung gemacht werden (12).

Auch andere Spaltprodukte können zu Uranbestimmungen herangezogen werden. So ist ein Verfahren ausgearbeitet worden, bei dem Tellur 132 bestimmt wird (32). Dieses hat gegenüber Barium 140 den Nachteil, daß es bei der Spaltung von Uran 235 in geringerer Ausbeute gebildet wird (Tellur 132 zu 3,6%, Barium 140 zu 6,1%), jedoch den Vorteil einer kleineren Halbwertszeit ($T_{1/2} = 77$ Stunden), durch die größere Aktivitäten schon mit kleineren Bestrahlungszeiten erzielt werden können. Die Massenzahl von Tellur 132 ist — so wie die von Barium 140 — um mehr als eins größer als die eines stabilen Isotops desselben Elements, so daß eine Bildung durch Neutroneneinfang in eventuell vorhandenen Spuren des Elements unmöglich ist. Es wird folgender Arbeitsgang vorgeschlagen: Bestrahlt wird nicht das zu analysierende Mineral selbst, sondern ein Präparat daraus, worin Uran durch Mitfällung an Eisenhydroxyd angereichert wurde. Nach 50 Stunden Bestrahlung und 24 Stunden „Abkühlung“ wird in 3 n Salzsäure gelöst und elementares Tellur nach Zusatz von Telluratträger durch Hydrazin ausgefällt. Unter diesen Bedingungen sind die Aktivitäten anderer Tellurisotope gegenüber der des Tellur 132 zu vernachlässigen. Die kürzerlebigen Isotope sind zwischen Ende der Bestrahlung und Aktivitätsmessung abgeklungen, die längerlebigen sind in der relativ kurzen Bestrahlungszeit nur in vernachlässigbarer Menge gebildet worden. Das ist deshalb von Bedeutung, weil einige dieser Radioisotope nicht nur durch Urankernspaltung, sondern auch durch Neutroneneinfang in Tellur erzeugt werden. Mit einem Neutronenfluß von 10^{10} liegt die Erfassungsgrenze bei 50 Mikrogramm Uran.

Da die Spaltausbeuten der einzelnen Radioelemente von der Neutronenenergie abhängig sind [s. z. B. (12)], ist es notwendig, die Vergleichsproben und Analysenproben bei der Bestrahlung möglichst nahe zueinander anzuordnen.

Auch die Bestimmung der Isotopenzusammensetzung kleiner Uranproben ist nach diesen Methoden möglich. Da aber Uran 238 durch schnelle Neutronen gespalten wird — wobei natürlich weitgehend die gleichen Radioelemente wie bei der Spaltung von Uran 235 gebildet werden —, erfordern derartige Bestimmungen den Ausschluß schneller Neutronen (83).

Eine sehr empfindliche Uranbestimmung beruht auf der Zählung der Kernspaltungen des Uran 235, die durch Bestrahlung mit langsamen Neutronen ausgelöst werden. Diese Methode, die zuerst von Facchini und Orsoni (29) beschrieben wurde, ermöglicht bei Verwendung natürlicher Neutronenquellen die Bestimmung von einigen Promille Uran; bei Verwendung intensiverer Neutronenquellen ist die Empfindlichkeit entsprechend besser. Das zu untersuchende Mineral wird in gepulverter Form in eine Ionenkammer gebracht und dort mit Neutronen aus einer γ-Quelle bestrahlt. Die maximale Neutronenenergie beträgt bei Verwendung von Radium in der Quelle 0,69 MeV. Da die Spaltung von Uran 238 und Thorium 232 nur mit Neutronen größerer Energie erfolgt, kommt es bei Einwirkung von Neutronen aus einer derartigen Quelle nur zur Spaltung des Uran 235. Die Neutronenquelle wird möglichst nahe der Ionisationskammer angebracht und die ganze Anordnung zur Verlangsamung der Neutronen mit Paraffin umgeben. Der Verstärker wird so eingestellt, daß Stöße unterhalb einer gewissen Energie nicht gezählt werden, daß also lediglich die Spaltstücke und nicht α-Teilchen registriert werden. Die Zahl der gemessenen Spaltungen ist dem Urangehalt proportional und hängt außerdem von Dichte und chemischer Zusammensetzung der Probe ab. Zur Berechnung der Absolutmenge an Uran wird mit Pulvern bekannten Gehaltes an Uran geeicht. Die Methode ist einerseits den chemischen Methoden vorzuziehen, da sie sehr schnell durchgeführt werden kann, anderseits verdient sie gegenüber Bestimmungsmethoden durch Messung der natürlichen Radioaktivität (vgl. Kap. IX) den Vorzug, weil sie von der Einstellung eines radioaktiven Gleichgewichtes und von einem etwaigen Thoriumgehalt unabhängig ist.

Eine ähnliche Methode eignet sich auch, wie MACKLIN und LYKINS (67) gezeigt haben, zur Bestimmung kleinster Mengen von Uran 235 in Uranproben, die im wesentlichen aus Uran 238 bestehen. Es gelingt noch, $5 \cdot 10^{-6}$ Gewichtsteile Uran 235 zu bestimmen. Diese Menge kann mit dem Massenspektrographen nicht mehr erfaßt werden. Das zu analysierende Uran wird in Form eines Oxyds elektrolytisch auf Nickelscheiben abgeschieden; diese Scheiben dienen dann als eine der Elektroden der Ionisationskammer. Zur Eichung werden Uranproben mit natürlicher Zusammensetzung verwendet.

CURIE und FARAGGI (22) haben ebenfalls eine auf der Kernspaltung des Uran 235 beruhende Uranbestimmung ausgearbeitet: Zur Bestrahlung verwendeten sie den Urankernreaktor. Die Spaltstücke wurden mit Hilfe einer Photoplatte, die an die Probe angepreßt war, registriert. Zur Entfernung der latenten α-Spuren wurden die Platten nach der Bestrahlung einige Zeit in eine wasserstoffperoxydhaltige Atmosphäre gebracht. Nach den Angaben der Verfasser eignet sich die Methode nur zur Bestimmung von Uranmengen hinunter bis zu 10^{-4} Gewichtsteilen; sie ist also weniger empfindlich — und auch bedeutend ungenauer — als die Bestimmung durch Abtrennung eines radioaktiven Spaltprodukts. Für die Berechnung des Urangehaltes aus der Spurenanzahl muß auf die Originalarbeit verwiesen werden.

μ) Sauerstoff-Schwefelgruppe.

Durch Neutronenbeschuß von Papier gelang SEABORG und LIVINGOOD (81) der Nachweis von Schwefel. Durch die Reaktion $^{32}S\,(n, p)\,^{32}P$ mit schnellen Neutronen entstand der nach Energie und Halbwertszeit leicht identifizierbare Radiophosphor.

Auch der Nachweis von Schwefel im Papierchromatogramm ist durch Bestrahlung mit schnellen Neutronen und Messung des gebildeten Radiophosphors möglich. Zur Erzielung hinreichender Intensität wurde das Papier in einer Beryllium-Hohlsonde, aus der beim Auftreffen der schnellen Ionen die Neutronen entstehen, in das Innere eines Zyklotrons eingebracht. Zur gleichmäßigen Aktivierung aller Teile des Chromatogramms wird die Sonde ständig gedreht (79).

Trotz der Kleinheit des Einfangquerschnittes des Schwefel 34 kann aber auch die Aktivierung durch langsame Neutronen für empfindliche Schwefelbestimmungen herangezogen werden, wenn hohe Neutronendichten und lange Bestrahlungszeiten angewendet werden. Auf diesem Wege wurde Schwefel in reinem Magnesium bestimmt (vgl. Abschn. 4, f, α). Nach Auflösung der Probe und Trägerzusatz wurde als Bariumsulfat gefällt, durch Aufschluß wieder in Lösung gebracht, die Lösung durch Fällung von Fremdionen auf Eisenträger gereinigt, und schließlich der Schwefel nach neuerlicher Fällung als Bariumsulfat gemessen (4). Diese Methode ist ziemlich unempfindlich, wenn auch Chlor vorliegt, das die störende Reaktion ^{35}Cl (n, p) ^{35}S verursacht.

ν) Mangangruppe.

Eine Absolutbestimmung von Mangan in Aluminium konnte von BOYD ausgeführt werden (9). Eine Probebestrahlung des zu analysierenden Aluminiums im Uranreaktor ergab eine Abklingkurve, die sich aus den Aktivitäten von ^{24}Na, ^{28}Al und ^{56}Mn zusammensetzte. Eine überschlagmäßige Berechnung ergab einen Mangangehalt von rund 1%. Nun wurde bei gleichzeitiger Messung des Neutronenflusses eine zweite Bestrahlung durchgeführt. Nach Abklingen der kurzlebigen Aluminiumaktivität wurde die Probe aufgelöst, 1 mg Manganträger zugesetzt, das Mangan abgeschieden und nach Überführung in eine geeignete chemische Form gemessen. Durch Arbeit mit einem Zählrohr bekannter Ausbeute war eine Berechnung der Absolutaktivität möglich.

Bei dieser Bestimmung mußte der Einfluß schnellerer als thermischer Neutronen ausgeschaltet werden, da ja mit dem Wirkungsquerschnitt für thermische Neutronen gerechnet werden soll. Dies geschieht, indem auch die in einer gleichen, aber mit Cadmiumblech umgebenen Probe induzierte Manganaktivität, die nur auf Neutronen mit Energien größer als 0,4 eV zurückzuführen ist (vgl. S. 208), bestimmt und von der Aktivität der Analysenprobe abgezogen wird („Cadmium-Differenz"). Außerdem muß noch berücksichtigt werden, daß die „thermischen" Neutronen im Reaktor tatsächlich nur „fast thermisch" sind (Abschn. 4, a); daher wird am Wirkungsquerschnitt eine Korrektur nach dem 1/v-Gesetz vorgenommen. Diese Aktivierungsanalyse ergab 1,69% Mn, die chemische Analyse 1,48%.

Zumeist bestimmt man aber natürlich auch das Mangan durch Vergleich mit Eichproben nach Bestrahlung durch die ungefilterten, hauptsächlich langsamen Neutronen. Wegen des bedeutenden Einfangquerschnittes kann oft zerstörungsfrei gearbeitet werden. So kann mit einem Neutronenfluß von $5 \cdot 10^{11}$ und direkter Messung der Probe noch $1 \mu g$ Mangan in Legierungen aufgefunden werden (15). Besitzen die Hauptkomponenten jedoch ebenfalls beträchtliche Einfangquerschnitte, so ist meistens eine chemische Abtrennung erforderlich. Bei Manganbestimmungen in Kobalt wurde die bestrahlte Probe in Säure gelöst und das Mangan nach Zugabe von Mangan als Träger und Eisen als Rückhalteträger durch Bromat zum Braunstein aufoxydiert (32). Die Verteilung des Mangans in Legierungen konnte nach Aktivierung radioautographisch bestimmt werden (60).

BROWN und GOLDBERG haben Spuren Rhenium in Meteoriten durch Aktivierung im Uranreaktor bestimmt (17). Durch Neutroneneinfang in Rhenium bilden sich die β-Strahler ^{186}Re ($T_{1/2} = 92,8$ Stunden) und ^{188}Re ($T_{1/2} = 18,9$ Stunden), wobei der erstere für die Aktivierungsanalyse verwendet wurde. Nach vier- bis sechsstündiger Bestrahlung der Meteoritenproben und von Eichproben ließ man die kürzerlebigen Aktivitäten einige Tage abklingen. Dann wurden die Proben in konzentriertem Bromwasserstoff aufgelöst und Rheniumträger zugesetzt. Nach zweimaligem Eindampfen mit Bromwasserstoff wurde der Rückstand in Schwefelsäure gelöst, das Rhenium im Luftstrom als Re_2O_7 abdestilliert und in Wasser bei 0° C aufgefangen (Abtrennung von Molybdän). Sodann wurde das Rhenium als Sulfid gefällt. Weitere Reinigung erfolgte durch

Auflösen des Sulfidniederschlages und Fällung von Eisen als Hydroxyd unter Mitfällung anderer Elemente. Schließlich wurde das Rhenium als das Tetraphenylarsoniumperrhenat gefällt, abfiltriert und gezählt. Ähnlich wie bei der von denselben Autoren durchgeführten Goldbestimmung war eine Korrektur für die Absorption der Neutronen in den aus metallischem Rhenium bestehenden Eichproben erforderlich.

ξ) Halogene.

Über Aktivierungsanalysen an Gemischen von Halogeniden mit Hilfe von Neutronen aus dem Zyklotron berichten R. und P. Daudel (23, 24). Gemische von Alkalichloriden wurden mit Neutronen bestrahlt, wobei Radiochlor (^{38}Cl, $T_{1/2} = 37$ Minuten), Radiobrom (ein Gemisch der drei aktiven Isotope $*^{80}$Br, $T_{1/2} = 4{,}4$ Stunden, ^{80}Br, $T_{1/2} = 18$ Minuten und ^{82}Br, $T_{1/2} = 34$ Stunden) und Radiojod (^{128}J, $T_{1/2} = 25$ Minuten) gebildet werden. Aus einem Teil der Lösung der bestrahlten Probe werden durch Zugabe von Kaliumbromid und Silbernitrat die gesamten Halogene in Form der Silbersalze gefällt. Man wartet nun, bis alle Aktivitäten so weit abgeklungen sind, daß sie gegenüber der Aktivität des ^{82}Br nicht mehr ins Gewicht fallen, und mißt dann die letztere. Einem zweiten Teil der Lösung setzt man eine größere Menge einer Jod-Jodkaliumlösung zu, die Jod und Jodid in gleicher Konzentration enthält. Der sehr rasch verlaufende Austausch bewirkt nun, daß das Radiojod, das im Verhältnis zum zugesetzten Jod nur in sehr kleiner Menge vorliegt, zur Hälfte in nichtionisiertes Jod verwandelt wird. Das gelöste Jod wird nun mit Tetrachlorkohlenstoff extrahiert und seine Aktivität bestimmt. Für genauere Bestimmungen nach dieser Methode ist der Vergleich mit den Aktivitäten erforderlich, die in Eichproben erzeugt wurden. Der Chlorgehalt wurde von Daudel als Differenz aus den Brom- und Jodwerten berechnet. Eine direkte Bestimmung des Chlors ist in Zinksulfid-Phosphoren durch Messung des erzeugten Chlor 38 nach chemischer Abtrennung ausgeführt worden (5a).

Der Bromgehalt synthetischer Makromoleküle, bei deren Bildung m-Brombenzoylperoxyd als Starter eingesetzt worden war, konnte durch Neutronenaktivierung bestimmt werden (75). In Stoffen, die Brom in austauschfähiger Form enthalten, konnte die Aktivierungsanalyse dieses Elements durch eine Abtrennungsmethode sehr vereinfacht werden: Nach der Bestrahlung wird die Probe mit überschüssigem Brommethyl erhitzt. Dabei geht praktisch das ganze Radiobrom durch Austausch in das Brommethyl über und kann daher durch Abdestillieren dieser leichtflüchtigen Verbindung abgetrennt werden. Die Aktivitätsmessung kann an Bromsilber erfolgen, das man durch Auffangen des Brommethyls in Monoäthanolamin und Fällen mit Silbernitrat erhält (95).

Aktivierung halogenhaltiger Stoffe in Papierchromatogrammen ist mit langsamen Neutronen aus dem Atomkernreaktor (96, 97) und mit schnellen Neutronen aus dem Zyklotron (79) durchgeführt worden. Durch Veränderung der Bestrahlungszeit, Aufnahme von Abklingkurven oder Zwischenschaltung von Absorbern können verschiedene Elemente (z. B. Chlor, Brom und Schwefel) nebeneinander bestimmt werden.

o) Eisengruppe.

Die Bestimmung von Spuren Kobalt in Nickelproben kann durch Aktivierungsanalyse vorgenommen werden (25). Bei der Bestrahlung mit Neutronen bildet sich aus dem Kobalt das Kobalt 60, während aus dem Nickel die Radioisotope ^{59}Ni, ^{63}Ni und ^{65}Ni erzeugt werden. Das Kobalt kann nun durch Trägerzusatz und Fällung mit α-Nitroso-β-naphthol vom Nickel abgetrennt werden. Es ist aber auch eine direkte Messung an der ungetrennten Probe möglich, da ^{59}Ni und ^{63}Ni nur in sehr geringer Ausbeute gebildet werden, äußerst lange Halbwertszeiten besitzen und überdies sehr, energiearme Strahlung aussenden. Die Aktivität des ^{65}Ni ($T_{1/2} = 2,6$ Stunden) wieder kann man vor der Aktivitätsmessung abklingen lassen. Auch in biologischem Material sind Kobaltspuren bestimmt worden. Die Aktivitätsmessung erfolgt nach Veraschung und chemischer Abtrennung (15).

Eisen ist im Rahmen der schon erwähnten Analyse von sehr reinem Magnesium bestimmt worden (4). Stark salzsaure Lösungen der Proben wurden nach Trägerzusatz mit Äther extrahiert. Nach Rückführung in die wäßrige Phase wurde das Eisen zuerst als Hydroxyd gefällt und schließlich elektrolytisch abgeschieden.

Eisenspuren an Kupferoberflächen, die bei Reibungsvorgängen übertragen worden waren, konnten nach Neutronenaktivierung radioautographisch nachgewiesen werden (76). Nach mehrtägiger Bestrahlung im Reaktor ließ man die relativ kurzlebige Kupferaktivität zwei Wochen abklingen und begann erst dann mit der Radioautographie der Oberflächen.

π) Platinmetalle.

Bestimmungen von Iridium in Platin und Rhodium durch Aktivierung mit langsamen Neutronen wurden von DÖPEL und DÖPEL (27) durchgeführt. Sowohl Iridium als Platin liefern durch Aktivierung β-Aktivitäten von 19 Stunden Halbwertszeit, die Strahlung des Platins ist aber wesentlich energieärmer und kann daher mit Absorbern, z. B. 1 mm dickem Aluminiumblech, abgefangen werden. Die Rhodiumaktivitäten sind kurzlebig und einige Stunden nach Bestrahlungsende gänzlich abgeklungen. Die Aktivitätsmessung kann daher direkt an den bestrahlten Proben erfolgen.

Palladiumbestimmungen wurden von BROWN und GOLDBERG an Meteoriten durchgeführt (16). Durch Neutroneneinfang entstehen ^{109}Pd ($T_{1/2} = 14$ Stunden) und ^{111}Pd ($T_{1/2} = 26$ Minuten). Chemische Aufarbeitung der etwa 0,5 g schweren Proben erfolgte nach einstündiger Bestrahlung und nach Abklingen des kurzlebigen Isotops. Nach Auflösen in Salzsäure und Zusatz von Pd-Träger wurde aus 0,4-n salzsaurer Lösung mit Dimethylglyoxim gefällt. Zur Abtrennung störender Elemente wurde der Niederschlag wieder aufgelöst, Eisenträger zugesetzt und die Verunreinigungen durch Zugabe von Ammoniak am Eisen mitgefällt. Radiosilber wurde durch Fällung mit Ag-Träger als Jodid abgeschieden. Das Palladium wurde nun neuerlich mit Dimethylglyoxim gefällt und in dieser Form gezählt. Mit den Eichproben aus reinem Pd-Dimethylglyoxim wurde analog wie mit den Eichproben bei den Galliumbestimmungen verfahren. Auf diese Weise konnte ein Palladiumgehalt von $2 \cdot 10^{-6}$ Gewichtsteilen bestimmt werden.

Der große Einfangquerschnitt von Rhodium ermöglicht eine Bestimmung mit sehr geringen Neutronenintensitäten. MEINKE und ANDERSON (69) haben sie — ähnlich wie die des Silbers und Indiums — mit einer natürlichen Neutronenquelle von nur 25 mg Radiumgehalt ausgeführt. Die pulverisierten Proben von einem Gramm wurden zwei Minuten bestrahlt; dann wurde die β-Strahlung des Rhodium 104 im Grundzustand ($T_{1/2} = 41,8$ Sekunden) gemessen, während die vom isomeren (angeregten) Rhodium 104 abgegebenen Konversionselektronen durch Absorber unterdrückt wurden. Die Unterdrückung dieser weicheren Strahlung erfolgt vor allem deshalb, um Einflüsse durch unterschiedliche Präparatdicken auszuschalten. Gehalte von 1% Rhodium konnten noch mit einer relativen Genauigkeit von etwa 3% bestimmt werden.

5. Aktivierungsanalyse mit geladenen Teilchen (Ionen).
a) Vorbemerkungen.

In Abschn. 4, d dieses Kapitels ist die Frage „Neutronen oder Ionen" schon gestreift worden. Unter den Ionen kommen zur Durchführung von Kernreaktionen vor allem Protonen, Deuteronen und α-Teilchen in Frage. Reaktionsquerschnitte für Elektronen sind sehr klein, so daß ihre Verwendung für die Aktivierungsanalyse noch nicht in Erwägung gezogen wurde. In letzter Zeit sind auch verschiedene Kernumwandlungen mit Tritiumkernen (^3H) untersucht worden. Für besondere Zwecke, insbesondere für die Herstellung der höheren Transurane, wird der Beschuß mit Kohlenstoffkernen (^{12}C) oder anderen relativ schweren Kernen durchgeführt. Bei den hohen kinetischen Energien, die allen diesen Kernen zur Überwindung der Coulomb-Schwellen verliehen werden müssen, streifen sie alle Hüllenelektronen ab. Sie können als die völlig ionisierten Atome betrachtet werden.

Eine Aktivierung durch energiearme (langsame), geladene Teilchen ist nämlich unmöglich, da nur positiv geladene Teilchen in Frage kommen und diese von den ebenfalls positiv geladenen Kernen abgestoßen werden. Die Abstoßungskraft ist nach dem Coulombschen Gesetz den Ladungen von Kern und Teilchen direkt und dem Quadrat ihres Abstandes verkehrt proportional. Erst in unmittelbarer Nähe des Kerns werden die spezifischen Anziehungskräfte durch den Kern wirksam. Daher müssen die Teilchen zur Reaktion mit dem Kern eine Energie besitzen, die zur Überwindung der Potentialschwelle ausreicht, die sich aus der entgegengesetzten Wirkung von Coulomb-Kraft und Anziehungskraft ergibt. Wird die Teilchenenergie allmählich gesteigert, so springt die Reaktionswahrscheinlichkeit (Reaktionsquerschnitt) jedoch nicht plötzlich von Null auf einen endlichen Wert, vielmehr wird meist ein exponentieller Anstieg von σ mit der Teilchenenergie beobachtet. Die auftreffenden Teilchen können nämlich, wie quantenmechanische Überlegungen zeigen, die Potentialschwelle nicht nur überschreiten (wenn sie eine Energie besitzen, die größer als die Potentialschwelle ist), sondern sie können auch (ohne diese Energie zu besitzen) die Potentialschwelle durchdringen. Ein solcher „Tunneleffekt" wird allerdings erst beobachtbar, wenn der Unterschied zwischen Schwellenhöhe und Energiegehalt klein ist, d. h. knapp unterhalb des Gipfels der Schwelle; dort nimmt die Wahrscheinlichkeit für diesen Vorgang ungefähr exponentiell mit der Teilchenenergie zu. Der geometrische Kernquerschnitt ist der höchste Wert, den der Reaktionsquerschnitt mit einem schnellen Teilchen erreichen kann, da dann jedes auftreffende Teilchen mit dem Kern reagiert. Der Wert wird aber nicht erreicht oder er wird bei noch höheren Energien wieder verlassen, wenn andere Reaktionen mit der betrachteten Reaktion in Konkurrenz treten.

Die Energieschwellen sind von der Kernladung abhängig. Leichte Kerne reagieren daher schon mit langsameren Teilchen, schwere Kerne erst mit energiereicheren Teilchen. Diese Unterschiede in den Schwellenwerten können manchmal bei der Aktivierungsanalyse ausgenutzt werden, indem man die Bestrahlungsenergie so wählt, daß nur Reaktionen mit den Elementen stattfinden, die bestimmt werden sollen. Dieses Prinzip ist vor allem für die Bestimmung leichter Verunreinigungen in schwereren Elementen nützlich.

Unter den Reaktionen mit schnellen geladenen Teilchen stechen die Reaktionen. mit Deuteronen [(d, p)- oder (d, n)-Reaktionen] durch relativ hohe Ausbeuten hervor. Dieser Umstand ist teilweise durch die geringe Bindungsenergie des Deuterons bedingt, so daß Reaktionen mit Deuteronen in der Regel exotherm sind. Zum anderen Teil macht sich bei (d, p)-Reaktionen eine „Polarisation" des Deuterons durch das elektrische Kernfeld bemerkbar, die zu einer Wechselwirkung mit dem Neutron des Deuterons führt, ohne daß das Proton die COULOMB-Schwelle überschreiten muß.

Wegen des raschen Energie- und Intensitätsverlustes beim Auftreffen von geladenen Teilchen kann nicht von einem konstanten Reaktionsquerschnitt im Sinne der Gl. (7. 1) gesprochen werden. Daher kommen bei Aktivierung durch geladene Teilchen Absolutmethoden für quantitative Bestimmungen nicht in Betracht; vielmehr muß mit Hilfe von Eichproben, d. h. nach Vergleichsmethoden gearbeitet werden. Um reproduzierbare Ergebnisse zu erhalten, ist es ein großer Vorteil, wenn Analysen- und Vergleichsprobe entweder sehr dünn (wenige μ) oder sehr dick sind, d. h. wenn der Ionenstrom in den beiden Proben entweder praktisch gar nicht oder aber völlig gebremst wird. Gleiche Bestrahlung der Proben wird gewährleistet, also Störung durch Schwankungen von Energie und Intensität im Ionenstrom ausgeschaltet, wenn die Proben auf einer rotierenden Scheibe angeordnet sind.

b) Die Erzeugung schneller Ionen.

Die Ionen werden in elektrischen Feldern beschleunigt. Man kann zwischen direkten Beschleunigern, in denen die Ionen auf einen Schlag der ganzen wirksamen Potentialdifferenz ausgesetzt werden, und den Resonanzbeschleunigern unterscheiden, in denen kleinere Felder (10 bis 100 kV) auf die Teilchen wiederholt so einwirken, daß sie ihre Energie schrittweise vergrößern. Die direkten Beschleuniger nach COCKCROFT und WALTON oder nach VAN DE GRAAFF liefern — bei gleicher Energie — stärkere Ionenströme als die Resonanzbeschleuniger, bleiben jedoch hinsichtlich der erreichbaren Energien hinter diesen zurück. Mit den direkten Beschleunigern können Ströme bis zu einem Milliampere und im VAN DE GRAAFFschen Druckgenerator Energien bis zu 12 MeV — für einfach geladene Teilchen — erzielt werden. Allerdings sinken die erzielbaren Ionenströme mit der Spannung ganz beträchtlich ab. Im meist verwendeten Resonanzbeschleuniger, dem Zyklotron, können solche Teilchen bis zu etwa 50 MeV beschleunigt werden, die Ströme betragen aber selbst bei den besten Geräten im Inneren höchstens 1 mA, bei Ausführung des Ionenstrahles etwa ein Drittel. In den neueren Resonanzbeschleunigern, die die relativistische Massenzunahme der Teilchen — eine Folge ihrer großen Geschwindigkeit — durch Änderung der Frequenz des angelegten Feldes (frequenzmoduliertes oder Synchrozyklotron) oder durch Änderung der Stärke des Magnetfeldes (Synchrotron) kompensieren, sind Energien von mehreren tausend MeV — und auch darüber — erreichbar. Die äußerst hohen Energien sind jedoch für die Aktivierungsanalyse nicht von Interesse, da mit dem Ansteigen der Energie die Anzahl der nebeneinander stattfindenden Kernreaktionen zunimmt, ja schließlich sogar Kernzersplitterung (Spallation) auftritt und so die Verhältnisse unübersichtlich werden.

Indirekt läßt sich unter Umständen auch der Uranreaktor zur Erzeugung geladener Teilchen für die Aktivierungsanalyse heranziehen. So entstehen z. B. bei der Bestrahlung von Lithium mit Neutronen im Reaktor durch die ${}^{6}_{3}$Li (n, α) ${}^{3}_{1}$H-Reaktion α-Teilchen und Tritonen, die dann ihrerseits zur Aktivierung anderer Elemente Verwendung finden können. ${}^{10}_{5}$B, ${}^{14}_{7}$N und ${}^{35}_{17}$Cl geben ebenfalls bei Neutronenbestrahlung schnelle Ionen ab. SMALES (84) schlägt eine auf derartigen Umwandlungen beruhende Nachweismethode für Sauerstoff vor. Die energiereichen Tritiumkerne aus Lithium reagieren gemäß ${}^{16}_{8}$O (t, n) ${}^{18}_{9}$F unter Bildung von β^{+}-aktivem Radiofluor ($T_{1/2} = 112$ Minuten).

c) Anwendungen.

Seaborg und Livingood (81) haben im Zyklotron erzeugte Deuteronen zur Bestimmung von Galliumspuren in Eisen verwendet. Durch (d, p)-Reaktion wurden ^{70}Ga ($T_{1/2} = 22$ Minuten) und ^{72}Ga ($T_{1/2} = 14$ Stunden) aus den stabilen Isotopen ^{69}Ga und ^{71}Ga erzeugt. Die Identifizierung als Gallium konnte durch Abscheidung mit Ga-Träger bestätigt werden. Die Autoren arbeiteten mit 30 Mikroampere Deuteronen von 6,4 MeV. Die Bestrahlungszeit war 45 Minuten. $6 \cdot 10^{-6}$ Gewichtsteile Gallium konnten leicht nachgewiesen werden.

Ein Nachweis von Eisen in Kobalt mit Deuteronen wurde von denselben Autoren ausgeführt (81). Die Analyse der Abklingkurve ergab eine Aktivität mit der Halbwertszeit 18 Stunden. Diese Halbwertszeit entspricht dem ^{55}Co, das im vorliegenden Falle nur durch eine Kernreaktion am Eisen entstanden sein konnte.

Kupferspuren in Silber wurden von King und Henderson (59) nachgewiesen. Bei Beschuß mit α-Teilchen von 16 MeV wurde neben dem aus dem Silber entstandenen Indium Gallium 66 ($T_{1/2} = 9,4$ Stunden) beobachtet, das offenbar durch ^{63}Cu (α, n) ^{66}Ga gebildet worden war. Zur chemischen Identifizierung wurde der Lösung der Silberprobe inaktives Gallium zugesetzt und die 9-Stunden-Aktivität in der Galliumfraktion nachgewiesen. Der aus ihrer Intensität berechnete Kupfergehalt stimmte mit dem chemisch bestimmten Gehalt überein. Nach King und Henderson kann man auf diese Weise bis zu 10^{-4} Gewichtsteile Kupfer im Silber bestimmen.

Natriumbestimmungen in Aluminium durch Beschuß mit Deuteronen sind zuerst von Sagane, Eguchi und Shigata (78) ausgeführt worden. Der Bestimmung liegt die Reaktion ^{23}Na (d, p) ^{24}Na zugrunde. Mit Deuteronen von 3 MeV aus einem Zyklotron konnten 10^{-5} Teile Natrium bestimmt werden. Eine ähnliche Methode wurde von Riezler ausgearbeitet (77).

Eine Untersuchung der Einwirkung von geschmolzenem Glas auf die Wände eines Schmelzgefäßes konnte durch Aktivierung des Natriums mit Deuteronen ausgeführt werden (62). Da das Natrium, das im Behältermaterial ursprünglich nicht enthalten war, durch Deuteronen weitaus leichter aktiviert wurde als alle anderen vorliegenden Elemente, konnte die Behälterwand nach erfolgter Glaseinwirkung zerschnitten, die Schnittfläche im Zyklotron mit Deuteronen bestrahlt und die Verteilung der erzeugten Natriumaktivität durch Radioautographie bestimmt werden.

Eine Siliciumbestimmung in Aluminium beruht auf der Reaktion ^{30}Si (d, p) ^{31}Si (77). Die gleichzeitig erzeugte Aluminiumaktivität stört nicht, da sie schon mit 2,3 Minuten Halbwertszeit abklingt.

Eine Bestimmung von Kohlenstoff in Eisen mit Protonen oder Deuteronen wurde von Ardenne und Bernhard (3) ausgearbeitet. In einem elektrostatischen Beschleuniger wurden Eisenproben mit Teilchen von 800 keV beschossen. Durch (d, n)- und (p, γ)-Reaktion bildet sich aus Kohlenstoff (^{12}C) Radiostickstoff (^{13}N) mit der Halbwertszeit 9,9 Minuten. Nach Bestrahlung von 10 Minuten mit Protonen oder von 1 Minute mit Deuteronen sowohl der Analysenprobe als auch von Vergleichsproben aus Siliciumcarbid wurde die Aktivität gemessen. Bei den verwendeten Teilchenströmen von 20 Mikroampere kommt die Methode für die Bestimmung von Kohlenstoff bis zu einem Minimumgehalt von 0,05% in Frage. Besondere Maßnahmen waren erforderlich, um die Metalloberflächen rein zu halten, insbesondere um jede Fettschicht zu entfernen. Da die Ionen nur sehr wenig in das Eisen eindringen, würde schon eine monomolekulare Fettschicht einen Kohlenstoffgehalt von einigen Hundertstel Prozent vortäuschen.

Bestimmungen von Kohlenstoff in Eisen sind auch von I. CURIE (20, 21) mit Deuteronen von 6,7 MeV aus einem Zyklotron durchgeführt worden. Durch Bestrahlung der Schnittflächen von Stahlstücken und Radioautographie konnte die Verteilung des Kohlenstoffes bestimmt werden. Daneben wurden auch quantitative Analysen durch Messung mit dem Zählrohr ausgeführt.

Untersuchungen über die günstigste Bestrahlungsenergie für diese Kohlenstoffbestimmungen im Eisen sind von RIEZLER angestellt worden (77).

Empfindlichere Kohlenstoffbestimmungen als die eben beschriebenen kann man nach ALBERT, CHAUDRON und SUE mit der gleichen Kernreaktion ausführen, wenn man den Radiostickstoff chemisch abtrennt (2). Nach einer Bestrahlung von 30 Minuten wird die Probe in Salzsäure gelöst, wobei der gebildete Radiostickstoff zum Ammoniumion reduziert wird. Dann wird Ammoniumchlorid als Träger zugegeben, Ammoniak mit Natronlauge freigesetzt und quantitativ abdestilliert. Man fängt den aktiven Ammoniak in saurer Lösung auf und mißt die Stickstoffaktivität im Flüssigkeitszählrohr. Eine gleichzeitige Bestrahlung einer Eichprobe ist nicht notwendig, wenn man den Ionenstrom durch Messung der in der Eisenprobe durch die Kernreaktion ^{54}Fe (d, n) ^{55}Co erzeugten Kobaltaktivität bestimmt. Dann genügt eine einmalige Eichung der Methode, also eine Bestimmung des Verhältnisses zwischen Kobaltaktivität und Stickstoffaktivität bei einem gewissen bekannten Stickstoffgehalt. Die Bestimmung der Kobaltaktivität erfolgt nach chemischer Abtrennung: Einem Teil der Lösung der bestrahlten Probe werden Kobalt und Kupfer als Träger zugesetzt, dann wird Kupfer in saurer Lösung als Sulfid gefällt, Eisen mit Äther extrahiert und schließlich Kobalt als Sulfid gefällt und gemessen. Allerdings ist diese Methode nur anwendbar, wenn Ionenstrom und -energie während der ganzen Bestrahlungsdauer praktisch konstant sind. Bei Bestrahlung mit einem Deuteronenstrom von 10 μA konnten noch 10^{-6} Gewichtsteile Kohlenstoff bestimmt werden.

Stickstoff in Metallen konnte durch Beschuß mit sehr schnellen Protonen aus dem Synchrozyklotron nachgewiesen werden (18). Durch (p, n)- bzw. (p, α)-Reaktion am Stickstoff 14 bilden sich die Positronenstrahler Sauerstoff 14 ($T_{1/2}$ = 76,5 Sekunden) und Kohlenstoff 11 ($T_{1/2}$ = 20,3 Minuten). Die Aktivitätsmessung erfolgt zweckmäßig in einer Anordnung, in der ein Magnetfeld dafür sorgt, daß nur Positronen ins Zählrohr gelangen.

6. Aktivierung durch Gammastrahlung.

Aktivierungsanalyse mit γ-Strahlung ist auf Grund des Kernphotoeffekts möglich. Hauptsächlich kommen Beryllium und Deuterium in Frage, deren Energieschwellen für Kernphotoeffekt unter Neutronenemission niedrig sind (1,63 bzw. 2,22 MeV). Da in beiden Fällen die Reaktionsprodukte inaktiv sind, ist eine Aktivierungsanalyse nur durch die Bestimmung der Anzahl der freigesetzten Neutronen möglich. Dies geschieht entweder direkt mit Hilfe der Borfluoridkammer oder indirekt durch Aktivierung einer Sonde (eines Detektors) durch Neutroneneinfang und Bestimmung der induzierten β-Aktivität. (Die Methoden zur Bestimmung von Neutronenintensitäten werden in Kap. VIII, Abschn. 3 besprochen.)

Die erste Meßmethode ist von GAUDIN und PANNELL (34) verwendet worden. Durch Bestrahlung mit einer γ-Quelle aus Antimon 124 konnten sie noch 1 bis 2$^0/_{00}$ Beryllium in verschiedenen Stoffen nachweisen. Die gepulverte Probe umgibt die γ-Quelle in Form eines zylindrischen Mantels. Dieser wieder wird von einem großen Paraffinblock umgeben, der die schnellen Neutronen verlangsamt. Im Paraffinblock befinden sich mehrere Borfluoridzähler, die zur

Erhöhung ihrer Empfindlichkeit mit bor-10-reichem Borfluorid gefüllt sind. Enthält die Probe Stoffe, die Neutronen stark einfangen (z. B. Bor), so sind Korrekturen erforderlich.

Victor (94) benützte zur Berylliumbestimmung die γ-Strahlung des Radiums oder des Radiothors und ihrer Folgeprodukte. Die freigesetzten Neutronen wurden in Paraffin verlangsamt und durch Aktivierung eines Silberdetektors gemessen.

Die Gehaltsbestimmung erfolgte bei diesen beiden Methoden durch Vergleich mit Messungen an Eichproben bekannter Zusammensetzung.

Deuteriumbestimmungen können z. B. mit Hilfe der von Natrium 24 emittierten γ-Strahlung (2,76 MeV) durchgeführt werden. Die von Haigh (40) vorgeschlagene Anordnung ist der von Gaudin und Pannell ähnlich.

Literatur.

(1) Albert, P., M. Caron u. G. Chaudron, C. r. acad. sci., Paris 233, 1108 (1951). — (2) Albert, P., G. Chaudron u. P. Sue, Bull. soc. chim. France 1953, C 97. — (2a) Albert, P., F. Montariol, R. Reich u. G. Chaudron, Radioisotope Techn. Conference, Oxford 1954. — (3) Ardenne, M., u. F. Bernhard, Z. Physik 122, 740 (1944). — (4) Atchison, G. J., u. W. H. Beamer, Analyt. Chemistry 24, 1812 (1952). — (5) Aten, A. H. W., Nederl. Tijdschr. Natuurkunde 10, 257 (1943). (5a) Bancie-Grillot, M., u. E. Grillot, C. r. acad. sci., Paris 237, 171 (1953). — (6) Berlman, I. B., Nucleonics 11 (2), 70 (1953). — (7) Berlman, I. B., H. F. Lucas u. H. A. May, Rev. Sci. Instruments 24, 396 (1953). — (7a) Beydon, J., u. C. Fisher, Analyt. Chim. Acta 8, 538 (1953). — (8) Bothe, W., Z. Naturforsch. 1, 173, 179 (1946). — (9) Boyd, G. E., Analyt. Chemistry 21, 335 (1949). — (10) Boyd, G. E., u. D. N. Hume, Nat. Nucl. En. Ser. VIII-1, New York. 1949. — (11) Broda, E., Advances in Radiochemistry. Cambridge. 1950. — (12) Broda, E., L. Kowarski u. D. West, Proc. Cambridge Phil. Soc. 44, 124 (1948). — (13) Broda, E., u. G. Rohringer, Naturwiss. 40, 337 (1953). — (14) Brooksbank, W. A., u. G. W. Leddicotte, J. Physic. Chem. 57, 81 (1953). — (15) Brooksbank, W. A., G. W. Leddicotte u. H. A. Mahlman, J. Physic. Chem. 57, 815 (1953). — (16) Brown, H., u. E. Goldberg, Science 109, 347 (1949). — (17) Analyt. Chemistry 22, 308 (1950).

(18) Caldwell, D., Rev. Sci. Instruments 23, 501 (1952). — (19) Cornish, F. W., Analyt. Chemistry 24, 1231 (1952). — (20) Curie, I., J. physique Radium 13, 497 (1952). — (21) Bull. soc. chim. France 1953, C 94. — (22) Curie, I., u. H. Faraggi, C. r. acad. sci., Paris 232, 959 (1951).

(23) Daudel, P., Rev. scient. 84, 462 (1946). — (24) Daudel, R., C. r. acad. sci., Paris 218, 234 (1944). — (25) Debiesse, J., J. Challansonnet u. G. Neyret, C. r. acad. sci., Paris 232, 602 (1951). — (26) Delbeq, C. J., L. E. Glendenin u. P. H. Yuster, Analyt. Chemistry 25, 350 (1953). — (27) Döpel, R., u. K., Physik. Z. 44, 261 (1943).

(28) Eichholz, G. G., Nucleonics 10 (12), 58 (1952).

(29) Facchini, U., u. L. Orsoni, Nuovo Cimento (9) 6, 241 (1949). — (30) Faraggi, H., A. Kohn u. J. Doumerc, C. r. acad. sci., Paris 233, 714 (1952). — (31) Feldman, C., Analyt. Chemistry 21, 1211 (1949). — (32) Fisher, C., u. J. Beydon, Bull. soc. chim. France 1953, C 102. — (33) Freedman, M. S., J. Chem. Physics 20, 1040 (1952).

(34) Gaudin, A. M., u. J. H. Pannell, Analyt. Chemistry 23, 1261 (1951). — (35) Glückauf, E., K. H. Barker u. S. P. Kitt, Disc. Faraday Soc. 7, 199 (1949). — (36) Goldschmidt, B., u. O. Djourkevitch, Bull. soc. chim. France 6, 718 (1939). — (37) Graves, A. C., R. L. Walker, R. F. Taschek, A. O. Hanson, J. H. Williams u. H. M. Agnew, Nat. Nucl. En. Ser. V-3, New York. 1949. — (38) Griffon, H., u. J. Barbaud, C. r. acad. sci., Paris 232, 1455 (1951). — (39) Grillot, E., C. r. acad. sci., Paris 234, 1775 (1952).

(40) Haigh, C. P., Nature 172, 359 (1953). — (40a) Hennig, G., Physic. Rev. 95, 92 (1954). — (41) Herr, W., Z. Naturforsch. 8 a, 305 (1953). — (42) Hevesy, G., u. H. Levi, Kgl. Danske Vidensk. Selsk., math.-fysiske Medd. 14, Nr. 5 (1936). — (43) Kgl. Danske Vidensk. Selsk., math.-fysiske Medd. 15, Nr. 11 (1938). — (44) Hilbert, M., Nature 168, 39 (1951). — (45) Hudgens, J. E., u. P. J. Cali, Analyt. Chemistry 24, 171 (1952). — (46) Hudgens, J. E., u. H. J. Dabagian, Nucleonics 10 (5), 25 (1952). — (47) Hudgens, J. E., u. L. N. Nelson, Analyt. Chemistry

24, 597, 1472 (1952). — (48) Hughes, D., Nucleonics **11** (1), 30 (1953). — (49) Pile Neutron Research, Cambridge, Mass. 1953.

(50) Janssens, P., C. r. acad. sci., Paris **232**, 825 (1951). — (51) Bull. centre phys. nucl. Univ. Brux., Nr. 25 (1951). — (52) Jordan, P., Helv. Chim. Acta **34**, 715 (1951).

(52a) Kaplan, L., u. K. E. Wilzbach, Analyt. Chemistry **26**, 1797 (1954). — (53) Kayas, G., J. chim. phys. 47, 408 (1950). — (54) Kelley, M. T., G. W. Leddicotte u. S. A. Reynolds, Int. Congr. Analyt. Chem., Oxford. 1952. — (55) Kennedy, J. W., u. G. T. Seaborg, Physic. Rev. **57**, 843 (1940). — (56) Ketelle, B. H., u. G. E. Boyd, J. Amer. Chem. Soc. **69**, 2800 (1947). — (57) Keynes, R. D., u. P. R. Lewis, Nature **165**, 809 (1950). — (58) Nature **168**, 153 (1951). — (59) King, D. T., u. W. J. Henderson, Physic. Rev. **56**, 1169 (1939). — (60) Kohn, A., Rev. métallurg. **48**, 219 (1951). — (61) Kohn, H. W., u. E. R. Tompkins, Bericht der USA-Atomenergiekommission ORNL-390 (1949).

(62) Laing, K. M., R. E. Jones, D. E. Emhiser, J. V. Fitzgerald u. G. S. Bachman, Nucleonics **9** (4), 44 (1951). — (63) Lewis, P. R., Proc. Isotopes Techniques Conference, S. 381. Oxford. 1951. — (64) Lindner, R., u. O. Peter, Z. Naturforsch. **1**, 67 (1946). — (65) Long, J. V. P., Analyst **76**, 644 (1951).

(66) McCallum, K., Nucleonics **5** (1), 11 (1949). — (67) Macklin, R. L., u. J. H. Lykins, J. Chem. Physics **19**, 844 (1951). — (68) Mayr, G., H. D. Bruner u. M. Brucer, Nucleonics **11** (10), 21 (1953). — (69) Meinke, W. W., u. R. E. Anderson, Analyt. Chemistry **25**, 778 (1953). — (70) Michael, A. B., W. Z. Leavitt, M. B. Dever u. H. R. Spedden, J. Appl. Physics **22**, 1403 (1951). — (71) Montariol, F., P. Albert u. G. Chaudron, C. r. acad. sci., Paris **233**, 477 (1952). — (72) Moureu, H., P. Chovin u. R. Daudel, C. r. acad. sci., Paris **219**, 127 (1944). — (73) Muehlhause, C. O., u. G. E. Thomas, Nucleonics **7** (1), 9 (1950).

(74) Picciotto, E., u. M. V. Styvendael, C. r. acad. sci., Paris **232**, 855 (1951). — (74a) Plumb, R. C., u. R. H. Silverman, Nucleonics **12** (12), 29 (1954). — (75) Pfann, H. F., D. J. Salley u. H. Mark, J. Amer. Chem. Soc. **66**, 983 (1944).

(76) Rabinowicz, E., Proc. Physic. Soc., Ser. A **64**, 939 (1951). — (77) Riezler, W., Z. Naturforsch. 4 a, 545 (1949).

(78) Sagane, R., M. Eguchi u. J. Shigata, J. Phys. Math. Soc. Japan **16**, 383 (1942). — (79) Schmeiser, K., u. D. Jerchel, Angew. Chem. **65**, 366 (1953). — (80) Angew. Chem. **65**, 490 (1953). — (81) Seaborg, G. T., u. J. J. Livingood, J. Amer. Chem. Soc. **60**, 1784 (1938). — (82) Senftle, F. E., u. A. M. Gaudin, Nucleonics **8** (5), 53 (1951). — (83) Seyfang, A. P., u. A. A. Smales, Analyst **78**, 394 (1953). — (84) Smales, A. A., Ann. Rep. Progr. Chem. **46**, 285 (1950). — (85) Analyst **77**, 778 (1952). — (86) Smales, A. A., u. L. O. Brown, Chem. and Ind. **1950**, 441. — (87) Smales, A. A., u. B. D. Pate, Analyt. Chemistry **24**, 717 (1952). — (88) Analyst **77**, 22 (1952). — (89) Analyst **77**, 188 (1952). — (90) Sue, P., C. r. acad. sci., Paris **229**, 878 (1949). — (91) Bull. soc. chim. France **18**, 90 (1951). — (92) Swartout, J., siehe (9) und (10).

(93) Tobias, C. A., u. R. W. Dunn, Science **109**, 109 (1949).

(94) Victor, C. P., J. physique Radium 8, 298 (1947).

(95) Winteringham, F. P. W., Analyst **75**, 627 (1950). — (96) Nature **168**, 153 (1951). — (97) Winteringham, F. P. W., P. M. Loveday u. A. Harrison, Nature **167**, 106 (1951).

VIII. Analyse durch Strahlungsabsorption und -streuung an Atomkernen.

Ganz allgemein kann man sagen, daß jeder Photonen- oder Teilchenstrahl, der einen Stoff durchsetzt, mit Hüllenelektronen und Atomkernen in Wechselwirkung tritt und dadurch absorbiert oder gestreut wird. Die Wechselwirkung mit *einem* Teil des Atoms — also mit Hüllenelektronen oder Atomkern — herrscht meist so weit vor, daß jene mit dem anderen Teil vernachlässigt werden kann. Zur Messung der Wechselwirkungen mit den Atomkernen dienen kernphysikalische und radiochemische Methoden. Daher sollen im Rahmen der Besprechung der radiochemischen Methoden der Mikrochemie auch jene Analysenmethoden behandelt werden, die die Wechselwirkung von Strahlen mit Atomkernen ausnützen, die sich aber — im Gegensatz zur Aktivierungsanalyse — nur auf die Absorption und Streuung einer auf die Probe auffallenden Strahlung stützen. Dabei wird entweder die Schwächung des Strahles bestimmt, oder es wird die aus der Richtung geworfene Strahlung gemessen.

Praktische Bedeutung für derartige Verfahren besitzen bisher nur die Neutronen. Geladene Teilchen treten nämlich immer mit den Hüllenelektronen der Materie, die sie durchsetzen, in starke Wechselwirkung, so daß die spezifischen Kerneffekte bei der Absorption nicht vorherrschen; überdies ist die Wechselwirkung zwischen Hüllenelektronen und Ionen so stark, daß selbst sehr schnelle Ionen nur dünne Schichten durchsetzen. Dagegen ist die Wechselwirkung zwischen Neutronen und Hüllenelektronen äußerst gering; die gesamte Wechselwirkung zwischen Neutronen und Materie wird daher im wesentlichen durch die Wechselwirkung mit den Kernen bestimmt. Der Analyse durch Neutronenabsorption und -streuung sind die Abschn. 1 bis 6 gewidmet. Abschn. 7 enthält einen Hinweis über Analyse durch Protonenstreuung.

1. Prinzip der Analyse durch Neutronenschwächung.

Die Schwächung eines homogenen (monoenergetischen) Neutronenstrahles beim Durchgang durch Materie, die aus Atomen einer einzigen Kernart besteht, ist durch eine Gleichung gegeben, die dem LAMBERT-BEERschen Gesetz analog ist. Sie lautet in differentieller Form:

$$df = - f \, \sigma \, n \, dl. \tag{8.1}$$

Hier bezeichnet f den Neutronenfluß pro cm^2 und Sekunde, n die Anzahl der Kerne pro cm^3 und l die Schichtdicke. σ ist der Schwächungsquerschnitt der Kerne (Dimension: cm^2 pro Kern) bei der angewendeten Neutronenenergie. Dieser Schwächungs- oder „totale“ Querschnitt unterscheidet sich insofern von dem „Aktivierungsquerschnitt“, mit dem man bei der Aktivierungsanalyse (Kap. VII, Abschn. 2) rechnet, als der letztere nur für individuelle Kernreaktionen gilt, während die Schwächung des Neutronenstromes durch verschiedene, nebeneinander verlaufende Vorgänge erfolgen kann. Die Schwächungsquerschnitte setzen sich additiv aus den Querschnitten für die individuellen Vorgänge zusammen. Beispielsweise trägt zum totalen Querschnitt des natürlichen Kupfers für thermische Neutronen (11 Barn) der Aktivierungsquerschnitt des Isotops ^{63}Cu 2,0 Barn, der Aktivierungsquerschnitt des Isotops ^{66}Cu 0,56 Barn und der Streuquerschnitt 8,4 Barn (Mittelwert) bei. In anderen Fällen allerdings überwiegt ein Vorgang so stark, daß der Schwächungsquerschnitt dem entsprechenden individuellen Querschnitt praktisch gleichgesetzt werden kann. So erfolgt die Schwächung eines Neutronenstrahles durch Bor praktisch ausschließlich durch die Kernreaktion $^{10}_{5}B \, (n, \alpha) \, ^{7}_{3}Li$, deren Querschnitt für thermische Neutronen den besonders hohen Wert von etwa 3750 Barn pro Bor-10-Kern besitzt.

Die Gl. (8.1) lautet integriert:

$$f/f_0 = e^{-\sigma \, n \, l} \tag{8.2}$$

oder für den Zweck der chemischen Analyse nach n aufgelöst

$$n = \frac{1}{\sigma \, l} \ln (f_0/f). \tag{8.3}$$

2. Wechselwirkung von Neutronen mit Materie.
a) Überblick über die Arten der Wechselwirkung.

Die Wechselwirkung der Neutronen mit Materie enthält die folgenden Teilwirkungen:

1. Analytisch angewendet wird vor allem die *Absorption* der Neutronen durch die Kerne. Auf Grund ihrer Elektroneutralität haben Neutronen jeder, auch der kleinsten Energie ungehinderten Zutritt zu den Kernen. Hinreichend charakteristische Unterschiede zwischen den Absorptionsquerschnitten verschiedener Kerne bestehen vorwiegend bei geringen Energien (s. Tab. 7 und Abb. 22). Diese Unterschiede betragen dort bis zu zehn Größenordnungen! (Davon können allerdings wegen des Beitrages der Streuung zum „totalen Querschnitt" nur vier Größenordnungen ausgenützt werden.) Absorptionsanalysen werden daher nur mit langsamen Neutronen ausgeführt. Unter den Absorptionsvorgängen ist die (n, γ)-Reaktion („Einfang") bei weitem am wichtigsten. Seltenere Reaktionen, durch die ebenfalls Absorption langsamer Neutronen eintritt, sind die (n, p)- und (n, α)-Prozesse sowie die Kernspaltung. Als Kernreaktion ist auch die sogenannte *Resonanzstreuung* zu betrachten, bei der sich ein durch Absorption entstandener Zwischenkern (s. Abschnitt 2, b) durch Emission eines Neutrons wieder in den absorbierenden Kern zurückverwandelt. Resonanzstreuung langsamer Neutronen ist ein verhältnismäßig seltener Vorgang und spielt bisher in der Analyse nur eine geringe Rolle.

2. Hingegen zeigt jeder Kern die Erscheinung der sogenannten *Potentialstreuung*. Dieser Vorgang besteht darin, daß ein Neutron durch Zusammenstoß mit einem Kern aus seiner Richtung geworfen wird, ohne daß es zur vorübergehenden Absorption, also zur Bildung eines Zwischenkerns kommt. Der kennzeichnende Streuquerschnitt ist für alle Elemente — außer für Wasserstoff (s. Abschn. 6) — von der Größenordnung des geometrischen Kernquerschnittes (die beobachteten Streuquerschnitte liegen zwischen 4 und 20 Barn) und ist — wiederum mit Ausnahme des Wasserstoffes — innerhalb des Energiebereiches der langsamen Neutronen von der Energie unabhängig. Schwächung durch Streuvorgänge ist wegen der geringen Unterschiede zwischen den einzelnen Streuquerschnitten nur im Sonderfall des Wasserstoffes analytisch auswertbar (s. S. 207). Anderseits können auch die Änderungen der Neutronenenergie, die bei der Potentialstreuung auftreten, zur Analyse herangezogen werden. Praktisch ist dieses Prinzip wiederum nur beim Wasserstoff anwendbar (s. Abschn. 6).

3. *Kohärente Streuung* von Strahlen langsamer Neutronen tritt dadurch auf, daß diese Strahlen sich als Wellen verhalten können. Nach der DE BROGLIE-Beziehung $\lambda = h/mv$ sind thermischen Neutronen Wellenlängen von der Größenordnung der Atomabstände in den Molekülen und Kristallen zuzuordnen. Beispielsweise kommt Neutronen der Temperatur 300° K eine Wellenlänge von 1,8 Å zu. Die Erscheinung ist bisher nur für den Kristallographen, aber nicht für den Analytiker wichtig geworden.

4. Mit ferromagnetischen Stoffen treten Neutronen kraft ihres *magnetischen Momentes* in besondere Wechselwirkung. Auch dieser Effekt hat bisher keine analytische Anwendung gefunden.

b) Tröpfchenmodell und Zwischenkern.

Besitzen die Neutronen — oder andere reagierende Teilchen — keine extrem hohe Energie, so können die Wesenszüge der durch sie hervorgerufenen Reaktionen durch die von BOHR vorgeschlagene Annahme der Bildung eines Zwischenkernes (3) erklärt werden. Der Kern wird hierbei als „Tröpfchen", bestehend aus Protonen und Neutronen, betrachtet. Durch Absorption des Teilchens bildet sich ein neuer Kern, der als „Zwischenkern" bezeichnet wird. Das absorbierte Teilchen verliert im Zwischenkern seine „Individualität" und kann von anderen gleichartigen Kernbestandteilen nicht mehr unterschieden werden.

Infolge der kinetischen Energie und der Bindungsenergie des auftreffenden Neutrons ist der Zwischenkern hoch angeregt und daher instabil. (Als Bindungsenergie ist die Energie zu verstehen, die einem Kern zur Abspaltung eines Neutrons zugeführt werden muß, wobei sich Ausgangs- sowie Endkern im Grundzustand befinden und das abgespaltene Neutron keine kinetische Energie besitzt.) Der Zwischenkern geht daher in einer zweiten Etappe der Reaktion durch Abgabe von einem oder mehreren Teilchen oder Photonen in das Endprodukt der Reaktion über. Die Art und Geschwindigkeit dieser spontanen Zerfallsreaktion ist ausschließlich von Zusammensetzung und Energie des Zwischenkerns, aber nicht von der Art seiner Entstehung abhängig.

Handelt es sich bei der Kernreaktion beispielsweise um den Neutroneneinfang [(n, γ)-Reaktion], so gibt der Zwischenkern seine Anregungsenergie in Form eines Photons oder einer Kaskade von Photonen ab. Dabei geht der Zwischenkern in einen Kern der gleichen Zusammensetzung aus Protonen und Neutronen über, der aber nicht mehr angeregt ist, d. h. in den Kern in seinem Grundzustand. Dieser Kern kann dann natürlich stabil oder instabil (radioaktiv) sein.

Zu den Reaktionen von Kernen mit langsamen Neutronen unter Emission geladener Teilchen gehören die folgenden: ${}^{6}_{3}\mathrm{Li}$ (n, α) ${}^{3}_{1}\mathrm{H}$, ${}^{10}_{5}\mathrm{B}$ (n, α) ${}^{7}_{3}\mathrm{Li}$, ${}^{14}_{7}\mathrm{N}$ (n, p) ${}^{14}_{6}\mathrm{C}$ und ${}^{35}_{17}\mathrm{Cl}$ (n, p) ${}^{35}_{16}\mathrm{S}$.   Als Kernreaktion mit Emission geladener Teilchen kann schließlich auch die Kernspaltung betrachtet werden; unter den natürlichen Kernarten bildet die Spaltung des Uran 235 das praktisch alleinige Beispiel für Spaltung mit langsamen Neutronen.

Bei der Resonanzstreuung gibt der Zwischenkern seine Anregungsenergie ganz oder teilweise durch Neutronenemission ab.

Durch Veränderung der Neutronenenergie erhält man verschieden hoch angeregte Zwischenkerne. Die Stabilität des Zwischenkerns, die durch seine mittlere Lebensdauer τ ausgedrückt werden kann, ist nun eine Funktion des Energieinhaltes, und zwar besitzen die angeregten Kerne bei gewissen Energien Niveaus erhöhter Stabilität. Da die „Lebensdauer" von Zwischenkernen, die zu solchen Niveaus angeregt sind, verhältnismäßig groß ist, wenn sie auch noch immer nur sehr kleine Bruchteile einer Sekunde beträgt, müssen die Niveaus im Vergleich zur Bindungsenergie nach der Heisenbergschen Unschärferelation scharf sein [s. (3)]. Die „Niveaubreite" (s. Abschnitt 2, c), deren reziproker Wert ein Maß der Niveauschärfe ist, wird durch die Unschärferelation als der mittleren Lebensdauer verkehrt proportional definiert: $\Gamma = h/2\pi\tau$.

Die Existenz derartiger scharfer Niveaus wird durch zahlreiche Merkmale der radioaktiven Zerfallsvorgänge und der künstlichen Kernreaktionen eindeutig bestätigt. So tritt im Gefolge vieler α- und β-Zerfälle Emission von Photonen scharf definierter Energie auf (Kap. II, Abschn. 2, d und e). Als Beispiel für die Beobachtungen bei künstlichen Kernreaktionen kann die Reaktion ${}^{6}_{3}\mathrm{Li}$ (d, p) ${}^{7}_{3}\mathrm{Li}$ angeführt werden: Unter Verwendung monoenergetischer Deuteronen werden Protonen mit zwei verschiedenen Energien ausgesendet; es konnte nachgewiesen werden, daß die Energiedifferenz zwischen den beiden Protonengruppen in Form von Photonen der entsprechenden Energie abgegeben wird.

c) Energieabhängigkeit der Neutronenschwächung.

Die Existenz der Niveaus hat zur Folge, daß bei der Absorption der Neutronen
durch die Kerne ähnlich wie bei der Absorption von Lichtquanten durch die
Atomhüllen „Resonanz"erscheinungen beobachtet werden. Das bedeutet, daß
die Wahrscheinlichkeit einer Reaktion dann besonders groß ist, wenn die Summe
der kinetischen und der Bindungsenergie des Neutrons gerade ausreicht, um
den entstehenden Zwischenkern auf eines seiner charakteristischen Anregungsniveaus zu heben. Da die Bindungsenergie des Neutrons an einen bestimmten
Kern eine vorgegebene Größe ist, muß also die Reaktionswahrscheinlichkeit
(der Querschnitt) bei bestimmten kinetischen Energien des Neutrons Maxima

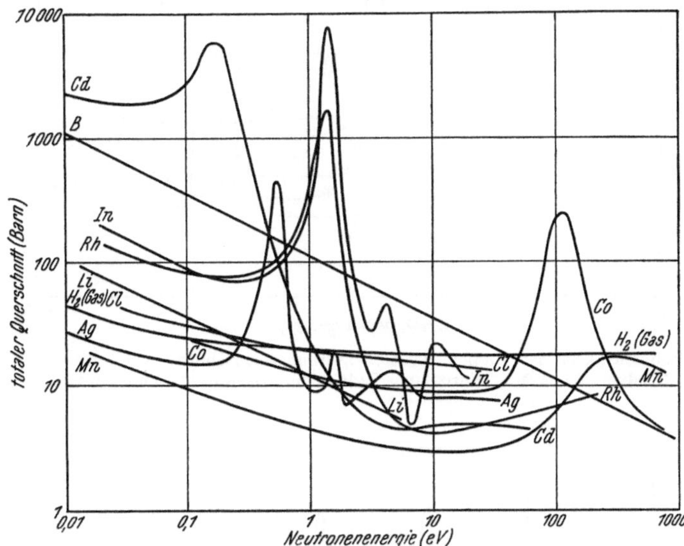

Abb. 22 a. Energieabhängigkeit der totalen Neutronenwirkungsquerschnitte von Wasserstoff, Lithium, Bor,
Chlor, Mangan, Kobalt, Rhodium, Silber, Cadmium und Indium.

besitzen. Die Bereiche um diese Maxima werden als Absorptionsbanden bezeichnet (vgl. Abb. 22). Die Differenz zwischen den beiden Neutronenenergien,
bei denen der Querschnitt seinen halben Höchstwert besitzt, ist die „Niveaubreite".

Die Lage der Banden ist für jede Kernart kennzeichnend. Theoretisch kann
aus dem Tröpfchenmodell verständlich gemacht werden, daß der mittlere Abstand
zwischen solchen Banden im allgemeinen mit zunehmender Massenzahl der
Kerne absinkt. Für schwere Kerne ist er von der Größenordnung einiger Elektron-
volt. So hat beispielsweise das Jodisotop 127, das einzige stabile Isotop dieses
Elements, Banden bei 20,6, bei 32 und 42 eV, d. h. der Zwischenkern, der aus dem
Jodkern und einem Neutron entsteht und die Zusammensetzung $^{128}_{53}J$ aufweist,
hat Anregungsniveaus, die der Summe der Bindungsenergie und den genannten
Energien entspricht. Die Bindungsenergie beträgt mehrere Millionen eV und
ist daher höchstens auf einige keV genau bekannt; infolge der beschränkten
Leistungsfähigkeit der Theorie ist eine theoretische Berechnung der Lage der
Maxima vorläufig ausgeschlossen. Banden können auch bei thermischen Energien
auftreten. So verdankt das Cadmium den besonders hohen Wert seines Einfangquerschnittes für thermische Neutronen ($\sigma = 2470$ Barn pro Atom) der Existenz

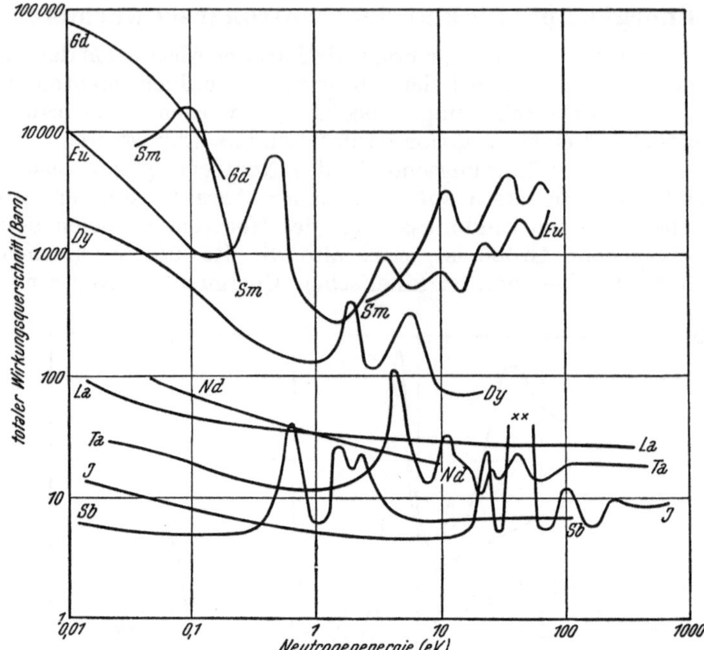

Abb. 22 b. Energieabhängigkeit der totalen Neutronenwirkungsquerschnitte von Antimon, Jod, Lanthan, Neodym, Samarium, Europium, Gadolinium, Dysprosium und Tantal.

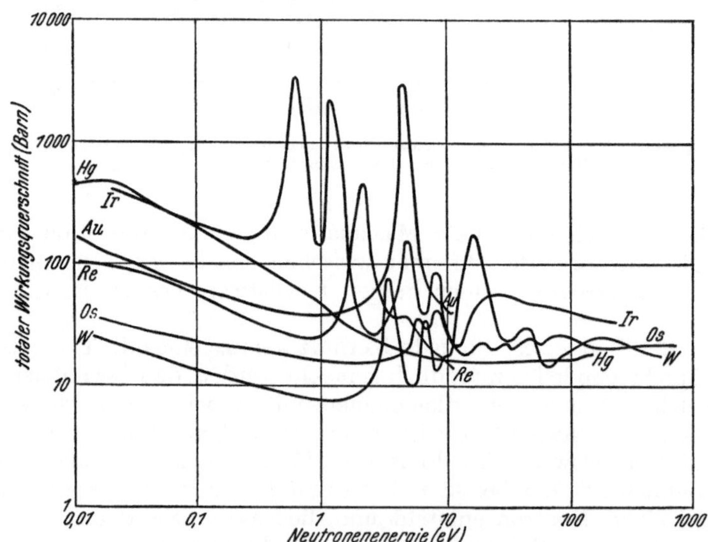

Abb. 22 c. Energieabhängigkeit der totalen Neutronenwirkungsquerschnitte von Wolfram, Rhenium, Osmium, Iridium, Gold und Quecksilber.

einer Resonanzbande seines Isotops 113, die ihr Maximum im thermischen Gebiet besitzt. Zusammenstellungen der bisher bestimmten Resonanzbanden finden sich in der Literatur (1, 13, 14, 20, 37, 38).

Für die Energieabhängigkeit der Wirkungsquerschnitte σ im Bereich einer Resonanzbande, die von anderen Banden so weit entfernt ist, daß kein Überlappen der Niveaus stattfindet, haben BREIT und WIGNER (5) Formeln abgeleitet, die den aus der optischen Dispersionstheorie folgenden Formeln ähnlich sind. Die BREIT-WIGNER-Formeln gelten allerdings nur, wenn die DE BROGLIE-Wellenlänge den Durchmesser des Atomkerns bedeutend übertrifft; das ist aber bei langsamen Neutronen der Fall. Die Formel für den Neutroneneinfangquerschnitt im Bereich einer Resonanzbande lautet unter Vernachlässigung der Kernspineffekte und unter der Annahme zentralen Stoßes:

$$\sigma = \frac{\lambda^2}{4} \frac{\Gamma_n \Gamma_\gamma}{(E - E_0)^2 + \Gamma^2/4}. \tag{8.4}$$

Hier bedeuten λ die DE BROGLIE-Wellenlänge der Neutronen, E ihre Energie und E_0 die Resonanzenergie. Γ_n und Γ_γ sind die „partiellen Niveaubreiten" für den Zerfall des Zwischenkerns unter Emission eines Neutrons bzw. eines Photons. Γ ist die totale Niveaubreite, die ebenso wie die totale Zerfallskonstante (reziproke mittlere Lebensdauer) aus den entsprechenden partiellen Werten additiv zusammengesetzt werden kann: $\Gamma = \Sigma \Gamma_i$.

Für die Darstellung von Banden im thermischen Gebiet kann die Beziehung (8.4) vereinfacht werden. Mit Hilfe quantenmechanischer Überlegungen läßt sich nämlich zeigen, daß Γ_n im Bereiche geringer Neutronenenergien der Neutronengeschwindigkeit proportional zunimmt, während Γ_γ praktisch konstant bleibt. Setzt man nun $\Gamma_n = k\,v = k'\,E^{\frac{1}{2}}$ in Gl. (8.4) ein und berücksichtigt ferner, daß $\Gamma_\gamma \gg \Gamma_n$ (sind andere Zerfallsvorgänge vernachlässigbar, so folgt $\Gamma \approx \Gamma_\gamma$) und daß $\lambda = h/(2\,m\,E)^{\frac{1}{2}}$, so erhält man

$$\sigma = k'\,E^{-\frac{1}{2}}\,\Gamma/[(E - E_0)^2 + \Gamma^2/4]. \tag{8.5}$$

Daraus folgt für $E = E_0$ der Querschnitt σ_0 in der Bandenmitte

$$\sigma_0 = 4\,k'\,E_0^{-\frac{1}{2}}\,\Gamma^{-1}. \tag{8.6}$$

Die Gestalt der Bande ergibt sich dann durch Vergleich von (8.5) und (8.6)

$$\sigma = \left(\frac{E_0}{E}\right)^{\frac{1}{2}} \frac{\sigma_0\,\Gamma^2}{4\,(E - E_0)^2 + \Gamma^2}. \tag{8.7}$$

Die BREIT-WIGNER-Formeln geben den Verlauf der Banden gut wieder. Die Konstanten müssen natürlich aus den experimentellen Werten berechnet werden. Beispielsweise erhält man für die Resonanzbande des Cadmiums, d. h. des Isotops ^{113}Cd, im thermischen Gebiet $E_0 = 0{,}176$ eV, $\sigma_0 = 7200$ Barn, $\Gamma = 0{,}155$ eV.

Aus den BREIT-WIGNER-Formeln kann auch das „$1/v$-Gesetz" (s. Kap. VII, Abschn. 4, a) abgeleitet werden. Hierzu nimmt man an, daß der Ausdruck (8.7) auch noch bei sehr geringen Energien — weit unterhalb der ersten Resonanzbande — gilt. In diesem Energiebereich ($E_0 \gg E$) wird aber der Term $4\,(E - E_0)^2 + \Gamma^2$ in Gl. (8.7) praktisch konstant. Es gilt daher

$$\sigma = K''\cdot E^{-\frac{1}{2}}. \tag{8.8}$$

3. Messung von Neutronenflüssen.

Aus den in Abschn. 2, a dieses Kapitels dargelegten Gründen werden für die Analyse nur langsame Neutronen verwendet. Der Fluß der langsamen Neutronen kann mit verschiedenen Geräten gemessen werden, unter denen die Sonden, die Borkammern und die Szintillationszähler die wichtigsten sind.

Ein bedeutsamer allgemeiner Gesichtspunkt ist der, daß Messungen der Schwächung auf Grund von Streuung „bessere Geometrie" erfordern als Messungen der Schwächung auf Grund von Absorption. Da nämlich die Abgabe gestreuter Neutronen nach allen Richtungen hin erfolgt, vermeidet man nur bei Verwendung eines gut ausgeblendeten Neutronenstrahles, daß ein erheblicher Bruchteil der gestreuten Neutronen doch wieder in das Meßgerät fällt. „Gute Geometrie" bedeutet also, daß das Meßgerät von der Probe aus nur einen kleinen Raumwinkel einschließt. Ist diese Voraussetzung erfüllt, so führt ein Streuvorgang zur gleichen Schwächung wie Neutroneneinfang mit gleichem Wirkungsquerschnitt.

Sonden bestehen in der Regel aus Elementen, die durch Kernreaktion mit Neutronen β-aktiviert werden [s. z. B. (16, 39)]. Die Messung erfolgt also, indem man die Sonde eine gewisse Zeit den Neutronen aussetzt und dann die erzeugte Aktivität bestimmt — z. B. durch Messung mittels eines GEIGER-Zählrohres. Um die Messung der Aktivität einfach zu gestalten, werden in erster Linie Elemente mit großen Einfangquerschnitten und günstigen Halbwertszeiten (einige Minuten bis mehrere Stunden) verwendet. Besonders häufig dienen die Elemente Dysprosium, Indium, Silber, Mangan und Jod als Sonden. Man darf natürlich nicht übersehen, daß die in den Sonden erzeugte Aktivität von der Energie der Neutronen abhängt. Die Aktivität ist daher der gesamten Neutronenintensität nur dann proportional, wenn das Neutronenspektrum konstant bleibt. Die Empfindlichkeit der Sonden für Neutronen verschiedener Energie kann verändert werden, indem man sie mit geeigneten Absorbern umgibt.

Eine bedeutende Steigerung der Empfindlichkeit wäre möglich, wenn man sehr dicke Sonden verwenden und die in der ganzen Sonde erzeugte Aktivität messen könnte. Dies ist zwar wegen der Selbstabsorption der β-Strahlung in der Sonde nicht unmittelbar möglich. Man kann sich jedoch durch Ausnutzung des SZILARD-CHALMERS-Effektes (s. Kap. III, Abschn. 8, e) behelfen, indem man dicke Schichten (z. B. von Kaliumpermanganat) als Sonden verwendet, die Aktivitätsmessung jedoch nur an dem chemisch abtrennbaren Anteil hoher spezifischer Aktivität ausführt.

Unter Umständen können auch Elemente als Sonden verwendet werden, die nicht β-aktiviert werden (s. Abschn. 5, b).

Borkammern sind Ionisationskammern oder Proportionalzähler, die Bor entweder als Gas (Borfluorid) oder in fester Schicht enthalten. Die Messung beruht auf der Kernreaktion ^{10}B (n, α) ^7Li. Wird diese Reaktion durch langsame Neutronen ausgelöst, so werden in der Mehrzahl der Fälle 2,5 MeV als kinetische Energie der schweren Reaktionsprodukte abgegeben, wobei 1,6 MeV auf das α-Teilchen und 0,9 MeV auf den Lithiumkern entfallen. Die einzelnen Ionisationsstöße werden gezählt oder es wird der Sättigungsstrom gemessen. Die Energieabhängigkeit der Empfindlichkeit von Borzählern folgt dem $1/v$-Gesetz, das ja für die zugrunde liegende Kernreaktion über ein sehr großes Energiebereich gilt (s. Abb. 22) (39).

Kammern mit fester Borschicht geben wegen der unbekannten Zählausbeute zunächst nur Relativwerte des Neutronenstromes. Absolutwerte werden mit den Borfluoridkammern erhalten, da in ihnen jede Reaktion registriert wird. Borfluoridkammern werden mit Gas bis zu einigen Atmosphären Druck gefüllt; je höher der Druck, um so mehr Neutronen werden absorbiert, um so höher ist aber auch die erforderliche Betriebsspannung.

Die Ausbeute aller Borkammern kann um einen Faktor fünf verbessert werden, wenn statt des Elements in seiner natürlichen Zusammensetzung (19% ^{10}B) 100%iges Bor 10 verwendet wird.

Für die Szintillationszählung ist es am besten, eine Substanz mit großem Wirkungsquerschnitt für die Reaktion mit langsamen Neutronen unter Emission schwerer Teilchen direkt mit dem szintillierenden Stoff zu vermengen. Die Produkte der Kernreaktion erzeugen nun einen Lichtblitz, der mit einem Photoelektronenvervielfacher registriert wird. Geeignete Kernreaktionen sind ^6_3Li (n, α) ^3_1H, $^{10}_{5}\text{B}$ (n, α) ^7_3Li und $^{235}_{92}\text{U}$ (n, f). Die reaktionsfähigen Elemente (meist Lithium oder Bor) werden in den festen Phosphor eingebaut oder im flüssigen Phosphor aufgelöst (19, 26, 32).

Auch die Photoplatte kann zur Bestimmung von Intensitäten langsamer Neutronen herangezogen werden. Die Platte wird — durch Tränkung — mit Stoffen beladen, die beim Einfang schwere Teilchen emittieren (Bor oder Lithium). Die Intensitätsbestimmung erfolgt durch Auszählung der Spuren in der entwickelten Platte [vgl. die Bestimmungen von Lithium und Bor (Kap. VII, Abschn. 4, f, α und ζ) durch Aktivierung].

4. Analyse mit ungefilterten Neutronen.

In Proben, von deren Zusammensetzung bekannt ist, daß sie nur ein Element mit großem Schwächungsquerschnitt für langsame Neutronen enthalten, kann dieses Element durch eine einfache Messung der Schwächung des gesamten Neutronenstromes bestimmt werden. In derartigen Fällen kann man mit Neutronenquellen geringer Intensität, d. h. also mit natürlichen Neutronenquellen (vgl. Kap. VII, Abschn. 4, c) arbeiten. Um die Bestimmung möglichst empfindlich zu gestalten, muß natürlich ein Neutronenstrom verwendet werden, in dem die langsamen Neutronen vorherrschen. Dies wird durch Verlangsamer (Moderatoren — vgl. Kap. VII, Abschn. 4, a) bewirkt. Für die Analysen durch einfache Messung der Schwächung ungefilterter Neutronen werden immer Vergleichsmethoden angewendet; Absolutmethoden würden u. a. die Kenntnis des Energiespektrums der verwendeten Neutronen erfordern. Die Vergleichsproben sollen den Analysenproben in ihrer chemischen Zusammensetzung möglichst ähnlich sein. Mit Hilfe mehrerer Vergleichsproben kann natürlich eine Eichkurve für eine bestimmte Neutronenquelle und geometrische Anordnung ermittelt werden.

In Abb. 22 sind die totalen Neutronenwirkungsquerschnitte der Elemente aufgenommen, bei denen diese Querschnitte groß genug sind, um Analyse durch Neutronenabsorption möglich erscheinen zu lassen. Ausführliche Zusammenstellungen der Wirkungsquerschnitte für thermische Neutronen, in denen fast alle Elemente aufscheinen, liegen vor (14, 20).

Für die folgenden Elemente ist die Erfassungsgrenze bei Analyse durch einfache Schwächungsmessung mit ungefilterten thermischen Neutronen am niedrigsten: Lithium, Bor, Cadmium, Samarium, Europium, Gadolinium und Dysprosium (s. Abb. 22). Da bei der Bestrahlung von Lithium, Bor, Cadmium und Gadolinium aktive Isotope entweder gar nicht oder doch nur in geringer Ausbeute gebildet werden, stellt die Absorptionsanalyse hier eine Ergänzung der Aktivierungsanalyse (Kap. VII) dar. Die Erfassungsgrenze liegt jedoch im allgemeinen bedeutend höher als bei letzterer. Anderseits ist es denkbar, daß bei gewissen Proben eine Aktivierungsanalyse eine chemische Auftrennung erfordert, während die Absorptionsanalyse zerstörungsfrei, also schnell und einfach durchgeführt werden kann.

Im günstigsten Falle, dem des Gadoliniums, ist eine Schicht von $2{,}5 \cdot 10^{-4}$ g/cm^2 erforderlich, um einen Strom thermischer Neutronen um 5% zu schwächen. Ein Arbeiten mit weniger als 1 cm^2 ist aber kaum möglich, da dann die in der Sonde erzeugten Gesamtaktivitäten zu klein werden. Demgemäß kann die Erfassungsgrenze mit 250 μg Gd angegeben werden. Bei Bor liegt die Erfassungsgrenze auf Grund analoger Annahmen bei 1 mg, bei Cadmium bei 4 mg und bei Lithium bei 8 mg.

Zerstörungsfreie Boranalysen an Silikaten haben Martelly und Sue (23) sowie Govaerts (15) mit thermischen Neutronen aus natürlichen Quellen und Dysprosiumsonden ausgeführt. Nach Angabe der ersten beiden Autoren, die mit einer Radiumquelle von 0,5 g arbeiteten und 50 g schwere, ungefähr würfelförmige Proben verwendeten, erfaßt die Methode 0,015% Bor. Die Anordnung ist etwa folgende: Die Neutronenquelle befindet sich in einem großen Paraffinblock, und zwar ungefähr 2 cm von der Oberfläche. Die Probe wird nun direkt oberhalb der Quelle auf den Paraffinblock gelegt. Die Detektoren liegen auf der Probe. Die Entfernungen zwischen Quelle und Probe und zwischen Probe und Detektor können hier sehr klein gewählt werden, weil nur die Schwächung des Neutronenstromes durch Absorption, aber nicht diejenige durch Streuung interessiert; daher ist „gute Geometrie" entbehrlich. Govaerts konnte zeigen, daß die Absorptionsanalyse zur Bestimmung des Borgehaltes von Gläsern geeignet ist.

Walker (40) hat Borcarbidanalysen durchgeführt, indem er die sehr fein zerpulverte Substanz durch ständiges Rühren in einem wassergefüllten Becherglas suspendiert hielt. In das Becherglas wurde ein durch einen Glasmantel geschützter Borfluoridzähler eingetaucht und das Glas in einen Paraffinblock gestellt, in dem sich eine Radium-Beryllium-Quelle befand. Lösungen von Boraten wurden zur Eichung verwendet.

Die Neutronenabsorptionsmethode eignet sich auch zur Bestimmung der Isotopenzusammensetzung von Borproben, da die Absorption fast ausschließlich durch das Isotop Bor 10 verursacht ist. Green und Martin (17) haben eine bekannte Menge des zu analysierenden Gases (Borchlorid) in eine Zelle eingefüllt. Die Zelle war in einen Paraffinblock eingelassen, in dem sich auch die Neutronenquelle (1 g Radium-Beryllium) befand. Auf die freie Oberfläche der Zelle wurde ein Neutronenzähler (ein Borfluoridzähler) aufgesetzt. Um die Beeinflussung des Zählers durch Neutronen zu verhindern, die die Zelle umgehen, wurde der Zähler durch einen zylindrischen borhaltigen Absorbermantel geschützt.

Die Methode der einfachen Schwächungsmessung ist von Sue und Martelly (35) auch zur Bestimmung von Lithium, Cadmium und Silber herangezogen worden, wobei die gleiche Anordnung wie für die Borbestimmungen verwendet wurde; Cadmium läßt sich z. B. auf diesem Wege zerstörungsfrei im Zink bestimmen. Die Autoren schlagen auch vor, die Dicke dünner, durch Elektrolyse abgeschiedener Cadmiumschichten mit Hilfe der Neutronenabsorption zu messen. Beispielsweise wird die Intensität eines Stromes verlangsamter Neutronen durch eine 7 μ dicke Cadmiumschicht auf 90% reduziert.

Auch der Gehalt von Cadmiumproben an dem allein stark absorbierenden Isotop 113 ist durch Absorption bestimmt worden. Cadmiumsulfatlösungen wurden in einem Paraffinblock den Neutronen einer Radium-Beryllium-Quelle ausgesetzt und die Neutronendichte in der Mitte der Lösung wurde mit einer Indiumsonde bestimmt (24).

Bestimmungen des Lithiumgehaltes von Magnesiumproben, die mit Hilfe von Reaktorneutronen ausgeführt wurden, führten in einer halben Stunde zum Ziel, während chemische Abtrennungen Tage erforderten.

Versuche über die Bestimmung stark absorbierender Seltener Erden in Mineralen sind von Ford und Picciotto angestellt worden (12). Etwa einen Millimeter dicke Schliffe von Monazit und Bastnäsit wurden gegen Ilford-C 2-

Platten (Emulsionsdicke $100\,\mu$) gepreßt, die vorher durch Baden mit Bor beladen worden waren. Schliffe und Platten wurden dann in dichten Behältern abgeschlossen und in einem Wasserbehälter 15 cm von einer Radium-Beryllium-Quelle (1 g Radium) angeordnet. Gegen die von der Quelle emittierte γ-Strahlung wurde mit einer Bleiplatte geschützt. Die Rückseite der Photoplatte wurde mit einem Cadmiumblech bedeckt, um die Registrierung von Neutronen, die nicht von „vorne" kamen, zu verhindern. Nach 5 Stunden Bestrahlung wurden die Platten entwickelt und die Spuren gezählt. Die Durchlässigkeit wurde aus dem Verhältnis der Spurendichten in den Bereichen der Photoplatte, die vom Schliff bedeckt bzw. nicht bedeckt waren, berechnet. Die beobachteten Durchlässigkeiten standen wenigstens größenordnungsmäßig mit den spektrographisch ermittelten Samarium- und Gadoliniummengen (2% Samarium, 0,2% Gadolinium) im Einklang. Quantitative Bestimmungen würden jedenfalls die Verwendung von Vergleichsproben erfordern.

Wenn das zu analysierende Gemisch ausschließlich aus zwei Komponenten besteht, kann unter Umständen eine Schwächungsmessung zur Bestimmung dieser beiden Komponenten auch dann ausreichen, wenn beide Komponenten merklich absorbieren; Voraussetzung ist, daß die Querschnitte nicht gar zu ähnliche Werte aufweisen. Wenn nach einer Vergleichsmethode gearbeitet werden soll, ist eine Eichkurve aufzunehmen. Das Konzentrationsbereich, innerhalb dessen eine derartige Bestimmung möglich ist, wird natürlich in erster Linie durch die relative Größe der beiden Wirkungsquerschnitte bestimmt.

BURGER und RAINWATER (7) konnten so durch einfache Schwächungsmessungen an thermischen Neutronen den Wasserstoffgehalt von Ölen aus Fluorkohlenstoffverbindungen zerstörungsfrei bestimmen. Als die beiden Komponenten sind in diesem Falle die Gruppen $C_{\frac{1}{2}}\,F$ und $C_{\frac{1}{2}}\,H$ zu betrachten. Die beiden Schwächungsquerschnitte betragen 6,4 bzw. 32,4 Barn. Wegen des Überwiegens der Streuung gegenüber der Absorption ist gute Geometrie erforderlich. Proben einer Schichtdicke von zirka 10 g/cm² wurden verwendet. Die Absorption wurde mit der von Eichproben verglichen. Die Absorptionsmessung ergab einen Fehler von etwa 1% in der Durchlässigkeit; zwei Wasserstoff- pro tausend Fluoratome konnten daher noch festgestellt werden. Auf ähnliche Weise kann Wasserstoff auch in anderen Proben — z. B. in Metallen — bestimmt werden [s. (38)].

Empfindliche Bestimmungen der Schwächung ausschließlich durch Absorption, bei denen also schlechte Geometrie zulässig ist, können in interessanter Weise ausgeführt werden, indem man die Probe und das Meßgerät in einen Uranreaktor einführt. Dort treffen die überwiegend thermischen Neutronen von allen Seiten auf sie auf. Zu berücksichtigen ist dabei allerdings, daß die Neutronendichte innerhalb des Reaktors unregelmäßigen zeitlichen Schwankungen unterliegt. Diese Schwierigkeit kann überwunden werden, indem man die Probe viele Male rasch durch das Meßgerät (Borkammer) hindurch- oder an ihr vorbeibewegt („Reaktor-Oszillator") und die jeweils auftretende Verringerung der Anzeige des Gerätes selbstregistrierend bestimmt. Diese Verringerung ist ein Maß der Absorption und kann durch Vergleich mit der analogen Verringerung ausgewertet werden, die durch eine Eichprobe hervorgerufen wird (21).

Man kann schließlich auch auf die Einführung eines besonderen Meßgerätes in den Reaktor überhaupt verzichten und die Absorption unmittelbar durch das Absinken des Reproduktionsfaktors des Reaktors bestimmen, das durch die Einführung einer absorbierenden Probe verursacht wird. Zur Kompensation dieses Absinkens müssen die Regulierstäbe (Cadmium oder Bor), mit deren Hilfe der Reproduktionsfaktor Eins im Reaktor eingestellt wird, verschoben (aus dem Reaktor herausgezogen) werden. Der Betrag der notwendigen Verschiebung ist ein Maß für den Betrag der Absorption und kann mit Hilfe von Eichproben chemisch-analytisch ausgewertet werden. Solche Verfahren sind üblich, um in Reaktorwerkstoffen sehr kleine Mengen solcher Verunreinigungen zu bestimmen, die „parasitäre Absorption" von Neutronen verursachen (2, 27, 34).

5. Analyse mit Neutronen definierter Energie.

Analyse mit Neutronen definierter Energie ist praktisch nur für jene Elemente von Bedeutung, die Resonanzbanden für Einfang oder Streuung langsamer Neutronen aufweisen. Welche Elemente dies sind, ist aus Abb. 22 ersichtlich.

a) Ausschluß der energieärmsten Neutronen.

Wenn nur mit Neutronen höherer als thermischer Energie gearbeitet werden soll, werden die thermischen Neutronen und gegebenenfalls auch ein Anteil der etwas energiereicheren Neutronen mit Hilfe geeigneter Filter ausgeschaltet.

Als Filtersubstanz wird in erster Linie Cadmium verwendet. Auf Grund des hohen Einfangquerschnittes für thermische Neutronen (Resonanzbande bei 0,176 eV; $\sigma_0 = 7200$ Barn) können schon durch dünne Cadmiumbleche (etwa $^1/_2$ mm) praktisch alle Neutronen mit Energien von weniger als 0,4 eV verschluckt werden. Ein derartiges Filter wird man bei der Bestimmung eines Elements verwenden, das Resonanzbanden oberhalb 0,4 eV besitzt und innerhalb einer Probe vorliegt, in der andere Elemente mit erheblichen Querschnitten für thermische Neutronen — aber ohne störende Resonanzbanden — vorhanden sind.

Statt Cadmium kann auch Bor als Filter verwendet werden. Bei diesem Element gehorcht der Einfangquerschnitt über den ganzen Energiebereich der langsamen Neutronen dem „$1/v$-Gesetz". Das Intensitätsmaximum der Neutronen kann daher durch Verwendung von Filtern zunehmender Dicke zu immer größeren Energien verschoben werden. Die Ausschaltung der langsamsten Neutronen ist zwar nicht so scharf wie bei der Verwendung von Cadmium; anderseits ist die Ausschaltung von Neutronen mit Energie $> 0,4$ eV durch Cadmium überhaupt nicht möglich. Beispielsweise läßt eine 0,9 g/cm² dicke Schicht Borcarbid nur 1% der Neutronen von 1 eV, aber immerhin noch 15% der Neutronen von 5 eV durch. Durch Verwendung von Borfiltern entsprechender Dicke scheint es daher manchmal möglich, Elemente mit Resonanzbanden zu bestimmen, auch wenn begleitende Stoffe ebenfalls Resonanzbanden aufweisen. Abb. 22 gibt die Abhängigkeit des Einfangquerschnittes von der Energie für Cadmium und Bor wieder.

Schon bei der Arbeit mit derart gefilterten Neutronen reichen die Intensitäten der natürlichen Quellen meist nicht mehr aus. Über die einfache Filterung hinauszugehen, bei der ja die Neutronenenergie noch immer schlecht definiert ist, ist überhaupt nur mit starken künstlichen Quellen möglich. Dann kann man allerdings mit Strahlen arbeiten, die nur noch Neutronen ganz bestimmter enger Energiegebiete enthalten. Dadurch kann die Trennschärfe der Analyse bedeutend gesteigert werden.

Diese Neutronenstrahlen erhält man entweder, indem man durch geeignete Maßnahmen Neutronen anderer Energie entfernt; oder man behält das von der Quelle gelieferte breite Neutronenspektrum bei, verwendet aber Meßgeräte, die nur auf Neutronen bestimmter Energie ansprechen, andere Neutronen aber ignorieren.

b) Analyse durch Selbstindikation.

Apparativ am einfachsten ist die Analyse durch „Selbstindikation". Diese Methode besteht darin, daß als Sonde dasselbe Element verwendet wird, das in der Probe zu bestimmen ist. Die Sonde ist durch Cadmium gegen die thermischen Neutronen geschützt. Dann spricht die Sonde empfindlich nur auf jene Neutronen an, deren Energie in den Resonanzbereich des Elements fällt. Auf Grund des hohen Wirkungsquerschnittes innerhalb der Bande wird die Sonde relativ stark aktiviert, aber auch schon die Anwesenheit einer kleinen Menge des Elements im Strahlengang führt zu einer erheblichen Schwächung. Beide Umstände wirken sich auf die Empfindlichkeit der Analyse günstig aus. Die Auswertung erfolgt wieder mit Hilfe von Eichproben, deren Zusammensetzung der der Analysenprobe möglichst ähnlich sein soll.

Wenn durch die Resonanzabsorption eine aktive Kernart erzeugt wird, wird nach der Bestrahlung die Aktivität der Sonde bestimmt. Entsteht aber eine

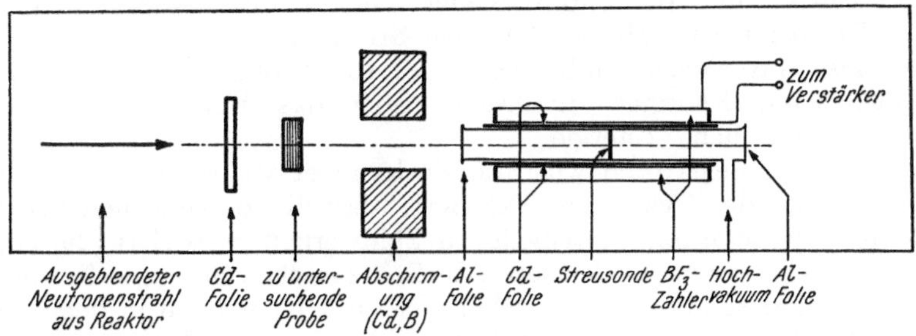

Abb. 23. Selbstindikation der Neutronenschwächung durch Streuung (schematisch).

inaktive Kernart — wie z. B. beim Einfang durch ^{113}Cd —, so können die beim Einfang emittierten Photonen während der Bestrahlung mit Hilfe von Szintillationszählern registriert werden.

Die Selbstindikationsmethode ist auch in den seltenen Fällen von Resonanzstreuung im Gebiete der langsamen Neutronen anwendbar. Man ordnet dann einen Neutronenzähler so an, daß (fast) nur die gestreuten Neutronen gezählt werden (25). Die Anordnung ist in Abb. 23 schematisch wiedergegeben.

c) Analyse mit Selektoren.

Eine verfeinerte Methode zur Durchführung von Analysen mit Neutronen definierter Energie beruht auf der Verwendung von „Selektoren".

α) Wirkungsweise der Selektoren.

Ein mechanischer Selektor für thermische Neutronen wurde schon im Jahre 1935 konstruiert (9). Ein Strom langsamer Neutronen fließt parallel zu einer rotierenden Achse, auf der zwei Scheiben mit gegeneinander versetzten Cadmiumsektoren ähnlich wie beim FIZEAUschen Versuch zur Bestimmung der Lichtgeschwindigkeit angeordnet sind. Nur solche Neutronen können durchtreten, die an beiden Scheiben nicht auf Cadmium auftreffen. Durch Wahl der Entfernung der Scheiben, des Versetzungsgrades der Sektoren und der Rotationsgeschwindigkeit kann man also Neutronen verschiedener Energie aussondern.

Neutronenstrahlen einheitlicher Energie zwischen 10^{-2} und $50\,\mathrm{eV}$ können durch Monochromatoren erzeugt werden, die auf der Beugung der Neutronenwellen an Kristallen beruhen [s. z. B. (4, 18, 41, 42)]. Für verschiedene Elemente konnte die Energieabhängigkeit der Querschnitte mit Hilfe derartiger Geräte bestimmt werden (11). Für analytische Zwecke sind sie aber bisher auch nicht verwendet worden.

Größer sind die Anwendungsmöglichkeiten elektrischer Selektoren, die mit modulierten künstlichen Neutronenquellen verbunden sind. Ein Ionenbeschleuniger (gewöhnlich ein Zyklotron) wird so gesteuert, daß er den Auffänger (gewöhnlich Beryllium) nur in gewissen Abständen mit Stößen von Ionen beschießt. Die erzeugten Neutronen werden durch Wachs verlangsamt. In einer gewissen Entfernung vom Wachsblock ist ein Neutronenzähler aufgestellt, der durch entsprechende Steuervorrichtungen immer nur für eine kurze Periode anspricht, die in einem gewissen Abstand auf den Ionenstoß folgt und etwa die gleiche Dauer wie dieser besitzt.

Bei vorgegebenem Abstand Wachs—Zähler registriert der Zähler nur solche Neutronen, für die die notwendige Flugzeit mit dem Zeitintervall zwischen dem Neutronenstoß und der empfindlichen Periode des Zählers gerade übereinstimmt. Die Analysenprobe wird in den Strahlengang gesetzt. Ähnlich wie bei der Analyse durch Selbstindikation wird die Probe zwar von Neutronen der verschiedensten Energien durchsetzt, aber das Meßgerät ignoriert die Neutronen der „falschen" Energie.

Bei den neueren Selektoren wird die Borkammer während eines Vielfachen der Emissionsdauer des Zyklotrons aktiviert, aber die zu verschiedenen Zeiten eintreffenden Neutronen auf verschiedenen Zählwerken registriert (29, 30). Die Zeit zwischen den einzelnen Stößen sowie die Zeit zwischen Stoß und Einschaltung des Meßgerätes sind so stark veränderlich, daß mit Neutronen in dem enormen Energiebereich 10^{-3} bis 10^4 eV gearbeitet werden kann. Allerdings nimmt das Auflösungsvermögen mit zunehmender Energie (abnehmender Flugzeit) stark ab und erreicht schon bei Energien zwischen 10^2 und 10^3 eV die Größenordnung der Energie selbst. Dies beruht auf der Tatsache, daß die Neutronen registriert werden, die während eines kurzen, konstant bleibenden Intervalls (t_r) eintreffen. Wird die Flugzeit (t_f) kürzer (also die Energie größer), so wächst die relative Unsicherheit in der Flugzeitbestimmung, die etwa durch t_r/t_f gegeben ist.

Neuerdings sind elektrische Selektoren auch an Atomkernreaktoren angeschlossen worden (32a, 33). Bei diesen werden die Neutronenstöße, die eine Dauer von einigen Mikrosekunden aufweisen, durch eine geschlitzte Scheibe erzeugt, die vor der Austrittsöffnung des Reaktors rotiert. Von dieser Scheibe aus erfolgt auch die Steuerung der Borkammer, d. h. die Borkammer wird immer eine gewisse Zeit nach Austritt eines Neutronenstoßes aktiviert. Diese Selektoren haben bereits für die Bestimmung der Neutronenabsorption durch verschiedene Elemente, jedoch nicht für analytische Zwecke Anwendung gefunden.

β) Anwendungen.

Für möglichst genaue quantitative Bestimmungen wird nach Vergleichsmethoden gearbeitet; Absolutbestimmungen haben demgegenüber den Vorteil, daß die Herstellung der Vergleichsproben wegfällt und daß die Anzahl der erforderlichen Messungen — insbesondere, wenn nur einzelne Proben analysiert werden sollen — geringer ist. Die bei der Auswertung der Neutronenabsorptionskurven auftretenden Probleme sind von Havens und Taylor unter besonderer Berücksichtigung der Absolutmethoden diskutiert worden (37, 38).

Die größten Schwierigkeiten der Absolutbestimmung ergeben sich aus dem begrenzten Auflösungsvermögen der Selektoren. Die Unschärfe der Auflösung macht sich dort bemerkbar, wo sich die Absorption stark mit der Energie ändert, also vor allem innerhalb schmaler Resonanzbanden. Infolgedessen werden die Resonanzquerschnitte bei Messung mit schlechter Auflösung zu klein erscheinen. Daher ist auch eine Analyse durch Ausmessung der Schwächung im Absorptionsmaximum (Durchlässigkeitsminimum) nur möglich, wenn die für die Berechnung verwendeten Querschnitte unter den gleichen Bedingungen (Auflösungsvermögen!) ermittelt worden waren; damit geht aber eigentlich die „Absolutmethode" in eine Vergleichsmethode über.

Leichter erfolgt deshalb die Analyse durch Ausmessung der Fläche der Absorptionsbande. Als Bandenfläche ist hier die Fläche zwischen der beobachteten Schwächungskurve und einer horizontalen Geraden zu verstehen, die die energieunabhängige Schwächung durch Potentialstreuung wiedergibt (Abb. 24; s. Abschnitt 2, a). HAVENS und TAYLOR (38) haben nämlich gezeigt, daß die Bandenfläche vom Auflösungsvermögen unabhängig ist, wenn die Unschärfe der Auflösung doch noch bedeutend kleiner ist als die Bandenbreite.

Zur quantitativen Auswertung kann man eine Durchlässigkeitskurve in der Weise zeichnen, daß man die unmittelbar beobachteten Werte durch die Durchlässigkeit außerhalb der Bande dividiert; die dergestalt erhaltene Kurve zeigt natürlich außerhalb der Bande eine „relative Durchlässigkeit" eins. Die Berechnung des Gehaltes der Probe kann nun nach HAVENS und TAYLOR aus der Bandenfläche A mit Hilfe der Konstanten σ_0 und Γ der BREIT-WIGNER-Formel erfolgen. Diese Be-

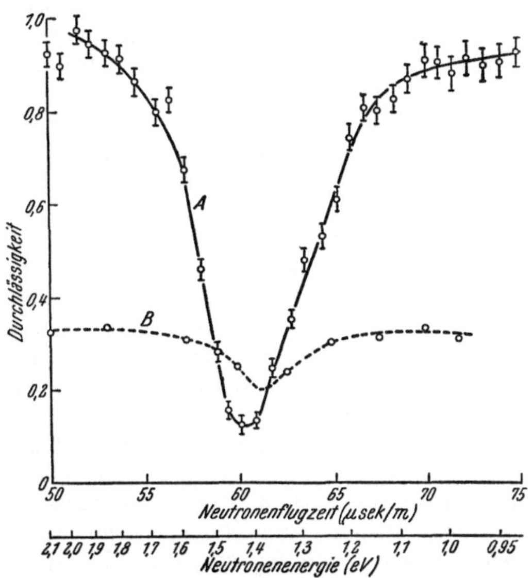

Abb. 24. Durchlässigkeitskurven bei der Indiumbestimmung mit Neutronenselektor [nach (38)]. A: Eichprobe aus reinem Indium (Schichtdicke 38,65 mg/cm²); B: Analysenprobe aus Zinn mit 0,03% Indium (Schichtdicke 45,15 g/cm²).

rechnung erfordert im allgemeinen eine komplizierte numerische Integration. Einfachere Formeln existieren aber für die beiden wichtigen Grenzfälle sehr dicker und sehr dünner Proben, d. h. für die Grenzfälle einerseits $l\,n\,\sigma_0 \geqq 1$, anderseits $l\,n\,\sigma_0 \ll 1$. Es gilt dann für dicke Proben

$$n = A^2/l\,\pi\,\sigma_0\,\Gamma^2 \qquad (8.9)$$

bzw. für dünne Proben

$$n = 2\,A/l\,\pi\,\sigma_0\,\Gamma. \qquad (8.10)$$

Die Autoren haben auch die mit diesen Formeln erhaltenen Ergebnisse mit den durch numerische Integration gewonnenen Werten für mittlere Probedicken verglichen und so eine Korrekturkurve ermittelt, mit deren Hilfe man die einfachen Grenzformeln auch auf den Zwischenbereich anwenden kann.

Die Empfindlichkeit des qualitativen Nachweises kann unter der Annahme abgeschätzt werden, daß eine Verminderung der Intensität des Neutronenstrahles bei der Resonanzenergie um etwa 10% einwandfrei beobachtbar ist. Dies trifft bei gutem Auflösungsvermögen des Gerätes dann zu, wenn das Element in solcher Menge vorliegt, daß $l\,n\,\sigma_0 \approx 0,1$ [s. Gl. (8. 2)]. Dann findet man als Erfassungsgrenzen auf Grund der tabellierten Resonanzquerschnitte (vgl. Abb. 22): Rhodium 8 mg/cm², Silber 30 mg/cm², Cadmium 2 mg/cm², Indium 2 mg/cm², Samarium 1 mg/cm², Europium 4 mg/cm², Hafnium 8 mg/cm², Iridium 9 mg/cm², Gold 11 mg/cm². Die anderen Elemente haben geringere Schwächungsquerschnitte und dementsprechend höhere Erfassungsgrenzen.

Die minimale Fläche der Analysenprobe hängt einigermaßen von der verwendeten Anordnung ab. Eine Fläche von einem Quadratzentimeter dürfte aber kaum zu unterschreiten sein. Wie man sieht, ist also die Empfindlichkeit der Methode der anderer mikroanalytischer Methoden weit unterlegen.

Quantitative Analysen können gewöhnlich mit einiger Genauigkeit ausgeführt werden, wenn $l\,n\,\sigma_0 > 0{,}2$. In erster Linie kommen für die quantitative Bestimmung natürlich die schon qualitativ gut nachweisbaren Elemente in Frage. Taylor, Anderson und Havens (37, 38) berichten über derartige Analysen. Bei einer Bestimmung von Indium in Zinn wurde die Neutronendurchlässigkeit zwischen 0,5 und 2,5 eV gemessen. Aus dem Schwächungsspektrum des reinen Indiums waren die Werte von σ_0 und Γ bekannt. Da das relative Durchlässigkeitsminimum der Probe etwa 0,7 betrug, konnte sie als dünn betrachtet werden. So wurde das Produkt $l \cdot n$ mit Hilfe des Ausdruckes (8. 10) berechnet und dann erst nach der Korrekturkurve korrigiert. Der auf diesem Weg gefundene Indiumgehalt stimmte mit dem (licht)-spektrographisch bestimmten Gehalt gut überein. Abb. 24 gibt die experimentell ermittelten Durchlässigkeitskurven bei einer derartigen Bestimmung wieder.

Zur Bestimmung von Hafnium in Zirkonproben von 16,3 g/cm² wurde die Resonanzbande bei 1,07 eV herangezogen. Da die minimale Durchlässigkeit nur ungefähr 0,1 betrug, wurde mit der Formel für dicke Proben [Gl. (8. 9)] gerechnet. Nach Korrektur ergab sich ein Hafniumgehalt von 0,29 g/cm² (1,7%). Da mit einem Fehler von $\pm$ 10% zu rechnen war, ist die Übereinstimmung mit dem (licht)-spektrographischen Wert von 1,9% nicht unbefriedigend.

Nach Ansicht von Havens und Taylor wäre die Neutronenabsorptionsspektroskopie auch für die folgenden quantitativen Analysen in Erwägung zu ziehen: Tantal in Niob, Mangan in Aluminium und Eisen, Kobalt in Eisen, Gemische Seltener Erden, Bestimmung dünner Schichten von Silber, Gold, Rhodium und Cadmium.

6. Analyse durch Messung gestreuter Neutronen.

Die bisher in diesem Kapitel beschriebenen Analysenmethoden beruhen auf der Messung der Neutronen, die durch eine Probe durchgelassen werden. Dabei wird die Durchlässigkeit hauptsächlich von der Absorption bestimmt. Prinzipiell ist aber auch Analyse durch direkte Messung der in der Analysenprobe aus der ursprünglichen Bahn geworfenen Neutronen möglich. Allerdings sind die in der Praxis auftretenden Schwierigkeiten groß, so daß bis jetzt nur Methoden für die Wasserstoffbestimmung ausgearbeitet wurden.

Vom mikroanalytischen Gesichtspunkt liegt die Hauptschwierigkeit in den relativ geringen Unterschieden zwischen den Streuquerschnitten der einzelnen Elemente (vgl. Abschn. 2, a). Die Intensität der gesamten Streuung an einem Gemisch wird also von Mikrokomponenten kaum beeinflußt. Eine Ausnahme liegt bei der Streuung thermischer Neutronen durch Wasserstoff vor. Der Streuquerschnitt an molekularem Wasserstoff steigt nämlich von dem ohnehin schon hohen Wert von 22 Barn bei 1 eV auf 30 Barn bei 0,025 eV (mittlere thermische Energie), an gebundenem Wasserstoff — z. B. in Paraffin — sogar von 22 Barn auf 53 Barn. Dieser Anstieg ergibt sich aus der Tatsache, daß der Einfluß der chemischen Bindung des gestoßenen Protons nur dann vernachlässigt werden kann, wenn die Neutronenenergie viel größer ist als das Quant der chemischen Bindung. Dieses liegt gewöhnlich in der Größenordnung von einigen Zehntel Elektronenvolt.

Eine Methode zur Bestimmung des Wasserstoffes durch die Schwächung auf Grund der Potentialstreuung ist schon in Abschn. 4 genannt worden. Es erscheint nun aber auch möglich, Wasserstoff zu bestimmen, indem man die Intensität der Streuneutronen aus einer Probe mißt, die mit einem ausgeblendeten Strahl thermischer Neutronen bestrahlt wird. Nützlich kann diese Methode vor allem dann sein, wenn der Wasserstoff in Stoffen mit erheblichen Reaktionsquerschnitten enthalten ist, wo also die Schwächung vor allem durch die Absorption in den anderen Komponenten bedingt ist.

Bei jeder Streuung von Neutronen — ebenso wie von anderen Teilchen — wird ein Teil der Energie des Neutrons an den streuenden Kern abgegeben. Dabei ist das Verhältnis der übertragenen zur ursprünglichen Energie — wenn es sich um Neutronen mit wesentlich höheren als thermischen Energien handelt — nur von der Masse des Kerns und vom Streuwinkel abhängig. Theoretisch kann man sich daher eine Analysenmethode vorstellen, bei der die Probe mit ausgeblendeten monoenergetischen Neutronen bestrahlt wird und die Energieverteilung der in einer gewissen Richtung gestreuten Neutronen etwa mit Hilfe eines Selektors bestimmt wird. Eine praktische Anwendung dieses Prinzips ist aber noch nicht erfolgt.

Eine Ausnahme bildet wiederum der Wasserstoff, wo die Energieübertragung im einzelnen Stoßvorgang relativ groß ist; beim Wasserstoff kann schon ein einzelner Stoß ausreichen, um ein schnelles Neutron praktisch seiner ganzen Energie zu berauben. Das ist bei keinem anderen Element möglich; z. B. können beim Stoß eines Neutrons gegen ein Deuteron nur 88% der Energie, gegen einen Kohlenstoff-12-Kern nur 27% der Energie übertragen werden, so daß bei einer Primärenergie der Größenordnung 1 MeV das gestreute Neutron noch immer erhebliche Energie aufweist. Mißt man daher während der Bestrahlung einer Probe mit schnellen Neutronen die Intensität der Streuneutronen mit einem Gerät, das für langsame, aber nicht für schnelle Neutronen empfindlich ist, also z. B. mit einem Borzähler oder mit einer geeigneten β-aktivierbaren Sonde, so registriert man fast ausschließlich die durch Streuung am Wasserstoff verlangsamten Neutronen; ihre Zahl ist dem Wasserstoffgehalt über ein großes Konzentrationsbereich proportional.

Derartige Wasserstoffanalysen durch Messung der Neutronenverlangsamung sind mehrfach beschrieben worden (2 a, 6, 22). Die Hauptanwendung findet das Prinzip aber bei der Untersuchung von Bohrlöchern („neutron well logging"). In das Bohrloch werden eine Neutronenquelle und ein Borzähler eingeführt. Wasserstoffreiche Schichten, d. h. Schichten mit erheblichem Wasser- oder Ölgehalt, reflektieren und verlangsamen die Neutronen stärker als andere Schichten, so daß die gemessene Intensität Schlüsse auf den Wasserstoffgehalt der Schichten zuläßt [s. z. B. (2 b, 10, 28, 36, 39 a)].

7. Analyse durch Messung der Protonenstreuung.

Auch beim elastischen Zusammenstoß schneller monoenergetischer Protonen mit Kernen ist die Energie der Teilchen bei vorgegebenem Streuwinkel eine eindeutige Funktion der Kernmasse. In ersten Versuchen zur chemischen Analyse nach diesem Prinzip wurde die Energie der Streuprotonen durch einen magnetischen Spektrographen bestimmt (31). Das Verfahren ist auf die Untersuchung dünnster Schichten beschränkt. Die Energieverhältnisse bei der Streuung sind nämlich wegen des starken Energieverlustes der Protonen in Materie nur bei Streuung an der Oberfläche eindeutig definiert. Je schwerer die nachzuweisenden Atome sind, desto besser muß das Auflösungsvermögen des Spektrographen sein. Bisher konnten daher nur leichtere Elemente nachgewiesen werden, z. B. Spuren von Beryllium und Aluminium in niedergeschlagenem Staub.

Literatur.

(1) Adair, R. K., Rev. Mod. Physics 22, 249 (1950). — (2) Anderson, H., E. Fermi, A. Wattenberg, G. Weil u. W. Zinn, Physic. Rev. 72, 16 (1947).
(2a) Belcher, D. J., T. R. Crykendill u. H. Sack, s. Nucleonics 8 (4), 78 (1951). — (2b) Blum, E., Erdöl u. Kohle 6, 133 (1953). — (3) Bohr, N., Nature 137, 344 (1936). — (4) Borst, L. B., u. V. L. Sailor, Rev. Sci. Instruments 24, 141 (1953). — (5) Breit, G., u. E. P. Wigner, Physic. Rev. 49, 519 (1936). — (6) Brunner, E., u. E. S. Mardock, Amer. Inst. Mining Metallurg. Engr., Techn. Publ., Petroleum Technology 9 (2), Report 1986 (1946). — (7) Burger, L. L., u. L. Rainwater, siehe (8) und (38). — (8) Busch, G. W., R. C. Carter u. F. E. McKenna, Nat. Nucl. En. Ser. VIII-1, 261. New York. 1949.
(9) Dunning, J. R., G. B. Pegram, G. A. Fink, D. D. Mitchell u. E. Segrè, Physic. Rev. 48, 704 (1935).
(10) Fearon, R. E., Nucleonics 4 (6), 30 (1949). — (11) Foote, H. L., V. L. Sailor u. H. H. Landon, Physic. Rev. 90, 362 (1953). — (12) Ford, I. H., u. E. E. Picciotto, Nuovo Cimento 9, 141 (1952).
(13) Goldsmith, H. H., H. W. Ibser u. R. T. Feld, Rev. Mod. Physics 19, 259 (1947). — (14) Goodman, C. (Hsg.), The Science and Engineering of Nuclear Power. Cambridge, Mass. 1947. — (15) Govaerts, J., Exper. 6, 459 (1950). — (16) Graves, A. C., R. L. Walker, R. F. Taschek, A. O. Hanson, J. H. Williams u. H. M. Agnew, Nat. Nucl. En. Ser. V-3. New York. 1949. — (17) Green, M., u. G. R. Martin, Trans. Faraday Soc. 48, 416 (1952).
(18) Hurst, D. G., A. J. Pressesky u. P. R. Turncliffe, Rev. Sci. Instruments 21, 705 (1950).
(19) Kirkside, J., Nature 171, 564 (1953).
(20) Landolt-Börnstein, Zahlenwerte und Funktionen, 6. Aufl., Bd. I, 5. Teil, S. 279—293. Berlin-Göttingen-Heidelberg. 1952. — (21) Langsdorf, A., Physic. Rev. 74, 1217 (1948). — (22) Lipson, L. B., U. S. Patent 2462270 (1949).
(23) Martelly, J., u. P. Sue, Bull. soc. chim. France 1946, 103. — (24) Moyer, B. J., B. Peters u. F. H. Schmidt, Physic. Rev. 69, 666 (1946). — (25) Muehlhause, C. O., u. G. E. Thomas, Nucleonics 7 (1), 9 (1950). — (26) Nucleonics 11 (1), 44 (1953).
(27) Pomerance, H., Physic. Rev. 88, 412 (1952). — (28) Pontecorvo, B., Oil Gas J. 40, (18), 32 (1941).
(29) Rainwater, L., u. W. W. Havens, Physic. Rev. 70, 136 (1946). — (30) Rainwater, L., W. W. Havens, C. S. Wu u. J. R. Dunning, Physic. Rev. 71, 65 (1947). — (31) Rubin, S., u. V. H. Rasmussen, Physic. Rev. 78, 83 (1950).
(32) Schenck, J., Nucleonics 10 (8), 54 (1952). — (32a) Seidl, F. G. P., D. J. Hughes, H. Palevsky, J. S. Levin, W. Y. Kato u. N. G. Sjöstrand, Physic. Rev. 95, 476 (1954). — (33) Selove, W., Physic. Rev. 84, 869 (1951). — (34) Stewart, H. B., F. G. LaViolette, C. L. McClelland, G. B. Garvin u. T. M. Snyder, Nucleonics 11 (5), 38 (1953). — (35) Sue, P., u. J. Martelly, Bull. soc. chim. France 1946, 400. — (36) Swift, G., Geophysics 17, 387 (1952).
(37) Taylor, T. I., R. H. Anderson u. W. W. Havens, Science 114, 341 (1951). — (38) Taylor, T. I., u. W. W. Havens, Nucleonics 5 (6), 4 (1949); 6 (2), 66 (1950); 6 (4), 54 (1950). — (39) Tittle, C. W., Nucleonics 8 (6), 5 (1951); 9 (1), 60 (1951). — (39a) Tittle, C. W., H. Faul u. C. Goodman, Geophysics 16, 620 (1951).
(40) Walker, R., siehe (38). — (41) Wollan, E. O., u. C. G. Shull, Nucleonics 3 (1), 8 (1948).
(42) Zinn, W., Physic. Rev. 71, 752 (1947).

IX. Die Arbeit mit individuellen Radioelementen.
1. Einleitung und Gesamtübersicht.

In diesem Kapitel soll zunächst ein Überblick über die für analytische Anwendungen in erster Linie in Frage kommenden Radioelemente gegeben werden. Sodann sollen die Besonderheiten einzelner wichtiger Elemente und die sich daraus ergebenden Arbeitsmethoden beschrieben werden. Zu diesem Zwecke wird zu Beginn eine tabellarische Gesamtübersicht gegeben. Anschließend werden die Kernarten nach praktischen Gesichtspunkten in drei großen Gruppen zusammengefaßt — künstlich erzeugte „harte" Strahler, künstlich erzeugte „weiche" Strahler und natürliche Strahler — und die wichtigsten Vertreter dieser Gruppen eingehender besprochen. Da die Herstellung der Radioelemente in der Mehrzahl der Fälle in Sonderlaboratorien erfolgt, wird sie hier nur skizziert; hingegen werden die bei der Verwendung auftretenden Probleme — vor allem die der Messung — ausführlicher besprochen.

Die Gesamtübersicht der als Indikatoren geeigneten und daher für die analytische Anwendung wichtigen radioaktiven Kernarten ist in Tab. 9 zu finden. Die Tabelle ist zum Teil auf Grund vollständiger Verzeichnisse der bekannten Kernarten (87, 194, 243, 320), zum Teil auf Grund des Katalogs der in Harwell erhältlichen Radioelemente zusammengestellt (279).

In der Tabelle sind die Elemente nach steigender Atomnummer angeordnet. Kernarten sind nicht in die Tabelle aufgenommen, wenn sie in absehbarer Zeit keine analytische Verwendung finden dürften. Das kann daran liegen, daß ihre Lebensdauer besonders ungünstig ist, oder auch daran, daß die Kernreaktionen, durch die sie herzustellen sind, mit besonders schlechter Ausbeute verlaufen. Die Edelgase und die weniger wichtigen Seltenen Erden sind auch nicht aufgenommen. Schließlich sind in einigen Fällen, wo mehrere aktive Isotope desselben Elements in Frage kommen, die praktisch weniger günstigen Isotope ausgelassen.

Spalte 1 gibt die Ordnungszahl, Spalte 2 das chemische Symbol des Elements, Spalte 3 die Massenzahl des Isotops, Spalte 4 die Halbwertszeit, Spalte 5 die Art der Zerfallsreaktion, Spalte 6 die Energie der Teilchen, Spalte 7 die Energie der Quanten und Spalte 8 die wichtigste Herstellungsart des Radioelements (zugrunde liegende Kernreaktion und verwendete Teilchenquelle — womöglich den Reaktor). In Spalte 9 ist die Sättigungsaktivität in Millicurie pro Gramm inaktiven Elements angeführt, die laut Isotopenkatalog (279) in der Normalposition im Reaktor von Harwell erhalten wird. In dieser Position besitzt der Fluß der thermischen Neutronen den Wert $10^{11}\,\mathrm{cm^{-2}\,sec^{-1}}$. (Bei sehr langlebigen Stoffen wird man allerdings oft auf das Erreichen der Sättigung verzichten, da die Bestrahlungszeit sonst allzu lang wird und auch die Bestrahlungskosten der Zeit proportional sind.) Spalte 10 gibt aktive Isotope oder sonst chemisch nahe verwandte Radioelemente an, die die betreffende Kernart von der Herstellung her unvermeidlich begleiten. Leicht abzutrennende Radioelemente, die als Begleiter auftreten, werden nicht angeführt. In Spalte 11 findet man etwaige radioaktive Tochterkörper der Radioelemente.

Spalte 12 enthält Hinweise auf die Literatur. Die Angaben beziehen sich stets in erster Linie auf die chemisch-analytische Anwendung des Radioelements, nicht auf seine Herstellung oder Kerneigenschaften. Vollständigkeit der Literaturangaben konnte in keiner Weise angestrebt werden. Für jene Elemente, die auch als Spaltprodukte des Urans auftreten, ist der wichtigste Hinweis der auf die von CORYELL und SUGARMAN herausgegebene Sammlung radiochemischer Arbeiten über die Kernspaltung (66).

Die in den Spalten 5, 6 und 7 angegebenen Zerfallsarten und -energien sind jene, die praktisch ausgenützt werden können. Selten auftretende Zerfallsreaktionen oder Strahlengruppen bleiben also unberücksichtigt. Bei β-Strahlern ist unter der Energie stets die obere Grenzenergie zu verstehen. Bei den γ-Strahlern ist zu bedenken, daß die Quantenstrahlung stark konvertiert sein kann und dann Meßanordnungen verwendet werden können — unter Umständen

Tabelle 9. *Radioelemente für Indikatoranwendungen.*

1	2	3	4	5	6	7	8	9	10	11	12
		Kernart			Strahlung		Wichtigste Herstellungsart	Normale Sättigungsaktivität (mC/g)	Wichtige aktive Beimengungen	Aktive Folgeprodukte	Literatur
Z	Symbol	A	$T_{1/2}$	Art	E_T (MeV)	E_Q (MeV)					
1	H	3⊙	12,5 J.	β^-	0,018		R Li (n, α)				Kap. IX
4	Be	7⊙	53 T.	K, γ		0,48	B Li (d, n)				312, 316, 339
6	C	14○	5570 J.	β^-	0,155		R N (n, p)				Kap. IX
9	F	18○	112 Min.	β^+	0,65		R O (t, n)				32
11	Na	22⊙	2,6 J.	β^+, γ	0,58	1,3	B Mg (d, α)				Kap. IX, 138, 189,
11	Na	24	15,0 St.	β^-, γ	1,39	2,76	R Na (n, γ)	32			217, 316, 334
14	Si	31	2,6 St.	β^-	1,48		R Si (n, γ)	0,26			
15	P	32	14,3 T.	β^-	1,69		R P (n, γ)	12			Kap. IX, 20, 44,
15	P	32⊙	14,3 T.	β^-	1,69		R S ($\bar{n}$, p)	$\sim$3000			189, 217, 235, 237, 316, 334
16	S	35	87,1 T.	β^-	0,168		R S (n, γ)	0,54			Kap. IX
16	S	35○	87,1 T.	β^-	0,168		R Cl (n, p)	$\sim 2 \cdot 10^5$			
17	Cl	36	$4 \cdot 10^5$ J.	β^-	0,71		R Cl (n, γ)				189, 217, 316
19	K	42	12,4 St.	β^-, γ	3,6	1,5	R K (n, γ)	2,7			86, 189, 217, 316
20	Ca	45	152 T.	β^-	0,25		R Ca (n, γ)	0,48			Kap. IX, 8, 55, 61,
20	Ca	45○	152 T.	β^-	0,25		R Sc ($\bar{n}$, p)				161, 189, 217, 316, 325
21	Sc	46	85 T.	β^-, γ	0,36	0,9	R Sc (n, γ)	810			
23	V	48○	16 T.	β^+, K, γ	0,7	1,32	B Ti (p, n)				
24	Cr	51	27,8 T.	K, γ		0,32	R Cr (n, γ)	16			
25	Mn	54○	310 T.	K, γ		0,85	B Cr (d, n)				
25	Mn	56	2,6 St.	β^-, γ	2,8	2,1	R Mn (n, γ)	320			59, 189, 217, 316
26	Fe	55	2,94 J.	K		0,006	R Fe (n, γ)	1,46	^{59}Fe		Kap. IX, 92, 94,
26	Fe	55○	2,94 J.	K		0,006	R Sz.-Ch.		^{59}Fe		169, 170, 189, 217,
26	Fe	59	45,1 T.	β^-, γ	0,46	1,3	R Fe (n, γ)	0,028	^{55}Fe		258, 266, 298, 316,
26	Fe	59○	45,1 T.	β^-, γ	0,46	1,3	R Sz.-Ch.	$\sim$ 100	^{55}Fe		328, 334, 346
27	Co	60	5,3 J.	β^-, γ	0,31	1,3	R Co (n, γ)	830			59, 90, 94, 169, 189, 217, 316, 347
28	Ni	63	85 J.	β^-	0,067		R Ni (n, γ)				
29	Cu	64	12,8 St.	β^-, β^+	0,66 β^+ 0,57 β^-		R Cu (n, γ)	50			36, 60, 94, 171, 189, 217, 309, 313, 316, 352, 370

Z	El.	A	$T_{1/2}$	Strahlung	E	E	Herstellung	σ	Folgeprodukt	Bemerkung	Literatur
30	Zn	65	250 T.	β^+, K, γ	0,32	1,1	R Zn (n, γ)	6,8	^{69}, ^{69*}Zn	^{69}Zn ($T_{1/2}$ = 57 Min., E(β^-) = 0,9)	60, 66, 94, 189, 217, 247, 316, 323
30	Zn	69*	13,8 St.	γ		0,44	R Zn (n, γ)	1,3	^{65}, ^{69}Zn		
31	Ga	72	14,1 St.	β^-, γ	3,1	2,5	R Ga (n, γ)	30			66, 89, 316
32	Ge	71	11,4 T.	K		0,6	R Ge (n, γ)	2,2	^{77}Ge		66
33	As	74 ⊙	16 T.	β^-, β^+, γ	1,4 β^-; 0,9 β^+	0,6	B Ge (p, n)				66, 187, 189, 193, 203, 217, 316, 331, 356
33	As	76	26,8 St.	β^-, γ	3,0	1,75	R As (n, γ)	90			66, 189, 217, 316, 334
33	As	76 ⊙	26,8 St.	β^-, γ	3,0	1,75	R Sz.-Ch.				
33	As	77 ○	38 St.	β^-	0,7		R Ge (n, γ) ^{77}Ge $\xrightarrow{\beta}$				
34	Se	75	125 T.	K, γ		0,4	R Se (n, γ)	4,9			31, 66, 77, 78, 79, 189, 217, 316, 359
35	Br	82	35,9 St.	β^-, γ	0,46	1,32	R Br (n, γ)	22			66, 353
37	Rb	86	19,5 T.	β^-, γ	1,82	1,08	R Rb (n, γ)	10			66, 90, 189, 217, 234, 316, 353
38	Sr	89	53 T.	β^-	1,46		R Sr (n, γ)	0,078			
38	Sr	89 ○	53 T.	β^-	1,46		R U (n, f)		^{90}Sr	^{90}Y	
38	Sr	90 ○	19,9 J.	β^-	0,61		R U (n, f)		^{89}Sr	^{90}Y	
39	Y	90	62 St.	β^-	2,2		R Y (n, γ)	23			66, 84, 310, 311, 316
39	Y	90 ⊙	62 St.	β^-	2,2		R U (n, f)				
39	Y	91 ○	61 T.	β^-	1,56		R U (n, f)				
40	Zr	95	65 T.	β^-, γ	0,4	0,72	R Zr (n, γ)	1,3		^{95}Nb	66, 84, 197, 310, 353
40	Zr	95 ○	65 T.	β^-, γ	0,4	0,72	R U (n, f)			^{95}Nb	
41	Nb	95 ○	35 T.	β^-, γ	0,15	0,76	R U (n, f)				66, 84, 353
42	Mo	99	68 St.	β^-, γ	1,23	0,75	R Mo (n, γ)	1,7			66, 84, 217, 316, 353
43	Tc	97* ○	90 T.	γ		0,1	R Ru (n, γ) $^{97}_{44}$Ru $\xrightarrow{K}$				66
44	Ru	103	39,8 T.	β^-, γ	0,68	0,50	R Ru (n, γ)	6,2	^{97}, ^{105}Ru, ^{105}Rh		66, 353
44	Ru	103 ○	39,8 T.	β^-, γ	0,68	0,50	R U (n, f)		^{106}Ru	^{106}Rh ($T_{1/2}$ = 30 Sek., E(β^-) = 3,5)	
44	Ru	106 ⊙	1 J.	β^-	0,04		R U (n, f)		^{103}Ru		
45	Rh	105 ⊙	36 St.	β^-, γ	0,57	0,33	R Ru (n, γ) $^{105}_{44}$Ru $\xrightarrow{\beta}$		^{103}Pd		66, 353
46	Pd	109	13 St.	β^-	0,96		R Pd (n, γ)	44			66, 353
47	Ag	110*	270 T.	β^-, γ	0,5	1,5	R Ag (n, γ)	17		^{110}Ag ($T_{1/2}$ = 24 Sek., E(β^-) = 2,8)	66, 94, 217, 316, 334, 353
47	Ag	111 ⊙	7,6 T.	β^-, γ	1,0	0,34	R Pd (n, γ) ^{111}Pd $\xrightarrow{\beta}$	4,3			66, 353
48	Cd	115	2,3 T.	β^-, γ	1,1	0,54	R Cd (n, γ)		^{109}, ^{115*}Cd		
48	Cd	115*	43 T.	β^-, γ	1,6	1,30	R Cd (n, γ)	0,57	^{109}, ^{115}Cd		

Fortsetzung der Tabelle 9.

Kernart				Strahlung							
1	2	3	4	5	6	7	8	9	10	11	12
Z	Symbol	A	$T_{1/2}$	Art	E_β (MeV)	E_γ (MeV)	Wichtigste Herstellungsart	Normale Sättigungsaktivität (mC/g)	Wichtige aktive Beimengungen	Aktive Folgeprodukte	Literatur
49	In	114*	49 T.	γ		0,19	R In (n, γ)	36	^{114}In	^{114}In ($T_{1/2}$ = 72 Sek., $E(\beta^-)$ = 1,9)	66, 353
50	Sn	113	112 T.	K, γ		0,08	R Sn (n, γ)	0,16	121, 123, ^{125}Sn	^{113}In* ($T_{1/2}$ = 104 Min., $E(\gamma)$ = 0,39)	66, 353
51	Sb	122	2,8 T.	β^-, γ	1,9	0,57	R Sb (n, γ)	51	^{124}Sb		66, 189, 217, 316, 334, 353
51	Sb	124	60 T.	β^-, γ	2,4	1,7	R Sb (n, γ)	15	^{122}Sb		
51	Sb	125○	2,7 J.	β^-, γ	0,62	0,65	R Sn (n, γ) $^{125}_{50}$Sn $\xrightarrow{\beta}$				
52	Te	127*	115 T.	γ		0,09	R Te (n, γ)	0,18	123*, 125*, 127, 129, ^{131}Te	^{127}Te ($T_{1/2}$ = 9,3 St., $E(\beta^-)$ = 0,7)	66, 217, 316, 353
53	J	131○	8,0 T.	β^-, γ	0,60	0,64	R Te (n, γ) $^{131}_{52}$Te $\xrightarrow{\beta}$ R U (n, f)				24, 52, 53, 66, 90, 95, 97, 139, 154, 189, 217, 221, 252, 277, 281, 316, 322, 334
55	Cs	134	2,3 J.	β^-, γ	0,66	1,3	R Cs (n, γ)	290			66, 353
55	Cs	137○	33 J.	β^-	1,2		R U (n, f)			^{137}Ba* ($T_{1/2}$ = 2,6 Min., $E(\gamma)$ = 0,66)	
56	Ba	131	12 T.	K, γ		0,5	R Ba (n, γ)	0,03			66, 90, 353
56	Ba	140○	12,8 T.	β^-, γ	1,02	0,5	R U (n, f)			^{140}La	
57	La	140○	40 St.	β^-, γ	2,26	1,6	R La (n, γ)	100			66, 310, 311
57	La	140○	40 St.	β^-, γ	2,26	1,6	R U (n, f)				
58	Ce	141	33,1 T.	β^-, γ	0,58	0,14	R Ce (n, γ)	12			66, 141, 310, 311, 353
58	Ce	144○	275 T.	β^-, γ	0,30	0,13	R U (n, f)		^{143}Ce, ^{143}Pr	^{144}Pr ($T_{1/2}$ = 17,5 Min., $E(\beta^-)$ = 2,97)	
59	Pr	142	19,3 St.	β^-, γ	2,2	1,5	R Pr (n, γ)	120			66, 310, 311
59	Pr	143○	13,8 T.	β^-	0,93		R Ce (n, γ) $^{143}_{58}$Ce $\xrightarrow{\beta}$				
59	Pr	143○	13,8 T.	β^-	0,93		R U (n, f)				
60	Nd	147○	11 T.	β^-, γ	0,8	0,5	R U (n, f)			^{147}Pm	66, 310, 311

61	Pm	147 ○	2,6 J.	β^-	0,22		R U (n, f)				66, 310, 311
62	Sm	153	47 St.	β^-, γ	0,8	0,1	R Sm (n, γ)	400			66, 310, 311
63	Eu	152*	13 J.	K, β^-	1,58	0,34	R Eu (n, γ)		^{154}Eu		} 66
63	Eu	154	16 J.	β^-, γ	1,9	1,1	R Eu (n, γ)		^{152}Eu*		
72	Hf	181	46 T.	β^-, γ	0,4	0,47	R Hf (n, γ)	32			316
73	Ta	182	111 T.	β^-, γ	0,5	1,2	R Ta (n, γ)	190			
74	W	185	73,2 T.	β^-, γ	0,42	0,13	R W (n, γ)	5,7	^{187}W		
74	W	187	24,1 St.	β^-, γ	1,3	0,7	R W (n, γ)	90	^{185}W		
75	Re	186	91 St.	β^-, K, γ	1,07	0,13	R Re (n, γ)	330	^{188}Re		
75	Re	188	16,9 St.	β^-, γ	2,10	1,3	R Re (n, γ)		^{186}Re		
76	Os	191	16 T.	β^-, γ	0,14	0,13	R Os (n, γ)	18,5	^{193}Os		
76	Os	191*	14 St.	γ		0,07	R Os (n, γ)		^{191}Os	^{191}Os	
76	Os	193	30,6 St.	β^-, γ	1,1	0,06	R Os (n, γ)	5,6	^{191}Os		
77	Ir	192	74,4 T.	β^-, γ	0,66	0,46	R Ir (n, γ)	3400	^{194}Ir		
78	Pt	197	18 St.	β^-, γ	0,65	0,07	R Pt (n, γ)	2,5	$^{193, 199}$Pt		
79	Au	198	2,69 T.	β^-, γ	0,96	0,41	R Au (n, γ)	780			91, 132, 189, 217, 316, 324, 334 94, 217, 316
80	Hg	203	47,9 T.	β^-, γ	0,21	0,28	R Hg (n, γ)	5,8	^{197}Hg		
81	Tl	204	4,0 J.	β^-	0,77		R Tl (n, γ)	18			
82	Pb	210 (RaD) ○	22 J.	β^-, γ	0,018	0,05	N			RaE, RaF	} Kap. IX, 189, 316
82	Pb	212 (ThB) ○	10,6 St.	β^-, γ	0,57	0,24	N			ThC, ThC', ThC''	
83	Bi	210 (RaE) ○	5,0 T.	β^-	1,17		N			RaF	
83	Bi	210 (RaE)	5,0 T.	β^-	1,17		R Bi (n, γ)	0,12		RaF	} Kap. IX, 189
83	Bi	212 (ThC) ○	1 St.	α, β^-, γ	2,2 (β)	1,81	N			ThC', ThC''	
84	Po	210 (RaF) ○	138 T.	α	5,3		N R Bi (n, γ) $^{210}_{83}$Bi $\xrightarrow{\beta}$				Kap. IX
90	Th	234 (UX 1) ○	24 T.	β^-, γ	0,2	0,09	N			UX 2	Kap. IX, 66, 189
91	Pa	233 ○	27,4 T.	β^-, γ	0,53	0,4	R Th (n, γ) $^{233}_{90}$Th $\xrightarrow{\beta}$			^{233}U	Kap. IX
92	U	(U II) ○	2,5 . 10^5 J.	α, γ	4,76	0,05	N			s. Abb. 25	Kap. IX

Zeichenerklärung:

  * Angeregter Zustand.

  ○ Ballastfrei oder -arm.

B Beschleuniger.

N Natürliches Radioelement.

R Reaktor.

$\bar{n}$ Schnelle Neutronen.

Sz.-Ch. SZILARD-CHALMERS-Effekt.

sogar müssen —, die auf Elektronen und nicht auf Quanten ansprechen. Wo die Daten der Literatur einander widersprechen, ist dem Urteil von Hollander, Perlman und Seaborg (194) gefolgt worden.

Wie aus der Tabelle ersichtlich, wird die Mehrzahl der heute praktisch wichtigen Radioelemente durch Bestrahlung mit langsamen Neutronen erhalten. Die ergiebigste Quelle langsamer Neutronen, der Uranreaktor (vgl. Tab. 8), wird daher in den meisten Fällen die am besten geeigneten Präparate liefern. In gewissem Ausmaß liefert der Reaktor auch schnelle Neutronen.

Nur bei jenen Radioelementen, die in der Tabelle durch hohe Sättigungsaktivitäten hervorstechen und bei denen die Erreichung der Sättigung keinen übermäßig langen Zeitraum erfordert, wird man auch mit natürlichen Neutronenquellen spezifische Aktivitäten erreichen, die für die mikroanalytische Anwendung hinreichen. Besonders kurzlebige Radioelemente müssen natürlich am Verwendungsort selbst hergestellt werden.

Die in der Tabelle enthaltenen ballastfreien Radioelemente entstehen, wie man sieht, in der Regel durch Kernreaktionen an nicht-isotopen Elementen; in vielen Fällen durch die Kernspaltung des Urans. Bei vielen Elementen, die (außer Eisen und Arsen) in Tab. 9 nicht besonders bezeichnet sind, lassen sich ballastfreie oder -arme Radioelemente durch Szilard-Chalmers-Effekt erzeugen (Kap. III, Abschn. 8, e u. Tab. 4). Auf Vereinbarung mit den Atomenergielaboratorien können diese Anreicherungen auch bei der Bestrahlung im Reaktor durchgeführt werden. Im Falle des Eisens geschieht dies sogar regelmäßig.

Der Preis der im Reaktor erzeugten Radioelemente ist neben der Bestrahlungszeit durch das Maß an zusätzlicher Absorption bestimmt, die die Neutronen des Reaktors durch die Einführung des Ausgangsmaterials erleiden. Außerdem können die Kosten des Ausgangsmaterials und der Überführung des Radioelements in die gewünschte chemische Form eine Rolle spielen. Nur beispielsweise sei angeführt, daß in Harwell derzeit (1955) ein Millicurie Phosphor als Phosphorsäure 1 Pfund, ein Millicurie Jod als Jodid ebenfalls 1 Pfund und ein Millicurie Kohlenstoff als Bariumcarbonat 12 Pfund kosten.

Radioelemente, die nicht im Reaktor, also nicht mit Neutronen erzeugt werden können, sind natürlich schwieriger zu erhalten. Ein Beispiel ist das wichtige langlebige Natrium 22 (siehe Abschnitt 2, a). Die Massenzahl dieses Isotops ist niedriger als die des einzigen natürlichen Natriumisotops. Daher kann die Herstellung nicht durch Einfang von Neutronen erfolgen. Man unterwirft vielmehr im Zyklotron Magnesium der Reaktion ^{24}Mg (d, α) ^{22}Na. Ähnlich erfordern langfristige Experimente mit Radiomangan die Verwendung des Isotops 54, das im Zyklotron z. B. durch die Reaktion ^{53}Cr (d, n) ^{54}Mn dargestellt wird. (Hinweis auf Zusammenfassungen über Gewinnung von Radioelementen s. S. 272.)

Die eingangs angekündigte Einteilung in natürliche und künstliche Strahler ist durch folgende Umstände gerechtfertigt: Die meisten natürlichen Radioelemente besitzen radioaktive Zerfallsprodukte, deren Existenz die analytische Bestimmung erleichtern oder erschweren kann, jedenfalls aber berücksichtigt werden muß. Außerdem treten α-Strahler fast nur innerhalb der natürlichen radioaktiven Reihen auf. Bei den künstlichen Strahlern kann man sich auf die Besprechung der β- und Quantenstrahler (γ- oder Röntgenstrahler) beschränken. (Die Röntgenstrahlung entsteht, wie in Kap. II besprochen, beim Elektroneneinfang oder bei der inneren Umwandlung.)

Auch die Einteilung der künstlichen Radioelemente je nach der Durchdringungskraft der Strahlen in „harte" und „weiche" Strahler ist zweckmäßig. Die Grenzziehung, die natürlich willkürlich ist, erfolgt nach dem Gesichtspunkt, daß die harten Strahler sich ohne besondere Maßnahmen mit Fenster- oder Mantelzählrohren in guter Ausbeute messen lassen, während die Strahlung der weichen Strahler nur zum kleinen Teil oder gar nicht von außen her in das wirksame Volumen eines Zählrohres eindringt. Praktisch wichtig sind drei weiche Strahler, nämlich ^{3}H, ^{14}C und ^{35}S; diese drei Radioelemente haben aber eine derartige Bedeutung, daß eine relativ ausführliche Besprechung jedes einzelnen angezeigt ist.

2. Künstliche harte Strahler.

Typische Vertreter von harten Strahlern, die in der radiochemischen Praxis ihre Bedeutung haben, sind Natrium 22, Natrium 24, Phosphor 32 und Jod 131. Diese Radioelemente sollen daher als Beispiele im folgenden individuell besprochen werden. Außerdem sollen wegen ihres praktischen Interesses Calcium 45 und die Eisenisotope 55 und 59 diskutiert werden, obwohl sie mit Fenster- oder Mantelzählrohren nur mehr mit mäßiger Ausbeute gemessen werden können und daher nur bedingt als harte Strahler anzusprechen sind.

a) Radionatrium.

Das kurzlebige Radionatrium (^{24}Na) ist eines jener vielen Radioelemente, die durch Einfang langsamer Neutronen durch das natürliche Element gleicher Ordnungszahl im Reaktor erzeugt werden. Es ist daher auch stets durch das einzige stabile inaktive Isotop (^{23}Na) belastet. Da Radionatrium sowohl harte β-Strahlung als auch γ-Strahlung aussendet, ist das Hauptproblem bei der Messung gewöhnlich chemischer Natur. Es handelt sich um die Herstellung von Proben, an denen Messungen mit guter Ausbeute und Reproduzierbarkeit möglich sind. Für Natrium lassen sich ja nur unter besonderen Umständen Fällungsreaktionen verwenden. Daher empfiehlt sich oft die Messung mit dem Flüssigkeitszählrohr, wenn die Intensität hinreicht und die Lösung kein anderes Radioelement enthält.

Die kurze Halbwertszeit des Natrium 24 macht in längeren Versuchen die Verwendung des Natrium 22 ($T_{\frac{1}{2}} = 2{,}6$ Jahre) notwendig. Dieses Isotop kann aber nur in Ionenbeschleunigern erzeugt werden (vgl. Abschn. 1). Aus dem bestrahlten Magnesiumoxyd oder dem bestrahlten Magnesiumblock kann das Natrium einfach mit heißem Wasser ausgelaugt und so mit großer spezifischer Aktivität erhalten werden. Andere Abtrennungsmethoden wurden in Kap. III, Abschn. 3 und 7, besprochen. Die Messung auch dieses Natriumisotops ist nicht schwierig, wie man den Daten der Tab. 9 entnimmt.

b) Radiophosphor.

Radiophosphor kann zwar im Reaktor — so wie ^{24}Na — durch Einfang langsamer Neutronen durch das inaktive Element gleicher Ordnungszahl erzeugt werden. Im Falle des Phosphors steht jedoch ein Verfahren zur Verfügung, mit dessen Hilfe das ballastfreie Radioelement erhalten werden kann: Die Reaktion der schnellen Neutronen des Reaktors mit Schwefel. Bestrahlt wird z. B. in Form von Schwefelkohlenstoff. Der nach $^{32}_{16}$S (n, p) $^{32}_{15}$P gebildete Radiophosphor, der unter diesen Verhältnissen leicht in Sauerstoffverbindungen übergeht, wird durch Ausschütteln mit Wasser oder Säure isoliert (2, 57, 108, 241). Auch elektrolytische Abscheidung des Radiophosphors aus dem Schwefelkohlenstoff ist möglich (156, 157). Zur Gewinnung des Phosphors im Reaktor wird aber meist elementarer Schwefel bestrahlt (14). Ballastarmen Radiophosphor kann man auch durch Szilard-Chalmers-Effekt an Phosphorsäureestern erhalten (Kap. III, Abschn. 8, e). Die Herstellung einer Meßprobe erfolgt leicht, da geeignete Fällungsreaktionen für Phosphor zur Verfügung stehen. Auf Grund der Härte der β-Strahlung kann aber auch das Flüssigkeitszählrohr Verwendung finden (235).

Zur Fällung verwendet man zumeist die Reaktion mit Magnesium- und Ammoniumion. Eisen, das oft anwesend ist und dann mitfallen würde, wird vorher aus stark salzsaurer Lösung mit einem Äther ausgeschüttelt (Kap. III, Abschn. 5). Es ist aber auch vorgeschlagen worden, den Phosphor aus pflanzlichem Material nach der Veraschung zunächst als Ammoniumphosphormolybdat auszufällen (236).

Für Schnellbestimmungen hat man einfach das Pflanzenmaterial unter Standardbedingungen (1000 Atmosphären) zu „unendlich dicken" Briketts gepreßt und diese unter das Zählrohr geschoben (237). Nur muß man, wenn bloß wenig Radiophosphor anwesend ist, die Strahlung des natürlichen Kaliums berücksichtigen.

Beim Arbeiten mit sehr verdünnten Lösungen ist die erhebliche Adsorption von Phosphorsäure an Glasoberflächen zu beachten, die aber durch geeignete Überzüge, beispielsweise aus Butylmethacrylat oder Dimethyldichlorsilan, vermieden werden kann (175) (vgl. Kap. III, Abschn. 3, b).

c) Radiojod.

Das als Indikator am besten geeignete Jodisotop 131 kann wegen des Unterschiedes von vier Einheiten in der Massenzahl nicht durch Neutroneneinfang durch das einzige stabile Jodisotop 127 erhalten werden. Wohl aber kann man das Jod 131 als eines der Produkte der Kernspaltung des Urans gewinnen. Das Radiojod wird dann frei von inaktivem Ballast erhalten. Es ist zwar zunächst mit anderen aktiven Jodisotopen gemischt, die ebenfalls bei der Kernspaltung entstehen; da die anderen Isotope aber mit Ausnahme eines unbedeutenden Bruchteiles viel kürzere Lebensdauer besitzen als das Jod 131, kann man das letztere durch einfaches Abwarten von seinen Begleitern befreien.

Alternativ läßt sich ballastfreies Jod 131 als Tochterprodukt des β-aktiven Tellur 131 im Reaktor gewinnen (220). Dieses entsteht durch Einfang langsamer Neutronen durch eines der natürlichen Tellurisotope gemäß $^{130}\mathrm{Te}\,(\mathrm{n},\gamma)\,^{131}\mathrm{Te}$.

Die Abtrennung des Radiojods von den anderen Spaltprodukten bzw. von Tellur erfolgt durch Destillation aus saurer Lösung in Anwesenheit schwacher Oxydationsmittel und Absorption in alkalischer Lösung (vgl. Kap. III, Abschn. 6a).

Die Messung der Intensität des Jods ist einfach (52, 264) und erfolgt auf Grund der β- oder γ-Aktivität. Geeignete Fällungsmittel für Jod sind Silber und Palladium (24, 322). Die Lösung des Jods kann aber auch direkt der γ-Strahlzählung unterworfen werden (97); die γ-Strahlung gestattet es sogar, die Aufnahme des Jods in der Schilddrüse durch einfaches Anlegen eines geeigneten Zählrohres an die Körperoberfläche zu verfolgen. Die verlustfreie Gewinnung des Jods in Spuren aus biologischem Material ist von mehreren Autoren studiert worden (24, 52, 264, 281). (Vergleich der Meßmethoden s. S. 272.)

Soll bei einem Versuch gleichzeitig mit zwei verschiedenen Jodisotopen markiert werden, so kann als zweites Isotop das β-aktive Jod 132 ($T_{\frac{1}{2}} = 2,3$ Stunden) (s. Kap. III, Abschn. 6, a und S. 272) oder, wenn längere Halbwertszeit erforderlich ist, Jod 125 ($T_{\frac{1}{2}} = 60$ Tage) verwendet werden. Letzteres wird durch Deuteronenbeschuß von Tellur hergestellt und ist nur einfangaktiv.

Zur Unterscheidung der Strahlungen des Jod 125 und Jod 131 sind daher ähnliche Zählrohre geeignet, wie sie weiter unten für die Radioisotope des Eisens besprochen werden.

d) Radioeisen.

Besondere Erwähnung verdient wegen seiner technischen und biologischen Bedeutung das Eisen. Praktische Bedeutung haben zwei seiner Radioisotope, nämlich Eisen 55 ($T_{\frac{1}{2}} = 2{,}94$ Jahre) und Eisen 59 ($T_{\frac{1}{2}} = 45{,}1$ Tage). Beide lassen sich im Reaktor erzeugen, und zwar durch die Reaktionen ^{54}Fe (n, γ) ^{55}Fe bzw. ^{58}Fe (n, γ) ^{59}Fe.

Aus den unterschiedlichen Einfangquerschnitten und Halbwertszeiten ergibt sich, daß das Verhältnis der Aktivitäten der beiden Isotope (55/59) bei Bestrahlung von natürlichem Eisen mit thermischen Neutronen nach einer Woche bereits 4,5 und bei Sättigung sogar 52 beträgt. Anderseits ist Eisen 55 nur einfangaktiv, kann also bloß mit geringer Ausbeute durch die sehr weiche Röntgenstrahlung seines Folgeprodukts (Halbwertsdicke in Aluminium ~ 7 mg/cm^2) gemessen werden (258), während Eisen 59 mit einer Energiegrenze von 0,46 MeV β-aktiv ist und auch γ-Strahlung emittiert.

^{55}Fe frei von ^{59}Fe kann entweder durch Abliegenlassen von bestrahltem natürlichem Eisen oder durch Beschuß von Mangan mit 20 MeV-Deuteronen nach ^{55}Mn (d, 2 n) ^{55}Fe erhalten werden. ^{59}Fe frei von ^{55}Fe gewinnt man durch Beschuß von Kobalt mit 18-MeV-Deuteronen nach ^{59}Co (d, 2 p) ^{59}Fe (93) oder aber auch durch die Kernreaktion ^{59}Co (n, p) ^{59}Fe, die durch die schnellen Neutronen des Reaktors bewirkt wird. Die Abtrennung des Radioeisens gelingt durch Ätherextraktion aus stark salzsauren Lösungen (93). Auch können die elektromagnetisch getrennten stabilen Isotope ^{54}Fe und ^{58}Fe gesondert dem Neutroneneinfang unterworfen werden.

In vielen Fällen wird man einfach die sich im Reaktor ergebende Mischung ^{55}Fe $+$ ^{59}Fe verwenden. Die komplizierte Form der Abfallkurve, die natürlich dann auch von der Bestrahlungszeit sowie von den Meßbedingungen — d. h. von der relativen Ausbeute bei der Messung der beiden Isotope — abhängt, kann man berücksichtigen, indem man die Analysenproben mit einer Eichprobe vergleicht, die die gleiche Aktivierung erfahren hat und unter den gleichen Bedingungen — mit dem gleichen Gerät, in der gleichen Schichtdicke und mit gleicher Geometrie — gemessen wird. Man kann aber auch einfacher die Röntgenstrahlung des Eisen 55 und die β-Strahlung des Eisen 59 durch Absorption ausschalten und nur die γ-Strahlung des Eisen 59 messen.

Eine Mischung von ^{55}Fe und ^{59}Fe in hoher spezifischer Aktivität, die durch Szilard-Chalmers-Effekt an Kaliumferrocyanid erhalten wird, wird auch von Harwell angeboten.

Bei gewissen biologischen Versuchen hat man sich die Unterscheidbarkeit der beiden Radioisotope des Eisens zunutze gemacht. So wurden rote Blutkörperchen, die einem Versuchstier zu verschiedenen Zeiten zugeführt wurden, einmal mit Eisen 55 und einmal mit Eisen 59 markiert (259).

Die gesonderte Bestimmung der beiden Isotope im Gemisch ist dann mit Hilfe von zwei Zählrohren möglich (259): Das eine ist ein Zählrohr mit dünnem Glimmerfenster, das vor allem die β-Strahlen des Eisen 59 registriert und dadurch für Eisen 59 dreißigmal so empfindlich ist wie für Eisen 55. Das andere Zählrohr besitzt ein dickes Berylliumfenster (0,76 mm), das die weiche Röntgenstrahlung des Eisen 55 durchläßt, hingegen die β-Strahlung des Eisen 59 zur Gänze absorbiert. Die Argonfüllung dieses Zählrohres absorbiert weiche Röntgenstrahlung viel stärker als harte γ-Strahlung, so daß praktisch nur die Eisen 55-

Aktivität registriert wird. Ein anderes Verfahren beruht darauf, daß man die β-Strahlung des Eisen 59 durch Einschaltung eines Magnetfeldes aus der Richtung wirft, so daß sie das Zählrohr nicht mehr trifft (328). Das Zählrohr spricht dann fast nur mehr auf die weiche Röntgenstrahlung an.

Um das Radioeisen zu messen, kann man beispielsweise (346) biologisches Material veraschen und das Eisen mit Äther extrahieren. Sodann wird das Eisen durch wäßrige Reduktionsmittel (Oxalat) dem Äther entzogen. Schließlich wird es aus einer reduktionsmittelhaltigen Lösung unter Rührung elektrolytisch als dünne Schicht des Elements auf einer auf der Rückseite durch Anstrich geschützten Kupferkathode abgeschieden (170). Die quantitative Abscheidung benötigt etwa 3 Stunden. Man kann auch eine zylindrische Kathode verwenden, die dann zur Messung über das Zählrohr gestülpt wird.

e) Radiocalcium.

Vor allem wegen der kurzen Halbwertszeit der anderen Radioisotope interessiert nur das Isotop 45. Man entnimmt der Tab. 9, daß man dieses selbst bei den großen Neutronendichten des Reaktors durch Einfang nur in geringer spezifischer Aktivität erzeugen kann. Das kommt zum Teil daher, daß das natürliche Calcium das Mutterisotop 44 nur in bescheidener Häufigkeit enthält. Daher hat man bis vor einiger Zeit oft Radiostrontium als Indikator für Calcium verwendet. Jetzt wird manchmal angereichertes Calcium 44 bestrahlt.

Ballastfreies Radiocalcium kann aus Scandium mit Hilfe der schnellen Neutronen des Reaktors nach ^{45}Sc (n, p) ^{45}Ca — allerdings nur in mäßigen Mengen — gewonnen werden (61). Man kann auch Radiocalcium durch ^{44}Ca (d, p) ^{45}Ca mit Beschleunigern erzeugen.

Die Messung ist nicht ganz einfach (55, 61, 161), da γ-Strahlung nicht auftritt und die Energiegrenze der β-Strahlung nur 0,25 MeV beträgt. Sie erfolgt mit dünnfenstrigem Zählrohr oder Strömungszählrohr am Carbonat oder Oxalat (325). Die praktisch wichtige Trennung vom Radiophosphor erfolgt durch mehrmalige Fällung als Oxalat aus schwach saurer Lösung (8); mit Hilfe von Absorbern kann man aber auch Calcium und Phosphor am selben Niederschlag nebeneinander messen (61).

3. Künstliche weiche Strahler.

a) Langlebiger Radiokohlenstoff.

α) Herstellung.

In der Radiochemie sind die beiden aktiven Kohlenstoffisotope 11 und 14 verwendet worden. Da aber die Halbwertszeit des Kohlenstoffes 11 sehr ungünstig ist (20,5 Minuten), hat man ihn gänzlich verlassen, seitdem das Isotop 14 reichlich gewonnen werden kann. Der Kohlenstoff 14 ist ein reiner β-Strahler mit einer Halbwertszeit von 5568 $\pm$ 30 Jahren (230). Er stellt zweifellos das wichtigste aller als Indikatoren dienenden Radioelemente dar und wird in den letzten Jahren in rasch zunehmendem Maße angewendet. Es sind ihm daher auch besondere Übersichtsartikel (49, 77, 155, 284), Buchkapitel (217) und ganze Bücher (54) gewidmet worden.

In der Praxis wird der langlebige Radiokohlenstoff ausschließlich durch die Kernreaktion $^{14}_{7}$N (n, p) $^{14}_{6}$C im Reaktor gewonnen. Diese Reaktion tritt bereits mit langsamen Neutronen ein, und zwar mit dem nicht unbeträchtlichen Wirkungsquerschnitt von 1,76 Barn. Ein besonderer Vorteil liegt darin, daß der Ausgangsstoff kein Kohlenstoffisotop ist, so daß der Radiokohlenstoff chemisch von dem Ausgangsstoff abgetrennt werden kann. Grundsätzlich könnte also der Radiokohlenstoff auf diese Weise frei von seinen inaktiven Isotopen erhalten werden. Ein Millicurie des Radioelements würde dann nur 220 γ wiegen.

In der Praxis ist eine gewisse Verdünnung des Radiokohlenstoffes, der im Reaktor hauptsächlich in Form von Kohlendioxyd anfällt, durch inaktiven Kohlenstoff unvermeidlich. Zum Beispiel weist der höchst aktive Kohlenstoff, der derzeit (1955) aus Harwell bezogen werden kann, nur etwa ein Achtel der theoretisch möglichen Aktivität auf.

Zur Gewinnung von Radiokohlenstoff kann z. B. Ammoniumnitratlösung in eigens hierfür in den Reaktor eingebauten Röhren zirkuliert werden. Außerhalb des Reaktors wird dann die gebildete Radiokohlensäure mit Stickstoff aus der Lösung ausgeblasen. Neuerdings zieht man die Bestrahlung wenig zersetzlicher Stickstoffverbindungen in fester Form vor. Vor allem wird mit Berylliumnitrid gearbeitet. Die bestrahlte Verbindung wird in Schwefelsäure gelöst und Wasserstoffperoxyd wird zugesetzt. Radiokohlensäure, Radiomethan und andere leichtflüchtige Stoffe werden durch Durchleiten von Stickstoff aus der Lösung ausgetrieben und dann, soweit noch erforderlich, an glühendem Kupferoxyd zur Radiokohlensäure oxydiert.

Die so hergestellte Radiokohlensäure wird durch Barytlauge absorbiert und in einfachster Form als Bariumcarbonat ausgeliefert. Aus der Kohlensäure werden dann auf synthetischem Wege die gewünschten markierten Kohlenstoffverbindungen hergestellt. Solche Verbindungen können auch durch den Handel bezogen werden. In der Literatur finden sich Zusammenfassungen der synthetischen Methoden (13, 47, 54, 68, 164, 217, 337) (s. a. S. 272). Oft sind biosynthetische Verfahren am besten gangbar (13, 337, 362).

Die Synthesemethoden unterscheiden sich in mehrfacher Hinsicht von den üblichen Methoden der präparativen Chemie. Erstens muß mit sehr kleinen Stoffmengen gearbeitet und besonders auf hohe Ausbeute in bezug auf die markierten Stoffe geachtet werden. Man arbeitet daher oft zweckmäßig in geschlossenem Vakuumsystem und überträgt die Stoffe von einem Reaktionsgefäß in das nächste durch Destillation. Zweitens muß bei der Wahl der Synthesewege darauf geachtet werden, an welchem Ort im Molekül der Radiokohlenstoff eingebaut wird, d. h. es muß die Möglichkeit einer „Radioisomerie" berücksichtigt werden. Die gesundheitliche Gefahr bei der Arbeit mit Radiokohlenstoff ist unbedeutend, solange das Element nur in Form von Kohlendioxyd vorliegt (Kap. X, Abschn. 7 und 8).

β) Messung — Fensterzählrohr und Strömungszählrohr.

Bei der Messung des Radiokohlenstoffes ist auf die Weichheit der β-Strahlung Rücksicht zu nehmen, deren obere Energiegrenze nur 157 keV beträgt. Der Kohlenstoff kann bei der Messung entweder in Form einer festen Verbindung oder in Form gasförmiger Kohlensäure vorliegen; gelegentlich sind auch flüssige Proben direkt gemessen worden. Die Messung erfolgt meistens mit dem GEIGER-Zählrohr, doch sind auch Ionenkammern, Proportionalzähler, Szintillationszähler und Photoplatten zur Messung herangezogen worden.

Am einfachsten ist die Verwendung fester Proben in Verbindung mit GEIGER-Fensterzählrohren. Die Glimmerfenster müssen allerdings sehr dünn sein, da die Halbwertsdicke für die Absorption der Strahlung nur 2,3 mg/cm^2 (= zirka $^1/_{125}$ mm Glimmerdicke) beträgt. Derartige Fensterzählrohre messen die Strahlung, die die Oberfläche einer einige Millimeter vom Fenster entfernt angeordneten Probe verläßt, mit mehreren Prozent Ausbeute.

Viel höher sind die Ausbeuten bei Verwendung des Strömungszählrohres (283). Die feste Probe wird direkt in das wirksame Volumen dieser fensterlosen Ausführungsform des Zählrohres eingeführt und dann die Luft durch einen Strom eines geeigneten Zählgasgemisches verdrängt. Die Messung findet also bei Atmosphärendruck statt, ohne daß der Gasstrom unterbrochen wird. Der nutzbare Raumwinkel ist 2π und es findet keine Absorption in einem Fenster statt. Daher beträgt die Meßausbeute bei Proben ohne Selbstabsorption (sehr dünnen Proben) $\sim 50\%$, bei Verwendung stark rückstreuender Unterlagen sogar bis 70%. Strömungszählrohre können entweder im Proportional- (33, 290) oder im Geiger-Bereich (76, 219) betrieben werden. [Messung von Flüssigkeiten im Strömungszählrohr (314) und S. 273.]

Die Herstellung einer festen Probe ist verhältnismäßig einfach, wenn das Material hinreichende spezifische Aktivität besitzt und verlustlos in Lösung gebracht werden kann. Man mißt dann die Aktivität des Rückstandes, der beim Eintrocknen eines gewogenen oder gemessenen Tropfens hinterbleibt (106, 192). Wenn das Gewicht des Rückstandes sehr klein ist, ist die Selbstabsorption unerheblich und die Rückstreuung hat einen konstanten Wert (369). Wenn die Probe zwar hinreichend aktiv, aber als solche in Wasser oder einem anderen geeigneten Lösungsmittel nicht löslich ist, so kann dennoch eine Lösung gewonnen werden, indem man die Probe verbrennt und die Kohlensäure durch eine Fritte in 0,1 n Natronlauge einleitet. Die Probe muß daran gehindert werden, während der Messung wieder Wasser anzuziehen. Die Verbrennung kann in einem Verbrennungsrohr für C—H-Bestimmungen, mit Natriumperoxyd in einer Bombe (54) oder nach einer nassen Methode (58, 112, 178, 233, 265, 326, 344) erfolgen. Da bei Verbrennungen Isotopeneffekte auftreten können (11), muß die Probe zur Gänze verbrannt und dem entwickelten CO_2 Gelegenheit zur Durchmischung gegeben werden. Ein Gerät zur Probenahme flüchtiger hochaktiver Kohlenstoffverbindungen aus geschlossenen Systemen — wie sie z. B. zur Synthese aktiver Verbindungen dienen — ist beschrieben worden (25).

Sehr oft freilich wird die Intensität der Strahlung ungenügend sein, die von der in einem Tropfen enthaltenen Substanz emittiert wird. In diesem Falle muß mehr Trockensubstanz unter (in) das Zählrohr gebracht werden. Von einem gewissen Punkt an kann dann die Schicht nicht mehr als „unendlich dünn" betrachtet werden, d. h. die Selbstabsorption muß berücksichtigt werden.

Viele organische Verbindungen können direkt in regelmäßiger Schicht aus ihren Lösungen durch Eindampfen abgeschieden werden. Durch Auswahl geeigneter Lösungsmittel und besondere Vorsichtsmaßregeln beim Auftropfen und Eintrocknen werden die Schichten so gut reproduzierbar, daß die Schwankungen in den gemessenen Aktivitäten nur wenige Prozente betragen (54).

Aus Lauge kann eine gleichmäßige Schicht aus aktivem Material gewonnen werden, indem das Carbonation mit Barium- oder (um die Selbstabsorption niedrig zu halten) mit Calciumion gefällt wird (10, 25, 289, 344, 351, 368). Das Carbonat wird — am besten durch eine Spezialnutsche (10, 275, 308) — filtriert oder zentrifugiert (112, 198), gewaschen, getrocknet und gemessen. Bei einigermaßen vorsichtigem Arbeiten ist kein Aktivitätsverlust durch Austausch mit Luftkohlensäure zu befürchten (9, 129, 367).

Die Korrektur für Selbstabsorption (vgl. Kap. II, Abschn. 4, c) erfolgt mit einer empirischen Kurve vom Typus der Abb. 8 oder 9. Man erkennt, daß z. B. bei einer Schicht der Dicke von zirka 6 mg/cm² halb so viele β-Strahlen zur Messung gelangen, als wenn die gleiche Zahl aktiver Atome in einer sehr dünnen Schicht vorgelegen wäre. Die Selbstabsorptionskurve gilt streng genommen nur für eine bestimmte chemische Zusammensetzung der Probe; bei direkter Zählung organischer Präparate unterscheidet sich die Selbstabsorptionskurve wesentlich von der für Schwermetallcarbonate. Selbst wenn die chemische Zusammensetzung der Probe konstant gehalten wird, hängt die Selbstabsorption noch von Umständen, wie Teilchenform und Packungsdichte, ab (351).

Man erspart die Einführung einer Selbstabsorptionskorrektur, wenn man zum anderen Extrem übergeht und statt in halb-dicker in „dicker" („unendlich dicker") Schicht arbeitet. Diese Schichtdicke ist im Falle des Bariumcarbonats bei 28 mg/cm² erreicht. Um „unendliche" Schichtdicke zu erreichen, kann man der Lauge vor der Fällung des Bariumcarbonats noch inaktive Soda zusetzen. Man muß dann allerdings für den Vorteil der Unabhängigkeit von einer Korrekturkurve den Preis einer Reduktion der spezifischen Aktivität und demnach auch der gemessenen Aktivität durch den Sodazusatz bezahlen. Auch aktive Lösungen, etwa in dem universellen Lösungsmittel Formamid, können in dicker Schicht vermessen werden (314). Schließlich kann man gekörntes und getrocknetes aktives Material oder auch organische Präparate (275), beispielsweise zerriebene pflanzliche und tierische Gewebeteile, direkt als solche messen. Die Reproduzierbarkeit ist allerdings, selbst wenn die Gewebsteile gepreßt werden, weniger gut als bei Verwendung eines Pulvers der Art des Bariumcarbonats, das sich dicht packen läßt (282).

γ) Messung — Gaszählrohr.

Wenn die Aktivität der Probe so klein ist, daß sie mit dem Fenster- oder Strömungszählrohr nicht mehr gut meßbar ist, muß man zu Geräten übergehen, in die der Kohlenstoff als gasförmige Verbindung (gewöhnlich als Kohlensäure) eingeführt wird. Unter diesen sind die Gaszählrohre am wichtigsten. Die Kohlensäure wird durch Einwirkung von Perchlorsäure auf das Bariumcarbonat gewonnen, oder auch unmittelbar dadurch, daß sie mit flüssiger Luft aus dem Gas ausgefroren wird, das aus dem Verbrennungsofen austritt (7, 150, 308). Das Gaszählrohr zeigt jeden Zerfall an, der innerhalb des wirksamen Volumens des Zählrohres stattfindet. Das wirksame Volumen kann durch geeignete Konstruktion dem Gesamtvolumen nahegebracht werden. Es kann nach einer Absolutmethode (101, 180, 230, 242) oder durch Eichung mit einer Probe bekannter Aktivität bestimmt werden [siehe auch (105)].

Gaszählrohre können im Proportional- (33, 344) oder im GEIGER-Bereich (50, 100, 129, 296, 326) betrieben werden. Im GEIGER-Bereich liefert das Zählrohr größere Impulse, so daß man mit geringerer Verstärkung auskommt. Im Proportionalbereich findet man dagegen bei gleichen Fülldrucken mit geringeren Spannungen das Auslangen, kann daher bei gleicher Spannung höheren Fülldruck anwenden. Überdies kann man den Leerwert durch Impulsdiskriminierung herabsetzen. Die Vorteile des Proportional-Zählrohres gegenüber dem GEIGER-Zählrohr fallen natürlich nur bei der Messung sehr geringer Aktivitäten ins Gewicht.

Die Gasfüllung muß einen gut ausgebildeten Konstanzbereich liefern, innerhalb dessen die Meßwerte praktisch spannungsunabhängig sind. So sind bei der Arbeit mit GEIGER-Gaszählrohren folgende Erfahrungen gesammelt worden: Bei niederen Kohlensäuredrucken ist ein Zusatz von Argon und Alkohol erforderlich (129). Erst oberhalb eines Kohlensäuredruckes von 10 cm Hg kann der Fremdgaszusatz entfallen, wenn das Zählrohr mit einem löschenden Kreis betrieben wird (296). Auch die Zugabe von Schwefelkohlenstoff (50, 100, 188, 242) oder von Alkohol allein (225) wird zur Erzielung eines guten Konstanzbereiches empfohlen.

Für Messungen im Proportionalbereich haben sich folgende Füllgase als geeignet erwiesen: Kohlensäure (bis 3 Atmosphären) (82, 140), Kohlensäure-

Methan (1 Atmosphäre, davon Kohlensäure bis 0,15 Atmosphären) [(33, 344), s. auch (340)], Äthan (bis 4,4 Atmosphären) (121, 122), Acetylen (bis 1 Atmosphäre) (67). Im allgemeinen lassen sich Konstanzbereiche im Proportionalzählrohr leichter als im Geiger-Zählrohr erzielen.

Bei der Herstellung der Gasmischungen können die Partialdrucke der einzelnen Gase innerhalb des Zählrohres nicht ohne weiteres als bekannt gelten, wenn die Füllung ohne weitere Vorsichtsmaßregel dadurch erfolgt, daß die Gase durch Öffnung der Hähne der Vorratsgefäße der Reihe nach durch ein verhältnismäßig enges Rohrsystem in das Vakuumsystem und das Zählrohr einströmen gelassen werden. Unter diesen Bedingungen tritt nämlich nur unvollständige Mischung ein. Die Partialdrucke sind dagegen eindeutig definiert, wenn die Gase einzeln in evakuierte Behälter bekannten Volumens einströmen gelassen werden, ihr Druck einzeln manometrisch gemessen wird und sie dann der Reihe nach im Kühlfinger des Zählrohres ausgefroren werden.

Die Empfindlichkeit des Gaszählrohres übertrifft die des Fensterzählrohres um einen Faktor von mehreren Hundert, da 1. der nutzbare Raumwinkel 4π ist, 2. die Absorption durch ein Fenster fortfällt, 3. die Selbstabsorption in der Probe fortfällt und 4. bei hohen Fülldrucken auch mehr Kohlenstoff im Gaszählrohr als vor dem Fenster untergebracht werden kann. Auch gegenüber dem Strömungszählrohr zeigt das Gaszählrohr noch wesentlich bessere Empfindlichkeit. Zum Beispiel gestattet eine relativ einfache Ausführungsform des Gaszählrohres (296) — Zählvolumen 25 cm³, maximaler Fülldruck 0,5 Atmosphären — bei Ausdehnung der Messungen über längere Zeiten noch den Nachweis von 10^{-12} Curie bzw. 2×10^{-12} Curie/Millimol Radiokohlenstoff (48).

Die Messungen mit dem Gaszählrohr dauern allerdings bedeutend länger als mit dem Fensterzählrohr, da das Gaszählrohr für jede Messung frisch gefüllt werden muß und auch die Messung selbst mehr Zeit in Anspruch nimmt; man muß sich nämlich nach jeder Füllung erneut der Lage des Meßbereiches versichern.

Bezüglich der Empfindlichkeit der Bestimmung konkurriert mit dem Gaszählrohr von anderen Zählrohren nur der Typ, in dem — wie bei der radioaktiven Altersbestimmung nach Libby (230) — elementarer Kohlenstoff in dicker Schicht den Großteil der inneren Oberfläche bedeckt (vgl. S. 249). Allerdings ist dabei eine große Masse der Probe (8 g Kohlenstoff) erforderlich. Libby hat seine Zählrohre zur Herabsetzung des Leerwertes nicht nur mit einem besonders wirkungsvollen Panzer, sondern auch noch mit einer Antikoinzidenzschaltung versehen. Seither hat sich durch weiter verbesserte Panzerung (Quecksilber) eine weitere Herabsetzung des Leerwertes und Steigerung der Empfindlichkeit erzielen lassen (223, 224). Antikoinzidenz läßt sich natürlich auch in Verbindung mit dem Gaszählrohr anwenden [(67, 82) u. S. 273].

δ) Messung — Ionenkammer.

Manche Autoren geben für die Aktivitätsbestimmung an Gasen der Ionenkammer den Vorzug. Eine gute Diskussion der allgemeinen Gesichtspunkte bei der Verwendung der Ionenkammer findet sich bei Brownell und Lockhart (51). Der grundsätzliche Vorteil der Ionenkammer besteht darin, daß sie durch ihr großes Volumen (200 bis 300 cm³) und den hohen Arbeitsdruck (bis zu 2 Atmosphären) die Messung von Gasproben von besonders geringer spezifischer Aktivität gestattet, vorausgesetzt, daß eine genügende Menge der Probe vorhanden ist; es ist sogar notwendig, den Gasdruck auf einer gewissen, von der

Anordnung abhängigen Höhe zu halten, da sonst ein zu kleiner Teil der Strahlung innerhalb des Gasvolumens absorbiert und nutzbar gemacht wird.

So haben HENRIQUES und MARGNETTI (187) eine besonders zur Messung von $^{14}CO_2$ eingerichtete Kammer mit LAURITSEN-Elektroskop von allerdings ziemlich komplizierter Konstruktion beschrieben. Auch in anderen Arbeiten (289) ist das LAURITSEN-Elektroskop verwendet worden. Die „Nachweisgrenze" beträgt bei HENRIQUES und MARGNETTI $3 \cdot 10^{-11}$ Curie. Da die 220 cm³ große Kammer bis zu einem Druck von 2 Atmosphären — d. h. mit einer Kohlensäuremenge von 20 Millimol — gefüllt wird, entspricht die genannte Grenze der Nachweisbarkeit der spezifischen Aktivität $1,5 \cdot 10^{-12}$ Curie/Millimol.

Auch Ionenkammern in Verbindung mit LINDEMANN-Elektrometer sind zur Messung des Radiokohlenstoffes verwendet worden (54, 206, 207, 212). Es wird angegeben, daß Aktivitäten von $1,6 \cdot 10^{-10}$ Curie und spezifische Aktivitäten von $4 \cdot 10^{-11}$ Curie/Millimol Kohlenstoff bei Meßzeiten von einer Stunde noch mit einer statistischen Genauigkeit von 5% gemessen werden können.

Schließlich hat man auch Schwingkondensator-Elektrometer zur Kohlenstoffmessung benützt (39, 51, 212, 276). Die Empfindlichkeit erreicht unter praktischen Verhältnissen, aber bei recht langen Meßzeiten, etwa 15 bis 30 Zerfälle/Minute im Kammervolumen, was etwa 10^{-12} Curie/Millimol Kohlenstoff entspricht.

ε) Messung — Szintillationszähler.

Neuerdings hat man die Szintillationsmethode zur Bestimmung des Radiokohlenstoffes (12, 17, 125, 176, 182, 183, 190, 278, 287) herangezogen. Eine einfache Ausführungsform sieht vor, daß die aktive Substanz ohne Verbrennung mit dem lumineszierenden Stoff in gemeinsame Lösung gebracht wird.

Als Szintillatoren haben sich z. B. 0,3%ige Lösungen von 2,5-Diphenyl-oxazol in Toluol als geeignet erwiesen (182). Die Zählausbeute ist bei den Szintillationsmethoden recht hoch [bis $\sim 70\%$ (190)], die Empfindlichkeit der Messung ist aber bei einfachen Anordnungen infolge des hohen Leerwertes nicht sehr gut. Dieser Leerwert beruht in der Hauptsache nicht auf Lichtemission des Szintillators, sondern auf spontaner Emission aus den Kathoden der Elektronenvervielfacher. Da die Mehrzahl dieser Leerwertimpulse relativ klein ist, wird der Leerwert durch einen Diskriminator herabgesetzt, der Impulse unterhalb einer gewissen Mindestgröße ausscheidet. Da nun aber die durch weiche β-Strahler erzeugten Impulse ebenfalls klein sind, kann man diese Diskriminierung bei ihnen nicht weit treiben, da sonst die Ausbeute allzu sehr leidet.

Um so größere Bedeutung kommt in diesem Fall anderen Verfahren zur Herabsetzung des Leerwertes zu. Man kann die spontane Elektronenemission durch Kühlung vermindern oder man kann mit zwei Elektronenvervielfachern, die die Lichtblitze vom selben Szintillator aufnehmen, in Koinzidenzschaltung arbeiten (12, 182, 287). Die Empfindlichkeit kann weiter gesteigert werden, indem man Impulse oberhalb einer gewissen Höchstgröße, die dann nicht mehr von der weichen β-Strahlung herrühren können, mit Hilfe einer zusätzlichen Diskriminierungsschaltung ausscheidet (12, 182). Schließlich kann man die ganze Anordnung durch einen Schirm von GEIGER-Zählrohren einhüllen, die auf die Höhenstrahlung ansprechen und den Leerwert über eine Antikoinzidenzschaltung in gleicher Weise weiter verringern, wie dies für die LIBBY-Zählrohre (s. Abschn. 3, a, γ) geschieht (183, 190). Mit derartigen Maßnahmen kann man den Leerwert weit hinuntersetzen — bis etwa 0,5 Stöße pro Sekunde —, ohne die Ausbeute allzu stark zu vermindern. Die Empfindlichkeit ist dann so groß, daß Altersbestimmungen (vgl. Abschn. 4, g) ausgeführt werden können. Stehen genügend große Proben zur Verfügung, so kann sogar empfindlicher als mit dem Libby-Zählrohr oder mit dem Gaszählrohr gemessen werden (12).

ζ) Messung — Photoplatte.

Photographische Methoden sind in Spezialfällen für die Radiokohlenstoffbestimmung von beträchtlichem Interesse. Die außerordentliche Kleinheit des Leerwertes dieser Methoden gestattet schon den Nachweis kleinster Aktivitäten; in dieser Hinsicht ist die photographische Methode allen anderen überlegen (vgl. Tab. 10). Die einsetzbaren Probemengen sind allerdings im Verhältnis zu anderen Methoden sehr klein. Die Photomethode wird man daher hauptsächlich für die Messung solcher Proben in Betracht ziehen, die nicht nur spezifisch wenig aktiv, sondern auch sehr klein sind.

Einzelspuren von β-Strahlen von Radioelementen, auch von Kohlenstoff, können erhalten werden, indem eine Lösung der aktiven Substanz in eine Glaskapillare gesaugt und die Kapillare dann mit elektronenempfindlicher Emulsion übergossen wird (38, 286). Nach mehreren Stunden, Tagen oder Wochen wird die Emulsion entwickelt und fixiert. Sodann werden die von der Kapillarenwand ausgehenden, in die Emulsion verlaufenden Spuren unter dem Mikroskop gezählt.

Spuren, die durch radioaktive Verunreinigung oder durch Höhenstrahlen verursacht sind, werden von den Kohlenstoffspuren visuell unterschieden. Der Teil der durch die Höhenstrahlung verursachten Spuren, die von den „echten“ Spuren visuell nicht unterschieden werden können, ist äußerst klein. Dieser „Leerwert“ beträgt nur etwa 20 Spuren pro Zentimeter Kapillarenlänge und Woche (286). Das entspricht einer Aktivität von 10^{-15} Curie/cm.

Allerdings beläuft sich die Flüssigkeitsmenge, die beispielsweise in einer Kapillare von 20 Mikron Durchmesser enthalten ist, nur auf etwa 3.10^{-6} cm³/cm. Für organische Flüssigkeiten (typischer Kohlenstoffgehalt 800 mg/cm³) ergibt sich dann unter Berücksichtigung der Meßausbeute ($\sim$ 50%), daß eine spezifische Aktivität von 10^{-11} Curie/Millimol einen dem Leerwert gleichkommenden Effekt gibt. Nicht ganz so günstig ist die Empfindlichkeit bei der Messung fester Stoffe, die in Lösung in die Kapillare eingeführt werden müssen.

η) Zusammenfassung der Meßmethoden.

Tab. 10 gibt eine Zusammenfassung von Daten für typische Ausführungsformen der empfindlichsten Methoden zur Kohlenstoffbestimmung. Die als noch meßbar angegebenen Aktivitäten geben einen Effekt, der so groß ist wie der Leerwert. Praktisch lassen sich aber natürlich auch noch Aktivitäten bestimmen, die um einen Faktor 5 bis 10 kleiner sind. Eine ausführlichere Tabelle über die empfindlichen Methoden der Radiokohlenstoffbestimmung findet sich in einer Übersichtsarbeit (285) (s. a. S. 274). Auch auf eine eingehende Diskussion des Leerwertes in Abhängigkeit von den Zählrohrdimensionen soll in diesem Zusammenhang hingewiesen werden (6).

Alle in Tab. 10 angeführten Methoden sind im Vergleich zur Messung mit Glockenzählrohr — und meist auch zur Messung mit Strömungszählrohr — umständlich. Bei ausreichend großen spezifischen Aktivitäten wird man sich daher dieser einfacheren Methoden bedienen.

Tabelle 10. *Empfindliche Methoden der Radiokohlenstoffbestimmung.*

Methode	nachweisbare Aktivität (Erfassungsgrenze) (Curie)	größte einsetzbare Probenmenge (Millimol)	nachweisbare spezifische Aktivität (Grenzaktivität) (Curie/Millimol)
GEIGER-Gaszählrohr (296)	$2 \cdot 10^{-11}$	0,5	$4 \cdot 10^{-11}$
Proportionalgaszählrohr (67)**	$1,5 \cdot 10^{-11}$	250	$7,5 \cdot 10^{-14}$
Nach LIBBY (230)** ..	$2 \cdot 10^{-12}$	660	$7 \cdot 10^{-14}$*
Ionenkammer (187)...	$5 \cdot 10^{-11}$	20	$2,5 \cdot 10^{-12}$
Szintillationszähler (12)***	6×10^{-11}	~2500	$\sim 2 \times 10^{-14}$
Photoplatte (286).....	$1 \cdot 10^{-15}$	$\sim 2 \cdot 10^{-4}$	$\sim 10^{-11}$

* Bei der Berechnung dieses Wertes aus den vorstehenden ist zu berücksichtigen, daß die Ausbeute bei der maximalen Probenmenge wegen Selbstabsorption und Geometrie nur ungefähr 4% beträgt.

** Mit Antikoinzidenzschaltung.

*** Die Angaben beruhen auf der Annahme, daß mit 25% Ausbeute gezählt wird und Proben von 47 g Kohlenstoff (als Heptan) eingesetzt werden.

b) Radioschwefel.

Es wird ausschließlich das Isotop 35 mit der Halbwertszeit 87,1 Tage verwendet. Der Radioschwefel entsteht u. a. durch Neutroneneinfang durch das allerdings nur zu 4,2% im natürlichen Schwefel vorliegende Isotop ^{34}S. Besser wird er ballastfrei durch die Reaktion $^{37}_{17}$Cl (n, p) $^{35}_{16}$S mit Hilfe der thermischen Neutronen des Reaktors erzeugt. Das Chlor wird in Form eines Metallchlorids bestrahlt. Tetrachlorkohlenstoff würde im Reaktor zu stark zersetzt werden; er kann jedoch in Verbindung mit schwächeren Strahlenquellen verwendet werden.

Die Gewinnung des Radioschwefels hoher spezifischer Aktivität aus bestrahlten Metallchloriden — meist handelt es sich um Kaliumchlorid — erfolgt mit einem Kationenaustauscher in der Wasserstofform, an dem die Metallkationen festgehalten werden, während Chlorid- und Sulfationen in Form der Säuren aus der Austauschersäule austreten. Aus dem Eluat destilliert man dann die Salzsäure ab.

Wird Tetrachlorkohlenstoff bestrahlt, so liegt der gebildete Radioschwefel etwa zu einem Drittel in elementarer Form vor und bleibt daher zurück, wenn man den Tetrachlorkohlenstoff abdestilliert. Ein Großteil des übrigen Radioschwefels ist in flüchtigen, aber leicht hydrolysierbaren Verbindungen enthalten und wird durch Behandeln des Destillats mit alkalischen Lösungen gewonnen (4, 216, 217).

Die obere Energiegrenze der β-Strahlung des Schwefels beträgt 168 keV, ihre Reichweite in Aluminium 31,7 mg/cm² (152). Da die Strahlenenergie etwa der des langlebigen Kohlenstoffes entspricht, werden auch grundsätzlich ähnliche Geräte wie beim Kohlenstoff angewendet. Allerdings hat man bisher keine besonders empfindlichen Meßverfahren entwickelt; der Grund liegt wohl darin, daß beim Schwefel bisher kein Bedürfnis nach extremer Empfindlichkeit des Nachweises bestanden hat. Einerseits ist die biologische Bedeutung beim Radioschwefel geringer, anderseits ist die zur Verfügung stehende spezifische Aktivität (wegen der bedeutend kürzeren Halbwertszeit) viel größer als beim Radiokohlenstoff.

Der Schwefel wird nach synthetischen Methoden in die gewünschte chemische Form übergeführt [s. (164, 337) u. S. 272]. So hat man biosynthetisch Radiopenicillin (300, 301) und -eiweiß hergestellt. Die wichtigen Aminosäuren Cystein und Methionin können dann durch Hydrolyse des Eiweißes gewonnen werden (360, 361). In manchen Fällen kann man auch die fertige Schwefelverbindung durch Neutroneneinfang aktivieren [Cystin (21)]; hierüber liegen allerdings auch gegenteilige Befunde vor (vgl. Kap. IV, Abschn. 5).

Zur Analyse wird die Probe — gegebenenfalls unter Zusatz von Schwefelträger — nach Carius verbrannt und der Schwefel meist als Sulfat gemessen (186, 371). Eine Naßverbrennung mit konzentrierter Salpetersäure bei atmosphärischem Druck, also ohne Einschluß im Bombenrohr, ist selbst bei Zusatz von Kaliumchlorat nicht immer quantitativ [s. (111)]. Feste Stoffe und schwerflüchtige Öle lassen sich auch in der Kalorimeterbombe verbrennen (111).

Für die Messung wird meistens als Bariumsulfat gefällt (63, 145, 185, 335). Allerdings hat man auch, um Schwierigkeiten bei der Filtration zu vermeiden, statt dessen Benzidinsulfat verwendet (186, 371). Man bringt so den Schwefel leicht quantitativ in die Form eines gleichmäßigen Niederschlages. Geringer als bei Messung als Sulfat ist die Selbstabsorption natürlich bei Messung als freier Schwefel (40). Dieser kann z. B. durch Oxydation von Schwefelwasserstoff mit Jod erzeugt werden (96).

Die Messung erfolgt gewöhnlich mit dünnfenstrigem oder Strömungszählrohr. Sie kann wie beim Kohlenstoff in dicker Schicht erfolgen, oder es kann wie dort eine Selbstabsorptions-Korrektur eingeführt werden (111, 185, 348). Henriques empfiehlt beim Schwefel wie beim Kohlenstoff die Messung mit Ionenkammer und Lauritsen-Elektroskop (186) statt mit Zählrohr. Dabei ist die (feste) Probe so anzuordnen, daß die Strahlung in den empfindlichsten Teil der Kammer eindringt.

Bestimmungen von Radioschwefel im Gaszählrohr wurden an Schwefelwasserstoff durchgeführt. Man kann entweder im Proportionalbereich (33) oder — unter Gaszusatz (Argon und Äthylformiat) (201) — im Geiger-Bereich arbeiten.

Hinweise auf viele Arbeiten mit Radioschwefel finden sich in der zusammenfassenden Literatur (145, 217, 316, 334, 337).

c) Radiowasserstoff.

Der Radiowasserstoff ^{3}T mit der Halbwertszeit von 12,5 Jahren entsteht bei zahlreichen Kernreaktionen. Zur technischen Herstellung des Radioelements zieht man aber nur die Reaktion $^6_3$Li (n, α) $^3_1$T heran, die mit den thermischen Neutronen des Reaktors in sehr guter Ausbeute verläuft und grundsätzlich ballastfreies Tritium liefert. Die obere Energiegrenze der β-Strahlung beträgt nur 18 keV. γ-Strahlung tritt nicht auf. Man kann Tritium auch aus den Beryllium-„Targets" gewinnen, die zur Neutronenerzeugung mit Deuteronen beschossen werden. Dort entsteht es durch die „Nebenreaktion" ^{9}Be (d, 2 α) ^{3}T. (Hinweise auf Zusammenfassungen über Tritium s. S. 273.)

In gewisser Hinsicht schließen auch die Arbeits- und Meßverfahren mit Tritium an die mit langlebigem Radiokohlenstoff an. Zu berücksichtigen sind aber in höherem Maße als beim Kohlenstoff gewisse Fehlerquellen. Erstens ist die Adsorption von Wasser durch Gefäßwände usw. — einschließlich der Wände von Meßgeräten — viel stärker ausgeprägt als die von Kohlendioxyd (217). Zweitens muß man sich auch in unvergleichlich höherem Maße vor der An- oder Abreicherung des Radiowasserstoffes gegenüber seinen leichteren Isotopen während chemischer Umwandlungen hüten. Zum Beispiel sind Verbrennungen organischer Stoffe zum Zwecke der nachherigen Messung der Aktivität des Wassers unbedingt zu Ende zu führen. Die spezifische Aktivität in einem Rückstand würde sich bedeutend von der des gebildeten Wassers unterscheiden.

Zahlreiche mit Tritium markierte Verbindungen, darunter auch organische Verbindungen, sind dargestellt worden [s. (164, 337) u. S. 272]. Dabei ist zu bedenken, daß Wasserstoffatome in gewissen Stellungen im Molekül durch Austausch z. B. mit Wasser verlorengehen können. Anderseits können Tritiumatome auch einfach durch Austausch in solche Stellungen eingeführt werden; in manchen Fällen erfordert der Austausch einen Katalysator (143) (vgl. S. 104).

Bei der Bestimmung des Tritiums stehen wegen der extremen Weichheit der β-Strahlung Verfahren zur Messung in der Gasphase in ausgeprägter Weise im Vordergrund. Die Zählung fester Proben wurde aus dem gleichen Grunde nur mit dem Strömungszählrohr durchgeführt, und zwar an organischen (102) und anorganischen (210) Eindampfrückständen. Zum Zweck einer groben Bestimmung des Tritiumgehaltes von Wasser kann man dieses quantitativ mit inaktivem Ammoniumchlorid austauschen lassen, wobei beide Stoffe in bekannten Mengen vorliegen müssen, dann das Wasser wegdampfen und das trockene Ammoniumchlorid im Strömungszählrohr in dicker Schicht messen (209). EIDINOFF beobachtete, daß „unendliche" Schichtdicke bei Tritiumverbindungen bereits bei < 1 mg/cm² erreicht ist; die Ausbeuten der Messungen sind natürlich immer klein (102). Tritiumverbindungen können im Papierchromatogramm durch Abtasten mit dem Strömungszählrohr nachgewiesen werden (160).

Soll in Gasphase gezählt werden, so wird man die Probe in der Regel zuerst verbrennen müssen. Dabei empfiehlt sich zur Herabsetzung der Adsorption der Einsatz von Verbrennungsrohren aus Metall und die Ersetzung des Kupferoxydkatalysators durch Platin (257, 350). Sollen Radiowasserstoff und -kohlenstoff im entstehenden Gasgemisch nebeneinander bestimmt werden, so kann man das aktive Wasser als erstes in einer eisgekühlten Falle ausfrieren (34, 150).

Die Hauptschwierigkeit bei der Arbeit mit dem Gaszählrohr liegt in der Wahl einer Füllung, die einen befriedigenden Konstanzbereich liefert. (Wieder ist zu berücksichtigen, daß in dieser Hinsicht Proportionalzählrohre weniger anspruchsvoll sind als GEIGER-Zählrohre.) Daß Wasserdampf selbst die Ausbildung eines Konstanzbereiches hemmt, ist ja eine allgemeine Erfahrung. Man darf daher Wasserdampf dem Zählgas höchstens bis zu einem Druck von wenigen Millimetern zufügen (137). Auch stellt die völlige Entaktivierung des Zählrohres nach Füllung mit aktivem Wasserdampf ein Problem dar.

Vielfach hat man daher den z. B. bei der Verbrennung organischer Proben entstehenden Wasserdampf zu Wasserstoff reduziert und diesem andere Gase zugemischt (1, 34, 35, 99, 163, 168, 231, 244, 255). Zum Beispiel kann man für GEIGER-Zählrohre 6 bis 8 cm Hg Wasserstoff mit 1,5 cm Alkohol mischen. Für Messungen im Proportionalbereich hat man auch Mischungen von Wasserstoff ($\sim 0,1$ at) mit Methan ($\sim 0,9$ at) (103) und von Wasserstoff ($\sim 0,5$ at) mit Toluol ($\sim 0,01$ at) (123) verwendet. Als Reduktionsmittel sind Natrium, Zink, Magnesium, Magnesium-Amalgam und Lithium-Aluminium-Hydrid beschrieben worden. (Elektrolyse kommt natürlich wegen der Isotopentrennung nicht in Frage.) In eine als Zählgas unmittelbar brauchbare Mischung von aktivem Wasserstoff und aktivem Methan hat man organische Verbindungen durch Erhitzen im Bombenrohr (640° C) mit Zink, Nickeloxyd und Wasser umgewandelt (358). Aber nicht einmal in Mischung ist Wasserstoff ein gutes Füllgas für Zählrohre, obgleich es den Vorteil besitzt, daß man selbst bei relativ hohen Drucken noch mit niederen Spannungen auskommt.

Die beste — wenn auch nicht einfachste — Lösung des Problems der Zählrohrfüllung besteht ohne Zweifel darin, das Tritium chemisch in das Molekül eines guten Zählgases einzuführen. So fangen JORIS und TAYLOR (215) den Wasserdampf mit Calciumoxyd auf und setzen den Kalk dann bei 250° C mit

Alkohol um. Unter diesen Umständen tauscht der Wasserstoff rasch aus. Der Austausch muß allerdings mehrmals mit neuem Alkohol wiederholt werden, bis praktisch das ganze Tritium auf den Alkohol übergegangen ist. Der Alkohol wird dann zusammen mit Argon in gewohnter Weise zur Füllung des Zählrohres verwendet.

Die Mehrstufigkeit, die gewöhnlich auch mehrere Messungen mit sich bringt, erspart man, wenn man das aktive Wasser mit Aluminiumcarbid oder Methyl-Grignard-Reagens zu Methan umsetzt (291, 292, 350) (s. a. S. 273). Dieses ist aber — besonders wenn es aus dem Carbid erzeugt wird — so unrein, daß es nur zur Füllung eines Proportionalzählrohres taugt. Äthan — durch Elektrolyse aus Acetatlösung zu erhalten — ist auch im Proportionalzähler verwendet worden (121, 124). Recht gut zur Füllung eines Geiger-Zählrohres eignet sich Butan, das mit Butyl-Grignard-Reagens erhalten wird und durch Ausfrieren gereinigt werden kann (147, 148, 149, 150). Das Zählrohr muß mit äußerem Löschkreis versehen sein.

Messungen von Tritium sind auch mit Ionenkammern ausgeführt worden. So haben Henriques und Margnetti die auch für die Messung des Radiokohlenstoffes gedachte Spezial-Ionenkammer mit Lauritsen-Elektroskop zur Messung des Tritiums verwendet (187). Die 220 cm³ fassende Kammer wird mit einer Atmosphäre elementarem Wasserstoff (10 Millimol) gefüllt. Als Empfindlichkeit wird größenordnungsmäßig 10^{-10} Curie angegeben. Das entspricht also 10^{-11} Curie/Millimol, wenn die Probe hinreicht, um die Kammer bis zum angegebenen Druck zu füllen. Andere Autoren haben die Kammer mit einem Schwingkondensator-Elektrometer versehen (34).

Die Messung des Tritiums kann — wie die des Radiokohlenstoffs — auch nach Szintillationsmethoden durchgeführt werden. Dabei ist es wieder am besten, die aktiven Stoffe in szintillierenden Flüssigkeiten in Lösung zu bringen (126, 181, 297, 354). Befriedigende Ergebnisse konnten sowohl mit tritiumhaltigen organischen Verbindungen, für die ähnliche Szintillatoren wie für Radiokohlenstoff verwendet wurden, wie auch mit tritiumhaltigem Wasser erzielt werden, für dessen Messung szintillierende Flüssigkeiten in Mischung mit Dioxan oder Alkohol herangezogen wurden.

Zur Erzielung guter Empfindlichkeit (niedrigen Leerwertes) bei der Szintillationsmessung müssen die im Abschnitt über Radiokohlenstoff genannten Koinzidenzanordnungen verwendet werden. Die beobachteten Meßausbeuten liegen zwischen 1 und 10%, sind also zwar gewöhnlich besser als die Ausbeuten, die bei Messung mit dem Strömungszählrohr an dicken Schichten erzielt werden, bleiben jedoch hinter den Ausbeuten der Gasmessung beträchtlich zurück.

Der Tritiumgehalt dünner Schichten organischer Stoffe kann durch Radioautographie bestimmt werden (30). Die Methode ist unempfindlich, da sie nicht auf Spurenzählung, sondern auf photometrischer Schwärzungsmessung beruht. Spurenzählung kommt für Tritium wegen der äußerst geringen Energie der β-Teilchen nicht in Frage; anderseits ist aus demselben Grunde die Lokalisierung des Tritiums scharf, was z. B. die Feststellung ermöglicht, in welchen Teilen von Zellen gewisse Stoffe angereichert werden (134).

Die gesundheitliche Gefahr bei der Arbeit mit Tritium ist so wie bei der mit Radiokohlenstoff gering, solange es in austauschfähiger Form vorliegt.

Natürliches Tritium wird auf S. 250 und S. 274 besprochen.

4. Natürlich radioaktive Stoffe.

a) Vorbemerkungen.

Historisch gesehen, hat sich die gesamte Radiochemie aus den Methoden zur Bestimmung der natürlich radioaktiven Stoffe entwickelt. Die Arbeitsmethoden mit natürlich und künstlich radioaktiven Stoffen sind grundsätzlich die gleichen, jedoch besitzen die natürlich radioaktiven Stoffe eine Reihe von Besonderheiten, die eine gesonderte Besprechung vorteilhaft erscheinen lassen (s. Abschn. 1).

Die meisten natürlichen radioaktiven Stoffe gehören einer der drei „Zerfallsreihen" an. Es sind dies die Uran-, die Thorium- und die Aktiniumreihe. Für die Zerfallsreihen gilt nun, daß sich bei Vorliegen einer langlebigen Muttersubstanz ein sogenanntes radioaktives Gleichgewicht ausbildet, d. h. ein Zustand, in dem jedes Folgeprodukt praktisch die gleiche Aktivität — ausgedrückt in Zerfallsvorgängen pro Zeiteinheit — besitzt. (Eine Ausnahme bilden nur die Folgeprodukte, die hinter Verzweigungsstellen liegen; also beispielsweise ThC′ und ThC″.)

Die Zugehörigkeit eines Radioelements zu einer Zerfallsreihe hat nun einerseits den Nachteil, daß es zwangsläufig von anderen Radioelementen begleitet wird, so daß unter Umständen komplizierte Trennungen erforderlich werden. Anderseits kann grundsätzlich die Bestimmung eines Radioelements durch die Aktivität eines beliebigen Folgeprodukts erfolgen. Dies ist von Vorteil, wenn die Aktivität eines Folgeproduktes leichter zu messen ist oder wenn ein Folgeprodukt leicht aus der Probe abgetrennt werden kann. Für eine derartige Bestimmung muß man natürlich wissen, wieweit sich radioaktives Gleichgewicht eingestellt hat.

Für die Beurteilung der analytischen Verfahren zur Bestimmung der Glieder der natürlichen Zerfallsreihen hat man sich immer wieder der genetischen Zusammenhänge zu vergewissern. Die nachstehenden Stammbäume (Abb. 25) sollen einen raschen Überblick ermöglichen. Die Abbildung enthält der Vollständigkeit halber auch den Stammbaum der vierten (künstlichen) Zerfallsreihe, der sogenannten Neptuniumreihe. Natürliche Radioelemente, die den Reihen nicht angehören, also „isoliert" auftreten, sind insbesondere Kalium 40, Rubidium 87, Indium 115, Lanthan 138, Samarium 147, Cassiopeium 176 und Rhenium 187.

Kennzeichnend für die natürlichen Radioelemente, besonders jene der Zerfallsreihen, ist weiter das häufige Auftreten von α-Strahlen. Infolgedessen kommt den Ionenkammern bei den natürlichen Radioelementen größere Bedeutung als bei den künstlichen Radioelementen zu. (Aber auch die Neptuniumreihe enthält zahlreiche α-Strahler.)

Bei den kurzlebigen natürlichen Radioelementen — also Stoffen hoher spezifischer Aktivität — ist natürlich die Bestimmung durch Aktivitätsmessung allen anderen Methoden hinsichtlich der Erfassungsgrenze weit überlegen (vgl. Kap. IV, Abschn. 1). Bei den langlebigen Radioelementen, also vor allem beim Uran, Thorium und Kalium, ist sie aber nur eine der möglichen Methoden. Kritische Vergleiche — z. B. (293) — haben zu dem Ergebnis geführt, daß die Analyse durch Messung der Radioaktivität bei diesen Elementen zwar gewisse Vorteile bieten kann, z. B. größere Geschwindigkeit und geringeren Arbeitsaufwand, hinter anderen Bestimmungsmethoden jedoch sowohl in bezug auf die Erfassungsgrenze als auch in bezug auf die Genauigkeit zurückbleibt.

Im folgenden soll nun ein Überblick über die Analysenmethodik für die wichtigeren der natürlichen Radioelemente gegeben werden. Auf eine eingehende Darstellung einzelner Bestimmungsmethoden sowie auf eine Besprechung der chemischen Eigenschaften einzelner Radioelemente wird hier verzichtet, da darüber ausführliche Nachschlagwerke vorliegen. So hat in neuerer Zeit I. JOLIOT-CURIE eine Monographie über die natürlichen Radioelemente verfaßt (213). Die Verfahren zur Bestimmung einiger Radioelemente durch

Aktivitätsmessung sind in größerer Ausführlichkeit im „Handbuch für analytische Chemie" behandelt: Von ERBACHER für Radium (110) und Aktinium (109) [s. auch JANTSCH (208)] und von KARLIK für Emanation (218). Die chemischen Eigen-

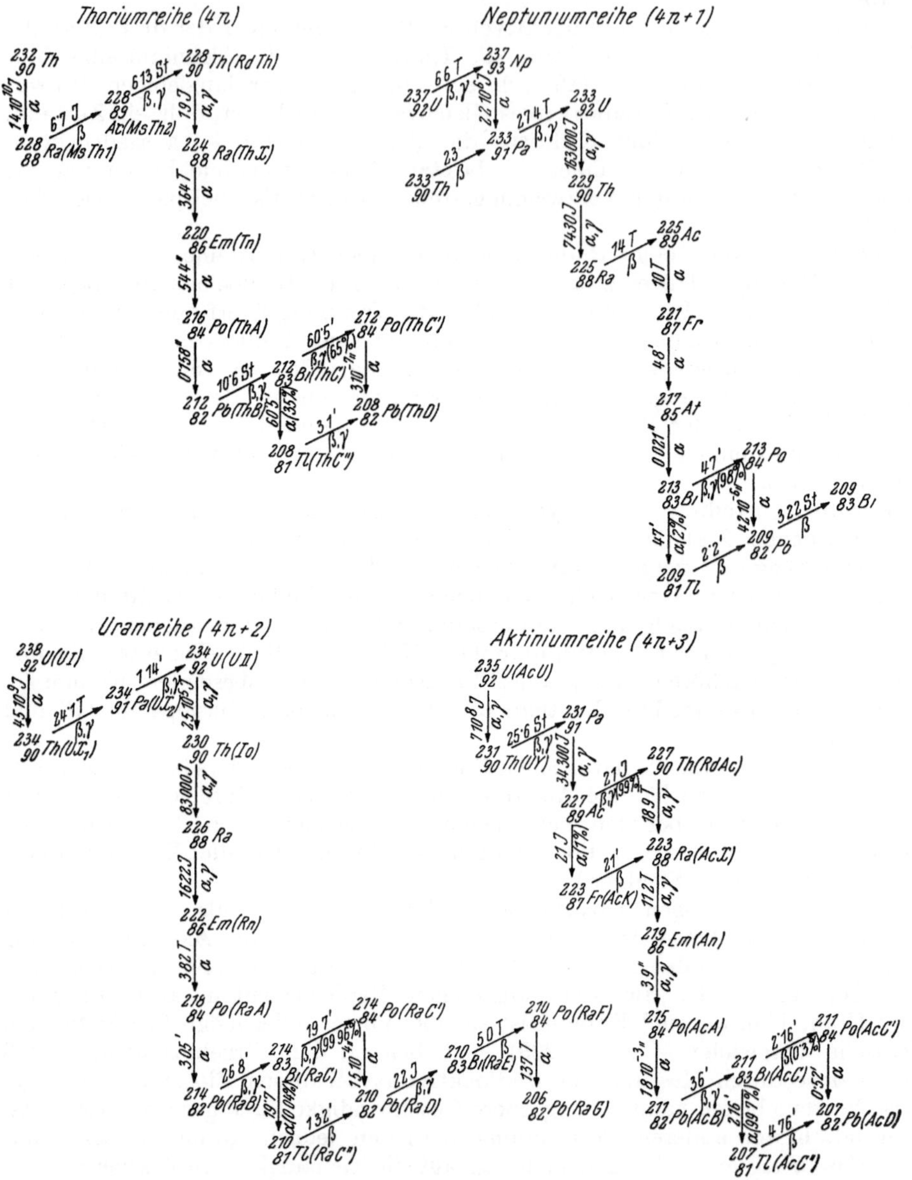

Abb. 25. Die radioaktiven Zerfallsreihen.

schaften der natürlichen Radioelemente, auf denen die Isolierungsmethoden beruhen, sind für Polonium, Radium, Aktinium, Protaktinium und Uran in den bisher erschienenen Bänden des Handbuches von GMELIN zusammengestellt. Die zur Verfügung stehenden Abtrennungsmethoden für Uran und Thorium sind von RODDEN und Mitarbeitern beschrieben worden (294, 295).

Wenn nicht nur ein radioaktives Isotop, sondern die gesamte vorliegende Menge des Elements nach einer Absolutmethode bestimmt werden soll, so ist die Kenntnis der Isotopenzusammensetzung notwendig. Zum Beispiel darf bei der Analyse des Urans nach der später beschriebenen Emaniermethode nicht vergessen werden, daß natürliches Uran 0,7% an Uran 235 enthält, das kein Radon liefert. Die Notwendigkeit der Kenntnis der Isotopenzusammensetzung fällt natürlich fort, wenn nach Vergleichsmethoden mit Hilfe von Eichproben gleicher Zusammensetzung gearbeitet wird.

Bei manchen Bestimmungen von Uran und seiner Folgeprodukte wird auch die Strahlung der Abkömmlinge des Uran 235, also der Glieder der Aktiniumreihe, mitgemessen. Das ist bei der Berechnung der Analysenresultate nach Absolutmethoden grundsätzlich zu berücksichtigen. Da dies aber nicht für Vergleichsbestimmungen gilt und auch bei Absolutmethoden der Beitrag der Aktiniumreihe gewöhnlich gering ist und vernachlässigt wird, kann hier auf eine weitere Diskussion dieses Problems verzichtet werden.

In vielen Fällen, wie eben in dem des Urans, enthalten die natürlichen Elemente die verschiedenen Isotope immer in konstantem Verhältnis. Oft trifft das aber nicht zu. Zum Beispiel treten in radioaktiven Erzen gewöhnliches Radium und Mesothor 1 in wechselndem Verhältnis zueinander auf. Ein Extrem ist der Fall des natürlichen Radiokohlenstoffes (s. Abschnitt 4, g), wo die — überaus schwache — spezifische Aktivität je nach der Herkunft der Probe innerhalb sehr weiter Grenzen schwankt.

b) Emanationsmethoden.

Unter den Methoden, die sich der Bestimmung von Folgeprodukten bedienen, sind besonders die Emanationsmethoden zu nennen. Sie bieten zunächst den grundlegenden Vorteil, daß die inerten Emanationen leicht und schnell verlustlos aus der Probe ausgetrieben und in reproduzierbare Form — nämlich einfach, die freie Gasform — gebracht werden können.

Ein weiterer Vorteil liegt darin, daß sich die drei Emanationen der drei natürlichen Zerfallsreihen wegen ihrer kurzen Halbwertszeit relativ schnell aus den Muttersubstanzen nachbilden, nachdem die Probe in die emanierende Form gebracht worden ist. (Die vierte — künstliche — Zerfallsreihe enthält keine Emanation.) Direkt werden durch die Emanationsmethode natürlich nur die unmittelbaren Muttersubstanzen bestimmt, also die Radiumisotope gewöhnliches Radium (^{226}Ra), Thorium X (^{224}Ra), Aktinium X (^{223}Ra). Wenn diese Stoffe aber in der Probe mit ihren Vorfahren im Gleichgewicht stehen, so muß zur Bestimmung der letzteren Stoffe durch die Emaniermethode nur darauf geachtet werden, daß bei der Überführung der Probe in die emanierende Form kein Verlust an der unmittelbaren Muttersubstanz der Emanation — also an dem entsprechenden Radiumisotop — eintritt. Ein derartiges Gleichgewicht besteht z. B. in nicht ausgelaugten Gesteinen. (Selbstverständlich hat bei der Bestimmung von Gliedern der Thorium- und der Aktiniumreihe auch berücksichtigt zu werden, daß Thorium X und Aktinium X vom Augenblick ihrer Abtrennung an ziemlich rasch abklingen.)

Schließlich trifft es sich günstig, daß die drei Emanationen (Radon, Thoron, Aktinon) sehr verschiedene Halbwertszeiten (3,82 Tage, 54,5 Sekunden, 3,9 Sekunden) aufweisen. Sie können daher durch Verfolgung der Zeitabhängigkeit der Aktivität nebeneinander bestimmt werden.

Die Emanationsmethode wird vor allem zur Bestimmung von Radium bzw. Uran herangezogen (109, 117, 211, 232, 256). Um die Probe in emanierende Form überzuführen, wird sie gewöhnlich in Lösung gebracht (74, 120, 131, 232, 251, 341, 342). Nach einer typischen Methode wird die Probe zuerst in Salpetersäure gelöst, der Rückstand dann mit Flußsäure abgeraucht und schließlich einem Sodaaufschluß unterworfen. Das Produkt des Aufschlusses wird nun ebenfalls in Salpetersäure gelöst. Die beiden Lösungen werden vereinigt (214). Man hat auf vollkommene Klarheit der Lösung zu achten, da kolloidale Verunreinigungen — vor allem Kieselsäure — die Emanation stark adsorbieren und so zu Fehlern bei der Bestimmung führen. Die Lösungen müssen immer sauer sein, da das Radium sonst an den Glaswänden adsorbiert wird und quantitativer Austritt der Emanation nicht mehr gewährleistet ist.

Wenn die Lösung übergroße Mengen an Salzen enthält, so daß das Austreiben der Emanation erschwert ist, so fällt man mit Vorteil die unmittelbaren Mutterstoffe der Emanation auf Bariumträger aus und emaniert bloß die Lösungen dieser Niederschläge.

Beim Auflösen der Proben gehen Emanationsmengen verloren, die sich nur schwer bestimmen lassen. Deshalb wartet man entweder mit der Messung, bis sich wieder radioaktives Gleichgewicht eingestellt hat, oder man bläst aus der unter Rückfluß siedenden Lösung (37) die Emanation mit Hilfe eines Trägergases quantitativ aus und bestimmt dann die Menge der Emanation, die sich nach einer gewissen Zeit in der dicht verschlossenen Lösung neu gebildet hat, woraus die Gleichgewichtsmenge berechnet werden kann.

Zur Messung wird dann die in der Lösung gebildete Emanation quantitativ in eine Ionisationskammer übergeführt. Dies geschieht wieder mittels eines Trägergases, das man durch die unter Rückfluß siedende Lösung in die vorher evakuierte Kammer leitet. Vor Eintritt in die Kammer wird das Gas noch von Wasser befreit, das durch Kondensation in der Kammer Oberflächenleitung verursachen könnte.

Ist zur Gewinnung der Emanation eine große Menge Spülgas erforderlich, was z. B. der Fall ist, wenn die Lösung nicht erhitzt wird, so kann die Emanation aus dem Spülgas abgeschieden werden. Zu diesem Zwecke friert man mit flüssiger Luft in einer überdies mit Aktivkohle oder Kieselgel gefüllten Kühlfalle aus. Anschließend wird die Emanation durch Erwärmen freigesetzt und zur Messung in die Ionisationskammer gebracht (205).

Statt die Probe aufzulösen, kann man die Emanation auch durch Erhitzen auf 2000° C direkt aus der festen Probe austreiben (115, 117). Endlich kann die Probe auch mit Bisulfat aufgeschlossen und dann die aus der flüssigen Schmelze austretende Emanation gemessen werden.

Die Messung des Radons wird vorzugsweise erst durchgeführt, nachdem es sich mit dem „kurzlebigen Niederschlag" (RaA, RaB, RaC, RaC′) ins Gleichgewicht gesetzt hat, d. h. etwa 4 Stunden nach Füllung der Kammer. Dadurch erhält man größere Aktivitäten und verringert überdies die Änderung der Aktivität während der Messung.

Vor Leerwertmessungen muß man mehrere Stunden zuwarten, um die Aktivität des aus der Emanation der letzten Bestimmung entstandenen kurzlebigen Niederschlages abklingen zu lassen. Die Aktivität des langlebigen Niederschlages (RaD, RaE, RaF) bewirkt erst dann störende Erhöhungen des Leerwertes, die eine Reinigung der Kammer erforderlich machen, wenn sich größere Mengen in der Kammer angesammelt haben.

Die Ionenkammern und Registriergeräte zur Messung der Emanationen sind bis in die letzte Zeit ständig weiterentwickelt worden (s. den folgenden Beitrag zum vorliegenden Handbuchband). Für empfindliche Messungen wird z. B. das von Evans (113, 114, 115, 117) ausgearbeitete Verfahren mit Doppelkammern in

Kompensationsschaltung verwendet, wobei Fehler durch Leerwertsschwankungen weitgehend ausgeschaltet werden. Während früher bei allen Methoden der Sättigungsstrom in der Kammer gemessen wurde, zieht man in neuerer Zeit auch zählende Ionenkammern heran (15, 74, 75, 88, 131, 195, 251, 342). Bei der Messung des Sättigungsstromes sind die α-Teilchen wegen ihrer sehr großen spezifischen Ionisation praktisch allein für den Meßeffekt verantwortlich. Auch bei der Verwendung zählender Ionenkammern, bei denen durch entsprechende Diskriminierungsschaltungen dafür gesorgt wird, daß kleine Stöße nicht registriert werden, werden bei der Messung praktisch nur α-Teilchen erfaßt.

Stellt man Ionenkammern aus Werkstoffen her, die möglichst frei von radioaktiven Verunreinigungen sind [vgl. (26)], so kann der Leerwert bei einer Kammer der gewöhnlichen Größe bis auf 10 Stöße in der Stunde — manchmal sogar auf einen noch kleineren Wert — gesenkt werden. Unter diesen Bedingungen ist dann eine genaue Bestimmung von Radium bis zu Mengen der Größenordnung 10^{-14} g, von Uran bis zu Mengen von 10^{-8} g möglich. Die Auswertung der Aktivitätsmessungen erfolgt am besten durch Vergleichsbestimmungen mit Eichproben.

Bei der Thoriumbestimmung ist eine statische Messung der entwickelten Emanation wegen der Kürze der Halbwertszeit nicht möglich; daher sind schon frühzeitig Strömungsmethoden verwendet worden (214, 240, 304, 305, 330). Die Thoriumemanation erhält man am besten analog wie die Radiumemanation durch Auflösen der Probe und Durchleiten eines inerten Gasstromes (117, 342). Der Gasstrom wird dann gereinigt und mit konstanter Geschwindigkeit durch die Ionenkammer geleitet, wo sich rasch radioaktives Gleichgewicht zwischen der Thoriumemanation und ihrem unmittelbaren Folgeprodukt Thorium A einstellt. Um gute Empfindlichkeit zu erhalten, muß die Kammer sorgfältig dimensioniert und optimale Gasgeschwindigkeit eingestellt werden (75, 117, 153, 342). Zirkulation des Gasstromes ist vorteilhaft (165). Bei kleinen Thoriumgehalten sind lange Meßzeiten erforderlich; dann muß auch das Auftreten der ThC-ThC'-α-Aktivitäten in der Kammer in Rechnung gesetzt werden (342). Die Auswertung erfolgt auch hier mit Hilfe von Eichproben.

Enthält eine Probe Radioelemente sowohl der Uran- als auch der Thoriumreihe, so wird am besten zuerst die gesamte Emanation aus der Lösung ausgeblasen, dann alsbald das Thoron nach einer Strömungsmethode und schließlich nach längerer Zeit das Radon nach einer statischen Methode bestimmt.

Die Bestimmung von Aktinon kann grundsätzlich in ähnlichen Anordnungen wie die Thoriumbestimmung ausgeführt werden; sie hat aber kaum praktische Anwendung zur Ermittlung des Gehaltes an Protaktinium oder Aktinium gefunden. Allerdings darf nicht übersehen werden, daß das Aktinon auch bei Thoronbestimmungen mitgemessen wird, wenn die Muttersubstanz vorliegt, und zwar wird der Teil der gemessenen Aktivität, der vom Aktinon herrührt, von den relativen Mengen der beiden Radiumisotope (Thorium X und Aktinium X) in der Lösung, von den Dimensionen der Meßapparatur und der verwendeten Strömungsgeschwindigkeit bestimmt (342). Gewöhnlich wird man die beiden letzten Größen bei der Thoronbestimmung so wählen, daß der Beitrag des Aktinons möglichst gering ist und vernachlässigt werden kann. Man kann aber auch die Mengen Thorium X und Aktinium X, die in ein und derselben Probe vorliegen, gesondert bestimmen, indem man die Strömungsmethode der Aktivitätsbestimmung zu zwei verschiedenen Zeiten — z. B. einen Tag und zehn Tage — nach der Abtrennung der Radiumisotope durchführt (342).

Statt der Emanationen kann man grundsätzlich auch ihre Folgeprodukte durch ihre α- oder β-Strahlung messen. Die Empfindlichkeit ist aber nicht günstig, da die Ausbeute bei der Zählung fester Proben der Ausbeute bei der Gaszählung unterlegen ist und außerdem von den Proben auch weniger α-Teilchen emittiert werden. Im Falle des Thoron muß man überdies recht lange warten, bis sich das relativ langlebige Thorium B aus der strömenden Emanation in genügender Menge gebildet hat.

c) Bestimmung von Uran und Thorium unter Auflösung.

Bei den Methoden, die unter Auflösung der Probe arbeiten, werden die Radioelemente, deren Aktivität gemessen werden soll, so weit von Begleitstoffen befreit, daß die durch sie hervorgerufene Absorption der Strahlung nicht mehr stört. Man kann Uran bzw. Thorium selbst oder aber eines ihrer im Gleichgewicht befindlichen Folgeprodukte abscheiden und zur Messung verwenden.

Eine Gruppe von Verfahren beruht auf der Abtrennung der langlebigen Muttersubstanzen selbst (45, 299, 343). Zunächst werden Uran (293, 295) bzw. Thorium (199, 294) nach bekannten Methoden aus der Probe abgetrennt. Als letzter Schritt werden das Uran oder Thorium — meist unter Zusatz von Träger (Eisen) — als Hydroxyd niedergeschlagen. Der Niederschlag wird in ein flaches Platinschälchen gebracht. Alternativ kommt auch die direkte elektrolytische Abscheidung des Urans am Platin in Frage (56, 85, 196). Die Messung der α-Strahlung erfolgt dann z. B. in einer zählenden Ionenkammer mit parallelen Plattenelektroden. Das Schälchen kann einfach auf die untere Elektrode gestellt werden. Die Auswertung erfolgt mit Hilfe einer Eichkurve. Die Methode hat zur Bestimmung von Urangehalten bis zu 10^{-5} Gewichtsteilen Verwendung gefunden.

Grundsätzlich ist quantitative Abscheidung des Radioelements nicht notwendig, da man mit Hilfe von Radioisotopen, die sich durch ihre Lebensdauer oder die Art oder Energie ihrer Strahlung hinreichend unterscheiden, um eine gesonderte Bestimmung der Aktivitäten, die von beiden Radioelementen ausgehen, zu ermöglichen, die Ausbeute der Abtrennung bestimmen kann (vgl. Kap. VI, Abschn. 1 und 3). Beispielsweise kann die Ausbeute einer Thoriumabtrennung mit Hilfe des Indikators UX 1 (^{234}Th), die einer Uranabtrennung mit Hilfe des U II (^{234}U) festgestellt werden; im letzteren Falle bestimmt man dann das Uran (U I) durch die β-Aktivität seines Folgeproduktes UX 2.

Unter den Methoden, die auf der Abtrennung eines Folgeprodukts des Urans beruhen, zeichnen sich die bereits besprochenen Emanationsmethoden durch ihre Einfachheit und Empfindlichkeit aus. Sie können jedoch nur dann angewendet werden, wenn die Bedingung des Gleichgewichtes zwischen Uran und Radium in der Probe erfüllt ist. Ebenso ist die Bestimmung von Thorium nach der Emanationsmethode nur möglich, wenn Thorium X bzw. Radiothorium mit Thorium im Gleichgewicht sind.

In den meisten Uranproben besteht jedoch Gleichgewicht wenigstens zwischen dem Uran 238 und seinem Folgeprodukt Uran X 1 (UX 1 = ^{234}Th), das eine Halbwertszeit von nur 24 Tagen besitzt. Das UX 1 kann abgetrennt und gemessen werden. (Streng genommen, mißt man nicht die weiche Strahlung des UX 1 selbst, sondern die harte β-Strahlung von dessen kurzlebiger Tochter UX 2.) Die Abscheidung des UX 1 ist z. B. durch Mitfällung mit Zirkonhypophosphat (372) oder mit Lanthanfluorid (18) möglich. Die Empfindlichkeit der Methode liegt bei 10^{-4} g Uran (372).

Selbst wenn in der Probe kein Gleichgewicht zwischen dem Uran und dem UX 1 besteht, ist die Uranbestimmung durch das UX 1 möglich, indem man das UX 1 zuerst gänzlich entfernt und dann die nach einer bestimmten Zeit nachgebildete Menge bestimmt. Eine analoge Bestimmung des Thoriums durch sein unmittelbares Folgeprodukt Mesothor 1 kommt hingegen nicht in Frage — vor allem weil es verhältnismäßig langlebig ist ($T_{\frac{1}{2}} = 6,7$ Jahre). Bestimmungsmethoden für Thorium im radioaktiven Gleichgewicht werden S. 273 besprochen.

Sehr empfindliche Uran- und Thoriumbestimmungen an Lösungen können auch nach photographischen Methoden ausgeführt werden — vor allem durch Spurenzählung in den für radiochemische und kernphysikalische Zwecke hergestellten Spezialemulsionen mit hohem Bromsilbergehalt. Eine ausführliche Besprechung dieser Emulsionen und der gesamten Arbeitsmethodik findet sich im Beitrag von LAUDA zu dem vorliegenden Handbuchband.

Die Empfindlichkeit dieser Methoden wird nur durch den natürlichen Gehalt der Emulsionen an den zu bestimmenden oder verwandten Radioelementen begrenzt (81). Bei den Spurenzählmethoden wird zweckmäßig zwischen Absolut- und Vergleichsmethoden unterschieden.

Bei den Vergleichsmethoden badet man Photoplatten in Lösungen der Eich- und Analysenproben, wobei darauf zu achten ist, daß alle miteinander zu vergleichenden Lösungen hinsichtlich der Makrokomponenten möglichst gleiche Zusammensetzung aufweisen, da nur so vergleichbare Aufnahme der Radioelemente gewährleistet ist. Die Auswertung erfolgt dann durch Vergleich der Spurendichte, die man z. B. durch die im Mikroskop beobachtete durchschnittliche Spurenzahl pro Gesichtsfeld ausdrücken kann.

Bei Absolutmethoden muß eine bekannte Menge der Analysenprobe zur Gänze in die Emulsion gebracht werden. Hierzu kann man die Platte einen genau abgemessenen Tropfen aufsaugen lassen. Besser bedient man sich der von DEMERS (80) und PICCIOTTO (268) entwickelten „Sandwich-Methode", bei der ein Tropfen oder eine dünne feste Schicht zwischen zwei Emulsionsschichten aufgebracht wird. Bei diesen Methoden ist die ganze Analysensubstanz von Emulsion umgeben; die emittierten α-Teilchen werden also mit 100% Ausbeute registriert. Zur Auswertung wird dann die Gesamtspurenzahl bestimmt, die durch die Analysenprobe erzeugt wurde. Dazu muß eine oft nicht unbeträchtliche Fläche der Emulsion quantitativ nach Spuren abgesucht werden.

Welche Spuren man zählt, wird sich sowohl bei Absolut- wie auch bei Vergleichsmethoden danach richten, ob Uran bzw. Thorium allein oder gemeinsam vorliegen und ob sich radioaktives Gleichgewicht eingestellt hat.

Liegt radioaktives Gleichgewicht vor, so zählt man zweckmäßig die „Sterne". Läßt man die Platten nämlich mehrere Wochen liegen, so bildet sich aus den meisten zerfallenden Radiumkernen (^{226}Ra) durch Emission von vier α-Teilchen Radium D (^{210}Pb), aus den meisten zerfallenden Radioaktiniumkernen (^{227}Th) durch Emission von fünf α-Teilchen Aktinium D (stabiles ^{207}Pb) und aus den meisten zerfallenden Radiothoriumkernen (^{228}Th) — ebenfalls durch Emission von fünf α-Teilchen — Thorium D (stabiles ^{208}Pb). Da sich die Atome zwischen den einzelnen Zerfallsvorgängen in der Emulsion nur wenig verschieben, werden dann aus vier oder aus fünf Spuren bestehende Sterne beobachtet. Die genaue Beziehung zwischen Zahl der Zerfälle der Muttersubstanzen und Zahl der Sterne in Abhängigkeit von der Expositionszeit kann natürlich berechnet werden [s. z. B. (135, 307)].

Für die Uranbestimmung zieht man einfach die Zahl der „Vierer-Sterne" heran (363). Schwieriger ist die Thoriumbestimmung (204, 271). Man kann hierzu z. B. die durch Radiothoriumzerfall entstehenden „Fünfer-Sterne" von den durch Radioaktiniumzerfall entstehenden Sternen unterscheiden, indem man feststellt, welche Sterne die besonders lange Spur der von Thorium C′ emittierten α-Teilchen enthalten. Oder man kann Thorium chemisch abtrennen — eventuell mit nichtisotopem Träger und einer Ausbeutebestimmung mit Hilfe des β-aktiven

UX_1 — und dann das relativ kurzlebige Radioaktinium abklingen lassen, bevor man die Photoplatte belädt. Man kann auch zwei oder mehr Platten gleichzeitig mit dem abgetrennten Thorium beladen und diese dann nach verschiedenen Zeiten entwickeln. Während die Zahl der „Thorium-Fünfer-Sterne" nahezu der Expositionszeit proportional zunimmt, werden bei längerer Exposition nur mehr wenige „Aktinium-Fünfer-Sterne" erzeugt. Die Erfassungsgrenze wird mit 10^{-9} g Thorium angegeben (271).

Ist entweder nur Thorium oder nur Uran vorhanden, ohne daß radioaktives Gleichgewicht mit langlebigen Tochtersubstanzen besteht, so zählt man die verhältnismäßig kurzen Spuren der Muttersubstanzen selbst. Dagegen ist eine Bestimmung beider Elemente nebeneinander bei Nichtbestehen von radioaktivem Gleichgewicht schwierig, da die Spurenlängen ähnlich sind. Ist nur Thorium im Gleichgewicht (die Einstellung erfolgt viel schneller als beim Uran), so kann man immerhin eine gesonderte Thoriumbestimmung durch Sternzählung durchführen und dadurch auch feststellen, welcher Teil der kurzen Spuren auf Uran zurückzuführen ist.

Sehr empfindliche Uranbestimmungsmethoden, die allerdings nicht auf der natürlichen Radioaktivität des Urans oder seiner Folgeprodukte beruhen, sondern auf der der Produkte der künstlichen Urankernspaltung, sind im Rahmen der Aktivierungsanalyse besprochen worden (Kap. VII, Abschn. 4, f, λ).

d) Bestimmung von Uran und Thorium ohne Auflösung.

Bestimmungen des Uran- und Thoriumgehaltes von im Gleichgewicht befindlichen Mischungen (Gesteinen) können rasch ohne Auflösung der Probe ausgeführt werden. Natürlich ist die Empfindlichkeit wegen der Selbstabsorption viel kleiner, als wenn die Radioelemente aus der Probe isoliert werden.

Die zahlreichen Methoden dieser Art unterscheiden sich vor allem hinsichtlich der Strahlungsart, die gemessen wird: Man kann die α-, β- oder γ-Aktivität oder einfach eine Art Mischaktivität messen (293). Jedenfalls müssen alle Radioelemente — nicht nur die vor den Emanationen auftretenden — im Gleichgewicht vorliegen, da ja die späteren Glieder der Reihen sehr wesentlich zur Aktivität beitragen. Mit den einfacheren Methoden kann man zwischen Uran und Thorium nicht unterscheiden; zur Auswertung der Messung muß man also wissen, welche radioaktive Reihe vorliegt. Auch größere Kaliumgehalte stören.

Mißt man die aus der Oberfläche einer Gesteinsprobe geringer Masse austretende Strahlung mit Hilfe einer Ionenkammer, so wird praktisch nur die α-Strahlung registriert. Als Proben können Gesteinsschliffe oder pulverisiertes Gestein verwendet werden; bessere Reproduzierbarkeit wird mit letzterem erzielt. Die Dicke wird für die meisten Zwecke so gewählt, daß sie zwar einerseits die Reichweite aller α-Strahlen übertrifft, anderseits aber doch noch die Wirkung der β- und γ-Strahlen vernachlässigt werden kann.

Wenn durch die Pulverisierung des Gesteins die Emanierfähigkeit ein nennenswertes Ausmaß erreicht, so kann man den Austritt der Emanation durch Aufbringen einer dünnen, gasundurchlässigen Schicht aus Kunstharzlack verhindern (119, 179).

Die Gehaltsbestimmung erfolgt meist durch Vergleich mit Eichproben (232). Doch sind auch Formeln ausgearbeitet worden, die es gestatten, aus der an dicken Proben gemessenen Aktivität direkt den Gehalt an α-Strahlern zu berechnen. Solche Formeln gibt es sowohl für die Messung des Ionisationsstromes als auch für die Zählung der α-Teilchen (116, 133, 213) [ältere Arbeiten s. (136, 315)]. Für ihre Anwendung müssen die Zusammensetzung (Energie) der Strahlung und die Bremswirkung der Probe für α-Strahlen bekannt sein. Die Absorptionskoeffizienten der Gesteine berechnet man entweder aus den für einzelne Elemente und Verbindungen sichergestellten Koeffizienten und der chemischen Zusammensetzung oder man bestimmt sie experimentell.

Für geochronologische Zwecke sind auch Methoden zur Absolutbestimmung der α-Aktivität an dünnen Schichten von Gesteinsmehl (1 bis 2 mg/cm^2) mit Hilfe zählender Ionenkammern entwickelt worden (119).

EVANS hat verfeinerte Verfahren vorgeschlagen, mit deren Hilfe Uran und Thorium nebeneinander bestimmt werden können. Am einfachsten ist es, die Gesteinsprobe in einer zählenden Ionenkammer einmal ohne und dann mit einem Absorber zu messen, der alle α-Teilchen mit Ausnahme der vom ThC′ emittierten zurückhält. Hierdurch wird die Aktivität allerdings so stark verringert, daß die Methode nur bei Thoriumgehalten von mindestens 10^{-4} Gewichtsteilen angewendet werden kann (118, 133). Kleinere Uran- und Thoriumgehalte lassen sich durch Messungen mit Absorbern verschiedener Dicke ermitteln. Schließlich führt eine gesonderte Uranbestimmung — z, B. nach einer Emanationsmethode — und Messung der Gesamtaktivität der Gesteinsprobe zum Ziel (133, 249). Zur Auswertung der Messungen ist wiederum die Kenntnis der α-Absorption in der Probe erforderlich. Mit diesen Methoden sind noch etwa 10^{-6} Gewichtsteile Uran oder Thorium bestimmbar.

Bestimmungen auf Grund der β-Aktivität können ausgeführt werden, indem man die gesamte α-Strahlung durch Absorber ausschaltet (27, 127, 202, 272). In einer einfachen Anordnung wird ein dünnwandiges Zählrohr mantelförmig mit einer Gesteinsschicht umgeben, die für die energiereichsten β-Strahlen „unendlich dick" ist (127). Durch Verwendung von Absorbern ist auch eine Unterscheidung zwischen den β-Aktivitäten der Uran- und Thoriumreihe in Gesteinen möglich (159, 248, 250).

Häufig wird schließlich auch die von einer größeren Gesteinsmenge abgegebene γ-Strahlung gemessen. Bei einer in mehreren Laboratorien erprobten Uranbestimmung (45, 226, 293) werden 50 bis 100 g des gepulverten Gesteins in Formen geschüttet oder gepreßt und mit einem gegen α- und β-Strahlung abgeschirmten Zählrohr gemessen. Dann wird mit Eichproben verglichen. Besitzen Eich- und Analysenproben nicht die gleiche Schichtdicke oder Zusammensetzung, so müssen die Meßwerte für Veränderungen der Selbstabsorption korrigiert werden. Die Empfindlichkeit dieser Ausführungsform der Methode liegt bei 0,1% Uran (45). Wegen der geringen Selbstabsorption kann die Empfindlichkeit durch Vergrößerung der Proben beträchtlich gesteigert werden. So können z. B. bei Verwendung von 58 Litern Gesteinspulver 0,0001% Uran nachgewiesen werden (29). Thoriumbestimmungen sind ebenfalls nach diesem Prinzip ausgeführt worden (118).

Statt mit Zählrohren können die β- und γ-Aktivitäten von Gesteinsproben auch mit Szintillationszählern gemessen werden (191).

Eine gleichzeitige Bestimmung des Uran- und Thoriumgehaltes von Gesteinsproben kann auch auf Grund der Tatsache durchgeführt werden, daß das Verhältnis von β- und γ-Aktivität der beiden Reihen verschieden ist. Man mißt die gepulverte Probe mit zwei Zählrohren (oder Szintillationszählern), deren eines β- und γ-Strahlen, das andere aber nur γ-Strahlen registriert. Zur Auswertung dienen Eichproben (98, 355).

In thoriumfreien und kaliumarmen Gesteinen, in denen Uran und Radium nicht im Gleichgewicht stehen, kann zwischen diesen beiden Elementen in folgender Weise ohne Auflösung unterschieden werden. Die energiereiche γ-Strahlung rührt praktisch nur von den Folgeprodukten des Radiums, die energiereiche β-Strahlung jedoch sowohl von den ersten Folgeprodukten des Urans (Uran X 2) als auch von den Folgeprodukten des Radiums her. Nun wird die Aktivität der Gesteinsproben einmal mit vorwiegend β-empfindlichen und einmal mit nur γ-empfindlichen Zählrohren gemessen. Durch Vergleich mit geeigneten Eichproben ergibt sich dann sowohl der Uran- als auch der Radiumgehalt (338).

Eine Art zerstörungsfreier grober „Analyse" ist auch am Gestein in situ möglich. Beispielsweise kann man das Zählrohr in ein 50 bis 100 cm langes Bohrloch im Fels einführen (183a, 333). Bei der Verwendung von Messingzählrohren (durch 2 mm Blei gegen β- und weiche γ-Strahlung abgeschirmt) gilt dann unter Annahme gleichmäßiger Zusammensetzung des Gesteins die Beziehung: $c = 1{,}5 \cdot 10^{-5}\, A/l \cdot d$, wobei c die Gewichtsteile Uran (g/g), A die Stoßzahl pro Minute und l und d die Länge bzw. den Durchmesser des Messingmantels des Zählrohres bezeichnen. 10^{-5} Gewichtsteile Uran sind also noch sehr gut bestimmbar. Liegt Thorium vor, so ist der Zahlenfaktor des angeführten Ausdruckes durch $2{,}4 \cdot 10^{-5}$ zu ersetzen, d. h. die Erfassungsgrenze liegt um 30% höher (333). Kalium stört meistens wenig, denn die von 1 g erzeugte Stoßzahl entspricht hier nur der von etwa $4 \cdot 10^{-4}$ g Uran erzeugten (28, 151).

Derartige Verfahren eignen sich zur Auffindung von Lagerstätten (280, 288, 332), aber auch zur allgemeinen Erforschung von Gesteinsschichtungen (128). Messungen in Bohrlöchern werden häufig beim Aufschluß von Erdölfeldern gemacht. Mit Szintillationszählern kann die Empfindlichkeit gesteigert werden. Es gelingt dann sogar die Feststellung von Lagerstätten beim Überfliegen (260,327). Überdies können mit Szintillationszählern auch die γ-Spektren aufgenommen werden (vgl. Kap. II, Abschn. 5, d), so daß man gleich im Bohrloch eine qualitative und quantitative „Analyse" auf Uran, Thorium und Kalium durchführen kann (83).

Zur Uran- und Thoriumanalyse von Gesteinen ohne Auflösung kann auch die Autoradiographie dienen (22, 64, 65, 69, 267, 270, 273, 274, 363) (s. Beitrag von Lauda über photographische Methoden zum vorliegenden Handbuchband). Preßt man Gesteinsschliffe gegen die photographische Emulsion, so gibt die Zählung der Spuren von α-Teilchen zwar einen Gesamtwert für den Gehalt an Uran und Thorium; eine Unterscheidung zwischen den beiden Elementen durch Vermessung der Spurlängen ist aber kaum möglich, da die α-Teilchen verschiedenen Schichten des Schliffes entstammen. Eine gesonderte Bestimmung gelingt jedoch unter Umständen durch Bestrahlung des gegen die Emulsion gepreßten Gesteinsschliffes mit langsamen Neutronen und Zählung der Spuren der Spaltstücke — also durch Aktivierungsanalyse (70) (s. Kap. VII, Abschn. 4, f, λ).

Ein Sonderfall hochempfindlicher Uranbestimmungen durch Aktivitätsmessung ist der Nachweis gasförmiger Verbindungen, wie Uranhexafluorid, in Luft oder anderen inaktiven Gasen. Mit Hilfe von Ionenkammern können noch Konzentrationen von $10^{-5}\%$ festgestellt werden (253).

e) Bestimmung anderer Glieder der natürlichen radioaktiven Reihen.

α) Polonium.

Praktisch interessiert fast immer nur das Isotop Radium F (Polonium 210). Die Isolierung des Poloniums beruht ausnahmslos darauf, daß es — mit Ausnahme der Edelgase — das elektrochemisch edelste aller natürlichen Radioelemente ist (107, 132, 172, 213). Diese Eigenschaft wird zu seiner stromlosen Abscheidung auf Silber oder Kupfer ausgenützt (Kap. III, Abschn. 7, b). Das abgeschiedene Polonium, das durch Oxyde des Silbers bzw. Kupfers verunreinigt ist, wird dann zur Reinigung nochmals aufgelöst. Man fällt dann nach Zusatz von Lanthanträger mit Ammoniak, wobei Silber oder Kupfer in Lösung bleiben, und löst den Niederschlag wieder auf. Die Bestimmung erfolgt entweder aus einem Tropfen dieser Lösung oder indem man das Polonium elektrolytisch auf einer Platinfolie abscheidet und die Aktivität dieser Folie mißt. Zur Messung bedient man sich meistens einer Ionenkammer. (S. auch S. 274).

β) Radiowismut.

Die Gewinnung von gewichtslosem Radiowismut (Radium E) kann nach einer der Poloniumabtrennung analogen Methode erfolgen, nur führt man die stromlose Abscheidung statt auf Kupfer oder Silber aus heißer Lösung auf Nickel durch (46, 107). Gemessen wird die energiereiche β-Strahlung des Radium E.

γ) Radium und seine Isotope.

Das Radium wird nach bekannten Methoden zusammen mit Bariumträger aus den Lösungen der Proben isoliert. Die Ausbeute kann durch Markierung mit dem Radiumisotop Thorium X überprüft werden. Sehr häufig wird als Sulfat gefällt und das Radium dann durch Sodaaufschluß wieder in Lösung gebracht.

Die Bestimmung des in der Uranreihe auftretenden langlebigen Radium-isotops 226 (des „gewöhnlichen Radiums") kann entweder nach der Emanations-methode (s. Abschnitt 4, b) erfolgen; oder man mißt direkt die α- (3, 177, 302) oder γ-Strahlung (71, 110) der Proben. In letzterem Falle mißt man die Aktivität erst, nachdem sich das Radium mit seinen kurzlebigen Folgeprodukten — bis zum Radium C′ und C″ — ins Gleichgewicht gesetzt hat, oder man er-rechnet die Gleichgewichtsaktivität aus dem zeitlichen Anstieg der Aktivität. Die γ-Aktivität des Radiums selbst ist gering.

Die γ-Aktivität gibt durch Vergleich mit einer Eichprobe den Radium-gehalt. Die α- und β-Strahlung werden bei der Messung zusammen mit der weichen γ-Strahlung des langlebigen Niederschlages (Radium D) durch einen Bleiabsorber abgefangen. Natürlich müssen für Analysen- und Eichproben gleichartige Absorber verwendet werden. Bei Radiumproben in geschlossenen Behältern — also z. B. bei Radiumnadeln für medizinische Zwecke — ist auch die Absorption durch die Gefäßwände der Eichproben zu berücksichtigen.

Wenn z. B. zur Unterscheidung vom Mesothor (s. unten) die vom kurzlebigen Niederschlag emittierte γ-Strahlung von sonstiger γ-Strahlung unterschieden werden soll, so kann man die Radiumemanation zunächst aus der Radiumlösung vollständig austreiben (vgl. Abschnitt 4, b), darauf ihre kurzlebigen Folge-produkte in dieser Lösung völlig abklingen lassen und dann den Wiederanstieg der γ-Aktivität in der dicht verschlossenen Lösung zeitlich verfolgen.

Die Messung der α-Aktivität wird bei Proben geringen Radiumgehalts ver-wendet. Die Messung kann dann gleich nach der Ausfällung eines reinen Barium-Radium-Niederschlages (z. B. Sulfat) erfolgen, so daß praktisch nur die vom Radium selbst (nicht seinen Folgeprodukten) emittierten α-Teilchen gezählt werden (3, 349).

Zur Analyse von Lösungen, die fast nur Radium und seine Zerfallsprodukte enthalten, erspart man sowohl die Abtrennung durch Fällung als auch die Selbst-absorptionskorrektur, indem man die Lösung zuerst zur Entfernung des Poloniums durch eine mit Kupferspänen gefüllte Säule schickt und dann einen aliquoten Teil der Lösung auf einer Glasunterlage zu einer dünnen Schicht eindampft.

Beim Eindampfen entweicht auch die Emanation, so daß der kurzlebige Niederschlag rasch abklingen kann. Nach etwa 3 Stunden ist dann praktisch nur die Aktivität des Radiums selbst vorhanden (222).

Die Bestimmung des Radiums in biologischem Material ist in neuerer Zeit oft unternommen worden (132, 144, 302, 329; s. auch Kap. X).

Das wichtige Radiumisotop Mesothor 1 kann von gewöhnlichem Radium auf Grund der verschiedenen Energien — und daher verschiedenen Absorptionskoeffizienten — der beiden γ-Strahlungen (genauer: der γ-Strahlungen der Folgeprodukte) unterschieden werden, ohne daß die Probe aufgelöst werden muß. Hierzu wird eine Absorptionskurve aufgenommen (41). Kann die Probe aufgelöst werden, so gelingt die Unterscheidung dadurch, daß Mesothor unmittelbar keine Emanation liefert (s. oben). Mesothor 1 kann auch durch Abtrennung und Aktivitätsmessung seines Folgeproduktes, Mesothor 2, bestimmt werden (s. S. 274).

Interessant ist eine zerstörungsfreie Bestimmungsmethode für Mischungen von Radium, Mesothor 1 und Radiothor (das langlebige Folgeprodukt des Mesothors 2), die die Verschiedenheit der Energieschwellen des Kernphotoeffekts (vgl. Kap. VII, Abschn. 6) ausnutzt. Mesothor 1 und Mesothor 2 emittieren keine für den Kernphotoeffekt hinreichende γ-Strahlung. Die γ-Strahlung des kurzlebigen Niederschlages von Radium erzeugt Neutronen aus Beryllium. Die γ-Strahlung der relativ langlebigen Tochter des Mesothors, des Radiothors (genauer: seines mit ihm im Laufe einiger Wochen ins Gleichgewicht tretenden Folgeprodukts Thorium C'') setzt Neutronen sowohl aus Beryllium als auch aus Deuterium frei (174, 345). Die Zahl der Neutronen, die die γ-Strahlung der Probe aus Deuterium und Beryllium erzeugt, kann mit Hilfe einer Sonde, z. B. aus Silberblech, bestimmt werden (vgl. Kap. VIII, Abschn. 3).

Radiumfreies Mesothor wächst in Thorium nach, das vorher durch Fällung als Phosphat aus mineralsaurer Lösung von Radium (und daher auch von vorher gebildetem Mesothor 1) befreit worden war.

δ) Aktinium und Isotope (mit Hinweis auf Francium).

Das Aktinium steht chemisch den Seltenen Erden nahe, kann aber von ihnen mit Hilfe von Ionenaustauschern getrennt werden (238, 263, 364, 366). Die β-Strahlung des längstlebigen Isotops, des Aktinium 227, ist zur Messung zu weich. Daher wurde es bis in die letzte Zeit durch die Aktivität seiner Emanation und die ihrer Folgeprodukte bestimmt, wobei vor allem die durchdringende β- und γ-Strahlung von Aktinium B und C'' gemessen wurden (19, 71, 213, 227).

Zur Bestimmung von Aktinium in Proben, in denen sich radioaktives Gleichgewicht u. a. auch mit dem Radiumisotop Aktinium X eingestellt hat, eignet sich auch eine photographische Methode (307). Enthalten die Proben auch gewöhnliches Radium, so bestimmt man dieses nach einer üblichen Methode, also z. B. durch Emanationsmessung; ist kein Radium vorhanden, so setzt man eine bekannte Menge zu. Man scheidet dann die Radiumisotope mit Hilfe von Bariumträger ab und belädt eine Photoplatte mit der Radium-Barium-Lösung nach der Bademethode. Nach mehrwöchiger Exposition bestimmt man das Verhältnis zwischen Radium- und Aktinium-Vierer-Sternen, die man durch Ausmessung der Spurenlängen unterscheidet, und berechnet mit Hilfe der Zerfallskonstanten das Radium-Aktinium-Verhältnis. Eine ausführlichere Besprechung auch dieser Methode findet sich im Beitrag von Lauda.

Die Ausbildung der Gleichgewichtsaktivität, die eine Voraussetzung der bisher besprochenen Methoden zur Aktiniumbestimmung ist, erfordert allerdings mehrere Monate.

Heute wird das Aktinium daher besser durch sein Folgeprodukt Aktinium K (Francium 223) bestimmt. Dieses ist β-aktiv und entsteht durch Verzweigung unmittelbar aus dem Aktinium. Das Verzweigungsverhältnis ist zwar nur 0,012, die Halbwertszeit des Aktinium K beträgt aber bloß 21 Minuten, so daß es sich mit der Muttersubstanz rasch ins Gleichgewicht setzt und Bestimmungen daher kurz nach chemischen Abtrennungen des Aktiniums möglich sind.

Die Kürze der Halbwertszeit erfordert rasche Abtrennung, das ungünstige Verzweigungsverhältnis besonders große Reinheit der Trennung. Nach einer Methode werden zunächst alle in der Lösung enthaltenen Radioelemente mit Ausnahme von Aktinium K und C'' (Thallium) durch überschüssiges Ammoniumcarbonat gefällt. Nach Entfernung des Carbonats wird eine Bariumchromatfällung durchgeführt, die das Aktinium C'' wie auch übriggebliebene Spuren anderer Radioelemente mitreißt. Nur Francium, das ein Alkalimetall ist, verbleibt in Lösung. Das Filtrat wird nun schnell eingedampft und seine Aktivität bestimmt (213, 262). Eine andere Abtrennmethode für Francium beruht auf seiner selektiven Mitfällbarkeit an Kieselwolframsäure aus Salzsäure. Zur weiteren Reinigung und zur Abtrennung des nichtflüchtigen Anions wird der Niederschlag in Wasser gelöst, das Francium an einer Kationenaustauschersäule adsorbiert und dann mit Salzsäure eluiert (200). In der gleichen Veröffentlichung findet sich eine Übersicht über die Trennmethoden für Francium.

Das wichtige, verhältnismäßig kurzlebige Aktiniumisotop der Thoriumreihe (Mesothor 2) steht nach einigen Tagen mit seiner Muttersubstanz Mesothor 1 (Radium) im Gleichgewicht. Es kann nach Fällung mit Fluorid-Ion auf Lanthanträger leicht durch seine β- oder γ-Aktivität bestimmt werden, die in kennzeichnender Weise abklingen. Das Mesothor 2 eignet sich auch zur Markierung des Aktiniums (239).

ε) Ionium.

Das Ionium ist ein Isotop des Thoriums (^{230}Th), das durch Messung seiner α-Strahlung mit guter Empfindlichkeit direkt bestimmt werden kann. Die Messung des Ioniums hat neuerdings für die geochronologische Forschung Bedeutung gewonnen. Auch bei erheblicher Verdünnung mit „gewöhnlichem" Thorium (^{232}Th) ist eine direkte Bestimmung wegen der hohen spezifischen Aktivität des Ioniums noch möglich. Ist das Ionium jedoch durch „gewöhnliches" Thorium allzu stark verunreinigt, so wird es besser durch seine Tochter (gewöhnliches Radium) bestimmt, das sich in vorher gereinigten Ioniumproben mit gut meßbarer Geschwindigkeit nachbildet (72, 73).

Die in Abschn. 4, c besprochene photographische Thoriumbestimmung ermöglicht auch eine gleichzeitige Bestimmung von Ionium (204). Hat man nämlich eine Photoplatte mit der Lösung von abgetrenntem Thorium beladen, so rühren die nach Exposition von mehreren Tagen oder Wochen beobachteten Einzelspuren entweder vom Zerfall des Thorium 232 oder vom Zerfall des Ioniums her. Aus der Zahl der Thorium-Fünfer-Sterne kennt man aber — wenn Radiothorium und Thorium im Gleichgewicht waren — auch die Zahl der auf den Zerfall von Thorium zurückzuführenden Einzelspuren und somit auch als Differenz die Zahl der Ioniumspuren.

ζ) Protaktinium.

Protaktinium (langlebiges Isotop ^{231}Pa, $T_{1/2} = 34{,}300$ Jahre) kann zwar in größerer Menge auch gravimetrisch bestimmt werden; die Analyse erfolgt aber praktisch fast immer durch seine α-Strahlung. Die Abtrennung von anderen Elementen erfolgt meist unter Zusatz von Tantalträger auf Grund der Löslichkeit von Protaktinium und Tantal in Komplexform in Flußsäure (42, 43, 104, 158, 173, 213, 336). Die Trennung des Protaktiniums vom Tantal kann an einer Ionenaustauschersäule bewerkstelligt werden (365). Auch Verfahren zur Extraktion von Protaktinium mit organischen Lösungsmitteln sind bekannt (254) (vgl. Kap. III, Abschn. 5). Für empfindliche Absolutbestimmungen ist die Messung von dünnen, womöglich elektrolytisch erzeugten Schichten (Kap. III, Abschn. 7, c) empfehlenswert; weniger empfindliche Bestimmungen können an dicken Schichten, z. B. aus Tantaloxyd, durchgeführt werden.

η) Plutonium.

Plutonium entsteht in Uranerzen ständig durch die Reaktionsfolge ^{238}U (n, γ) ^{239}U $\xrightarrow{\beta^-}$ ^{239}Np $\xrightarrow{\beta^-}$ ^{239}Pu. Die Neutronen entstammen 1. der spontanen Kernspaltung, 2. (α, n)-Reaktionen, die durch die natürlichen α-Strahler ausgelöst werden, und 3. der Höhenstrahlung (321). Plutonium ist also in diesem Sinne als natürliches Radioelement anzusprechen.

Die sehr kleinen Mengen, die in den Erzen vorliegen, können nach vielstufigen Verfahren bestimmt werden. Der wesentliche Schritt zur Abtrennung des Plutoniums besteht dabei entweder darin, daß es aus salpetersaurer Lösung mit dem Komplexbildner TTA (vgl. Kap. III, Abschn. 5) extrahiert wird (261), oder aber darin, daß es einem Oxydations-Reduktions-Zyklus unterworfen wird, wobei das Element in der reduzierten vierwertigen Form jedesmal als Fluorid auf Lanthanträger ausgefällt wird (228). Die zur Zählung benötigten dünnen Schichten Plutonium werden zweckmäßig elektrolytisch hergestellt (62, 196, 245, 246).

Da die Isolierung des Plutoniums unter diesen schwierigen Umständen nicht quantitativ verläuft, führt man eine Ausbeutebestimmung durch Markierung mit künstlich erzeugtem Plutonium 238 durch. Dieses ist ebenfalls α-aktiv, so daß die schließliche Bestimmung des natürlichen Plutoniums mit einem „pulse analyzer" durchgeführt werden muß, der zwischen den α-Strahlen der beiden Plutoniumisotope auf Grund ihrer Energie [E (^{239}Pu) = 5,15 MeV; E (^{238}Pu) = 5,5 MeV] unterscheidet.

Methoden zur Bestimmung von Plutonium und anderen Transuranen in biologischem Material sind ebenfalls bereits ausgearbeitet worden (132, 317, 318, 319, 329; s. auch Kap. X). (Hinweis auf Übersicht über Transurane s. S. 274.)

f) Bestimmung von Kalium.

Das Kaliumisotop 40 ist instabil und zerfällt mit einer Halbwertszeit von $1,3 \cdot 10^9$ Jahren. Der Zerfall ist zu 88% ein β^--Zerfall mit 1,38 MeV Energie unter Bildung von ^{40}Ca und zu 12% ein K-Einfang unter Bildung von ^{40}A (34 a, 151, 184, 243). γ-Strahlung von 1,46 MeV tritt ebenfalls auf, und zwar im Gefolge des K-Einfangs, durch den zuerst ein angeregter Zustand des ^{40}A entsteht. Da die Isotopenzusammensetzung des natürlichen K praktisch konstant ist (93,1% ^{39}K, 0,012% ^{40}K, 6,9% ^{41}K), kann die Aktivität des ^{40}K zur Kaliumbestimmung herangezogen werden.

Die Bestimmung erfolgt entweder an Lösungen (23, 130) oder an Pulvern (16, 142, 146, 166, 303, 306). Um die an Lösungen gemessenen Aktivitäten möglichst groß zu halten, ist ein Zählrohr von 45 cm Länge verwendet worden (23); an einer molaren Kaliumlösung wurden dann etwa 400 Stöße/Minute registriert. 10^{-2} molare Lösungen konnten noch gemessen werden. Die Selbstabsorption in der Lösung, die die Anzeige durch das Zählrohr maßgebend beeinflußt, ist von der Konzentration abhängig, so daß bei höherer Konzentration keine lineare Beziehung mit der Stoßzahl mehr besteht. Daher wird eine empirische Eichkurve ermittelt. Sind aber außerdem größere Mengen an Verunreinigungen — besonders an Schwermetallsalzen — vorhanden, so verliert die Eichkurve ihre Gültigkeit; daher wird die Abtrennung dieser Salze empfohlen. Die Dauer einer Bestimmung hängt natürlich von den Umständen ab, kann aber in typischen Fällen 10 Minuten bis 3 Stunden betragen.

Bei der K-Bestimmung an festen Pulvern nach Gaudin und Pannell (146) wird — wie bei der beschriebenen Lösungsmethode — mit einer Schicht gearbeitet, die bezüglich der β-Strahlung „unendlich dick" ist. Die Probe, die fein gemahlen sein muß, wird mit Hilfe eines Spezialtrichters um ein aufrecht stehendes dünnwandiges Zählrohr aufgeschüttet, das gewöhnlich noch durch eine Cellophanhülse geschützt wird. Für Proben mit 1% Kalium wird in dieser Anordnung eine Aktivität von etwa 20 Stößen/Minute gemessen, so daß Bestimmungen noch bis zu ungefähr 0,1% K durchgeführt werden können; freilich betragen dann die zur Erzielung einer brauchbaren Genauigkeit ($\pm$ 2%) erforderlichen Zählzeiten bereits mehrere Stunden. Andere Autoren verwenden Fensterzählrohre (166, 357). Einige der genannten Verfahren eignen sich für die betriebliche Schnellbestimmung hoher Kaliumgehalte (142, 306, 357).

Da die radioaktive Kaliumbestimmung durch andere natürliche Radioelemente — vor allem durch Uran, Thorium und ihre Folgeprodukte — gestört wird, muß man sie gegebenenfalls vor der Kaliumbestimmung entfernen.

g) Bestimmung anderer natürlicher Radioelemente.

Rubidium kann durch die β-Strahlung des ^{87}Rb bestimmt werden (167). So wie bei der Kaliumbestimmung durch dieselben Autoren wird das feingemahlene Pulver unter ein Fensterzählrohr gebracht, dessen Fenster hier allerdings nur sehr dünn sein darf. Eine Bestimmung von Rubidium und Kalium im Gemisch ist dadurch möglich, daß die weichere Strahlung des Rubidiums ($E_{max} = 0,27$ MeV) durch dünne Filter absorbiert wird.

Das α-aktive natürliche Samarium kann noch in sehr kleinen Mengen nach der Spurenzählmethode analysiert werden (269) (s. a. den Beitrag von Lauda). Größere Mengen können mit der Ionenkammer bestimmt werden (119). Man arbeitet mit zwei Präparaten aus derselben Probe, wobei die Dicke des einen Präparats gerade die Reichweite der α-Teilchen des Samariums (1,1 cm in Luft) überschreitet, das zweite Präparat aber doppelt so dick wie das erste ist. Ist nur Samarium vorhanden, so werden die beiden Präparate die gleiche Aktivität aufweisen. Dagegen würden eventuell vorhandene sonstige α-Strahler im dicken Präparat nahezu den doppelten Beitrag zur gemessenen Aktivität wie im dünnen liefern und so eine Erhöhung der Aktivität bewirken.

Andere natürliche „isolierte" Radioelemente (s. Abschnitt 4, a) weisen zu schwache Aktivität auf, als daß sie bisher analytisch verwertet worden wäre.

Eine Ausnahme besonderer Art bildet die Bestimmung des natürlichen Radiokohlenstoffes ^{14}C (Halbwertszeit 5568 $\pm$ 30 Jahre). Diese Bestimmung, die von Libby (5, 229, 230) entwickelt worden ist, dient allerdings nicht der Bestimmung einer Gesamtmenge an Kohlenstoff, sondern der Bestimmung seiner spezifischen Aktivität, also des Gehaltes des Kohlenstoffes an Radiokohlenstoff. Dieser Gehalt hängt von der Zeit ab, die seit dem Abbruch des Austausches des Kohlenstoffes der Probe mit dem Kohlenstoff (der Kohlensäure) der Luft verstrichen ist. Der Luftkohlenstoff wird nämlich durch Einwirkung der kosmischen Strahlung auf die Atmosphäre durch die Reaktion ^{14}N (n, p) ^{14}C radioaktiv. Die spezifische Aktivität des Kohlenstoffes ist daher ein Maß für das derart definierte Alter der Probe (Hinweis auf Übersicht s. S. 274).

Hier ist also die Voraussetzung nicht mehr erfüllt, die z. B. den Methoden zur Bestimmung von Uran oder Kalium zugrunde liegt, daß die spezifische Aktivität des betrachteten Elements immer konstant ist; im Gegenteil sollen gerade aus den Veränderungen der spezifischen Aktivität Schlüsse gezogen werden.

Da die spezifische Aktivität des natürlichen Radiokohlenstoffes immer sehr klein ist, muß sehr lange (oft tagelang!) gezählt werden und der Leerwert durch radikale Maßregeln — Verwendung eines dicken Panzers besonderer Konstruktion und einer Antikoinzidenzschaltung — auf einen Bruchteil seines Normalwertes herabgedrückt werden. Die Altersbestimmung kann entweder in dem von Libby entwickelten Zählrohr, im Gaszählrohr oder durch Szintillationszählung ausgeführt werden (vgl. Abschn. 3, a und Tab. 10; s. a. S. 274).

Auch die Aktivität des natürlichen Wasserstoffes ist gemessen worden (124, 162, 162a). Diese Aktivität beruht auf seinem Gehalt an Tritium (Halbwertszeit 12,5 Jahre) (vgl. Abschn. 3, c; s. a. S. 274).

Literatur.

(1) Aiwasow, B. V., u. M. B. Neiman, Usp. Fis. Nauk., Moskwa **36**, 145 (1948). — (2) Alichanow, A. I., A. I. Alichanjan u. B. S. Dshelepow, Phys. Z. Sowjetunion **10**, 78 (1936). — (3) Ames, D. P., J. Sedlet, H. H. Anderson u. T. P. Kohman, Nat. Nucl. En. Ser. **IV-14 B**, 1700. New York. 1949. — (4) Andersen, E. B., Z. physik. Chem., Abt. B **32**, 237 (1936). — (5) Anderson, E. C., J. R. Arnold u. W. F. Libby, Rev. Sci. Instruments **22**, 225 (1951). — (6) Anderson, E. C., u. H. Levi, Dan. mat. fys. Medd. **27**, Nr. 6 (1952). — (7) Anderson, R. C., Y. Delabarre u. A. Bothner-By, Analyt. Chemistry **24**, 1298 (1952). — (8) Armstrong, W. D., u. C. P. Barnum, J. Biol. Chem. **172**, 199 (1948). — (9) Armstrong, W. D., u. J. Schubert, Science **106**, 403 (1947). — (10) Analyt. Chemistry **20**, 270 (1948). — (11) Armstrong, W. D., L. Singer, S. H. Zbarsky u. B. Dunshee, Science **112**, 531 (1950). — (12) Arnold, J. R., Science **119**, 155 (1954). — (13) Arnstein, H., u. R. Bentley, Quart. Rev. Chem. Soc. London **4**, 172 (1950). — (14) Arrol, W. J., Nucleonics **11** (5), 26 (1953). — (15) Arrol, W. J., R. B. Jacobi u. F. A. Paneth, Nature **149**, 235 (1942). — (16) Aten, A. H. W. jr., Chem. Weekbl. **40**, 189 (1943). — (17) Audric B. N., u. J. V. P. Long, Research **5**, 47 (1952).

(18) Bachelet, M., J. physique Radium **2**, 105 (1941). — (19) J. chim. phys. **42**, 98 (1945). — (20) Bale, W. F., F. L. Haven u. M. L. le Fèvre, Rev. Sci. Instruments **10**, 193 (1939). — (21) Ball, E. G., A. K. Solomon u. O. Cooper, J. Biol. Chem. **177**, 81 (1949). — (22) Baranov, V. I., A. P. Zhdanov u. M. Y. Deizenrot-Mysovskaya, Bull. acad. sci. URSS, classe sci. chim. **1944**, 20. — (23) Barnes, R. B., u. D. J. Salley, Analyt. Chemistry **15**, 4 (1943). — (24) Barry, M. C., J. Biol. Chem. **175**, 179 (1948). — (25) Beamer, W. H., u. G. J. Atchison, Analyt. Chemistry **22**, 303 (1950). — (26) Bearden, J. A., Rev. Sci. Instruments **4**, 271 (1934). — (27) Beers, R. F., u. C. Goodman, Bull. Geol. Soc. Amer. **65**, 1229 (1944). — (28) Běhounek, F., Z. Physik **69**, 654 (1941). — (29) Coll. Czechoslov. Chemic. Commun. **15**, 699 (1951). — (30) Beischer, D. E., Nucleonics **11** (12), 24 (1953). — (31) Berne, E., Acta Chem. Scand. **6**, 1106 (1952). — (32) Bernstein, R. B., u. J. J. Katz, Nucleonics **11** (10), 46 (1953). — (33) Bernstein, W., u. R. Ballentine, Rev. Sci. Instruments **20**, 347 (1949); **21**, 158 (1950). — (34) Biggs, M. W., D. Kritchevsky u. M. R. Kirk, Analyt. Chemistry **24**, 223 (1952). — (34a) Birch, F., J. Geophys. Research **56**, 107 (1951). — (35) Black, J. F., u. H. S. Taylor, J. Chem. Physics **11**, 395 (1943). — (36) Blackburn, S., u. A. Robson, Chem. and Ind. **69**, 614 (1950). — (37) Boltwood, B., Amer. J. Science **18**, 378 (1904); **20**, 128 (1905). — (38) Bonetti, G., u. G. P. S. Occhialini, Nuovo Cimento **8**, 725 (1951). — (39) Borkowski, C. J., Analyt. Chemistry **21**, 348 (1949). — (40) Borsook, H., Proc. Nat. Acad. Sci. USA **26**, 412 (1940). — (41) Bothe, W., Z. Physik **24**, 10 (1924). — (42) Bouissières, G., u. M. Haissinsky, Actes XI congr. intern. chim. London (1947). — (43) Bull. soc. chim. France **18**, 557 (1951). — (44) Boursnell, J. C., Nature **165**, 399 (1950). — (45) Boyd, G. E., u. D. N. Hume, Nat. Nucl. En. Ser. **VIII-1**, 662. New York. 1950. — (46) Broda, E., u. N. Feather, Proc. Roy. Soc. London, Ser. A **190**, 20 (1947). — (47) Broda, E., Konferenz über radiochemische Umwandlungen. Mailand-Rom. 1953. — (48) Broda, E., u. G. Rohringer,

Naturwiss. **40**, 337 (1953). — (49) BRODA, E., u. T. SCHÖNFELD, Österr. Chem.-Ztg. **54**, 209 (1953). — (50) BROWN, S. C., u. W. W. MILLER, Rev. Sci. Instruments **18**, 496 (1947). — (51) BROWNELL, G. L., u. H. S. LOCKHART, Nucleonics **10** (2), 26 (1952). — (52) BRUNER, H. D., u. J. D. PERKINSON, Nucleonics **10** (10), 57 (1952); **10** (11), 66 (1952). — (53) BUTEMENT, F. D. S., Nature **162**, 731 (1948).

(54) CALVIN, M., C. HEIDELBERGER, J. C. REID, B. TOLBERT u. P. F. YANKWICH, Isotopic Carbon. New York. 1949. — (55) CAMPBELL, W., u. D. M. GREENBERG, Proc. Nat. Acad. Sci. USA **26**, 176 (1940). — (56) CASTOR, C. C., Nat. Nucl. En. Ser. **VIII-1**, 511. New York. 1950. — (57) CHIEWITZ, O., u. G. HEVESY, Nature **136**, 754 (1935). — (58) CLAYCOMB, C. K., T. T. HUTCHINS u. J. T. VAN BRUGGEN, Nucleonics **7** (3), 38 (1950). — (59) COMAR, C. L., Nucleonics **3** (4), 30 (1948). — (60) Nucleonics **3** (5), 34 (1948). — (61) COMAR, C. L., S. L. HANSARD, S. L. HOOD, M. P. PLUMLEE u. B. F. BARRENTINE, Nucleonics **8** (3), 19 (1951). — (62) COOK, O. A., Nat. Nucl. En. Ser. **IV-14 B**, 147. New York. 1950. — (63) COOLEY, R. A., J. Amer. Chem. Soc. **61**, 2970 (1939); **62**, 2474 (1940). — (64) COPPENS, R., Bull. soc. franç. minéral. **75**, 57 (1952). — (65) COPPENS, R., u. G. VERNOIS, C. r. acad. sci., Paris **234**, 1974 (1952). — (66) CORYELL, C. D., u. N. SUGARMAN (Hsg.), Nat. Nucl. En. Ser. **IV-9**, New York. 1951. — (67) CRATHORN, A., Nature **172**, 632 (1953). — (68) CROMPTON, C. E., u. N. H. WOODRUFF, Nucleonics **7** (3), 49 (1950); **7** (4), 44 (1950). — (69) CURIE, I., J. physique Radium **7**, 313 (1946). — (70) CURIE, I., u. H. FARAGGI, C. r. acad. sci., Paris **232**, 959 (1951). — (71) CURIE, M., J. chim. phys. **27**, 1 (1930). — (72) J. chim. phys. **27**, 347 (1930). — (73) CURIE, M., u. S. COTELLE, C. r. acad. sci., Paris **190**, 1289 (1930). — (74) CURTISS, L. F., u. F. J. DAVIS, J. Res. Nat. Bur. Stand. **31**, 181 (1943).

(75) DALTON, J. C., J. GOLDEN, G. R. MARTIN, E. R. MERCER u. S. J. THOMSON, Geochim. Cosmochim. Acta **3**, 272 (1953). — (76) DAMON, P. E., Rev. Sci. Instruments **22**, 587 (1951). — (77) DAUBEN, W. G., J. C. REID u. P. F. YANKWICH, Analyt. Chemistry **19**, 828 (1947). — (78) DAUDEL, P., M. FLON u. C. HERCZEG, C. r. acad. sci., Paris **228**, 1059 (1949). — (79) DAUDEL, P., S. NEUKOMM, E. LESEIN, L. HENRIET u. R. DAUDEL, Exper. **4**, 356 (1948). — (80) DEMERS, P., Physic. Rev. **70**, 974 (1946). — (81) DEUTSCH, S., u. E. C. DODD, Nuovo Cimento **10**, 858 (1953). — (82) deVRIES, H., u. G. W. BARENDSEN, Physica **18**, 652 (1952); **19**, 987 (1953). — (83) diGIOVANNI, H. J., R. T. GRAVESON u. A. H. YOLI, Nucleonics **11** (4), 34 (1953). — (84) DOBSON, E. L., J. W. GOFMANN, H. B. JONES, L. S. KELLY u. L. A. WALKER, J. Lab. Clin. Med. **34**, 305 (1949). — (85) DODSON, R. W., A. C. GRAVES, L. HELMHOLZ, D. L. HUFFORD, R. M. POTTER u. J. G. POVELITES, Nat. Nucl. En. Ser. **V-3**, 1. New York. 1952. — (86) DORFMAN, R. I., Proc. Soc. Exp. Biol. Med. **186**, 69 (1950). — (87) DSHELEPOW, B., u. S. PETROWITSCH, Tabelle der Atomkerne. Moskau-Leningrad. 1950. Berlin. 1951. — (88) DU BRIDGE, L., Rev. Sci. Instruments **4**, 532 (1933). — (89) DUDLEY, H. C., J. Amer. Chem. Soc. **72**, 3822 (1950). — (90) DUNCAN, J. F., T. F. JOHNS, K. D. B. JOHNSON, H. A. C. McKAY, W. R. E. MATON, E. W. A. PIKE u. G. N. WALTON, J. Soc. Chem. Ind. **69**, 25 (1950). — (91) DUNN, R. W., J. Lab. Clin. Med. **33**, 1169 (1948). — (92) Nucleonics **10** (7), 8 (1952). — (93) Nucleonics **10** (8), 40 (1952). — (94) J. Lab. Clin. Med. **37**, 644 (1952). — (95) DURHAM, R. W., G. R. MARTIN u. H. C. SUTTON, Nature **164**, 1052 (1949).

(96) EATON, S. E., R. W. HYDE u. M. H. ROOD, Analyt. Chemistry **21**, 1062 (1949). — (97) EDWARDS, R. R., W. A. REILLY u. R. G. HOLMES, Proc. Soc. Exp. Biol. Med. **72**, 158 (1949). — (98) EICHHOLZ, G. G., J. W. HILBORN u. C. MacMAHON, Canada, Dept. Mines Tech. Surveys, Report 99 (1952). — (99) EIDINOFF, M. L., J. Amer. Chem. Soc. **69**, 2504 (1947). — (100) Analyt. Chemistry **22**, 529 (1950). — (101) Analyt. Chemistry **23**, 632 (1951). — (102) EIDINOFF, M. L., u. J. E. KNOLL, Science **112**, 250 (1950); siehe auch M. L. EIDINOFF, Analyt. Chemistry **24**, 595 (1952). — (103) EIDINOFF, M. L., J. E. KNOLL, D. K. FUKUSHIMA u. T. F. GALLAGHER, J. Amer. Chem. Soc. **74**, 5280 (1952). — (104) EMMANUEL-ZAVIZZIANO, H., u. M. HAISSINSKY, J. physique Radium **2**, 72 (1941). — (105) ENGELKEMEIR, A. G., u. W. F. LIBBY, Rev. Sci. Instruments **21**, 550 (1950). — (106) ENTENMANN, C., S. R. LERNER, I. L. CHAIKOFF u. W. G. DAUBEN, Proc. Soc. Exp. Biol. Med. **70**, 364 (1949). — (107) ERBACHER, O., Naturwiss. **20**, 390 (1932). — (108) Z. physik. Chem., Abt. B **42**, 173 (1939). — (109) Handbuch der Analytischen Chemie, Bd. III/2a. Berlin. 1940. — (110) Handbuch der Analytischen Chemie, Bd. III/3. Berlin. 1942. — (111) ERICHSEN, L. V., u. R. MÜLLER, Angew. Chem. **64**, 580 (1952). — (112) EVANS, E. A., u. J. L. HUSTON, Analyt. Chemistry **24**, 1482 (1952). — (113) EVANS, R. D., Physic. Rev. **39**, 1014 (1932). — (114) Rev. Sci. Instruments **4**, 216 (1933). — (115) Rev. Sci. Instruments **4**, 223 (1933). — (116) Physic. Rev. **45**, 29, 38 (1934). — (117) Rev. Sci. Instruments **6**, 99 (1935). — (118) EVANS, R. D.,

G. D. Finney, A. F. Kip u. R. Mugele, Physic. Rev. 47, 427, 791 (1935). — (119) Evans, R. D., u. C. Goodman, Physic. Rev. 65, 216 (1944). — (120) Evans, R. D., C. Goodman, N. B. Keevil, A. C. Lane u. W. D. Urry, Physic. Rev. 55, 931 (1939).
(121) Faltings, V., Naturwiss. 39, 378 (1952). — (122) Angew. Chem. 64, 605 (1952). — (123) Naturwiss. 40, 409 (1953). — (124) Faltings, V., u. P. Harteck, Z. Naturforsch. 5 a, 438 (1950). — (125) Farmer, E. C., u. I. A. Bernstein, Science 115, 460 (1952). — (126) Science 117, 279 (1953). — (127) Faul, H., u. G. R. Sullivan, Nucleonics 4 (1), 53 (1949). — (128) Fearon, R. E., Nucleonics 4 (4), 67 (1949). — (129) Feldstein, O., u. E. Broda, Nature 168, 599 (1951). — (130) Fenn, W. O., W. F. Bale u. L. J. Mullins, J. Gen. Physiol. 25, 345 (1942). — (131) Fineman, P., B. B. Weissbourd, H. H. Anderson, J. Sedlet, D. P. Ames u. T. P. Kohman, Nat. Nucl. En. Ser. IV-14 B, 1206. New York. 1949. — (132) Fink, R. M. (Hsg.), Nat. Nucl. En. Ser. VI-3. New York. 1950. — (133) Finney, G. D., u. R. D. Evans, Physic. Rev. 48, 503 (1935). — (134) Fitzgerald, P. J., M. L. Eidinoff, J. E. Knoll u. E. B. Simmel, Science 114, 494 (1951). — (135) Flament, R., Bull. centre phys. nucl. Univ. Brux., Nr. 3 (1948). — (136) Flamm, L., Physik. Z. 14, 1122 (1913). — (137) Fontana, B. J., J. Amer. Chem. Soc. 64, 2503 (1942). — (138) Forbes, G. B., u. A. M. Perley, J. Lab. Clin. Med. 34, 1599 (1949). — (139) Freedberg, A. S., A. L. Ureles, M. van Dilla u. M. J. McManus, J. Clin. Endocrinology 10, 437 (1950). — (140) Freedman, A. J., u. E. C. Anderson, Nucleonics 10 (8), 57 (1952). — (141) Freedman, A. J., u. D. N. Hume, Science 112, 461 (1951). — (142) Friedmann, H., Engng. Mining. J. 152, 90 (1951). — (143) Fukushima, D. K., T. H. Kritchevsky, M. L. Eidinoff u. T. F. Gallagher, J. Amer. Chem. Soc. 74, 487 (1952).
(144) Gates, A. A., u. J. B. Hursh, Nucleonics 7 (1), 46 (1950). — (145) Gaudin, A. M., u. J. S. Carr, Analyt. Chemistry 24, 887 (1952). — (146) Gaudin, A. M., u. J. H. Pannell, Analyt. Chemistry 20, 1154 (1948). — (147) Glascock, R. F., Nature 168, 121 (1951). — (148) Nucleonics 9 (5), 28 (1951). — (149) Proc. Isotopes Techn. Conference, S. 388. Oxford. 1951. — (150) Biochemic. J. 52, 699 (1952). — (151) Gleditsch, E., u. T. Gráf, Physic. Rev. 72, 640 (1947). — (152) Glendenin, L., Nucleonics 2 (1), 12 (1948). — (153) Goodman, C., u. R. D. Evans, Bull. Geol. Soc. Amer. 52, 491 (1941). — (154) Goodwin, W. E., u. W. D. Harris, J. Lab. Clin. Med. 38, 470 (1951). — (155) Götte, H., Angew. Chem. 63, 89 (1951). — (156) Govaerts, J., Nature 141, 871, 1103 (1938). — (157) J. chim. phys. 36, 130 (1939). — (158) Graue, G., u. H. Käding, Naturwiss. 22, 386 (1934). — (159) Graven, H., S. B. Wien. Akad. Wiss., Abt. II a 139, 181 (1930); 141, 515 (1932). — (160) Gray, I., S. Ikeda, A. A. Benson u. D. Kritchevsky, Rev. Sci. Instruments 21, 1022 (1950). — (161) Greenberg, D. M., J. Biol. Chem. 157, 99 (1945). — (162) Grosse, A. V., W. M. Johnston, R. L. Wolfgang u. W. F. Libby, Science 113, 1 (1951). — (162a) Grosse, A. v., A. D. Kirshenbaum, J. L. Kulp u. W. S. Broecker, Physic. Rev. 93, 250 (1954). — (163) Grenon, M., u. R. Villard, J. chim. phys. 49, 623 (1952). — (164) Grove, W. P., u. J. R. Catch, Brit. Med. Bull. 8, 234 (1952). — (165) Gübeli, O., u. W. Kolb, Helv. Chim. Acta 33, 1526 (1950). — (166) Gübeli, O., u. K. Stammbach, Helv. Chim. Acta 34, 1245 (1951). — (167) Helv. Chim. Acta 34, 1253 (1951). — (168) Gurin, S., u. A. M. Delluva, J. Biol. Chem. 170, 545 (1947).
(169) Haenny, C., A. Jaccottet u. R. Mayer, Helv. Chim. Acta 32, 1406 (1949). — (170) Hahn, P. F., Analyt. Chemistry 17, 45 (1945). — (171) Hahn, P. F., W. F. Bale u. W. M. Balfour, Amer. J. Physiol. 135, 600 (1942). — (172) Haïssinsky, M., Le Polonium. Paris. 1937. — (173) Haïssinsky, M., u. G. Bouissières, Bull. soc. chim. France 18, 146 (1951). — (174) Halban, H., C. r. acad. sci., Paris 206, 1170 (1939). — (175) Hall, N. S., u. A. J. Mackenzie, Symposium on the Use of Radioactive Isotopes in Soil and Fertilizer Investigations. Soil Science Society, S. 101, Geneva, N. Y. 1948. — (176) Hanle, W., K. Hengst u. H. Schneider, Z. Naturforsch. 7 b, 633 (1952). — (177) Harley, J. H., u. S. Foti, Nucleonics 10 (2), 45 (1952). — (178) Harper, P. V., W. B. Neal u. G. R. Rogers, J. Lab. Clin. Med. 36, 321 (1950). — (179) Harris, L., u. E. A. Johnson, Rev. Sci. Instruments 4, 454 (1933). — (180) Hawkings, R. C., R. F. Hunter u. W. B. Mann, Canad. J. Res., Sect. B 27, 555 (1949). — (181) Hayes, F. N., u. R. G. Gould, Science 117, 480 (1953). — (182) Hayes, F. N., R. D. Hiebert u. R. L. Schuch, Science 116, 140 (1952). — (183) Hayes, F. N., D. L. Williams u. B. Rogers, Physic. Rev. 92, 512 (1953). — (183a) Hée, A., u. R. Lecolazet, C. r. acad. sci., Paris 235, 201 (1952). — (184) Henderson, W. J., Physic. Rev. 71, 323 (1947). — (185) Hendricks, R. H., L. C. Bryner, M. V. Thomas u. J. O. Ivie, J. Physic. Chem. 47, 469 (1943). — (186) Henriques, F. C., G. B. Kistiakowsky, C. Margnetti u. W. G. Schneider, Analyt. Chemistry 18, 349 (1946). — (187) Henriques,

F. C., u. C. MARGNETTI, Analyt. Chemistry 18, 415, 417. 420 (1946). — (188) HENSON, A. F., Brit. J. Appl. Physics 4, 217 (1953). — (189) HEVESY, G., Radioactive Indicators. New York. 1948. — (190) HIEBERT, R. D., u. R. J. WATTS, Nucleonics 11 (12), 38 (1953). — (191) HILBORN, J. W., Canada, Dept. Mines Tech. Surveys, Report 92 (1951). — (192) HOGNESS, J. R., L. J. ROTH, E. LEIFER u. W. H. LANGHAM, J. Amer. Chem. Soc. 70, 3840 (1948). — (193) BUU-HOI, P., R. CAUSSE, P. DAUDEL, C. HERCZEG, N. HOAN u. A. LACASSAGNE, C. r. acad. sci., Paris 228, 868 (1949). — (194) HOLLANDER, J. M., I. PERLMAN u. G. T. SEABORG, Rev. Mod. Physics 25, 469 (1953). — (195) HUDGENS, J. E., R. O. BENZING, J. P. CALI, R. C. MEYER u. L. C. NELSON, Nucleonics 9 (2), 14 (1951). — (196) HUFFORD, D. L., u. B. H. SCOTT, Nat. Nucl. En. Ser. IV-14 B, 1149. New York. 1949. — (197) HUME, D. N., Analyt. Chemistry 21, 322 (1949). — (198) HUTCHINS, T. T., C. K. CLAYCOMB, W. J. CATHEY u. J. T. VAN BRUGGEN, Nucleonics 7 (3), 41 (1950). — (199) HYDE, E. K., Nat. Nucl. En. Ser. IV-14 B, 1436. New York. 1949. — (200) J. Amer. Chem. Soc. 74, 4181 (1952).

(201) IGNATOWICZ, S., u. R. D. PHILIPPS, Research 4, 533 (1951). — (202) IMIRIE, G. W., siehe (293). — (203) IRVINE, J. W., J. Physic. Chem. 46, 910 (1942). — (204) ISAAC, N., u. E. PICCIOTTO, Nature 171, 742 (1953).

(205) JACOBI, R. B., J. Chem. Soc. London 1949, [S] 315. — (206) JANNEY, C. D., u. B. J. MOYER, Bericht der USA-Atomenergiekommission MDDC 1303 (1947). — (207) Rev. Sci. Instruments 19, 667 (1948). — (208) JANTSCH, G., Handbuch der Analytischen Chemie, Bd. II/3. Berlin. 1944. — (209) JENKINS, W. A., Analyt. Chemistry 25, 1477 (1953). — (210) JENKINS, W. A., u. D. M. YOST, J. Chem. Physics 20, 538 (1952). — (211) JENNINGS, W. A., u. S. RUSS, Radon and Its Applications. London. 1948. — (212) JESSE, W. P., L. A. HANNUM, H. FORSTAT u. A. L. HART, Physic. Rev. 71, 478 (1947). — (213) JOLIOT-CURIE, I., Les radioéléments naturels. Paris. 1946. — (214) JOLY, J., Phil. Mag. 17, 760 (1909); 18, 140 (1909); 22, 134 (1911); 24, 694 (1912). — (215) JORIS, G. G., u. H. S. TAYLOR, J. Chem. Physics 16, 45 (1948).

(216) KAMEN, M., Physic. Rev. 60, 537 (1941). — (217) Radioactive Tracers in Biology. New York. 1951. — (218) KARLIK, B., Handbuch der Analytischen Chemie Bd. III/8a. Berlin. 1949. — (219) KELSEY, F. E., Science 109, 566 (1949). — (220) KENNY, A. W., u. W. T. SPRAGG, J. Chem. Soc. London 1949, [S] 323. — (221) KESTON, A. S., S. UDENFRIEND u. R. K. CANNAN, J. Amer. Chem. Soc. 71, 249 (1949). — (222) KIRBY, H. W., Analyt. Chemistry 25, 1238 (1953). — (223) KULP, J. L., u. L. E. TRYON, Rev. Sci. Instruments 23, 296 (1952). — (224) KULP, J. L., L. E. TRYON u. H. W. FEELY, Trans. Amer. Geophysic. Union 33, 183 (1952).

(225) LABEYRIE, J., J. physique Radium 12, 146 (1951). — (226) LAPOINTE, C., Canad. Dept. Mines Resources, No. 1090 (1946). — (227) LECOIN, M., M. PEREY u. A. POMPEI, J. chim. phys. 46, 158 (1949). — (228) LEVINE, C. A., u. G. T. SEABORG, J. Amer. Chem. Soc. 73, 3278 (1951). — (229) LIBBY, W. F., Science 114, 291 (1951). — (230) Radiocarbon Dating. Chicago. 1952. — (231) LIBBY, W. F., u. C. A. BAXTER, J. Chem. Physics 10, 184 (1942). — (232) LIND, S. C., Analytical Methods for Certain Minerals, U. S. Bur. of Mines Bull., Washington, D. C., 212 (1923). — (233) LINDENBAUM, A., J. SCHUBERT u. W. D. ARMSTRONG, Analyt. Chemistry 20, 1120 (1948). — (234) LISCO, H., M. P. FINKEL u. A. M. BRUES, Radiology 49, 361 (1947).

(235) McAULIFFE, C., Analyt. Chemistry 21, 1059 (1949). — (236) McKENZIE, A. J., u. L. A. DEAN, Analyt. Chemistry 20, 559 (1948). — (237) Analyt. Chemistry 22, 489 (1950). — (238) McLANE, C. K., u. S. PETERSON, Nat. Nucl. En. Ser. IV-14 B, 1385. New York. 1949. — (239) Nat. Nucl. En. Ser. IV-14 B, 1388. New York. 1949. — (240) MACHE, H., u. M. BAMBERGER, S. B. Wien. Akad. Wiss., Abt. II a 123, 325 (1914). — (241) MAIER-LEIBNITZ, H., Angew. Chem. 51, 545 (1938). — (242) MANN, W. B., u. G. B. PARKINSON, Rev. Sci. Instruments 20, 41 (1949). — (243) MATTAUCH, J., u. A. FLAMMERSFELD, in: LANDOLT-BÖRNSTEIN, Band I/5. Berlin. 1952. — (244) MELANDER, L., Acta Chem. Scand. 2, 440 (1948). — (245) MILLER, H. W., u. R. J. BROUNS, Analyt. Chemistry 23, 681 (1951). — (246) Analyt. Chemistry 24, 536 (1952). — (247) MÜLLER, J. H., u. P. H. ROSSIER, Exper. 3, 75 (1947).

(248) NAG-CHOWDHURI, B. D., Indian J. Physics. 18, 257 (1944). — (249) NAG-CHOWDHURI, B. D., u. A. DASGUPTA, Proc. Nat. Institute Sci. India 10, 167 (1944). — (250) NAG-CHOWDHURI, B. D., u. A. K. MOUSUF, Proc. Nat. Institute Sci. India 12, 341 (1946). — (251) NEIDRACH, L. W., A. M. MITCHELL u. C. J. RODDEN, Nat. Nucl. En. Ser. VIII-1, 350. New York. 1949. — (252) NESH, F., u. W. C. PEACOCK, Analyt. Chemistry 22, 1573 (1950). — (253) NIER, A. O., C. M. STEVENS, T. A. ABBOTT u. J. K. PICKARD, Nat. Nucl. En. Ser. II-16, 14. New York. 1949.

(254) Osborne, D. W., R. C. Thompson u. Q. van Winkle, Nat. Nucl. En. Ser. IV-14 B, 1397. New York. 1949.

(255) Pace, N., L. Kline, H. K. Schachman u. M. Harfenist, J. Biol. Chem. 168, 459 (1947). — (256) Paneth, F. A., u. W. Koeck, Z. physik. Chem., Bodenstein-Bd. 145 (1931). — (257) Payne, P. R., I. G. Campbell u. D. F. White, Biochemic. J. 50, 500 (1952). — (258) Peacock, W. C., R. D. Evans, J. W. Irvine, W. M. Good, A. F. Kip, S. Weiss u. J. G. Gibson, J. Clin. Investigation 25, 605 (1946). — (259) Peacock, W. C., u. W. M. Good, Rev. Sci. Instruments 17, 255 (1946). — (260) Peirson, D. H., u. E. Franklin, Brit. J. Appl. Physics 3, 203 (1952). — (261) Peppard, D. F., M. H. Studier, M. V. Gergel, G. W. Mason, J. C. Sullivan u. J. F. Mech, J. Amer. Chem. Soc. 73, 2529 (1951). — (262) Perey, M., C. r. acad. sci., Paris 214, 297 (1942). — (263) J. chim. phys. 46, 485 (1949). — (264) Perkinson, J. D., u. H. D. Bruner, Nucleonics 10 (10), 56; (11), 66 (1952). — (265) Peters, J. H., u. H. R. Gutmann, Analyt. Chemistry 25, 987 (1953). — (266) Peterson, R. E., Analyt. Chemistry 24, 1850 (1952). — (267) Picciotto, E., Bull. soc. Belge géol. paléont. hydrol. 58, 75 (1949). — (268) C. r. acad. sci., Paris 228, 2020 (1949). — (269) C. r. acad. sci., Paris 229, 117 (1949). — (270) Bull. soc. Belge géol. paléont. hydrol. 59, 170 (1950). — (271) Picciotto, E., u. S. Wilgain, Nature 173, 632 (1954). — (272) Pontecorvo, B., Geophysics 1, 90 (1942). — (273) Poole, J. H. J., u. J. W. Bremner, Nature 161, 884 (1948). — (274) Poole, J. H., u. C. M. Matthews, Sci. Proc. Roy. Dublin Soc. 25, 305 (1951). — (275) Popják, G., Biochemic. J. 46, 559 (1950).

(276) Raaen, V. F., u. G. A. Ropp, Analyt. Chemistry 25, 174 (1953). — (277) Raben, M. S., Analyt. Chemistry 22, 480 (1950). — (278) Raben, M. S., u. N. Bloembergen, Science 114, 363 (1951). — (279) —, Radioactive Materials and Stable Isotopes, Harwell (1950); zwei Nachträge (1952). — (280) Rajewsky, B., W. Dreblow u. H. Himmelreich, Z. Physik 120, 627 (1943). — (281) Rall, J. E., H. W. Johnson u. M. H. Power, Proc. Soc. Exp. Biol. Med. 75, 390 (1950). — (282) Regier, R. B., Analyt. Chemistry 21, 1020 (1949). — (283) Reid, A. F., u. M. C. Robbins, Science 116, 148 (1952). — (284) Reid, A. F., A. S. Weil u. J. R. Dunning, Analyt. Chemistry 19, 824 (1947). — (285) Reinharz, M., G. Rohringer u. E. Broda, Acta Physica Austriaca 8, 285 (1954). — (286) Reinharz, M., u. G. Vanderhaeghe, Nuovo Cimento 12, 243 (1954). — (287) Reynolds, G. T., F. B. Harrison u. G. Salvini, Physic. Rev. 78, 488 (1950). — (288) Richter, W., Forschgsh. Bergakad. Freiberg 8, 86 (1952). — (289) Roberts, J. D., W. Bennett, E. W. Holroyd u. C. H. Fugitt, Analyt. Chemistry 20, 904 (1948). — (290) Robinson, C. V., Science 112, 198 (1950). — (291) Rev. Sci. Instruments 22, 353 (1951). — (292) Physic. Rev. 83, 223 (1951). — (293) Rodden, C. J. Analyt. Chemistry 21, 327 (1950). — (294) Rodden, C. J., u. J. C. Warf, Nat. Nucl. En. Ser. VIII-1, 160. New York. 1950. — (295) Nat. Nucl. En. Ser. VIII-1, 3. New York. 1950. — (296) Rohringer, G., u. E. Broda, Z. Naturforsch. 8 b, 159 (1953). — (297) Roucayrol, J. C., Science 118, 493 (1953). — (298) Ross, J. F., u. M. A. Chapin, Rev. Sci. Instruments 13, 77 (1942). — (299) Rothstein, A., A. Frenkel u. L. B. Farabee, Bericht der USA-Atomenergiekommission AECD 2815. — (300) Rowlands, S., D. Rowley u. E. L. Smith, J. Chem. Soc. London 1949, [S] 405. — (301) Rowley, D., P. D. Cooper, P. W. Roberts u. E. L. Smith, Biochemic. J. 46, 157 (1950). — (302) Russell, E. R., R. C. Lesko u. J. Schubert, Nucleonics 7 (1), 61 (1950). — (303) Russell, O. J., Brit. J. Appl. Physics 3, 47 (1952).

(304) Sanderson, J. C., Amer. J. Science 32, 189 (1911). — (305) Satterly, J., u. J. C. Sanderson, Proc. Cambridge Phil. Soc. 16, 512 (1912). — (306) Scheel, K. C., Angew. Chem. 66, 102 (1954). — (307) Schneider, W., u. T. Matitsch, S. B. Österr. Akad. Wiss., Abt. II a 161, 131 (1953). — (308) Schönfellinger, H., Diss., Univ. Wien (1953). — (309) Schubert, G., H. Vogt, W. Maurer u. W. Riezler, Naturwiss. 49, 589 (1943). — (310) Schubert, J., Nucleonics 8 (2), 13 (1951); 8 (4), 59 (1951). — (311) Schubert, J., E. R. Russell u. L. B. Farabee, Science 109, 316 (1949). — (312) Schubert, J., u. M. R. White, J. Lab. Clin. Med. 35, 854 (1950). — (313) Schultze, M. O., u. S. J. Simmons, J. Biol. Chem. 142, 97 (1942). — (314) Schwebel, A., H. S. Isbell u. J. V. Karabinos, Science 113, 465 (1951). — (315) Schweidler, E. v., Physik. Z. 14, 505, 728 (1913). — (316) Schwiegk, H. (Hsg.), Künstliche radioaktive Isotope in Physiologie, Diagnostik und Therapie. Berlin. 1953. — (317) Scott, K. G., D. J. Axelrod, H. Fisher, J. F. Crowley u. J. G. Hamilton, J. Biol. Chem. 176, 283 (1948). — (318) Scott, K. G., D. J. Axelrod u. J. G. Hamilton, J. Biol. Chem. 177, 325 (1949). — (319) Scott, K. G., D. H. Copp, D. J. Axelrod u. J. G. Hamilton, J. Biol. Chem. 175, 691 (1948). — (320) Seaborg, G. T., u. I. Perlman, Rev. Mod. Physics 4, 585 (1946). — (321) J.

Amer. Chem. Soc. **70**, 1571 (1948). — (322) SEELIG, H., u. D. E. HULL, J. Amer. Chem. Soc. **64**, 940 (1942). — (323) SHELINE, G. E., I. L. CHAIKOFF, H. B. JONES u. M. L. MONTGOMERY, J. Biol. Chem. **147**, 409 (1943). — (324) SHERMAN, A. I., J. F. NOLAN u. W. M. ALLEN, Amer. J. Roent. Rad. Ther. **64**, 75 (1950). — (325) SHIRLEY, R. L., R. D. OWENS u. G. K. DAVIS, Analyt. Chemistry **22**, 1003 (1950). — (326) SKIPPER, H. E., C. E. BRYAN, L. WHITE u. O. S. HUTCHINSON, J. Biol. Chem. **173**, 371 (1948). — (327) STELJES, J. F., Brit. J. Appl. Physics **3**, 203 (1952). — (328) STEWART, W. B., u. H. H. ROSSI, Nucleonics **11** (10), 66 (1953). — (329) STONE, R. S. (Hsg.), Nat. Nucl. En. Ser. **IV-20**. New York. 1951. — (330) STRUTT, R. J., Proc. Roy. Soc. London, Ser. A **76**, 881 (1905). — (331) SUE, P., J. chim. phys. **40**, 17 (1943). — (332) SWIFT, G., Geophysics **17**, 387 (1952). — (333) SZALAY, A., u. E. CSONGOR, Science **109**, 146 (1949).

(334) TABERN, D. L., J. D. TAYLOR u. G. I. GLEASON, Nucleonics **7** (5), 3 (1950); **7** (6), 40 (1950); **8** (1), 60 (1950). — (335) TARRER, H., u. C. L. A. SCHMIDT, J. Biol. Chem. **130**, 67 (1939). — (336) TCHENG DA TCHANG, C. r. acad. sci., Paris **193**, 167 (1931). — (337) THOMAS, S. L., u. H. S. TURNER, Quart. Rev. Chem. Soc. London **7**, 407 (1953). — (338) THOMMERET, J., J. physique Radium **10**, 249 (1949). — (339) TORIBARA, T. Y., u. P. S. CHEN, Analyt. Chemistry **24**, 539 (1952). — (340) —, Tracerlog Nr. 55, 3 (1953).

(341) URRY, W. D., Chem. Rev. **13**, 305 (1933). — (342) J. Chem. Physics **4**, 34, 40 (1936). — (343) Amer. J. Science **239**, 191 (1941).

(344) VAN SLYKE, D. D., R. STEELE u. J. PLAZIN, J. Biol. Chem. **192**, 769 (1951). — (345) VICTOR, C. P., J. physique Radium **8**, 298 (1947). — (346) VOSBURGH, G. J., L. B. FLEXNER u. D. B. COWIE, J. Biol. Chem. **175**, 391 (1948).

(347) WAEL, J. DE, Rec. trav. chim. Pays-Bas **71**, 757 (1952). — (348) WALSER, M., A. F. REID u. D. W. GELDIN, Arch. Biochem. Biophysics **45**, 91 (1953). — (349) WAMSER, C. A., E. BERNSOHN, R. A. KEELER u. J. ONACHI, Analyt. Chemistry **25**, 828 (1953). — (350) WHITE, D. F., I. G. CAMPBELL u. P. R. PAYNE, Nature **166**, 628 (1950). — (351) WICK, A. N., H. N. BARNET u. N. ACKERMAN, Analyt. Chemistry **21**, 1511 (1949). — (352) WIELAND, T., K. SCHMEISER, E. FISCHER u. H. MAIER-LEIBNITZ, Naturwiss. **36**, 280 (1949). — (353) WILKINSON, G., u. W. E. GRUMMITT, Nucleonics **9** (3), 52 (1951). — (354) WILLIAMS, D. L., u. A. R. ROUZIS, J. Amer. Chem. Soc. **72**, 5787 (1950). — (355) WILMOT, R. D., u. C. MCMAHON, Canad. Chemic. Processing **36**, 77 (1952). — (356) WILSON, J. N., u. R. G. DICKINSON, J. Amer. Chem. Soc. **59**, 1358 (1937). — (357) WILSON, H. N., D. S. LEES u. U. BROMFIELD, Analyst **76**, 355 (1951). — (358) WILZBACH, K. E., L. KAPLAN u. W. G. BROWN, Science **118**, 522 (1953). — (359) WINTERINGHAM, F. P. W., Nature **164**, 183 (1949). — (360) WOOD, J. L., u. G. C. MILLS, J. Amer. Chem. Soc. **74**, 2445 (1952). — (361) WOOD, J. L., u. J. D. PERKINSON, J. Amer. Chem. Soc. **74**, 2444 (1952). — (362) WOODRUFF, N. H., u. E. E. FOWLER, Nucleonics **7** (2), 26 (1950).

(363) YAGODA, H., Radioactive Measurements with Nuclear Emulsions. New York. 1949. — (364) YANG JENG TSONG, J. chim. phys. **47**, 805 (1950). — (365) C. r. acad. sci., Paris **231**, 1059 (1950). — (366) YANG JENG TSONG, u. M. HAÏSSINSKY, Bull. soc. chim. France **16**, 546 (1949). — (367) YANKWICH, P. F., Science **107**, 681 (1948). — (368) YANKWICH, P. F., G. K. ROLLEFSON u. T. H. NORRIS, J. Chem. Physics **14**, 131 (1946). — (369) YANKWICH, P. F., u. J. W. WEIGL, Science **107**, 651 (1948). — (370) YOSHIKAWA, H., P. F. HAHN u. W. F. BALE, J. Exp. Med. **75**, 489 (1942). — (371) YOUNG, L., M. EDSON u. J. A. MCCARTER, Biochemic. J. **44**, 179 (1949).

(372) ZIMEN, K. E., u. J. H. HEDVALL, Ark. Kemi Mineral. Geol., Ser. A **22**, Nr. 25 (1946).

X. Die biologischen Wirkungen radioaktiver Strahlen.

(Hinweise für den Chemiker.)

1. Die Absorption ionisierender Strahlen.

Die nachstehende Übersicht soll den Chemiker, der mit radioaktiven Stoffen arbeitet, instand setzen, bis zu einem gewissen Grade selbständig zu beurteilen, welche Vorsichtsmaßregeln geboten sind. Sie soll ihn der Notwendigkeit entheben, in dieser Hinsicht mechanisch nach fixen „Rezepten" zu arbeiten, die doch nicht allen vorkommenden konkreten Einzelfällen angepaßt sein können.

Mit Rücksicht auf den Zweck dieser Übersicht wurde in vielen Fällen darauf verzichtet, die Originalliteratur zu zitieren; statt dessen wird auf zusammenfassende Werke verwiesen (s. a. S. 275).

Die Kenntnis der Gefahren der radioaktiven Strahlung ist um so notwendiger, als ihre Einwirkung auf den Organismus von keinerlei Sinneswahrnehmung begleitet ist.

Die radioaktiven Strahlen werden in Beziehung auf ihre chemischen und die auf ihnen beruhenden biologischen Wirkungen mit den Röntgenstrahlen als „ionisierende Strahlen" zusammengefaßt. Die Energien, die durch Wechselwirkung aller dieser Strahlenarten mit Atomen oder Molekülen auf diese übertragen werden, reichen nämlich oft zur Abtrennung von Elektronen (Ionisation) aus. Allerdings wird nicht die gesamte absorbierte Energie zur Ionisation verwendet. Beispielsweise tritt in der Luft nur etwa die Hälfte der Energie als Ionisationsenergie auf, ein anderer Teil jedoch zunächst als Energie der Elektronenanregung. Das Verhältnis von Ionisations- und Anregungsenergie hängt nur wenig von Art und Energie der Strahlung ab. Primär gebildete Molekülionen und angeregte Moleküle können sekundär spontan oder in Stoßprozessen dissoziieren. Aus angeregten Molekülen entstehen bei der Dissoziation vorwiegend Atome und Radikale, also neutrale Produkte. Die chemischen und biologischen Wirkungen ergeben sich dann aus der Anwesenheit der Reaktionsprodukte — d. h. der Ionen, angeregten Atome und Moleküle, neutralen Dissoziationsprodukte. Betrachten wir kurz die wichtigsten Elementarvorgänge der Absorption ionisierender Strahlungen [Kap. II, Abschn. 3, (103)].

Schnell bewegte, elektrisch geladene Teilchen, also z. B. α- und β-Teilchen, Protonen, Deuteronen, verlieren Energie fast ausschließlich durch Wechselwirkung ihres Feldes mit den Elektronenhüllen der Atome.

Elektromagnetische (Quanten-) Strahlung von der Art der Röntgen- und γ-Strahlung wird im wesentlichen durch drei Mechanismen absorbiert, nämlich durch den Photoeffekt, den Compton-Effekt und durch Paarproduktion. In den ersten beiden Fällen wird die Energie ebenfalls direkt auf die Elektronen übertragen; im dritten Falle bildet sich aus jedem einzelnen Quant je ein positives und ein negatives Elektron; diese Elektronen wirken dann ebenso wie β-Teilchen.

Schnelle Neutronen unterliegen beim Durchgang durch Materie einer Bremsung. Eingefangen werden sie fast immer erst als langsame Neutronen. Die Bremsung erfolgt durch Stöße gegen Atomkerne, wobei die Kerne die verlorene Energie übernehmen. So erzeugen schnelle Neutronen z. B. beim Durchgang durch Wasser schnelle Protonen, die ihrerseits ionisierend und anregend wirken.

Auch langsame Neutronen, also Neutronen, die fast keine Bewegungsenergie mehr besitzen, wirken nicht unmittelbar ionisierend oder anregend. Sie entfalten aber dennoch indirekt chemische Wirkungen, indem sie von Atomkernen eingefangen werden und die Energietönung des Vorganges in Form von ionisierender (γ- oder korpuskulärer) Strahlung abgegeben wird. Ein Beispiel für die erste Möglichkeit ist der Neutroneneinfang durch Wasserstoffkerne nach ${}^{1}_{1}H$ (n, γ) ${}^{2}_{1}H$, für die zweite Möglichkeit der Einfang durch Stickstoffkerne nach ${}^{14}_{7}N$ (n, p) ${}^{14}_{6}C$ (Emission schneller Protonen).

Die Energie aller Arten von Quanten- und korpuskulärer Strahlung geht also früher oder später gänzlich in Ionisations- und Anregungsenergie bzw. sekundär zum Teil in Dissoziationsenergie über. Letzten Endes findet sich die Energie teils als Wärme-, teils als chemische Energie wieder. Von einer spezifischen (selektiven) Wirkung von Strahlen bestimmter Qualität (etwa von Quantenstrahlung bestimmter Wellenlänge) kann keine Rede sein, da sich die chemische Energie als Mittelwert der in zahllosen schlecht definierten Einzelprozessen übertragenen Energie ergibt. So entfalten alle diese Strahlen qualitativ ähnliche Wirkungen. Die Verhältnisse unterscheiden sich damit völlig von denen bei der Photochemie mit sichtbarem und ultraviolettem Licht. Die Erforschung der chemischen Wirkungen der ionisierenden Strahlung bildet den Gegenstand der „Strahlenchemie" (radiation chemistry) (22, 23, 24, 52a) (s. S. 275).

2. Der chemische Primärvorgang.

In Lösungen unterscheidet man zwischen „indirekter" und „direkter" Strahlenwirkung (66). Indirekte Strahlenwirkung liegt vor, soweit die gelösten Moleküle durch den Strahl nicht selbst ionisiert (angeregt, dissoziiert) werden, sondern mit den Reaktionsprodukten reagieren, die beim Durchgang des Strahles durch das Lösungsmittel entstehen. Da das Lösungsmittel in verdünnter Lösung für den Hauptteil der Absorption verantwortlich ist, überwiegt in solchen Lösungen die indirekte Wirkung, wie viele Autoren (66) insbesondere an verdünnten wäßrigen Lösungen anorganischer Stoffe festgestellt haben. Indirekte Wirkung gilt auch für wäßrige Lösungen organischer Stoffe, z. B. nach DALE von Enzymen (25, 26), wenn in den Lösungen die chemischen Produkte der Strahlung vorwiegend durch Reaktion mit den gelösten Stoffen verbraucht werden. Indirekte Wirkung äußert sich z. B. darin, daß die absolute Ausbeute in einem weiten Bereich von der Konzentration unabhängig ist.

Was sind nun die Produkte der Strahlungseinwirkung auf das wichtigste Lösungsmittel, das Wasser? Eine wichtige Reaktionsfolge, die aber vielleicht nicht die einzige ist, ist die folgende: Bei der Ionisation eines Wassermoleküls verliert dieses ein Elektron, das sich alsbald an ein anderes Wassermolekül anlagert. So entsteht je ein positives und ein negatives Wasserion. Beide sind instabil (1, 11, 113) und zerfallen nach WEISS nach:

$$H_2O^+ = H^+ + OH$$

und:

$$H_2O^- = H + OH^-.$$

Die entstehenden neutralen Wasserstoffatome und Hydroxylradikale (nicht Ionen!) können durch Rekombination verschwinden. Sie können aber auch vor Ablauf ihrer gar nicht geringen Lebensdauer durch Moleküle abgefangen werden, die so als Oxydations- bzw. Reduktionsmittel wirken. In dieser Weise kommt die indirekte Wirkung zustande. In Lösungen organischer Stoffe herrschen die vom OH-Radikal herrührenden Oxydationen vor (49, 50). So nimmt man an, daß die Moleküle der Enzyme in empfindlichen Bereichen oxydativ angegriffen und dabei unwirksam gemacht werden (25, 26). Man stellt in bestrahltem Wasser auch die Anwesenheit von Wasserstoffperoxyd fest, und zwar besonders dann, wenn es Sauerstoff gelöst enthält (12, 66), aber die Wirkung der Hydroxylradikale ist heftiger als die des Wasserstoffperoxyds. Wasser, welches die erwähnten Produkte seiner Ionisation enthält, war bis zur Aufklärung ihrer Natur als „aktiviertes Wasser" bekannt.

Man kann nun die Hydroxylradikale abfangen, indem man der Lösung Reduktionsmittel zusetzt. Diese Reduktionsmittel wirken dann als Schutzstoffe. So schreibt man verschiedenen organischen Stoffen in bezug auf Enzymlösungen kennzeichnende Schutzkraft zu (27, 28). Wenn das Mengenverhältnis zwischen den Schutzstoffen und den Molekülen, die den Untersuchungsgegenstand darstellen, sehr groß ist, muß die indirekte Wirkung gegenüber der direkten Wirkung zurücktreten, d. h. es werden nur mehr jene Moleküle umgesetzt, die direkt durch den Strahl „getroffen" wurden. Dieser „Treffer"-Mechanismus soll für manche wichtige Strahlenwirkungen in der belebten Substanz, in deren entscheidenden Bereichen stets eine hohe Konzentration an Reduktionsmittel vorliegt, maßgebend sein (32, 66, 97, 108).

Immerhin ist wiederholt nachgewiesen worden, daß sich die biologische Wirkung der Strahlen durch Zufuhr geeigneter Reduktionsmittel vor der Bestrahlung herabsetzen läßt [s. (67, 101a)]. Solche Schutzstoffe sind beispielsweise Cystein und Glutathion (4, 21, 84). Bemerkenswerterweise entfalten organische Sulfhydrylverbindungen sogar bei Zufuhr nach Bestrahlung eine gewisse Schutzwirkung (70). Eine nachträgliche Aufhebung der Inaktivierung von Enzymen infolge Strahlenwirkung durch Glutathion in vitro war schon früher bekannt (5). Sauerstoffmangel hemmt die Strahlenwirkung (83a).

Daß es vor allem Radikale, also ungeladene ungesättigte Atomgruppen, und nicht Ionen sind, die für die strahlenchemischen Reaktionen verantwortlich sind, ist eine allgemeine Erkenntnis, die sich in neuerer Zeit zunehmend durchsetzt. Zusammenfassende Darstellungen sind auf der Diskussionstagung 1952 der Faraday Society und anderenorts (7, 51, 69) gegeben worden.

3. Maßeinheiten der Strahlungsdosis.

Um die Wirkung von Strahlung auch verschiedener Qualität einheitlich quantitativ fassen zu können, braucht man ein Maß für die „Dosis". Zwar wäre ein Dosismaß vorteilhaft, das direkt auf der biologischen Wirkung der absorbierten Strahlung beruht; die Schwierigkeiten, die sich bei der quantitativen Beschreibung und Messung dieser Effekte ergeben, sind jedoch so groß, daß man die vom biologischen Standpunkt wenig charakteristischen, aber exakt meßbaren physikalischen Wirkungen der Strahlung als Grundlage der Dosiseinheit verwendet. Man bedient sich dabei entweder der erzeugten Ionisation oder der absorbierten Energie.

Als Dosismaß für Röntgen- und γ-Strahlung wird allgemein das Röntgen (r) verwendet. (Andere Maßeinheiten, die noch besprochen werden, sind vom Röntgen abgeleitet.) Ein Röntgen wird als jene Dosis von Röntgen- oder γ-Strahlung definiert, die beim Durchgang durch Luft von 0° C und 760 mm Hg Druck Ionen beiderlei Vorzeichens im Betrage von je einer absoluten elektrostatischen Einheit pro ml (d. h. pro 0,001293 g) erzeugt. Da nun zur Erzeugung eines Ionenpaares in Luft eine Energie von durchschnittlich 32,5 eV erforderlich ist, beträgt die bei Einwirkung einer Dosis von 1 r absorbierte Energie $6,77 \cdot 10^4$ MeV pro ml Luft bzw. 83 erg pro g Luft.

Evans (39) hat das Röntgen als die meist mißverstandene Einheit der Physik bezeichnet. Man vergegenwärtige sich daher zunächst, was das Röntgen nicht ist! Vor allem: Das Röntgen ist kein Maß für die auftreffende, sondern nur für die absorbierte Strahlung. Durchdringende Strahlung liefert also einem Gewebe weniger Röntgen als nicht so durchdringende Strahlung gleicher Intensität — wenn der Energiefluß in erg pro cm^2 und sec ausgedrückt wird.

Wird die Luft durch einen Absorber anderer chemischer Zusammensetzung ersetzt, so verändert sich der Absorptionskoeffizient und dementsprechend die pro Gewichtseinheit absorbierte Energie, wobei diese Größen natürlich von der Energie der Strahlung abhängig sind. Für Wasser gilt z. B. in einem großen Energiebereich, daß bei Bestrahlung mit 1 r 93 erg pro g absorbiert werden. Dieser Wert wird auch für „weiches" Gewebe als gültig angesehen. Für Knochen dürfte der entsprechende Wert bei einigen hundert erg pro g liegen. Trotz diesen Unterschieden in der absorbierten Energie beträgt die Dosis in jedem

Material 1 r, wenn nur die gleiche Strahlungsmenge an der betrachteten Stelle die in der Definition festgelegte Ionisation in Luft erzeugt.

Das Röntgen ist auch kein Maß der Dosisleistung; die in Röntgen ausgedrückte Dosis sagt nichts darüber aus, innerhalb welcher Zeit die Energie aufgenommen wurde. Schließlich ist das Röntgen auch kein Maß der Gesamtenergie, die einem Organismus zugeführt wird, da es ja die Energie pro Gramm Gewebe ausdrückt: 1 r = 93 erg/g „weiches" Gewebe.

Für die biologische Strahlenwirkung ist es allerdings entscheidend, ob eine bestimmte Dosis (in Röntgen) nur einem beschränkten Teil oder dem ganzen Organismus zugeführt wird. Daher wurde neben dem Röntgen der Begriff des Grammröntgens (g-r) eingeführt (72). Dieses ist die Energie, die von 1 g Luft bei der Bestrahlung mit 1 r absorbiert wird, also 1 g-r = 83 erg. Die durch einen Gegenstand absorbierte Gesamtenergie in Grammröntgen ist daher die durch 83 dividierte absorbierte Strahlungsenergie in erg; sie ist also nicht einfach das Produkt aus der Dosis in Röntgen und dem Gewicht des Gegenstandes in Gramm.

Eine Vorstellung von der Größe der Einheit möge durch Zahlenbeispiele vermittelt werden. Eine einfache kurzzeitige Lungendurchleuchtung bringt den betroffenen Körperteilen etwa 10 r, eine Röntgenaufnahme 0,15 r. Eine streng lokalisierte therapeutische Dosis gegen Krebs, etwa auf 1 cm² Haut, kann in einer dünnen Oberflächenschicht 5000 r betragen. Ein mg Radium im Gleichgewicht mit seinen Zerfallsprodukten liefert durch seine γ-Strahlung, wenn diese durch 0,5 mm Platin gefiltert wurde, in einer Entfernung von 10 cm 0,084 r pro Stunde. Die durch die kosmische Höhenstrahlung und natürliche radioaktive Strahlung erzeugte Dosis ist ungefähr 3 Milliröntgen (mr) pro Tag, im Gebirge aber viel mehr (66, 79).

Die Dosis wird meistens nach physikalischen Methoden (Ionenkammern, Photoplatten) gemessen (2, 33, 34, 39, 78, 80). Bibliographien der einschlägigen Methoden finden sich in (3, 46, 59, 70a). Es gibt auch zahlreiche chemische Dosimeter (29, 30, 44, 61, 107, 114). Eine Ausführungsform beruht darauf, daß aus Chloroform Salzsäure freigesetzt und deren Leitfähigkeit gemessen oder aber die durch sie bewirkte Verfärbung eines Indikators kolorimetrisch bestimmt wird. Der Meßbereich ist 10 bis 1000 r. Theoretisch gut untersucht ist besonders das Dosimeter, das auf der Oxydation lufthaltiger Ferrosulfatlösung unter Strahlenwirkung beruht (74). Nach einer besonders empfindlichen Ausführungsform wird radioaktives Eisen verwendet, das nach Oxydation ausgeschüttelt und durch seine Aktivität bestimmt wird (93).

4. Die Toleranzdosis.

Viel Arbeit ist der Aufstellung einer täglichen Toleranzdosis gewidmet worden, der Menschen bei der Arbeit mit ionisierender Strahlung ausgesetzt werden dürfen. Die tägliche Toleranzdosis soll so niedrig angesetzt werden, daß schädliche Wirkungen auch dann nicht festgestellt werden können, wenn man während seines ganzen Berufslebens der Strahlung ausgesetzt bleibt; daß diese Forderung möglicherweise nicht restlos erfüllt werden kann, wird später gezeigt werden. In verschiedenen Ländern hauptsächlich für Röntgenstrahlen aufgestellte Toleranzen für den Fall der Bestrahlung des ganzen Körpers und fünftägige Arbeitswoche bewegen sich zwischen 0,05 und 0,25 r/Tag, wobei aber in letzter Zeit die niedrigen Werte bevorzugt werden (gewisse weniger empfindliche Teile, wie die Hände, dürfen höhere Dosen erhalten). 0,1 r/Tag entsprechen während 40jähriger Tätigkeit insgesamt etwa 1000 r.

Daß der Körper 1000 r nahezu symptomlos verträgt, gilt freilich nur unter der Voraussetzung, daß die Dosis tatsächlich über einen derart langen Zeitraum verteilt ist. Offenbar kann sich der Körper in diesem Fall immer wieder von der schädlichen Wirkung erholen, d. h. angegriffenes oder zerstörtes Gewebe neu bilden. Wird aber eine massive Dosis auf einmal gegeben, so sind schon 200 r für 5%, 400 r für 50% und 600 r für 95% der bestrahlten Personen tödlich (54). Für Ratten beläuft sich die mittlere tödliche Dosis auf 600, für Kaninchen auf 800 r. Nach anderen Autoren ertragen erwachsene Ratten sogar 1300 r (und junge Ratten 500 r) (116). Der Tod tritt innerhalb einiger Tage oder Wochen ein. Erst Dosen, die die tödliche Dosis um zwei Größenordnungen übertreffen, führen wesentlich rascher zum Tode (89).

Wie überaus empfindlich der Säugetierkörper gegen ionisierende Strahlung ist, erhellt daraus, daß eine Dosis von 1000 r = 93000 erg/g nur eine Temperaturerhöhung des bestrahlten Körpers von 0,002° C bewirkt. Die gesamte zugeführte Energie ist also äußerst klein, greift aber offenbar selektiv in empfindlichen Bereichen des Organismus an [„Punktwärme" nach Dessauer (32)].

Pflanzen sind weniger empfindlich. Trockene Pflanzensamen brauchen für eine merkliche Schädigung 2000 bis 60000 r (96), gekeimte Samen — in starker Abhängigkeit vom Entwicklungsstadium — freilich weniger (8, 101). Sporen, Bakterien oder Viren können unter Umständen erst durch mehrere 10^6 r abgetötet werden (36, 66, 81, 101 a).

Die bisher angegebenen Ziffern beziehen sich auf Quantenstrahlung, wobei zwischen Röntgen- und γ-Strahlung wenig Unterschied besteht. Wie steht es nun mit Korpuskularstrahlung? Qualitativ und auch — auf gleiche absorbierte Energie gerechnet — quantitativ entsprechen zwar die chemischen Produkte von Quanten- und Korpuskularstrahlung einander, aber die räumliche Verteilung kann recht unterschiedlich sein. So sind die durch γ-Strahlung erzeugten Ionen ziemlich gleichmäßig über das Gewebe verteilt, während die durch α-Strahlen erzeugten Ionen entlang der praktisch geradlinigen Bahnen dieser Strahlen „kolonnenförmig" konzentriert sind (vgl. Kap. II). Die Erfahrung hat nun gezeigt, daß jedenfalls in vieler Hinsicht eine Dosis um so stärker wirkt, je stärker die Ionen konzentriert sind. Um nun den unterschiedlichen Wirksamkeiten verschiedener Strahlen Rechnung zu tragen, hat man die Einheiten „rep" (roentgen equivalent physical) und „rem" (roentgen equivalent medical) eingeführt (83). Eine Strahlung beliebiger Art gibt eine Dosis von 1 rep, wenn die absorbierte Energie 83 erg pro cm^3 des absorbierenden Materials (Gewebe) beträgt. Die Dosis beträgt aber 1 rem, wenn die biologische Wirkung der einer Röntgen- oder γ-Strahldosis von 1 r entspricht. Zu bedenken ist jedoch, daß in Realität das Verhältnis der Wirksamkeiten verschiedener Strahlen von der Art der beobachteten Wirkung abhängt (47).

Bei einer im September 1949 unter Beteiligung mehrerer westlicher Länder in Chalk River (Kanada) abgehaltenen Konferenz wurden nun auf Grund der Arbeiten Grays (47) und Mitchells (75, 76) wöchentliche Toleranzdosen von 0,3 rep für Röntgen- und γ-Strahlen, 0,3 rep für β-Strahlen, 0,06 rep für langsame Neutronen, 0,03 rep für schnelle Neutronen und 0,015 rep für α-Strahlen angenommen [(105), s. jedoch (34)]. Die rem-Werte sind dabei natürlich stets 0,3. Danach werden z. B. α-Strahlen (auf gleiche absorbierte Energie gerechnet) als 20mal wirksamer eingeschätzt als γ-Strahlen. Derartige Zahlenfaktoren können aber offenbar nur dann gültig bleiben, wenn alle Dosen sich in gleicher Art über den Körper verteilen. Das ist aber praktisch bei der Einwirkung etwa von α- oder β-Strahlen auf vielzellige Organismen nie der Fall.

5. Die medizinischen Wirkungen.

Das erste nachweisbare Symptom biologischer Strahlungswirkung auf den ganzen Körper besteht — nach einer Dosis der Größenordnung 10 r — in gewissen Veränderungen des Blutbildes. Diese Veränderungen beinhalten vor allem — während der ersten Tage — eine Verringerung der Zahl der weißen Blutkörperchen, in manchen Fällen nach einem anfänglichen scharfen Anstieg (54). Die Wirkungen sind nicht durch unmittelbare Einwirkung auf zirkulierende Blutkörperchen, sondern durch Einwirkung auf ihre Bildungsstellen bedingt (88). Auch der Tod durch Strahlung beruht meistens auf Zerstörung der blutbildenden Zellen. Bezeichnenderweise gewährt die Abschirmung der Milz oder der Leber gegen die Strahlen bedeutenden Schutz (44a, 57, 58, 70).

Zu den wichtigsten Symptomen der Strahlenschädigung durch Einwirkung von γ-Strahlung auf den gesamten Körper gehören außer der Anämie ausgedehnte Blutungen, Diarrhöe, Unfähigkeit zu Nahrungsaufnahme durch Epithelschäden im Verdauungstrakt, Fieber und Neigung zu Lungenentzündung. Der Gesamtkomplex ist als „Strahlenkrankheit" (radiation sickness) bekannt. An dieser Stelle kann auf die medizinischen Aspekte natürlich nicht weiter eingegangen werden (10, 54, 65, 83a, 88), aber es sei erwähnt, daß auch Sterilität, Haarausfall und grauer Star (Katarakt) zu den beobachteten Wirkungen der γ-Strahlung gehören. Auch die Wirkung von außen einwirkender β-Strahlung ist in umfangreichen Versuchsreihen untersucht worden (44a, 116); diese Wirkung ist natürlich stärker als die Wirkung äußerer γ-Strahlung in den Außenschichten des Körpers lokalisiert.

Auffallend ist die äußerst verschiedene Strahlungsempfindlichkeit verschiedener Gewebe. Oft, aber nicht immer, zeichnen sich diejenigen Gewebe durch hohe Empfindlichkeit aus, die in lebhafter Teilung begriffen sind — z. B. embryonales [etwa embryonale Neuroblasten (53, 93a)] und Krebsgewebe. Jede Zelle ist übrigens kurz vor der Teilung viel empfindlicher als im Ruhezustand (66).

Die Schädigung des blutbildenden Gewebes ist ein typisches Beispiel einer „Vielfachwirkung", die auf der massenhaften Schädigung empfindlicher Zellen beruht. Im Gegensatz dazu steht der Mechanismus der „Einfachwirkung" — eine von vielen Autoren betonte Unterscheidung (s. 97, 102). So können nach Ansicht der Schule von TIMOFÉEFF-RESSOVSKY, DELBRÜCK und ZIMMER (108) „Genmutationen" durch strahlenbedingte Veränderungen einzelner Moleküle innerhalb der Chromosomen erfolgen. Wenn dies zutrifft, kann offenbar eine solche „unglückliche" Veränderung makroskopische Wirkungen in den folgenden Generationen bedingen. Gelegentlich wird angegeben, daß eine Dosis von ungefähr 50 r auf die viel untersuchte Taufliege Drosophila eine Verdoppelung der natürlichen (spontanen) Mutationsrate bewirkt; über die Empfindlichkeit von Säugetieren ist allerdings weniger bekannt (18, 19, 42, 61a, 71, 85, 87, 94).

Soweit biologische Wirkungen auf Einfachwirkungen beruhen, eine Regeneration des Gewebes daher nicht stattfindet, besteht kein Schwellenwert nachweisbarer Wirkung. So ist nach TIMOFÉEFF und seinen Kollegen die Mutationsrate einfach der Dosis proportional und ganz unabhängig von dem Zeitraum, innerhalb dessen die Bestrahlung vollzogen wird. In bezug auf solche Wirkungen würde es also nicht zutreffen, daß die Toleranzdosis wirklich eine absolute untere Schädlichkeitsgrenze darstellt.

Krebs kann durch äußere Einwirkung von Röntgen- oder γ-Strahlung hervorgerufen werden (6, 44a, 45, 52b, 63, 88). Besonders wirkungsvoll ist auch die Erzeugung von Tumoren bei äußerer Einwirkung von β-Strahlen. Bei Dosen von 4000 rep waren in einer Versuchsserie in jeder Ratte im Durchschnitt

innerhalb eines Jahres mehr als zehn unabhängige Tumoren entstanden (116).
Schließlich entsteht Krebs bei Einlagerung von α- (6, 39, 41, 88) und β-Strahlern (14, 43) in den Körper. Bekannt sind die Fälle der Arbeiterinnen von New
Jersey, die an Vergiftung mit radiumhaltiger Leuchtfarbe starben (6, 41) und
der Bergleute des Erzgebirges, bei denen das Radon der Atemluft Lungenkrebs
(Schneeberger Krankheit) erzeugt hat, wenn sie jahrelang in schlecht gelüfteten
Schächten zu arbeiten hatten (6, 39, 88). Auch kolloidales Thordioxyd (Thorotrast), das als Röntgenkontrastmittel verwendet wurde, hat öfter Krebs hervorgerufen [(6), s. auch (91)].

Ob es sich bei der Krebserzeugung durch Strahlen auch um eine Einfachwirkung [eine somatische Mutation, d. h. eine krebserzeugende Mutation irgendeiner
Körperzelle durch eine unglückliche Zufallswirkung (6)] handelt, oder ob Krebszellen nur auf massiv geschädigtem Gewebe entstehen, ist noch nicht sichergestellt.
Die Entscheidung zwischen Einfach- und Vielfachwirkung könnte wohl am
schlüssigsten durch statistische Analyse der Streubreite der wirksamen Dosis
entschieden werden, ähnlich wie das Vorliegen von Vielfachwirkung bei der
chemischen Krebserzeugung durch Buttergelb (6) tatsächlich nachgewiesen
worden ist (35). Solange der Mechanismus der Krebserzeugung nicht bekannt
ist, kann auch nicht ausgesagt werden, ob die Einhaltung der Toleranzdosis
mit Sicherheit Entstehung von Krebs verhütet. In dieser Hinsicht kann man
sich nur auf ganz grobe empirische Erkenntnisse stützen, wie etwa, daß die Entstehung von Knochensarkom schon bei einem Radiumgehalt des Körpers von
$0{,}5\ \mu$C beobachtet worden ist (41, 52 b, 82).

Bisher war nur von schädlichen biologischen Wirkungen die Rede, nicht
von nützlichen. Nachdem schon vor Jahrzehnten Molisch (77) in einigen
Experimenten nützliche Wirkungen beobachtet hatte, ist in neuerer Zeit nachgewiesen worden (9, 17), daß sehr kleine Strahlungsdosen (Größenordnung 1 r)
unter gewissen Umständen biopositive Wirkungen entfalten können. So kann
die Überlebenswahrscheinlichkeit von Organismen, die durch Hitze, Infektion usw.
geschädigt worden waren, durch derartige Bestrahlung ganz wesentlich verbessert werden. Diese Befunde scheinen vom Standpunkt der Theorie und der
Therapie sehr bedeutsam zu sein. Ob die biopositiven Wirkungen letzten Endes
darauf beruhen, daß zwar einzelne Zellen geschädigt werden, dadurch aber
eine im ganzen vorteilhafte Abwehrreaktion des Gesamtorganismus ausgelöst
wird („Reiztherapie"), ist wohl noch nicht endgültig geklärt. Jedenfalls handelt
es sich aber um kleinere Dosen, als man bei Besprechung der Gefahren der
Radioelemente in Rechnung ziehen muß.

[6. Äußere Strahlenwirkung.

Wenn auch die Gefahr für den Chemiker, der Radioelemente für analytische
Zwecke, also in relativ kleinen Mengen verwendet, meistens nicht in der Einwirkung einer äußeren Strahlenquelle auf den Körper besteht, muß sie doch
besprochen werden. α-Strahlen werden schon von so dünnen Gewebeschichten
vollständig absorbiert, daß ihre Wirkung sich rein lokal auf die relativ unempfindlichen Außenteile des Körpers beschränkt. Bedenklicher sind β-Strahlen,
die immerhin einige Millimeter tief ins Gewebe eindringen können (116). Allerdings
ist die β-Strahlung, die in der Praxis auf Körperoberflächen auftrifft, meist gering,
weil sie weitgehend von Lösungsmitteln und von den Gefäßwänden absorbiert wird.
So reichen 1,6 mm bzw. 3,6 mm dicke Glasschichten aus, um 1 MeV bzw. 2 MeV
Elektronen zur Gänze abzufangen. Dieser Schutz fällt allerdings in der Zone
oberhalb offener Gefäße wie auch bei verschiedenen chemischen Operationen

im wesentlichen weg. Daß die äußere Wirkung von β-Strahlen nicht immer ganz unbedenklich ist, wird durch folgendes Beispiel illustriert: Beim Arbeiten mit 1 mC Phosphor 32 ($E_{\max} = 1,7$ MeV) erhält eine 8 mm dicke Oberflächenschicht des Körpers in 50 cm Abstand — unter der Annahme gleichmäßiger Energieverteilung über diese Absorptionsschicht — eine Dosis von 0,5 rep in 8 Stunden, also rund das Zehnfache der Toleranzdosis (vgl. Abschn. 4). Positronenstrahler sind wegen des Zerstrahlungsvorganges ($e^+ + e^- \rightarrow 2\,\gamma$, $E\gamma = 0,51$ MeV) immer auch als γ-Strahler zu betrachten. Neutronenquellen von gefährlicher Intensität liegen nur in den Neutronengeneratoren, besonders den Zyklotronen, und in den Uranreaktoren vor; die sogenannten natürlichen Neutronenquellen, die meist Radium-Beryllium-Mischung enthalten, emittieren nur einige hundertstel Prozent ihrer Gesamtenergie auf dem Wege über Neutronen.

Praktisch vom Radiochemiker in Betracht zu ziehen ist hauptsächlich die γ-Strahlung, etwa von Radium — ein Zahlenwert für die erzeugte Dosis ist oben (Abschn 3) angegeben worden — oder von künstlich erzeugten Radioelementen, die in Reaktoren gewonnen worden sind. Es ist zwar richtig, daß sich nicht nur die Härte, sondern auch die Intensität der γ-Strahlung anderer Elemente von der der gleichen Menge (in Curie) Radium unterscheidet. (Einerseits, weil das Verhältnis der Zahl der emittierten Photonen zur Zahl der emittierten α- bzw. β-Teilchen bei verschiedenen Radioelementen verschieden ist, anderseits, weil auch die Folgeprodukte γ-Strahler sein können.) Trotzdem wird man, wenn nötig, wenigstens größenordnungsmäßig die von einem künstlich hergestellten Radioelement gelieferte Dosis abschätzen können, indem man mit dem für Radium geltenden Wert rechnet.

Ein Zahlenbeispiel: Meistens wird der Radiochemiker in Einzelversuchen eine Menge von weniger als 1 mC verwenden; gibt doch 1 mC $3,7 \cdot 10^7$ Zerfälle pro Sekunde, während mit dem Zählrohr schon 1 Stoß/Sekunde bequem gemessen werden kann! Wenn nun die γ-Strahlung des Radioelements, z. B. des Kobalts, für den Zweck einer groben Abschätzung der des Radiums gleichgesetzt wird, so entspricht das — nach dem oben für Radium gegebenen Wert — für 1 mC Kobalt 60 in einer durchschnittlichen Entfernung von 1 m vom Körper für einen achtstündigen Arbeitstag nur etwa 7 mr. Durch Messung wurde der Wert $\sim 10,4$ mr erhalten. Die Schätzung ist also größenordnungsmäßig durchaus brauchbar. Die experimentell erhaltenen Werte für 1 mC einiger Radioelemente sind in Tab. 11 zusammengestellt (40). Man bemerkt, daß die Dosen vor allem dann verhältnismäßig groß sind, wenn die gesamte γ-Energie groß ist.

Tabelle 11. *Dosisleistung von γ-Strahlern.*

Kernart	Hauptsächliche γ-Energien (MeV)	Milli-Röntgen/8 Std./mC in 1 m Entfernung
^{24}Na........	1,36 $+$ 2,76	15,4
^{59}Fe	1,30 oder 1,10	5,2
^{60}Co	1,30 $+$ 1,16	10,4
^{131}J	0,64 oder 0,36	1,9

Tab. 11 läßt erkennen, daß 1 mC einer γ-emittierenden Substanz etwa diejenige Menge ist, mit der ständig gearbeitet werden kann, ohne daß die äußere Strahlenwirkung die Toleranzdosis überschreitet. Wichtige Teile des Körpers befinden sich ja beim chemischen Arbeiten eher 50 cm als 1 m von den Reaktionsgefäßen. Man darf aber nicht übersehen, daß die Hände und Arme bedeutend höhere Strahlungsdosen erhalten, weshalb es unter Umständen notwendig wird, diese Körperteile schon beim langwierigen Arbeiten mit etwa 50 μC von γ-emittierenden Stoffen durch Verwendung von Zangen — also durch Vergrößerung der Entfernung — zu schützen.

Die Intensität der γ-Strahlung kann durch Blei- oder besser durch Wolframwände herabgesetzt werden. Zum Beispiel sind ungefähr 2,5 cm Blei notwendig, um die γ-Strahlung von ^{131}J auf ein Zehntel ihrer Intensität herabzusetzen; im Falle des ^{24}Na sind es sogar 7,5 cm. Solche Wände wird man bei der Lagerung größerer Mengen von γ-Strahlern verwenden. Bei der Berechnung der erforderlichen Dicken muß auch die Streustrahlung berücksichtigt werden, d. h. man darf nicht mit den für scharf ausgeblendete Strahlen geltenden Absorptionskoeffizienten (s. S. 18) rechnen, sondern muß besondere Formeln (40a) oder Tabellen (73a) heranziehen (s. auch 70a). Bei der Arbeit mit kleineren Intensitäten kann man ausreichenden Schutz meist durch Schnelligkeit und Entfernung von der Strahlungsquelle erzielen.

Da sich die tatsächlich einwirkenden Strahlungsintensitäten oft schwer abschätzen lassen, sind verschiedene tragbare Geräte für die Messung der Dosisleistung — vor allem nach dem Prinzip der Ionisationskammer — entwickelt worden, die im Bereiche von etwa 5 bis 20000 mr/Stunde direkte Ablesung gestatten (3, 78, 83).

In Laboratorien, in denen ständig mit Radioelementen gearbeitet wird, hat es sich als vorteilhaft erwiesen, die Gesamtdosis jedes Mitarbeiters durch integrierende Taschendosismesser zu registrieren (3, 78, 83). Für diesen Zweck bewähren sich vor allem Filmplaketten (31) und kleine Elektroskope (90). Die Filmplaketten arbeiten praktisch störungsfrei, allerdings kann die Auswertung nur mit Hilfe eines genau normierten Entwicklungsverfahrens, das natürlich eine gewisse Zeit erfordert, durchgeführt werden (31).

Geeignete Taschenelektroskope, die gewöhnlich nur Füllfedergröße besitzen, gibt es in zwei Ausführungsformen: Bei der einen kann die Ladungs- und dadurch die Dosismessung nur mit Hilfe eines besonderen Gerätes erfolgen; die andere Form hat ein eingebautes Quarzfadenelektroskop, so daß der Träger die erhaltene Dosis unmittelbar ablesen kann. Die Taschenelektroskope können unter Umständen zufällig entladen werden, sind also nicht so verläßlich wie die Filmplaketten.

7. Innere Strahlenwirkung.

Viel wichtiger, aber auch unübersichtlicher ist die Gefahr der inneren Strahlenwirkung. Radioelemente können sowohl nach Ingestion mit Nahrungsmitteln, Zigaretten usw., als auch nach Inhalation in Gas-, Aerosol- oder Staubform im Körper gespeichert werden. Ihre Gefährlichkeit wird einerseits durch ihre radioaktiven und anderseits durch ihre chemischen Eigenschaften bestimmt. Von den chemischen Eigenschaften hängt ab, wie schnell ein Element wieder aus dem Körper ausgeschieden wird, und auch, ob es während seines Verweilens im Körper in besonders empfindlichen Organen gespeichert wird.

Besonders leicht werden Edelgase — z. B. Radon (20, 55, 73) — ausgeschieden. Andererseits werden z. B. von oral aufgenommenem Radium 1 bis 2% dauernd festgehalten (41, 88). Das Radium wird größtenteils in den ersten zwei Jahren nach der Ingestion ausgeschieden; nach dieser Zeit verliert der Körper nur mehr $\sim 5 \cdot 10^{-5}$ der gespeicherten Menge pro Tag (41). Intravenös aufgenommenes Radium wird noch stärker gespeichert. Übrigens ist der natürliche Radiumgehalt des menschlichen Körpers starken Schwankungen unterworfen (56, 62, 99, 104). Auch die Aufnahme durch die Nahrung ist untersucht worden (60).

Daten über die Eliminierung einer Anzahl von Radioelementen gibt die Tab. 12 (98). Die Ziffern geben den Prozentsatz an, der sich 6 Monate nach der Aufnahme noch im Körper findet. Die Abnahme durch Zerfall ist dabei nicht berücksichtigt.

Tabelle 12. *Zurückhaltung von Radioelementen im menschlichen Körper.* (Prozent nach 6 Monaten.)

Element	Intravenös	Oral	Inhaliert
C^1...........	1	1	1
Ca	50	15	50
Zr	35	0,05	20
Ra...........	10	5	5
Io (Th)	60	0,05	20
Pu	90	0,05	20

[1] Als CO_2- bzw. CO_3-Ion.

Unter der freilich nur innerhalb enger Grenzen gültigen Annahme eines exponentiellen Gesetzes für die Ausscheidung hat man den Begriff der „biologischen Halbwertszeit" von Radioelementen geprägt. Diese gibt an, innerhalb welcher Zeit die Aktivität des Elements im Körper auf die Hälfte abgesunken ist. Dieses Abklingen beruht also zum Teil auf dem Zerfall der Kerne, zum Teil auf ihrer Ausscheidung aus dem Körper. So hat das Cäsium 137, das leicht ausgeschieden wird, eine physikalische Halbwertszeit ($T_{1/2}$) von 37 Jahren, aber eine biologische Halbwertszeit (D) von nur 15 Tagen. Im Falle der Radionatriumisotope liegt es so, daß für Natrium 22 ($T_{1/2} = 3$ Jahre) die Ausscheidung, für Natrium 24 ($T_{1/2} = 14,8$ Stunden) der Kernzerfall für die biologische Halbwertszeit bestimmend ist.

Eine Herabsetzung der biologischen Halbwertszeit (Steigerung des Stoffwechsels) durch ein diätetisches Regime, durch Medikamente usw., ist praktisch nur in geringem Maße möglich. Am ehesten gelingt es noch, Spuren von Radioelementen an der Ablagerung zu verhindern, wenn man dem Körper verdrängend wirkende inaktive Elemente in großem Überschuß (98) oder Komplexbildner (19a, 52b) zuführt.

Die Radioelemente werden je nach ihren chemischen Eigenschaften in diesem oder jenem Körperorgan bevorzugt eingelagert (98). Besonders einfach ist der Mechanismus z. B. bei den Erdalkalimetallen (Radium!), die immer als Ionen vorliegen und durch eine Art Ionenaustauschvorgang in den Knochen abgelagert werden. Hingegen neigen z. B. Yttrium, Zirkon, Polonium zur Bildung kolloidaler Hydroxyde, die dann leicht durch unspezifische Adsorption von weichem Gewebe aufgenommen werden, soweit es lebhaften Stoffwechsel zeigt, aber nicht z. B. von Muskel oder Gehirn. HAMILTON (52) hat gezeigt, daß der Ort der Ablagerung und die biologische Wirkung der Transurane und der Produkte der Uranspaltung durch ihre bevorzugte Wertigkeit bestimmt sind.

Die Tab. 13 enthält Schätzungen über die Verteilung einiger Radioelemente 6 Monate nach Aufnahme. Die Ziffern geben die relativen Konzentrationen der Radioelemente in den betrachteten Organen im Vergleich zu den durchschnittlichen Konzentrationen im ganzen Organismus an.

Wie man sieht, lagern sich auch die zur Kolloidbildung neigenden Elemente stark im Knochen ab. Allerdings findet diese Ablagerung, wie man vor allem mit der Methode der Autographie zeigen kann, dann nur in geringem Maße in der Mineralsubstanz des Knochens statt, zum größeren Teil aber in anderen Geweben des Knochens — von Polonium z. B. direkt im Mark. Die Gefährlich-

Tabelle 13. *Anreicherung von Radioelementen in Organen.*
(Verteilung 6 Monate nach Aufnahme; Konzentrationen relativ
zur Konzentration im ganzen Körper.)

Element	Knochen samt Mark	Leber	Niere	Milz	Lunge
Ra	10	0,2	0,001	0,03	0,05
Th, Pu, Zr .	7	3	3	2	0,2
C[1]	4	< 1	< 1	—	—

[1] Nach 30 Tagen. Chemische Form der Zufuhrung nicht angegeben.

keit solcher Radioelemente wird dadurch nur vergrößert. So sind Polonium
und Plutonium, bezogen auf gleiche absorbierte Strahlungsenergie, besonders
bei kurzzeitiger Einwirkung weit giftiger als Radium. Zur Tötung von Ratten
innerhalb von 50 Tagen sind zwar 7700 mC/kg Radium, aber nur 25 mC/kg
Polonium erforderlich (41). Die entsprechende aufgenommene Dosis (nur
α-Strahlen gerechnet) ist 18000 bzw. 220 rep.

Die von einem eingelagerten Radioelement gelieferte Energie kann — jedenfalls, was die vollständig absorbierte α- und β-Strahlung betrifft — leicht berechnet werden, wenn die in den Tabellenwerken stets in MeV (Mega-Elektron-
volt)/Zerfall angegebene Strahlungsenergie nach der Beziehung 1 MeV/Zerfall =
= $5{,}1 \cdot 10^6$ erg/mC · Tag umgerechnet wird. So liefert 1 μC Radium im Gleich-
gewichte mit seinen Zerfallsprodukten täglich etwa $1{,}5 \cdot 10^5$ erg. Da die
biologische Halbwertszeit des Radiums nach einer gewissen Anlaufzeit sehr
groß wird, ist dann die Energielieferung der Zeit praktisch proportional. Anders
steht es z. B. mit dem β-Strahler ^{137}Cs ($D = 15$ Tage). Durch Division durch
ln 2 wird die mittlere biologische Lebensdauer zu 20 Tagen erhalten. In den
Tabellen findet man als Maximalenergie der β-Strahlung 0,55 MeV; da . die
mittlere Energie gewöhnlich etwa ein Drittel der maximalen beträgt, ist sie
hier 0,18 MeV. Daraus ergibt sich, daß Cäsium der anfänglichen Stärke 1 mC
während seiner Verweilzeit im Körper insgesamt $1{,}8 \cdot 10^7$ erg liefert. Man darf
aber nicht daraus durch Division durch das Körpergewicht eine mittlere Dosis
berechnen. Eine solche Vorgangsweise wäre nämlich wegen der Selektivität
der Speicherung in höchstem Maße irreführend.

Zur Feststellung der aufgenommenen Menge radioaktiver Stoffe wurden
bis vor kurzem praktisch nur die Ausscheidungen, vor allem Atemluft und
Harn, auf Aktivität geprüft. Solche Messungen liefern aber nur mangelhafte
Aussagen. Man entwickelt daher Geräte zur Messung der von einem Körper
abgegebenen Strahlung mit guter Ausbeute, und zwar ist über Geräte mit
Hochdruckionisationskammern (16a) und mit Szintillationszählern (89a, 109a)
berichtet worden. Die Erfassungsgrenzen liegen für γ- und harte β-Strahler unterhalb der Toleranzmengen (vgl. Tab. 14). Mit Hochdruckionisationskammern
konnten z. B. noch $2 \cdot 10^{-9}$ Curie Radium, $1{,}4 \cdot 10^{-9}$ C Kobalt 60 und 2,5 μC
Phosphor 32 (Toleranzmenge für Phosphor 32 = 10 μC) nachgewiesen werden.

8. Gefährlichkeitsklassifikation.

Die Internationale Kommission für Strahlenschutz hat nun versucht (82),
unter ungefährer Berücksichtigung des Ortes der Ablagerung der Radioelemente
und der Empfindlichkeit der Gewebe ganz grobe Toleranzgehalte für den ganzen
Körper unter der Annahme zu geben, daß die betroffenen Personen den Radioelementen ständig (beruflich) ausgesetzt sind. Die Toleranzgehalte sind so
berechnet, daß kein einziges Organ eine unerlaubte Strahlendosis erhält. Spalte 1

der Tab. 14 gibt die maximale zulässige Menge, Spalte 2 die angenommene mittlere biologische Lebensdauer, Spalte 3 die maximal zulässige Menge Radioelement, die täglich abgelagert werden darf, Spalte 4 den Bruchteil, der bei Inhalation vom Körper zurückgehalten wird, Spalte 5 die zulässige Konzentration des Radioelements in der Atemluft, Spalte 6 den Bruchteil, der bei oraler Zufuhr vom Körper zurückgehalten wird, und Spalte 7 die zulässige Konzentration in aufgenommenen Flüssigkeiten.

Wie man sieht, gehört z. B. Radiojod zu den als gefährlich betrachteten Elementen, da es von der Schilddrüse gespeichert wird (86). (Allerdings wird gerade an diesem Beispiel klar, daß nicht nur die Aktivität, sondern auch die spezifische Aktivität des zugeführten Radioelements bestimmend ist, da zwar die Affinität der Schilddrüse zum Jod groß, aber ihre Aufnahmekapazität gering ist.) Hingegen gelten die wichtigen Radioelemente ^{3}H und ^{14}C wegen der geringen Energie ihrer Strahlungen und besonders wegen ihrer raschen Ausscheidung als wenig gefährlich (15, 16, 98, 100). Gesonderte Diskussion haben schließlich auch die künstlichen Radioelemente Eisen (68) und Strontium (110) gefunden. Neuerdings ist eine ausführliche Tabelle ausgearbeitet worden (79a).

Tabelle 14. *Toleranzmengen von Radioelementen im menschlichen Körper.*

Radio-element	1 (μC)	2 (Tage)	3 (μC/Tag)	4 ($^0/_0$)	5 (μC/ml)	6 ($^0/_0$)	7 (μC/ml)
^{3}H	10^4	10	10^3	100	$5 \cdot 10^{-5}$	100	0,4
^{14}C^1	—	—	—	—	10^{-6}	—	—
^{24}Na ...	15	0,8	20	—	—	100	$8 \cdot 10^{-3}$
^{60}Co	1	20	0,05	—	—	100	10^{-5}
^{90}Sr	1	5000	$2 \cdot 10^{-4}$	6	$2 \cdot 10^{-10}$	10	$8 \cdot 10^{-7}$
^{131}J	$0,3^2$	12	0,015	20	$3 \cdot 10^{-9}$	20	$3 \cdot 10^{-5}$
^{210}Po ...	0,005	—	—	—	—	—	—
^{226}Ra ...	0,1	10^4	10^{-5}	6	$8 \cdot 10^{-12}$	10	$4 \cdot 10^{-8}$
^{239}Pu ...	0,04	10^4	$4 \cdot 10^{-6}$	10	$2 \cdot 10^{-12}$	0,1	$1,5 \cdot 10^{-6}$

[1] Als CO_2 mit der Luft aufgenommen.
[2] 0,18 in der Schilddrüse.

Das amerikanische National Bureau of Standards hat die wichtigsten künstlichen Radioelemente auf Grund ihrer radioaktiven und chemischen Eigenschaften nach ihrer Gefährlichkeit klassifiziert (95). (Die Klassifikation steht teilweise mit jener in Widerspruch, die aus Tab. 14 folgt.) Als wenig gefährlich (Klasse I) werden betrachtet: ^{24}Na, ^{42}K, ^{64}Cu, ^{52}Mn, ^{76}As, ^{77}As, ^{85}Kr, ^{197}Hg; als mäßig gefährlich (Klasse II) gelten: ^{3}H, ^{14}C, ^{22}Na, ^{35}S, ^{36}Cl, ^{54}Mn, ^{59}Fe, ^{60}Co, ^{89}Sr, ^{95}Nb, ^{103}Ru, ^{106}Ru, ^{127}Te, ^{129}Te, ^{131}J, ^{137}Cs, ^{140}Ba, ^{140}La, ^{141}Ce, ^{143}Pr, ^{147}Nd, ^{198}Au, ^{199}Au, ^{203}Hg; sehr gefährlich (Klasse III) sind: ^{45}Ca, ^{55}Fe, ^{90}Sr, ^{91}Y, ^{95}Zr, ^{144}Ce, ^{147}Pm, ^{210}Bi. Aus dieser Klassifikation wird gefolgert, daß bei Klasse I die Arbeit im Laboratorium mit Mengen von mehr als etwa 5 bis 50, bei Klasse II mit mehr als etwa 0,5 bis 5 und bei Klasse III mit mehr als 0,05 bis 0,5 mC vom Standpunkte der inneren Strahlungswirkung — d. h. zur Vermeidung von Ingestion und Inhalation — besondere Vorsichtsmaßregeln erfordert. Aber auch bei Aktivitäten, die etwa eine Zehnerpotenz tiefer liegen, muß noch immer vorsichtig vorgegangen werden.

9. Vorsichtsmaßregeln.

Die besonderen Vorsichtsmaßregeln erfordern möglichste Vermeidung persönlichen Kontakts mit dem Radioelement. Zweckmäßige Verhaltensregeln sind treffend von ŽAKOVSKY (115) zusammengestellt worden: „... Es ist strenge darauf zu achten, daß kein aktives Isotop mit ungeschützten Händen in Berührung kommt... Auch kleine Strahler verursachen Verbrennungen, wenn sie sich nahe der Haut befinden. Es sind daher Gummihandschuhe oder Papier bei der Arbeit mit solchen Stoffen zu verwenden. In vielen Fällen müssen Pinzetten oder Haltezangen verwendet werden und es ist angezeigt, sie für jegliche Hantierung zu benützen. Niemals darf eine aktive Lösung mit dem Mund pipettiert werden. Es sind Gummiballons oder Injektionsspritzen zu benützen. Jede Hantierung mit Dämpfen oder trockenem Material ist im Abzug oder in einem luftdicht verschlossenen Kasten vorzunehmen... Alle Arbeiten sind auf mit Papier bedeckten Unterlagen vorzunehmen... Kleinere Schalen, ausgelegt mit Löschpapier, sind für die Ablage der gebrauchten Pipetten, Rührstäbchen usw. notwendig. Sie dürfen nie nach Gebrauch unmittelbar auf den Arbeitsplatz gelegt werden. Ein Abfallbehälter mit von Fuß aus zu betätigendem Deckel neben dem Arbeitstisch ist sehr zweckmäßig.

Bei der Reinigung der Glaswaren ist peinlichste Sorgfalt notwendig. Alle Gefäße müssen nach Gebrauch bezeichnet und für besondere Reinigung beiseite gestellt werden, da Adsorption aktiver Stoffe an Glaswaren nicht selten vorkommt. Selbst der kleinste Rest von aktivem Material muß sofort entfernt werden...

Um sich zu vergewissern, daß eine Verunreinigung nicht durch Laboratoriumsmäntel vertragen wird, soll ein eigener Bestand davon den Räumen mit aktivem Material zugeteilt werden; diese Mäntel dürfen nicht aus dem aktiven Laboratorium herausgetragen werden; beim Nachweis ihrer Verseuchung dürfen sie nicht in die Wäscherei geschickt, sondern müssen im Laboratorium gewaschen oder unschädlich gemacht werden...

Die Aufbewahrung oder die Bereitung von Eßwaren in einem Raum, in dem mit aktivem Material gearbeitet wird, ist ebenso zu verbieten, wie der Gebrauch von Milchflaschen oder anderen Lebensmittelbehältern für die Arbeit oder für die Aufbewahrung von Chemikalien in solchen Räumen zu untersagen ist. In gleicher Weise ist in aktiven Räumen das Rauchen oder das Einbringen von Kosmetika verboten. Auch der Genuß von Schokolade oder Kaugummi ist zu verbieten.

Nach der Arbeit mit aktivem Material sind die Hände 2 bis 3 Minuten reichlich mit Seife und mit einer Nagelbürste zu säubern, bevor die Arbeitsräume verlassen werden, insbesondere bevor man ißt oder raucht. Nach dem Waschen sind die Hände mit dem Zählgerät zu kontrollieren und — wenn notwendig — noch einmal zu waschen, bis ein zufriedenstellender Ausschlag erreicht ist. Wenn eine Verseuchung bestehen bleibt, so ist die Waschung mit besonderen Reinigungsmitteln, wie Titandioxydpaste oder einer gesättigten Lösung von Kaliumpermanganat, welcher eine Spülung mit 5%igem Natriumbisulfit folgt, fortzusetzen...

Jegliches Material, welches nicht in augenblicklicher Verwendung steht, ist im Panzerschrank aufzubewahren, wo es allseitig abgeschirmt und zugleich hinter Schloß und Riegel gehalten ist. Bei der Errichtung solcher Panzerschränke darf man nicht die Anrainer in Nachbarräumen ober- oder unterhalb des Aufbewahrungsortes vergessen. Eine dünne Zwischenwand ist in keiner Weise ein Schutz gegen γ-Strahlung. Alle aktiven Lösungen müssen verschlossen sein, trockenes Material ist in staubdichten Behältern unterzubringen. Glasbehälter sollen in einem unzerbrechlichen äußeren Behälter, der groß genug ist, das Volumen des aktiven Materials aufzunehmen, wenn das im Inneren befindliche Glas zerbricht, aufbewahrt werden..." [s. a. (46a)].

Ob und welche Schutzmaßnahmen gegen äußere Strahlenwirkung während der Arbeit erforderlich sind, kann den Unterlagen in Abschn. 6 entnommen werden.

Eine umfangreiche Literatur (37, 64, 92, 106, 109, 111, 112) existiert in manchen Ländern über Probleme der kollektiven Vermeidung von Strahlenschädigungen. Dahin gehören z. B. die Fragen der Unschädlichmachung radioaktiver Abwässer, der Entseuchung der Laboratorien, des Transportes aktiven Materials usw. Diese Fragen sind aber vorläufig für den analytisch arbeitenden Chemiker nicht von Bedeutung.

10. Zusammenfassung.

In Laboratorien, in denen die Radioelemente nicht selbst erzeugt werden und in denen die analytischen Anwendungen im Vordergrund stehen, wird man gefährlichen Intensitäten äußerer Strahlung meist nur beim Empfang, der Aufarbeitung, Verdünnung und Abfüllung der Sendungen von künstlich erzeugten Radioelementen begegnen.

Dagegen muß die Gefahr durch Einführung von Radioelementen in den Körper stets ernst genommen werden. In ungünstigen Fällen (lange Halbwertszeit, energiereiche und leicht absorbierbare Strahlung, wirksame Speicherung in strahlungsempfindlichen Organen) kann schon die Arbeit mit 50 μC besondere Vorsicht erfordern. Jedenfalls sind alle Maßregeln zu treffen, um die Aufnahme von Radioelementen in den Körper auf das mögliche Mindestmaß herabzudrücken.

Literatur.

(1) ALLEN, A. O., Disc. Faraday Soc. 12, 79 (1952).
(2) BAKER, R., u. L. B. SILVERMAN, Nucleonics 7 (1), 26 (1950). — (3) BALBER, D., Nucleonics 4 (5), 112 (1949). — (4) BARRON, E. S. G., siehe (70). — (5) BARRON, E. S. G., u. S. DICKMAN, J. Gen. Physiol. 32, 595 (1949). — (6) BAUER, K. H., Das Krebsproblem. Berlin. 1949. — (7) BAXENDALE, J., Konferenz über radiochemische Umwandlungen. Mailand-Rom. 1953. — (8) BIEBL, R., u. R. PAPE, Österr. bot. Z. 98, 361 (1951). — (9) Radiologia Austriaca 5, 127 (1952). — (10) BLOOM, W. (Hsg.), Histopathology of Irradiation from External and Internal Sources, Nat. Nucl. En. Ser. IV-22 I. New York. 1948. — (11) BONET-MAURY, P., Disc. Faraday Soc. 12, 72 (1952). — (12) BONET-MAURY, P., u. M. LEFORT, J. chim. phys. 47, 179 (1950). — (13) BRADFORD, J. R. (Hsg.), Radioisotopes in Industry. New York. 1953. — (14) BRUES, A. M., J. Clin. Investigation 28, 1286 (1949). — (15) BRUES, A. M., u. A. N. STROUD, siehe (48). — (16) BUCHANAN, D. L., siehe (38). — (16a) BURCH, P. R. J., u. F. W. SPIERS, Nature 172, 519 (1953).
(17) CALDECOTT, R. S., u. L. SMITH, J. Heredity 39, 195 (1948). — (18) CARTER, T. C., u. R. S. PHILIPPS, siehe (48). — (19) CATCHESIDE, D. G., siehe (48). — (19a) COHN, S. H., J. K. GONG u. M. C. FISHLER, Nucleonics 11 (1), 56 (1953). — (20) CORNFIELD, J., Nucleonics 5 (3), 68 (1949). — (21) CRONKITE, E. P., C. BRECHER u. W. H. CHAPMAN, siehe (38).
(22) DAINTON, F. S., Annual Rep. Progr. Chem. 45, 1 (1948). — (23) Research 1, 486 (1948). — (24) Disc. Faraday Soc. 12, 9 (1952). — (25) DALE, W. M., Biochemic. J. 34, 1367 (1940). — (26) Brit. J. Radiol. 16, 171 (1943). — (27) Disc. Faraday Soc. 12, 293 (1952). — (28) Siehe (48). — (29) DAVISON, S., S. A. GOLDBLITH, B. E. PROCTOR, M. KAREL, B. KAN u. C. J. BATES, Nucleonics 11 (7), 22 (1953). — (30) DAY, M. J., u. G. STEIN, Nucleonics 8 (2), 34 (1951). — (31) DEAL, L. J., J. H. ROBERSON u. F. H. DAY, Amer. J. Roent. Rad. Ther. 59, 731 (1948). — (32) DESSAUER, F., siehe (66) und (97). — (33) DORNEICH, M., R. JÄGER, H. KRAFFT u. H. MUTH, FIAT, Biophysik I. Wiesbaden. 1948. — (34) DORNEICH, M., R. JÄGER, H. SCHÄFER, H. MUTH, U. HENSCHKE u. B. RAJEWSKY, FIAT, Biophysik I. Wiesbaden. 1948. — (35) DRUCKREY, H., u. K. KÜPFMÜLLER, Z. Naturforsch. 3 b, 254 (1948). — (36) DUNN, C. G., W. L. CAMPBELL, H. FRAM u. A. HUTCHINS, J. Appl. Physics 19, 605 (1948).

(37) EATON, S. E., u. R. J. BOWEN, Nucleonics 8 (5), 27 (1951). — (38) EDEL-MANN, A., Nucleonics 8 (4), 28 (1951). — (39) EVANS, R. D., in: Science and Engineering of Nuclear Power, Bd. II. Herausgegeben von C. GOODMAN. Cambridge, Mass. 1949. — (40) Nucleonics 1 (4), 32 (1947).

(40a) FANO, U., Nucleonics 11 (8), 9 (1953); 11 (9), 55 (1953). — (41) FINK, R. M. (Hsg.), Biological Studies with Polonium, Radium and Plutonium, Nat. Nuc. En. Ser. VI-3. New York. 1950. — (42) FORD, E. B., siehe (48). — (43) FRIEDELL, H. L., siehe S. WARREN u. A. M. BRUES, Nucleonics 7 (4), 70 (1950). — (44) FRIEDMANN, H., u. C. P. CLOVER, Nucleonics 10 (6), 24 (1952). — (44a) FURTH, J., u. A. C. UPTON, Annual Rev. Nucl. Sci. 3, 303 (1953).

(45) GLÜCKSMANN, A., siehe (48). — (46) GOLDSMITH, H. H., Nucleonics 4 (6), 62 (1949). — (46a) GÖTTE, H., Angew. Chem. 63, 434 (1951). — (47) GRAY, L. H., siehe (48).

(48) HADDOW, A. (Hsg.), Biological Hazards of Atomic Energy. Oxford 1952. — (49) HAISSINSKY, M., Disc. Faraday Soc. 12, 133 (1952). — (50) HAISSINSKY, M., u. M. LEFORT, J. chim. phys. 47, 179 (1950). — (51) Konferenz über radio-chemische Umwandlungen. Mailand-Rom. 1953. — (52) HAMILTON, J. G., Rev. Mod. Physics 20, 718 (1948). — (52a) HANLE, W., Angew. Chem. 65, 225 (1953). — (52b) HEMPELMANN, L. H., u. J. G. HOFFMAN, Ann. Rev. Nucl. Sci. 3, 369 (1953). — (53) HICKS, S. P., siehe (38). — (54) HIRSCHFELDER, J. O. (Hsg.), The Effects of Atomic Weapons. New York. 1950. — (55) HOLLCROFT, J. W., u. E. LORENZ, Nucleo-nics 5 (2), 73 (1949). — (56) HURSH, J. B., u. A. A. GATES, Nucleonics 7 (1), 46 (1950).

(57) JACOBSON, L. O., siehe (38). — (58) JACOBSON, L. O., E. K. MARKS, H. ROBSON E. GASTON u. R. E. ZIRKLE, J. Lab. Clin. Med. 34, 1538 (1949). — (59) JÄGER, R., Z. angew. Physik 3, 191 (1951).

(60) KAINDL, K., Bodenkultur 5, 425 (1951). — (61) KANWISHER, J. W., Nucleonics 10 (5), 62 (1951). — (61a) KIMBALL, R. F., Ann. Rev. Nucl. Sci. 1, 479 (1952). — (62) KREBS, A. T., Strahlentherapie 72, 164 (1942).

(63) LACASSAGNE, A., Les cancers produits par les rayonnements électromagné-tiques. Paris. 1945. — (64) LANAHAN, T. B., siehe (13). — (65) LANGENDORFF, H., H. BAUER, W. LUTHER, R. SCHULZE u. U. HENSCHKE, FIAT, Biophysik I. Wies-baden. 1948. — (66) LEA, D. E., Actions of Radiations on Living Cells. Cambridge 1946. — (67) LOUTIT, J. F., siehe (48).

(68) McFARLANE, A. S., siehe (48). — (69) MAGAT, M., Konferenz über radio-chemische Umwandlungen. Mailand-Rom. 1953. — (70) MAISIN, J. H., G. LAMBERT, M. MANDART u. H. MAISIN, Nature 171, 971 (1953). — (70a) MARINELLI, L. D., Ann. Rev. Nucl. Sci. 3, 249 (1953). — (71) MATHER, K., siehe (48). — (72) MAY-NEORD, W. V., Brit. J. Radiol. 18, 12 (1945). — (73) MEYER, S., S. B. Wien. Akad. Wiss., Abt. IIa, 138, 557 (1929). — (73a) MEYER-SCHÜTZMEISTER, L., Naturwiss. 37, 501 (1950). — (74) MILLER, N., u. J. WILKINSON, Disc. Faraday Soc. 12, 50 (1952). — (75) MITCHELL, J. S., Brit. J. Radiol. 20, 79 (1947). — (76) Siehe (48). — (77) MOLISCH, H., S. B. Wien. Akad. Wiss., Abt. IIa, 121, 833 (1912). — (78) MORGAN, G. W., Nucleonics 4 (3), 24 (1949). — (79) MORGAN, K. Z., J. Physic. Coll. Chem. 51, 984 (1947). — (79a) MORGAN, K. Z., u. M. R. FORD, Nucleonics 12 (6), 32 (1954). — (80) MOYER, B. J., Nucleonics 10 (4), 14 (1952).

(81) O'MEARA, J. P., Nucleonics 10 (2), 19 (1952).

(82) —, Nucleonics 8 (2), 73 (1950).

(83) PARKER, H. M., Advances in Biological and Medical Physics, Bd. I, S. 243. New York. 1948. — (83a) PATT, H. M., Ann. Rev. Nucl. Sci. 1, 495 (1952). — (84) PATT, H. M., E. B. TYREE, R. L. STRAUBE u. D. E. SMITH, Proc. Soc. Exp. Biol. Med. 73, 18, 198 (1950). — (85) PLOUGH, H. H., Nucleonics 10 (8), 16 (1952). — (86) POCHIN, E. E., siehe (48). — (87) PONTECORVO, G., siehe (48).

(88) RAJEWSKY, B., A. SCHRAUB, G. KAHLAU, W. DREBLOW, A. KREBS u. H. SCHÄFER, FIAT, Biophysik I. Wiesbaden. 1948. — (89) RAJEWSKY, B., O. HEUSE u. K. AURAND, Z. Naturforsch. 8 b, 157 (1953). — (89a) REINES, F., R. L. SCHUCH, C. L. COWAN, F. B. HARRISON, E. C. ANDERSON u. F. N. HAYES, Nature 172, 521 (1953). — (90) RINAKER, R. E., Nucleonics 2 (1), 78 (1948). — (91) ROTBLAT, J., u. G. B. WARD, Nature 172, 769 (1953). — (92) RUCKHOFT, C. C., siehe (13). — (93) RUDSTAM, G., u. THE SVEDBERG, Nature 171, 648 (1953). — (93a) RUGH, R., Ann. Rev. Nucl. Sci. 3, 271 (1953). — (94) RUSSELL, W. L., siehe (38).

(95) Safe Handling of Radioactive Isotopes. Washington 1949. — (96) SAX, K., siehe (38). — (97) SCHÖN, M., B. RAJEWSKY, K. SOMMERMEYER u. H. FRIEDRICH-FREKSA, FIAT, Biophysik I., Wiesbaden. 1948. — (98) SCHUBERT, J., Nucleonics 8

(2), 13 (1951); 8 (3), 66 (1951); 8 (4), 59 (1951). — (99) SIEVERT, R. M., siehe (48). — (100) SKIPPER, H. E., Nucleonics 10 (2), 40 (1952). — (101) SPARROW, A. H., u. R. E. CHRISTENSEN, Science 118, 697 (1953). — (101a) SPARROW, A. H., u. F. FORRO, Ann. Rev. Nucl. Sci. 3, 339 (1953). — (102) SPEAR, F. G., siehe (48). — (103) SPIERS, F. W., Disc. Faraday Soc. 12, 13 (1952). — (104) SPIERS, F. W., u. P. R. J. BURCH, siehe (48). — (105) STRAUB, C. P., Nucleonics 6 (2), 83 (1950). — (106) Nucleonics 10 (1), 40 (1952).

(107) TAPLIN, G. V., C. H. DOUGLAS u. B. SANCHEZ, Nucleonics 9 (2), 73 (1951). — (108) TIMOFÉEFF-RESSOVSKY, N. W., u. K. G. ZIMMER, Das Trefferprinzip in der Biologie. Leipzig. 1947. — (109) TOMPKINS, P. C., O. M. BIZZELL u. C. D. WATSON, Nucleonics 7 (2), 42 (1950).

(109a) VAN DILLA, M. A., R. L. SCHUCH u. E. C. ANDERSON, Nucleonics 12 (9), 22 (1954). — (110) VAUGHAN, J., M. TUTT u. B. KIDMAN, siehe (48).

(111) WARD, D. R., siehe (13). — (112) —, Waste Disposal Symposium. Nucleonics 4 (3), 9 (1949). — (113) WEISS, J., Nature 153, 748 (1944). — (114) WRIGHT, J., Disc. Faraday Soc. 12, 60 (1952).

(115) ŽAKOVSKY, J., Klin. Medizin 5, 390 (1950). — (116) ZIRKLE, R. E. (Hsg.), The Biological Effects of External Beta Radiation. Nat. Nucl. En. Ser. IV-22 E. New York. 1951.

XI. Ergänzungen.

Die folgenden Ergänzungen wurden vor allem zu dem Zweck zusammengestellt, um auf wichtige Arbeiten jüngsten Datums hinzuweisen. Dabei wurden neben Arbeiten, die über grundsätzlich neue Erkenntnisse oder Arbeitsmethoden berichten, auch Zusammenfassungen — Monographien und Artikel — berücksichtigt, die zum eingehenderen Studium von Teilgebieten nützlich sind.

1. Betreffend eine ausführliche Besprechung von *Ionenaustauschern* und den mit ihnen durchführbaren Trennungen sei auch auf eine weitere Monographie hingewiesen (37). — (Zu S. 52.)

2. Das Verhalten der *Aktiniden an Ionenaustauschersäulen* ist schon genauer' untersucht worden und läßt auch gewisse Aussagen über die Elektronenhüllen dieser Elemente zu (12). — (Zu S. 56.)

3. Interessanterweise kann man *Kationen* auch *an Anionenaustauschern* trennen, ohne starke Komplexbildner einzusetzen. Nach einer solchen Methode gelingt die Abtrennung von Radioeisen, das durch Deuteronenbeschuß aus Kobalt (Eisen 59) oder aus Mangan (Eisen 55) erzeugt wurde. Der Auffänger wird in 9 m Salzsäure gelöst und diese Lösung durch eine mit stark basischem Anionenaustauscher gefüllte Säule geschickt. Während Eisen und Kobalt — offenbar als Chlorokomplexe — adsorbiert werden, rinnt das Mangan durch. Dann kann Kobalt mit 5 m Salzsäure und schließlich Eisen mit verdünnter Salzsäure eluiert werden (5). — (Zu S. 57.)

4. Als Unterlagen für das Studium und die Ausarbeitung von *Extraktionsverfahren* sei noch auf eine Monographie (27) und ein Übersichtsreferat (18) hingewiesen. — (Zu S. 63.)

5. Eine sehr einfache Ausführungsform der *kontinuierlichen Papierelektrophorese* hat sich u. a. für die Trennung des Aktiniums von dem als Träger zugesetzten Lanthan bewährt (23). — (Zu S. 74.)

6. Die chemischen Folgen des *beim Kohlenstoff auftretenden Kernphotoeffektes* wurden auch an Suspensionen von kolloidalem Graphit untersucht. Bei der Bestrahlung mit 70-MeV-Photonen wurden 80% des erzeugten Kohlenstoffs 11 in der Lösung festgestellt (30). — (Zu S. 78.)

7. Bei der Bestrahlung von Lösungen von Anilin in n-Pentan im Reaktor wurde die *Bildung radiokohlenstoff-markierter Kohlenwasserstoffe* festgestellt (38).

Die Verteilung des Radiokohlenstoffs war folgende: 5% in mit Salzsäure extrahierbaren Verbindungen, 12% in gasförmigen Kohlenwasserstoffen, 25% in n-Pentan, 1% in iso-Pentan und Dimethylpropan, 12% in n-Hexan, 6% in iso-Hexan und 39% in höher siedenden Verbindungen. Durch entsprechende Auswahl der bestrahlten Lösungen dürfte es möglich sein, auf diesem Weg auch andere organische Verbindungen in markierter Form und mit großer spezifischer Aktivität zu gewinnen. — (Zu S. 78.)

8. Eine gute Diskussion der *theoretischen Aspekte des* Szilard-Chalmers-*Effektes* ist in einer neueren zusammenfassenden Arbeit erfolgt (52). — (Zu S. 83.)

9. Zu den bereits angeführten Zusammenfassungen über *Isotopeneffekte* sind noch weitere hinzuzufügen (7, 19, 46, 53). — (Zu S. 86.)

10. Eine Übersicht über die in biologischen Systemen aufgefundenen *Isotopeneffekte des Tritiums* liegt vor (47). — (Zu S. 87.)

11. Eine ausführliche Zusammenstellung über die *Synthesen markierter Verbindungen* verdankt man Weygand und Simon (51). In dieser Übersicht wird Markierung von Verbindungen durch den Einbau von Isotopen folgender Elemente besprochen: Kohlenstoff, Wasserstoff, Stickstoff, Sauerstoff, Schwefel, Brom, Jod und Phosphor. — (Zu S. 104, 225, 231 und 233.)

12. Eine *Radioreagensbestimmung für Vitamine* ist auf biochemischer Grundlage ausgearbeitet worden (29). Die Methode beruht darauf, daß die Aufnahmegeschwindigkeit von Phosphat aus Nährböden durch Hefen stark von der Vitaminkonzentration des Nährbodens abhängig ist. Man setzt also dem Nährboden aktives Phosphat und die zu untersuchende Vitaminlösung zu und bestimmt dann die Geschwindigkeit der Phosphataufnahme durch Aktivitätsmessung. Für die Bestimmung von Pantothensäure wurde die Hefe Sacharomyces Ludwigi, für die des Pyridoxins die Hefe Sacharomyces carlsbergensis verwendet. — (Zu S. 140.)

13. Die Bestimmung von *Europium und Dysprosium durch Aktivierungsanalyse* kann schon mit sehr schwachen Neutronenquellen durchgeführt werden. Bei der Analyse von Europium-Samarium- und Dysprosium-Holmium-Gemischen wird schon mit einer 25-mC-Radium-Beryllium-Quelle und direkter Aktivitätsmessung die mit dem Spektralphotometer erzielbare Genauigkeit übertroffen (28) [vgl. auch die S. 180 und S. 191 beschriebenen Silber- und Rhodiumbestimmungen; Zitat (69)]. Die Bestrahlungsdauer wird so gewählt, daß Europium bzw. Dysprosium die halbe Sättigungsaktivität erreichen, Samarium bzw. Holmium, deren Radioisotope bedeutend längere Halbwertszeiten aufweisen, aber nur zu einem viel geringeren Teil aktiviert werden. — (Zu S. 181.)

14. Betreffend die *Gewinnung von Radioelementen* sei noch auf einige Übersichtsarbeiten verwiesen: a) im Uranreaktor (36); b) mit Ionenbeschleunigern (5, 15). — (Zu S. 220.)

15. Ein Vergleich der Empfindlichkeit und Genauigkeit verschiedener Meßmethoden (Glockenzählrohr, Strömungszählrohr, Szintillationszähler) bei der *Bestimmung von Radiojod* ist durchgeführt worden (49) und kann bei der Auswahl geeigneter Methoden herangezogen werden. — (Zu S. 222.)

16. *Jod 132* wird von den Erzeugungsanlagen (Uranreaktoren) wegen seiner Kurzlebigkeit nicht als solches ausgeliefert. Versendet wird vielmehr die Muttersubstanz, Tellur 132, die man aus Uranspaltprodukten abtrennt, und zwar jetzt meistens in Form des TeO_2. Zur Gewinnung des Radiojods löst man diese Verbindung dann in Natronlauge auf und fällt neuerlich durch Zugabe von Essigsäure. Dabei gewinnt man eine Radiojodlösung, von der das Tellurdioxyd abfiltriert werden kann. Nach der Neubildung von Jod 132 aus Tellur kann dann der Vorgang wiederholt werden (44). — (Zu S. 222.)

17. Ist die spezifische Aktivität von nichtflüchtigen ^{14}C-markierten Verbindungen verhältnismäßig groß, so kann die Aktivität auch bestimmt werden, indem man eine Lösung herstellt und diese in einem *für die Messung von Flüssigkeiten eingerichteten Strömungszählrohr* mit „unendlicher Schichtdicke" mißt (40). Diese Art der Messung hat den Vorteil, daß die für die Messung erforderlichen Proben oft leichter hergestellt werden können als feste Proben, daß bessere Reproduzierbarkeit erzielt wird und schließlich auch, daß die Substanz nach der Messung meistens wieder zurückgewonnen werden kann. Das verwendete Lösungsmittel muß neben einem guten Lösungsvermögen für alle zu bestimmenden Stoffe vor allem auch nur geringen Dampfdruck und geringe elektrische Leitfähigkeit aufweisen. Als gut geeignet zeigten sich gereinigtes Formamid, Dimethylformamid und Äthylenglykol. Die gemessene Aktivität ist natürlich bei konstanter Volumskonzentration der aktiven Substanz von der Dichte der Lösung abhängig. Werden nur sehr verdünnte Lösungen eingesetzt, so kann die Dichte als konstant angesehen werden. Unbedingt zu vermeiden sind Verdunstungsverluste während der Messung, da diese zu einer Vergrößerung der Konzentration und damit zu einer Steigerung der gemessenen Aktivität führen. Solche Verluste vermeidet man durch Kühlung der Flüssigkeit während der Messung durch ein hierfür konstruiertes Schälchen. Interessant ist auch der Vorschlag, schwerlösliche ^{14}C enthaltende Carbonatniederschläge, also z. B. Bariumcarbonat, nach einer derartigen Methode zu messen. Hierzu wird das Carbonat durch Zugabe von Äthylendiamin-Tetraessigsäure gelöst, dann mit einem Überschuß von Äthylenglykol verdünnt und diese Lösung zur Aktivitätsmessung verwendet. — (Zu S. 226.)

18. Während die *Leerwertverringerung durch Antikoinzidenzschaltungen* vor allem bei den Altersbestimmungen nach der Radiokohlenstoffmethode (vgl. S. 249) angewendet wird, hat sich nun auch schon im Rahmen von Stoffwechseluntersuchungen mit ^{14}C-markierten Verbindungen die Notwendigkeit der Verwendung des Antikoinzidenzprinzips ergeben (34). Die in dieser Arbeit beschriebene Meßanordnung besteht aus einem GEIGER-Gaszählrohr (Volumen etwa 30 ml), das von einem Ring von Antikoinzidenzzählrohren umgeben ist. Durch diese Anordnung kann der mit dem Zählrohr gewöhnlich gemessene Leerwert von ungefähr 50 Stößen/Min. auf 5 Stöße/Min. verringert werden. — (Zu S. 228.)

19. Mehrere allgemeine *Zusammenfassungen über Tritium* sind veröffentlicht worden (1, 25, 48). Über die Anwendung von *Tritium auf biologische Probleme* liegt eine nützliche Übersichtsarbeit vor (47). — (Zu S. 232 und 234.)

20. Für die *Tritiumbestimmung* ist auch eine Spezialbombe konstruiert worden, in der sowohl die Verbrennung der tritiumhaltigen Substanzen wie auch die Umwandlung des gebildeten Wassers in das Methan (durch Reaktion mit Aluminiumcarbid) durchgeführt werden kann (32). — (Zu S. 234.)

21. Eine hochempfindliche Methode der *Thoriumbestimmung* ist von Mitarbeitern F. PANETHs für die Analyse von Meteoriten ausgearbeitet worden, in denen sich die Radioelemente der Thoriumreihe natürlich im Gleichgewicht befinden (11). Sie beruht auf der Zählung der von einem Thorium B-Thorium C-Niederschlag abgegebenen α-Strahlung mit Hilfe eines Szintillationszählers. Vor der Aktivitätsmessung ist eine Abtrennung der begleitenden Stoffe, vor allem eine quantitative Entfernung aller anderen Radioelemente notwendig: Man trennt zuerst Thorium und Radiothorium ab, wartet dann, bis sich aus dem Radiothorium die kürzerlebigen Radioelemente nachgebildet haben und fällt mit Hilfe von Bleiträger Thorium B und Thorium C als Sulfide aus. Für die Aktivitätsmessung löst man den Sulfidniederschlag in Salzsäure auf und dampft die Lösung auf einem Schälchen ein. Die Auswertung der Aktivitätsmessungen erfolgt durch Vergleich mit Lösungen „alten" Thoriums bekannter Konzentration. Die Erfassungsgrenze der Methode liegt bei $1 \cdot 10^{-7}$ g Thorium.

Für die Bestimmung von Thorium in Erzen eignet sich eine Methode, die auf der Abtrennung und Aktivitätsmessung von Thorium C beruht (35). Aus der Lösung der Probe, die man 1 normal an Salzsäure macht, werden Wismut und Polonium mit Wismutträger (und Bleirückhalteträger) als Sulfide gefällt. Führt man diese Fällung nach dem Abklingen der kurzlebigen Folgeprodukte der aus der Lösung ausgeblasenen Radiumemanation durch, so enthält der Niederschlag an α-Strahlern nur Radium F, Thorium C und Thorium C'. Für die Thoriumbestimmung mißt man die α-Aktivität des Niederschlages mit einem Szintillationszähler, wobei man die Strahlung des Radium F durch einen Aluminiumabsorber (5,1 mg/cm²) ausschaltet. Die Auswertung erfolgt auch hier mit Eichproben. Erfassungsgrenze etwa 10^{-4} g Thorium. Mißt man die Aktivität des Niederschlages nach Abklingen des Thorium C ohne Absorber, so kann man neben Thorium auch *Radium F* (Polonium 210) bestimmen. — (Zu S. 241 und 245.)

22. Für die *Bestimmung von Mesothor 1* durch Aktivitätsmessung seines Folgeproduktes, Mesothor 2, ist ein Extraktionsverfahren ausgearbeitet worden: Nach Auflösung der Probe werden Lanthan und Blei als Träger zugesetzt. Nun wird bei pH 2 das Thorium mit einer Lösung von Thenoyltrifluoroaceton in Benzol extrahiert, dann bei pH 6 mit demselben Komplexbildner Aktinium (Mesothor 2), Lanthan und Blei. Blei wird als Sulfid abgetrennt und Lanthan und Aktinium dann als Oxalate gefällt. An diesem Niederschlag wird die β-Aktivität gemessen (3). — (Zu S. 246.)

23. Eine ausführliche Behandlung des *Plutoniums und anderer Transurane* findet man in einer von Seaborg und Katz herausgegebenen Monographie (42). — (Zu S. 248.)

24. Einen Überblick über den ganzen Problemkreis des *natürlichen Radiokohlenstoffs* — Bildung, Verteilung, Isotopeneffekte usw. — gibt ein Sammelreferat (4).

Für die in den *Alterbestimmungen nach der Radiokohlenstoffmethode* angestrebte extreme Empfindlichkeit scheint sich der Proportionalzähler besser zu bewähren als das ursprünglich verwendete Zählrohr nach Libby. Kohlensäure, Methan und Acetylen haben sich dabei als geeignete Gasfüllungen erwiesen. Mit ihrer Hilfe ist es in einigen Laboratorien schon gelungen, Altersbestimmungen bis zu etwa 45,000 Jahren auszuführen, d. h. also noch Aktivitäten über dem Leerwert zu messen, die etwa 250mal kleiner als die Aktivität von „frischem" Kohlenstoff sind. Eine Übersicht über die mit den verschiedenen Meßanordnungen erzielten Empfindlichkeiten liegt vor (21).

Über die einzelnen Meßmethoden sind auch weitere Arbeiten erschienen: Proportionalzählrohr mit Acetylenfüllung (9, 45); Proportionalzählrohr mit Kohlensäurefüllung — durch elektronische Sortierung der Impulse aus dem Zählrohr und systematische Veränderung der Fülldrucke konnten hier Möglichkeiten zu einer weiteren Leerwertsenkung geprüft werden (13); Szintillationszählung an gelöstem Acetylen bei — 70° C (6). — (Zu S. 249 und 250.)

25. Systematische Messungen der *spezifischen Aktivitäten von natürlichem Wasser*, d. h. seines Tritiumgehaltes, haben eine Reihe interessanter Ergebnisse gebracht, die Möglichkeiten der Anwendung solcher Bestimmungen, z. B. in der Meteorologie, aufzeigen (20, 24). Tritium wird in der Atmosphäre durch die Einwirkung der Höhenstrahlung erzeugt, u. a. durch (n, t)-Reaktionen. Jedoch kann wegen der verhältnismäßig kurzen Halbwertszeit von 12,5 Jahren keine vollkommene Durchmischung von aktivem Wasser mit dem Meerwasser stattfinden. Die spezifische Aktivität von Wasser aus Niederschlägen zeigt daher an, wie lange die Luftmasse, aus der das Wasser niedergeschlagen wurde, der Höhenstrahlung ausgesetzt war. Anderseits liefert die spezifische Aktivität von Wasser auch Aussagen über die Zeitspanne, die seit dem Niederschlag verstrichen ist. Allerdings liegen noch keine Veröffentlichungen darüber vor, ob nicht bei den Wasserstoffbombenexplosionen Tritium in Mengen erzeugt wurde, die diese Bestimmungen empfindlich stören.

Die Messung des natürlichen Tritiumgehaltes erfordert jedenfalls extreme Empfindlichkeit. Das Tritium kann zuerst aus größeren Wassermengen angereichert werden, wozu man sich vor allem der Elektrolyse bedient. Hierbei bestimmt man massenspektrometrisch die Anreicherung von Deuterium und kann, da das Verhältnis der Anreicherungskoeffizienten von Deuterium und Tritium bei der Elektrolyse konstant ist, die Anreicherung des Tritiums berechnen. Die Aktivitätsmessung erfolgt dann an Wasserstoffgas, das in ein in Antikoinzidenz geschaltetes GEIGER-Gaszählrohr gefüllt wird.

Messungen des natürlichen Tritiumgehaltes sind auch mit einer Diffusionsnebelkammer und visueller Zählung der Bahnspuren ausgeführt worden (14). Wegen ihrer Kürze lassen sich die Spuren der vom Tritium herrührenden β-Teilchen leicht von anderen Spuren unterscheiden. — (Zu S. 250.)

26. Über *Strahlenwirkung und Strahlenschutz* stehen weitere Monographien zur Verfügung. Mit dem Mechanismus der Strahlenwirkung befaßt sich SOMMERMEYER (43). Bezüglich Strahlenschutz sei vor allem auf das Buch von RAJEWSKY (33) verwiesen. Eine gute Zusammenfassung stellen auch drei Beiträge (17, 22, 39) zu dem von K. SCHWIEGK herausgegebenen Sammelwerk (41) dar. — (Zu S. 256.)

27. Vorläufig sind noch keine Monographien über das Gebiet der *Strahlenchemie* erschienen. Jedoch gibt es neben den bereits erwähnten Übersichts-, arbeiten eine Reihe weiterer Zusammenfassungen (2, 8, 10, 16, 26, 50). Betreffend die strahlenchemischen Grundlagen der Radiobiologie s. (31). — (Zu S. 257.)

Literatur.

(1) AIWASOW, B. W., u. M. B. NEIMAN, Usp. Fis. Nauk, Moskwa **36**, 145 (1948). — (2) ALLEN, A. O., Annual Rev. Physic. Chem. **3**, 57 (1952). — (3) ALLISON, M., R. W. MOORE, A. E. RICHARDSON, D. T. PETERSON u. A. F. VOIGT, Nucleonics 12 (3), 32 (1954). — (4) ANDERSON, E. C., Annual Rev. Nucl. Sci. 2, 63 (1953). — (5) ATEN, A. H. W., u. J. HALBERSTADT, Philips' Techn. Rundschau 15, 357 (1954). — (6) AUDRIC, B. N., u. J. V. P. LONG, Second Radioisotope Techniques Conference. Oxford 1954.

(7) BIGELEISEN, J., Annual Rev. Nucl. Sci. 2, 221 (1953). — (8) BURTON, M., Annual Rev. Physic. Chem. 1, 113 (1950).

(9) CRATHORN, A. R., u. W. R. LOOSEMORE, Second Radioisotope Techniques Conference. Oxford 1954.

(10) DAINTON, F. S., u. E. COLLINSON, Annual Rev. Physic. Chem. 2, 99 (1951). — (11) DALTON, J. C., J. GOLDEN, G. R. MARTIN, E. R. MERCER u. S. J. THOMSON. Geochim. Cosmochim. Acta 3, 272 (1953). — (12) DIAMOND, R. M., K. STREET u. G. T. SEABORG, J. Amer. Chem. Soc. 76, 1461 (1954).

(13) FERGUSSON, G. J., Nucleonics 13 (1), 18 (1955). — (14) FIREMAN, E. L., u. D. SCHWARZER, Physic. Rev. 93, 385 (1954).

(15) HARRISON, W. M., u. J. G. HAMILTON, Chem. Rev. 49, 237 (1951). — (16) HART, E. J., Annual Rev. Physic. Chem. 5, 139 (1954). — (17) HUGH, O., u. H. MUTH, in (41).

(18) IRVING, H. M., Quart. Rev. Chem. Soc. London 5, 200 (1951).

(19) JONES, W. M., Annual Rev. Physic. Chem. 5, 91 (1954).

(20) KAUFMANN, S., u. W. F. LIBBY, Physic. Rev. 93, 1337 (1954). — (21) KULP, J. L., Nucleonics 12 (12), 19 (1954).

(22) Lamerton, L. F., in (41). — (23) Lederer, M., Analyt. Chim. Acta 11, 145 (1954). — (24) Libby, W. F., Z. Elektrochem. 58, 574 (1954). — (25) Ljubarski, G. D., Usp. Chimii, Moskwa 16, 422 (1947).

(26) Magee, J. L., Annual Rev. Nucl. Sci. 3, 171 (1953). — (27) Martell, A. E., u. M. Calvin, Chemistry of the Metal Chelate Compounds. New York. 1952. — (28) Meinke, W. W., u. R. E. Anderson, Analyt. Chemistry 26, 907 (1954). — (29) Meissel, M. N., u. N. A. Pomoschtschnikowa, Doklady Akad. Nauk SSSR 91, 953 (1953). — (30) Morinaga, H., u. D. J. Zaffarano, Physic. Rev. 93, 1422 (1954).

(31) Nickson, J. J. (Hsg.), Symposium on Radiobiology. New York. 1952.

(32) Payne, P. R., u. J. Done, Nature 174, 27 (1954).

(33) Rajewsky, B., Strahlendosis und Strahlenwirkung. Stuttgart. 1954. — (34) Rohringer, G., L. Sverak, E. Broda u. K. Liebscher, Mh. Chem. 86, 117 (1955). — (35) Rosholt, J. N., Analyt. Chemistry 26, 1307 (1954). — (36) Rupp, A. F., J. Appl. Physics 24, 1069 (1953).

(37) Samuelson, O., Ion Exchangers in Analytical Chemistry. Stockholm und New York. 1953. — (38) Schrodt, A. G., u. W. F. Libby, J. Amer. Chem. Soc. 76, 3100 (1954). — (39) Schubert, G., u. G. Höhne, in (41). — (40) Schwebel, A., H. S. Isbell u. J. D. Moyer, J. Res. Nat. Bur. Stand. 53, 221 (1954). — (41) Schwiegk, K. (Hsg.), Künstliche radioaktive Isotope in Physiologie, Diagnostik und Therapie. Berlin. 1953. — (42) Seaborg, G. T., u. J. J. Katz, The Actinide Elements. New York. 1954. — (43) Sommermeyer, K., Quantenphysik der Strahlenwirkung in Biologie und Medizin. Leipzig. 1952. — (44) Stang, L. G., W. D. Tucker, H. O. Banks, R. F. Doehring u. T. H. Mills, Nucleonics 12 (8), 22 (1954). — (45) Suess, H., Science 120, 5 (1954).

(46) Thode, H. G., Annual Rev. Physic. Chem. 4, 95 (1953). — (47) Thompson, R. C., Nucleonics 12 (9), 31 (1954).

(48) Verzaux, P., J. physique Radium 13, 94 (1952).

(49) Weisburger, J. H., u. H. J. Lipner, Nucleonics 12 (5), 21 (1954). — (50) Weiss, J., Annual Rev. Physic. Chem. 4, 143 (1953). — (51) Weygand, F., u. H. Simon, in: Methoden der organischen Chemie (Houben-Weyl), 4. Aufl., Bd. IV/2, S. 539. Stuttgart. 1955. — (52) Willard, J. E., Annual Rev. Nucl. Sci. 3, 193 (1953).

(53) Yankwich, P., Annual Rev. Nucl. Sci. 3, 235 (1953).

Messung radioaktiver Strahlen in der Mikrochemie.

Von

Traude Bernert, Berta Karlik, Karl Lintner,
Wien.

Mit 48 Textabbildungen.

Inhaltsverzeichnis.

I. Ionisationskammern.

Von

Karl Lintner.

II. Physikalisches Institut der Universität Wien.

1. Physikalische Grundlagen.

Nach der Entdeckung der Röntgenstrahlen hatte man die Möglichkeit, die Leitfähigkeit der Gase durch die Röntgenstrahlung in leicht bestimmbarer Weise zu beeinflussen. Schon 1896 erschien in England die grundlegende Arbeit von J. J. Thomson und Rutherford (64), in der die Leitung im Gas mit der in verdünnten Elektrolyten verglichen und ähnliche Gesetzmäßigkeiten wie bei der Elektrolyse aufgestellt wurden. Träger der Elektrizitätsleitung sind kleine elektrisch geladene Teilchen, die ebenfalls Ionen genannt werden und die durch einen „Ionisator" dem Gas zugeführt und durch geeignete Vorgänge wieder aus diesem entfernt werden können. Gegen die Bezeichnung Ionen ist eingewendet worden, daß sie mit den Ionen der Elektrolyten zwar die Ladung gemeinsam haben, ihre Entstehung aber eine gänzliche andere wie bei der Elektrolyse ist. Lenard tritt daher für die Bezeichnung „Ladungsträger" an Stelle von „Ionen" ein. Die Ionen können im Gas selbst erzeugt werden, z. B. durch Absorption von kurzwelliger elektromagnetischer Strahlung (UV-, Röntgen- oder γ-Strahlung), durch Stoß energiereicher Teilchen (α-, β-Teilchen, Restkerne bei Kernprozessen oder Ionen selbst), durch stark erhitzte Teilchen oder durch chemische Reaktionen. In all diesen Fällen wird dem Gasmolekül genügend Energie übertragen, um es in zwei entgegengesetzt geladene Bestandteile zu zerlegen, das Gas als Ganzes bleibt aber neutral. Die Ionen können aber auch dem Gas von außen zugeführt werden, z. B. durch den Photoeffekt an der Metalloberfläche des Wandmaterials, durch hohe Feldstärken (Feldemission), durch mechanische Zerreißung der

Oberfläche oder durch chemische Prozesse an dieser. Bei diesen Prozessen nimmt das Gas als Ganzes eine Ladung an.

Die Versuche haben immer wieder gezeigt, daß die Eigenschaften, die ein ionisiertes Gas zeigt, unabhängig von der Art der Entstehung der Ionen sind.

Sehr große Entwicklung hat die Ionisationsmessung genommen, als neben der Röntgenstrahlung die ionisierende Wirkung der radioaktiven Stoffe entdeckt und die Ionisationsmessung die wichtigste Nachweismethode der Strahlung wurde. Die grundlegenden Arbeiten von P. und M. CURIE wurden auf Grund von Ionisationsmessungen durchgeführt (5).

Als Ionen bezeichnet man Teilchen, die eine bestimmte Ladung besitzen und daher in einem elektrischen Feld einer Kraft ($e \cdot \mathfrak{E} =$ Elementarladung $\times$ Feldstärke) unterliegen, wodurch sie eine Wanderungsgeschwindigkeit ($\mathfrak{w}$) in Feldrichtung erhalten, die proportional der Feldstärke ist.

$$\mathfrak{w} = u \cdot \mathfrak{E}. \tag{1}$$

Die Geschwindigkeit bei der Feldstärke eins wird als spezifische Geschwindigkeit oder Beweglichkeit (u) bezeichnet.

Für die Beweglichkeit der Ladungsträger im Gas gelten weitgehend die Überlegungen und die Gesetzmäßigkeiten der kinetischen Gastheorie, nur muß in manchen Fällen noch die elektrostatische Wirkung der Ionen aufeinander berücksichtigt werden.

a) Diffusion.

Die Ionen führen eine Diffusionsbewegung aus. Für die charakteristische Größe dieser Bewegung, den Diffusionskoeffizienten, gilt in erster Näherung die gaskinetische Formel

$$D = \frac{v \cdot \lambda}{3}; \tag{2}$$

dabei bedeutet v die thermische Geschwindigkeit der Gasionen und λ die mittlere freie Weglänge, das ist die mittlere Wegstrecke zwischen zwei Zusammenstößen. Für die Änderung der Intensität bei Durchgang durch eine Schicht der Dicke x gilt auch für Ionen die Gleichung:

$$I = I_0 \cdot e^{-\lambda \cdot x}. \tag{3}$$

Die mittlere freie Weglänge ist sehr stark und in komplizierter Weise von der Geschwindigkeit abhängig und dem Druck verkehrt proportional; letzteres ist leicht aus der gaskinetischen Formel

$$\lambda = \frac{1}{r^2 \pi \cdot n}, \tag{4}$$

in der r den Ionenradius und n die Zahl der Atome pro cm³ bedeutet, zu ersehen.

Tabelle 1.

Gas		D_+ (cm²/sec)	D_- (cm²/sec)
Luft	$p = 1128$ Torr	0,022	0,027
	$p = 760$,, ...	0,032	0,042
	$p = 200$,, ...	0,118	0,155
	trocken 760 ,, ...	0,028	0,043
	feucht 760 ,, ...	0,032	0,035
Wasserstoff (H_2)	760 ,, ...	0,123	0,190
Stickstoff (N_2)	760 ,, ...	0,029	0,041
Sauerstoff (O_2)	760 ,, ...	0,030	0,041
Kohlendioxyd (CO_2)	760 ,, ...	0,024	0,026

Einige Ergebnisse sind in Tab. 1 enthalten. [Die Methoden zur Bestimmung dieser Größen können dem Handbuch für Physik, XXII (54), entnommen werden, oder für Elektronen dem Buch „The Behaviour of Slow Electrons in Gases" von Healey und Reed (18)].

Die Diffusionskoeffizienten für negative Ionen sind stets größer als die der positiven, was durch die größere Beweglichkeit der ersteren bedingt ist. Der Diffusionskoeffizient ist dem Druck verkehrt proportional, wie bereits bei Gl. (4) bemerkt, und hängt vom Feuchtigkeitsgehalt ab. Alle Messungen haben gezeigt, daß die Art der Erzeugung der Ionen keinen Einfluß auf das Meßergebnis hat.

b) Beweglichkeit.

Bewegt sich das Ion in einem elektrischen Feld, so wird die mittlere freie Weglänge dadurch beeinflußt. Man kann ähnlich wie bei der Theorie der metallischen Leitung (Riecke und Drude) die Ionenbeweglichkeit berechnen. Langevin (35) nimmt an, daß ein Ion zwischen zwei Zusammenstößen frei unter dem Einfluß des elektrischen Feldes eine Strecke in beschleunigter Bewegung zurücklegt, wobei die Beschleunigung durch $\dfrac{e \cdot \mathfrak{E}}{m}$ (Kraft = Masse × Beschleunigung) gegeben ist. Man erhält so für die Wanderungsgeschwindigkeit in Feldrichtung

$$\mathfrak{w} = \frac{e\,\lambda}{m\,v} \cdot \mathfrak{E} \tag{5}$$

und nach Gl. (1) ergibt sich für die Beweglichkeit

$$u = \frac{e\,\lambda}{m\,v}. \tag{6}$$

Verfeinerung der Theorie zeigt stets den gleichen funktionellen Zusammenhang der einzelnen Größen (36, 37, 41, 65, 66).

In Tab. 2 sind einige Werte der Beweglichkeit wiedergegeben (7).

Tabelle 2.

Gas	u_+ (cm² Volt⁻¹ sec⁻¹)		u_- (cm² Volt⁻¹ sec ¹)	
	1 mm	760 mm	1 mm	760 mm
He	$1{,}5 \cdot 10^3$	17	$1{,}7 \cdot 10^7$	500
Ne	7,5	6,3	—	—
A	1,0	1,3	$4{,}8 \cdot 10^7$	—
H₂	4,5	5,9	$5{,}9 \cdot 10^3$	8,3
O₂	1,0	2,18	$1{,}4 \cdot 10^3$	1,58
N₂	—	1,28	—	1,8
Wasserdampf 20°C	—	0,62	—	0,56
Luft	1,4	1,6	$1{,}9 \cdot 10^3$	2,2
CO₂	0,61	—	$0{,}70 \cdot 10^3$	1,1
C₂H₅OH	$0{,}27 \cdot 10^3$	0,36	$0{,}28 \cdot 10^3$	0,37
Cl₂	0,56	0,65	$0{,}56 \cdot 10^3$	0,51

Bei großen Drucken ist die Beweglichkeit dem Druck umgekehrt proportional, steigt aber bei kleinen Drucken bei den negativen Ionen sehr stark an, wie schon aus der Tab. 2 zu entnehmen ist und noch deutlicher aus Abb. 1 hervorgeht.

Die große Beweglichkeit bei geringen Drucken kommt durch das Vorhandensein freier Elektronen als Ladungsträger zustande. Einige Werte der Beweglichkeit der Elektronen in neutralen Gasen vom Druck 760 Torr und bei der Feldstärke 760 Volt/cm sind in Tab. 3 enthalten (18).

In den Abb. 2 und Abb. 3 sind die Wanderungsgeschwindigkeiten von Elektronen in Abhängigkeit von dem Wert E/p wiedergegeben. Abb. 4 zeigt dieselbe Abhängigkeit für Kohlendioxyd nach den verschiedensten Meßmethoden, die in guter Übereinstimmung miteinander stehen. Abb. 5 gibt schließlich die Änderung der Wanderungsgeschwindigkeit von Luft durch Zusatz von Alkoholen an. Geringe Zusätze gewisser Gase können die Beweglichkeit sofort sehr stark herabsetzen. Dies wird durch die Anlagerung von Ionen an neutrale Gasatome erklärt (s. 1 d).

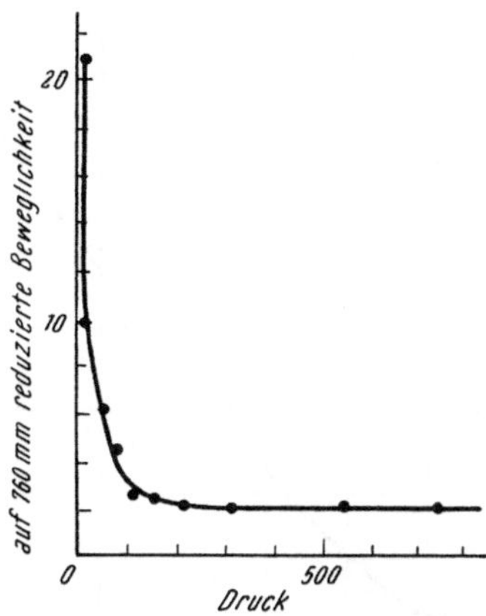

Abb. 1. Zunahme der Beweglichkeit der negativen Ionen mit abnehmendem Druck [nach KOVARIK (32)].

Tabelle 3.

Gas	u_- (cm² Volt⁻¹ sec⁻¹)
He	1050
Ne.........	1580
Ar.........	790
N_2.........	1180
CO_2........	730

Bei Helium, Neon, Argon, Stickstoff und Kohlendioxyd wird keine Bildung negativer Ionen durch Anlagerung von Elektronen beobachtet; man nennt solche Gase elektropositiv.

Zwischen der Beweglichkeit und dem Diffusionskoeffizienten besteht ein einfacher Zusammenhang

$$D/u = \frac{p}{n \cdot e} \qquad (7)$$

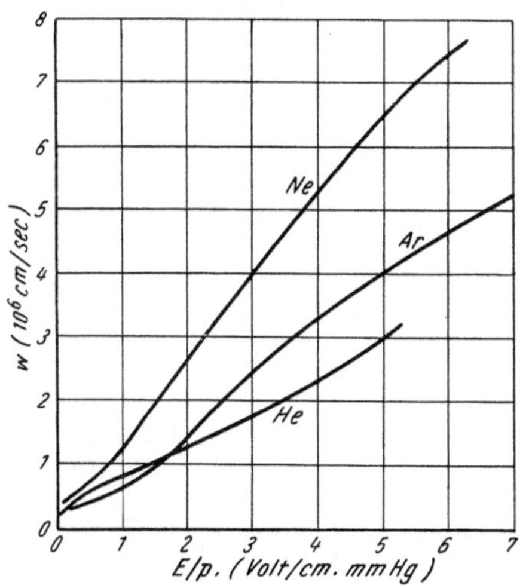

Abb. 2. Abhängigkeit der Wanderungsgeschwindigkeit der freien Elektronen von E/p fur Helium, Neon und Argon (18).

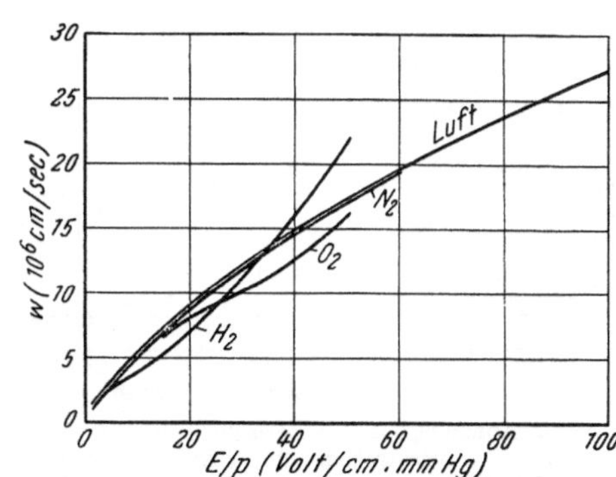

Abb. 3. Abhangigkeit der Wanderungsgeschwindigkeit der freien Elektronen von E/p für Luft, Wasserstoff, Sauerstoff und Stickstoff (18).

oder bei Berücksichtigung des gaskinetischen Ausdruckes $\dfrac{m\,v^2}{2} = \dfrac{3}{2} \cdot k \cdot T$ (k = BOLTZMANN-Konstante, T = absolute Temperatur) aus (2) und (6)

$$D/u = \frac{k \cdot T}{e}. \qquad (8)$$

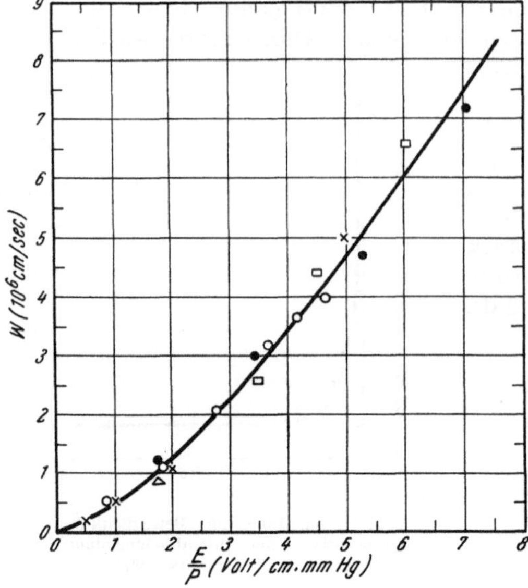

Abb. 4. Abhängigkeit der Wanderungsgeschwindigkeit der freien Elektronen des CO_2 von E/p nach verschiedenen Methoden: □ Bailey (1), × Skinker (60), Los Alamos: △ p = 660 mm Hg, O p = 305 mm Hg und ● p = 160 mm Hg.

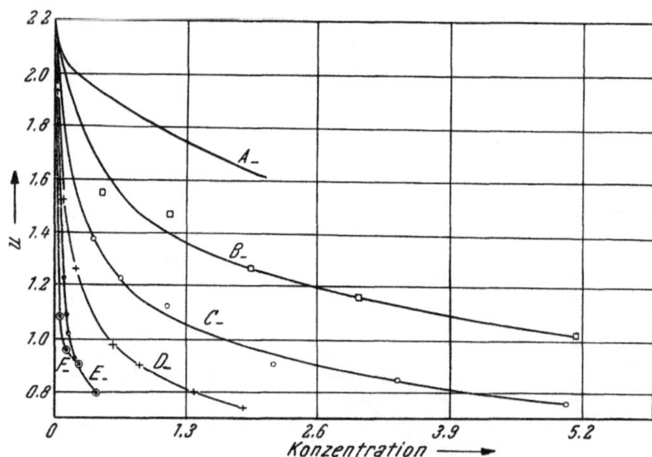

Abb. 5. Abhängigkeit der Beweglichkeit von negativen Luftionen von der proz. Konzentration der Alkoholbeimengungen (39). A: H_2O; B: CH_3OH; C: C_2H_5OH; D: C_3H_7OH; E: C_4H_9OH; F: $C_5H_{11}OH$.

c) Wiedervereinigung.

Durch Wiedervereinigung können Ionen verschwinden. Es besteht ein Gleichgewichtszustand zwischen den neu entstehenden und den verschwindenden Ionen. Dieser Zustand kann durch die Gleichung

$$\frac{dn}{dt} = q - \alpha \cdot n_+ \cdot n_- \qquad (9)$$

ausgedrückt werden, in der q die Ionisatorstärke, das ist die Zahl der pro Zeit- und Volumseinheit erzeugten Ionen, und n_+ und n_- die Zahl der vorhandenen positiven bzw. negativen Ionen pro Volumseinheit, die in vielen Fällen gleich sein wird, bedeutet. α wird als Wiedervereinigungs- oder Rekombinationskoeffizient bezeichnet. Gl. (9) ergibt als Lösung

$$n = \sqrt{\frac{q}{\alpha}} \cdot htg \left(\sqrt{\alpha\,q} \cdot t \right). \qquad (10)$$

Das bedeutet, daß nach genügend langer Zeit, gerechnet vom Einschalten des Ionisators, die Zahl der Ionen konstant wird.

Die folgende Tab. 4 gibt einige Werte für den Rekombinationskoeffizienten wieder (7).

Tabelle 4.

Gas	α (cm³ sec⁻¹)
A	$1{,}06 \cdot 10^{-6}$
H_2	$0{,}28 \cdot 10^{-6}$
O_2	$1{,}32 \cdot 10^{-6}$
N_2	$1{,}06 \cdot 10^{-6}$
CO	$0{,}87 \cdot 10^{-6}$
CO_2	$1{,}67 \cdot 10^{-6}$
Luft	$1{,}23 \cdot 10^{-6}$

d) Anlagerung.

Durch Anlagerung von Ionen an neutrale Moleküle oder Molekülgruppen erlangen die Ionen bedeutend kleinere Beweglichkeiten [s. Gl. (6)] und gehen sozusagen für die Bewegung verloren. Dieser Vorgang wird meist als Ionenadsorption bezeichnet und ist unabhängig von der Ionenkonzentration, aber abhängig von der Dichte der Gasmoleküle bzw. Molekülkomplexe. Eine große Rolle spielt dieser Vorgang in der Wilsonschen Nebelkammer. Sehr große

Beachtung muß man aber bei Ionisationsmessungen der Anlagerung freier Elektronen beimessen. Hier ist der Unterschied in den Beweglichkeiten sehr beträchtlich (s. Tab. 2 und 3). Die Größe, die diesen Vorgang kennzeichnet, wird Anlagerungskoeffizient genannt.

e) Strom im elektrischen Feld.

Durch die Ionen kann in einem elektrischen Feld ein Strom aufrechterhalten werden. Bei Vernachlässigung von Diffusion und Rekombination ist die Stromdichte

$$i = e \cdot (n_+ u_+ + n_- u_-)\, E. \tag{11}$$

Bei Anwendung auf einen Plattenkondensator ergibt sich für den stationären Fall (d. i. genügend lange Zeit nach Einschalten) ein Strom

$$I = e \cdot n_0 \cdot d \cdot F, \tag{12}$$

wobei n_0 die Zahl der Ladungsträger pro Volumseinheit, d den Plattenabstand und F die Fläche der Platten bedeutet. Man spricht von einem Sättigungsstrom, wenn alle Ionen, die gebildet worden sind, auch abgeschieden werden und daher eine Erhöhung der Spannung zu keiner Erhöhung des Stromes führen kann.

Durch Diffusion und Rekombination wird der Sättigungsstrom verkleinert, da Ionen verschwinden, ohne die Platten zu erreichen. Berücksichtigt man die *Diffusion* (durch sie gelangen Ionen an die Wand, geben dort ihre Ladung ab und scheiden daher für den Ladungstransport aus), so erhält man als prozentuale Änderung des Sättigungsstromes

$$-\left(\frac{\varDelta I}{I}\right)_{\text{Diff}} = \frac{2,5 \times 10^{-2}}{V}\,(\varepsilon_+ + \varepsilon_-) \tag{13}$$

Tabelle 5.

Gas	ε
H$_2$	9,3
He	53
Ne	214
A	287
N$_2$	21,5
CO$_2$	1,5

wobei ε_+ und ε_- das Verhältnis der Energie der Ladungsträger mit dem betreffenden Vorzeichen im Feld zu der Energie eines Moleküls bei $15°$ C bedeutet und V die Spannung in Volt ist. Für Ionen ist ε ungefähr eins; das bedeutet, daß man bei Spannungen von einigen Volt einen Fehler von nur 1% hat. Für Elektronen dagegen ist ε in der Größenordnung von einigen Hundert, daher muß auch die Spannung, bei der der Fehler nur mehr 1% ist, einige hundert Volt betragen. Tab. 5 gibt einige Werte von ε für Elektronen wieder (18) (Druck 1 Atm und Feldstärke 760 V/cm, also $E/p = 1$).

Bei Berücksichtigung der *Rekombination* erhält man folgende Änderung des Sättigungsstromes:

$$-\left(\frac{\varDelta I}{I}\right)_{\text{Rek}} = \frac{\alpha}{6} \cdot \frac{n_0}{u_+ u_-} \cdot \frac{d^4}{V^2}. \tag{14}$$

Die Verringerung des Sättigungsstromes durch Rekombination ist also abhängig von der Entfernung der Platten und von der Zahl der vorhandenen Ionen, ferner von dem Wiedervereinigungskoeffizienten, der Beweglichkeit und der Spannung. Vergleicht man hier den Fehler, der bei Ionen und Elektronen eintritt, so ergibt sich die Tatsache, daß der Fehler bei Elektronen bedeutend kleiner ist, da α um 4 Zehnerpotenzen kleiner als bei Ionen und die Beweglichkeit um 2 bis 3 Zehnerpotenzen größer ist.

Die oben angeführten Ergebnisse sind für volumshomogene Ionisierung erhalten worden. Sie gelten aber auch für veränderliche Ionisation, z. B. hervorgerufen durch radioaktive Strahlen. Besonders sei aber darauf hingewiesen, daß die Ionendichte bei den Strahlen und besonders bei den α-Strahlen sehr große

Werte annimmt. Durch die hohe spezifische Ionisation wird aber gerade die Rekombination begünstigt. Bei den α-Strahlen, die ja durchwegs geradlinig verlaufen, ist auch zu beachten, ob die Strahlenrichtung in Richtung des Feldes oder transversal dazu erfolgt (46, 47, 55, 69). Bei transversalem Eintritt des α-Teilchens in das Feld werden durch das Feld die Ionen verschiedenen Vorzeichens sofort aus dem Raum größter Dichte gezogen, während bei longitudinaler Richtung die Ionen auf langer Strecke aneinander vorbeigezogen werden. Die Werte der Tab. 6 sollen dies an einem Beispiel demonstrieren (47). Hier ist das Verhältnis des jeweiligen Stromes zum Sattwert angegeben (Näheres s. 2).

Tabelle 6.

Feldstärke (V/cm)	I/I_s	
	Eintrittsrichtung des α-Teilchens ins Feld	
	longitudinal	transversal
5	0,665	0,725
50	0,84	0,96
100	0,88	0,89
150	0,91	0,99
200	0,93	0,995
500	0,97	0,999
750	0,98	1,00
1000	0,99	
2000	0,995	
3000	1,00	

Man ersieht aus der Tabelle, daß die zur Sättigung nötigen Spannungen oft sehr beträchtlich sind und daß ein großer Unterschied zwischen der longitudinalen und der transversalen Einschußrichtung besteht.

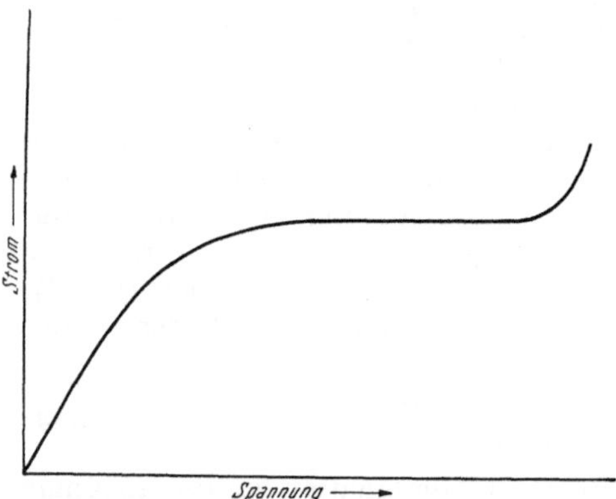

Abb. 6. Schematischer Verlauf einer Strom-Spannungs-Charakteristik.

Steigert man die Spannung noch weiter über die Sättigungsspannung, dann kann ab einer bestimmten Spannung die Zahl der Ladungsträger erheblich vergrößert werden, da durch Stoßionisation lawinenartig Ladungsträger entstehen, und der Strom steigt daher sehr rasch an, bis ein Dauerdurchschlag erfolgt. Abb. 6 zeigt schematisch eine Strom-Spannungs-Charakteristik.

Im ersten Teil dieses Kapitels soll nur über Ionisationsmessungen gesprochen werden, die sich im Gebiet der Sättigung abspielen, während im Teil „Zählrohre" gerade der Teil der Gasvervielfachung ausgenützt wird. Ab der angedeuteten Spannung, die von Druck und Gasart abhängig ist, wird durch den Stoß eines Ions an ein Gasatom dieses wieder ionisiert, die Zahl der Ionen also vermehrt. Solange für jedes Primär-Ion eine ganz bestimmte Anzahl sekundärer Ionen gebildet wird, bedeutet dies bloß eine Verstärkung der Ionisation um einen bestimmten konstanten Faktor. Ist dieser Faktor unabhängig von der Stärke der Primär-Ionisation, dann können auch in diesem Bereich genaue Ionisationsmessungen durchgeführt werden. Dies ist der Bereich, in dem die Proportionalzähler (s. diese) arbeiten. Im sogenannten GEIGER-Bereich, d. i. der Arbeitsbereich der GEIGER-MÜLLER-Zählrohre (s. diese) der bei noch höherer Spannung liegt, tritt Vervielfachung auf, die nicht mehr proportional dem Primärimpuls ist.

Zusammenfassung.

Zusammenfassend kann man aus den beschriebenen Befunden für die Ionisationsmessung an radioaktiven Stoffen folgendes sagen [im übrigen sei auf Stellen der Originalliteratur verwiesen (31, 42, 54, 56, 59, 63)]: Durch energiereiche Korpuskularstrahlung wird das neutrale Atom in Ionen gespalten; dies bedeutet die Entfernung eines Elektrons aus der Hülle. Die Zahl der positiven und negativen Ionen ist daher immer gleich. Zur Entfernung eines Elektrons aus der Hülle ist bei ein und demselben Element aber stets der gleiche Betrag an Energie notwendig. Außer durch Ionisation kann das Teilchen auch noch durch Anregung Energie verlieren. Auch dieser Anteil ist im Mittel bei ein und demselben Element immer gleich. Man kann aus der Zahl der gebildeten Ionen auf die Gesamtenergie des Teilchens schließen, wenn man für die Energie zur Bildung eines Ionenpaars nicht bloß die Ionisationsenergie, wie man sie aus spektroskopischen Messungen kennt, sondern eine Größe, die auch den Energieverlust durch Anregung enthält, einführt.

Primär ist also das positive Ion stets der Atomrest und das negative ein Elektron, das sich durch besonders große Beweglichkeit auszeichnet. Das Elektron kann sich aber an ein neutrales Atom anlagern und ein bedeutend trägeres negatives Ion bilden. Die Unterscheidung zwischen negativem Ion und freiem Elektron wird nicht immer getroffen, sondern beide werden summarisch als negative Ionen bezeichnet; in diesem Kapitel soll aber stets zwischen beiden unterschieden werden, um die verschiedene Beweglichkeit zu berücksichtigen. Die genannte Anlagerung wird durch den Anlagerungskoeffizienten charakterisiert und erfolgt bei manchen Gasen sehr schnell. Diese Gase werden als elektronegativ bezeichnet. Wenn man die große Beweglichkeit der Elektronen nützen will, muß daher in elektropositiven Gasen gearbeitet werden. Diese sind sorgfältig von elektronegativen Gasresten zu reinigen.

Bei quantitativen Ionisationsmessungen ist stets im Gebiet der Sättigung zu arbeiten; nur dann gehen keine Ionen der Messung verloren. Durch das Auftreten von Rekombination und Diffusion ist eine zur Sättigung notwendige Mindestspannung erforderlich. Der Ionenverlust durch Rekombination ist abhängig von der Dichte der Ladungsträger, also sehr stark bei der „Kolonnenionisation" der α-Strahlung.

Bei der Größe der Rekombination spielt auch die Richtung der Einstrahlung der Teilchen in Beziehung auf die Feldrichtung eine große Rolle. Bei longitudinaler Teilchenbahn kann die zur Sättigung notwendige Spannung ein Vielfaches der Spannung bei transversaler Bahn betragen. Der Ionenverlust durch Diffusion ist sehr gering und kann bei den verwendeten Spannungen, die zur Verringerung der Rekombination notwendig sind, vernachlässigt werden.

2. Die Ionisationskammer.

Allgemeines.

Jede Ionisationskammer besteht im Prinzip aus zwei Elektroden, die auf verschiedenem Potential gehalten werden. Die mit dem Nachweisgerät verbundene wird als Auffangelektrode bezeichnet, hat meist positive Spannung und wird

nahe an Erdpotential gehalten (s. Abb. 7). Die zweite, als Hochspannungselektrode bezeichnet, trägt meist negative Hochspannung. Zwischen den beiden
Elektroden ist in den meisten Fällen noch ein sogenannter Schutzring, der an
Erdpotential liegt. Er hat die Aufgabe, gegebenenfalls auftretende Kriechströme
zwischen positiver und negativer Elektrode abzuhalten und dadurch Störungen
zu verhindern. Außerdem dient er als elektrostatischer Schutz und soll daher
so gebaut sein, daß keine Kraftlinien, ohne Metall zu durchsetzen, in die Kammer
gelangen können.

Tritt in der Ionisationskammer ein ionisierendes Ereignis ein, dann werden
die erzeugten Ionen durch das elektrische Feld zu den Elektroden getrieben.
Diese Wanderung der Ladungsträger bedeutet einen Strom, den man bei starker
Ionisation mit einem empfindlichen Galvanometer messen kann; man spricht
in diesem Fall von galvanometrischer Messung. Reicht die Stärke des Ionisationsstromes für einen Dauerausschlag des Galvanometers nicht aus, kann man

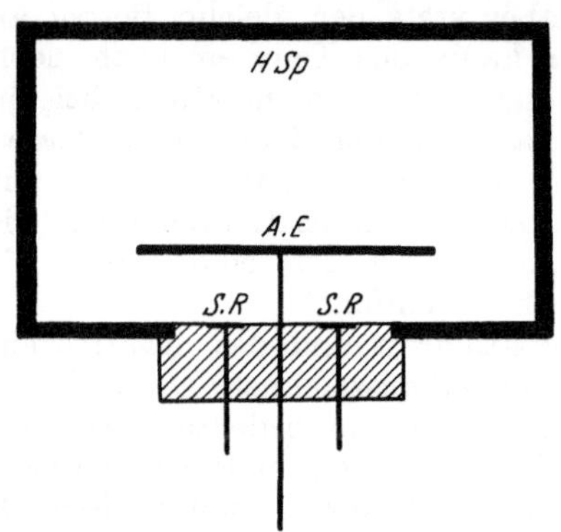

Abb. 7. Ionisationskammer. *HSp.* = Hochspannungselektrode, *A.E* = Auffangelektrode, *S.R* = Schutzring.

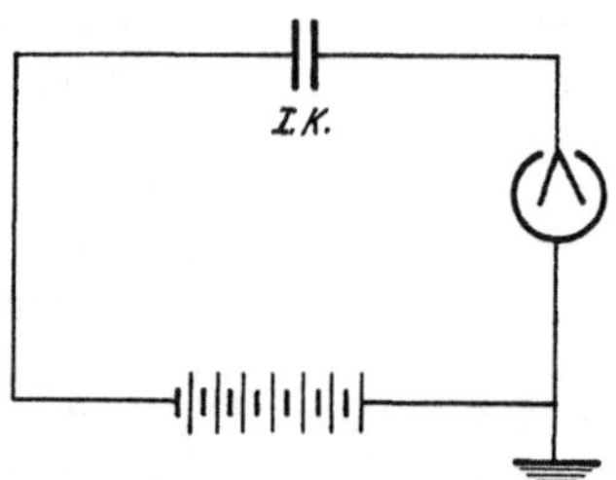

Abb. 8. Schaltung zur elektrometrischen Messung
von Ionisationsströmen. *I. K.* = Ionisationskammer.

durch ballistische Messung die Empfindlichkeit beträchtlich steigern. Bei der balli-
stischen Methode wird ein sehr gut isolierender Kondensator durch den Ionisationsstrom eine bestimmte Zeit aufgeladen und dann plötzlich über das Galvanometer
entladen, wobei der Galvanometerausschlag der Stromstärke proportional ist.
Der Absolutwert des Ausschlages läßt sich in bekannter Weise leicht eichen (29).
Die Erhöhung der Empfindlichkeit, die man so erreichen kann, hängt von der
Bauart des Galvanometers ab und muß bei jeder Anordnung bestimmt werden;
sie beträgt im allgemeinen eine Zehnerpotenz. Reicht auch die so erhöhte Empfindlichkeit nicht aus, dann muß man elektrometrisch messen und spricht daher
von elektrometrischer Methode. Man mißt dabei mit dem Elektrometer entweder die Auf- oder die Entladung der Auffangelektrode (s. Abb. 8). Sehr kleine
Ionisationsströme kann man auch durch Elektronenröhren verstärken
(s. S. 291).

Bei dem Bau einer Ionisationskammer muß man den Verwendungszweck
der Kammer berücksichtigen; z. B. muß bei Messung von α-Strahlen wegen deren
geringer Reichweite (s. S. 14 des vorliegenden Handbuchbandes) das strahlende
Präparat in die Kammer selbst gebracht oder die Strahlung durch ein sehr dünnes
Fenster eingestrahlt werden. Auch die Dimension der Kammer soll dem Versuchs-
zweck angepaßt werden. Die Strahlung soll bei α-Strahlung womöglich in der
Kammer endigen. Die Kammer soll aber auch nicht übermäßig groß sein, da
sonst Leerwert und Störeffekte größer werden.

Die nun folgende nähere Besprechung der Ionisationskammer soll in drei
Abschnitten erfolgen: Ionisationskammer für Integralmessungen, Ionisations-

kammer für Einzelmessung und hier eine Unterteilung in langsame (oder Ionen-) Kammer und schnelle (oder Elektronen-) Kammer, und schließlich die Zählkammer.

a) Ionisationskammer zur Integralmessung.

Die Galvanometermethode und meist auch die Elektrometermethode zeigen die integrale Wirkung der ionisierenden Strahlung an.

Als Form der Ionisationskammer wählt man für exakte Messungen am vorteilhaftesten die Platten- oder die Halbkugelform, weil man die verschiedenen Korrekturen hierbei am besten angeben kann. Aber auch die Zylinderform beim gewöhnlichen Topfelektrometer genügt in den meisten Fällen.

Wie schon eingangs erwähnt, muß man bei Ionisationsmessungen stets im Gebiet der Sättigung arbeiten oder zumindest auf Sättigung umrechnen können. Für α-Strahlung ist der Sattwert viel schwerer zu erreichen als für β- und γ-Strahlung. Infolge der großen Ionendichte bei der Kolonnenionisation der α-Teilchen ist die Wiedervereinigung, wie schon in 1 e gezeigt, viel größer. Bei Messung von α-Strahlen kann man auch bei hoher Spannung noch von der Sättigung entfernt sein. Den Sattwert des Stromes aus der in Abb. 6 schematisch gezeichneten Kurve zu bestimmen, ist schwer. Vorteilhaft ist es, zur Bestimmung des Sattwertes ein Diagramm zu zeichnen, bei dem man als Abszisse die Stromstärke und als Ordinate den Quotienten aus Stromstärke und Spannung (Abb. 9) aufträgt. In dieser Darstellung muß der Sattwert durch den Ausdruck $i/V = 0$ gegeben sein, d. h. beim Schnitt der Kurve mit der Abszisse. Bei Verwendung eines Plattenkondensators müssen die Kurven bei verschiedener Plattendistanz die Stromachse stets an

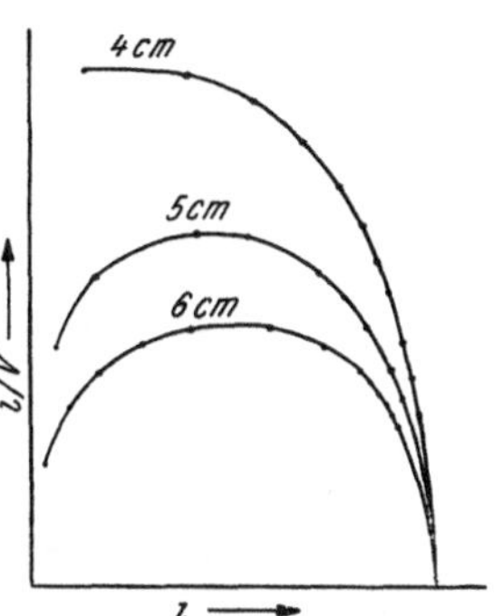

Abb. 9. Graphische Ermittlung des Sättigungsstroms (nach FONOVITS [10]).

derselben Stelle schneiden. Dadurch läßt sich sehr leicht der Sattwert bestimmen. MEYER und HESS (43) haben in einer Arbeit Tabellen über die erreichten Sattwerte und die Abweichung davon für den Halbkugelkondensator und die Topfform angegeben. Für den Plattenkondensator wurden die Messungen besonders ausführlich von FONOVITS (10) und später dann von KARA-MICHAILOVA (26) und GROSSMANN (13) für sehr starke Präparate durchgeführt. FONOVITS gibt Kurven an, bei denen bei Präparatstärken von 10 bis zu 2400 e. st. E.[1] nicht nur die Stromstärke-Spannungskurven, sondern auch als zweite Kurvenschar die Kurven gleichen Sättigungsgrades gegeben sind. Diese Kurven erlauben, für einen Plattenabstand von 4 cm sofort den Sattwert und den Sättigungsgrad zu bestimmen. An Abb. 10 soll dies an Hand eines Beispieles gezeigt werden. Man mißt bei einer Spannung von 1000 Volt (v_1) einen Strom von 960 e. st. E. (i_1) entsprechend dem Punkt A in Abb. 10. Durch A kann man nun näherungsweise einen Teil der zu erwartenden Strom-Spannungs-Charakteristik hindurchlegen, deren Schnittpunkte mit den beiden benachbarten Kurven gleichen Sättigungsgrades B und C seien. Diesen Punkten entsprechen ein Strom i_2 bzw. i_3, eine Spannung v_2 bzw. v_3 und der Sättigungsgrad K_2 bzw. K_3.

---

[1] Die Stärke von α-strahlenden Präparaten wird oft in elektrostatischen Einheiten angegeben. Eine e. st. E. entspricht der Menge des strahlenden Präparats, durch das in einem Plattenkondensator ein Sättigungsstrom von 1 e. st. E. aufrecht erhalten wird. Bei Radium liefert 1 g ohne Folgeprodukte bei allseitiger Ausnützung der Strahlung einen Sättigungsstrom von $2{,}42 \times 10^6$ e. st. E.

Die Punkte B und C müssen auf derselben Sattwertkurve liegen, müssen daher denselben Sattwert ergeben. Es muß daher die Beziehung gelten: $i_2/K_2 = i_3/K_3$.

Ist die Gleichung nicht erfüllt, dann muß eine bessere Angleichung gefunden werden, oder man nimmt Mittelwertsbildung vor.

Die Messungen von FONOVITS wurden in Luft gemacht. Bei anderen Gasen wird der Charakter der Kurven derselbe bleiben, die Absolutwerte werden sich aber ändern (s. Abschnitt 1). Besonders bei Verwendung elektropositiver Gase, bei denen die große Beweglichkeit der Elektronen ausgenützt wird, kann die

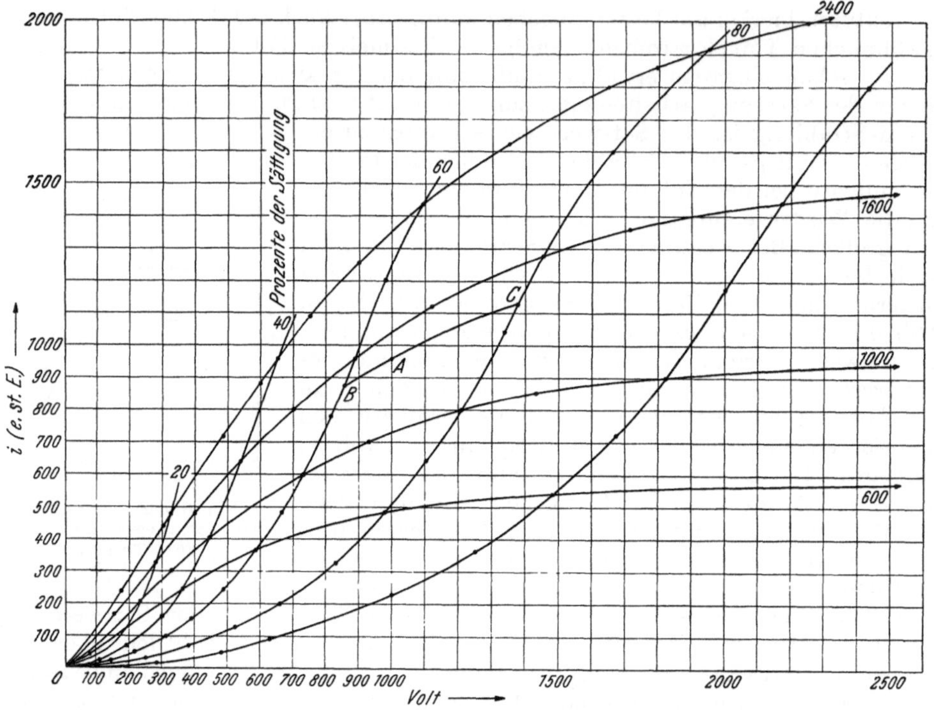

Abb. 10. Kurven zur Bestimmung des Sattwertes [nach FONOVITS (10)].

Sättigung schon bei viel geringerer Spannung erreicht werden. GROSSMANN hat daher ähnliche Messungen in gereinigtem Stickstoff durchgeführt und konnte auch bei sehr starken Präparaten Sättigung erreichen (13).

Ein Unterschied in den Sattwerten für den Plattenkondensator und die Halbkugelanordnung liegt vor allem in der Tatsache, daß bei dem Kugelkondensator die Strahlen des Präparats im großen und ganzen stets in Richtung der Kraftlinien liegen, während beim Plattenkondensator bloß die unter 90° aus der Präparatoberfläche austretenden Strahlen längs der Kraftlinien, alle anderen mehr oder minder gegen die Kraftlinien geneigt verlaufen. Bei dem großen Unterschied im Sättigungsgrad für longitudinale und transversale Strahlen (s. Tab. 6) erreicht man daher bei dem Plattenkondensator früher Sättigung.

Bezüglich der Nachweisgrenzen für α-strahlende Präparate sei folgendes gesagt: Mit der Galvanometermethode kann man bei empfindlichen Instrumenten mit einem Ausschlag von 10^{-10} Amp. pro Skalenteil einige 10^{-7} g Radium und mit ballistischer Messung 10^{-8} g nachweisen. Um einige Zehnerpotenzen empfindlicher ist in der Regel der Nachweis mit der elektrometrischen Methode. HOFF-

MANN (23, 24) hat für Höhenstrahlungsmessungen eine Kammer entwickelt, die einen sehr kleinen Nullwert besitzt (durch Abschirmung der α-Strahlen der Wand durch aufgeladene Drahtnetze) und mit der er Messungen von Ionisationsströmen bis zu 5×10^{-19} Amp. durchführen kann, was für Radium einer nachweisbaren Menge von ungefähr 10^{-15} g entsprechen würde. Für Polonium wären die angegebenen Mengen in Gramm, die durch die α-Strahlung nachweisbar sind, noch um den Faktor 4000 kleiner. Für die Messung von Radiumemanation wurde die Fontaktometermethode entwickelt, die es erlaubt, zwischen 10^{-7} und 10^{-10} Curie nachzuweisen (8, 40, 58). Eine Anordnung, die den Nullwert auch sehr stark herabdrückt und ebenfalls für Emanationsmessungen entwickelt wurde, aber auch für andere α-strahlende Präparate verwendet werden kann, ist die Anordnung von HALLEDAUER (15). Zwei völlig gleich gebaute Ionisationskammern, deren Auffangelektroden zu demselben Elektrometer führen, liegen an entgegengesetzter Spannung. Störungen in der Spannung dieser Kammern, die Ionisation durch die kosmische Höhenstrahlung und deren Schwankungen kompensieren einander und nur der Effekt des strahlenden Präparats, das sich in der einen Kammer befindet, macht sich am Elektrometer bemerkbar. Die Nachweisgrenze mit einer solchen Anordnung ist 10^{-13} Curie. So wurde z. B. von KROPF (33) in Kalkgesteinen ungefähr $0{,}1 \times 10^{-12}$ g Ra/g Probe oder von KEMENY (28) 10^{-15} g Ra/g Probe als obere Grenze des Radiums in Steinsalz und Sylvin gemessen.

Bei der Messung von β-Strahlung muß man berücksichtigen, daß in den üblichen Anordnungen für α-Strahlen die β-Strahlen in der Ionisationskammer nicht vollständig absorbiert werden. Der Ionisationsstrom hängt dann von den Dimensionen der Ionisationskammer und vom Druck und der Temperatur des Füllgases ab. Für gleiche Gase ist der Strom der Dichte proportional; es gilt

$$I = I_0 \cdot \frac{p}{760} \cdot \left(1 - \frac{t}{273}\right), \tag{15}$$

wobei der Druck p in mm Quecksilbersäule und die Temperatur t in Celsiusgraden angegeben wird. Durch hohen Druck kann man erreichen, daß die β-Strahlung vollkommen in der Kammer absorbiert wird. Zu beachten ist ferner, daß oft neben der β-Strahlung auch α-Strahlung auftreten kann, deren Ionisationsfähigkeit bedeutend größer ist. Dadurch würde das Meßergebnis weitgehend gefälscht. Um nur die Wirkung der β-Strahlung zu messen, muß man daher die α-Strahlung durch Vorschalten von Absorptionsfolien ausschalten und kann aus einer gemessenen Absorptionskurve die Intensität der β-Strahlung auf die Absorberdicke null extrapolieren. (Vgl. Kapitel „Zählrohrmethode", wo über die Absorption der β-Strahlung ausführlich berichtet wird.) Daß die Sättigung für β-Strahlung viel rascher erreicht wird, wurde bereits erwähnt und ist durch die viel geringere Ionendichte der β-Strahlung zu erklären. Relativmessungen β-strahlender Präparate sind leicht durchführbar, aber nur dann vollkommen richtig, wenn die Energie der zu vergleichenden Strahlungen die gleiche ist.

Für γ-Strahlung erreicht man nie vollständige Absorption in der Ionisationskammer. Die Abhängigkeit des Ionisationsstromes von Druck und Temperatur ist ebenfalls durch Gl. (15) gegeben.

Die gebräuchlichsten Ionisationskammern für γ-Messungen sind: 1. Der große Plattenkondensator nach CURIE mit einem Plattenabstand von etwa 2 cm, auf dessen Deckel das zu messende Präparat außen aufgelegt wird (6, 44). Wegen der geringen Entfernung zwischen Präparat und Kammer macht sich eine etwas andere geometrische Anordnung, besonders aber Änderungen in den vertikalen Ausmaßen schon sehr stark bemerkbar; es empfiehlt sich daher, Relativmessungen nur bei geometrisch gleichgestalteten und gleichgroßen

Präparaten zu machen. 2. Für exakte Messungen wird eine Apparatur verwendet, wie sie von Meyer und Hess (45) angegeben wurde. Sie besteht einfach aus einem in 0,5 cm dickem Blei eingeschlossenen Wulfschen Zweifadenelektrometer. Wesentlich ist dabei die Konstanz des Volumens der Kammer und der Spannungsempfindlichkeit des Elektrometers. 3. Sehr empfindliche Ionisationskammern für γ-Strahlung sind die für Höhenstrahlungsmessungen entwickelten Ionisationskammern, von denen die Ausführung von Hoffmann bereits erwähnt wurde (23, 24). Ferner soll noch auf das „Compton-Meter" hingewiesen werden (4).

Die „Integralkammer" erlaubt, in einfacher Weise Relativmessungen der einzelnen strahlenden Präparate zu machen, wobei bei der α-Strahlung Sättigung in manchen Fällen schwer erreichbar ist. Bei β- und γ-Strahlen ist, wegen der Tatsache, daß meist die Absorption der Strahlung nicht vollkommen in der Kammer erfolgt, bei Relativmessungen auf gleichen Druck und gleiche Temperatur zu achten. Mißt man nach der elektrometrischen Methode, so muß man zur Berechnung bei Absolutmessungen die Kapazität der ganzen Anordnung kennen, da man mit dem Elektrometer Spannungen mißt und zur Berechnung Ladungsmengen benötigt. Die Eichung der Kapazität erfolgt meist nach dem Prinzip der Ladungsteilung durch Zusammenschaltung mit einer genau bekannten Kapazität. Als solche wird in vielen Fällen der Harmssche Kondensator verwendet (16).

Bezüglich der Eigenabsorption der Strahlung in der Schicht und einer Korrektur für die Erhöhung der Zahl der Teilchen durch Rückstreuung aus der Unterlage sei auf später verwiesen (S. 299), soweit es sich um Messung an α-Strahlern handelt, und auf das Kapitel „Zählrohrmethode" für Messungen an β-Strahlern.

Zum Schluß sei noch eine Verwendung der Integralkammer angeführt, bei der das Ziel nicht die Messung eines radioaktiven Präparats ist, sondern mit einem solchen bloß ein Ionisationsstrom hergestellt wird, aus dessen Sattwert man auf Beimengungen elektronegativer Gase schließen kann. Grossmann (14) hat gezeigt, daß die Form der Strom-Spannungs-Charakteristik von Stickstoff sehr stark von der Beimengung elektronegativer Gase (Sauerstoff, Kohlenmonoxyd und Kohlendioxyd) abhängig ist. Aus der Form der Kurve kann man Beimengungen von Sauerstoff zu Stickstoff in der Größe von 0,01 bis 1% exakt nachweisen. Beimengungen von Kohlenoxyd und Kohlendioxyd lassen sich zwischen 0,1 und 10% gut bestimmen. Die Methode wurde im Falle des Kohlenmonoxyds bei Hämoglobin und bei Sauerstoff durch die Messung der Verunreinigung einer käuflichen Stickstoffbombe geprüft und in guter Übereinstimmung mit Messungen nach bisherigen Methoden gefunden.

b) Ionisationskammer zur Messung einzelner Teilchen.

Mit der Integralkammer ist es bloß möglich, einen Mittelwert aus vielen Einzelereignissen zu bestimmen. Viele wichtige Daten für die Ionisationsmessung im allgemeinen sind damit gewonnen und die Messung an radioaktiven Präparaten ausgeführt worden.

Ein weiterer Schritt in der Entwicklung folgte, als man durch Vergrößerung der Empfindlichkeit der Nachweisgeräte die Wirkungen der einzelnen Teilchen erfassen konnte. Dies gelang z. B. Hoffmann durch den Bau eines hochempfindlichen Duantenelektrometers (20, 21, 22) und mit der bereits erwähnten empfindlichen Anordnung (23, 24), nachdem bereits Kohlrausch und Schweidler die Wirkung einzelner α-Teilchen durch ruckartige Bewegung eines Elster-Geitelschen Einfadenelektrometers beobachtet hatten

(30); oder durch die weitere Verstärkung der einzelnen Spannungsimpulse, bevor sie dem Nachweisgerät zugeführt wurden. Von Brentano (3) wurde für die Verstärkung schwacher Ionisationsströme die Verwendung von Verstärkerröhren empfohlen. Von Greinacher und Hirschi wurden Messungen an Gesteinen mit Hilfe von Trioden durchgeführt (11). Hess schlug für empfindliche β- und γ-Messungen eine Art Brückenschaltung mit Verstärkerröhren vor (19). In diesen Fällen wurden jedoch die Einzelimpulse nicht erfaßt. Als erster hat Greinacher (12) einen Röhrenverstärker gebaut, der die Wirkung einzelner α-Strahlen bestimmen ließ. Ortner und Stetter (50, 51, 52) sowie Stetter (61) gaben ebenfalls eine Röhrenschaltung an, die von ihnen als „Röhrenelektrometer" bezeichnet wurde. Sie erlaubt, einzelne Korpuskularstrahlen nicht nur zu zählen, sondern die von ihnen erzeugten Ionenmengen exakt zu messen, da

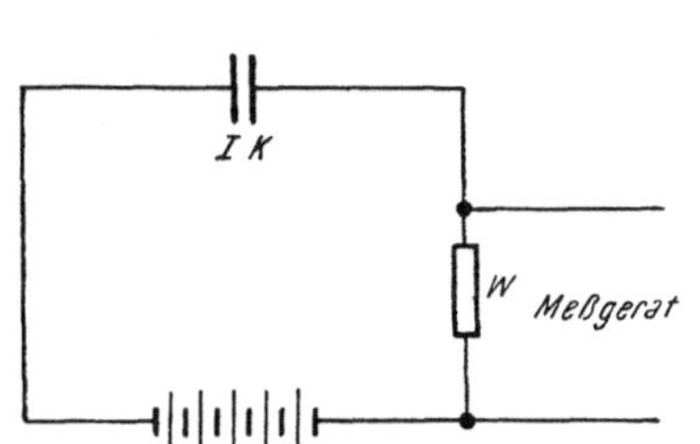

Abb. 11. Prinzipschaltung zur Messung rasch veränderlicher Ionisation. *I. K.* = Ionisationskammer, *W* = Hochohmwiderstand.

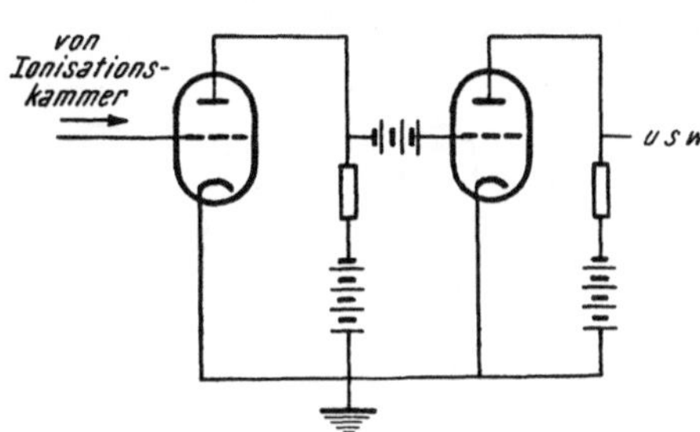

Abb. 12. Schaltschema eines Verstärkers mit langer Zeitkonstante.

vollkommene Proportionalität des Verstärkungsvorganges erzielt werden konnte. Auch in England wurden ähnliche Geräte entwickelt (68).

Die Messung rasch veränderlicher Ionisation geschieht gewöhnlich in einer Schaltung, wie sie in Abb. 11 wiedergegeben wird. Durch die von den Ionen erzeugte Wirkung tritt eine Änderung des Spannungsabfalles am Hochohmwiderstand W ein. Dieser Spannungsabfall ist proportional der Ladungsänderung an der Auffangelektrode und verkehrt proportional der Kapazität der Anordnung. Für die Spannung gilt die Gleichung

$$V + R\,C \cdot \frac{dV}{dt} = R\,I(t), \tag{16}$$

worin man das Produkt $R\,C$ (Widerstand $\times$ Kapazität) als Zeitkonstante bezeichnet.

Je nach der Größe des $R\,C$-Gliedes unterscheidet man zwei Typen von Verstärkern, sogenannte „kurzzeitige" und „langzeitige" Verstärker. Bei den langzeitigen Verstärkern ist die Zeitkonstante in der Größenordnung von 10^{-2} bis 1 sec. Von Ortner und Stetter (50, 51, 52) wurde ein Verstärker mit 1 sec Zeitkonstante angegeben. Die Verstärkung der Spannungsänderungen am Widerstand erfolgt nach einer Schaltung, wie sie in Abb. 12 wiedergegeben ist. Bei der großen Zeitkonstante von 1 sec ist im Eingang für sehr großen Widerstand zu sorgen, was durch die Verwendung einer Elektrometerröhre erreicht werden kann. Die Kopplung auf das Gitter der nächsten Röhre erfolgt durch eine Kompensationsschaltung; das Gitter wird durch eine Gegenspannungsbatterie auf negativem Potential gehalten. Durch diese Schaltung kann man Zeitkonstanten bis zu 1 sec und vollkommen formgetreue Abbildung erreichen.

Später haben Ortner und Stetter (53, 61) einen Verstärker mit kleiner Zeitkonstante entwickelt, der es gestattet, α-Strahlen auch neben starker β- und

γ-Strahlung nachzuweisen. Die Kopplung von einer Röhre zur nächsten Stufe erfolgt durch ein RC-Glied. Die Zeitkonstante des Kopplungsglieds beträgt etwa $5 \cdot 10^{-5}$ sec. Die verwendeten Daten der Schaltelemente sind in Abb. 13 eingetragen. Über die Verwendung und die Vorteile der einzelnen Verstärker siehe unter b α und b β.

Bei Messung einzelner Ereignisse kann der Wunsch bestehen, entweder bloß die Zahl der ionisierenden Teilchen zu bestimmen — dies wird in Abschnitt c besprochen werden — oder genaue Energiemessungen an den einzelnen Teilchen vorzunehmen, was Gegenstand dieses Abschnittes sein soll.

Durch das eingestrahlte Teilchen tritt in der Ionisationskammer plötzlich eine starke Ionisation auf. Zur genaueren Berechnung des Stromes im Außenkreis der Ionisationskammer muß man die Wirkung der positiven Ionen und der Elektronen auf die Ladung der Auffangelektrode beachten. Der Strom, der durch Überlagerung der Wirkung des äußeren Feldes und des durch die Raumladung der entstandenen Ionen erzeugten Feldes entsteht, hängt von der Geometrie der Kammer und der Wanderungsgeschwindigkeit der Ladungsträger ab. Je nach dem verwendeten Gas können sich also sehr verschiedene Werte ergeben (vgl. 1). Durch zeitliche Integration der Ströme läßt sich aber auch die Ladung berechnen.

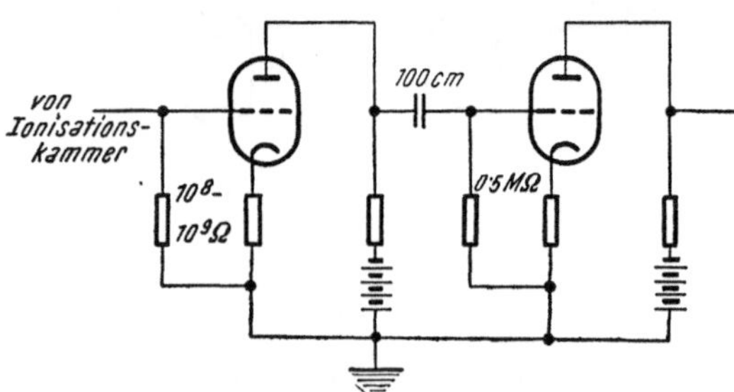

Abb. 13. Schaltschema eines Verstarkers mit kurzer Zeitkonstante.

Da die Elektronen große Geschwindigkeiten besitzen, ändert sich Q_0^- (Ladung durch die negativen Ladungsträger) sehr rasch mit der Zeit und nimmt einen konstanten Wert an, sobald alle Elektronen die Auffangelektrode erreicht haben. Die positiven Ionen haben viel geringere Wanderungsgeschwindigkeit und Q_0^+ wird daher nach viel längerer Zeit seinen endgültigen Wert erreichen. Die Summe der Endwerte von Q_0^- und Q_0^+ ist $Q_0 = N \cdot e$, die Gesamtladung der gebildeten Ionenpaare (N).

Wird nun der Ableitwiderstand R so gewählt, daß die Zeitkonstante (RC) groß ist im Vergleich zu der Zeit, die die positiven Ionen zu ihrer Wanderung brauchen, dann wird die Spannung proportional $Q_0 = Q_0^+ + Q_0^-$, wie leicht aus Gl. (16) zu ersehen ist, oder

$$V = N \cdot e/C. \tag{17}$$

Das bedeutet, daß die Spannung proportional der Zahl der Ionenpaare und unabhängig von dem Entstehungsort der Ionen ist. Die Spannung steigt zuerst rasch an, bis die Elektronen die Auffangelektrode erreicht haben, und dann langsam, bis auch die positiven Ionen an die negative Elektrode gelangt sind (das Wegwandern positiver Ladungsträger von der positiven Elektrode ist gleich einem Strom negativer Teilchen zur positiven Elektrode), und fällt dann exponentiell mit der Zeitkonstante RC ab. Eine solche Ionisationskammer wird als „langsame" Ionisationskammer bezeichnet (b, α).

Ist dagegen das Produkt RC zwar groß im Vergleich zur Aufladezeit durch die Elektronen, aber klein im Vergleich zu der der positiven Ionen, dann spricht diese Kammer vornehmlich auf die Wirkung der Elektronen an. Da nur die Wirkung der schnellen Ladungsträger maßgebend ist, nennt man sie „schnelle"

Ionisationskammer. Die Spannung ist in diesem Fall durch die Gleichung

$$V = Q_0{}^-/C \qquad (18)$$

gegeben, und abhängig vom Ort der Entstehung der Ionen (s. S. 297).

Vor Erläuterung der verschiedenen Typen von Kammern zur Einzelmessung sollen noch Probleme besprochen werden, die für die Messung einzelner Impulse wichtig und ihrem Wesen nach unabhängig davon sind, ob die Zeitkonstante kurz oder lang gewählt wurde.

Nach der Darstellung in 1 ist zur Bildung eines Ionenpaares in einem bestimmten Gas stets die gleiche Energie notwendig. Man hat daher die Möglichkeit, durch Bestimmung der Zahl der gebildeten Ionenpaare die Gesamtenergie des eingestrahlten Teilchens, falls dieses völlig innerhalb der Kammer verläuft, oder eines Teiles der Energie, falls es nur einen Teil seiner Bahn in dieser zurücklegt, zu bestimmen. Man kann auch die spezifische Ionisationskurve aufnehmen; das ist jene Kurve, die die Ionisation pro Millimeter Bahnlänge in Abhängigkeit von der Reichweite angibt. Weiters besteht die Möglichkeit, auch Reichweitenmessungen durchzuführen. Für den Chemiker kann sich die Notwendigkeit ergeben, ein Element durch seine α-Strahlung nachzuweisen. Aus der Messung der Energie wird man in den meisten Fällen den Strahler identifizieren und aus der Messung der Zahl der α-Teilchen (s. 2 c) die Menge der strahlenden Substanz angeben können.

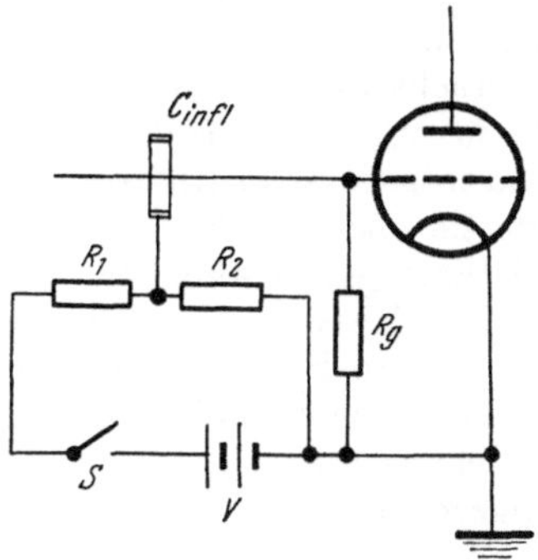

Abb. 14. Schaltung zum Influenzieren bekannter Ladungen auf das Gitter der ersten Röhre: C_{infl} = Influenzring, S = Schalter, R_1, R_2 = Widerstand, R_g = Gitterableitwiderstand.

Die Messung β- oder γ-strahlender Präparate durch die Erfassung der einzelnen Strahlen in der Ionisationskammer ist nicht möglich. Energiebestimmungen dieser Strahlen muß man auf andere Weise durchführen (s. die Abschnitte: Zählrohrmethoden und Szintillations-Zähler).

Wichtig für jede genaue Messung ist die Eichung der Apparatur, von der, wie schon dargelegt, vorausgesetzt werden muß, daß sie die Vorgänge in der Ionisationskammer vollkommen proportional wiedergibt. Die Eichung kann absolut oder durch Vergleich mit einem bekannten α-Strahler erfolgen. Die absolute Eichung erfolgt durch Influenz einer wohlbekannten Ladung auf die Auffangelektrode oder bei Röhrenverstärkung auf das Gitter der ersten Röhre. Abb. 14 gibt die Schaltung wieder. Man influenziert mit Hilfe eines Influenzringes (C_{infl}), der um die Leitung zwischen Auffangelektrode und Nachweisgerät gelegt ist (17, 20). Bei offenem Schalter S ist der Influenzring über den Widerstand R_2 geerdet. Schließt man S, so fließt über R_1 und R_2 ein Strom und es entsteht eine bestimmte Spannung U_A gegen Erde, die leicht zu berechnen ist:

$$U_A = \frac{R_2 \cdot E}{R_1 + R_2}.$$

Die Spannung influenziert auf die Elektrodenleitung eine Ladung $Q = U_A C$, wobei C die Kapazität des Influenzringes gegen die Elektrodenleitung ist, die man berechnen oder experimentell bestimmen kann (16) (Q ergibt sofort die Zahl der Ionenpaare, wenn man die in Volt und cm gegebenen Angaben durch 300 . . $4,8 . 10^{-10}$ dividiert). Man hat daher die Möglichkeit, die Ausschlaggröße des Nachweisinstrumentes nach Ladungen zu eichen und damit gleichzeitig eine Überprüfung der Proportionalität durchzuführen. Bei großer Zeitkonstante kann man als Schalter einen gewöhnlichen Morsetaster mit Platinkontakt, bei kleiner Zeitkonstante einen Quecksilber-Vakuum-Schalter, der den Strom in sehr kurzer Zeit schließt, verwenden.

Durch Einschießen von α-Strahlen eines genau bekannten α-Strahlers, bei dem man auch die Vorabsorption kennt, kann man auch eine Eichung vornehmen. Man kann in diesem Fall die Ausschlaggröße sofort der bekannten Zahl der Ladungsträger, die von dem α-Strahl gebildet werden, zuordnen. Wenn in der Kammer nicht Sättigung vorhanden ist, stimmt die aus der Reichweite des α-Strahls berechnete Zahl der Ionen zwar mit der experimentell bestimmten nicht überein, zeigt aber prozentual die gleiche Abweichung wie bei den zu messenden α-Teilchen. Die α-Teilchen sollen aber bei dieser Art der Messung ungefähr die gleiche Energie haben, da ihre spezifische Ionisation und damit die Ionendichte stark von der Reichweite abhängt (s. unten). Ferner muß man die Eichstrahlen in derselben Richtung ins Feld einschießen wie die zu messenden, da ja auch ein großer Unterschied zwischen der Sättigung bei longitudinaler und transversaler Richtung zum Feld besteht (vgl. 1). Nach der absoluten Eichung, wie sie oben geschildert wurde, kann man bei bekanntem α-Strahler sofort den Sättigungsgrad angeben.

Zur Messung der Energie der einzelnen α-Teilchen muß man den Energieverlust pro Bildung eines Ionenpaares kennen. Diesen kann man aus der durch Eichung bestimmten Zahl der Ionen und der bekannten Gesamtenergie des Teilchens ausrechnen. Einige Werte für die üblichen Gase sind in Tabelle 7 angegeben.

Tabelle 7.

Gas	Energieaufwand pro Ionenpaar eV	Gesamtionenzahl für Po-α	relative Ionisation
H_2	36,2	146 600	0,99
N_2	37,2	142 500	0,96
Luft	35,8	148 200	1,00
He	30,6		1,17
Ne............	29,7	177 900	1,20
A.............	28,5	186 200	1,26
Kr............	26,5	201 500	1,36
Xe	23,6	224 300	1,51

Kennt man den Energieverlust pro Ionenpaar[1], dann kann man jederzeit aus der gemessenen Ladung die Energie berechnen. In der Tabelle sind nach (62) auch die Gesamtzahl der von einem Po-α-Strahl (Energie 5,3 MeV) gebildeten Ionen sowie die auf Luft bezogene relative Ionisation aufgenommen.

Eine genaue Messung der Gesamtenergie läßt sich nur durchführen, wenn die Strahlen vollkommen in der Kammer zu Ende verlaufen und im Präparat auch keine Selbstabsorption stattfindet. Man muß daher bei genauen Messungen mit dünnen Schichten arbeiten und durch Ausblendung nur die nahezu normal aus dem Präparat austretenden Strahlen zur Messung heranziehen. Ist man gezwungen, mit dicker Schicht zu arbeiten, dann kann man aus den größten Ausschlägen des Nachweisgerätes (größte Energie) zwar die Gesamtenergie berechnen, aber eine gegebenenfalls vorhandene energieärmere Gruppe geht im Untergrund verloren. Werden die Strahlen durch ein Fenster in die Ionisationskammer eingeschossen, dann muß man die Vorabsorption berücksichtigen. Aus

---

[1] Von Naidu (48, 49) und später von Eschner (9) wurde gezeigt, daß der Energieaufwand pro Ionenpaar nicht gleich dem Ionisierungspotential ist.

der in der Kammer gemessenen und in der Vorabsorption berechneten Energie kann man auch die Gesamtenergie bestimmen. Wichtig für die Berechnung des Einflusses der Vorabsorption ist einerseits das sogenannte „Luftäquivalent" der Vorabsorption (Dicke einer gleich stark absorbierenden Luftschicht)[1] und

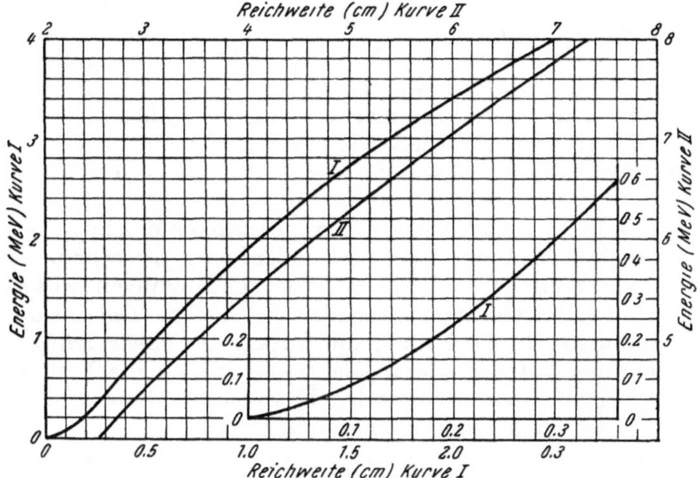

Abb. 15a. Ionisationskurve, integral [nach Livingston (38)].

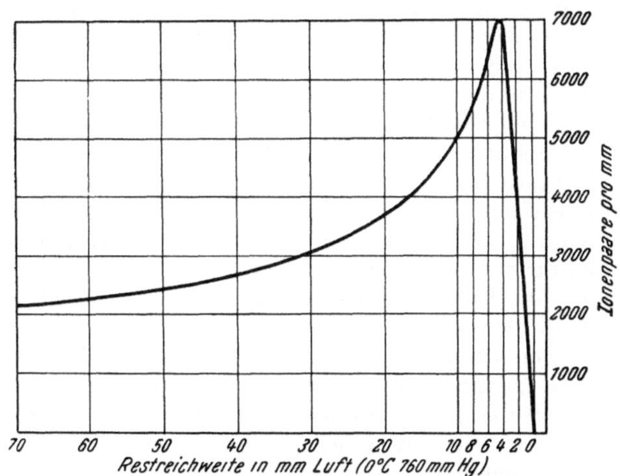

Abb. 15b. Ionisationskurve, differentiell [nach Jentschke (25)].

zweitens die Kenntnis der Energieabgabe pro Millimeter der Bahn des α-Teilchens im Gas. Der Energieverlust pro Millimeter Bahn wird meist graphisch durch die sogenannte spezifische Ionisationskurve entweder in integraler (Abb. 15a) oder in differentieller Form (Abb. 15b) wiedergegeben. Aus Abb. 15b — die Kurve wird als Braggsche Kurve bezeichnet (2) — ersieht man deutlich, daß die Energieabgabe in den letzten Millimetern der Bahn bedeutend größer als zu Beginn des α-Strahls ist.

---

[1] 1 cm Luftäquivalent entspricht etwa 1,5 mg/cm² Glimmer, 1,5 mg/cm² Al oder 4,2 mg/cm² Pb. Nähere Angaben über das Luftäquivalent und dessen Abhängigkeit von der Energie der Teilchen siehe in den Tabellen von Landolt-Börnstein (34).

α) Ionen-Impuls-Registrierung.

Bei der langsamen Ionisationskammer wählt man, wie schon in der Vorbemerkung gezeigt, die Zeitkonstante des Nachweisgerätes groß gegenüber der Aufladezeit der positiven Ionen (mindestens um eine Zehnerpotenz größer). Die Beweglichkeit der positiven Ionen bei Atmosphärendruck ist von der Größenordnung einiger cm/sec/Volt/cm (s. Tab. 2). Daher ergeben sich in der Regel Wanderungszeiten der positiven Ionen für normale Kammergrößen und Sättigungsfeldstärken in der Größenordnung von 0,01 bis 0,001 sec. Das bedeutet aber, daß man die Zeitkonstante größer als 0,01 sec. wählen soll. Die größere Beweglichkeit bei erniedrigtem Druck kann man nicht gut ausnützen, da dann die Kammerdimensionen zu groß würden (die Reichweite ist dem Druck verkehrt proportional).

Durch die große Zeitkonstante ist die Kammer nur zur Messung von schwachen Präparaten geeignet. Die Anordnung wird außerdem meist sehr mikrophonisch sein, das heißt mechanische und akkustische Schwingungen wirken störend. Durch die Schwingungen nähern sich elektrisch geladene Teile in der Kammer einander und ändern dadurch ständig die Kapazität; daher erfolgt auch eine Änderung der Ladung auf der Auffangelektrode. Fallen die Frequenzen einer solchen Schwingung in die zu messenden Frequenzen, dann macht sich diese Ladungsänderung bei der Messung bemerkbar.

Als Nachweisgerät der Vorgänge in der Kammer wird das Hoffmannsche Duantenelektrometer oder ein Röhrenverstärker mit großer Zeitkonstante und anschließendem Fadenelektrometer, Saiten- oder Schleifenoszillograph, verwendet.

Infolge der großen Zeitkonstante ist es möglich, daß bei zu rascher Aufeinanderfolge der Impulse Überlagerungen eintreten können. Die einzeln nicht meßbaren Impulse von β- oder γ-Strahlung können durch Überlagerung doch gemessen werden. Daher kann man mit der langsamen Ionisationskammer nur Präparate messen, die keine β- oder γ-Strahlung aussenden. Besonders gilt dies von dem oben angeführten Verstärker mit einer Zeitkonstante von 1 sec.

Bei der Ionen-Impuls-Anordnung ist eine Reinigung des Füllgases nicht nötig, da man die Aufladezeiten der langsamen Ionen abwartet, zum Unterschied der im nächsten Abschnitt zu besprechenden „schnellen" Kammer, bei der eine sorgfältige Reinigung vorgenommen werden muß. Ein Unterschied in dem Energieaufwand für die Bildung eines Ionenpaares (Tab. 7) ist bei der Energieberechnung zu vernachlässigen, wenn es sich bloß um Verunreinigung der Gase in den üblichen Größenordnungen handelt; er müßte aber freilich berücksichtigt werden, falls man Gasgemische als Kammerfüllgas verwendet.

Ein großer Vorteil der Ionen-Impuls-Kammer ist die Tatsache, daß die im Nachweisgerät angezeigte Spannung bei proportionaler Verstärkung proportional der Zahl der entstandenen Ionenpaare [Gl. (17)] und daher vollkommen unabhängig vom Ort ihrer Entstehung ist.

β) Elektronen-Impuls-Registrierung.

Die Wahl einer kleinen Zeitkonstante führt zu der „Elektronen-Impuls"- oder „schnellen" Ionisationskammer. Die Zeitkonstante soll groß gegenüber der Wanderungszeit der negativen Ladungsträger und klein gegenüber der der positiven sein. Diese Bedingung kann nur erfüllt sein, wenn man die große Beweglichkeit der freien Elektronen ausnützt; daher auch der Name Elektronen-Impuls-Kammer. Die Aufladezeit durch die Elektronen liegt in der Größenordnung von μsec, daher muß eine Zeitkonstante von ungefähr 10^{-4} bis 10^{-5} sec gewählt werden. Das Auflösungsvermögen einer solchen Apparatur ist sehr groß.

Sie eignet sich zur Messung starker Intensitäten. Man kann auch Präparate messen, die neben der α-Strahlung noch β- und γ-Strahlung aussenden. Summation tritt wegen der kleinen Zeitkonstante erst bei sehr hoher β-Intensität auf. Die Zahl der von den β-Teilchen und den γ-Quanten erzeugten Ionen ist aber im allgemeinen zu gering, um sich über den Störpegel der Röhren zu erheben; es kommt höchstens zu einer Vergrößerung der Unruhe, aber zu keiner Zählung. Der Mikrophoneffekt fällt hier auch weg, da so hochfrequente Schwingungen kaum vorkommen.

Die große Elektronenbeweglichkeit tritt aber, wie schon oftmals erwähnt, nur bei den elektropositiven Gasen auf, die man sorgfältig von Luft, insbesondere von Sauerstoff, reinigen muß. Die Reinigung kann auf die verschiedensten Arten erfolgen. Bewährt haben sich folgende Verfahren: Für N_2: Stickstoff aus der Bombe wird über heißes Kupferoxyd, Kalilauge und glühendes Kupfer geleitet und dann mittels Calciumchlorid und Phosphorpentoxyd getrocknet. Für H_2: die gleiche Reinigung, nur ohne Kupferoxyd. Bei dieser Reinigung wird der Stickstoff nicht entfernt; da er aber ebenfalls Elektronen als negative Ladungsträger besitzt, wirkt er bei der Messung in schnellen Ionisationskammern nicht störend. Die Edelgase, die meist nur in geringen Mengen zur Verfügung [stehen, füllt man in die Kammer und läßt sie in einem sogenannten thermischen Kreislauf reinigen. Die beiden zu erhitzenden Rohre mit Kupfer und Kupferoxyd sind übereinander angeordnet und dazwischen ein Gefäß mit fester Kalilauge. Vor und nach den Rohren befindet sich ein Trocknungsmittel. Das Gas steigt in den Rohren auf und wird dann durch ein Rohr zur Kammer und von dieser wieder zum unteren Ende der erhitzten Rohre geleitet. Durch das ständige Durchströmen des Gases durch die Reinigungsgefäße ist das Gas in kurzer Zeit von den Verunreinigungen befreit. Ein noch besseres Verfahren zur Reinigung ist ein thermischer Kreislauf mit auf 320° C erhitztem metallischem Calcium in Form von Spänen. Das Calcium soll vorher längere Zeit unter ständigem Pumpen auf 700° C gehalten werden.

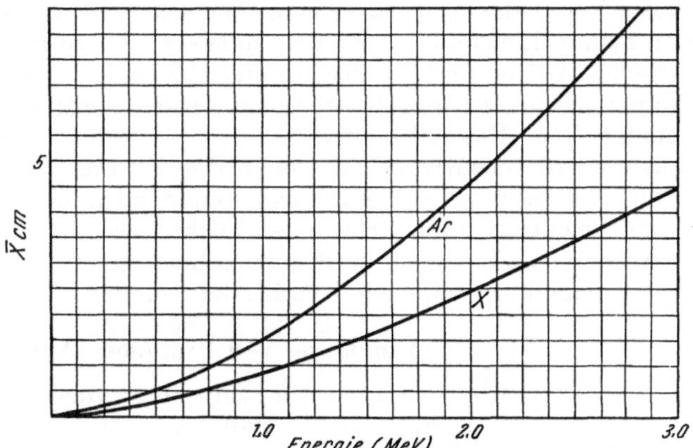

Abb. 16. Abhängigkeit des Ladungsschwerpunkts von Protonen von der Energie in Argon und Xenon [nach (56)].

Ein großer Nachteil der schnellen Ionisationskammer ist die Tatsache, daß die im Nachweisgerät gemessene Spannung nach Gl.(18) proportional Q_0^- und damit vom Ort, an dem die Ionen entstehen, abhängig ist. Wenn das Präparat in dünner Schicht auf der negativen Elektrode eines Plattenkondensators aufgebracht ist, dann ist $Q_0^- = N_0 \cdot e \left(1 - \dfrac{\overline{X}}{d} \cdot \cos \Theta\right)$, wobei $\overline{X}$ den Abstand des „Ladungsschwerpunktes" von dem Entstehungsort des Strahles bedeutet, d die Entfernung der beiden Elektroden und Θ den Austrittswinkel des Strahles, gemessen gegen die Normale zur Präparatoberfläche. Über den Zusammenhang von $\overline{X}$ mit der Energie in A und Xe gibt Abb. 16 für Protonen Auskunft. Der Einfluß der positiven Ionen macht sich durch die „positive Influenz" bemerkbar. Man kann sie verringern, wenn die Kapazität der Elektroden möglichst klein gehalten wird und die Ionen weit entfernt von der Auffangelektrode entstehen. Man kann sich rasch über die Größe der positiven Influenz orientieren, wenn man bei umgepolter Kammerspannung die Größe der Ausschläge mißt. Diese gibt dann ein Maß für die positive Influenz. Eine andere Möglichkeit, die schnelle Kammer und damit die ganze Apparatur zu eichen, besteht in folgendem: Man mißt an einem Oszillographen die Zeit, die zur Erreichung des Endwertes der Spannung an der Auffangelektrode verstreicht. Diese ist ein Maß für die Beweglichkeit. Die Höhe des Impulses gibt Auskunft über die erreichte Sättigung [nähere Einzelheiten s. (56)]. Eine andere Möglichkeit, die Ortsabhängigkeit der Impulshöhe weitgehend auszuschalten, ist durch die Verwendung einer Kammer mit einem Netz nahe der positiven Auffangelektrode gegeben. An das Gitter zwischen den beiden Elektroden wird eine mittlere Spannung gelegt. Die Strahlen sollen zwischen Gitter und Hochspannungselektrode eingestrahlt werden. Die Ionen können auf die Auffangelektrode nur wirken, wenn sie durch das Gitter hindurchgelangt sind. Das Gitter verhindert das Hindurchwandern der positiven Ionen, läßt aber die negativen Elektronen durch. Das Auftreffen von Elektronen auf das Gitter kann ausreichend durch genügend hohe Spannungsdifferenz zwischen Auffangelektrode und Gitter unterdrückt werden. Die Spannung zwischen Gitter und negativer Elektrode muß nur so hoch gewählt werden, daß Rekombination und Anlagerung weitgehend verhindert werden.

γ) Messung von Protonen. Anwendung.

Die Ionisationskammern für Einzelmessungen erlauben neben α-Strahlen auch Protonen nachzuweisen. Man kann durch die Messung von α-Teilchen und Protonen z. B. die Verunreinigung eines Gases durch Stickstoff messen. Bestrahlt man Stickstoff mit Neutronen, so werden der (n, α)- und der (n, p)-Prozeß eintreten. Protonen und α sind meßbar, somit kann man bei bekanntem Wirkungsquerschnitt die Menge Stickstoff berechnen. Undesser (67) zeigte, daß man auf diese Weise leicht Bruchteile von Promillen Stickstoffverunreinigung nachweisen kann. Auch kleine Bor- oder Lithiummengen lassen sich leicht nachweisen, da der Wirkungsquerschnitt für den (n, α)-Prozeß mit langsamen Neutronen sehr groß ist.

c) Zählkammern.

Bei der Zählung der α-Strahlen kommt es bloß darauf an, daß die Zahl richtig wiedergegeben wird. Die Form der Impulse spielt eine untergeordnete Rolle. Der Verstärker muß daher nicht so vollkommen proportional arbeiten wie bei den Kammern zur Energiemessung; man kann im Gegenteil trachten, die kleinen Impulse etwas zu begünstigen, was durch entsprechende Einstellung der Arbeitspunkte der Röhren des Verstärkers leicht zu erreichen ist. Wichtig dagegen ist bei den Messungen eine kleine Nachweisschwelle.

Zur Zählung gibt es vor allem zwei Typen von Kammern:

2-π-Kammer: Bei der Erfassung der Strahlung nützt man den Raumwinkel von 2π, also die halbe Strahlungsintensität, aus. Das Präparat ist auf einer ebenen Unterlage möglichst dünn aufgetragen. Die Kammerwand soll womöglich vom Präparat weiter entfernt sein, als die Reichweite ausmacht. Bei den tatsächlich gezählten Teilchen, die genau die Hälfte der überhaupt ausgestrahlten des Präparats sein sollten, müssen noch zwei Korrekturen angebracht werden.

Korrektur der Schichtdicke. Auch bei geringer Dicke werden Strahlen schief austreten und diese werden im Präparat selbst eine beträchtliche Absorption erleiden. Ist die Absorption groß, dann können die Teilchen nicht mehr gezählt werden, da die durch sie erzeugten Impulse so klein werden, daß sie unter die Nachweisschwelle des Gerätes fallen. Man kann die Zahl der ausfallenden Teilchen ungefähr nach folgender Formel korrigieren:

$$F\,(U_g) = \frac{1}{2}\left\{1 - \frac{a}{2\,[R_0 - R\,(U_g)]}\right\}. \tag{19}$$

$F\,(U_g)$ bedeutet den Bruchteil der insgesamt ausgestrahlten Teilchen, die bei der Einstellung eines Schwellenwertes von U_g noch gezählt werden, a ist die Dicke der Präparatschicht, R_0 die tatsächliche Reichweite der Teilchen und $R\,(U_g)$ die Reichweite, die der Energieschwelle entspricht, beide Reichweiten auf das Material bezogen[1]. Man sieht, daß die Korrektur für die meisten Fälle praktisch zu vernachlässigen sein wird, wenn $a \ll R_0 - R\,(U_g)$. Den Einfluß der Absorption in der Präparatschicht selbst kann man nach einer von KARLIK angegebenen Methode in einer experimentell einfachen Anordnung recht empfindlich bestimmen (27). Später wurde von SCHINTLMEISTER die Zahl der schief austretenden Teilchen mit einer Ionisationskammer bestimmt (57).

Die Korrektur der Teilchenzahl bei schiefem Austritt aus der Präparatoberfläche macht mehrere Prozent aus.

Korrektur durch die Rückstreuung der Teilchen von der Unterlage: In den meisten Fällen kann man die Korrektur vernachlässigen, da sie höchstens 1 bis 2% ausmacht. Die Formel (19) lautet bei Berücksichtigung der Rückstreuung:

$$F\,(U_g) = \frac{1}{2}\left\{1 - \frac{a}{2\,[R_0 - R\,(U_g)]} + 0{,}201 \cdot \Phi\,(U_g)\right\}, \tag{20}$$

wobei $\Phi(U_g)$ als Rückstreufunktion bezeichnet wird. Werte für die Rückstreufunktion sind dem Anhang des Buches von ROSSI und STAUB (56) zu entnehmen. Für Gold beträgt ihr Wert für Po-α-Strahlen (die Funktion ist verkehrt proportional der Quadratwurzel der Reichweite) $9{,}0 \cdot 10^{-2}$ bei $R(U_g) = 0{,}1$ cm und $7{,}5 \cdot 10^{-2}$ für $R(U_g) = 0{,}5$ cm.

4-π-Anordnung. Bei der 4-π-Anordnung nützt man die Strahlung im ganzen Raumwinkel aus. Zu diesem Zweck wird das Präparat als dünne, freitragende Folie in der Mitte der Ionisationskammer angeordnet. Die Folien werden auf organische dünne Häutchen durch Kathodenzerstäubung, Elektrolyse usw. aufgebracht und das Häutchen in einem Lösungsmittel wieder entfernt. In den beiden Hälften der Kammer werden die ionisierenden Ereignisse gezählt und ergeben in Summe die Gesamtstrahlung.

Bei dieser Anordnung muß die Absorption bei schiefem Austritt ebenfalls berücksichtigt werden, dagegen fällt die Korrektur durch Rückstreuung an der Unterlage weg, da eine solche ja eben nicht vorhanden ist.

Die Zahl der α-Strahlen kann nach den beschriebenen Anordnungen leicht auf einige Prozente genau bestimmt werden. Kennt man die Halbwertszeit des strahlenden Präparats etwa dadurch, daß man durch Energiemessung das strahlende Präparat identifiziert oder bei kurzer Halbwertszeit diese selbst bestimmt hat, so kann man aus der Zahl der Teilchen auf die Menge der Substanz schließen. Bei gleicher Zahl der Ereignisse verhalten sich die Mengen der strahlenden Substanzen umgekehrt wie die Zerfallskonstanten oder direkt wie die Halbwertszeiten.

Literatur.

(1) BAILEY, V. A., u. J. B. RUDD, Phil. Mag. 14, 1033 (1932). — (2) BRAGG, W. H., Phil. Mag. 8, 719 (1904). — (3) BRENTANO, J. C. M., Nature 108, 532 (1921).

---

[1] Die Reichweiten der α-Strahlen in festen Stoffen sind in der Größenordnung von $10\,\mu$ (Fe: $19\,\mu$; Ni: 17 bis $18\,\mu$; Cu: $18\,\mu$).

(4) Compton, A. H., E. O. Wollan u. R. D. Bennett, Rev. Sci. Instruments 5, 415 (1934). — (5) Curie, P. u. M., C. r. acad. sci., Paris 127, 175 (1898). — (6) Curie, M., J. physique Radium 2, 795 (1912).

(7) D'Ans, J., u. E. Lax, Taschenbuch für Chemiker und Physiker. Berlin: Springer-Verlag. 1943.

(8) Engler, C., u. H. Sieveking, Physik. Z. 6, 700 (1905). — (9) Eschner, A., S. B. Wien. Akad. Wiss., mathem.-naturw. Kl. II a 150, 175 (1941); Mitt. Ra.-Inst. Nr. 443.

(10) Fonovits, H., S. B. Wien. Akad. Wiss., mathem.-naturw. Kl. II a 128, 761 (1919); Mitt. Ra.-Inst. Nr. 117.

(11) Greinacher, H., u. H. Hirschi, Schweiz. mineral. petrogr. Mitt. 3, 153 (1923). — (12) Greinacher, H., Z. Physik 36, 364 (1926). — (13) Grossmann, R., S. B. Wien. Akad. Wiss., mathem.-naturw. Kl. II a 143, 563 (1934); Mitt. Ra.-Inst. Nr. 348. — (14) S. B. Wien. Akad. Wiss., mathem.-naturw. Kl. II a 147, 349 (1938); Mitt. Ra.-Inst. Nr. 442.

(15) Halledauer, G., S. B. Wien. Akad. Wiss., mathem.-naturw. Kl. II a 134, 39 (1925); Mitt. Ra.-Inst. Nr. 175. — (16) Harms, F., Physik. Z. 5, 47 (1904). — (17) Hawliczek, F., S. B. Wien. Akad. Wiss., mathem.-naturw. Kl. II a 155, 371 (1947); Mitt. Ra.-Inst. Nr. 454. — (18) Healey, R. H., u. J. W. Reed, The Behaviour of Slow Electrons in Gases. Sydney: Amalgamated Wireless. 1941. — (19) Hess, V. F., Radiology 2, 100 (1924). — (20) Hoffmann, G., Physik. Z. 13, 480, 1029 (1912). — (21) Ann. Physik 42, 1196 (1915). — (22) Ann. Physik 52, 665 (1917). — (23) Ann. Physik 80, 779 (1926). — (24) Z. Physik. 42, 565 (1927).

(25) Jentschke, W., S. B. Wien. Akad. Wiss., mathem.-naturw. Kl. II a 144, 151 (1935); Mitt. Ra.-Inst. Nr. 356.

(26) Kara-Michailova, E., S. B. Wien. Akad. Wiss., mathem.-naturw. Kl. II a 142, 421 (1933); Mitt. Ra.-Inst. Nr. 321. — (27) Karlik, B., S. B. Wien. Akad. Wiss., mathem.-naturw. Kl. II a 142, 115 (1933); Mitt. Ra.-Inst. Nr. 305. — (28) Kemeny, E., S. B. Wien. Akad. Wiss., mathem.-naturw. Kl. II a 150, 193 (1941); Mitt. Ra.-Inst. Nr. 442. — (29) Kohlrausch, F., Praktische Physik. Berlin: Teubner. 1955. — (30) Kohlrausch, K. W. F., u. E. Schweidler, Physik. Z. 13, 11 (1912). — (31) Korff, S. A., Electron and Nuclear Counters. New York: Van Nostrand Company. 1946. — (32) Kovarik, A. F., Physic. Rev. 30, 415 (1910). — (33) Kropf, F., S. B. Wien. Akad. Wiss., mathem.-naturw. Kl. II a 148, 163 (1939); Mitt. Ra.-Inst. Nr. 429.

(34) Landolt-Börnstein, Zahlenwerte und Funktionen. 6. Aufl. III. Bd., 5. Teil. Berlin-Göttingen-Heidelberg: Springer-Verlag. 1952. — (35) Langevin, P., Ann. chim. (phys.) 28, 289 (1903). — (36) Ann. chim. (phys.) 5, 245 (1905). — (37) Lenard, P., Ann. Physik 3, 298 (1900). — (38) Livingston, M. S., u. H. Bethe, Rev. Mod. Physics 9, 281 (1937). — (39) Loeb, L. B., Intern. Critical Tables, Vol. VI, S. 110 ff. New York-London: McGraw-Hill Book Comp., Inc. 1929.

(40) Mache, H., u. St. Meyer, Physik. Z. 10, 860 (1909). — (41) Mayer, H. F., Ann. Physik 62, 358 (1920). — (42) Meyer, St., u. E. Schweidler, Radioaktivität. Leipzig: Teubner. 1927. — (43) Meyer, St., u. V. F. Hess, S. B. Wien. Akad. Wiss., mathem.-naturw. Kl. II a 120, 1187 (1911). — (44) Meyer, St., Strahlentherapie 2, 536 (1912). — (45) Meyer, St., u. V. F. Hess, S. B. Wien. Akad. Wiss., mathem.-naturw. Kl. II a 121, 621 (1912). — (46) Moulin, M., Ann. chim. (phys.) 21, 550 (1910). — (47) Ann. chim. (phys.) 22, 26 (1911).

(48) Naidu, R., Ann. Physik 1, 71 (1934). — (49) J. phys. Radium 5, 343, 575 (1934).

(50) Ortner, G., u. G. Stetter, Physik. Z. 28, 70 (1927). — (51) Z. Physik 54, 449 (1929). — (52) S. B. Wien. Akad. Wiss., mathem.-naturw. Kl. II a 137, 667 (1928); Mitt. Ra.-Inst. Nr. 228. — (53) S. B. Wien. Akad. Wiss., mathem.-naturw. Kl. II a 142, 485 (1933); Mitt. Ra.-Inst. Nr. 328.

(54) Przibram, K., Handbuch d. Physik, Bd. XXII, Kap. IV. Berlin: J. Springer. 1926.

(55) Regener, E., Verh. dtsch. physik. Ges. 13, 1065 (1911). — (56) Rossi, B. B., u. H. H. Staub, Ionization Chambers and Counters. London: McGraw-Hill Book Company. 1949.

(57) Schintlmeister, J., S. B. Wien. Akad. Wiss., mathem.-naturw. Kl. IIa 146, 389 (1937); Mitt. Ra.-Inst. Nr. 401. — (58) Schmidt, H. W., Physik. Z. 6, 561 (1905). — (59) Schweidler, E., Handbuch der Experimentalphysik. XIII, Teil I. Leipzig: Akad. Verlagsges. 1929. — (60) Skinker, M. F., Phil. Mag. J. Science 44, 994 (1922). — (61) Stetter, G., Mitt. Ra.-Inst. Nr. 326 und 327. — (62) Z. Physik 120, 639 (1934). — (63) Stücklen, H., Handbuch der Physik, Bd. XIV, Elektrizitäts-Bewegung in Gasen. Berlin: J. Springer. 1927.

(64) Thomson, J. J., u. E. Rutherford, Phil. Mag. J. Science 42, 392 (1896). — (65) Thomson, J. J., Proc. Cambridge Phil. Soc. 15, 275 (1909). — (66) Townsend, J. S., Proc. Roy. Soc. London 86, 197 (1912).

(67) Undesser, K., Diss. Univ. Wien. 1944 (unveröffentlicht).
(68) Ward, F. A. B., C. E. Wynn-Williams u. H. M. Cave, Proc. Roy. Soc. London A **125**, 713 (1929). — (69) Wellisch, E. M., u. J. W. Woodrow, Phil. Mag. J. Science **26**, 551 (1913).

II. Zählrohrmethode.

Von

Traude Bernert.

Institut fur Radiumforschung der Österr. Akademie der Wissenschaften in Wien.

1. Die Zählrohrapparatur.

a) Einleitung.

Seit den Versuchen von Rutherford und Geiger (63) im Jahre 1908 ist es möglich, einzelne elektrisch geladene, atomare Partikel mit Hilfe von zwei Elektroden, die sich in einem gasgefüllten Raum befinden, zu zählen. Tritt nämlich ein schnell bewegtes, geladenes Teilchen in den Raum zwischen den beiden Elektroden ein, so äußert sich dieser Durchgang in Form eines elektrischen Impulses, mit dessen Hilfe das Teilchen nachgewiesen bzw. gezählt werden kann.

Die ursprünglich einfache Apparatur konnte in der Folgezeit vor allem in zwei Richtungen verbessert werden: Erstens wurde es durch das Bekanntwerden von Elektronenröhren möglich, den ursprünglichen Impuls elektronisch so weit zu verstärken, daß damit ein mechanisches Zählwerk betrieben werden kann, wodurch die Registrierung der einzelnen Teilchen automatisch erfolgt. Zweitens wurde das Detektorgerät zu dem heute bekannten Zählrohr weiter entwickelt und dadurch ein Präzisionsgerät zur Messung radioaktiver Strahlung geschaffen.

Das erste Zählrohr in unserem heutigen Sinne wurde 1928 von Geiger und Müller (22, 23) beschrieben. Ausführliche Angaben über moderne Zählrohre und Verstärkerapparaturen finden sich u. a. in den zusammenfassenden Darstellungen von Korff (34), Curran und Craggs (12), Wilkinson (77), Rossi und Staub (61) sowie Fünfer und Neufrt (21).

Im Gegensatz zu den Ionisationskammern, in denen das primäre ionisierende Ereignis direkt messend erfaßt wird, führt der Entladungsmechanismus im Zählrohr zu einer lawinenartigen Vermehrung der ursprünglich erzeugten Ionenpaare (Gasverstärkung). Je nach der Höhe der angelegten Spannung ist die Größe des im Zählrohr ausgelösten Impulses der Anzahl der primär erzeugten Ionenpaare proportional *(Proportionalzähler)* (21, 33, 53, 59), oder er erreicht bei höheren Spannungen einen jeweils bestimmten gleichbleibenden Wert, dessen Größe unabhängig ist von der Anzahl der Ionenpaare, durch die die Entladung ausgelöst wurde. Zähler, die in diesem Spannungsbereich (Geiger- oder *Auslöse-Bereich*) betrieben werden, sind Geiger-Müller-*Zählrohre* im engeren Sinne.

Wiewohl das Geiger-Müller-Zählrohr jede Art ionisierender Ereignisse anzuzeigen vermag, ist sein Anwendungsgebiet heute vor allem die Aktivitätsmessung von β- und γ- Strahlenquellen. Zur Messung von α-Strahlen ist der Proportionalzähler gut geeignet (66). Messung von γ-Strahlung vgl. III.

b) Das Zählrohr.

Im folgenden soll in der Hauptsache das *Auslösezählrohr* und seine Wirkungsweise besprochen werden. Handelt es sich um das *Proportionalzählrohr*, so wird darauf ausdrücklich hingewiesen.

Das Zählrohr in seiner häufigst verwendeten Form besteht im wesentlichen aus einem Zylinderkondensator, der mit einer bestimmten Gasfüllung versehen ist (Abb. 17). In der Achse eines meist dünnwandigen Metallrohres ist elektrisch isoliert ein dünner Draht gespannt. Der Zählrohrmantel kann dabei selbst die Wand des Zählrohres bilden oder er kann in einem Glasrohr montiert sein. Die ionisierende Strahlung muß die Wand des Zählrohres durchsetzen, um in den Raum zwischen Zähldraht und Zählrohrmantel zu gelangen und gezählt zu werden. Wegen der Evakuierbarkeit des Zählrohres ist der Stärke der Wand eine untere Grenze gesetzt. Um weiche Strahlung messen zu können, muß daher unter Um-

Abb. 17. Mantelzählrohr.

ständen ein dünnes Fensterchen aus leichtem Material (meistens Glimmer) an der Zählrohrwand angebracht werden *(Fensterzählrohr)*. Andere mögliche Zählrohrformen sollen weiter unten besprochen werden.

Die Vorstellungen, die man sich heute über den Entladungsvorgang im Zählrohr macht, sind kurz folgende (10, 46, 47, 48, 58, 77): Tritt ein schnell bewegtes, geladenes Teilchen in das elektrische Feld im Inneren des Zählrohres ein, dann bewirkt es im geeigneten Füllgas die Bildung von negativen Ionen (zum größten Teil Elektronen) und schweren positiven Ionen (ionisierte Gasmolekel des Füllgases). Die Elektronen bewegen sich auf den Zähldraht zu, in dessen unmittelbarer Umgebung die Feldstärke so groß ist, daß die durch das Feld beschleunigten Elektronen durch Zusammenstoß mit weiteren Gasmolekeln ihrerseits Ionen erzeugen können *(Stoßionisation)*, deren Zahl auf diese Weise „lawinenartig" ansteigt (58). Bei Zählrohren, die im Proportionalbereich betrieben werden, bleibt die Entladungslawine auf den Raum beschränkt, in dem die primäre Ionisation stattgefunden hat, im Auslöse-(Geiger-) Bereich hingegen erstreckt sich die Ent-

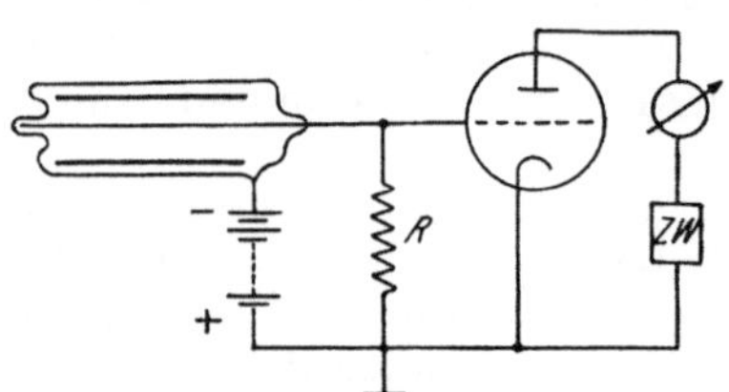

Abb. 18. Einfache Zählrohrschaltung mit hohem Ableitwiderstand.

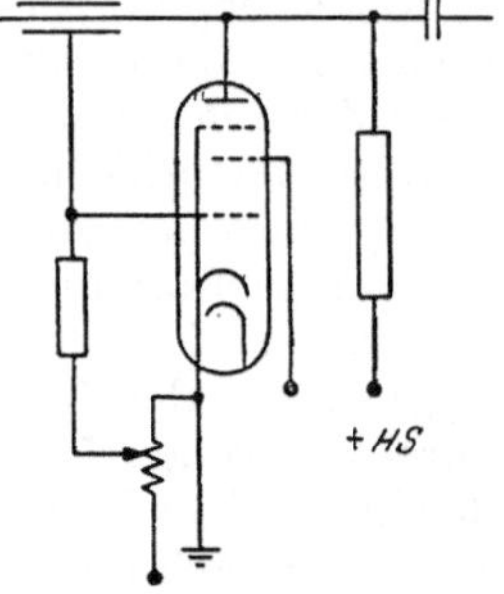

Abb. 19. Löschkreis nach Neher und Harper

ladung entlang der gesamten Länge des Drahtes (10, 13, 19, 20, 30, 76). Während die negative Ladung durch den Draht in 10^{-8} Sekunden abfließt (9, 28, 48), sind die positiven Ionen indessen zufolge ihrer viel geringeren Beweglichkeit in Drahtnähe verblieben (30, 32, 46, 69). Sie bilden eine positive Raumladung, die den Draht schlauchartig umgibt und die Entstehung von weiteren Elektronenlawinen verhindert, solange sich die Mehrzahl der positiven Ionen innerhalb einer gewissen kritischen Entfernung vom Draht befindet. Während dieser Zeit ist es nicht möglich, daß weitere in das Zählrohr eintretende Teilchen gezählt werden *(Totzeit* des Zählrohres) (9, 29, 51). Das Abreißen der Entladung wurde ursprünglich durch einen hochohmigen (10^8 bis $10^9 \, \Omega$) Ableitwiderstand R (Abb. 18) bewirkt, was aber zur Folge hat, daß das Auflösungsvermögen der Zählanordnung niedrig wird (Totzeit einer solchen Anordnung 10^{-3} bis 10^{-2} Sekunden). Ein anderer Weg, die Entladung zu beenden und Nachentladungen zu verhindern, ist die Verwendung einer sogenannten *Löschkreisschaltung* (Abb. 19) in der Verstärkerapparatur (6, 24, 50, 51, 54, 70). Diese Schaltung bewirkt, daß die Spannung am Zählrohr nach einer Entladung kurzfristig einen so niedrigen Wert annimmt, daß keine weiteren Entladungen stattfinden können (5, 44). Die Zeitdauer eines Impulses beträgt in diesem Falle einige 10^{-4} Sekunden. Sie kann durch geeignete Schaltungen jedoch noch weiter verkürzt werden (5, 26, 31, 65, 67, 75); vgl. Fußnote S. 318.

Einen wesentlichen Einfluß auf den Entladungsvorgang besitzt das Füllgas. Als solches wird im allgemeinen ein Edelgas verwendet, bei derzeit im Handel erhältlichen Rohren in der Hauptsache Neon und Argon; es können aber auch andere Gase, z. B. Wasserstoff, Stickstoff oder Methan, zur Füllung benützt werden. Zählrohre mit reiner Edelgasfüllung nennt man *nicht selbstlöschend*, da die Entladung, bzw. Nachentladungen, wie wir gesehen haben, durch Vorgänge außerhalb des Zählrohres beendet werden müssen.

Als dritte Möglichkeit fand TROST (72) 1935, daß ein geringer Zusatz von Alkohol- oder anderen Dämpfen zur Edelgasfüllung Nachentladungen unterdrückt und die Eigenschaften eines Zählrohres wesentlich verbessert (1, 32, 35, 40, 73). Solche Zählrohre heißen *selbstlöschende Zählrohre*, da sie selbst einen Beitrag zum Abreißen der Entladung liefern. Sie können mit einem kleinen Ableitwiderstand betrieben werden.

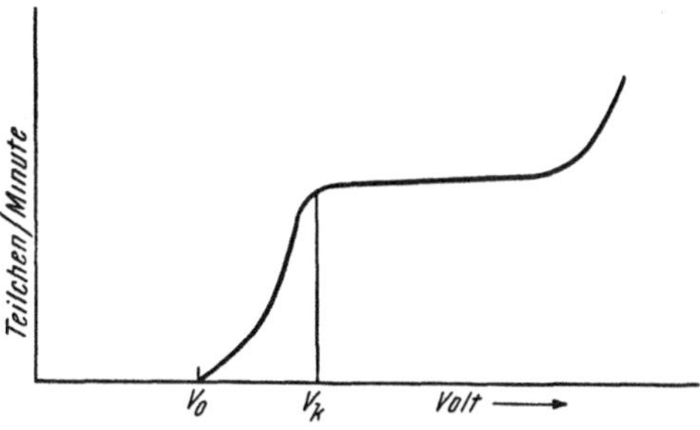

Abb. 20. Zählrohr-Charakteristik.

Die „löschende" Wirkung des Dampfzusatzes besteht vor allem darin, daß die bei der Lawinenbildung entstandenen Photonen weitgehend absorbiert werden. Dadurch ist die Entstehung von Photoelektronen an den Zählrohrwänden unterbunden, die im Falle des nicht selbstlöschenden Zählrohres neue Lawinen auslösen und damit die Entladung aufrecht erhalten können (14, 52, 57). Da organische Dampfzusätze mit der Zeit durch den Zählvorgang verbraucht werden, folgt daraus eine Begrenzung der Lebensdauer des Zählrohres (15, 17, 18). Man verwendet daher neuerdings Chlor- und Bromdämpfe als Zusatz (39, 41, 42, 61). *Halogengelöschte Zählrohre* besitzen eine besonders niedrige Einsatzspannung (siehe diese).

Näheres über die Wirkung von Dampfzusätzen im Zählrohr findet sich bei WILKINSON (78), STEVER (68) und anderen (1, 2, 4, 19, 25, 45, 49, 55, 74).

Legt man das Zählrohr zunächst an niedrige Spannung und steigert diese allmählich, so zeigt sich folgendes Bild: Erst von einer bestimmten Spannung an *(Einsatzspannung V_0)* beginnt das Zählrohr zu arbeiten. Wird die Spannung weiterhin vergrößert, so steigt zunächst die Zahl der mit einer bestimmten Strahlenquelle gemessenen Teilchen stark mit der Spannung an. Hat jedoch die Spannung einen gewissen Wert V_k erreicht, dann bleibt die gemessene Teilchenzahl auch bei weiterer Spannungssteigerung unverändert, man befindet sich im sogenannten *Konstanzbereich (Plateau)* des Zählrohres, der bei einem guten Zählrohr 100 bis 300 Volt betragen soll. Am Ende des Konstanzbereiches steigt die gemessene Teilchenzahl dann wieder sehr stark an, eine kleine weitere Spannungssteigerung bewirkt Dauerentladung im Zählrohr. Abb. 20 gibt die geschilderten Verhältnisse wieder. Man nennt diese Kurve die *Zählrohrcharakteristik*. Wie aus Abb. 20 ersichtlich, ist die gemessene Teilchenzahl im Plateauteil der

Kurve nicht streng konstant, sondern dieser weist eine Neigung auf, die wenige Prozente pro 100 V betragen kann.

Für die eigentliche Messung soll die Spannung derartig gewählt werden, daß der Arbeitspunkt des Zählrohres sich etwa im ersten Drittel des Konstanzbereiches befindet. Geringe Spannungsänderungen am Zählrohr werden dann die gewonnenen Meßresultate nicht beeinflussen. Zu hohe Spannungen schaden dem Zählrohr, da dadurch unter anderem der Dampfzusatz des Füllgases zu rasch aufgebraucht wird. Vor Einschalten der Apparatur sei stets darauf geachtet, daß die eingestellte Spannung niedriger ist als die Einsatzspannung des Zählrohres. Erst nach dem Einschalten des Zählrohres kann die Spannung langsam gesteigert

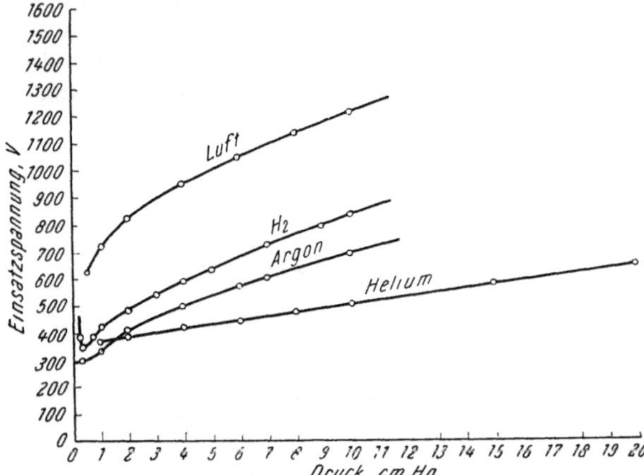

Abb. 21. Abhängigkeit der Einsatzspannung vom Druck und von der Art des Füllgases [nach Haines (27)].

werden. Es empfiehlt sich, den Konstanzbereich eines in Verwendung befindlichen Zählrohres von Zeit zu Zeit zu überprüfen, da der Zählbereich sich im Laufe des Gebrauchs in Richtung höherer Spannungen verschieben kann.

Einsatzspannung und Länge des Konstanzbereiches hängen, abgesehen von den Dimensionen von Zählrohrmantel und -draht, besonders von der Art des Füllgases, von seinem Druck und vom Druck des Zusatzdampfes ab. Höherer Druck und vermehrter Dampfzusatz können eine Verlängerung des Konstanzbereiches bewirken, steigern aber auch die Einsatzspannung (27, 37) (Abb. 21).

Die Form der Charakteristik wird durch die Art des Entladungsvorganges bestimmt. Im steil ansteigenden Teil der Kurve zwischen V_0 und V_k ist die Impulsgröße proportional der Zahl der Ionenpaare, die das ionisierende Teilchen bei seinem Durchgang im Zählrohr erzeugt hat *(Proportionalbereich)*. Zu kleine Impulse können von der Zählapparatur nicht mehr registriert werden. Schräg durchsetzende oder im Innern des Zählrohres endende Bahnen ionisierender Teilchen sowie Teilchen mit sehr geringer Ionendichte werden daher nicht mehr gezählt. Die Zahl der registrierten Teilchen nimmt mit zunehmender Spannung zu, da bei höherer Spannung sekundär mehr Ionen erzeugt werden und daher für eine größere Zahl von Teilchen der Schwellenwert der Apparatur überschritten wird.

Im flachen Teil der Kurve haben nun alle Impulse nahezu die gleiche Größe, unabhängig davon, wieviel Ionenpaare das die Entladung auslösende Teilchen im Zählraum erzeugt hatte (GEIGER-*Bereich*). In diesem Spannungsbereich führt bereits ein einziges im Zählvolumen erzeugtes Ionenpaar eine Entladung herbei. Die Größe der Impulse wird, abgesehen von der Spannung, von der Länge des Zähldrahtes bestimmt, da die Entladung sich, wie schon erwähnt, entlang der gesamten Fadenlänge ausbreitet.

Bei höheren Spannungen ist die Ionengeschwindigkeit bereits so groß, daß ein Teilchen zu mehreren Entladungen Anlaß gibt, bis schließlich die Entladung im Zählrohr gar nicht mehr abreißt.

Weitere Angaben über den Wirkungsmechanismus von Zählrohren siehe (1, 4, 18, 25, 32, 45, 77).

c) Verstärker- und Zählapparatur.

Da der Mikrochemiker sich wohl in der überwiegenden Zahl der Fälle eines firmenmäßig hergestellten Zählgerätes bedienen dürfte, so sei dieser Teil der Apparatur nur in großen Zügen beschrieben, soweit dies zum Verständnis des Ganzen notwendig ist. Im übrigen sei auf die zusammenfassenden Monographien auf diesem Gebiete verwiesen (12, 16, 21, 77).

Die Entladung im Zählrohr erzeugt eine Spannungsschwankung am Zähldraht, die von der Zählrohrapparatur aufgenommen, umgeformt und registriert wird. Abb. 22 stellt ein Blockschema einer Zählrohrapparatur dar:

a) Das *Zählrohr*. Jedes ionisierende Teilchen, das in das Zählvolumen eintritt, soll hier eine und nur eine Entladung bewirken.

b) Der stabilisierte *Hochspannungsteil* liefert die Betriebsspannung für das Zählrohr. Die Hochspannung kann entweder mit ihrem positiven Pol an den Zähldraht oder mit dem negativen Pol an den Zählrohrmantel gelegt werden. Beide Schaltungsarten sind üblich. Man achte jedoch darauf, daß der Zähldraht gegenüber dem Zählrohrmantel stets positiv gepolt ist.

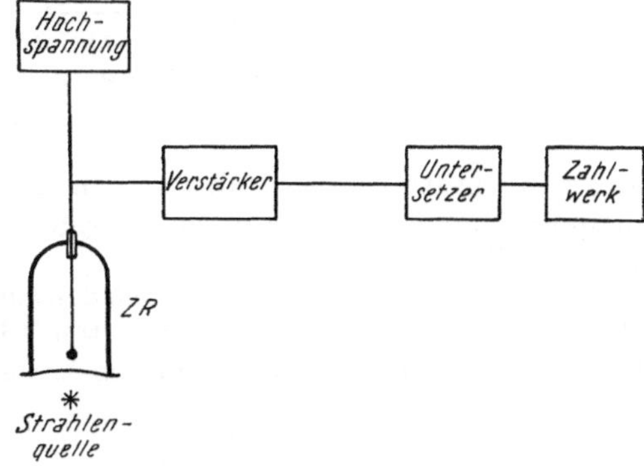

Abb. 22. Blockschema der Zahlapparatur.

c) Der *Verstärkerteil*, in dem die aus dem Zählrohr stammenden Impulse auf eine Größe „verstärkt" werden, die sie befähigt, ein mechanisches Zählwerk zu betreiben. Zufolge der hohen Gasverstärkung[1] kann die Spannungsänderung am Draht 100 bis 200 Volt betragen. Die Zeitdauer eines Impulses beträgt hingegen bei einem gewöhnlichen Zählrohr nur etwa 10^{-4} Sekunden. Die Impulse müssen daher im allgemeinen mehr verbreitert als verstärkt werden. In Abb. 18 ist die Schaltung eines einfachen Eingangskreises wiedergegeben.

d) *Mechanisches Zählwerk*, z. B. Stoßklinkenzähler, das die Impulse registriert.

e) *Untersetzerteil*. Da die handelsüblichen Zählwerke nur eine geringe Teilchenzahl pro Sekunde zu zählen gestatten, verwendet man zweckmäßig einen sogenannten Untersetzer, d. h. eine elektronische Einrichtung, die z. B. nur jedes 2., 4., 8., bzw. 10., 100. usw. Teilchen dem Zählwerk zuführt. Die Restzahl wird auf andere Weise ablesbar gemacht, z. B. durch eine Anzahl leuchtender Glimmlämpchen. Da der radioaktive Zerfallsprozeß statistisch verteilt erfolgt und durch Verwendung eines Untersetzers ein teilweiser zeitlicher Ausgleich der zu zählenden Ereignisse bewirkt wird, so hat dies zur Folge, daß durch Verwendung einer der oben angegebenen Untersetzerstufen eine höhere obere Grenze der mit dem Zählwerk meßbaren Teilchenzahl erreichbar ist als das 2-, 8-, 10- usw. -fache der ohne Untersetzer meßbaren Teilchenzahl (16, 36, 62).

f) Ein *Integralmeßgerät* ist in Abb. 22 nicht eingezeichnet. Es kann an Stelle des Zählwerkes oder gleichzeitig mit diesem verwendet werden. Es besteht vielfach das Bedürfnis, die Stärke einer Strahlenquelle, ausgedrückt in Teilchen pro Minute oder in Milliröntgen pro Stunde, direkt an einem Meßgerät abzulesen. Dies

---

[1] Die Gasverstärkung beträgt im GEIGER-Bereich 10^{10} (19).

gestattet das Integralmeßgerät, das gewöhnlich mit einem Zeigerinstrument mit einer auf Teilchen pro Minute, bzw. Milliröntgen pro Stunde geeichten Skala ausgerüstet ist. Wegen der statistischen Schwankung radioaktiver Zerfallsvorgänge kann das Integralmeßgerät naturgemäß nur bei größeren Teilchenzahlen pro Zeiteinheit angewendet werden. Die Wirkungsweise des Integralmeßgerätes ist ziemlich einfach: Die eingehenden Impulse werden auf gleich hohe Rechteckimpulse umgeformt. Auf diese Weise liefert jeder Impuls eine konstante Ladungsmenge, die auf einen Kondensator übertragen wird. Die Zeitdauer der Impulse muß dabei klein sein gegenüber dem zeitlichen Abstand der Impulse untereinander. Die Ladung

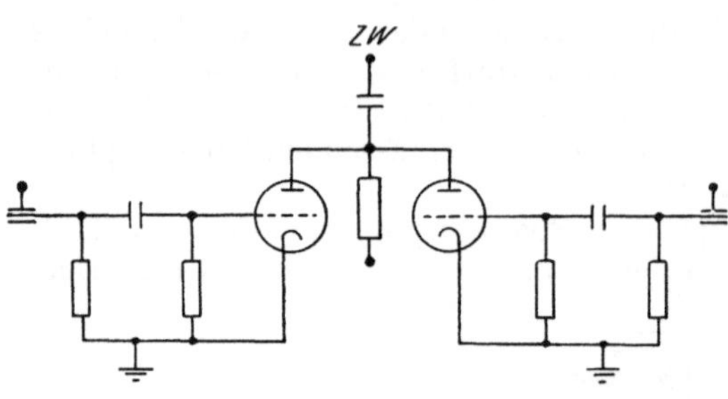

Abb. 23. Zwei Zählrohre in Koinzidenz geschaltet nach Rossi (60).

des Kondensators fließt über einen Hochohmwiderstand ab. Die mittlere Spannung am Kondensator wird abgelesen. Sie ist der Zählrate proportional (7, 8, 16, 26).

g) *Koinzidenz-* und *Antikoinzidenzschaltung* von mehreren Zählrohren. Für Absolutbestimmungen von Aktivitäten oder zur Identifizierung von Isotopen, die außer β-Strahlen auch γ-Strahlen aussenden, kann man sich der Koinzidenzmethode bedienen. Hierbei werden nur solche Ereignisse registriert, die in zwei oder mehreren Zählrohren gleichzeitig (d. h. innerhalb eines

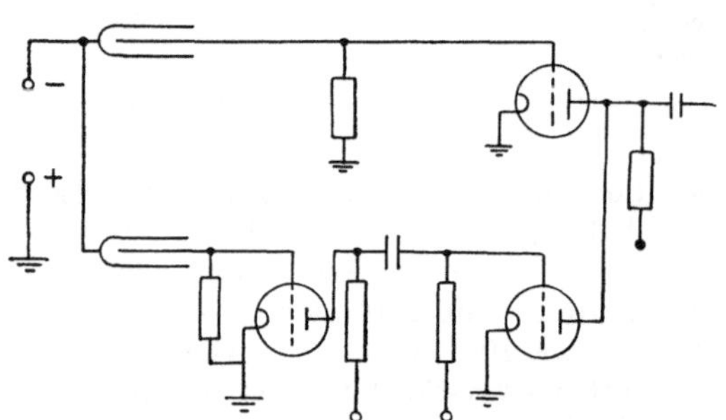

Abb. 24. Zwei Zählrohre in Antikoinzidenzschaltung.

Abb. 25. Querschnitt durch einen Kranz von Schutzzählrohren um das Hauptzählrohr A.

bestimmten kleinen Zeitintervalls) Entladungen auslösen. Eine derartige Schaltung wurde erstmalig von Bothe (3) und von Rossi 1930 (60) angegeben (Abb. 23). Weitere Schaltungen vgl. Elmore und Sands (16), Maier-Leibnitz (43), Scarrott (64).

Abb. 24 zeigt 2 Zählrohre in Antikoinzidenzschaltung. Diese Schaltung kann auf mehrere Zählrohre ausgedehnt werden. Hier wird nur dann ein Impuls an das Zählwerk weitergegeben, wenn ausschließlich in Zählrohr A (Abb. 25) eine Entladung stattfindet. Teilchen, die gleichzeitig mehrere Zählrohre durchsetzen, werden unterdrückt. Diese Anordnung findet u. a. dann Verwendung, wenn der Leereffekt eines Zählrohres möglichst klein gehalten werden soll (11, 56). Das zentrale Zählrohr A ist von einem Mantel von Schutzzählrohren umgeben, die in Antikoinzidenz geschaltet sind. Durchdringende Strahlung, die A erreicht, muß mindestens eines der umgebenden Zählrohre durchsetzen. Auf diese Weise kann fast ausschließlich weiche Strahlung einer im Inneren von A befindlichen Strahlenquelle ohne den störenden Leereffekt der kosmischen Strahlung registriert werden. Diese Methode findet besonders bei Messungen schwacher Intensitäten, z. B. bei der C-14-Messung nach LIBBY (11, 38) Anwendung.

Literatur 1.

(1) ALDER, F., E. BALDINGER, P. HUBER u. E. METZGER, Helv. Physica Acta 20, 73 (1947). — (2) BALDINGER, E., u. P. HUBER, Helv. Physica Acta 20, 470 (1947). — (3) BOTHE, W., Z. Physik 59, 1 (1930). — (4) BROWN, S. C., Nucleonics 2 (6), 10; 3 (2), 50; 3 (4), 46 (1948). — (5) COLLINGE, B., Proc. Physic. Soc. 63 B, 15 (1950). — (6) COOKE-YARBOROUGH, E. H., C. D. FLORIDA u. C. N. DAVEY, J. Scient. Instruments 26, 124 (1949). — (7) COOKE-YARBOROUGH, E. H., u. E. PULSFORD, Proc. Inst. Electr. Engrs. 98 (II), 191 (1951). — (8) Proc. Inst. Electr. Engrs. 98 (II), 196 (1951). — (9) COSYNS, M. G. E., Bull. techn. assoc. ing. école polytechn. Bruxelles 32, 253 (1936). — (10) CRAGGS, J. D., u. A. A. JAFFE, Physic. Rev. 72, 784 (1947). — (11) CRANE, H. R., Nucleonics 9 (6), 16 (1951). — (12) CURRAN, S. C., u. J. D. CRAGGS, Counting Tubes. London: Butterworth. 1949. — (13) CURRAN, S. C., u. E. R. RAE, J. Scient. Instruments 24, 233 (1947). — (14) CURRAN, S. C., u. T. E. STROTHERS, Proc. Cambridge Phil. Soc. 35, 654 (1939).

(15) ELLIOT, H., Proc. Physic. Soc. 62, 369 (1949). — (16) ELMORE, W. C., u. M. SANDS, Electronics. London: McGraw-Hill. 1949.

(17) FARMER, E. C., u. S. C. BROWN, Physic. Rev. 74, 902 (1948). — (18) FRIEDLAND, S. S., u. H. S. KATZENSTEIN, Rev. Sci. Instruments 24, 109 (1953). — (19) FRIEDMAN, H., Proc. Inst. Radio Engrs. 37, 791 (1949). — (20) FÜNFER, E., u. H. NEUERT, Z. angew. Physik 2, 241 (1950). — (21) Zählrohre und Scintillationszähler. Karlsruhe: Braun. 1954.

(22) GEIGER, H., u. O. KLEMPERER, Z. Physik 49, 753 (1928). — (23) GEIGER, H., u. W. MÜLLER, Physik. Z. 29, 839 (1928). — (24) GETTING, I. A., Physic. Rev. 53, 103 (1938). — (25) GIMENEZ, C., u. J. LABEYRIE, Nuovo Cimento 9, 169 (1952). — (26) GINRICH, N. S., R. D. EVANS u. H. EDGERTON, Rev. Sci. Instruments 7, 450 (1936).

(27) HAINES, C. L., Rev. Sci. Instruments 7, 411 (1936). — (28) DEN HARTOG, H., Nucleonics 5 (3), 33 (1949). — (29) DEN HARTOG, H., u. F. A. MÜLLER, Physica 16, 17 (1950). — (30) HILL, I. M., u. I. V. DUNWORTH, Nature 158, 833 (1946). — (31) HODSON, L. A., J. Scient. Instruments 25, 11 (1948). — (32) HUBER, P., F. ALDER u. E. BALDINGER, Helv. Physica Acta 19, 204 (1949).

(33) KORFF, S. A., Rev. Mod. Physics 14, 1 (1942). — (34) Electron and Nuclear Counters. New York: Van Nostrand Company. 1946. — (35) KORFF, S. A., u. R. D. PRESENT, Physic. Rev. 65, 274 (1948).

(36) LAMB, J., u. J. BRUSTMAN, Electronics 22, 92 (1949). — (37) LAUTERJUNG, K. H., Z. Naturforsch. 7 a, 344 (1952). — (38) LIBBY, W. F., Physic. Rev. 69, 671 (1940). — (39) LIEBSON, S. H., Physic. Rev. 72, 181 (1947). — (40) Physic. Rev. 72, 602 (1947). — (41) Rev. Sci. Instruments 20, 483 (1949). — (42) LIEBSON, S. H., u. H. FRIEDMAN, Rev. Sci. Instruments 19, 303 (1948).

(43) MAIER-LEIBNITZ, H., Physik. Z. 43, 333 (1942). — (44) Rev. Sci. Instruments 19, 500 (1948). — (45) MEUNIER, R., M. BONPAS u. J. P. LEGRAND, J. physique Radium 14, 630 (1953). — (46) MONTGOMERY, C. G., u. D. D. MONTGOMERY, Physic. Rev. 57, 1030 (1940). — (47) J. Franklin Inst. 231, 447 (1941). — (48) J. Franklin Inst. 231, 509 (1941). — (49) MUELHAUSE, C. O., u. H. FRIEDMAN, Rev. Sci. Instruments 17, 506 (1946).

(50) NEHER, H. V., u. W. W. HARPER, Physic. Rev. 49, 940 (1936). — (51) NEHER, H. V., u. W. H. PICKERING, Physic. Rev. 53, 316 (1938).

(52) PAETOW, H., Z. Physik 111, 770 (1938). — (53) PONTECORVO, B., Helv. Physica Acta 23, 97 (1950). — (54) PORTER, W. C., u. W. E. RAMSEY, J. Franklin Inst. 254, 153 (1952). — (55) PRESENT, R. D., Phys. Rev. 72, 243 (1947). — (56) PUTMAN, J. L., J. Scient. Instruments 26, 198 (1949).

(57) RAMSEY, W. E., Physic. Rev. 58, 476 (1940). — (58) Physic. Rev. 57, 1022 (1940). — (59) ROSE, M. E., u. S. A. KORFF, Physic. Rev. 59, 850 (1941). — (60) ROSSI, B., Nature 125, 636 (1930). — (61) ROSSI, B., u. H. STAUB: Ionisation Chambers and Counters. London: McGraw-Hill. 1949. — (62) ROTBLAT, J., E. A. SAYLE u. D. G. THOMAS, J. Scient. Instruments 25, 1 (1948). — (63) RUTHERFORD, E., u. H. GEIGER, Proc. Roy. Soc. London A 81, 141 (1908).

(64) SCARROTT, G. G., Progr. Nuclear Physics 1, 73 (1950). — (65) SIMPSON, J. A., jr., Physic. Rev. 66, 39 (1944). — (66) Rev. Sci. Instruments 18, 884 (1947). — (67) SMITH, P. B., Rev. Sci. Instruments 19, 453 (1948). — (68) STEVER, H. G., Physic. Rev. 59, 765 (1941). — (69) Physic. Rev. 61, 38 (1942). — (70) STRONG, J., Mod. Phys. Laboratory Practice. Glasgow: Blackie. 1945.

(71) Taylor, D., Congress Instr. Measurements. Stockholm. 1949. — (72) Trost, A., Physik. Z. 801 (1935). — (73) Physik. Z. **105**, 399 (1937). — (74) Z. Physik **117**, 257 (1941). — (75) Z. angew. Phys. **2**, 286 (1950).
(76) Wilkening, M. H., u. W. R. Kanne, Physic. Rev. **62**, 543 (1942). — (77) Wilkinson, D. H., Ionisation Chambers and Counters. Cambridge: University Press. 1950. — (78) Wilkinson, D. H., Physic. Rev. **74**, 1417 (1948).

2. Zählrohrformen im Zusammenhang mit ihrer Anwendung.

Die geschilderte Grundform des Zählrohres kann, je nach der Gattung und der Durchdringungsfähigkeit der vorliegenden Strahlung und nach der Art des behandelten Problems, in verschiedenen Ausführungsformen hergestellt werden. Besonders die Messung sehr weicher β-Strahlung erfordert gewisse Maßnahmen, die in diesem Kapitel erwähnt werden sollen.

Bei der Wahl der Zählrohrtype werden vor allem folgende Gesichtspunkte ausschlaggebend sein: Erstens wird man bestrebt sein, bei einer gegebenen Aktivität eines Präparates möglichst hohe Zählraten zu erhalten. Je größer die Zahl der Teilchen ist, die pro Zeiteinheit gemessen werden kann, desto kürzer ist die Zeit, die zur Ausführung der Messung benötigt wird, um eine vorgegebene Genauigkeit zu erreichen (vgl. dazu Abschn. 3, statistische Schwankungen). Anderseits soll die pro Minute das Zählrohr erreichende Teilchenzahl auch keinen zu hohen Wert ergeben. Je nach der verwendeten Zählapparatur ergibt sich das Auflösungsvermögen der Anordnung, das eine obere Grenze für die pro Zeiteinheit meßbare Teilchenzahl darstellt. Bei höheren Teilchenzahlen wird man zweckmäßig eine andere Methode zur Bestimmung der Aktivität wählen, und zwar, je nach der Art des vorliegenden Problems, die Messung des durch die Strahlung erzeugten Ionisationsstroms (vgl. I. Ionisationskammern) oder einen Proportionalzähler bzw. einen Szintillationszähler verwenden, deren Impulse bedeutend kürzerfristig sind als Zählrohrimpulse (vgl. Abschn. 1, b).

Als dritter Gesichtspunkt bei der Wahl einer geeigneten Meßanordnung mag wohl gelten, daß der Aufwand an Meßapparaturen nicht viel größer sein soll, als es zur Lösung des betreffenden Problems nötig ist.

a) GEIGER-MÜLLER-Zählrohre.

α) Mantelzählrohr.

Die im Handel erhältlichen Zählrohre unterscheiden sich in erster Linie durch ihre Wandstärke, wobei nicht näher bezeichnete γ-*Zählrohre* (billigste Type) die dickste Wand besitzen und daher für β-Strahlung sehr unempfindlich sind. Die schlechthin als β-*Zählrohre* bezeichneten Typen sind für härtere β-Strahlung bestimmt[1]. Die empfindlichsten unter ihnen besitzen eine Wandstärke von 20 bis 30 mg/cm^2 und bestehen aus einem sehr dünnen Glasrohr, das innen mit Graphit belegt ist und so gleichzeitig den Zählrohrmantel darstellt. (Über Nachteile von Graphitzählrohren s. Abschn. 3, f: Warming-up-Effekt). Bei Messung schwacher Aktivitäten mit zylinderförmigen Zählrohren erreicht man die beste Zählausbeute, wenn man in der Lage ist, die Probe z. B. auf ein Filterpapier aufzutragen, das um das Zählrohr gewickelt werden kann.

Der Messung von γ-Strahlen mit dem Zählrohr sind gewisse Grenzen gesetzt, da elektromagnetische Strahlung bekanntlich im Zählrohr nicht direkt wirksam wird, sondern erst durch die von ihr ausgelösten Sekundärelektronen. Die Zahl der auftretenden Sekundärelektronen hängt, abgesehen von der Energie der Strahlung, von der Ordnungszahl des Absorbermaterials (Zählrohrmantel, da

---

[1] Über Absorbierbarkeit von β-Strahlung verschiedener Energie vgl. Tab. 8.

die Absorption der γ-Strahlung im Füllgas hier nur wenig ausmacht) und von der Größe der Fläche des Zählrohrmantels ab. Es wurden daher Rohre mit feinmaschiger, gitterförmiger Kathode entwickelt oder man verwendet Blei als Material für den Zählrohrmantel. Die Ansprechwahrscheinlichkeit (s. Abschn. 3, d) von Bleimantelzählrohren für γ-Strahlen mittlerer Energie ist laut Angabe der Herstellerfirma etwa 5mal so groß als für Rohre von gleicher Größe, bei denen Graphitkathoden verwendet wurden. Weitere Angaben über Zählrohre besonders hoher γ-Empfindlichkeit siehe (2, 3, 10, 13, 18).

β) Glockenzählrohr.

Für die Messung weicher Strahlung eignen sich besonders Glockenzählrohre (Abb. 26) mit sehr dünnen Glimmerfenstern (1 bis 2 mg/cm²). Hier ragt der Zähldraht, der aus Gründen des elektrischen Feldes an einem Ende mit einem Glaskügelchen versehen ist, nur von der einen Seite in das Rohr hinein, während die andere Seite mit einer dünnen Folie verschlossen ist, so daß auch energiearme Strahlung in das Innere gelangen kann. Glockenzählrohre haben den Vorteil einer bequemen und leicht reproduzierbaren geometrischen Anordnung. Sie gestatten eine gute Lokalisierung kleiner, flächenhaft aus-

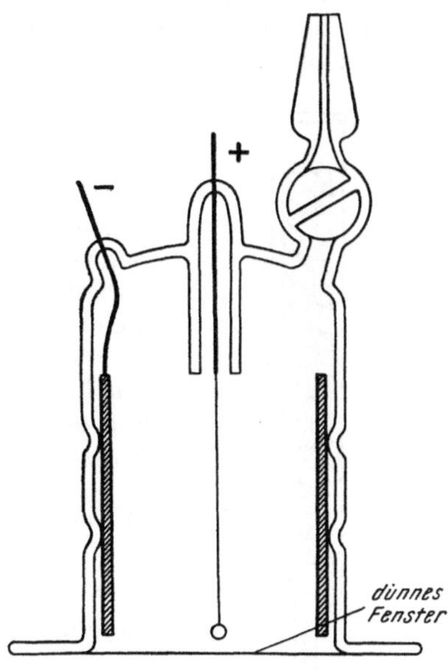

Abb. 26. Glockenzählrohr.

gebreiteter Aktivitäten (z. B. radioaktive Papierchromatographie) und können mit dickeren Wandstärken gebaut werden, wodurch in vielen Fällen von der Verwendung eines Bleipanzers zur Herabsetzung der Wirkung der Höhenstrahlung und von seitlich eingestreuter radioaktiver Strahlung abgesehen werden kann.

Dünnfenstrige Glockenzählrohre gestatten auch die Registrierung von α-*Strahlen* (Glimmer von 2 mg/cm² Stärke besitzt ein Luftäquivalent für α-Strahlen von 13,3 mm), jedoch sind exakte Messungen von α-Strahlen mit Zählrohren nur unter gewissen Voraussetzungen möglich. Zufolge der um Größenordnungen höheren Ionendichte der α-Strahlen kann der Entladungsvorgang im Zählrohr anders verlaufen als für Elektronen (5, 12, 23). Zur Messung von α-Strahlen eignen sich am besten Ionisationskammern und Proportionalzähler. Auch Glockenzählrohre können für γ-Strahlen empfindlicher gemacht werden, indem man Folien

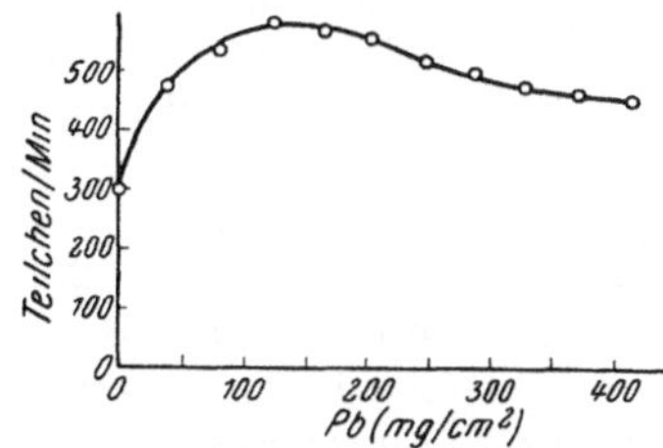

Abb. 27. Abhängigkeit der γ-Empfindlichkeit eines Glockenzählrohrs von der Dicke der dem Fenster vorgelagerten Bleifolie [nach HOECKER(11)].

aus schwererem Material unmittelbar vor dem Fenster anbringt, da auf diese Weise die Ausbeute an Sekundärelektronen bedeutend erhöht wird (11) (Abb. 27).

γ) Flüssigkeitszählrohr.

Radioaktive Flüssigkeiten werden zur Messung gewöhnlich in kleinen Schälchen unter das Zählrohr gebracht. Ist jedoch genügend Flüssigkeit vorhanden, dann kann die Aktivität auch dadurch bestimmt werden, daß das Zählrohr direkt in die Flüssigkeit eingetaucht wird. Man verwendet dazu zweckmäßig dünnwandige Glaszählrohre, deren elektrische Zuleitungen sich nur an einem

Ende des Rohres befinden, während das andere Ende glatt abgeschmolzen ist (*Tauchzählrohr*). Dazu ist jedoch das Flüssigkeitsvolumen zu bestimmen, dessen Strahlung das Zählrohr erreichen kann und daher für die Messung in Betracht kommt. Es ist zweckmäßig, für solche Messungen immer dasselbe Gefäß zu verwenden, das stets bis zu einer markierten Höhe mit Flüssigkeit zu füllen ist und in dessen Mitte das Zählrohr eintaucht. Auf diese Weise wird stets das gleiche Flüssigkeitsvolumen zur Messung herangezogen, wodurch Vergleichsmessungen ermöglicht werden. Die Anordnung kann mit einer Standardflüssigkeit bekannter Aktivität geeicht werden. Die von Veall (27) angegebene Form des Flüssigkeitszählrohres vermeidet alle Schwierigkeiten, die sich gegebenenfalls aus diesem Meßverfahren ergeben können, dadurch, daß der Behälter für die aktive Flüssigkeit bereits an das Zählrohr angeschmolzen ist (Abb. 28). Dieses Rohr eignet sich besonders für die routinemäßige Aktivitätsbestimmung von Flüssigkeiten. Es hat den Vorteil, daß verhältnismäßig kleine Mengen der Flüssigkeit für die Messung benötigt werden.

Abb. 28. Flüssigkeitszählrohr nach Veall (27).

δ) Zählrohre, bei denen sich die aktive Probe im Inneren des Rohres befindet.

Von allen weiteren Zählrohrformen seien vor allem diejenigen erwähnt, mit deren Hilfe besonders weiche β-Strahlen gemessen werden können. Die Zählausbeute verbessert sich bedeutend, wenn man die Probe in das Innere des Zählrohres einbringt, da selbst dünne Glimmerfenster bereits einen namhaften Teil der weichen β-Strahlung absorbieren (vgl. Tab. 8) und auch der Faktor der geometrischen Ausbeute (s. Abschn. 3) auf diese Weise nahezu gleich 1 gemacht werden kann. Je nach dem vorliegenden Problem kann eine der folgenden Methoden zur Messung extrem weicher β-Strahlung herangezogen werden: 1. Die Probe wird auf die Innenseite des Zählrohrmantels aufgetragen. Das Zählrohr muß zu diesem Zwecke so konstruiert sein, daß es sich leicht auseinandernehmen läßt. Diese Methode eignet sich z. B. für C-14-Bestimmungen [Libby (17), Crane (4)], wobei der Kohlenstoff in fester Form vorliegen muß. Da auf diese Weise größere Mengen des Probenmaterials zur Messung herangezogen werden als bei den bisher beschriebenen Verfahren, gelingt es, C-14-Proben sehr geringer Konzentration zu erfassen. Die Absorption der Strahlung innerhalb des Präparats (Selbstabsorption, s. Abschn. 3, e) begrenzt die Menge des Materials, die bei einer gegebenen Oberfläche des Zählrohrmantels noch sinnvoll für die

Tabelle 8. *Anteil der bei verschiedenen Wandstärken durchgelassenen β-Strahlung verschiedener Härte* [nach Taylor (24)].

Isotop	Maximalenergie in MeV	Durchgelassener Strahlungsanteil in %			
		Wandstärke			
		30 mg/cm²	20 mg/cm²	7 mg/cm²	3 mg/cm²
C-14	0,15	0,01	0,24	12	40
F-18	0,70	34,6	49,2	78	89
C-11	0,95	49,2	62,4	84,8	93
P-32	1,69	72	80,3	92,6	96
K-42	3,5	88,3	92	97	98

Messung verwendet wird, wenn nämlich die Schichtdicke der Probe einen Wert erreicht hat, nach dessen Überschreiten keine Steigerung der Aktivität mehr erzielt wird (β-satte Schicht). Diese Methode findet besonders bei der Altersbestimmung abgestorbener organischer Substanz Anwendung. 2. Die Probe wird in Gasform dem Füllgas des Zählrohres beigemengt, bzw. direkt als Füllgas verwendet ($^{14}CO_2$). Gaszählrohre eignen sich besonders zur Messung von Tritium und C-14. Bei diesem Meßverfahren fällt die Vorabsorption und die Selbstabsorption der Strahlung im Präparat vollständig weg und auch die geometrische Ausbeute beträgt nahezu 100%. Die Gasmenge, die maximal in das Zählrohr eingebracht werden kann, setzt die Grenze für die spezifische Aktivität eines Präparats, die auf diesem Wege noch meßbar ist.

ε) Durchflußzählrohr.

Einen Nachteil der beiden eben geschilderten Methoden bildet der Umstand, daß das Zählrohr für jede einzelne Probe geöffnet bzw. frisch gefüllt werden muß, was überdies sehr genaue Leerwertbestimmungen vor und nach der Messung der einzelnen Proben erfordert. Diesen Nachteil vermeidet das Durchflußzählrohr (25, 6), das bei Atmosphärendruck arbeitet und kein Fenster besitzt. Das Präparat wird in fester Form in das Zählrohr eingebracht und das Füllgas in dauerndem Durchfluß durch das Zählrohr geleitet. Die geometrische Ausbeute beträgt hier nur halb so viel als im Falle des Gaszählrohres, doch stellt auch dies noch eine sehr gute Zählausbeute dar. C-14-, S-35- oder Ca-45-Proben werden zweckmäßig auf diese Art gemessen. Läßt man 99% Helium mit einem Zusatz von 1% Isobutan durchströmen, so kann das Zählrohr bei etwa der gleichen Spannung betrieben werden wie ein mit Argon gefülltes, abgeschlossenes Zählrohr gleicher Größe (26). Benützt man billigere Gasgemische (z. B. mit einem Hauptanteil an Methan), so werden wegen des hohen Druckes, je nach dem Durchmesser des Zähldrahtes, Spannungen bis zu 1000 V/cm benötigt. Ungünstig wirkt auch das vermehrte Auftreten von Nachentladungen und Fehlzählungen im Durchflußzählrohr, wenn es im GEIGER-Bereich betrieben wird, die einesteils durch Verunreinigungen im Gas [negative Ionen, (19)], andernteils durch scharfe Spitzen und Kanten am Präparat hervorgerufen werden können. Der Gasstrom muß vor jeder Messung eine gewisse Zeit lang eingeschaltet gewesen sein, damit Zählrohr und Präparat von störenden Fremdgasresten möglichst frei sind. Erfahrungsgemäß (12, 26, 24) arbeitet der Durchflußzähler im Proportionalbereich störungsfreier und verläßlicher als im GEIGER-Bereich (vgl. Proportionalzähler).

Abschließend läßt sich etwa folgendes sagen: Die größte Zählausbeute gewähren zweifellos jene Rohre, bei denen sich das aktive Material im Inneren des Zählrohres befindet, doch bedingt ihre Verwendung ein ziemliches Maß an Unbequemlichkeit bei der Messung. Das Durchflußzählrohr ist zwar etwas einfacher in der Handhabung, doch liefert es kleinere Ausbeuten und sein Betrieb erfordert einen höheren Kostenaufwand. Im allgemeinen ist zu empfehlen, wenn es das Problem nur irgendwie zuläßt, mit abgeschmolzenen Zählrohren zu arbeiten. Über weitere Zählrohrformen, die speziellen Problemen angepaßt sind, vgl. FRIEDMAN (7).

b) Der Proportionalzähler.

Da der Proportionalzähler für mikrochemische Probleme von geringerer Bedeutung ist, soll hier nur kurz darauf eingegangen werden. Sein Aufbau unterscheidet sich nicht wesentlich von dem des GEIGER-MÜLLER-Zählrohres, doch werden im allgemeinen andere Füllgase verwendet (z. B. Methan oder Argon) (1, 14). Wie schon erwähnt, wird der Proportionalzähler in einem Spannungsbereich betrieben, der unter dem Geiger-Bereich liegt. Die Größe der Impulse hängt von der angelegten Spannung ab und ist bis zu einem bestimmten kritischen Wert der Spannung der Zahl der primär entstandenen Ionenpaare proportional (Proportionalbereich). Diese Impulse können mit einer Zählapparatur registriert werden, ähnlich der, die im vorigen Kapitel beschrieben wurde, doch muß dabei die in diesem Falle nötige höhere Voltverstärkung berücksichtigt werden. Bei manchen Problemen ist es wünschenswert, die Größe der einzelnen Impulse zu kennen. In solchen Fällen verwendet man den Proportionalzähler zusammen mit einem Proportionalverstärker mit Diskriminator oder Impulsanalysator (22, 28). Die Möglichkeit der Bestimmung der Impulsgrößen macht den Proportionalzähler zu einem wichtigen Instrument für kernphysikalische Untersuchungen. Im Bereich der Mikrochemie findet der Proportionalzähler vorzugsweise als Durchflußzähler bei der Messung von α-Strahlern und sehr weichen β-Strahlern Verwendung.

Näheres über den Proportionalzähler siehe (8, 9, 14, 15, 16, 20, 21, 29).

Literatur 2.

(1) Bernstein, W., u. R. Ballentine, Rev. Sci. Instruments 20, 347 (1949). — (2) Bradt, H., P. C. Gugelot, O. Huber, H. Medicus, P. Preiswerk und P. Scherrer, Helv. Physica Acta 19, 47 (1946). — (3) Brown, S. C., Nucleonics 2 (6), 10, 3 (2), 50, 3 (4), 46 (1948).

(4) Crane, H. R., Nucleonics 9 (6), 16 (1951). — (5) Curran, S. C., u. E. R. Rae, J. Scient. Instruments 24, 233 (1947).

(6) Emmons, A. H., u. J. A. Norton, Nucleonics 11 (12), 58 (1953).

(7) Friedman, H., Proc. Inst. Radio Engrs. 37, 791 (1949). — (8) Fünfer, E., u. H. Neuert, Naturwiss. 37, 231 (1950). — (9) Zählrohre und Scintillationszähler. Karlsruhe: Braun. 1954.

(10) Graf, T., Rev. Sci. Instruments 21, 285 (1950).

(11) Hoecker, F. E., Nucleonics 11 (9), 64 (1953). — (12) Huber, P., W. Hunzinger u. E. Baldinger, Helv. Physica Acta 20, 525 (1947).

(13) Jurney, E. T., u. F. Maienschein, Rev. Sci. Instruments 20, 932 (1949).

(14) Koester, L., u. H. Maier-Leibnitz, Sitz.-Ber. Heidelberger Akad. Wiss. 1951, Abh. 5. — (15) Korff, S. A., Rev. Mod. Physics 14, 1 (1942). — (16) Electron and Nuclear Counters. New York: Van Nostrand Company. 1946.

(17) Libby, W. F., Physic. Rev. 46, 196 (1934).

(18) Maier-Leibnitz, H., Z. Naturforsch. 1, 243 (1946). — (19) Montgomery, C. G., u. D. D. Montgomery, Rev. Sci. Instruments 18, 411 (1947).

(20) Pontecorvo, B., Helv. Physica Acta 23, 97 (1950).

(21) Rose, M. E., u. S. A. Korff, Physic. Rev. 59, 850 (1941).

(22) Scarrott, G. G., Progr. Nuclear Physics 1, 73 (1950). — (23) Simpson, I. A., Rev. Sci. Instruments 18, 884 (1947).

(24) Taylor, D., Measurements of Radio Isotopes. London: Methuen. 1951. — (25) Thomas, H. C., u. N. Underwood, Rev. Sci. Instruments 19, 637 (1948). — (26) Tracerlog, Nr. 29, Sept. 1950.

(27) Veall, N., Brit. J. Radiol. 21, 347 (1948).

(28) West, D., Progr. Nuclear Physics 3, 18 (1953). — (29) Wilkinson, D. H., Ionisation Chambers and Counters. Cambridge: University Press. 1950.

3. Auswertung der Messungen.

Die Ausführungen dieses und des folgenden Kapitels sollen den Leser in die Lage versetzen, Messungen mit Hilfe von Zählrohren auszuführen, die Meßresultate richtig auszuwerten und mögliche Fehlerquellen zu vermeiden. Die Grundgesetze des radioaktiven Zerfalls werden als bekannt vorausgesetzt [Meyer

u. SCHWEIDLER (37), RUTHERFORD, CHADWICK u. ELLIS (48), M. CURIE (9) oder
HEVESY u. PANETH (23)] und nur so weit erwähnt, als für den Zusammenhang
nötig ist. Eine ausführliche Besprechung einzelner Probleme, die für die Auswertung von Zählrohrmessungen von Bedeutung sind, findet sich im Abschn.
„Counting Techniques" im 1. Band von CORYELL und SUGARMAN (5).

a) Einfluß des radioaktiven Zerfalls.

Bekanntlich vollzieht sich der radioaktive Zerfall nach den Gesetzen der
Wahrscheinlichkeit und wird durch folgende Gleichung dargestellt:

$$\frac{dN}{dt} = - \lambda\, N. \tag{1}$$

Dabei ist N die Anzahl der Atome der radioaktiven Substanz, $\dfrac{dN}{dt}$ ist die Zahl
der pro Zeiteinheit zerfallenden Atome, λ ist die Zerfallskonstante. Sie ist ein
Charakteristikum für das jeweilige radioaktive Isotop. Gl. (1) besagt, daß die
Zahl der pro Zeiteinheit zerfallenden Atome und damit die Aktivität der beobachteten Substanz der Zahl der vorhandenen Atome proportional ist.

Durch Integration und Antilogarithmieren von Gl. (1) erhält man

$$N = N_0\, e^{-\lambda t}. \tag{2}$$

N_0 bedeutet die zur Zeit $t = 0$ vorhandene Anzahl radioaktiver Atome.

An Stelle von λ kann auch die Halbwertszeit T zur Charakterisierung einer
radioaktiven Substanz herangezogen werden; das ist die Zeit, in der eine gegebene
Menge der betreffenden Substanz zur Hälfte zerfallen ist ($N_T = N_0/2$). Sie
berechnet sich aus Gl. (2).

$$T = \frac{1}{\lambda}\ln 2 = \frac{0{,}693}{\lambda}. \tag{3}$$

Vor die Aufgabe, die Halbwertszeit zu bestimmen, kann der Mikrochemiker
oftmals bei der Identifizierung einer Substanz gestellt sein. Zu diesem Zweck
muß die Aktivität der betreffenden Substanz zu verschiedenen Zeitpunkten
bestimmt werden. Trägt man den Logarithmus der gemessenen Aktivität gegen t
auf, so ergibt sich, dem Exponentialgesetz entsprechend, eine Gerade, vorausgesetzt,
daß in dem untersuchten Material nur *eine* radioaktive Substanz vorhanden ist. Die
Neigung dieser Geraden wird durch die Zerfallskonstante des betreffenden Materials
bestimmt. Vorzugsweise verwendet man hierfür halblogarithmisches Papier, auf dem
man die zu bestimmten Zeiten t gemessenen Aktivitätswerte aufträgt. Setzt man
die zur Zeit $t = 0$ gegebene Aktivität gleich 100%, so läßt sich aus der Zeichnung
leicht die Zeit T ablesen, zu der nur mehr 50% der Ausgangsaktivität vorhanden
sind (Abb. 29). Umgekehrt läßt sich aus diesem Diagramm bei bekannter Halbwertszeit und bekannter Ausgangsaktivität diejenige Menge der betrachteten
Substanz ablesen, die nach einer bestimmten Zeit noch vorhanden ist. Sind
in der untersuchten Probe zwei oder mehrere radioaktive Substanzen vorhanden,
so ergibt der Logarithmus der zu verschiedenen Zeiten gemessenen Aktivitäten
eine von der Geraden abweichende Kurve, die erst nach einiger Zeit in eine
Gerade übergehen kann. Wie dann die Bestimmung der Halbwertszeiten vor sich
geht, vgl. S. 29 des vorliegenden Bandes dieses Handbuches.

Ist in der betrachteten Probe eine Muttersubstanz zusammen mit einem oder
mehreren ihrer Zerfallsprodukte vorhanden, dann zeigt die gemessene Abfallskurve ein anderes Bild, das aber von Fall zu Fall, je nach den Halbwertszeiten
der auftretenden radioaktiven Isotope, sehr verschieden sein kann.

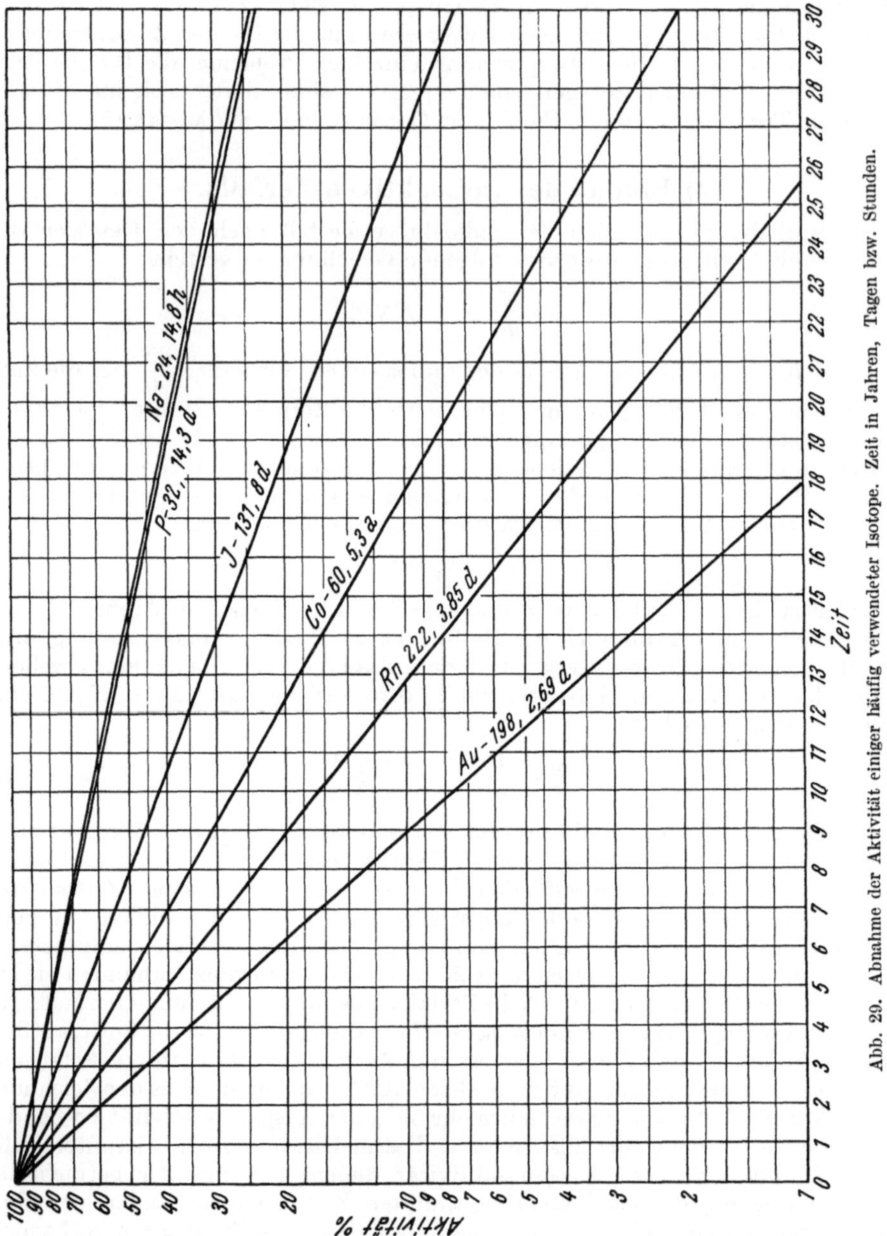

Bei kurzen Halbwertszeiten kann es vorkommen, daß der während der Messung stattfindende radioaktive Zerfall der Probe bereits bewirkt, daß die Meßresultate zu klein ausfallen. Die Größe der benötigten Korrektur zeigt Tab. 9 (53).

τ bedeutet die Zeitdauer einer Messung. Man sieht, daß bei einem Verhältnis von $\tau : T = 1 : 10$ die Meßwerte bereits um $3{,}7\%$ korrigiert werden müssen. Bei kleineren Korrekturwerten genügt es jedoch im allgemeinen, als mittleren Zeitpunkt der Messung $t + \dfrac{\tau}{2}$ einzusetzen und jede weitere Korrektur zu vernachlässigen.

b) Einfluß der statistischen Verteilung der radioaktiven Vorgänge.

Tabelle 9. *Korrektur der Meßresultate bei kurzlebigen Strahlern* [TAYLOR (53)].

τ ausgedruckt in $\%$ von T	Korrektur in $\%$
0,5	0,17
1,0	0,34
1,5	0,52
2,0	0,69
5,0	1,73
10	3,57

Die mathematische Formulierung des auf empirischem Wege gefundenen radioaktiven Zerfallsgesetzes $N_t = N_0\, e^{-\lambda t}$ stellt naturgemäß, schon wegen der Ganzzahligkeit von N_t nur einen Näherungswert dar. Das Gesetz bedeutet den theoretischen Sollwert, um den die zum Zeitpunkt t tatsächlich vorhandene Zahl der radioaktiven Atome beliebig schwankt. Die wahrscheinlichste Größe dieser Schwankungen kann aus den bekannten Gesetzen der Wahrscheinlichkeitsrechnung vorausgesagt werden. Nach SCHWEIDLER (49) beträgt die *mittlere absolute Zerfallsschwankung*

$$\zeta = \sqrt{Z}, \tag{4}$$

wobei Z den *theoretischen Wert* für die Anzahl derjenigen Atome bedeutet, die innerhalb einer Zeit t aus einer vorgegebenen Menge von N radioaktiven Atomen zerfällt. Die *mittlere relative Zerfallsschwankung* ε, d. h. die Schwankung eines einzelnen Meßresultats gegenüber dem zu erwartenden Z, beträgt

$$\varepsilon = \frac{1}{\sqrt{Z}}. \tag{5}$$

In der Literatur findet man häufig den Begriff der *Standardabweichung* (33, 39), die ein Maß ist für die Verteilung einzelner Meßresultate um ihren arithmetischen Mittelwert $\overline{A}$. Ist die Intensität der Strahlung während der Zeit der Beobachtung konstant, dann beträgt die Standardabweichung definitionsgemäß (24, 53)

$$\varDelta = \left[\frac{1}{l\,(l-1)} \sum_{i=1}^{l} (A_i - \overline{A})^2\right]^{\frac{1}{2}}. \tag{6}$$

A_i ($i = 1$ bis l) sei dabei eine Reihe von Meßresultaten über l gleiche Zeitintervalle. Erfolgt der Eintritt der gezählten Ereignisse zufällig *(statistische Verteilung)*, so gilt für die Verteilung der Schwankungen der A_i das POISSONsche Verteilungsgesetz; dann ergibt sich als Standardabweichung für die gesamte Meßreihe

$$\varDelta' \cong \sqrt{\frac{\Sigma A_i}{l}} = \sqrt{L}, \tag{7}$$

wobei L die Summe aller Meßresultate bedeutet.

Da Übereinstimmung von $\varDelta$ und $\varDelta'$ nur bei statistisch verteilten Ereignissen gegeben ist, können Gl. (6) und Gl. (7) als Test für das richtige Funktionieren der Zählanordnung verwendet werden. Z. B. bewirken regelmäßig auftretende Störungen im elektronischen Teil der Anordnung, die mitregistriert werden und die Messung verfälschen, daß $\varDelta$ und $\varDelta'$ verschiedene Werte ergeben.

An Stelle der Standardabweichung $\varDelta$ kann auch der *wahrscheinlichste Fehler* p als Fehlergrenze angegeben werden:

$$p = 0{,}674\,\varDelta' = 0{,}674 \cdot \sqrt{L}. \tag{8}$$

Diese Fehlergrenze besagt, daß die Wahrscheinlichkeit dafür, daß der tatsächliche Fehler größer oder kleiner ist als p, jeweils $\dfrac{1}{2}$ beträgt.

Eine ausführliche Besprechung der statistischen Theorie, angewandt auf Zählrohrprobleme, geben Albert und Nelson (1). Vgl. ferner (8, 15, 24, 28, 30, 36).

c) Leerwert.

Die statistischen Schwankungen der Meßwerte setzen der erreichbaren Meßgenauigkeit eine Grenze. Dies macht sich besonders dann bemerkbar, wenn Meßwert und Leereffekt sich nur wenig voneinander unterscheiden.

Jedes Zählrohr besitzt einen Null- oder Leereffekt, d. h. es werden auch bei Abwesenheit der Strahlenquelle Impulse registriert. Diese stammen aus der Höhenstrahlung, aus der allgemeinen natürlichen radioaktiven Verseuchung (Allgegenwartskonzentration von Radium, etwa 10^{-15} g Ra/g), oder von unter Umständen unvermeidlich in der Nähe befindlichen Strahlenquellen (Zyklotron, Röntgenapparaturen usw.). Ein Teil dieser Strahlung läßt sich durch Verwendung eines Bleipanzers um das Zählrohr unterdrücken; in besonderen Fällen kann man durch einen Kranz von Schutzzählrohren, die mit dem eigentlichen Meßzählrohr in Antikoinzidenz (s. Abb. 25) geschaltet sind, den störenden Leereffekt herabmindern. Die Größe des Nulleffekts ist u. a. annähernd der Größe des Zählvolumens des verwendeten Rohres proportional.

Der Leereffekt muß bei jeder Meßserie bestimmt und von dem Meßresultat abgezogen werden. Es empfiehlt sich, besonders bei lang dauernden Messungen, den Leerwert mehrmals auch während der Messung festzustellen, wodurch man eine Kontrolle erhält, daß keine Meßfehler durch Verseuchung oder Störungen im Zählrohr oder im Zählgerät entstanden sind.

Da auch die im Leereffekt auftretenden Impulse statistisch verteilt sind, berechnet sich der mittlere Fehler hier in der gleichen Weise wie für die eigentlichen Meßwerte. Bei der Bestimmung der Fehlergrenze einer Messung muß auch die statistische Schwankung des Nulleffekts berücksichtigt werden. Die Standardabweichung für die Summe zweier Meßserien ist die Wurzel aus der Summe der Quadrate der Standardabweichungen der einzelnen Meßserien

$$\varDelta = \sqrt{\varDelta_1{}^2 + \varDelta_2{}^2} \tag{9}$$

oder nach Einsetzen der Gl. (7)

$$\varDelta \cong \sqrt{L_1 + L_2}. \tag{10}$$

L_1 sei hier die Gesamtsumme der gezählten Teilchen, während L_2 die Summe aller Leerwertbestimmungen bedeutet.

Bei schwachen Aktivitäten kann der Nulleffekt unter Umständen ein Vielfaches des eigentlichen Meßwertes betragen. Es ist leicht einzusehen, daß dann selbst bei sehr langen Meßserien die Standardabweichung einen hohen Prozentsatz des Meßwertes ausmacht. Hat z. B. die Bestimmung des Nulleffekts $L_2 = 10000$ Impulse, die Differenz von Meßwert und Leerwert jedoch nur um 1000 Impulse mehr ergeben, dann ist $\varDelta = \sqrt{21000} \cong 145$; mit anderen Worten, trotz der großen Zahl der registrierten Teilchen bewirkt die statistische Schwankung eine Fehlergrenze von 14,5% (30).

d) Zählrohrausbeute.

Die an einer Zählanordnung pro Zeiteinheit registrierte Zahl der Impulse (A') ist der Zahl der vom Präparat ausgesandten Strahlen (A) proportional.

$$A' = q \cdot A. \tag{11}$$

Eine genauere Bestimmung von q wird nur dann notwendig, wenn Absolutmessungen der Aktivität durchgeführt werden sollen. Dies ist jedoch in den seltensten Fällen nötig. Im allgemeinen bestimmt man die Aktivität einer Probe durch Vergleichsmessungen mit einem Präparat bekannter Aktivität, wobei sehr genau darauf zu achten ist, daß *q für beide Messungen denselben Wert besitzt.* Das heißt, man vergleicht die beiden Präparate zweckmäßig in einer Standardanordnung, die für beide Messungen unverändert beibehalten wird. Da als Standardpräparat naturgemäß dasselbe Isotop herangezogen werden muß wie dasjenige, das in der Probe gemessen werden soll, stößt man unter Umständen, besonders bei kurzlebigen Substanzen, bei der Beschaffung eines Standards auf Schwierigkeiten. Manche Isotopenlieferanten haben sich auf die Lieferung von Standards, zum Teil auch für kurzlebige Substanzen, eingestellt, die zur Eichung einer Meßanordnung verwendet werden können. In den Zählfaktor q geht die *geometrische Ausbeute* des Zählrohres ein, die *Empfindlichkeit* (Ansprechwahrscheinlichkeit) des Zählrohres gegenüber der betreffenden Strahlung und der Einfluß von *Absorption* und *Streuung* auf die Strahlung, bevor diese in das Innere des Zählrohres eintritt. Man kann daher schreiben

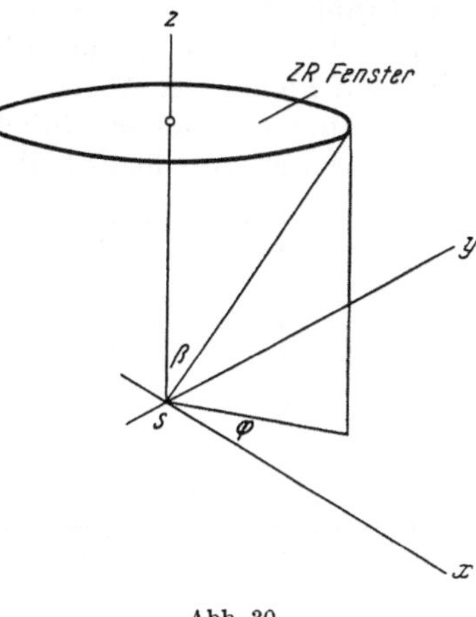

Abb. 30.

$$q = q_g \cdot q_e \cdot q_a. \qquad (12)$$

q_g, *der geometrische Faktor*, bedeutet den durch den Raumwinkel zwischen Präparat und Zählrohr bestimmten Anteil der Strahlung, die in den empfindlichen Teil des Zählrohres gelangen kann.

Angenommen, die Strahlenquelle S sei punktförmig, dann ergibt sich, wie aus Abb. 30 ersichtlich, für den Faktor der geometrischen Ausbeute der folgende Ausdruck:

$$\int_{\alpha=0}^{\alpha=\beta} \int_{\varphi=0}^{\varphi=\pi} \sin\alpha \, d\alpha \, d\varphi = 2\pi \int_0^\beta \sin\alpha \, d\alpha.$$

Dividiert man durch 4π, dann erhält man

$$\frac{1}{2} \int_0^\beta \sin\alpha \, d\alpha = \frac{1}{2}(1 - \cos\beta)$$

$$q_g = \frac{1}{2}(1 - \cos\beta). \qquad (13)$$

Vernachlässigt man den Einfluß von Absorption und Streuung innerhalb der Strahlenquelle und am Fenster des Zählrohres, was bei härterer Strahlung unter Umständen erlaubt ist, und setzt man die Zählrohrempfindlichkeit $q_e = 1$, was, wie später ersichtlich wird, für β-Strahler unter bestimmten Bedingungen der Fall ist, dann ist die Zählrohrausbeute allein von dem Winkel β abhängig (vgl. auch 13, 26, 41).

q_e, *die Empfindlichkeit* oder Ansprechwahrscheinlichkeit des Zählrohres ist gleich der Wahrscheinlichkeit, daß ein vom Präparat ausgesandtes Teilchen oder Photon, wenn es das Zählrohr erreicht, dort auch tatsächlich zu einer Entladung führt und registriert wird. Die Entladung kann aus folgenden Gründen unterbleiben:

a) Das Teilchen oder Photon erzeugt kein einziges Ionenpaar im empfindlichen Teil des Zählrohres.

b) Das Zählrohr wird zu einem Zeitpunkt von einem neuen Teilchen getroffen, zu dem der von dem vorhergegangenen Teilchen ausgelöste Entladungsvorgang noch nicht beendet ist (vgl. Abschn. 1).

Die Wahrscheinlichkeit, daß im Zählrohr ein Impuls ausgelöst wird, berechneten Cosyns (6) sowie Danforth und Ramsey (12). Da im Geiger-Bereich bereits ein einziges Ionenpaar genügt, eine Entladung herbeizuführen, ist diese Wahrscheinlichkeit für β-Strahlen, die den mittleren Teil eines mit Argon gefüllten Zählrohres erreichen, praktisch gleich 1.

Es ist zu beachten, daß das elektrische Feld an den Enden des Zähldrahtes abnimmt, so daß dort die Spannungsdifferenz unter die für den Geiger-Bereich nötige Spannung absinken kann (Abb. 31). Bei Messungen ist daher darauf zu achten, daß das Zählrohr von der Strahlung möglichst zentral getroffen wird.

γ-Strahlung besitzt bekanntlich ein viel geringeres Ionisationsvermögen, daher ist hier die Wahrscheinlichkeit, daß im Zählrohr eine Entladung erfolgt, bedeutend kleiner (s. Abschn. 2, a).

Die Ansprechwahrscheinlichkeit des Zählrohres für γ- und Röntgen- (K-) strahlung hängt von der Zahl der Sekundärelektronen ab, die durch die betreffende Strahlung erzeugt werden und in das Zählrohr gelangen. Diese Zahl ist stark abhängig von der Energie der betreffenden Strahlung. Im Bereich von 0,1 bis 2 MeV ist die Ansprechwahrscheinlichkeit annähernd der Energie proportional und beträgt bei 1 MeV etwa 1% (5, 7, 35). Für Energien unter 0,1 MeV ist das Verhältnis etwas günstiger, bei sehr weicher Strahlung (unter 0,04 MeV) steigt es weiter an zufolge der Absorption der Photonen im Gas des Zählrohres.

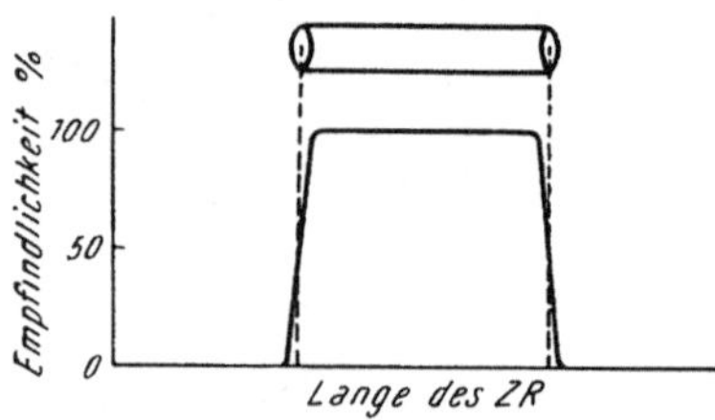

Abb. 31. Veränderung der Zählrohr-Empfindlichkeit längs des Zähldrahtes (30).

Der Zählverlust, verursacht durch das endliche Auflösungsvermögen der Zählanordnung, muß bei größeren Zählraten berücksichtigt werden (Totzeit des Zählrohres vgl. Abschn. 1, b)[1]. Eine Beschreibung der Bestimmung der Korrekturkurve einer Zählanordnung bezüglich des Auflösungsvermögens bei hohen Zählraten findet sich unter f, β dieses Abschnittes.

q_a, der *Absorptionsfaktor*, bedeutet den Einfluß der Absorption und Streuung, die die Strahlung erleidet, bevor sie in das Zählrohr eintritt. Diese kann zum Teil bereits in der Quelle selbst stattfinden (*Selbstabsorption*), zum Teil rührt sie von Absorberschichten her, die sich zwischen Präparat und Zählrohr befinden, z. B. dadurch, daß die Strahlung die Zählrohrwand oder das Fenster des Zählrohres durchsetzen muß (s. unter e).

e) Einfluß von Absorption und Streuung.

Der Vollständigkeit halber soll an dieser Stelle kurz der Einfluß der Absorption und Streuung auf Zählrohrmessungen besprochen werden. Im übrigen findet sich eine ausführliche Behandlung von Absorption, Selbstabsorption, Rückstreuung an anderer Stelle des vorliegenden Handbuchbandes (s. S. 21 ff.).

---

[1] Es sei daran erinnert, daß durch Verwendung von Löschkreisschaltungen in der Zählapparatur die Zeitdauer der Zählrohrimpulse um ein bis zwei Größenordnungen verkürzt werden kann. Solche Apparaturen haben bei Verwendung entsprechend hoher Untersetzungen ein 10- bis 100mal besseres Auflösungsvermögen. Die Totzeit verkürzt sich bei höheren Zählspannungen (41, 2). Um die Auswertung der Meßergebnisse nicht unnötig zu erschweren, soll daher das Auflösungsvermögen durch den *elektronischen* Teil der Anordnung begrenzt sein (44), indem die Zeitkonstante der Zählapparatur etwas größer als die vom Zählrohr bewirkte Totzeit gehalten wird. Eine Begrenzung des Auflösungsvermögens durch die mechanische Trägheit des Registriergerätes kann leicht vermieden werden, indem man eine genügend hohe Untersetzung wählt.

Die Größe der Absorption ist eine Funktion der Energie des jeweiligen Strahlers. Naturgemäß ist sie für β- und γ-Strahlung verschieden. Während die Energie eines γ-Quants bekanntlich in einem einzigen Absorptionsakt verbraucht wird, verlieren β-Strahlen ihre Energie in vielen Ionisationsprozessen mit kleineren Energieabgaben längs ihrer Bahn. Man kann daher für β-Strahler eine maximale Reichweite definieren, während man bei γ-Strahlern nur die Wahrscheinlichkeit berechnen kann, mit der ein Quant innerhalb einer Schicht von der Dicke d absorbiert wird.

Für *Absorptionsmessungen an β-Strahlern* eignet sich z. B. eine Anordnung, die eine annähernd punktförmige Strahlenquelle vorsieht und bei der sich der Absorber unmittelbar unter dem Zählrohr befindet [GLEASON (19)]. GLENDENIN (20) beschreibt einen anderen Weg: Hier wird das aktive Präparat in möglichst dünner Schicht auf eine größere Fläche (etwa der Größe des Zählrohrfensters vergleichbar) aufgetragen [vgl. auch (44, 45, 54)]. Der Absorber befindet sich ebenfalls dicht unter dem Fenster.

Bestimmt man mit Hilfe einer solchen Anordnung unter Verwendung verschiedener Absorberdicken die Absorptionskurve des Strahlers, so findet man, daß besonders für weiche β-Strahlen und nicht zu dicke Absorberschichten die Kurve annähernd exponentiell verläuft.

$$I/I_0 = e^{-\mu\,d}. \tag{14}$$

I_0 ist die ohne zwischengeschalteten Absorber gemessene Intensität der Quelle, d ist die Dicke des Absorbers, gemessen in cm, μ ist der lineare[1] Absorptionskoeffizient des betreffenden Materials für eine bestimmte Strahlung.

An Stelle des linearen Absorptionskoeffizienten findet man in Tabellen häufig den *Massenabsorptionskoeffizienten* $\mu_m = \dfrac{\mu}{\varrho}$. ϱ ist dabei die Dichte des Absorbers. In Gl. (14) ist dementsprechend d durch d', die *Flächendichte* des Absorbers, gemessen in mg/cm², zu ersetzen.

Der Massenabsorptionskoeffizient verändert sich wenig mit der Ordnungszahl des Absorbers. Er kann ebenso wie die *Halbwertsdicke*[2], die *Maximalenergie*, bzw. die *maximale Reichweite* zur Charakterisierung einer Strahlung herangezogen werden. (Vgl. Abb. 32 und 33, Tab. 10.) Mit dem Auslösezählrohr lassen sich Energiebestimmungen nur auf dem Wege von Absorptionsmessungen durchführen (19, 50).

Die *Reichweite* einer β-Strahlung ergibt sich durch Extrapolation der Absorptionskurve bis zu jener Absorptionsstärke, bei der die Zahl der nicht absorbierten Teilchen gleich Null wird. Für die Durchführung dieser Extrapolation werden verschiedene Wege angegeben (3, 14, 27).

Der Vergleich der Maximalenergie und der maximalen Reichweite für verschiedene β-Strahler zeigte einen Zusammenhang zwischen den beiden Größen, der von einer Reihe von Autoren für verschiedene Energiebereiche näherungsweise durch eine halbempirische Formel zu beschreiben versucht wurde (3, 14, 18, 32). Die Formulierungen weichen etwas voneinander ab. Abb. 33 zeigt die von FLAMMERSFELD angegebene Funktion (ausgezogene Kurve). Die eingezeichneten Punkte sind die Meßresultate der einzelnen Autoren. Wie man sieht, liegen sie gut auf der berechneten Kurve.

---

[1] Linear, da Gl. (14) in halblogarithmischer Darstellung eine Gerade ergibt, deren Neigung durch μ bestimmt wird.

[2] Halbwertsdicke, $d_{\frac{1}{2}}$, nennt man die Absorberdicke, welche I_0 auf $\dfrac{I_0}{2}$ herabsetzt.

Bei der Identifizierung einer radioaktiven Substanz kann neben der Bestimmung der Halbwertszeit auch die Bestimmung der Maximalenergie eine wichtige Rolle spielen. Aus Abb. 32 und 33 ist es möglich, bei bekannter Reichweite die Maximalenergie abzulesen. Feather (14) hat ein Verfahren zur Messung von Reichweiten entwickelt, bei dem eine bereits sehr genau bekannte Reichweite eines β-Strahlers zu der zu messenden Reichweite eines anderen β-Strahlers in Beziehung gesetzt wird. Dieses Verfahren beruht auf der Annahme, daß die Intensität zweier verschiedener β-Strahlenquellen durch äquivalente Absorberschichten auch auf einen äquivalenten Bruchteil herabgesetzt wird. Eine bequeme

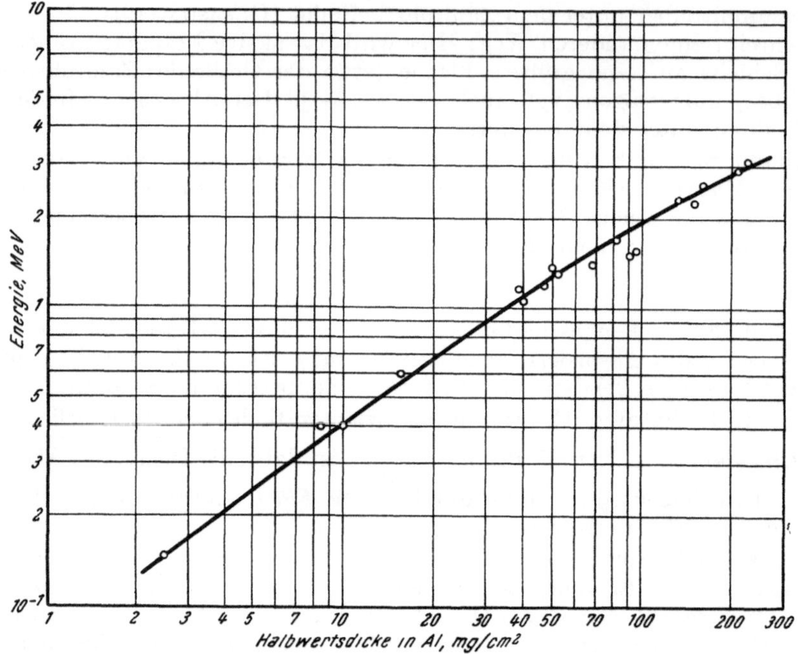

Abb. 32. Halbwertsdicke in Aluminium für verschiedene β-Energien [nach Coryell und Sugarman (5)].

Art der Energiemessung ist die Bestimmung der *Halbwertsdicke*, wodurch der zugehörige Strahler entweder unmittelbar aus Tabellen ermittelt werden kann, oder man berechnet den Massenabsorptionskoeffizienten und benutzt Tab. 10 zur Identifizierung des Strahlers.

Bisher wurde die Annahme gemacht, daß der Absorber von der Strahlung senkrecht durchsetzt wird. Diese Annahme ist berechtigt, wenn durch scharfe Ausblendung der Strahlenquelle die Absorptionsmessung mit einem nahezu parallelen Strahlenbündel ausgeführt wird. In der Praxis ist man oft gezwungen, einen breiteren Strahlenkegel zu verwenden, wobei ein namhafter Bruchteil der Strahlung den Absorber schräg durchsetzt, so daß die mittlere Dicke des Absorbers erhöht ist. Diesem Umstand muß besonders bei weicher Strahlung Rechnung getragen werden, indem in Gl. (14) als Absorberdicke die effektive Absorberdicke d_{eff} eingesetzt wird, die einen mittleren Wert darstellt. Bei nicht zu großem Raumwinkel läßt sich d_{eff} als Funktion von q_g, dem in Abschn. 4 definierten geometrischen Faktor der Anordnung, berechnen (Abb. 34) [Taylor (53)].

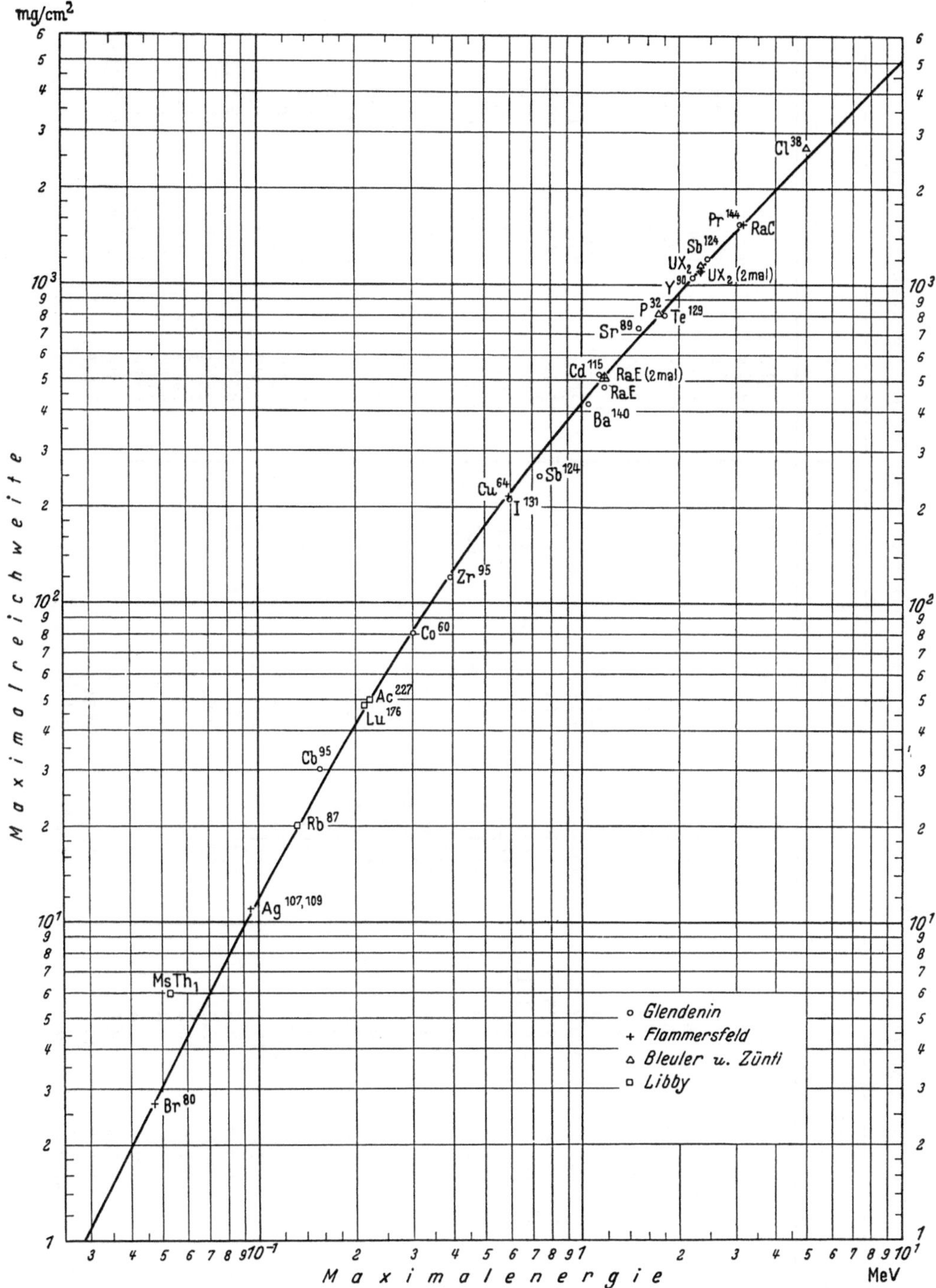

Abb. 33. Reichweite verschiedener β-Strahler als Funktion ihrer Maximalenergie [nach MEYER-SCHÜTZMEISTER (38)].

Tabelle 10. *Abhängigkeit von* $\dfrac{\mu}{\varrho}$ *von* R_{max} *für verschiedene* β-*Strahler* [*nach* MEYER-SCHÜTZMEISTER (38)].

Isotop	Halbwerts-zeit	μ/ϱ [cm²/g]	Isotop	Halbwerts-zeit	μ/ϱ [cm²/g]	Isotop	Halbwerts-zeit	μ/ϱ [cm²/g]
$^{14}_{6}\mathrm{C}$	5589 a	(261)	$^{86}_{37}\mathrm{Rb}$	19,5 d	6,7	$^{139}_{56}\mathrm{Ba}$	1,40 h	7,9
$^{19}_{8}\mathrm{O}$	27 s	2,56	$^{88}_{37}\mathrm{Rb}$	17,8 m	2,6	$^{140}_{57}\mathrm{La}$	1,67 d	9,6
$^{20}_{9}\mathrm{F}$	10,7 s	0,93	$^{89}_{38}\mathrm{Sr}$	54,5 d	8,8	$^{142}_{59}\mathrm{Pr}$	19,1 h	5,4
$^{24}_{11}\mathrm{Na}$	15,04 h	8,1	$^{90}_{39}\mathrm{Y}$	2,54 d	4,7	$^{153}_{62}\mathrm{Sm}$	1,96 d	27,5
$^{27}_{12}\mathrm{Mg}$	9,58 m	6,1	$^{95}_{40}\mathrm{Zr}$	65 d	60	$^{152}_{63}\mathrm{Eu}$	9,3 h	6,7
$^{28}_{13}\mathrm{Al}$	2,3 m	2,5	$^{97}_{40}\mathrm{Zr}$	17,0 h	9,4	$^{165}_{66}\mathrm{Dy}$	2,42 h	12,4
$^{31}_{14}\mathrm{Si}$	2,59 h	8	$^{99}_{42}\mathrm{Mo}$	2,8 d	11,7	$^{166}_{67}\mathrm{Ho}$	1,11 d	7,1
$^{32}_{15}\mathrm{P}$	14,07 d	5,3 (7,85)	$^{101}_{42}\mathrm{Mo}$	14,6 m	10	$^{170}_{69}\mathrm{Tm}$	127 d	17,3
$^{35}_{16}\mathrm{S}$	88 d	290 (211)	$^{103}_{44}\mathrm{Ru}$	39,8 d	161	$^{176}_{71}\mathrm{Cp}$	3,67 h	12,0
$^{42}_{19}\mathrm{K}$	12,44 h	2,56	$^{105}_{44}\mathrm{Ru}$	4,4 h	11	$^{177}_{71}\mathrm{Cp}$	6,8 d	50,0
$^{45}_{20}\mathrm{Ca}$	152 d	128 (121,7)	$^{104}_{43}\mathrm{Rh}$	41,8 s	3,9	$^{181}_{72}\mathrm{Hf}$	45 d	47,0
$^{46}_{21}\mathrm{Sc}$	85 d	7,1	$^{109}_{46}\mathrm{Pd}$	14,1 h	16,1	$^{182}_{73}\mathrm{Ta}$	117 d	46
$^{52}_{23}\mathrm{V}$	3,74 m	3,9	$^{111}_{46}\mathrm{Pd}$	26 m	6,9	$^{185}_{74}\mathrm{W}$	73,2 d	70
$^{55}_{24}\mathrm{Cr}$	1,3 h	~8,3	$^{108}_{47}\mathrm{Ag}$	2,44 m	6,7	$^{187}_{74}\mathrm{W}$	24,1 h	20,7
$^{56}_{25}\mathrm{Mn}$	2,59 h	4,85	$^{110}_{47}\mathrm{Ag}$	24,5 s	2,9	$^{186}_{75}\mathrm{Re}$	3,87 d	16,9
$^{59}_{26}\mathrm{Fe}$	46 d	43	$^{110}_{47}\mathrm{Ag}^{*}$	270 d	36,5	$^{188}_{75}\mathrm{Re}$	18,9 h	5,5
$^{60}_{27}\mathrm{Co}$	5,26 a	79 (86,8)	$^{115}_{48}\mathrm{Cd}$	2,25 d	10,7	$^{191}_{76}\mathrm{Os}$	1,27 d	14,5
$^{65}_{28}\mathrm{Ni}$	2,56 h	7,3	$^{115}_{48}\mathrm{Cd}^{*}$	42,6 d	7,0	$^{193}_{76}\mathrm{Os}$	16,0 d	187
$^{64}_{29}\mathrm{Cu}$	12,88 h	33 (35)	$^{117}_{48}\mathrm{Cd}$	2,83 h	8,5	$^{192}_{77}\mathrm{Ir}$	70 d	33,5
$^{66}_{29}\mathrm{Cu}$	5,18 m	3,2	$^{114}_{49}\mathrm{In}$	1,2 m	6,35	$^{194}_{77}\mathrm{Ir}$	19,0 h	6,1
$^{65}_{30}\mathrm{Zn}$	250 d	107	$^{116}_{49}\mathrm{In}$	13 s	5,4	$^{197}_{78}\mathrm{Pt}$	18 h	26
$^{69}_{30}\mathrm{Zn}$	57 m	17,1	$^{116}_{49}\mathrm{In}^{*}$	53,9 m	17,2	$^{199}_{78}\mathrm{Pt}$	29 m	9,4
$^{70}_{31}\mathrm{Ga}$	19,8 m	6,5	$^{125}_{50}\mathrm{Sn}$	9,8 m	5,2	$^{198}_{79}\mathrm{Au}$	2,69 d	19,3 (25)
$^{72}_{31}\mathrm{Ga}$	14,08 h	9,6	$^{122}_{51}\mathrm{Sb}$	2,63 d	~10	$^{203}_{80}\mathrm{Hg}$	43,5 d	77
$^{75}_{32}\mathrm{Ge}$	1,37 h	13,3	$^{124}_{51}\mathrm{Sb}$	60 d	14	$^{205}_{80}\mathrm{Hg}$	5,5 m	9,4
$^{77}_{32}\mathrm{Ge}$	12 h	7,8	$^{127}_{52}\mathrm{Te}$	9,3 h	27,2	$^{204}_{81}\mathrm{Tl}$	3,5 a	25,6
$^{76}_{33}\mathrm{As}$	1,19 d	4,3	$^{129}_{52}\mathrm{Te}$	1,12 h	12,6	$^{206}_{81}\mathrm{Tl}$	4,23 m	10
$^{80}_{35}\mathrm{Br}$	18,5 m	6,4	$^{128}_{53}\mathrm{J}$	25 m	5,3	$^{210}_{83}\mathrm{Bi}$	5,0 d	16,0 (24)
$^{82}_{35}\mathrm{Br}$	1,5 d	35	$^{134}_{55}\mathrm{Cs}$	>254 d	23	(RaE)		
$^{83}_{35}\mathrm{Br}$	2,33 h	15,6	$^{134}_{55}\mathrm{Cs}^{*}$	3,15 h	~8			

Bei den bisher betrachteten Fällen wurde nicht berücksichtigt, daß die Strahlung schon innerhalb der Probe selbst eine Absorption erleiden kann. Es zeigt

sich, daß bei Verwendung von Präparaten, die in sehr dünnen Schichten auf einer Fläche verteilt sind, die gemessene Aktivität dem Gewicht der Probe proportional ist. Bei Verwendung dickerer Schichten nimmt die Aktivität bedeutend langsamer zu, da bereits ein Teil der Strahlung aus den unteren Schichten durch Absorption innerhalb der Probe *(Selbstabsorption)* verlorengeht. Sie nähert sich einem Sattwert, der dann erreicht ist, wenn die Strahlung aus den untersten Schichten der Probe in dieser bereits restlos absorbiert wird *(β-satte Schicht)* (17, 42).

Bei Messung β-aktiver Präparate wird man bestrebt sein,

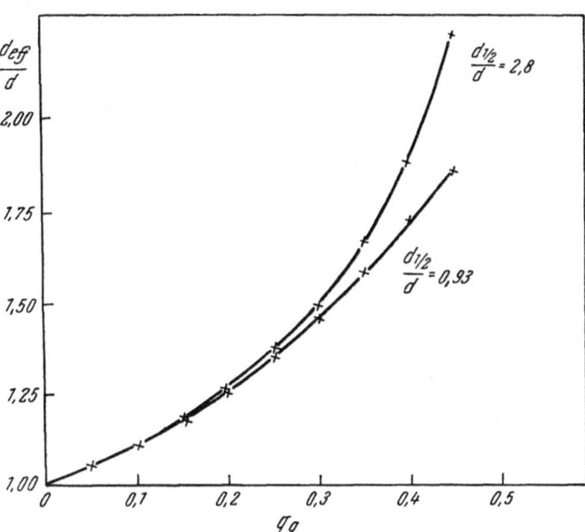

Abb. 34. Abhängigkeit der effektiven Absorberdicke d_{eff} von der geometrischen Anordnung (q_{g} = geometrischer Faktor der Zählausbeute) [nach TAYLOR (53)].

sehr dünne Schichten zu verwenden, bei denen die Selbstabsorption noch keine Rolle spielt, oder aber man verwendet β-satte Schichten, wobei die Selbstabsorption

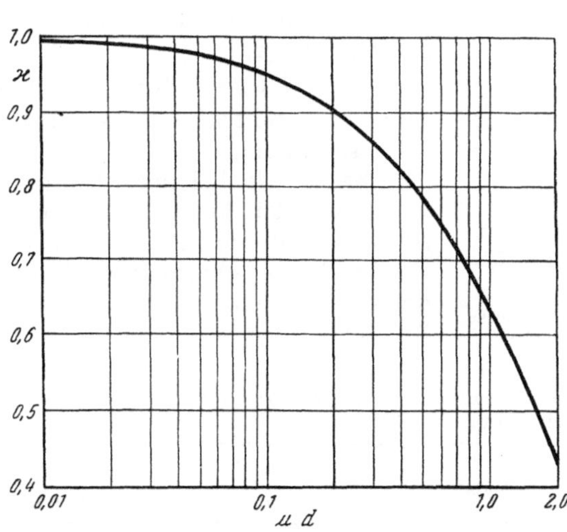

Abb. 35. Der Korrekturfaktor für Selbstabsorption $\varkappa$ als Funktion des Produktes aus linearem Absorptionskoeffizienten μ und der Dicke d der Probe.

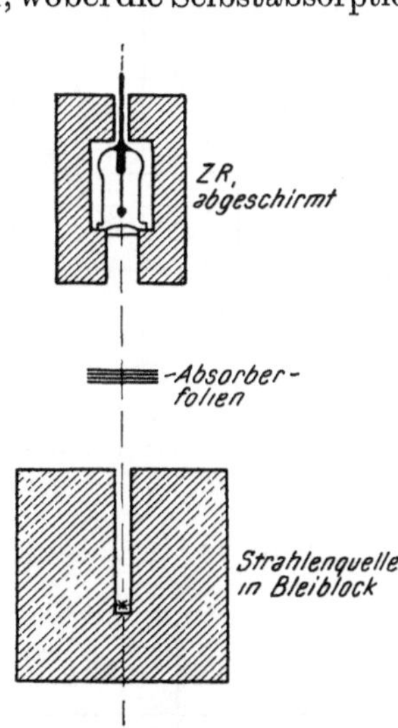

Abb. 36. Anordnung für Absorptionsmessung von γ-Strahlung [nach HALLIDAY (21)].

keinen Einfluß auf die Messung hat. Ist beides nicht möglich, dann muß die Selbstabsorption entweder experimentell oder rechnerisch bestimmt werden. TAYLOR (53) berechnet den Korrekturfaktor $\varkappa$ für die Selbstabsorption (vgl. Abb. 35)

$$\varkappa = \frac{1 - e^{-\mu d}}{\mu d}. \tag{15}$$

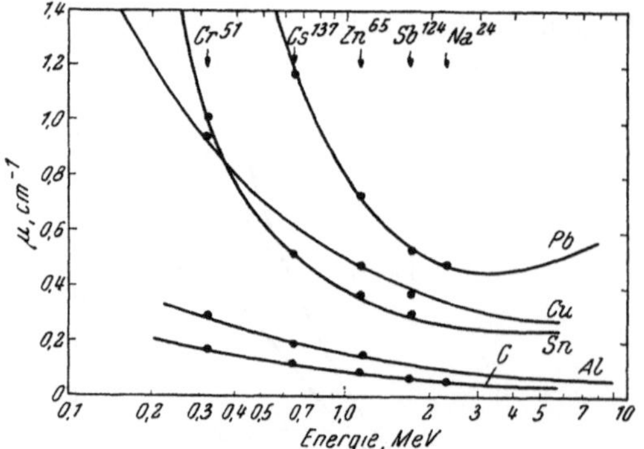

Abb. 37. Lineare Absorptionskoeffizienten für verschieden harte γ-Strahler in verschiedenen Absorbern [nach Cowan (7)].

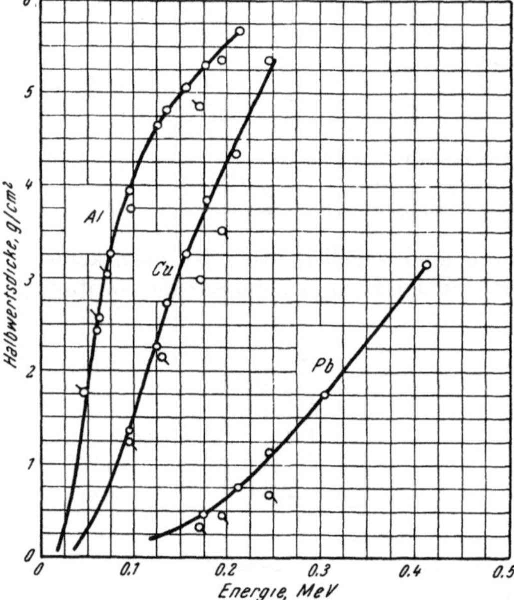

Abb. 38. Halbwertsdicke von Al, Cu und Pb für weiche γ-Strahlung [nach Coryell und Sugarman (5)].

In Tabelle 11 ist der Verlust durch Selbstabsorption für verschieden harte β-Strahler angegeben.

Für die *Absorption von γ-Quanten* sind bekanntlich drei Prozesse verantwortlich, nämlich der Photoeffekt, der Compton-Effekt und die Paarbildung. Der lineare Absorptionskoeffizient μ für γ-Strahlung setzt sich daher aus drei Summanden τ, σ und $\varkappa$ zusammen, von denen jeder den einem dieser drei Prozesse entsprechenden Anteil an der gesamten Absorption bedeutet. Je nach der Energie der Strahlung tritt entweder der eine oder der andere dieser drei Effekte mehr in den Vordergrund. Der lineare Absorptionskoeffizient ist dadurch definiert, daß $\mu_x \, dx$ die Wahrscheinlichkeit bedeutet, daß das Quant auf der Wegstrecke dx absorbiert wird. Wählt man die Anordnung zur Messung von γ-Absorption derart, daß nur direkt aus der Strahlenquelle stammende γ-Strahlen das Zählrohr erreichen können (vgl. Abb. 36), während alle gestreuten Quanten entsprechend abgeblendet werden[1], dann gilt Gl. (16) (22).

$$I/I_0 = e^{-\mu_x \, x}. \qquad (16)$$

x bedeutet die Dicke des Absorbers, gemessen in cm.

Ebenso wie bei der Absorption von β-Strahlen kann auch hier der Absorber durch Angabe seiner Flächendichte charakterisiert werden (gemessen in g/cm²)[2] (s. Abb. 37, 38, 39).

Tabelle 11. *Verlust durch Selbstabsorption für verschieden harte β-Strahler* [nach Taylor (53)].

Isotop	E_{max} MeV	μ cm²/mg	Absorberdicke mg/cm²	
			1% Verlust bei	5% Verlust bei
P-32	1,69	0,0063	3,1	16,1
Na-24	1,4	0,008	2,5	12,5
C-14	0,14	0,261	0,07	0,37

[1] Compton-Quanten weichen in ihrer Richtung von der des ursprünglichen Quants ab. Bei gut abgeblendetem Zählrohr kann man daher annehmen, daß das Compton-Quant nicht mehr in das Zählrohr gelangt.

[2] Über den Absorptionskoeffizienten für γ-Strahlen zwischen 0,32 bis 2,8 MeV vgl. Cowan (7) (s. Abb. 37).

f) Fehlerquellen.

Im folgenden sollen die verschiedenen Faktoren besprochen werden, die zu Fehlzählungen führen können.

α) Erhöhung der Zählrate.

Störend bei der Messung ist das gelegentliche Auftreten von Nachentladungen im Zählrohr und Fehlzählungen in der Verstärkerapparatur, da beide in gleicher Weise wie radioaktive Strahlung registriert werden. Fehlzählungen

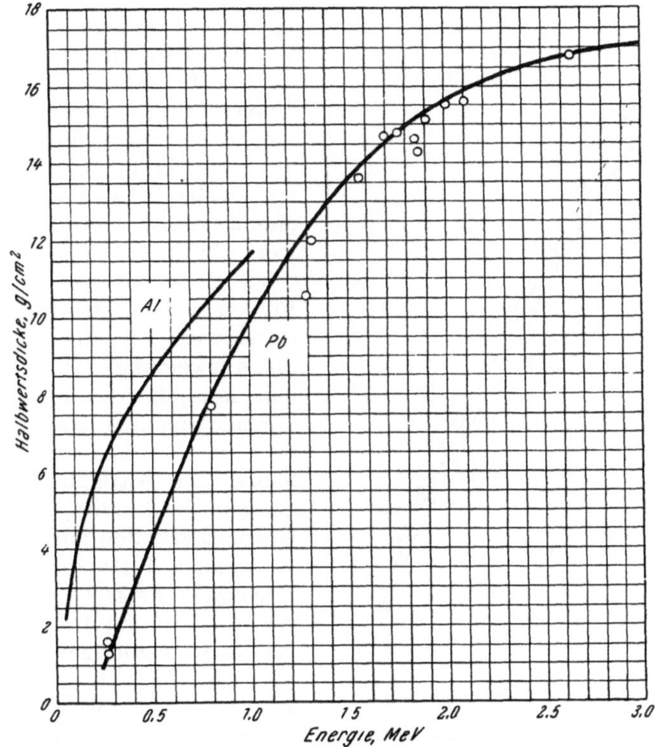

Abb. 39. Halbwertsdicke von Al und Pb für γ-Strahlung bis 3 MeV [nach CORYELL und SUGARMAN (5)].

aus dem Verstärker sind vermeidbar durch einen gut stabilisierten Hochspannungsteil und indem man darauf achtet, daß durch die Netzleitung keine Störungen eingeschleppt werden, hervorgerufen durch elektrische Apparate, wie WEHNELT-Unterbrecher, Funkenstrecken u. ä., die Induktionsströme erzeugen.

Weitaus schwieriger ist das Erkennen und Vermeiden von Nachentladungen (englisch: spurious counts) im Inneren des Zählrohres selbst (11, 16, 46, 53). Diese Erscheinungen können das Meßergebnis erheblich verfälschen, besonders wenn dies im Zusammenhang mit den Entladungen geschieht, die durch die primäre Strahlung ausgelöst werden. Z. B. können die im Zuge eines Entladungsvorganges entstehenden positiven Ionen bei ihrem Auftreffen an der Kathode Photonen erzeugen, die ihrerseits wieder eine Entladung auslösen, wenn Zählrohr und Verstärkerapparatur nicht entsprechend aufeinander eingestellt sind (45, 40). Auch das Vorhandensein negativer Ionen durch Verunreinigungen im Gas kann zu Nachentladungen führen, da die negativen Ionen eine viel geringere Geschwindigkeit besitzen und daher viel später am Zähldraht eintreffen als die Elektronen (16, 43). Ist seit der ursprünglichen Entladung mehr als die Totzeit des Zählrohres verstrichen, dann kann die Zählapparatur durch einen der geschilderten Sekundäreffekte in der gleichen Weise in Gang gesetzt werden wie durch ein primäres Teilchen. Steiles Ansteigen der Zählrohrcharakteristik deutet auf Vorhandensein von Nachentladungen. Durch Verwendung eines Löschkreises in der Verstärkerapparatur können Nachentladungen unterdrückt werden (4).

Eine andere Störung, die in der englischen Literatur als *warming-up-Effekt* bekannt ist, besteht darin, daß das Zählrohr, nachdem es radioaktiver Strahlung ausgesetzt war, einen höheren Leereffekt zeigt als vor der Bestrahlung; diese Erscheinung klingt jedoch mit der Zeit wieder ab (43, 55). Bei abwechselnder Messung von Präparat und Leerwert in kurzfristigen Abständen zeigt sich, daß der Leerwert als Funktion der Bestrahlung eine Hysteresis-Erscheinung aufweist, was die Auswertung der Messung ziemlich kompliziert, wenn nicht unmöglich macht. Dieser Effekt scheint mit der Beschaffenheit der Oberfläche der Kathode zusammenzuhängen und tritt besonders bei Graphitkathoden auf.

Manche Kathoden zeigen auch eine starke *Photoempfindlichkeit*, daher steigt die Zahl der registrierten Teilchen, wenn Licht in das Zählrohr einfällt. Diese Störung fällt jedoch nicht weiter ins Gewicht, wenn man stets unter gleichen Bedingungen arbeitet oder das Zählrohr entsprechend vor Licht schützt (z. B. schwarzer Anstrich).

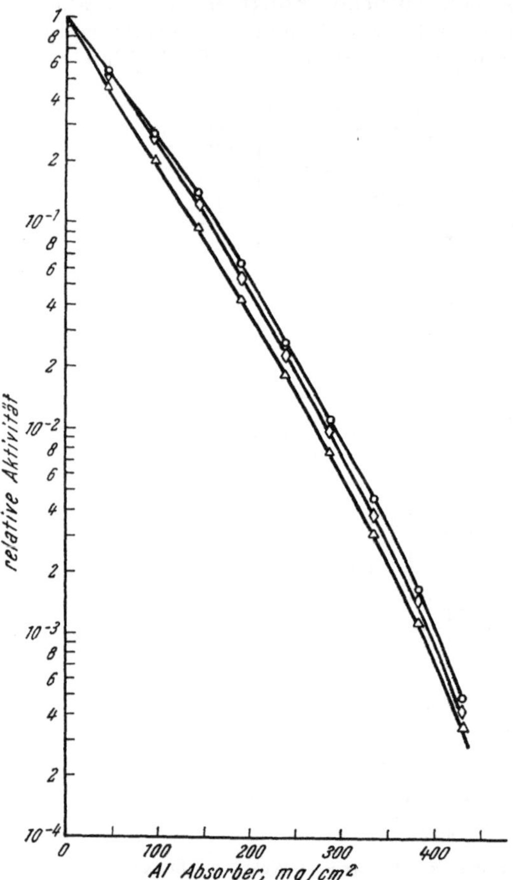

Abb. 40. Einfluß kleiner Abstandsveränderungen zwischen Zählrohr, Absorberfolie und Strahlenquelle auf das Meßresultat [nach Coryell und Sugarman (5)].

Bei Messungen sehr schwach aktiver Präparate auf gläserner Unterlage sei darauf geachtet, daß Glas zufolge seines natürlichen Gehalts an dem radioaktiven Kaliumisotop ^{40}K eine schwache Aktivität aufweisen kann. In die Leerwertbestimmung ist daher die *Glasaktivität* mit aufzunehmen.

Schließlich sei auch noch der Effekt der *Rückstreuung* aus der Umgebung der Probe oder des Zählrohres besprochen. Harte Strahlung löst, wie schon erwähnt, in dem das Zählrohr oder das Präparat umgebenden Material eine Sekundärstrahlung aus, die in das Zählrohr gestreut und mitgezählt werden kann. Sie fällt um so mehr ins Gewicht, je höher die Ordnungszahl und die Dichte des betreffenden Materials ist. Vergleicht man Strahler gleicher Härte von etwa der gleichen Intensität unter *vollständig gleichen Versuchsbedingungen*, so kann dieser Effekt vernachlässigt werden. Ist das nicht der Fall, dann muß entweder durch scharfe

Ausblendung von Zählrohr und Präparat dafür gesorgt werden, daß keine Sekundärstrahlung das Zählrohr erreicht (vgl. Abb. 35) oder man muß die Intensität der Sekundärstrahlung möglichst klein halten, indem man in der Umgebung von Präparat und Zählrohr nur leichte Stoffe verwendet. COWAN (7) z. B. erreichte dies durch Aufhängen des Zählrohres und der auf einer dünnen Aluminiumfolie befindlichen Probe im Freien an einem Kabel 8 m über dem Boden. Abb. 40 zeigt drei Absorptionskurven, die mit demselben Präparat, mit demselben Zählrohr in nahezu der gleichen Anordnung aufgenommen wurden. Die Abweichung der drei Kurven wurde lediglich durch kleine Veränderungen des Abstandes zwischen Zählrohr, Präparat und vorgelagertem Absorber hervorgerufen (5, 26, 52).

β) Herabsetzung der Zählrate.

Je größer die Zahl der Teilchen ist, die pro Zeiteinheit das Zählrohr treffen, um so größer ist die Wahrscheinlichkeit, daß das Zählrohr von zwei Teilchen „gleichzeitig" getroffen wird, d. h., daß ein zweites Teilchen das Zählrohr innerhalb der Totzeit während eines Entladungsvorganges antrifft und dadurch nicht registriert werden kann. Je nach dem Auflösungsvermögen (vgl. Abschn. 1, b) der Anordnung wird dadurch von einer bestimmten Zählrate an die Zahl der registrierten Teilchen wesentlich kleiner sein als die Zahl der Teilchen, die das Zählrohr erreichen (29, 47). Der Meßwert wird also bei einer hohen Teilchenzahl kleiner sein, als es der Aktivität der gemessenen Probe entspricht, und muß korrigiert werden. Es ist zweckmäßig, für eine Zählanordnung eine Korrekturkurve anzulegen, aus der der *Zählverlust bei hohen Teilchenzahlen* abgelesen werden kann. Diese kann auf verschiedene Weise ermittelt werden:

1. Steht ein geeichter Satz langlebiger Standardpräparate zur Verfügung, so kann man durch Steigerung der Präparatstärke feststellen, bei welcher Zählrate die Meßergebnisse von ihrem Sollwert abzuweichen beginnen und wieviel diese Abweichung bei weiterer Vergrößerung der Teilchenzahl beträgt.

2. Die Korrekturkurve kann durch allmähliche Verdünnung eines starken, in Lösung befindlichen Präparats aufgefunden werden, doch ist bei dieser Methode wegen der möglichen verschiedenen Selbstabsorption (siehe diese) große Vorsicht bei der Auswertung des Meßergebnisses geboten.

3. Auch die Abfallskurve eines kurzlebigen, radioaktiven Präparates kann zur Bestimmung der Korrekturkurve herangezogen werden. Ist die gemessene Teilchenzahl so groß, daß bereits Zählverluste vorliegen, dann zeigt die auf halblogarithmischem Papier aufgezeichnete Abfallskurve in ihrem oberen Teil eine Abweichung von der Geraden (die Werte liegen zu niedrig). Die Differenz zwischen der erhaltenen Kurve und der extrapolierten Geraden bei gleichen Abszissenwerten ist der Logarithmus des Zählverlustes.

4. Die folgende Methode mag für den gewöhnlichen Laboratoriumsbetrieb vielleicht am geeignetsten erscheinen, wenn keine Strahlenquelle zur Erzeugung einer kurzlebigen radioaktiven Substanz vorhanden ist, doch erfordert sie sehr genaue Beachtung der geometrischen Bedingungen: Zwei annähernd gleich aktive Strahlenquellen werden je einzeln und dann gemeinsam gemessen. Der Zählverlust ergibt sich aus der Abweichung der Summe der Teilchen der Einzelmessungen von der Teilchenzahl, die bei Anwesenheit beider Quellen erhalten wurde. Die Korrekturkurve erhält man, wenn diese Messungen bei verschiedenen Entfernungen vom Zählrohr wiederholt werden. Starke Strahlenquellen sind empfehlenswert, da damit in größerer Entfernung gemessen werden kann, so daß kleine geometrische Verschiebungen beim Austauschen der Präparate keine Fehler verursachen. Die Präparate sollen möglichst „punktförmig" sein.

Hat man bei einem bestimmten Abstand eine Abweichung der Zählrate n_{12} der beiden Quellen von der Summe der Zählraten $n_1 + n_2$ der einzeln gemessenen Quellen festgestellt, so läßt sich daraus nach Skinner (51) die Auflösungszeit τ der Anordnung bestimmen:

$$\tau = \frac{2\,(n_1 + n_2 - n_{12})}{(n_1 + n_2)\,.\,n_{12}}. \tag{17}$$

Es sei darauf hingewiesen, daß sehr lange Meßreihen notwendig sind, damit die Differenz $(n_1 + n_2) - n_{12}$ nicht zu große statistische Schwankungen aufweist.

Im allgemeinen kann empfohlen werden, als maximale Zählrate jene zu wählen, bei der der Zählverlust nicht mehr als einige Prozente beträgt (52).

γ) Einfluß von Temperaturschwankungen.

Besonders die Zähleigenschaften von Rohren mit Dampfzusatz zeigen sich gegenüber Temperaturveränderungen empfindlich (10, 25). Nach Korff et al. (31) sinkt die Einsatzspannung bei niedrigerer Temperatur und das Plateau verkürzt sich und wird steil. Höhere Temperaturen können das Plateau verbessern (Abb. 41). Verwendet man ein Zählrohr mit gutem Konstanzbereich und eine Zählapparatur mit Löschkreisschaltung, dann ist der Einfluß von Temperaturschwankungen weitgehend zu vernachlässigen (45); vergleiche auch (34). Halogengelöschte Zählrohre werden von Temperaturschwankungen wenig beeinflußt.

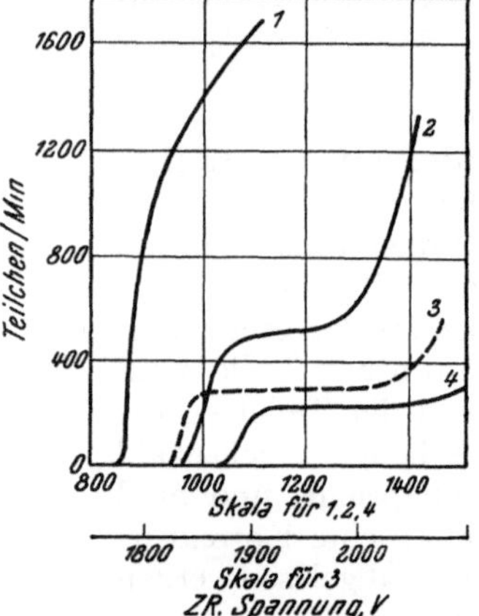

Abb. 41. Veränderung der Zählrohrcharakteristik in Abhängigkeit von der Temperatur bei verschiedenen Füllgasen. Kurve 1: Argon-Alkohol, −22°C. Kurve 2: Argon-Alkohol, 0° C. Kurve 3: 70 mm Hg Methan, − 22° C bis + 55° C. Kurve 4: Argon-Alkohol, + 26° C bis + 55° C [nach Korff et al. (31)].

Literatur 3.

(1) Albert, G. E., u. L. Nelson, Ann. Mathem. Statistics 24, 9 (1953).

(2) Baldinger, E., u. P. Huber, Helv. Physica Acta 20, 470 (1947). — (3) Bleuler, E., u. W. Zünti, Helv. Physica Acta 19, 375 (1946).

(4) Cooke-Yarborough, E. H., C. D. Florida u. C. N. Davey, J. Scient. Instruments 26, 124 (1949). — (5) Coryell, C. D., u. N. Sugarman, The Fission Products. Book 1. London: McGraw-Hill. 1951. — (6) Cosyns, M. G., Bull. techn. assoc. ing. école polytechn. Bruxelles 32, 253 (1936). — (7) Cowan, C. L., Physic. Rev. 74, 1841 (1948). — (8) Cramer, H., Mathematical Methods in Statistics. Princeton: University Press. 1946. — (9) Curie, M., Radioactivité. Paris: Hermann. 1935. — (10) Curran, S. C., u. J. D. Craggs, Counting Tubes. London: Butterworth. 1949. — (11) Curran, S. C., u. E. R. Rae, J. Scient. Instruments 24, 233 (1947).

(12) Danforth, W. E., u. W. E. Ramsey, Physic. Rev. 49, 854 (1936).

(13) Elliott, N., D. W. Engelkemeir u. W. Rubinson, in: The Fission Products. Book 1. London: McGraw-Hill. 1951.

(14) Feather, N., Proc. Cambridge Phil. Soc. 34, 599 (1938). — (15) Fefler, W., Probability Theory and Its Application. New York: Wiley. 1950. — (16) Fenton, A. G., u. E. W. Füller, Proc. Physic. Soc. A 62, 32 (1949). — (17) Field, E., Nucleonics 11 (9), 66 (1953). — (18) Flammersfeld, A., Naturwiss. 33, 280 (1946).

(19) Gleason, G. I., D. Taylor u. D. L. Tabern, Nucleonics 8 (5), 12 (1951). — (20) Glendenin, N., Nucleonics 2 (1), 13 (1948).

(21) Halliday, D., Introductory Nuclear Physics. London: Chapman a. Hall. 1950. — (22) Heitler, H., Quantum Theory of Radiation. Oxford: University Press. 1944. — (23) v. Hevesy, G., u. F. A. Paneth, Lehrbuch der Radioaktivität. Leipzig: Barth. 1931.

(24) Janossy, L., Cosmic Rays. Oxford: Clarendon. 1950. — (25) Joyet, G., Helv. Physica Acta 20, 247 (1947).

(26) Kalmon, B., Nucleonics 11 (7), 56 (1953). — (27) Katz, L., u. Mitarbeiter, Physic. Rev. 77, 289 (1950). — (28) Kendall, M. G., The Advanced Theory of Statistics. Bd. 1 u. 2. London: Griffin. 1948. — (29) Kohman, T. P., AEC. Declassified Report MDDC 905, 1945. — (30) Korff, S. A., Electron and Nuclear Counters. New York: Van Nostrand Company. 1946. — (31) Korff, S. A., W. Spatz u. N. Hillberry, Rev. Sci. Instruments 13, 127 (1942).

(32) Libby, W. F., Analyt. Chemistry 19, 2 (1947). — (33) Linder, A., Planen und Auswerten von Versuchen. Basel: Birkhäuser. 1953.

(34) Mader, H. J., Z. Physik 137, 216 (1954). — (35) Maier-Leibnitz, H., Z. Naturforsch. 1, 234 (1946). — (36) Malmquist, S., Ann. Mathem. Statistics 18, 255 (1947). — (37) Meyer, S., u. E. Schweidler, Radioaktivität. Berlin: Teubner. 1927. — (38) Meyer-Schützmeister, L., in Landolt-Börnstein, Zahlenwerte und Funktionen aus Physik, Chemie, Astronomie, Geophysik und Technik. Bd. 1/5. Berlin: Springer-Verlag. 1952. — (39) Montgomery, D. J., Cosmic Ray Physics. Princeton: University Press. 1949. — (40) Montgomery, C. G., u. D. D. Montgomery, Rev. Sci. Instruments 18, 411 (1947). — (41) Muelhause, C. O., u. H. Friedman, Rev. Sci. Instruments 17, 506 (1946).

(42) Nervik, W. E., u. P. C. Stevenson, Nucleonics 10 (3), 18 (1952).

(43) Paetow, H., Z. Physik 111, 770 (1939). — (44) Porter, W. C., u. W. E. Ramsey, J. Franklin Inst. 254, 153 (1952). — (45) Putman, J. L., Brit. J. Radiol. 20, 190 (1947). — (46) Proc. Physic. Soc. 61, 312 (1948).

(47) Rose, M. E., u. W. E. Ramsey, Physic. Rev. 59, 616 (1941). — (48) Rutherford, E., J. Chadwick u. C. D. Ellis, Radiations from Radioactive Substances. Cambridge: University Press. 1930.

(49) v. Schweidler, E., Premier Congrès intern. de Radiologie, Liège. 1905. — (50) Seren, L., H. N. Friedlander u. S. H. Turkel, Physic. Rev. 72, 888 (1947). — (51) Skinner, S. M., Physic. Rev. 48, 438 (1935). — (52) Stever, H. G., Physic. Rev. 61, 38 (1942).

(53) Taylor, D., The Measurement of Radio Isotopes. London: Methuen. 1951.

(54) Upson, V. L., Nucleonics 11 (12), 49 (1953).

(55) Wilkinson, D. H., Ionisation Chambers and Counters. Cambridge: University Press. 1950.

III. Szintillationszähler, Kristallzähler, Funkenzähler.

Von

Berta Karlik.

Institut für Radiumforschung der Österr. Akademie der Wissenschaften in Wien.

1. Der Szintillationszähler.

Der erst in den letzten Jahren entwickelte Szintillationszähler stellt heute eine der wichtigsten Anordnungen für den Nachweis einzelner Strahlen bei kernphysikalischen Untersuchungen dar. Wie weiter unten genauer ausgeführt wird, besitzt er gegenüber den in den Kapiteln I und II besprochenen elektrischen Nachweisverfahren, in denen die ionisierende Wirkung der Strahlung in Gasen ausgenützt wird (Ionisationskammern, Zählrohre) verschiedene Vorteile, zu deren voller Ausnützung allerdings ein größerer elektronischer Aufwand erforderlich ist als für Geiger-Müller-Zähler. Für den Mikrochemiker ist nur ein Teil dieser Vorzüge von Interesse, und auch das nur in besonderen Fällen.

a) Historisches und Prinzip.

Der Szintillationszähler ist die moderne Ausführung der ältesten Nachweismethode für einzelne Korpuskularstrahlen. Er beruht auf der Szintillation, einer kurz dauernden Leuchterscheinung, einer Art Lichtblitz, die beim Auftreffen energiereicher Teilchen und Photonen auf gewisse Substanzen mit der Lupe beobachtet werden kann. Von Elster und Geitel (10) und Crookes (6) 1903 mit α-Strahlen an Zinksulfid entdeckt, wurde sie von 1908 an zur Zählung von α-Teilchen benützt [Regener (37)]. Außerordentlich wichtige Erkenntnisse der Kernphysik wurden mit Hilfe der visuellen Beobachtung der Szintillationen gewonnen, bis dieses Verfahren Anfang der Dreißigerjahre immer mehr von den neueren objektiven elektrischen Methoden verdrängt wurde.

Mit dem Aufbau der ersten Szintillationszähler durch Curran und Baker (8) 1944, und unabhängig durch Blau und Dreyfuss (3) 1945, die die Szintillationserscheinung mit den neuentwickelten Photoelektronenvervielfachern (Photomultipliern) kombinierten, sind aber Anordnungen geschaffen worden, die auch die Erfassung einzelner β- und γ-Strahlen auf diesem Wege gestatten, was visuell noch nicht möglich war, und auf Grund derer die Szintillationsbeobachtung nun ebenfalls unter die objektiven elektrischen Methoden zur Registrierung von Einzelstrahlen eingereiht werden kann.

Seit den genannten Veröffentlichungen ist das Verfahren durch intensive Arbeit in einer großen Zahl von Laboratorien weitgehend vervollkommnet

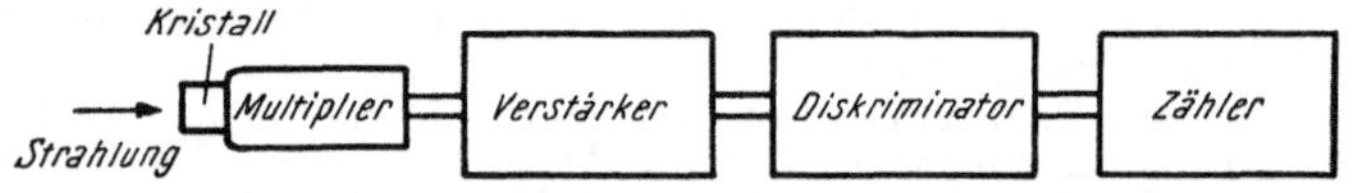

Abb. 42. Blockschema einer Szintillationszähleranordnung.

worden. In letzter Zeit sind mehrere Berichte erschienen, die einen Überblick über die Entwicklung und den derzeitigen Stand der Methode geben. Bezüglich Einzelheiten soll auf diese Berichte, bzw. die dort ausführlich zitierte Originalliteratur verwiesen werden (7, 12, 27, 30). Im folgenden sollen nur die wichtigsten Punkte, die für den Mikrochemiker zum Verständnis nötig und bei der praktischen Anwendung wichtig sind, behandelt werden.

Eine zweite Möglichkeit zur Erfassung einzelner Szintillationen, die bereits 1941 von Krebs (26) verwirklicht wurde und in der Verwendung einer szintillierenden Substanz in Verbindung mit einem Lichtzähler nach Rajewsky (36) besteht, hat bisher eine wesentlich geringere Verbreitung gefunden, soll aber ebenfalls weiter unten kurz besprochen werden (S. 337).

b) Aufbau und Wirkungsweise.

Der grundsätzliche Aufbau eines Szintillationszählers mit Photoelektronenvervielfacher ist in Abb. 42 in Form eines Blockschemas wiedergegeben.

Die Strahlung, die aus irgendwelchen energiereichen schweren Teilchen, wie α-Teilchen, Protonen, Deuteronen, Neutronen usw., schnellen Elektronen oder energiereichen Photonen (Röntgenstrahlen oder γ-Strahlen) bestehen kann, fällt auf eine geeignete Substanz und ruft dort die Szintillation hervor. Das Szintillationslicht löst in der lichtelektrisch empfindlichen Schicht der Photokathode des Photoelektronenvervielfachers (Photomultipliers) Elektronen aus, die durch Sekundärelektronenemission an den aufeinanderfolgenden Elektroden (Stufen) des Multipliers vervielfacht werden. Die am Ausgang der Röhre auftretenden Elektronenstöße werden nach einer Vorverstärkung zunächst durch eine elektronische Anordnung geleitet, die man „Diskriminator" (= Unterscheider) nennt. Seine Aufgabe besteht darin, nur Stöße („Impulse") bestimmter Größe durchzulassen, wodurch es möglich wird, die aus dem Photomultiplier selbst stammenden, überwiegend kleinen Impulse, die als störender Nulleffekt

(„Dunkelstrom") auftreten, weitgehend zu eliminieren und nur die von den Szintillationen hervorgerufenen, im allgemeinen größeren Impulse zu registrieren (16). Natürlich ist es möglich, mit derselben elektrischen Anordnung auch innerhalb der Szintillationsimpulse selbst zu unterscheiden, d. h. nur solche oberhalb einer bestimmten Größe zu registrieren oder innerhalb bestimmter Schranken herauszugreifen. Die vom Diskriminator durchgelassenen Impulse werden weiter verstärkt und schließlich irgendeiner der üblichen Zähleinrichtungen, wie sie auch bei den Zählrohranordnungen (s. diese) verwendet werden, zugeführt.

c) Vorteile.

Die Vorteile, die der Szintillationszähler gegenüber den Anordnungen mit Gasionisation besitzt, sind folgende:

α) *Hohe Ansprechwahrscheinlichkeit für γ- und Röntgenstrahlen.* Schwere geladene Teilchen und β-Strahlen werden im Zählrohr mit 100% Wahrscheinlichkeit gezählt. Für den Nachweis eines γ- oder Röntgenstrahles ist die Auslösung eines Elektrons in der Wand des Zählrohres und dessen Eintritt in den Zählrohrraum oder die Auslösung eines Elektrons im Gas selbst nötig. Beide Prozesse sind relativ selten, da für den Austritt aus der Wand nur eine sehr dünne Schicht in Frage kommt, bzw. die Wahrscheinlichkeit für die Erzeugung eines sekundären Elektrons in dem sehr verdünnten Gas des Zählrohres (der Druck beträgt ja meist nur zwischen 50 und 100 mm Hg) sehr gering ist. Die wesentlich dichtere Materie des Szintillationsmaterials bietet diesbezüglich unvergleichlich günstigere Verhältnisse. Während also bei Zählrohren die Nachweiswahrscheinlichkeit für Röntgen- und γ-Strahlen in der Größenordnung von wenigen Promillen liegt, kann für Szintillationszähler ohne besondere Schwierigkeiten ein „Wirkungsgrad" von 50% und mehr erreicht werden. Der Szintillationszähler wird daher immer dort am Platze sein, wo es um den Nachweis von γ- oder Röntgenstrahlung geringer Intensität geht. Für den Mikrochemiker wird dieser Fall da eintreten, wo ein als Indikator verwendetes Isotop entweder überhaupt keine β-Strahlung, sondern nur γ-Strahlen (Umwandlung eines Isomers) oder Röntgenstrahlung (Zerfall durch K-Einfang) besitzt oder dessen β-Strahlung so energiearm ist, daß ihr Nachweis im Zählrohr mit Schwierigkeiten verbunden ist und eine begleitende γ-Strahlung zum Nachweis herangezogen werden muß.

Als Beispiele seien angeführt:

Das einzige für Indikatorzwecke verfügbare Chrom-Isotop, Cr^{51}, mit $26,5^d$ Halbwertzeit, zerfällt durch K-Einfang und sendet daher nur Röntgen- und γ-Strahlen aus.

Als Indikator für die Ordnungszahl 43 kommt vor allem Tc^{97} in Frage, da das Spaltprodukt Tc^{99} sehr kostspielig ist. Tc^{97} mit der Halbwertzeit von 93 Tagen sendet nur Röntgen- und γ-Strahlen aus und wird im Reaktor nur mit sehr kleiner Ausbeute gebildet (z. B. nach vierwöchiger Bestrahlung von Ruthenium im Reaktor von Harwell nur mit einigen Mikrocurie pro Gramm Ruthenium).

β) *Proportionalität* der elektrischen Impulse *mit der Energie* der Strahlung. Die Zahl der Lichtquanten, die durch ein Teilchen oder Photon in einer szintillierenden Substanz ausgelöst werden, ist unter gewissen Voraussetzungen proportional der in der Szintillationssubstanz abgegebenen Energie. Diese wichtige Tatsache und gewisse Abweichungen sowie deren Deutung wurden erstmalig bereits 1928 von Karlik (22) und Karlik und Kara-Michailova (24) mit einer Anordnung nachgewiesen, in der die Szintillationen eines energiehomogenen α-Strahlenbündels mit einer Alkaliphotozelle gemessen wurden. Dies stellt die erste Erfassung von Szintillationsleuchten mit einer objektiven Methode dar.

Bei geeigneter Wahl der Anordnung und Konstruktion des Verstärkers (Proportionalverstärker) kann man daher erreichen, daß die registrierten Impulse ein Maß für die Energie der Strahlung sind, der Szintillationszähler also als Energie-Spektrometer verwendet werden kann. Dies ist von außerordentlicher Bedeutung für die kernphysikalische Forschung, wird aber im Bereiche der Mikrochemie kaum je zur Anwendung gelangen. Es soll deshalb hier nicht auf die dabei zu beachtenden technischen Einzelheiten eingegangen werden. Erwähnt sei auch, daß die zur Ausnützung des genannten Vorteiles nötige Proportionalität des Verstärkers daher auch im allgemeinen bei den mikrochemischen Untersuchungen nicht in Strenge erfüllt zu sein braucht.

γ) Kleine Auflösungszeiten. Unter den szintillierenden Substanzen stehen zahlreiche zur Verfügung, die beim Auftreffen der Strahlung einen so kurzen Lichtblitz aussenden (s. Tab. 12), daß die Registrierung in etwa einem Hundertstel der Zeit erfolgen kann, die für die Registrierung durch Gasentladung im Zählrohr nötig ist. Während die Zeit, die zwischen zwei getrennten Registrierungen vergehen muß, beim Zählrohr zumindest etwa 10^{-5} sec beträgt, können Szintillationen noch bei einem Zeitunterschied von 10^{-8} bis 10^{-9} sec getrennt werden. Auch dies ist wieder für einige grundlegende kernphysikalische Probleme äußerst wichtig, ja die Bearbeitung verschiedener Fragen konnte durch diese Möglichkeit überhaupt erst in Angriff genommen werden; für den Mikrochemiker wird dieser Vorteil aber kaum je aktuell werden. Es ist damit zwar auch die Möglichkeit der Registrierung sehr großer Teilchenzahlen pro Sekunde gegeben, den Schwierigkeiten bei zu großen Intensitäten läßt sich aber auf andere wesentlich einfachere Weise abhelfen, beispielsweise durch Verwendung aliquoter Teile der aktiven Substanz oder Vergrößerung der Entfernung zwischen Präparat und Zählrohr.

d) Bestandteile des Szintillationszählers.
α) Die Szintillationssubstanz.

Für die visuelle Beobachtung der Szintillation standen seinerzeit nur wenige Substanzen zur Verfügung: Zinksulfid [„aktiviert" durch verschiedene Schwermetallzusätze (28, 33, 34), insbesondere mit Kupferzusatz, unter dem Namen „Sidotblende" bekannt], Diamant, Scheelit, ferner synthetisches $CaWO_4$ und $CdWO_4$ [Karlik (23)].

Seit 1945 hat sich nun die Zahl der in Frage kommenden Substanzen beträchtlich erhöht. Einerseits konnten lumineszierende Substanzen herangezogen werden, deren Lichtausbeute zwar nicht genügte, um eine für das menschliche Auge wahrnehmbare Szintillation zu ergeben, die aber bei Verstärkung durch den Photoelektronenvervielfacher für die elektrische Registrierung ausreichend ist. Anderseits wurden durch systematische Untersuchungen neue Leuchtsubstanzen aufgefunden, bzw. bekannte durch veränderte Herstellungsbedingungen, (verbesserte) Reinigungsverfahren usw. wesentlich verbessert (29). Man teilt heute die Szintillationssubstanzen zweckmäßigerweise in folgende Gruppen ein: anorganische kristallisierte Substanzen, organische kristallisierte Substanzen, organische Flüssigkeiten und deren Mischungen, flüssige Lösungen organischer Substanzen, feste Lösungen organischer Substanzen (z. B. Anthracen in Lucit oder Polysterin).

Charakteristisch, bzw. für die Beurteilung der Güte einer Szintillationssubstanz für bestimmte Zwecke maßgeblich sind folgende Eigenschaften: relative Lichtausbeute, Abklingzeit (die etwas von der Strahlenart abhängt), Lage des Maximums des Emissionsspektrums, Transparenz für das Szintillationslicht, Energieausbeute für die verschiedenen Strahlenarten.

In Tab. 12 sind die diesbezüglichen Angaben für eine Anzahl repräsentativer Szintillationssubstanzen zusammengestellt. Man sieht, daß die anorganischen Substanzen die beste Lichtausbeute aufweisen, dafür aber eine wesentlich längere Abklingzeit als die organischen Substanzen haben. Die heute am meisten verwendete Szintillationssubstanz ist wohl Anthracen (1). Folgendes Verfahren zur Herstellung von guten Anthracen-Kristallen wird empfohlen (11): Etwa 20 g Anthracen werden in 100 ml Äthylenglykol gelöst, mit Wasser gefällt, abfiltriert, mit heißem Wasser zur Entfernung des Äthylenglykols gewaschen, im Vakuum getrocknet, umgeschmolzen und in ein Pyrexglasrohr, das sich unten etwas kölbchenartig erweitert, destilliert. In diesem Rohr werden dann die Kristalle aus der Schmelze gezogen. Dies geschieht so, daß ein zylindrisches Pyrexglasrohr von weiterem Durchmesser mit Widerstandsdraht so umwunden wird, daß ein Öfchen mit einem Temperaturgradienten von etwa $23°$ C pro cm gebildet wird, wobei die Temperatur im oberen Teil etwas über dem Schmelzpunkt des Anthracens ($= 215°$ C) gehalten wird, während der untere Teil sich nur wenig über der Zimmertemperatur befindet. Das Rohr mit dem Anthracen wird in dem Öfchen aufgehängt und mit Hilfe eines Motors langsam hineingesenkt (mit etwa 1,5 mm/Stunde). Im untersten Teil des Rohres soll sich ein kleines Kriställchen als Keim für den zu ziehenden Kristall bilden. Zeigen sich mehrere Kriställchen, so schmelzt man sie noch einmal ein, durch Hinaufziehen des Anthracens. Wasserklare Einzelkristalle bis um 50 cm³ Volumen können erhalten werden.

Tabelle 12.

Gruppe	Substanz	Relative Lichtausbeute[1]	Abklingzeit in 10^{-8} sec	Emissionsmaximum in Å
Anorganisch-kristallin	ZnS (Ag)	2,0	500	4500
	CaWO₄	1,0	600	4300
	CdWO₄	2,0	600	5200
	NaJ (Tl)	2,0	25	4100
Organisch-kristallin	Anthracen	1,0	2,4	4120 4720
	Naphthalin	0,3	6	3450 3850
	Terphenyl	0,6	0,5	3900 4300
Organische Flüssigkeiten	Toluol	0,01	0,2	
	Benzol	0,01	1,0	
Lösungen organischer Substanzen	Anthracen in Xylol (1,4 g/l)	0,09		3900 4400
	Terphenyl in Xylol (5 g/l)	0,46	1	4000
	Terphenyl in Toluol (5 g/l)	0,4	0,25	4000

[1] Bezogen auf Anthracen = 1,0.

Weitere Angaben finden sich beispielsweise bei KREBS (27), MORTON (32), GARLICK (12), SANGSTER (38), KALLMANN ET AL. (20).

Es muß bemerkt werden, daß die Angaben über die relative Ausbeute in der Tabelle nur Mittelwerte darstellen, da sich bei Erregung mit verschiedenen Strahlenarten Unterschiede ergeben. Ebenso sind die Abklingzeiten je nach der Anregungsart etwas verschieden.

Sehr viel Verwendung findet auch das Natriumjodid mit Thalliumzusatz als Aktivator für die Lumineszenz (17). Dank der hohen Ordnungszahl des Jods werden die γ-Strahlen darin stark absorbiert, d. h. kleinere Kristalle geben bereits sehr gute Ausbeute. Ein beträchtlicher Nachteil ist allerdings die Hygroskopie des Materials, was besondere Vorkehrungen bei der Montage erfordert (siehe unten).

Cadmiumwolframat hat sich ebenfalls sehr gut bewährt für die Anwendungen, die keine kurzen Abklingzeiten verlangen (14).

Die *flüssigen Szintillationssubstanzen* haben eine bedeutend geringere Lichtausbeute als die kristallinen Substanzen (20), doch besitzen sie den ganz besonderen Vorteil, daß man bei ihnen auf bequeme Weise das radioaktive Isotop in das Innere des Szintillators bringen und so ein Maximum an geometrischer Ausnützung der Strahlung erzielen kann (4), was insbesondere bei sehr weicher β-Strahlung unter Umständen nützlich ist. So war es möglich, C-14 in der Verbindung des Natriumcapronats noch in einer Menge von 10^{-9} Curie ($\eqsim 3 \cdot 10^{-8}$ g) in einer Lösung von 0,5% Terphenyl in Xylol zu messen (35). Beim Einbau der radioaktiven Substanz im Szintillator kann aber nicht genug gewarnt werden vor der lumineszenzlöschenden Wirkung vieler Beimengungen auf die Szintillationsfähigkeit [s. z. B.: Kallmann und Furst (18, 19)]. So setzt, um nur ein Beispiel zu geben, 0,01 g/l Anthracen die Lichtausbeute in einem Xylol-Terphenyl-Gemisch auf etwa die Hälfte herab. Es kann aber auch Verstärkung der Lumineszenz durch Zusatz erreicht werden.

Nähere Angaben über feste Lösungen von organischen Substanzen finden sich bei: Schorr und Farmer (40), Schorr und Torney (41) sowie Koski (25).

Die für eine befriedigende Beobachtung nötige *Menge des szintillierenden Materials* hängt von der Art der zu registrierenden Strahlung ab. Für α- und sehr weiche β-Strahlung genügen ganz dünne Schichten von einigen mg/cm², die auch aus kristallinem Pulver bestehen können (z. B. Zinksulfid), für härtere β-Strahlung und insbesondere für γ-Strahlen werden größere Volumina (etwa einige Milliliter) benötigt, die natürlich eine hohe optische Durchlässigkeit für das Szintillationslicht besitzen, also aus klaren Kristallen oder Flüssigkeiten mit entsprechenden Absorptionsspektren bestehen müssen.

Wie schon erwähnt, ist der *Montage der szintillierenden Substanz* besondere Sorgfalt zuzuwenden. Der optische Kontakt zwischen dieser und der äußeren Glasfläche des Photoelektronenvervielfachers, die der Photokathode zugekehrt ist, soll möglichst gut sein. Bei gepulvertem Material kann man dies durch direktes Auftragen auf dem Glas verwirklichen (Aufschlemmen in Alkohol oder Xylol mit einem Tropfen Kanadabalsam). Bei großen Kristallen kann man verschiedene optische Bindemittel mit entsprechendem Brechungsindex, wie Paraffinöl, Kanadabalsam usw., heranziehen. Ferner ist es zweckmäßig, den Kristall mit einem kleinen Gehäuse aus Aluminium oder anderem lichtreflektierendem Material zu umgeben (2). Natriumjodid-Kristalle müssen unbedingt vor feuchter Atmosphäre geschützt werden. Dies kann durch Aufbewahren im Vakuum oder in Paraffin geschehen. Bei kurzfristiger Verwendung an der Luft soll möglichst für Trockenheit gesorgt oder die Kristallflächen mit einer ganz dünnen Paraffinölhaut bedeckt werden.

Bei kernphysikalischen Versuchen ist es oft notwendig, den gegen elektromagnetische Störungen sehr empfindlichen Photoelektronenvervielfacher in großer Entfernung von der Strahlenquelle und dem Kristall aufzustellen. Der optische Kontakt wird dann mit Hilfe von Lucit- oder Quarzstäben hergestellt, die eine Art „Lichtleiter" darstellen (42). In der Mikrochemie werden diese Maßnahmen kaum Anwendung finden müssen.

β) Der Photoelektronenvervielfacher („Photomultiplier").

Die Wirkungsweise eines Photoelektronenvervielfachers kann durch das Schema der Abb. 43 verständlich gemacht werden: Ein auf der Photokathode „0" durch das Szintillationslicht ausgelöstes Elektron fliegt auf die Prallelektrode „1", löst dort mehrere Sekundärelektronen aus; diese erreichen die Elektrode „2", wo sie ihrerseits ein Vielfaches an sekundären Elektronen auslösen, und so geht das Spiel weiter bis zur letzten (in der Abbildung der zehnten) Elektrode, bei der dann in den gewöhnlichen Röhren bereits eine Vervielfachung um den Faktor 10^5 bis 10^6 eingetreten ist, bei Spezialkonstruktionen heute sogar 10^{10} erreicht werden kann.

Zu den charakteristischen Eigenschaften eines Photoelektronenvervielfachers, die bei der Auswahl der Type für bestimmte Zwecke beachtet werden müssen, gehören: spektrale Empfindlichkeitsverteilung, Verstärkungsgrad, Fläche der Photokathode, Quantenausbeute, „Dunkelstrom". Tab. 13 bringt

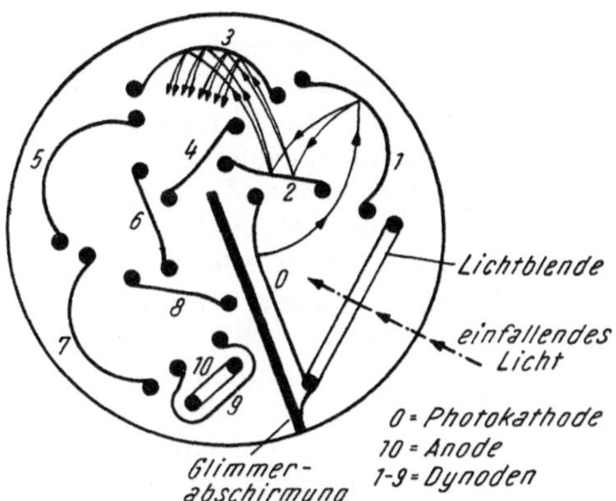

Abb. 43. Schematische Darstellung der Elektrodenanordnung in einem Photoelektronenvervielfacher (Type RCA 931 — A) [nach BIRKS (2)].

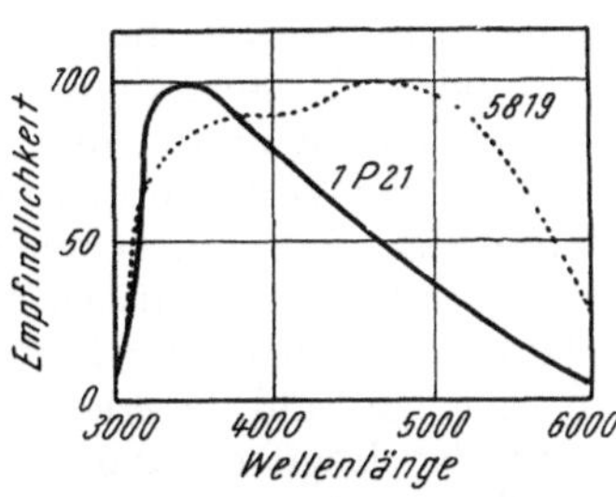

Abb. 44. Spektrale Empfindlichkeitskurven für zwei gebräuchliche Photoelektronenvervielfacher [nach MORTON (32)].

die Zusammenstellung der diesbezüglichen Daten für einige der gebräuchlichsten Photomultiplierröhren. Außer den angeführten haben sich auch einige Schweizer Typen und französische Röhren gut bewährt. Ausführlichere Angaben finden sich beispielsweise bei KREBS (27), MORTON (32). Zu den genannten Eigenschaften sollen noch einige kurze Erläuterungen gegeben werden:

1. Die *spektrale Empfindlichkeitsverteilung* hängt von dem Material und der Vorbehandlung der Photokathode ab. Als Beispiel werden die Empfindlichkeitskurven der Röhren 1 P 21 und 5819 in Abb. 44 wiedergegeben[1]. Die spektrale

Tabelle 13.

Type	Herkunft	Maximum des Empfindlichkeitsspektrums in $\mathring{A}$	Fläche der Photokathode in cm²	Verstärkungsfaktor	Maximale Quantenausbeute in %
1 P 21	RCA (USA)	3500	1,9	$2 \cdot 10^6$	13
1 P 28	RCA (USA)	3400	1,9	$2 \cdot 10^5$	
5819	RCA (USA)	4800	11,6	$6 \cdot 10^5$	6,5
5311	EMI (England)	4800	5	10^7	
4588	EMI (England)	4000	20	10^6	
6262	EMI (England)	4000		10^8	

[1] Eine ausführliche Besprechung der Vor- und Nachteile dieser beiden Röhren bringt HARRISON (15).

Empfindlichkeit der Röhre und das Emissionsspektrum der Szintillationssubstanz müssen zweckmäßig einander angepaßt sein.

2. Der *Verstärkungsfaktor* muß groß genug sein, daß die Ausgangsimpulse des Photomultipliers für den nachfolgenden Verstärker, ohne Schwierigkeiten zu bereiten, ausreichen, was mit der Größenordnung 10^5 erreicht wird. Hingegen soll er 10^9 nicht überschreiten, da dann bereits Raumladungsprobleme auftreten.

3. Die *Photokathodenfläche* und ihre Anordnung begrenzt den maximalen Raumwinkel, der vom Szintillationslicht ausgenützt werden kann. Bei sonst vergleichbaren Verhältnissen ist es natürlich wünschenswert, daß dieser möglichst groß sei.

4. Die *Quantenausbeute* bestimmt zusammen mit der Fläche und Lage der Photokathode den „Primäreffekt" im Photomultiplier und ist somit von entscheidender Bedeutung für das Verhältnis der zu registrierenden Impulse zum Dunkelstrom (englisch: „signal-to-noise-ratio") (13).

5. Der *Dunkeleffekt* beruht im wesentlichen auf der thermischen Emission der Photokathode und ist daher auch stark temperaturabhängig[1]. Entsprechend der statistischen Natur der Vorgänge im Multiplier sind die Dunkelstöße am Ausgang von sehr verschiedener Größe, doch überwiegen im allgemeinen beträchtlich kleinere Impulse als die zu registrierenden. Die störende Wirkung dieses Nulleffekts oder „Hintergrundes" kann durch verschiedene Maßnahmen herabgedrückt werden. Kühlung des Multipliers mit flüssiger Luft oder Trockeneis bringt wesentliche Verbesserung (angeblich mit Trockeneis allein bereits bis zum Faktor 100), ist aber oft versuchstechnisch recht unbequem (31). Vor allem haben sich verstärkertechnische Maßnahmen bewährt. Sie beruhen im wesentlichen darauf, daß man die Zeitkonstante des Verstärkers so wählt, daß eine möglichst geringe Zahl der kleinen Dunkelstöße sich in einem einzigen größeren Impuls bei der Registrierung summieren. Die kleinen Impulse selbst können dann im allgemeinen ohne empfindliche Verluste an zu registrierenden Impulsen durch entsprechende Diskriminatoreinstellung eliminiert werden. Eine Begrenzung der Zeitkonstanten nach unten ergibt sich allerdings, abgesehen von rein elektronischen Gesichtspunkten, aus der zeitlichen Abklingung des Szintillationsleuchtens, das natürlich möglichst weitgehend erfaßt werden soll. Je nach der Szintillationssubstanz werden sich daher etwas andere optimale Verhältnisse ergeben. Einige quantitative Angaben darüber finden sich im folgenden Abschnitt über den Verstärkerteil.

Ein anderer Weg zur Eliminierung der Dunkelstöße ist die Verwendung von zwei Multipliern in Koinzidenzschaltung an einem Szintillator. Registriert werden dann nur Impulse, die gleichzeitig in den beiden Multipliern auftreten, also vorwiegend durch ein Aufleuchten des Szintillators hervorgerufen werden, und nicht die jeweils nur in den einzelnen Röhren entstehenden Dunkelstöße, die nur ganz selten zufällig gleichzeitig auftreten werden (21, 32). Bei mikrochemischen Arbeiten wird man aber im allgemeinen mit der Eliminierung der Dunkelstöße durch den Diskriminator das Auslangen finden und nicht zu dem Aufwand eines zweiten Multipliers mit Koinzidenzschaltung zu greifen brauchen.

γ) Der Verstärker.

Wie im vorhergehenden Abschnitt ausgeführt, kommt es im Verstärkerteil eines Szintillationszählers darauf an, die in großer Zahl vorhandenen störenden Dunkelstöße für die Registrierung zu eliminieren, was durch sorgfältige Wahl

---

[1] Zur Illustration in quantitativer Hinsicht möge die Angabe dienen, daß bei einer Cäsium-Antimon-Photokathode bei 30° C etwa 5000 Elektronen/cm²/sec austreten.

der Zeitkonstante und Verwendung eines Diskriminators (39) weitgehend erreicht werden kann. Das Ergebnis wird um so befriedigender sein, je größer die zu untersuchenden Impulse im Vergleich zu den Dunkelstößen sind. In β, 3. und 4. wurde auf die Bedeutung der Photokathodenfläche und der Quantenausbeute für die Verbesserung des Verhältnisses von „signal" zu „noise" (= Dunkelstöße) hingewiesen [(7, 16), S. 330].

Zur Wahl der Zeitkonstante ist im einzelnen noch folgendes zu sagen: es sei τ die Zeitkonstante, mit der das Szintillationsleuchten abklingt. In Abb. 45 ist die Prinzipschaltung des *Anodenkreises* angegeben. Am Zeitelement R_1C_1 werden die Multiplierausgangsimpulse integriert. (R_2C_2 bestimmt die Form des integrierten Impulses.) Coltman (5) konnte zeigen, daß man optimale Unterscheidung von den Dunkelstößen erhält, wenn $R_1C_1 = R_2C_2 = \tau$ ist. Für Zinksulfid kann man τ mit etwa 17 μsec ansetzen. Einen entsprechenden Verstärker hat Coltman angegeben. Bei einem Multiplier mit sehr zahlreichen Dunkelstößen kombiniert mit einer Szintillationssubstanz von sehr langsamer Abklingung wird

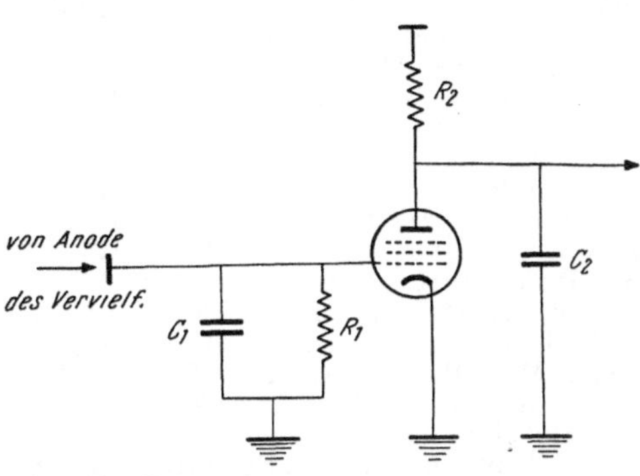

Abb. 45. Prinzipschaltung des Anodenkreises eines Szintillationszähler-Verstärkers [nach Coltman (5)].

man keinesfalls zu befriedigenden Resultaten kommen, da die Betrachtung nur gilt unter der Voraussetzung, daß τ kleiner ist als der mittlere zeitliche Abstand der Dunkelstöße.

Als *Diskriminator* kann im Prinzip beispielsweise ein Thyratron verwendet werden, bei dem durch bestimmte Wahl der Gittervorspannung die noch durchgelassenen Minimalimpulse festgelegt werden. Ein typischer, aber komplizierterer Diskriminator wird von Morton (32) beschrieben. S. auch [(7), S. 193].

Zur eigentlichen Registrierung der entsprechend verstärkten Impulse kann irgendein *Zählgerät* mit oder ohne Untersetzer dienen, wie es auch bei den Geiger-Müller-Zählern (s. diesen Abschnitt) Verwendung findet.

e) Geiger-Müller-Szintillationszähler.

Je nach dem Kathodenmaterial zeigt auch das Geiger-Müller-Zählrohr eine größere oder geringere Empfindlichkeit für Lichtquanten (36). Prinzipiell kann man also das Leuchten einer Szintillation auch mit dem entsprechend gebauten Geiger-Müller-Zählrohr messen. Die erste Anordnung dieser Art wurde von Krebs (26) 1941 angegeben. Die Szintillationssubstanz war dabei an der Außenseite eines kleinen Glasfensters im Zählrohr angebracht. Mit der weiteren Entwicklung der Methode haben sich Mandeville und Scherb (30) eingehend beschäftigt. Ein von diesen Autoren verwendetes Geiger-Müller-Szintillationszählrohr wird von ihnen genau beschrieben. Ein Vorteil dieser Zählrohre ist, daß sie auch für den Nachweis sehr weicher Strahlung keine dünnen Folien als Fensterverschluß benötigen, also robuster bei der Hantierung sind. Ein weiterer Vorteil ist ihre gegenüber dem normalen Zählrohr wesentlich größere Ansprechwahrscheinlichkeit für Röntgen- und γ-Strahlen.

Literatur 1.

(1) Bell, P. R., Physic. Rev. **73**, 1405 (1948). — (2) Birks, J. B., Scintillation Counters. London: Pergamon Press. 1953. — (3) Blau, M., u. B. Dreyfuss, Rev. Sci.

Instruments **16**, 245 (1945). — (4) Blüh, O., u. F. Terentink: Nucleonics **10** (9), 48 (1952).

(5) Coltman, J. W., Proc. Inst. Radio Engrs. **37**, 671 (1949). — (6) Crookes, W., Proc. Roy. Soc. London **71**, 405 (1903). — (7) Curran, S. C., Luminescence and the Scintillation Counter. London: Butterworth. 1953. — (8) Curran, S. C., u. W. R. Baker, US-AEC-Report M. D. D. C. 1296. 1944. — (9) Curran, S. C., u. J. D. Craggs, Counting Tubes. London: Butterworth. 1949.

(10) Elster, J., u. H. Geitel, Physik. Z. **4**, 439 (1903).

(11) Feazel, C. E., u. C. D. Smith, Rev. Sci. Instruments **19**, 817 (1948).

(12) Garlick, G. F. J., Luminescent Material, in: Progr. Nuclear Physics **2** (1952). — (13) Gillespie, A. B.: Signal, Noise and Resolution in Nuclear Counter Amplifiers. London: Pergamon Press. 1953. — (14) Gillette, R. H., Rev. Sci. Instruments **21**, 294 (1950).

(15) Harrison, F. B., Nucleonics **10** (6), 40 (1952). — (16) Herbert, R., Nucleonics **10** (8), 37 (1952). — (17) Hofstadter, R., Physic. Rev. **75**, 796 (1949).

(18) Kallmann, H., u. M. Furst, Physic. Rev. **79**, 857 (1950). — (19) Physic. Rev. **83**, 674 (1951). — (20) Kallmann, H., M. Furst u. M. Sidran, Nucleonics **10** (9), 15 (1952). — (21) Kallmann, H., u. O. A. Accardo, Rev. Sci. Instruments **21**, 48 (1950). — (22) Karlik, B., S. B. Wien. Akad. Wiss., math.-naturw. Kl. IIa **136**, 531 (1927); Mitt. Radium-Inst. Nr. 209. — (23) S. B. Wien. Akad. Wiss., math.-naturw. Kl. IIa **139**, 319 (1930); Mitt. Radium-Inst. Nr. 258. — (24) Karlik, B., u. E. Kara-Michailova, S. B. Wien. Akad. Wiss., math.-naturw. Kl. IIa **137**, 363 (1928); Mitt. Radium-Inst. Nr. 222. — (25) Koski, W. S., Physic. Rev. **82**, 317 (1951). — (26) Krebs, A., Ann. Physik (Madelung-Festheft) **39**, 330 (1941). — (27) Krebs, A., Szintillationszähler; in: Ergebn. exakt. Naturwiss. **27**, 361 (1953).

(28) Lenard, P., u. F. Schmidt, Handbuch der Experimentalphysik. XI. Leipzig: Akadem. Verlagsges. — (29) Leverenz, H. W., An Introduction to Luminescence of Solids. New York: Wiley. 1950.

(30) Mandeville, C. E., u. M. V. Scherb, Nucleonics **1** (5), 34 (1950). — (31) Mandeville, C. E., u. H. O. Albrecht, Physic. Rev. **80**, 117 (1950). — (32) Morton, G. A., The Scintillation Counter; in: Advances in Electronics, Bd. 4, S. 69. New York: Academic Press. 1952. — (33) Morton, G. A., u. J. A. Mitchell, Nucleonics **4** (1), 16 (1949). — (34) Morton, G. A., u. K. W. Robinson, Nucleonics **4** (1), 25 (1949).

(35) Raben, M. S., u. N. Bloembergen, Science **114**, 363 (1951). — (36) Rajewsky, B., Z. Physik **63**, 576 (1930); Ann. Phys. **20**, 13 (1934). — (37) Regener, E., Verh. dtsch. phys. Ges. **10**, 78 (1908).

(38) Sangster, R. C., M. I. T. Techn. Rep. Electron. Nr. 55, 1952. — (39) Scarrott, G. G., in: Progr. Nuclear Physics **1**, 73 (1950). — (40) Schorr, M. G., u. E. C. Farmer, Physic. Rev. **81**, 891 (1950). — (41) Schorr, M. G., u. F. L. Torney, Physic. Rev. **80**, 474 (1950).

(42) Timmerhaus, K. D., E. B. Giller, R. B. Duffield u. H. G. Drickamer, Nucleonics **6** (6), 37 (1950). — (43) Tracerlog, Nr. 53. Boston: Mass. Tracerlab. 1953.

2. Der Kristallzähler.

Der Kristallzähler beruht auf der Eigenschaft gewisser Kristalle, die normalerweise nur eine sehr geringe Leitfähigkeit besitzen, beim Durchgang von ionisierender Strahlung eine große Erhöhung ihrer Leitfähigkeit zu zeigen. Wenn der Kristall mit zwei Elektroden belegt wird, die an den Polen einer Batterie liegen, so kann der Durchgang eines Teilchens durch einen sehr kurzzeitigen Stromstoß beobachtet werden. Van Heerden (5), der 1945 diese Nachweismethode angab, verwendete Silberchlorid-Kristalle, die aber den Nachteil besitzen, daß sie mit flüssiger Luft gekühlt werden müssen. In späteren Arbeiten (4, 6, 7, 8) wurde gezeigt, daß auch Diamant (8), Thalliumbromid-Thalliumjodid-Mischkristalle (6) und Zinksulfid (1) für diesen Zweck verwendet werden können. Für α-Strahlen in Diamant ist ein Feld von 200 Volt pro mm Kristalldicke zur Erlangung der Sättigung [s. Lit. zu Abschn. 1 (9, S. 182)] ausreichend; dabei genügen ein paar Hundertstel Millimeter Dicke zur Ausnützung der vollen Reichweite der α-Strahlen. Die Verstärkung muß mit einem Faktor von 10^5 bis 10^6 erfolgen.

Die Methode ist heute für praktische Zwecke noch kaum in Verwendung, wird aber möglicherweise in der Zukunft nach Auffindung weiterer geeigneter Substanzen größere Verbreitung finden. Für integrale Strahlungsmessung wurde sie von BECKER ET AL. (2) herangezogen. Eine eingehende Besprechung der methodischen Probleme und der bisherigen Versuche, sie zu lösen, bringt CHYNOWETH (3).

Literatur 2.

(1) AHEARN, A. J., Physic. Rev. **73**, 1113 (1948).
(2) BECKER, J., K. E. SCHEER u. A. KÜHLER, Strahlentherapie **88**, 34 (1952).
(3) CHYNOWETH, A. G., Amer. J. Physiol. **20**, 218 (1952). — (4) CURTISS, L. F., u. B. W. BROWN, Physic. Rev. **72**, 643 (1947).
(5) VAN HEERDEN, P. J., The Crystal Counter. Diss. Univ. Utrecht. 1945. — (6) HOFSTADTER, R., Physic. Rev. **72**, 1120 (1947). — (7) Bull. Amer. Physic. Soc. **22**, 14 (1947).
(8) WOOLDRIDGE, D. E., A. J. AHEARN u. J. A. BURTON, Physic. Rev. **71**, 913 (1947).

3. Der Funkenzähler.

Der Funkenzähler ist heute auch in physikalischen Laboratorien nur vereinzelt in Verwendung und dürfte auch für den Mikrochemiker nur selten in Frage kommen. Immerhin können Umstände vorliegen, die die Ausnützung der weiter unten angegebenen Vorteile empfehlenswert machen Er soll daher kurz besprochen werden.

Der Funkenzähler geht zurück auf ältere Arbeiten von GREINACHER (7, 8, 9, 10, 11); STUBER hat dann die

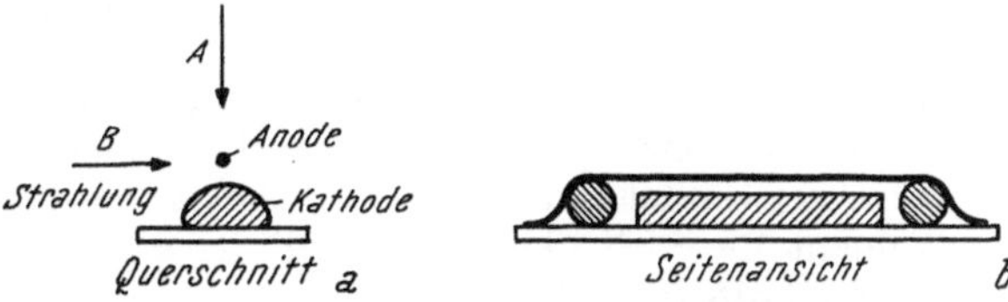

Abb. 46. Schematische Darstellung eines Funkenzählers.

Eigenschaften eines Spitzenfunkenzählers sorgfältig studiert (15). Stabilere Betriebsverhältnisse lassen sich aber wohl mit einem von ROSENBLUM und CHANG (1) angegebenen Funkenzähler erzielen, bei dem die Entladung längs eines Drahtes vor sich geht. Er bietet auch die Möglichkeit eines etwas größeren Zählvolumens. Eine einfache Ausführungsform ist in Abb. 46 angegeben. Der Teil a zeigt einen Querschnitt durch eine solche Anordnung: die Kathode wird gebildet von einem Stab aus rostfreiem Eisen von 6,5 mm Durchmesser und 60 mm Länge, die Anode ist ein Wolframdraht von $80\,\mu$ Durchmesser (allgemein etwa zwischen 20 und $150\,\mu$), der in einem Abstand von 1 bis 1,5 mm von der Kathode angebracht ist. Zwischen den beiden Elektroden liegt eine Spannungsdifferenz von 3000 bis 5000 Volt, die eine sichtbare Corona-Entladung erzeugt. Die Justierung des Drahtes in parallele Lage zur Kathode erfolgt am besten durch Beobachtung der letzteren. Der Coronastrom beträgt bei 1 mm Abstand und 3500 Volt rund 0,7 MA. Das empfindliche Volumen ist sehr klein: es umfaßt etwa das Coronagebiet um den Draht (14). Die Anordnung gibt mit α-Teilchen Impulse von der Größenordnung 100 Volt, so daß keine weitere Verstärkung benötigt wird, sondern in der in Abb. 47 angedeuteten Weise an den Zähler angeschlossen werden kann. (Als Werte für die Widerstände und Kapazitäten empfehlen sich beispielsweise: $R_1 = 1 \cdot 10^5$, $R_2 = 5 \cdot 10^5$, $C_1 = 25$ pf, $C_2 = 2000$ pf.) Auf β- und γ-Strahlen spricht die Anordnung nicht mit Impulsen an, sondern zeigt nur einen erhöhten Coronastrom und allenfalls eine herabgesetzte Empfindlichkeit gegenüber α-Teilchen. Eine Abschirmung gegen Höhenstrahlung ist daher überflüssig und der normale Leereffekt sehr gering (0,2 pro Minute). Wertvolle Erfahrungen beschreiben CURRAN und CRAGGS (4).

Der Mechanismus ist noch nicht völlig geklärt (13). Mit steigender Spannung ergeben sich die in Abb. 48 angegebenen Charakteristiken je nach der Einstrahlungsrichtung. Man sieht, daß es im Falle B ein Spannungsgebiet gibt, in dem die Teilchenzahl fast unabhängig von der angelegten Spannung ist.

An Stelle des Eisenstabes kann auch eine Platte die Kathode bilden (3), doch sind die Betriebsverhältnisse günstiger mit dem Stab. Es kann auch in verschiedenster Anordnung (2, 5) eine

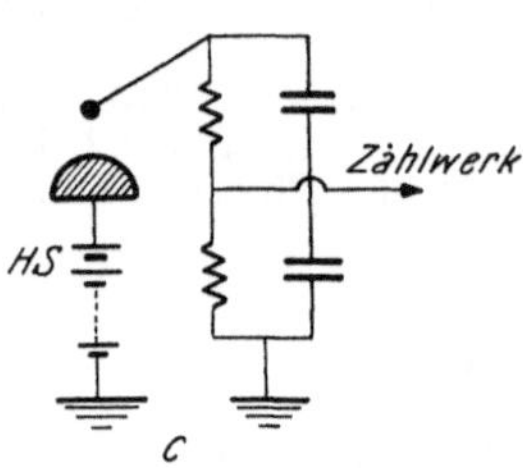

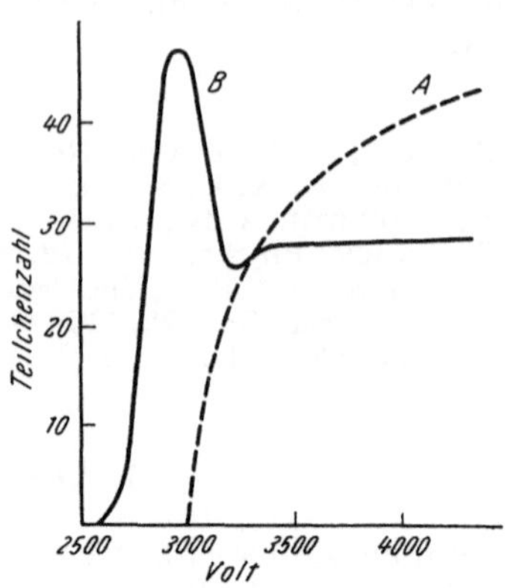

Abb. 47. Prinzipschaltung eines Funkenzählers [nach Eichholz (5)].

Abb. 48. Charakteristiken eines Funkenzählers. *A* Einstrahlung in Richtung *A* (vgl. Abb. 46), *B* Einstrahlung in Richtung *B* (vgl. Abb. 46) [nach Eichholz (5)].

größere Zahl von Drähten parallel ausgespannt und so im Bedarfsfalle das Zählvolumen beträchtlich vergrößert werden. Auch zwei parallele Platten können verwendet werden (12). Die Anordnung ist vor allem als Anzeigeinstrument für α-Strahlen für qualitative Zwecke zu brauchen (6). Ihre offenkundigen *Vorteile* sind:

a) *Einfachheit.* Kein Verstärker, keine Vakuumteile.

b) *Unempfindlichkeit gegen β- und γ-Strahlen.* Keine Abschirmung gegen Höhenstrahlung.

c) Sehr *kleiner Leereffekt.*

d) Sehr *kleines empfindliches Volumen*, wenn erwünscht; Möglichkeit genauer Reichweite-Ausmessung.

Literatur 3.

(1) Chang, W. Y., u. S. Rosenblum, Physic. Rev. **67**, 222 (1945). — (2) Connor, R. D., J. Scient. Instruments **29**, 12 (1952). — (3) Proc. Physic.Soc. **64 B**, 30 (1951). — (4) Curran, S. C., u. J. D. Craggs, Counting Tubes. London: Butterworth. 1949. — (5) Eichholz, G. G., Nucleonics **10** (10), 46 (1952). — (6) Physic. Rev. **83**, 891 (1951). — (7) Greinacher, H., Helv. Physica Acta 7, 360, 514, 641 (1934). — (8) Naturwiss. **22**, 761 (1934). — (9) Helv. Physic. Acta 8, 89, 265 (1935). — (10) Naturwiss. **23**, 755 (1935). — (11) Z. techn. Physik **16**, 165 (1935).

(12) Keuffel, J. W., Rev. Sci. Instruments **20**, 202 (1949).

(13) Meek, J. M., Proc. Physic. Soc. **52**, 547 (1940).

(14) Payne, R. M., J. Scient. Instruments **26**, 321 (1949).

(15) Stuber, R., Helv. Physica Acta **12**, 109 (1939).

Photographische Methoden in der Radiochemie.

Von

Hanne Lauda.

Institut fur Radiumforschung der Österr. Akademie der Wissenschaften in Wien.

Mit 6 Textabbildungen.

Inhaltsverzeichnis.

Einleitung.

Die Tatsache, daß die von radioaktiven Substanzen ausgehenden Strahlungen — α-, β-, γ-Strahlen — sowie andere schnell bewegte Teilchen, die z. B. im Verlauf einer Kernreaktion ausgesendet werden, in einer photographischen Emulsion ähnlich wie Licht Schwärzungskörner erzeugen, kann zum Nachweis der strahlenden Atome herangezogen werden. Ebenso wie die Wilsonsche Nebelkammer gestattet die photographische Platte die Registrierung und die Unterscheidung der Bahnen individueller elektrisch geladener Teilchen. Die photographische Platte unterscheidet sich von anderen Meßgeräten, die in der Radioaktivität verwendet werden, wie Zählrohr, Ionisationskammer, Nebelkammer, durch ihre Eigenschaft, über lange Zeiträume verwendbar und gleichbleibend empfindlich zu sein. Aus dieser integrierenden Wirkung ergibt sich in gewissen Fällen eine Überlegenheit der „photographischen Methode" über die erwähnten anderen Meßmethoden, so z. B. bei der Messung sehr schwacher Aktivitäten bzw. kleiner Mengen langlebiger radioaktiver Elemente, deren geringe Teilchenzahlen über dem Nulleffekt eines Zählrohres nicht mehr meßbar wären, bei genügend langer Expositionszeit jedoch photographisch noch nachweisbar sein können. Sie bietet überdies den Vorteil einer viel besseren Lokalisierungsmöglichkeit der strahlenden Atome, im Falle des Nachweises von radioaktiven Isotopen in Gesteinen oder histologischen Schnitten bis auf einige Mikron genau. Für Laboratorien, die nicht für regelmäßige radioaktive Messungen eingerichtet sind, empfiehlt sich die photographische Methode aus ökonomischen Gründen durch den geringen apparativen Aufwand, den sie erfordert.

Die photographische Methode gestattet mit den jetzt zur Verfügung stehenden Emulsionen prinzipiell den qualitativen und quantitativen Nachweis von α- und β-aktiven Substanzen bzw. solcher Elemente, die geeignete Kernreaktionen liefern, und ist daher in der Mikrochemie in folgenden Arbeitsgebieten anwendbar: Zur Bestimmung kleinster Mengen radioaktiver oder nachweisbare Kernreaktionen liefernder Elemente in Lösungen und zu ihrer Bestimmung und Lokalisierung in Mineralen, Gesteinen und biologischen Präparaten.

Bevor im einzelnen auf diese Anwendungsgebiete und die zu ihrer Bearbeitung entwickelten Methoden und deren Grenzen eingegangen wird, sollen kurz die physikalischen Grundlagen für die Verwendung der photographischen Platte als Meßinstrument dargelegt werden.

I. Physikalische Grundlagen für die Verwendung der photographischen Platte in der Radiochemie.

1. Wirkung von Korpuskularstrahlen auf die photographische Emulsion.

H. Becquerel entdeckte im Jahre 1896, daß die von Uranmineralen ausgehenden Strahlen auf einer photographischen Platte ebenso wie Licht eine Schwärzung erzeugen. Daß eine solche Schwärzung speziell durch α-Teilchen hervorgerufen werden kann, fand Kinoshita (76) schon im Jahre 1910, während Reinganum (122) im Jahre 1911 die Beobachtung machte, daß die Bahn eines einzelnen schräg auf die photographische Emulsion fallenden α-Teilchens als eine Folge von geradlinig aneinandergereihten Schwärzungskörnern erschien. Seit den erwähnten Anfängen wurde die Empfindlichkeit der zur Registrierung von geladenen Teilchen herangezogenen Emulsionen weitgehend verbessert, so daß seit dem Jahre 1948 sogar Bahnen einzelner Elektronen sichtbar gemacht werden können (9). Die Entwicklung dieser „teilchenempfindlichen" Emulsionen zu einem quantitativen Nachweisgerät für Korpuskularstrahlen kann an Hand von zusammenfassenden Artikeln von Shapiro (128), Demers (33), Webb (139) und Rotblat (124) verfolgt werden.

Eine photographische Emulsion besteht aus Silberhalogeniden, und zwar überwiegend Silberbromid mit einem kleinen Zusatz von Silberjodid, die in Form von dünnen, meist drei- oder sechsseitigen Kristallen in Gelatine eingebettet sind. Die Größe dieser Kristalle, in denen sich im wesentlichen der photographische Vorgang abspielt, schwankt je nach der Herstellung der Emulsion für lichtempfindliche Schichten zwischen Durchmessern von $0,1\,\mu$ und einigen Mikron, für teilchenempfindliche Emulsionen zwischen $0,04\,\mu$ (33) und $0,5\,\mu$, wie durch elektronenmikroskopische Aufnahmen gefunden wurde (78, 108). Wenn eine solche photographische Emulsion von Licht oder von ionisierenden Teilchen getroffen wird, erleiden einige der in ihr enthaltenen Silberhalogenidkristalle eine Veränderung, die dazu führt, daß sie bei nachfolgender Behandlung mit einer geeigneten reduzierenden Lösung, dem Entwickler, in Schwärzungskörner aus metallischem Silber umgewandelt werden. Die restlichen, nicht veränderten Silberhalogenidkristalle müssen sodann durch ein geeignetes Lösungsmittel, das Fixierbad, aus der Emulsion herausgelöst werden. Der Mechanismus, nach dem die Veränderung der Silberhalogenidkristalle vor sich geht und durch den sie entwickelbar werden, ist schwer zu klären, und zwar deshalb, weil er wegen der Geringfügigkeit der Veränderung der Kristalle keiner direkten Untersuchung zugänglich ist, sondern immer nur durch die nachfolgende Entwicklung sichtbar gemacht werden kann, durch die er anderseits selbst verwischt wird. Ein weiterer Umstand, der die Klärung des photographischen Vorganges erschwert, ist auch der, daß zahlreiche experimentelle Untersuchungen, die als Stütze einer Theorie desselben herangezogen werden könnten und herangezogen wurden, an Makrokristallen von Silberbromid durchgeführt wurden, während man zweifellos die Möglichkeit offenlassen muß, daß Mikrokristalle, die überdies während der Emulsionsherstellung Wärmebehandlungen mitgemacht haben und in Kontakt mit Gelatine vorliegen, ein von diesen verschiedenes Verhalten zeigen könnten. Von den zahlreichen Versuchen, die Natur des photographischen Vorganges zu erklären, erwies sich der von GURNEY und MOTT (57) in Übereinstimmung mit zahlreichen experimentellen Resultaten (8) vorgeschlagene Mechanismus am besten geeignet, eine große Anzahl photographischer Effekte von einem einheitlichen Gesichtspunkt aus zu deuten.

Nach GURNEY und MOTT verläuft der photographische Prozeß in zwei Stufen: einer Phase der Elektronenleitung und einer Phase der Ionenleitung. Zunächst werden — bei Auffallen von Lichtquanten auf die Emulsion durch Photoeffekt, bei Auftreffen von ionisierenden Teilchen durch direkte Ionisation — Elektronen aus gefüllten Niveaus von Bromionen in das Leitfähigkeitsniveau des Kristalls gehoben. Die Bromionen gehen hierbei entsprechend der Beziehung

$$\mathrm{Br^-} + h\nu = \mathrm{Br} + e^- \tag{1}$$

in neutrale Bromatome über. Die mit thermischer Energie, ähnlich freien Elektronen in Metallen, im Leitfähigkeitsniveau beweglichen Elektronen können sodann an „Störstellen" der Silberhalogenidkristalle eingefangen werden und diese negativ aufladen. Die „Störstellen" („Empfindlichkeitskeime") sind nach GURNEY und MOTT entweder Stellen mechanischer Deformation der Silberbromidkristalle oder sie bestehen aus kleinen Aggregaten von metallischem Silber oder aus Silbersulfidmikrokristallen, die sich während der Herstellung der Emulsion, vor allem während ihrer thermischen Reifung, aus Beimengungen der Gelatine und Silberbromid bilden. Die letzterwähnte Annahme basiert auf experimentellen Untersuchungen von SHEPPARD (129) an photographisch „aktiven" und „inaktiven" Gelatinesorten. Die ersteren enthielten Spuren organischer Schwefelverbindungen. Die zweite Phase des photographischen Vorganges wird von Gurney und Mott als Ionenleitungsprozeß angesehen. Gestützt unter anderem auf die experimentellen Resultate von Tubandt (136) über die Ionenleitfähigkeit in Silberbromid, nehmen sie an, daß sich stets eine gewisse Anzahl von positiven Silberionen von ihren Plätzen im Ionengitter des Kristalls entfernt haben („Zwischengitterionen") und im Kristall ebenso wie die von ihnen verlassenen Gitterplätze beweglich sind („Frenkelsche Fehlordnung") (54). Diese Zwischengitterionen werden von den durch Elektroneneinfang negativ aufgeladenen „Störstellen" angezogen und in neutrale Silberatome umgewandelt entsprechend der Gleichung:

$$Ag^+ + e^- = Ag. \tag{2}$$

Die Phase der Ionenwanderung ist zeitlich träger als der erste Teil des photographischen Vorganges und ebenso wie die Konzentration an „Zwischengitterionen" temperaturabhängig. Die auf diese Weise (durch mehrmalige Wiederholung von Elektroneneinfang und darauffolgende Anziehung eines Silberions) an gewissen Stellen der von Strahlung getroffenen Silberbromidkörner entstehenden Anhäufungen von neutralen Silberatomen werden als „latentes Bild" oder „Entwicklungskeime" bezeichnet. Es ergibt sich aus dem vorgeschlagenen Mechanismus von selbst, daß die Größe und topographische Verteilung der Entwicklungskeime weitgehend von der Struktur der Silberbromidkörner, der Lage, Anzahl und Natur ihrer „Störstellen" — für die die Emulsionsherstellung sehr maßgebend ist — und weiters von der Art der einwirkenden Strahlung und der Expositionsdauer abhängen werden. Es wurde gefunden, daß das von Licht und weichen Röntgenstrahlen erzeugte latente Bild seinen Sitz größtenteils an der Oberfläche der Silberbromidkörner hat. Das von energiereichen Quanten und Teilchen erzeugte latente Bild hingegen wird hauptsächlich im Inneren der Kristalle gebildet, bei Teilchen insbesondere längs des von ihnen in den Silberbromidkristallen zurückgelegten Weges (30, 64). Seine Größe hängt von dem Energieverlust des Teilchens im Silberbromidkorn ab, dieser ist proportional dem Quadrat der Ladung des Teilchens und verkehrt proportional dem Quadrat seiner Geschwindigkeit. [Genaue Formel für den Energieverlust eines Teilchens in einem Stoff in (94, 139)]. Bei geeigneter Wahl des Entwicklers kann diese Tatsache zur Unterscheidung der Bahnen verschieden stark ionisierender Teilchen verwendet werden.

Der angegebene Mechanismus erklärt in zwangloser Weise die Entstehung eines latenten Bildes an der Oberfläche der Silberbromidkristalle, stößt jedoch auf Schwierigkeiten bei der Erklärung des im Korninneren erzeugten („internen") latenten Bildes. Dieses könnte sich nur bilden an mechanischen Störstellen der Kristalle, in deren Spalten und Hohlräumen, die imstande wären, eine Anhäufung von Silberatomen aufzunehmen. Zur Überwindung dieser Schwierigkeit schlug jedoch Mitchell im Jahre 1948 einen gegenüber der Theorie von Gurney und Mott etwas abgeänderten Mechanismus für die Natur der Fehlordnung und der Störstellen in den Silberbromidkristallen und den Verlauf der zweiten Phase des photographischen Vorganges, der Ionenleitung, vor (103, 104, 105, 106, 119).

Gestützt auf das Ergebnis von Untersuchungen, die von Kolthoff und O'Brien (81) sowie von Langer (83) über den Austausch von radioaktiven Silber- und Bromionen mit Silberbromidmikrokristallen angestellt wurden und die für Silber- und Bromionen ähnliche Diffusionskoeffizienten ergaben, nimmt Mitchell in den Silberbromidkristallen an Stelle einer „Frenkelschen Fehlordnung" eine „Schottkysche Fehlordnung" an, d. h. freie Kationen (Ag)-

und Anionen (Br)-Gitterplätze in gleicher Anzahl und keine Silberzwischen-
gitterionen (127). Weiters verwirft MITCHELL auch die Annahme, daß die in
der photographisch „aktiven" Gelatine vorhandenen Schwefelverbindungen
zur Bildung von „Störstellen" in Form von Silbersulfidmikrokristallen führen,
und schlägt vor, daß die zweiwertigen Schwefelionen entweder an freien Br-
Gitterplätzen als Elektronenspender fungieren oder die gleiche Wirkung nach
Abgabe eines ihrer Elektronen an einen freien Br-Gitterplatz als einfach geladene
Ionen an einem benachbarten freien Br-Gitterplatz ausüben. Drittens wird
MITCHELL durch Versuche von STASIW (131) zu der Annahme angeregt, daß
die zweite Phase des photographischen Prozesses, die Ionenleitung, nicht durch
positive „Zwischengitterionen" besorgt werde, sondern durch Wandern freier
Halogengitterpunkte, die ja gleichfalls Stellen positiven Potentials darstellen (77).

Da die erwähnten Arbeiten von STASIW ebenso wie andere kürzlich ver-
öffentlichte experimentelle Arbeiten von BERRY (11) sowie von KEITH
und MITCHELL (74) darauf hindeuten, daß in Silberbromidkristallen beide
Fehlordnungstypen nebeneinander vorkommen, wobei die „FRENKELsche Fehlordnung" überwiegt, scheint eine eindeutige Entscheidung für den von
MITCHELL vorgeschlagenen Mechanismus bei dem derzeitigen Stand der experimentellen Ergebnisse nicht möglich zu sein. Von einigen Autoren wird auch
die Ansicht vertreten, daß eine Kombination der GURNEY-MOTTschen Theorie
mit dem von MITCHELL vorgeschlagenen Mechanismus die Entstehung des
„latenten Bildes" an der Oberfläche und im Inneren der Silberbromidkörner
erklären würde (65, 107). Sowohl durch spektroskopische als auch durch analytische Untersuchungen ist jedoch die Tatsache nachgewiesen, daß im Verlaufe
des photographischen Vorganges Silber und Brom als Reaktionsprodukte gebildet werden.

2. Entwicklungs- und Fixiervorgang.

Im Verlauf des photographischen Entwicklungsvorganges werden diejenigen
Silberbromidkristalle, die ein hinreichend großes submikroskopisches „latentes
Bild" (Entwicklungskeim) tragen, durch Einwirkung von geeigneten organischen
oder anorganischen reduzierenden Substanzen, wie Methol, Hydrochinon, Glyzin,
Amidol, Eisenoxalat u. a., in mikroskopisch sichtbare Schwärzungskörner aus
metallischem Silber verwandelt. Als photographische Entwickler sind reduzierende Substanzen dann geeignet, wenn sie exponierte Silberbromidkristalle,
also solche, die ein „latentes Bild" tragen, wesentlich rascher reduzieren als
nicht exponierte. Elektronenmikroskopische Aufnahmen von entwickelten
Silberbromidkristallen zeigen, daß das während der Entwicklung gebildete Silber
in Form von langen, vielfach verschlungenen Fäden aus dem Kristall in die
nasse Gelatine ausgestoßen wird [(59), (102, S. 312), (61)]. Der Mechanismus, nach
dem sich die Bildung dieses Silbers abspielt, ist ebenso wie die Entstehung
des „latenten Bildes" noch nicht vollkommen geklärt. Gegen den außerordentlich einfachen elektrolytischen Mechanismus des Entwicklungsvorganges,
den die Autoren GURNEY und MOTT (57) vorschlagen, wonach die Entwicklung
in einer Fortsetzung des photographischen Vorganges bestehe, bei welcher das
„latente Bild" als Elektrode wirkt, welche die von der Entwicklersubstanz
gelieferten Elektronen aufnimmt, „Zwischengitterionen" anzieht usw., solange,
bis das ganze Korn schließlich in Silber umgewandelt ist, wird unter anderem
eingewendet (70), daß er die Entfernung der im Ionengitter der Kristalle nicht
beweglichen Bromionen nicht erkläre. Zahlreiche Tatsachen der Entwicklung
lassen sich ggf. auf Grund der von JAMES und KORNFELD (70) vorge-

schlagenen Arbeitshypothese erklären, wonach die Entwicklung in die Klasse der heterogenen Reaktionen zu rechnen sei, die durch die Anwesenheit eines der Reaktionsprodukte katalysiert werden und an den Trennungsflächen der drei beteiligten Komponenten — Silber, Silberbromid, Entwickler — stattfinden. Eine Entscheidung für einen bestimmten Mechanismus ist auf Grund der vorliegenden experimentellen Resultate jedoch noch nicht möglich.

Die Entwicklerlösung enthält neben der eigentlichen Entwicklersubstanz im allgemeinen noch einige wesentliche Zusätze: Da die Aktivität der verwendeten reduzierenden Substanzen von deren Dissoziation und diese von der Wasserstoffionenkonzentration der Entwicklerlösung abhängt (102, S. 443), enthält ein Entwickler stets eine alkalische Substanz, die die günstigste Wasserstoffionenkonzentration, gewöhnlich pH = 8 bis 10, gewährleistet, z. B. Natriumcarbonat im Falle des später angeführten Methol-Hydrochinonentwicklers, Kaliumcarbonat, Natrium- oder Kaliumhydroxyd in anderen gebräuchlichen Entwicklern. Um der Entwicklersubstanz das Vordringen zu einem „internen" latenten Bild zu ermöglichen, wie es z. B. durch geladene Teilchen erzeugt wird, muß der Entwickler in diesem Fall ein Silberbromidlösungsmittel enthalten, welches das „interne" latente Bild bloßlegt und der Entwicklersubstanz zugänglich macht, z. B. Natriumthiosulfat. Schließlich enthält der Entwickler stets eine Substanz, die die Entwicklung nicht exponierter Silberbromidkörner durch Erhöhung der Bromionenkonzentration auf ein Minimum herabsetzt, wie z. B. Kaliumbromid oder eines der zahlreichen organischen „Schleierverringerungsmittel". Nicht exponierte Silberbromidkörner, die infolge von genügend großen Entwicklungskeimen oder durch ungünstige Entwicklungsbedingungen doch entwickelt werden, bezeichnet man als „Schleierkörner". Voraussetzung für eine gleichmäßige Entwicklung in der ganzen Emulsionsschichte ist eine gute Diffusion der Entwicklerlösung in die Gelatine und das Einhalten einer konstanten Temperatur.

Der nachfolgende Fixiervorgang besteht darin, daß das nicht verbrauchte Silberhalogenid durch Baden der Platte in einem hierfür geeigneten Lösungsmittel, im allgemeinen Natriumthiosulfat, aus der Emulsion entfernt wird. Die Emulsion wird dabei durchsichtig. Da sich im Stadium des Durchsichtigwerdens der Emulsion das schwer wasserlösliche komplexe Salz $Ag_2Na_2(S_2O_3)_2$ gebildet hat, das erst bei weiterer Einwirkung von Natriumthiosulfat in das leicht wasserlösliche $Ag_2Na_4(S_2O_3)_3$ übergeht (102, S. 511), soll das Fixieren der Platte nach deren Durchsichtigwerden noch einige Zeit hindurch fortgesetzt werden. Die Geschwindigkeit, mit welcher der Fixiervorgang abläuft, ist temperaturabhängig. Die Verwendbarkeit des Fixierbades ist durch seine chemische Veränderung zeitlich begrenzt.

Das schließlich überwiegend gebildete, leicht wasserlösliche Komplexsalz wird durch nachfolgendes Wässern der Platte aus der Emulsion entfernt. Nicht entfernte komplexe Thiosulfate würden im Laufe der Zeit störende Verfärbungen der Emulsion hervorrufen.

II. Praktische Hinweise zur Auswahl geeigneter Platten. Entwicklung und Auswertung. Fehlerquellen.

1. Emulsionsarten.

Für die im III. Kapitel beschriebenen Anwendungsgebiete der photographischen Platte in der Mikrochemie kommen vor allem zwei Plattensorten in Betracht: 1. „Teilchenempfindliche" Platten — auch „Kernemulsionen" oder „Nuclear Plates" genannt —, wenn individuelle Bahnen von α- oder β-Teilchen registriert werden sollen, und 2. Röntgen- und Diapositivplatten bzw. -filme, falls die Wirkung der Teilchen lediglich als integrale Schwärzung von Interesse ist.

a) „Teilchenempfindliche" Platten.

Diese werden derzeit in den Vereinigten Staaten von der Eastman Kodak Company, Rochester, und in England von Kodak Ltd., London W. C. 2, und Ilford Ltd., Ilford, London, erzeugt[1]. Es handelt sich dabei durchwegs um sehr silberhalogenidreiche, wenig lichtempfindliche, wenig schleiernde Silberbromidemulsionen mit geringem Silberjodidzusatz, von kleinem Korn und einheitlicher Korngröße. Die Platten englischer Herkunft enthalten rund 86 Gew.-% Silberhalogenid — davon ungefähr 97% Silberbromid und 3% Silberjodid — und 14% Gelatine, die amerikanischen Erzeugnisse 81% Silberhalogenid und 19% Gelatine. Dieser im Vergleich zu Emulsionen der Licht- oder Röntgenphotographie auffallend hohe Silberhalogenidgehalt wird deshalb gewählt, damit die von ionisierenden Teilchen in der Emulsion erzeugten Bahnen eine möglichst große Korndichte bzw. einen möglichst kleinen Kornabstand haben. Die hohe Korndichte — Bahnspuren von α-Teilchen erscheinen in diesen Platten wie einheitliche schwarze Striche! — verringert den Fehler in der Längenmessung von Bahnen, wie sie z. B. zur Ermittlung der Reichweite bzw. Energie von Teilchen vorgenommen wird, und erhöht dadurch die Genauigkeit der erhaltenen Reichweiten- und Energiewerte. Bei großer Korndichte sind unter anderem auch Irrtümer, die durch Hinzurechnen isolierter Schleierkörner am Anfang und Ende einer Bahn grundsätzlich begangen werden können, sehr selten. Der prinzipiell unvermeidliche Schleier soll gering sein, so daß sich die Bahnen der Teilchen deutlich abheben (Abb. 3).

Die Faktoren, die eine Emulsion zum Registrieren bestimmter Teilchenarten geeignet machen, sind ihr Silberbromidgehalt, mittlere Korngröße und mittlerer Kornabstand und ihre Empfindlichkeit. Der erstere kann nicht unbegrenzt erhöht werden, obwohl dies im Interesse eines kleinen Kornabstandes wünschenswert wäre, da ein allzu großer Silberhalogenidgehalt zu unerwünschter Streuung der Teilchen in der Emulsion und allzu starker Schrumpfung dieser beim Fixieren (II, 2) führen würde. Beides zusammen würde eine Krümmung der sonst geradlinigen Bahnen von α-Teilchen verursachen, die eine Längenmessung erschweren, wenn nicht unmöglich machen würde. Die Empfindlichkeit wird durch die Verteilung und Größe der Empfindlichkeitskeime („Störstellen") der Silberbromidkristalle bedingt (I, 1). Da die genannten Faktoren nicht unabhängig voneinander sind — z. B. wächst die Empfindlichkeit mit der Korngröße —, wurden für verschieden stark ionisierende Teilchen verschiedene Emulsionsarten entwickelt, die sich bei gleichem Silberhalogenidgehalt durch verschiedene Korngröße und infolge von etwas unterschiedlicher Behandlung während der Herstellung durch verschiedene Empfindlichkeit voneinander unterscheiden. Sie werden von den Firmen unter bestimmten Typenbezeichnungen geliefert und müssen den Versuchsbedingungen entsprechend gewählt werden. Für die im III. Abschnitt beschriebenen Anwendungsgebiete, die sich auf die Registrierung von α- und β-Teilchen beschränken, kommen davon folgende Typen in Betracht:

---

[1] Neuestens erzeugt auch die Firma Agfa, Wolfen, Deutschland, eine den Ilford und Eastman Kodak Platten ähnliche Kernemulsionsplatte unter der Typenbezeichnung Agfa K 2 (84).

Tabelle 1. *Emulsionstypen*.

Teilchenart	Eastman Kodak, USA	Kodak Ltd., England	Ilford Ltd., England
α-Teilchen	NTA, NTB, NTB 2	NT 1a, NT 2a	E 1, C 2, B 2
β-Teilchen	NTB 3	NT 4	G 5

Die zur Registrierung von α-Teilchen empfohlenen Emulsionsarten sind in Tab. 1 für jede Firma nach wachsender Empfindlichkeit geordnet, z. B. ist Ilford B 2 empfindlicher als C 2, diese empfindlicher als E 1, und geben bei richtiger Entwicklung als α-Bahnspuren sämtlich gerade, kontinuierliche, schwarze Striche von aneinanderstoßenden Schwärzungskörnern. Elektronen hingegen erleiden infolge ihrer wesentlich kleineren Masse eine starke Coulombsche Streuung durch die Atome der Emulsion und erzeugen infolgedessen krumme, vielfach gewundene Bahnen, die überdies infolge der größeren Geschwindigkeit und kleineren Ladung und der damit verbundenen kleineren Ionisation durch die Elektronen

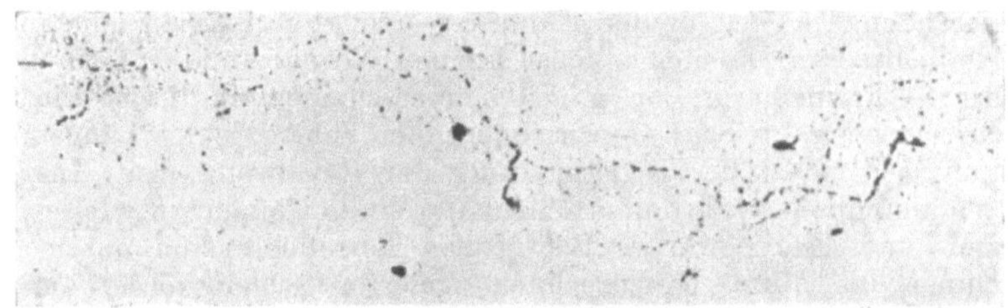

Abb. 1. Elektronenbahnspur in einer Kodak-NT 4-Emulsion, Bahnlänge 300 μ (aus O. R. Frisch, Progress in Nuclear Physics 1, 43).

viel kornärmer sind als α-Bahnspuren. Ihre Anfänge sind bei energiereichen Elektronen aus dem angegebenen Grund oft schwer zu erkennen (Abb. 1).

Von den Fabrikaten der drei Firmen entsprechen einander ungefähr folgende Emulsionstypen: NTA, NT 1a und E 1, NTB und C 2, NTB 2, NT 2a und B 2, NTB 3, NT 4 und G 5. Alle genannten Emulsionstypen sind in bestimmten Schichtdicken, und zwar 50 μ, 100 μ und 200 μ sofort erhältlich, in größeren Schichtdicken auf besondere Bestellung. Bei Eastman Kodak kommen hierzu noch Platten mit Schichtdicken von 10 μ, 25 μ und 150 μ. Die üblichen Plattenformate sind bei sämtlichen Firmen 1 × 3 inch. (2,5 × 7,5 cm) und $3^{1}/_{4}$ × $4^{1}/_{4}$ inch. (8,2 × 10,7 cm). Dazu kommen bei Ilford überdies Platten von 2 × 4 inch. (5 × 10 cm) und bei Kodak Ltd. 2 × 7 inch. (5 × 17,5 cm) und 4 × 5 inch. (10 × 12,5 cm).

Alle genannten Firmen erzeugen daneben die für zahlreiche Arbeiten (III, 1, c) sehr zweckmäßigen freitragenden Schichten („Pellicles") ohne Glasunterlage in verschiedenen Größen und Dicken. Sie haben bei gleicher Schichtdicke den Vorteil, leichter gleichmäßig entwickelbar zu sein, und bieten für gewisse Arbeitsmethoden (Sandwichtechnik, III, 1, c) neue Möglichkeiten.

Falls sehr dünne Emulsionsschichten benötigt werden, wie es z. B. bei der Methode der Autoradiographie der Fall ist (III, 2), sind die sogenannten „Abziehfilme" („Stripping emulsions") aus teilchenempfindlichen Emulsionen sehr zweckmäßig. Sie bestehen aus einer Glasplatte oder einem Film, die zunächst eine 7 bis 10 μ dicke Schichte von Celluloseacetat oder reiner Gelatine tragen und darüber die photographische Emulsion in einer Schichtdicke von 4 bis 10 μ. Zum Gebrauch wird die Emulsion an drei Seiten nahe dem Rande der

Platte bzw. des Films eingeschnitten, an einer Ecke abgelöst und zusammen mit der Cellulosebasis abgezogen und verwendet. Die meistverwendeten Typen sind „Eastman Kodak Stripping Film Type NTB und NTB 2" und „Kodak Autoradiographic Plate" der Firma Kodak Ltd. (10, 133). Die Eastman-Kodak-Typen sind sowohl mit flüssigkeitsdurchlässiger als mit flüssigkeitsundurchlässiger Abziehbasis erhältlich, die Auswahl richtet sich nach der angewendeten Technik der Autoradiographie. Besonders geeignet für die Zwecke der Autoradiographie erscheint die Abziehemulsionstype „Kodak Autoradiographic Plate", die auf einer Glasplatte zunächst eine dünne Schichte einer hydrophoben Substanz trägt, an die sich eine $10\,\mu$ dicke Schichte von gewöhnlicher Gelatine und schließlich eine $4\,\mu$ dicke Emulsionsschichte der Type NT 2a anschließen. Die hydrophobe Schichte ermöglicht das Abziehen der kombinierten Schichte aus Gelatine und Emulsion in trockenem Zustand.

Für eine bestimmte Technik der Autoradiographie (III, 2, b) ist es arbeitsparend, wenn man die Emulsion in noch ungegossenem, feuchtem Zustand („bulk-emulsion") beziehen kann. Dies ist bei den Herstellerfirmen neuestens für bestimmte Emulsionsarten möglich, z. B. bei Ilford G 5, C 2 und E 1. Die Lieferung erfolgt in lichtdicht verpackten Fläschchen zu 50 oder 100 ml. Die Emulsion ist in feuchtem Zustand nur wenige Tage haltbar und muß kühl aufbewahrt werden.

Die chemische Zusammensetzung der teilchenempfindlichen Emulsionen in g/ml der enthaltenen Elemente ist in Tab. 2 angegeben (124). Die Werte gelten für vollkommen trockene Emulsionen und ändern sich bei verschiedenem Feuchtigkeitsgehalt der Emulsion, der seinerseits von der relativen Feuchtigkeit der Luft des Versuchsraumes abhängt. Der Wassergehalt der Emulsionen bei verschieden großer relativer Feuchtigkeit des Versuchsraumes kann aus Tab. 3 entnommen werden (124), die zusammen mit Tab. 2 die Berechnung der Emulsionszusammensetzung für relative Feuchtigkeitswerte zwischen 30 und 70 gestattet.

Tabelle 2. *Chemische Zusammensetzung von trockenen Emulsionen.*

Element	Ilford Ltd.		Kodak Ltd.		Eastman Kodak Co.	
	g/ml	Atome/ml . 10^{22}	g/ml	Atome/ml . 10^{22}	g/ml	Atome/ml . 10^{22}
H ...	0,049	2,93	0,038	2,39	0,043	2,64
C ...	0,30	1,51	0,27	1,43	0,34	1,60
N ..	0,073	0,31	0,080	0,36	0,11	0,49
O ...	0,20	0,75	0,16	0,65	0,17	0,68
S ...	0,011	0,02	—	—	—	—
Br ..	1,465	1,15	1,44	1,13	1,22	0,96
Ag ..	2,025	1,17	1,97	1,14	1,70	0,99
J ...	0,057	0,03	0,036	0,02	0,054	0,027

Tabelle 3. *Feuchtigkeitsgehalt von Emulsionen.*

Relative Feuchtigkeit in $^0/_0$	Feuchtigkeitsgehalt in Gewichts-$^0/_0$ bei 20° C		
	Ilford Ltd.	Kodak Ltd.	Eastman Kodak Co.
30	2,0	1,3	—
50	2,65	2,6	2,2
70	3,7	3,5	4,0

Tabelle 2 und 3 sind entnommen aus Progress in Nuclear Physics I, Editor O. R. FRISCH, Butterworth-Springer Ltd., London, 1950, S. 43, 44 (124).

Neben den in Tab. 2 angegebenen Grundbestandteilen können Emulsionen für spezielle Zwecke zusätzliche Stoffe enthalten, die ihnen entweder während der Herstellung oder durch nachträgliches Baden der Platten in entsprechenden Lösungen (III, 1, a) zugesetzt werden. Emulsionen, die gleichmäßig mit Lithium, Beryllium, Bor und Wismut in maximal möglicher Konzentration imprägniert sind, werden von den erzeugenden Firmen geliefert.

b) Röntgen- und Diapositivplatten bzw. -filme.

Diese werden bei Versuchen verwendet, bei denen nicht einzelne Bahnen von β-Teilchen registriert werden sollen, sondern die Aktivität bzw. Menge eines β-aktiven Stoffes oder seine Verteilung in einem Präparat hinreichend genau beurteilt werden kann aus der von einer großen Anzahl β-Teilchen hervorgerufenen integralen (diffusen) Schwärzung, wie dies z. B. bei Autoradiographien der Fall ist (III, 2). Die Emulsionen derartiger Platten sind stets grobkörniger als die teilchenempfindlichen Emulsionen. Die Diapositivemulsionen sind im allgemeinen feinkörniger als die Röntgenemulsionen und sind entsprechend weniger empfindlich. Von den zahlreichen handelsüblichen Röntgen- und Diapositivplatten wurden folgende Typen von verschiedenen Autoren mit Erfolg für die Zwecke der Autoradiographie verwendet: Eastman Kodak Type K X-Film, Eastman oder Ilford Dental X-Ray-Film (Röntgenzahnfilm), Eastman No-Screen X-Ray-Film, Eastman Kodak Autoradiographic Plate, Type No-Screen und Type A (die erstere ist grobkörniger und empfindlicher als die Type A), Eastman Kodak Lantern Slide Medium und Lantern Slide Contrast und Ilford Special Lantern Slide Normal. Unter den angeführten Typen ist Eastman No-Screen X-Ray-Film ein besonders empfindlicher, grobkörniger Film. Er trägt zu beiden Seiten der Filmbasis, die 0,203 mm dick ist (132), Emulsionsschichten von je 23 μ Dicke, wodurch härtere Strahlungen auch in die zweite Emulsionsschichte eindringen und diese schwärzen können. Der erzielte Gewinn an Schwärzungsintensität ist allerdings mit einem Verlust an Auflösung verbunden.

Auch unter den Röntgen- und Diapositivemulsionen sind einige in freitragenden Schichten oder als Abziehfilme erhältlich, z. B. Ilford Special Halftone Strippingfilm und Eastman Kodak Type M-Strippingfilm, letzterer ein feinkörniger, weniger empfindlicher Röntgenfilm von ungefähr 10 μ Schichtdicke.

Im feuchten, ungegossenen Zustand sind unter anderem Ansco Autoradiographic Emulsion „A", „B" und „C" (Ansco, Binghampton, New York) erhältlich, von denen „A" eine Röntgenemulsion ist und „B" und „C" Diapositivemulsionen entsprechen.

2. Entwickeln und Fixieren.

a) Teilchenempfindliche Emulsionen.

Die Entwicklung der Platten erfordert große Sorgfalt, wenn reproduzierbare Resultate erhalten werden sollen. Schon geringe Unterschiede der Temperatur, der Wasserstoffionenkonzentration und der Bewegung des Entwicklers oder eine veränderte Entwicklungsdauer können die Korngröße und die Anzahl entwickelter Körner und Bahnen verändern. Wenn die Schichtdicke der Platten 100 μ nicht übersteigt, bietet der Entwicklungs- und Fixiervorgang im übrigen keinerlei technische Schwierigkeiten. Von den zahlreichen in verschiedenen Laboratorien verwendeten Entwicklern werden in Tab. 4 die gebräuchlichsten, käuflich erhältlichen Typen angegeben.

Tabelle 4. *Entwicklerrezepte*.

Chemische Zusammensetzung in g von	Ilford ID-19	Kodak D-19 B
Methol...............................	4,5	4,4
Natriumsulfit, wasserfrei	144,0	144,0
Hydrochinon	17,5	17,6
Natriumcarbonat, wasserfrei ...	96,0	96,0
Kaliumbromid...............	8,0	8,0
Wasser ergänzt auf	2000,0	2000,0
pH...................................	10,3	10,3

Falls kein käuflicher Entwickler zur Verfügung steht, sondern ein Entwickler im Laboratorium angesetzt werden soll, empfiehlt es sich, die Substanzen in der in Tab. 4 angegebenen Reihenfolge zunächst in ungefähr 1 l Wasser von 40 bis 50° C aufzulösen und sodann die Lösung mit Wasser auf 2000 ml aufzufüllen. Es soll stets destilliertes Wasser verwendet werden.

Wenn anstatt des wasserfreien Natriumcarbonats das Monohydrat $Na_2CO_3 \cdot H_2O$ verwendet wird, muß das 1,17fache der angegebenen Menge zugegeben werden, von dem Dekahydrat $Na_2CO_3 \cdot 10\ H_2O$ das 2,7fache. Falls Natriumsulfit in der kristallisierten Form zur Verwendung kommt, ist das Doppelte der angegebenen Menge nötig. Der Entwickler ist möglichst im Dunkeln aufzubewahren. Er wird am besten in einer Verdünnung von einem Teil der Entwicklerlösung auf zwei Teile destillierten Wassers verwendet. Die Temperatur des Entwicklers soll durch einen Thermostaten möglichst konstant auf 18 bis 20° C gehalten werden; höhere Temperaturen beschleunigen zwar den Entwicklungsvorgang, führen aber zu starker Quellung und Distorsion der Emulsion. Die verdünnte Entwicklerlösung ist im Interesse einer reproduzierbaren Entwicklung möglichst häufig zu wechseln, da der Entwickler trotz seines Natriumsulfitgehaltes allmählich durch den Luftsauerstoff oxydiert und dadurch in seiner Wirkung geschwächt wird. Die Entwicklungsdauer richtet sich nach der Dicke der zu entwickelnden Emulsionsschichte. Bei der angegebenen Verdünnung sind für 50-μ-Platten 15 Minuten und für 100-μ-Platten 25 Minuten ausreichend zur gleichmäßigen Durchentwicklung. Es ist günstig, der Platte durch Schwenken der Entwicklerschale oder durch Rühren stets neue Entwicklersubstanz zuzuführen. Unnötig langes Entwickeln ruft einen störenden Schleier hervor. Quellen der Emulsion vor dem Entwickeln durch ein etwa 15 Minuten dauerndes Bad in destilliertem Wasser beschleunigt das Eindringen der Entwicklersubstanzen in die Emulsion und fördert die gleichmäßige Entwicklung in der ganzen Emulsionsschichte.

Nach dem Entwickeln wird die Platte in Wasser abgespült und zwecks rascher Unterbrechung des Entwicklungsvorganges und gleichzeitiger Härtung der im Entwickler gequollenen Emulsion für 10 bis 20 Minuten — je nach Schichtdicke — in ein „Stopbad" aus 2%iger Essigsäurelösung in destilliertem Wasser gebracht. Daran schließt nach nochmaligem Spülen in Wasser der Fixiervorgang.

Sollten gelegentlich Platten mit mehr als 100 μ Schichtdicke erforderlich sein (III, 1, c), so sind zu deren gleichmäßiger Durchentwicklung die beiden folgenden Methoden geeignet: die „Temperaturentwicklung" (36) und die „Zweibädermethode" (12). Die erstere besteht darin, daß die Platte zunächst in eine Entwicklerlösung von 5° C gebracht wird, die gleichmäßig in die Emulsion eindringt, ohne daß der Entwicklungsvorgang selbst bei dieser niedrigen

Temperatur merklich einsetzen würde. Bei darauffolgendem, allmählichem Erwärmen des Entwicklers auf 18° C beginnt der Entwicklungsvorgang in der ganzen Emulsionsschichte gleichzeitig, da die dazu erforderlichen Substanzen schon an allen Punkten der Platte vorhanden sind. Die „Zweibädermethode" erreicht eine gleichmäßige Durchentwicklung dicker Schichten dadurch, daß die Platte zuerst in eine Lösung gebracht wird, die sämtliche Entwicklerbestandteile enthält außer dem alkalischen Natriumcarbonat, und erst anschließend in den vollständigen Entwickler. Der erste Teil dient auch bei dieser Methode nur der gleichmäßigen Verteilung der Entwicklersubstanzen in der ganzen Emulsionsschichte. Anschließend wird die Platte für eine ihrer Schichtdicke entsprechend längere Zeit in das Essigsäurestopbad gebracht.

Das gebräuchlichste Fixierbad enthält 300 g Natriumthiosulfat in 1000 g Wasser und ist mit einem Härtungszusatz als Kodak F 5 auch käuflich erhältlich. Seine Temperatur soll gleichfalls 18° C betragen. Höhere Temperaturen, die den Fixiervorgang zwar beschleunigen würden, verursachen ein starkes Quellen der Emulsion, das gelegentlich zu deren Ablösen von der Glasplatte führen kann. Bewegung des Fixierbades beschleunigt den Fixiervorgang aus dem gleichen Grunde, wie er für den Entwickler angegeben wurde. Die Fixierdauer soll ungefähr doppelt so lang sein als die Zeit, die die Platte braucht, um durchsichtig zu werden (I, 2). Die bei dicken Schichten hierzu erforderlichen langen Zeiträume können dadurch wesentlich abgekürzt werden, daß man mittels einer geeigneten Anordnung Stickstoff durch das Fixierbad quirlt. Eine Beschleunigung des Fixierens kann auch durch Zusatz von Ammoniumchlorid zum normalen Fixierbad erreicht werden (Rezept: 300 g Natriumthiosulfat, 36 g Ammoniumchlorid, 20 g Kaliummetabisulfit, mit Wasser ergänzt auf 1000 ml), ohne daß die entwickelte Schwärzung dadurch Schaden leiden würde. Unnötig langes Fixieren führt dazu, daß Teile des gebildeten Silbers aus der Platte herausgelöst werden, und soll daher vermieden werden.

Infolge des hohen Silberbromidgehaltes der teilchenempfindlichen Emulsionen (II, 1) tritt beim Entfernen eines großen Teiles desselben im Fixierbad eine merkliche Verringerung der Schichtdicke der Emulsion, eine „Schrumpfung" dieser, ein. Ihre Größe wird angegeben durch das Verhältnis der Originalschichtdicke zu der der getrockneten Platte nach dem Fixieren und dieses Verhältnis als „Schrumpfungsfaktor" bezeichnet. Sein Wert liegt je nach der Emulsionstype für teilchenempfindliche Emulsionen zwischen 2 und 3, d. h. die Dickenabnahme beträgt 50 bis 60% der ursprünglichen Schichtdicke gegenüber einer Abnahme von ungefähr 10% bei optischen Emulsionen. Da seine Kenntnis zur Bestimmung der Bahnlänge eines Teilchens in der Originalemulsion unbedingt erforderlich ist, werden die Methoden zu seiner Bestimmung im folgenden Abschnitt (II, 3, a) ausführlich angegeben.

Nach dem Fixieren soll die Platte je nach Schichtdicke eine (für 50-μ-Platten) oder mehrere Stunden lang in fließendem Wasser belassen und hierauf in einer nicht zu trockenen Atmosphäre, gegebenenfalls unter Verwendung eines schwachen Ventilators, getrocknet werden. Falls sich an der Oberfläche der Emulsion ein leichter Schleier gebildet hat, kann dieser durch vorsichtiges Wischen mit einem Rehlederlappen von der feuchten Platte entfernt werden. Sie kann hierauf zum Schutz ihrer Oberfläche gegen mechanische Verletzungen — oberflächliche „Kratzer" können unter Umständen mit horizontalliegenden Teilchenbahnen verwechselt werden — mit einer dünnen Schichte eines geeigneten, farblosen Lackes überzogen werden, doch ist dies bei sorgfältiger Behandlung der Platten nicht unbedingt erforderlich.

b) Röntgen- und Diapositivemulsionen.

Zur Entwicklung der Röntgen- und Diapositivemulsionen können die gleichen Lösungen verwendet werden, die für teilchenempfindliche Emulsionen angegeben wurden. Darüber hinaus ist der Kodak-Universalentwickler D-72 ein für diese Plattensorten sehr günstiger Entwickler (Rezept: 6,2 g Methol, 24 g Hydrochinon, 90 g Natriumsulfit, wasserfrei, 135 g Natriumcarbonat, wasserfrei, 3,8 g Kaliumbromid, mit destilliertem Wasser ergänzt auf 2000 ml Lösung). Da die Platten meist nur 8 bis 20 μ dicke Emulsionsschichten tragen und diese ärmer an Silberbromid sind als teilchenempfindliche Emulsionen, dauert das Entwickeln und Fixieren wesentlich kürzer, auch das Stopbad erscheint überflüssig. Wenn die Schichtdicken so klein sind, daß sich die Entwicklungszeiten kürzer als einige Minuten ergeben, ist es günstiger, mit schwächeren Entwicklern zu arbeiten, wie z. B. dem Eastman-Kodak-Entwickler D-25, dessen pH nur 7,5 beträgt (Rezept: 15 g Methol, 200 g Natriumsulfit, wasserfrei, 30 g Natriumbisulfit, mit destilliertem Wasser ergänzt auf 2000 ml). Diese verursachen auch eine schwächere Quellung der Emulsion und führen daher weniger leicht zum Ablösen dünner Emulsionsschichten von ihrer Unterlage.

3. Auswertung der Platten.

Die Art der Auswertung der Platten richtet sich nach der Natur des zu untersuchenden Problems und kann bei teilchenempfindlichen Platten durch Bahnzählen, Bahnlängenmessung und Kornzählen im Mikroskop erfolgen, bei Röntgen- und Diapositivemulsionen durch Schwärzungsmessung mittels Photometern oder gleichfalls durch Kornzählen.

a) Mikroskopische Auswertung.

Zur mikroskopischen Auswertung der photographischen Platten benötigt man ein mechanisch präzise ausgeführtes, möglichst binokulares Mikroskop mit einer geeigneten, tunlichst eingebauten Beleuchtungsvorrichtung, einem in zwei zueinander senkrechten Richtungen verschiebbaren Kreuztisch und einer hochkorrigierten Optik (Kondensor, Objektiv, Okular), die zu verschieden starken Vergrößerungen kombiniert werden kann. Derartige Mikroskope liefern derzeit die Firmen C. Reichert, Wien, unter der Typenbezeichnung „CSM", E. Leitz, Wetzlar, unter der Typenbezeichnung „BS, Ortholux", sowie Cooke, Troughton und Simms, York, England, als Type „M. 4005". Die schärfste und farbenreinste Abbildung geben Apochromatobjektive, die mit Kompensationsokularen zu kombinieren sind, doch kann man auch mit Achromatobjektiven und Huygensokularen das Auslangen finden.

Die günstigsten Beleuchtungsbedingungen gewährleistet die Einstellung der „KÖHLERschen" Beleuchtung. Um sie zu erhalten, wird zunächst der Lampenkondensor so eingestellt, daß ein scharfes Bild der möglichst flächenhaft strahlenden Lichtquelle in der Ebene der unterhalb des Kondensors liegenden Apertur-Irisblende entsteht. Sodann wird auf ein im Gesichtsfeld befindliches Objekt scharf eingestellt. Hierauf schließt man die im allgemeinen vor der Lampe befindliche Feld-Irisblende und bildet ihren Rand mittels des Mikroskopspiegels und durch Verstellen des Mikroskopkondensors scharf in der Mitte des Gesichtsfeldes ab. Sodann wird die Feld-Irisblende so weit geöffnet, daß der Rand ihrer Abbildung mit dem Rand des Gesichtsfeldes zusammenfällt. Schließlich wird die Kondensorblende (Aperturblende) so weit geschlossen, daß die Hinterlinse des Mikroskopobjektivs gerade voll ausgeleuchtet ist, was man durch Entfernen des Okulars mit einem Blick in den Mikroskoptubus kontrollieren kann. Die Abbildung ist erfahrungsgemäß dann besonders kontrastreich, wenn die Hinterlinse des Objektivs nicht voll, sondern nur zu zwei Drittel ihres Durchmessers ausgeleuchtet ist. Sollte in dieser Stellung der Aperturblende noch zu grelles Licht in das Auge des Beobachters kommen, so soll es durch Vorschalten von Farbfiltern und nicht durch weitere Verengung der Aperturblende geschwächt werden, da das Letztere eine Verkleinerung der numerischen Apertur und damit eine Verringerung der Auflösung des Mikroskops bewirken würde (n. A. $= n \cdot \sin u$, worin $n =$ Brechungsindex des Stoffes zwischen Objekt und Objektiv, $u =$ halber Öffnungswinkel des Objektivs; Auflösung $a = \dfrac{\lambda}{n \cdot \sin u}$, worin a den kleinsten Abstand bedeutet, in dem Einzelheiten des Objekts noch getrennt wahrnehmbar sind, und λ die Wellenlänge des verwendeten Lichtes). Das Arbeiten bei grünem Licht wird von vielen Beobachtern als besonders wenig ermüdend und angenehm empfunden. Die durch Einstellung der „Köhlerschen" Beleuchtung erreichte gleichmäßige Beleuchtung des Gesichtsfeldes ist vor allem bei Anfertigung von Mikroaufnahmen wichtig. Neben der Hellfeldbeleuchtung wird gelegentlich auch die Dunkelfeldbeleuchtung bei der Auswertung von Platten verwendet.

Bei der Untersuchung von biologischen Autoradiographien (III, 2), bei denen ein biologischer Schnitt in bleibendem Kontakt mit der Emulsion ist und im Mikroskop gleichzeitig beobachtet werden kann, ist unter Umständen die Verwendung eines Phasenkontrastmikroskops sehr vorteilhaft. Dies ist vor allem dann der Fall, wenn das radioaktive Isotop im Schnitt in einer löslichen Form vorliegt und die Gefahr besteht, daß es bei dem für die normale Mikroskopie unvermeidlichen Färben des Präparats durch die hierbei verwendeten Lösungen herausgewaschen wird. Bei Betrachtung mit dem Phasenkontrastmikroskop erübrigt sich das Färben, da die Schwarzweißkontraste, die man im Bild beobachtet, nicht durch Absorptionsunterschiede im Objekt hervorgerufen werden, sondern durch Phasenunterschiede zwischen seinen optisch dichteren und optisch dünneren Stellen, die künstlich in Amplitudenunterschiede umgewandelt werden (79). Der Übergang von Hellfeldbeleuchtung zu Phasenkontrast geschieht in der Praxis durch Einschieben einer ringförmigen Blende vor den Mikroskopkondensor und durch Befestigen eines Phasenblättchens (Phasenringes) von entsprechender Größe und bestimmter Dicke ($\lambda/4$ des verwendeten Lichtes) in der hinteren Brennebene des Mikroskopobjektivs. Das letztere wird in das Objektiv bleibend eingebaut und der Übergang von Hellfeldbeleuchtung zu Phasenkontrast durch Einschalten des entsprechenden Objektivs erreicht.

Die Wahl der Vergrößerung hängt von der Art der auszuführenden Untersuchung ab: Um einen ersten Überblick zu bekommen, z. B. bei Autoradiographien von biologischen Präparaten, genügt eine schwache, etwa 100- bis 200fache Vergrößerung. Zum Zählen der Bahnen von α-Teilchen, die z. B. aus einem radioaktiven Einschluß in einer Gesteinsprobe in die photographische Emulsion ausgesendet wurden (III, 2), ist eine etwa 300- bis 400fache Vergrößerung zweckmäßig. Zum Kornzählen und Ausmessen von α-Bahnspuren hingegen empfiehlt sich eine 800- bis 1200fache Vergrößerung. In den beiden ersten Fällen genügen Trockenobjektive, im dritten müssen ein Ölimmersionsobjektiv und eine Immersionsflüssigkeit, z. B. Zedernholzöl, zwischen Kondensor, zu untersuchender Platte und Objektiv verwendet werden. Bei der Bestimmung der Vergrößerung, die normalerweise für eine bestimmte Tubuslänge als das Produkt aus den Vergrößerungen des verwendeten Objektivs und Okulars berechnet wird, ist bei Verwendung eines binokularen Mikroskops zu berücksichtigen, daß sich die so berechnete Vergrößerung durch die Verlängerung des Lichtweges im binokularen Mikroskop um einen bestimmten Faktor vergrößert, dessen Wert von der jeweiligen individuellen Entfernung der Okulare (Augenabstand) abhängt und ungefähr 1,5 beträgt. Die jeweilige Vergrößerung kann mittels eines geeichten Objektmikrometers genau bestimmt werden.

Die Verwendung der Ölimmersion hat neben der damit erreichbaren starken Vergrößerung und hohen Auflösung — diese beträgt bei einer numerischen Apertur von 1,40 und Verwendung von weißem Licht $0,39\,\mu$ — für das Arbeiten mit photographischen Platten noch folgende Vorteile: erstens liefert das Ölimmersionsobjektiv mit großer numerischer Apertur eine sehr geringe Tiefenschärfe und gestattet dadurch eine gute Unterscheidung zwischen den Schwärzungskörnern einer Teilchenbahn und nahe gelegenen Schleierkörnern. Dieser Umstand fördert auch die Genauigkeit beim Messen der Neigung der Teilchenbahnen, die durch Scharfeinstellung des ersten und letzten Kornes der Bahn und Ablesen der zugehörigen Werte am Feintrieb des Mikroskops vorgenommen wird. Zweitens liefert die Ölimmersion wegen der angenähert gleich großen Brechungsindizes von photographischer Emulsion [$n = 1,50$ bis $1,53$ nach (124), S. 44] und Zedernholzöl ($n = 1,515$) bei dickeren Emulsionsschichten auch in größerem Abstand von der Plattenoberfläche scharfe Bilder. Demgegenüber steht bei stark vergrößernden Objektiven der Nachteil der kleinen Arbeitsdistanz, die jedoch immerhin groß genug ist, um $200\,\mu$ dicke Emulsionsschichten, wie sie bei den im folgenden beschriebenen Arbeiten maximal verwendet werden, einwandfrei durchuntersuchen zu können. Es empfiehlt sich jedoch aus dem angegebenen Grunde bei Autoradiographien die Verwendung möglichst dünner Objektträger. Ein weiterer Nachteil der hochkorrigierten, stark vergrößernden Apochromate ist die merkliche Krümmung des Gesichtsfeldes. Zu einer genauen Messung der Neigung einer Bahn, wie sie oben beschrieben wurde, ist es daher notwendig, die Bahn möglichst in die Mitte des Gesichtsfeldes zu bringen, so daß ihr Anfangs- und Endpunkt symmetrisch zum Zentrum des Gesichtsfeldes liegen, wodurch der Fehler der Tiefgangmessung klein wird. Das Immersionsöl kann mittels eines Tropfens Xylol und eines möglichst glatten Linsenpapiers oder Tuches nach der Messung entfernt werden.

Zur groben Durchmusterung der Platten oder zum Bahnzählen bevorzugen manche Autoren die Projektion des mikroskopischen Bildes mittels einer geeigneten, starken Lichtquelle auf einen Projektionsschirm. Diese Anordnung wird häufig kombiniert mit einer automatischen Fortbewegung des Kreuztisches und des Mikroskopfeintriebes durch Elektromotoren, die die Platte gesichtsfeldweise weiterbewegen und in jedem Gesichtsfeld in ihrer ganzen Schichtdicke durchmustern (80, 98). Derartige Projektionsmikroskope sind auch käuflich erhältlich, z. B. bei Cooke, Troughton und Simms als „Vickers' Projection Microscope". Die Beobachtung in der Projektion ist auch vorteilhaft, wenn die Lage mehrerer in einem Gesichtsfeld liegender Bahnen zueinander festgehalten werden soll, wie dies z. B. bei radioaktiven Gesteinseinschlüssen wünschenswert sein kann. An Stelle der Herstellung von mehreren Mikroaufnahmen, die wegen der Neigung der Bahnen nötig wären, genügt es dann, auf einem über den Projektionsschirm gespannten Zeichenblatt die einzelnen projizierten Schwärzungskörner einzuzeichnen.

Bahnzählen. Für gewisse Untersuchungen, z. B. die Bestimmung der in einer Lösung enthaltenen Menge eines α-strahlenden Elements, genügt es, die Anzahl der in einem gewissen Emulsionsvolumen erzeugten α-Bahnspuren zu kennen. Die Auswertung der Platten kann sich in diesem Fall auf das Zählen der Bahnen beschränken, die sich in einem unter einer beliebigen Anzahl von Gesichtsfeldern liegenden Emulsionsvolumen gebildet haben. Da in den Emulsionen und in den Glasplatten immer eine geringe radioaktive Verseuchung vorhanden ist, soll stets eine unbehandelte Platte des selben Plattenpaketes mitentwickelt und die in ihr gezählte Bahnanzahl zur Korrektur der Bahnanzahl der Meßplatte verwendet werden. Es erschwert die Tätigkeit des Bahnzählens, wenn die Bahnen in der Platte entweder zu dicht oder zu spärlich liegen. Im ersten Fall erscheinen im Mikroskop pro Gesichtsfeld zu viele Bahnen und es können leicht Fehler durch wiederholtes Zählen einzelner Bahnen unterlaufen, im zweiten Fall wird das Zählen der Bahnen sehr zeitraubend. Es ist daher in Fällen, wo das α-strahlende Element durch Baden oder eine andere Methode (III, 1) aus einer Lösung in die Platte gebracht wird, notwendig, die Konzentration der Lösung und die Expositionszeit so zu wählen, daß bei der gewählten Vergrößerung eine günstige Bahnanzahl, etwa 0,1 bis 10 Bahnen pro Gesichtsfeld, erreicht wird. Falls der α-Strahler in einem Gestein vorliegt, das mit der Emulsion in Kontakt gebracht wird, kann nur die Expositionszeit variiert werden.

Um zu vermeiden, daß einander überdeckende Flächenstücke der Platte untersucht und dadurch einzelne Bahnen doppelt gezählt werden, kann man entweder im Mikroskop ein bestimmtes, an einem Rande des Gesichtsfeldes liegendes Schleierkorn ins Auge fassen und beim Weiterbewegen der Platte genau an den anderen Rand des Gesichtsfeldes bringen oder man kann sich einer objektiven Methode bedienen, wie sie z. B. von Demers angegeben wird (34). Sein „Pantograph" vergrößert mittels einer Linse, die durch einen schmalen Aluminiumstreifen mit dem beweglichen Mikroskoptisch verbunden ist, und eines Planspiegels, der in bestimmter Höhe über dem Arbeitstisch angebracht ist, die Bewegung des Kreuztisches auf das Zwanzigfache. Die jeweilige Stellung des Mikroskoptisches und somit der photographischen Platte entspricht einem durch eine kleine Lampe, die Linse und den Spiegel erzeugten Lichtpunkt auf einem neben dem Mikroskop liegenden Millimeterpapier. Nach einer einmal vorgenommenen Eichung genügt es, den Lichtpunkt um die einem Gesichtsfeld entsprechende Anzahl Millimeter weiterzubewegen. Es ist mittels einer derartigen Vorrichtung auch einfach, eine einmal untersuchte Stelle der Platte rasch wiederzufinden. Falls die lückenlose Durchmusterung eines bestimmten Emulsionsvolumens erforderlich ist (III, 1, b), kann mittels eines rechteckigen oder quadratischen Rasters, der in die Ebene der Okularblende gebracht wird, eine geradlinige Abgrenzung des Gesichtsfeldes erreicht werden.

Die Methode des Bahnzählens wird auch bei Elektronenbahnen angewendet, und zwar dann, wenn nur eine sehr geringe Menge eines β-aktiven Isotopes in einem Präparat vorhanden ist, die zur Erzeugung einer deutlich über dem Schleier liegenden diffusen Schwärzung nicht ausreicht, oder wenn eine genaue Lokalisierung des aktiven Elements angestrebt wird. Da die Bahnen von Elektronen größerer Energie infolge des geringen Energieverlustes der Teilchen in der Emulsion sehr lang, an ihrem Anfang kornarm und, wie erwähnt (II, 1, a), überdies gewunden und daher schwer zu verfolgen sind, beschränkt sich die Anwendbarkeit dieser Methode auf radioaktive Elemente, die eine weiche β-Strahlung aussenden, wie z. B. ^{14}C oder ^{35}S mit maximalen Teilchenenergien von 0,155 MeV bzw. 0,167 MeV. Anfang und Ende der Elektronenbahnen sind an dem Anwachsen der Korndichte gegen das Ende der Bahn hin zu erkennen, das hervorgerufen wird durch die Zunahme der Ionisation mit abnehmender Geschwindigkeit der Teilchen (I, 1).

Bahnlängenmessung. Eine Messung der Bahnlänge ist dann notwendig, wenn es sich darum handelt, die Strahlungsenergie und damit die Identität eines unbekannten α-Strahlers aus seiner Reichweite in der Emulsion festzustellen. Die Reichweite eines α-Teilchens hängt ab von dem Atomgewicht der durchquerten Substanz und ist bei homogenen Stoffen angenähert verkehrt proportional der Quadratwurzel aus deren Atomgewicht (19). Bei inhomogenen Stoffen, wie z. B. der photographischen Emulsion, hängt sie von der atomaren Zusammensetzung ab. Sie ist in der Emulsion, welche wesentlich schwerere Atome enthält als Luft (Ag, Br), kleiner als in Luft, und zwar um einen von Emulsion zu Emulsion wechselnden und überdies von der Energie des Teilchens abhängigen Faktor, den man als das Bremsvermögen der Emulsion bezeichnet. Das Bremsvermögen der teilchenempfindlichen Emulsionen wurde für zahlreiche Emulsionstypen und Teilchenenergien aus deren genau bekannten Luftreichweiten ermittelt und beträgt mit geringen Schwankungen zwischen den verschiedenen Emulsionstypen ungefähr 1700 (85, 86, 123). Die genauen Werte der Luftreichweiten, die gemessenen Reichweiten in der Emulsion entsprechen, können den Kurven in diesen Arbeiten entnommen werden. Es muß noch darauf hingewiesen werden, daß diese Zuordnung nie auf Grund einer einzigen Bahnmessung erfolgen kann, sondern immer nur auf Grund einer größeren Bahnlängenstatistik, da die Reichweiten von Teilchen gleicher Energie infolge der Inhomogenität der Emulsion und des sogenannten „straggling" statistischen Schwankungen unterworfen sind. Es trifft ja nicht jedes die Emulsion durchquerende Teilchen genau die gleiche Anzahl Silberbromidkörner, diese haben überdies nicht alle den gleichen Durchmesser und auch die tatsächlich in einem Korn zurückgelegten Wege der Teilchen variieren von Fall zu Fall. Auch kann die Bahn eines Teilchens entweder in einem Silberbromidkorn oder in der Gelatine beginnen. Selbstverständlich ist eine genaue Bahnlängenmessung nur sinnvoll an Bahnen, die ganz in der Emulsion verlaufen, und nicht an solchen, die zum Teil in der Luft oder im Glas zurückgelegt werden. Eine Bahn, die in ihrer ganzen Länge in der Emulsion verläuft, ist in der Praxis daran zu erkennen, daß bei Betrachtung im Mikroskop ober- und unterhalb derselben noch Schleierkörner zu finden sind.

Die Länge einer α-Teilchenbahn wird ermittelt durch Messung ihrer Horizontalprojektion mittels eines in eine zu ihr parallele Lage gedrehten Okularmikrometers und durch Feststellung ihres Tiefganges durch Ablesen der beiden Werte am Feintrieb des Mikroskops, die der Scharfeinstellung des obersten und untersten Schwärzungskornes der Bahn entsprechen. Das Okularmikrometer muß für die jeweils angewendete Vergrößerung mittels eines Objektmikrometers von bekanntem Strichabstand geeicht werden. Für sehr genaue Bahnlängenmessungen bzw. Energiebestimmungen kann diese Eichung ohne den Umweg über ein Objektmikrometer, das bei starker, z. B. 1000facher Vergrößerung, schon schlecht definierte Strichränder liefert, auch direkt vorgenommen werden durch Bestimmung der mittleren Bahnlänge eines in die Platte eingeführten radioaktiven Elements bekannter Teilchenenergie, z. B. von Polonium, aus einer größeren Bahnlängenstatistik von horizontalliegenden α-Bahnspuren. Die aus den Arbeiten von LATTES u. a. (85, 86) entnommene Reichweite seiner α-Teilchen in der Emulsion und die gemessene mittlere Reichweite in Skalenteilen des Okularmikrometers liefern dessen Eichwert. Der mittels des Mikroskop-Feintriebes gefundene Tiefgang stellt infolge der schon früher erwähnten Schrumpfung der silberbromidreichen Emulsionen während des Fixierens nicht den Vertikalabstand des obersten und untersten Kornes der Bahn in der Originalemulsion dar. Dieser allein aber ist für die Länge der Bahn in der Emulsion maßgebend. Er kann gefunden werden als Produkt des im Mikroskop gemessenen Tiefganges mit dem für die betreffende Emulsion charakteristischen „Schrumpfungsfaktor" S (II, 2, a). Abb. 2 zeigt schematisch eine Bahn von der Länge L_0 in der Originalemulsion und nach dem Fixieren und Trocknen. Ihre tatsächliche Länge L_0 ergibt sich aus der Länge der Horizontalprojektion L_h, an der sich durch die „Schrumpfung" nichts ändert, dem im Mikroskop gemessenen Tiefgang t_f und dem Schrumpfungsfaktor S nach dem Pythagoräischen Lehrsatz

$$L_0 = \sqrt{L_h{}^2 + S^2 \cdot t_f{}^2}, \quad \text{worin } S = \frac{d_0}{d_f}. \tag{3}$$

Für die Genauigkeit der Bahnlängenmessung ist eine exakte Kenntnis des Tiefganges und des Schrumpfungsfaktors sehr wesentlich. Der erstere st am Feintrieb des Mikroskops im allgemeinen in Mikron ablesbar, wobei Zehntelmikron geschätzt werden können. Es ist jedoch darüber hinaus von Vorteil, den Mittelwert aus mehreren Tiefgangablesungen zu verwenden. Es ist auch wichtig, daß der Mikroskop-Feintrieb während einer Messung nur in einer Richtung gedreht wird, da andernfalls ein eventuell vorhandener toter Gang die Resultate fälscht. Zur genauen Bestimmung des Schrumpfungsfaktors S können verschiedene Methoden angewendet werden: Die einfachste besteht darin, mittels einer Mikrometerschraube die Dicke der Originalemulsion als Mittelwert aus Meßwerten

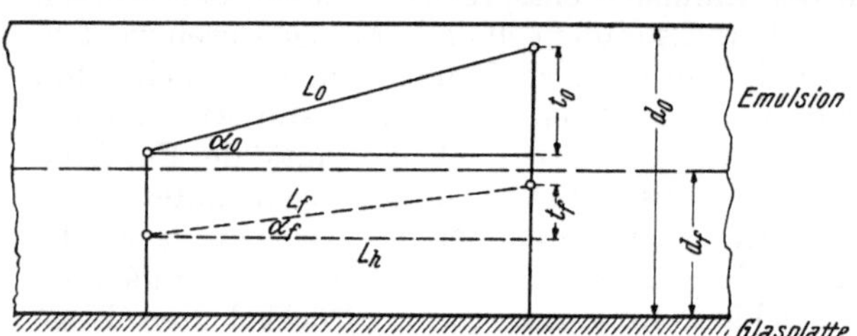

Abb. 2. Bestimmung der Bahnlänge. d = Schichtdicke, L = Bahnlänge, t = Tiefgang, α = Neigungswinkel (die Indices o und f beziehen sich auf die Originalemulsion und die fixierte Emulsion), L_h = Horizontalprojektion der Bahn.

an verschiedenen Stellen der Platte und durch Messung der Dicke der Glasplatte zu bestimmen. Die so gefundenen Werte stimmen im allgemeinen gut mit den von den Firmen angegebenen Werten überein (d_0). Nach dem Fixieren und Trocknen wird die Schichtdicke der geschrumpften Emulsion an mehreren Stellen der Platte im Mikroskop gemessen durch Aufsuchen des obersten und untersten Schleierkornes und Bestimmung ihres Abstandes mittels der Feintriebskala des Mikroskops (d_f). Das Verhältnis $\dfrac{d_o}{d_f}$ liefert den Schrumpfungsfaktor S. Eine zweite Methode (121, 135) beruht auf der Änderung des Neigungswinkels der Bahn durch die Schrumpfung der Emulsion (Abb. 2): läßt man durch einen schmalen Spalt ein scharf definiertes Bündel von Te¹lchen unter einem hinreichend genau bekannten Winkel α_0 auf die photographische Platte fallen, und mißt im Mikroskop den nach dem Fixieren und Trocknen tatsächlich vorhandenen Neigungswinkel α_f der Bahnen, so kann man aus α_0 und α_f den Schrumpfungsfaktor $S = \dfrac{\tan \alpha_0}{\tan \alpha_f}$ berechnen. Die Autoren Telegdi und Zünti (135) fanden eine gute Übereinstimmung der beiden Methoden. Der Vorteil der ersten Methode liegt darin, daß sie mühelos bei jeder Platte angewendet werden kann, was deshalb notwendig ist, weil der Schrumpfungsfaktor auch von den Luftfeuchtigkeitsverhältnissen beim Trocknen der Platten abhängt, die leicht schwanken können. Schließlich kann der Schrumpfungsfaktor noch aus dem bekannten Silberhalogenid- und Gelatinegehalt der Emulsion berechnet werden. Die auf diese Art erhaltenen Werte sind meist etwas zu klein, da während des Entwickelns und Fixierens neben dem Silberhalogenid auch wasserlösliche Substanzen, wie z. B. Glyzerin, aus der Emulsion entfernt werden, wodurch die Schrumpfung erhöht wird. Bei Berücksichtigung dieses Glyzerinverlustes durch Abwägen der Platte im Originalzustand, nach dem Entfernen des Glyzerins durch Wässern und nach dem Herauslösen des Silberhalogenides erhalten JENNY und HÜRLIMANN (71) nach der Umrechnung auf die entsprechenden Volumina dieser Substanzen den Schrumpfungsfaktor in guter Übereinstimmung mit den anderen Methoden. Sie weisen auch auf die Abhängigkeit des Schrumpfungsfaktors von einer allfälligen Vorbehandlung der Platte, z. B. Baden in einer Lösung (III, 1, a), bzw. von der Zusammensetzung des Fixierbades hin.

Die Berechnung der Bahnlängen nach der Formel (3) erfordert bei einer größeren Bahnanzahl, wie sie für eine brauchbare Statistik nötig ist, großen Zeitaufwand. Es ist daher zweckmäßig, graphische Methoden zur Vereinfachung heranzuziehen. Zwei Nomogramme haben sich hierfür gut bewährt: erstens ein rechtwinkeliges Koordinatensystem auf Millimeterpapier, auf dessen Abszissen- bzw. Ordinatenachse in entsprechender Vergrößerung die Horizontalprojektion L_h bzw. die Größe $S \cdot t_f$ aufgetragen werden, in Verbindung mit einer beweglichen, gleichfalls Millimetereinteilung tragenden Glasschiene, auf der direkt die Hypothenuse L_0 vom Ursprung aus abgelesen werden kann. Noch brauchbarer erwies sich ein Fluchtliniennomogramm mit drei parallelen Leitern (126), auf dessen äußeren Skalen L_h und $S \cdot t_f$ aufgetragen werden. Mittels eines gespannten Fadens kann der zugehörige Wert von L_0 auf der mittleren Leiter mit einer Genauigkeit von $0,1\,\mu$ abgelesen werden. Beide Nomogramme haben für die hier in Betracht kommenden Bahnlängen ein handliches Format. Ein ähnliches Nomogramm, das überdies gleichzeitig mit der Bahnlänge die Teilchenenergie abzulesen gestattet, geben die schon erwähnten Autoren TELEGDI und ZÜNTI (135) an.

Die Bahnlängenmessung vereinfacht sich, wenn nur die Reichweite eines α-Strahlers gesucht wird und nicht seine Menge, falls eine genügend große Anzahl von Bahnen zur Verfügung steht, so daß man sich auf die Messung von horizontalliegenden Bahnen beschränken kann. Damit erübrigen sich die Schrumpfungs- und Tiefgangsmessung und die Berechnung. Eine halbautomatische, objektive Bahnmeßapparatur, bei der ein Elektronenvervielfacher verwendet wird, geben BLAU, RUDIN und LINDENBAUM an (13). Die Tätigkeit des Beobachters beschränkt sich darauf, die Bahn im Mikroskop unterhalb des Elektronenvervielfachers hindurchzuführen, die Bahnlänge kann dann auf einem automatisch aufgezeichneten Diagramm sofort abgelesen werden. Die Automatisierung erfordert einen großen apparativen Aufwand.

Der Fehler bei der Längenmessung einer Einzelbahn kann bei einer 1000- bis 1500fachen Vergrößerung kleiner als $0,2\,\mu$ angenommen werden. Dieser Fehler ergibt zusammen mit den durch die Inhomogenität der Emulsion verursachten Schwankungen in den Bahnlängen von Teilchen gleicher Energie für die durch eine größere Bahnlängenstatistik bestimmte mittlere Reichweite eines α-Strahlers in der Emulsion Fehler von maximal 1%. Wenn in derselben Platte mehrere radioaktive Elemente verschiedener Teilchenenergie enthalten sind, können sie mit Hilfe einer größeren Bahnlängenstatistik ohne Schwierigkeit durch ihre verschiedene mittlere Reichweite unterschieden werden, falls zwischen ihren Energien ein Unterschied von 0,2 bis 0,3 MEV besteht (45).

Kornzählen. Die Methode des Kornzählens im Mikroskop kommt dann zur Anwendung, wenn schwache, durch α- oder β-Teilchen erzeugte Schwärzungen quantitativ erfaßt werden sollen, wie dies z. B. bei der Methode der quantitativen Autoradiographie der Fall sein kann (III, 2) (39, 56). Man verwendet in diesem Falle anstatt des Okularmikrometers eine quadratische Rastereinteilung, die in die Gesichtsfeldblende des Okulars eingelegt wird und auf der zu untersuchenden Platte bei geeigneter, z. B. 1200facher Vergrößerung quadratische Flächen von einigen Mikron Seitenlänge abgrenzt. Die Anzahl der Schwärzungskörner, die in den Emulsionsvolumina unterhalb dieser Flächen vorkommen, kann als Maß für die Schwärzung bzw. für die Aktivität an der betreffenden Stelle verwendet werden. Selbstverständlich muß bei dieser Methode eine Korrektur für den immer mehr oder weniger stark vorhandenen Schleier angebracht werden. Dieser ergibt sich durch Auszählen der Schwärzungskörner an einer größeren Anzahl von unexponierten Stellen der Platte und Berechnung des Mittelwertes der erhaltenen Zahlen und ist von den Kornzahlen an exponierten Stellen zu subtrahieren. Die Methode ist nur anwendbar bei dünnen Emulsionsschichten und geringen Schwärzungen, da eine zu große Anzahl von Schwärzungskörnern leicht zu Fehlern beim Zählen führen kann. Die Methode des Kornzählens ist empfindlicher als die Methode der Schwärzungsmessung, gestattet überdies eine bessere Auflösung und Lokalisierung von Schwärzungen, dürfte aber als subjektive Methode mit einer größeren Meßungenauigkeit behaftet sein als eine objektive Schwärzungsmessung.

b) Photometrische Schwärzungsmessung.

Falls die Kornzahl zu groß ist, um im Mikroskop bei starker Vergrößerung bestimmt werden zu können, verwendet man bei schwächerer Vergrößerung Mikrophotometer zur Schwärzungsmessung. Auch diese Methode wird bei der quantitativen Autoradiographie angewendet (3, 38, 40). Die durch Quanten oder Korpuskularstrahlung hervorgerufene photographische Schwärzung ist definiert als der Briggsche Logarithmus des Verhältnisses des auffallenden Lichtes zu dem durch die geschwärzte Platte durchgelassenen Licht: $D = {}_{10}\log\dfrac{I_a}{I_d}$ (I_a = Intensität des auffallenden Lichtes, I_d = Intensität des durchgelassenen Lichtes). Sie ist in guter Annäherung proportional der in der Emulsion abgeschiedenen Silbermenge (70, 111) bzw. der Flächensumme der entwickelten Schwärzungskörner und damit bei Verwendung einer bestimmten Emulsion auch der Kornzahl. Von Emulsion zu Emulsion würde sie mit der Korngröße variieren und nicht unmittelbar vergleichbar sein. Auch die Entwicklungsbedingungen können die Korngröße beeinflussen und müssen bei Vergleichsversuchen streng konstant gehalten werden. Auch bei der photometrischen Schwärzungsmessung muß die an einer Stelle der Platte gemessene Schwärzung durch Subtraktion der Schleierschwärzung, die an nicht exponierten Stellen der Platte gemessen wurde, korrigiert werden. Da das Licht in der entwickelten photographischen Schichte nicht nur absorbiert, sondern auch an den Schwärzungskörnern gestreut wird und der gestreute Lichtanteil bei verschieden aufgebauten Schwärzungsmessern nicht in gleicher Weise berücksichtigt wird, können Schwärzungswerte, die mit verschiedenen Photometern erhalten wurden, nicht unmittelbar miteinander verglichen werden. Dies ist erst nach erfolgter Eichung der Geräte mittels einer Reihe von bekannten Schwärzungen, z. B. einem Graukeil nach Eder-Hecht, und Aufnahme von Eichkurven möglich.

Alle für astrophysikalische bzw. spektroskopische Schwärzungsmessungen entwickelten Mikrophotometer oder -densitometer können durch Verwendung von Blenden geeigneter Größe für die Zwecke der quantitativen Autoradiographie adaptiert werden (22, 63). Als geeignet ist eine Blende dann anzusehen, wenn sie sich auf der auszumessenden Plattenstelle kleiner abbildet als der Plattenausschnitt bzw. das Detail der Autoradiographie, dessen Schwärzung bestimmt werden soll. Eine einfache Anordnung kann aus einer konstant gehaltenen, möglichst punktförmigen Lichtquelle, verschieden großen, auswechselbaren kreisförmigen oder rechteckigen Blenden, einer spaltabbildenden Optik und einem Multiflexgalvanometer leicht zusammengestellt werden (87). Eine auf einfache Weise aus einem Mikroskop herstellbare, nicht automatische Photometeranordnung gibt auch SPIEGLER an (130), eine automatisch registrierende Vorrichtung beschreiben FÜRTH und OLIPHANT (55).

Die Auswertung der Resultate kann entweder in der Weise erfolgen, daß die an verschiedenen interessanten Stellen der Platte gemessenen Schwärzungswerte direkt miteinander verglichen werden (37), oder durch deren Vergleich mit Schwärzungen, die unter gleichen Verhältnissen bei der Herstellung der Autoradiographie und bei gleicher Entwicklung mit bekannten Mengen desselben radioaktiven Elements in der gleichen Emulsionstype erzeugt wurden (40). Wie aus der angeführten Arbeit von DUDLEY und DOBYNS zu entnehmen ist, bietet die Herstellung der Strahlungsquellen für die Vergleichsschwärzungen gewisse Schwierigkeiten.

4. Fehlerquellen.

Schrumpfung. Auf den Fehler in der Bahnlängenmessung, der sich ergeben würde bei Vernachlässigung der starken Schrumpfung der silberbromidreichen, teilchenempfindlichen Emulsionen durch den Fixiervorgang, wurde bereits hingewiesen (II, 3, a).

Teilchenbahnen in der feuchten Emulsion. Ein weiterer Fehler bei der Längenmessung von α-Bahnen kann dadurch zustandekommen, daß die Emulsion während eines Teiles der Expositionszeit mit Wasser getränkt ist. Dies ist z. B. dann der Fall, wenn der zu bestimmende α-Strahler dadurch in die Platte hineingebracht wird, daß diese eine gewisse Zeit hindurch in einer Lösung gebadet wird, die den α-Strahler enthält (III, 1, a). Infolge der Anwesenheit von Wasser, das eine geringere Dichte hat als die Emulsion, ergibt sich für diese im feuchten Zustand ein geringeres Bremsvermögen als im trockenen Zustand. Zerfallen nun entsprechend der Zerfallswahrscheinlichkeit des Elements einige Atome schon während des Badens bzw. anschließenden Trocknens der Platte durch Aussendung von α-Teilchen, so erzeugen diese infolge des geringeren Bremsvermögens der feuchten Emulsion längere und kornärmere Bahnen als α-Teilchen, die in der bereits getrockneten Emulsion ausgesendet werden. Derartige „nasse" Bahnen sind an ihrem größeren Kornabstand leicht zu erkennen, ihre Länge ist um 20 bis 30% größer als die der „trockenen" Bahnen (52, 121). Sie können beim Bahnzählen mitgezählt werden, müssen hingegen bei Bahnlängenmessung weggelassen werden, da sie die Längenstatistik fälschen würden. Ihre Anzahl kann gegenüber der Anzahl „trockener" Bahnen dadurch herabgesetzt werden, daß die Expositionszeit der Platte im getrockneten Zustand möglichst lang gewählt wird gegenüber der Zeit, während welcher die Platte feucht ist. Falls die Natur des untersuchten Elements eine längere Expositionszeit nicht zuläßt, ist es zweckmäßig, die Emulsion während der ganzen Exposition im feuchten Zustand zu lassen und das Bremsvermögen der feuchten Emulsion bei der Berechnung der Teilchenenergie in Rechnung zu setzen. Dabei ist allerdings darauf zu achten, daß der „Rückgang" des latenten Bildes (S. 262) in der feuchten Platte besonders stark ist. Im Sinne einer Verkürzung des feuchten Stadiums der Platte wirkt auch ein ungefähr 2 Minuten dauerndes Bad der Platte in 96%igem Alkohol nach ihrem Imprägnieren. Die Platte trocknet dadurch in einer wesentlich kürzeren Zeit. Es muß jedoch bei dieser Methode beachtet werden, daß das Alkoholbad eine Veränderung des Bremsvermögens der Platte zur Folge hat und daß infolge des Alkoholbades veränderte Diffusionsverhältnisse in der Platte herrschen (100).

Desensibilisierung. Durch das Baden von photographischen Platten in Lösungen, welche radioaktive Substanzen enthalten, kann ein Fehler bei der Bahnlängenmessung oder in der Bahnanzahl dann verursacht werden, wenn diese Lösungen eine desensibilisierende, d. h. empfindlichkeitsverringernde Wirkung auf die Emulsion haben: Diese liefert dann infolge des Ausfallens einzelner Schwärzungskörner kornärmere bzw. verkürzte Bahnen, die bei starker Desensibilisierung sogar den Charakter zusammenhängender Bahnen verlieren können. Auch die gegenteilige Wirkung von Lösungen auf die photographische Emulsion, eine Intensivierung der Schwärzungen, wurde beobachtet (116). Faraggi (45) und Picciotto (116) zeigten durch eine Reihe von Versuchen mit verschiedenen Elementen, daß nicht die Natur des in der Lösung vorhandenen Elements für deren desensibilisierende oder intensivierende Wirkung maßgebend ist, sondern ausschließlich die Wasserstoffionenkonzentration der Lösung. Alle Lösungen, durch deren Aufnahme das pH der Emulsion, welches normalerweise ungefähr 6 beträgt (116), herabgesetzt wird, wirken desensibilisierend, Lösungen, die das pH der Emulsion erhöhen, intensivieren die Schwärzung. Die günstigste Form, um ein Element in die Emulsion einzuführen, ist daher die einer neutralen oder basischen Lösung. Sollte gelegentlich eine Verbindung im neutralen Milieu nicht löslich sein, so daß sie doch aus saurer Lösung in die Platte gebracht werden muß, so kann das pH der Emulsion durch nachträgliches Baden der Platte in einer Lösung vom pH 7 oder 8 auf ihre ursprüngliche Wasserstoffionenkonzentration zurückgebracht werden (45). Picciotto zeigte z. B., daß eine Uranylnitratlösung bestimmter Konzentration stark desensibilisierend wirkt, wenn die Lösung das pH 2 hat und daß sie diese Wirkung bei einem pH 7 verliert. Er erklärt die beobachteten Erscheinungen der Desensibilisierung damit, daß durch die Verminderung des pH der Emulsion bei Aufnahme der Lösung auch das pH des Entwicklers, der in die Platte eindringt, herabgesetzt und seine Wirkung dadurch geschwächt wird. Tatsächlich kann die desensibilisierende Wirkung schwach saurer Lösungen durch Verwendung eines kräftigeren Entwicklers (höheres pH) ausgeglichen werden. Fehler, die durch Desensibilisierung der Platten verursacht werden, können durch richtige Bemessung der Wasserstoffionenkonzentration der verwendeten Lösungen ausgeschaltet werden.

Rückgang des latenten Bildes. Fehler sowohl beim Zählen von Bahnen als auch bei der Bahnlängenmessung können durch eine Erscheinung verursacht werden, die als Rückgang des latenten Bildes oder „Fadingeffekt" bezeichnet wird. Dieser tritt dann auf, wenn zwischen der Entstehung eines latenten Bildes in der Emulsion und seiner Entwicklung ein größerer Zeitraum verstreicht, wie es z. B. bei längeren Expositionszeiten zur Messung von schwachen Aktivitäten vorkommen kann. Der Rückgang äußert sich darin, daß Schwärzungskörner, die bei unmittelbar auf die Exposition folgender Entwicklung vorhanden sind, nach einer längeren Lagerungszeit fehlen. Wenn davon Körner betroffen werden, die zufällig am Anfang oder Ende einer Teilchenbahn liegen, so führt der Rückgang zu einem Fehler bei der Bahnlängenmessung. Falls so viele Körner ausfallen, daß die Bahnen zu kornarm werden, um noch als solche erkennbar zu sein, so bewirkt er auch Fehler bei der Bahnzählung. Bei diffuser Schwärzung bewirkt das Ausfallen von Schwärzungskörnern eine Schwärzungsabnahme. Für teilchenempfindliche Platten wird der Rückgang durch dieselben Faktoren beeinflußt, die für optische Emulsionen seit langem als maßgeblich bekannt waren (4, 47, 87): Es sind dies die Länge der Lagerungszeit zwischen Exposition und Entwicklung, die Energie der Teilchen, Temperatur, Sauerstoffgehalt und Luftfeuchtigkeit des Aufbewahrungsraumes sowie Korngröße und Wasserstoffionenkonzentration der Emulsion Der Rückgang ist stark bei großer Teilchenenergie — also auch stärker am Beginn einer Bahn als an ihrem Ende —, bei langer Lagerungszeit, großer Luftfeuchtigkeit, höherer Temperatur, Anwesenheit von Luftsauerstoff, kleiner Korngröße und Verminderung des pH der Emulsion durch Imprägnieren der Platten mit pH-verringernden Substanzen. Er kann auf Grund dieser experimentellen Ergebnisse erklärt werden (47) als ein Oxydationsvorgang an dem Silber der latenten Bildkeime ($2\,Ag + O + H_2O \rightarrow 2\,Ag^+ + 2\,OH^-$), der gefördert wird durch Anwesenheit von Sauerstoff und Wasser und vermindert durch eine hohe OH-Ionenkonzentration, wie sie einem hohen pH-Wert der Emulsion entspricht. Für diese Annahme spricht auch der Umstand, daß in den unmittelbar an der Luft liegenden oberen Emulsionsschichten der Rückgang stärker ist als in den tieferliegenden. Durch Imprägnieren der Platte mit Substanzen, die das pH der Emulsion erhöhen, erreichte COPPENS (25) gute Erfolge. Er verwendete hierzu Natriumborat und badete die Platten 15 Minuten hindurch in einer 3%igen Lösung von $Na_2B_4O_7 \cdot 10\,H_2O$ in Wasser. Rückgangsverringernd wirkt auch eine Verlängerung der Entwicklungsdauer. Die Abnahme des Rückganges mit zunehmender Korngröße kann damit erklärt werden, daß größere Silberbromidkörner zahlreichere und größere latente Bildkeime enthalten, die weniger leicht zerstört werden können. Falls eine Arbeit eine längere Lagerung der Platten erfordert, empfiehlt es sich, den Rückgang des latenten Bildes durch Aufbewahrung der Platten bei tiefer Temperatur (0 bis 5° C oder bei der Temperatur von Trockeneis), geringer Luftfeuchtigkeit, möglichst ohne Sauerstoff — z. B. in einer Stickstoffatmosphäre oder im Vakuum — herabzusetzen und sein Ausmaß durch Vergleich der Bahnen mit den auf einer sofort entwickelten Kontrollplatte erhaltenen abzuschätzen. Bei Beobachtung der angegebenen Vorsichtsmaßregeln ist eine Aufbewahrung der Platten durch einige Monate anstandslos möglich.

Schleier. Ein Fehler bei der Bahnlängenmessung durch Hinzurechnen von zufällig am Ende der Bahn liegenden Schleierkörnern ist infolge der hohen Korndichte der α-Bahnen in den teilchenempfindlichen Platten vernachlässigbar selten. Im gleichen günstigen Sinne wirkt auch die geringe Schärfentiefe der stark vergrößernden Immersionsobjektive (II, 3, a).

Radioaktive Verseuchung. Fehler in der Bahnanzahl durch das unvermeidliche Auftreten von Bahnen, die von Spuren natürlicher radioaktiver Elemente in der Emulsion oder dem Glas herrühren oder durch die kosmische Strahlung verursacht werden, können durch Auszählen dieser parasitären Bahnen auf einer mitentwickelten, sonst unbehandelten Kontrollplatte weitgehend vermieden werden. Das Auftreten derartiger Bahnen kann überdies durch Aufbewahren der Platten vor ihrer Verwendung bei tiefer Temperatur, z. B. bei 0° C oder noch besser bei der Temperatur von fester Kohlensäure, sehr herabgesetzt werden, da die Emulsion bei dieser Temperatur sehr unempfindlich ist. Darüber hinaus werden von verschiedenen Autoren Methoden angegeben, durch die Schleierkörner oder parasitäre Bahnen ohne merkliche Empfindlichkeitsverminderung der Emulsion entfernt werden können. Sie beruhen entweder auf einer leichten Desensibilisierung der Emulsion vor dem Gebrauch durch Baden in schwach oxydierenden Lösungen (33, 143) oder auf einem künstlich beschleunigten Rückgang des vorhandenen latenten Bildes (2, 144). Dieser kann dadurch erreicht werden, daß die Platte vor Gebrauch kurze Zeit hindurch in eine mit Wasserdampf gesättigte Atmosphäre gebracht wird.

Krümmung der Bahnen durch Distorsion der Emulsion. Ein Fehler in der Bahnlängenmessung kann auch dadurch verursacht werden, daß die Emulsion während des Entwickelns, Fixierens und Trocknens nicht gleichmäßig schrumpft, sondern lokale Verzerrungen erleidet. Diese führen zu einer Krümmung der Bahnen. Bei Schichtdicken bis zu maximal 100 μ und vorsichtiger Behandlung und langsamem Trocknen der Platten tritt die Erscheinung jedoch nur an einem wenige Millimeter breiten Rande derselben auf (53), der ohnedies nicht zur Auswertung herangezogen wird. Gelegentlich in der Mitte der Emulsion auftretende gekrümmte Bahnen sollten von der Längenmessung ausgeschieden werden, ebenso wie die Bahnen von Teilchen, die durch ein- oder mehrmalige Streuung an Atomen der Emulsion von ihrem geradlinigen Weg abgelenkt wurden.

Chemographien. Eine Fehlerquelle bei der Beurteilung von Autoradiographien (III, 2) bilden die sogenannten „Chemographien" (8, 15, 109). Man versteht darunter einerseits diffuse Schwärzungen, die auftreten, wenn eine photographische Emulsion in direkten Kontakt mit einem Präparat gebracht wird, auch wenn dieses gar kein aktives Isotop enthält, anderseits eine schwärzungsverringernde Wirkung gewisser Substanzen im Kontakt mit der Emulsion. Enthält das Präparat radioaktive Atome, so überlagert sich die „Chemographie" der durch die Strahlung hervorgerufenen Schwärzung und täuscht eine stärkere bzw. schwächere Schwärzung vor, als sie der Aktivität des Präparats entsprechen würde. Die Erscheinung wird als chemische Einwirkung von im Präparat enthaltenen Stoffen auf die Emulsion erklärt, ähnlich der seit langem bekannten photographischen Wirkung von Holz. Im allgemeinen üben auch hier reduzierende Substanzen eine schwärzungserzeugende, oxydierende eine schwärzungsverringernde Wirkung aus (S. 362). Da diese Wirkung geeignet ist, die Resultate über die Verteilung des Isotops im Präparat zu fälschen, ist es immer angebracht, eine dünne Schichte einer photographisch unwirksamen Substanz zwischen Emulsion und Präparat zu bringen. Diese soll überdies an dem Glas und der Emulsion gut haften und mit den Substanzen des Entwicklers und Fixierbades chemisch nicht reagieren. Besonders gut eignet sich hierfür z. B. eine Celloidinschichte, die durch zweimaliges Eintauchen des Objektträgers, der das Präparat trägt, in eine 1%ige Äther-Alkohol-Lösung (50 : 50) von Celloidin und darauffolgendes, mehrstündiges Trocknen über das Präparat gebracht werden kann (56).

III. Nachweismethoden und ihre Anwendungsgebiete.

Die gebräuchlichen Nachweismethoden sollen nach dem Gesichtspunkt eingeteilt werden, ob sich die zu bestimmende Substanz in Lösung befindet oder bringen läßt und nur ihre Menge oder Identität von Interesse ist oder ob sie in einem festen Körper eingeschlossen ist (Gestein, histologischer Schnitt) und neben ihrer Menge auch ihre räumliche Verteilung festgestellt werden soll. Die Anwendungsgebiete der einen oder anderen Methode ergeben sich dann zwangsläufig.

1. Nachweis von Stoffen in Lösungen.

Zur Bestimmung einer radioaktiven Substanz, die in wäßriger oder alkoholischer Lösung vorliegt, sind drei Methoden in Gebrauch: die Bademethode, die Tropfenmethode und die Sandwichmethode. Alle drei Methoden setzen voraus, daß mit Lösungen gearbeitet wird, die die Platte weder desensibilisieren, noch durch anderweitige chemische Einwirkung verändern.

a) Bademethode.

Die Bademethode besteht darin, daß eine teilchenempfindliche Platte eine gewisse Zeit hindurch in die Lösung gebracht wird, die die zu bestimmende radioaktive Substanz enthält. Während dieser Zeit (Badedauer) hat die Substanz Gelegenheit, in die Emulsion einzudringen. Untersuchungen über den Einfluß der Badedauer haben ergeben, daß deren Verlängerung über 30 Minuten hinaus keine nennenswerte Mehraufnahme an Substanz bewirkt (20). Als Badetemperatur sind 18° C gut geeignet. Bei tiefen Temperaturen wird wesentlich weniger Substanz aufgenommen (20), bei höheren Temperaturen quillt die Emulsion stärker und es besteht die Gefahr, daß sie sich von der Unterlage ablöst. Nach dem Baden wird die Platte kurzzeitig in Wasser abgespült, getrocknet und lichtdicht gelagert. Nach einer je nach der Aktivität der Lösung länger oder kürzer gewählten Expositionszeit, die man am besten durch einen Vorversuch ermittelt, wird die Platte entwickelt und mikroskopisch ausgewertet. Auf die Entstehung von „nassen" Bahnen während des Badens und Trocknens wurde in II, 4, hingewiesen. Eine allfällige, meist geringfügige Änderung des Bremsvermögens der imprägnierten Emulsion im Vergleich zu der normalen Emulsion kann mit Hilfe der Bahnen von Teilchen bekannter Reichweite festgestellt werden.

Ein Nachteil der Bademethode liegt darin, daß die während des Badens in die Emulsion eingedrungene Menge an radioaktiver Substanz weitgehend von den Badebedingungen — Badedauer und -temperatur, Konzentration und pH der Lösung, Anwesenheit weiterer Ionen — abhängt und im allgemeinen größer ist, als sie der bei der Quellung der Emulsion aufgenommenen Flüssigkeitsmenge entsprechen würde (20, 58). Die Anzahl der in einem bestimmten Emulsionsvolumen während der Expositionszeit entstandenen Bahnen gestattet daher nur die Berechnung der Substanzmenge, die in die Platte eingedrungen ist, aber keinen direkten Schluß auf die Konzentration der Lösung. Diesen Nachteil fällt weg, wenn entweder eine Eichlösung bekannter Konzentration von der zu bestimmenden Substanz vorhanden oder in der Badelösung selbst eine bekannte Menge eines isotopen α-strahlenden Elements enthalten ist. Im ersten Falle kann man durch Vergleich der Bahnanzahl der in der Versuchslösung gebadeten Platte mit den Bahnzahlen von Platten, die in verdünnten Teilen der Eichlösung gebadet wurden, zu einem quantitativen Ergebnis kommen. Für den zweiten Fall wird im folgenden eine brauchbare Methode angegeben. Eine zweite Schwierigkeit besteht darin, daß nicht alle Ionen aus neutraler waßriger Lösung gleichmäßig gut in die Emulsion eindringen. Die vierwertigen Thoriumionen z. B. werden schon an der Emulsionsoberfläche stark adsorbiert (140), der gleiche Effekt wurde an Ionium beobachtet (143, S. 132). Dadurch entgeht aber ein großer Teil der Bahnen der Beobachtung. Die erwähnten Ionen dringen aus saurer Lösung etwas besser, jedoch auch nicht gleichmäßig in die ganze Emulsionsschichte ein. Beide Schwierigkeiten werden bei der Sandwichmethode vermieden.

Trotz der angegebenen Nachteile kann die Bademethode auf mehreren Gebieten mit Erfolg angewendet werden: zunächst zum qualitativen Nachweis natürlicher α-Strahler durch Ausmessen der Reichweite ihrer Teilchen in der Emulsion. Man muß zu diesem Zweck einige hundert Bahnen ausmessen und eine Häufigkeits-Reichweite-Kurve zeichnen. Aus der am häufigsten gemessenen Länge ermittelt man unter Verwendung der Reichweite-Energie-Kurve für die benützte Emulsionsart (85) die Energie der α-Teilchen und damit die Natur des α-Strahlers. Eine Methode zur Bestimmung kleinster Mengen von Actinium in radioaktiven Mineralen durch Relativmessung gegenüber einer bekannten Menge Radium wurde von Schneider entwickelt (100, 126). Sie kann dann angewendet werden, wenn die Probe so alt ist, daß Actinium im radioaktiven Gleichgewicht mit seinem Folgeprodukt Actinium X, einem Radiumisotop, vorliegt, was nach ungefähr 5 Monaten der Fall ist. Sie besteht zunächst in der Bestimmung des Verhältnisses der Anzahl Radiumatome zur Anzahl Actinium-X-Atome ($N_{Ra} : N_{AcX}$). Da die Zerfallskonstanten von Ac und AcX bekannt sind, läßt sich daraus mittels der Beziehung

$$\lambda_{Ac} \cdot N_{Ac} = \lambda_{AcX} \cdot N_{AcX} \tag{4}$$

die mit dem AcX im Gleichgewicht befindliche Menge Ac und weiters das Verhältnis $N_{Ra} : N_{Ac}$ ermitteln. Da der Radiumgehalt der Probe leicht z. B. durch Emanationsmessung gefunden werden kann, erhält man daraus die in dem Mineral enthaltene Actiniummenge. In der Praxis gestaltet sich die Bestimmung von $N_{Ra} : N_{AcX}$ folgendermaßen: Das zu untersuchende Mineral wird nach den in der analytischen Chemie üblichen Methoden aufgeschlossen und die erhaltene Lösung, die verschiedene aktive und inaktive Ionen enthält, durch eine sehr saubere Hydroxydfällung mit Ammoniak von Ac und Th und deren Isotopen befreit. Es muß sorgfältig darauf geachtet werden, daß vor dieser endgültigen Abtrennung keinerlei auch nur teilweise Verluste an Ra-, Ac- und Th-Isotopen eintreten. Als Träger für die Radiumisotope wird Barium zugesetzt. In der nach der Fällung zurückbleibenden Lösung liegen die natürlichen Ra-Isotope als Chloride vor, sie können selbstverständlich auch mit anderen die Emulsion nicht schädigenden Anionen verbunden sein. Wichtig ist, daß die Lösung möglichst neutralen Charakter hat. Teilchenempfindliche Platten, z. B. Ilford C 2 oder entsprechende Emulsionstypen, werden nun ungefähr 30 Minuten lang in der Lösung gebadet. Badezeit und -temperatur sind nicht von wesentlicher Bedeutung, da es sich um eine Relativmessung innerhalb einer Platte handelt. Da überdies Isotope desselben Elements von der Platte aufgenommen werden sollen, besteht für alle die gleiche Eindringwahrscheinlichkeit. Wie groß die Ba- oder eine allfällige in dem Mineral vorhandene Ca-Belastung sein darf, ohne daß sich Entwicklungsschwierigkeiten in der photographischen Platte ergeben, bzw. wie diese überwunden werden können, wurde von Matitsch untersucht (99). Die in die Platte eingedrungenen Atome zerfallen darin gemäß ihrer Zerfallswahrscheinlichkeit. Von Interesse sind nur die auf Radium bzw. Actinium X folgenden α-Strahler, die in der Emulsion einerseits Einzelbahnen, anderseits aber auch radioaktive Zerfallssterne verschiedener Bahnzahlen (2, 3, 4 oder 5) liefern. Diese Zerfallssterne (Abb. 3) entstehen durch sukzessiven, während der Expositionszeit stattfindenden Zerfall der in den radioaktiven Familien aufeinanderfolgenden Elemente. In der Ra-Familie sind dies z. B.:

$$\text{Ra} \xrightarrow{\alpha} \text{Rn} \xrightarrow{\alpha} \text{RaA} \xrightarrow{\alpha} \text{RaB} \xrightarrow{\beta} \text{RaC} \begin{array}{c} \xrightarrow[\beta]{} \text{RaC}' \xrightarrow{\alpha} \\ \searrow \hspace{1.2cm} \nearrow \\ \xrightarrow[\alpha]{} \text{RaC}'' \xrightarrow{\beta} \end{array} \text{RaD} \xrightarrow{\beta} \text{RaE} \xrightarrow{\beta} \text{RaF} \xrightarrow{\alpha} \text{RaG} \text{ (stabil),}$$

in der Ac-Familie liegen bis zu dem stabilen AcD analoge Zerfallsverhältnisse vor. Neben Einzelbahnen sind also in der Platte Sterne mit 2 bis 5 Bahnen zu erwarten, die letzteren in der Ra-Familie allerdings wegen der langen Halbwertszeit des RaD (22 Jahre) in vernachlässigbar geringer Anzahl. Da die von Rn-Atomen ausgehenden vierstrahligen Sterne aus dem gleichen Grunde unwahrscheinlich sind und man die Lösung überdies durch Kochen und Quirlen mit Stickstoff vor dem Baden der Platten von Rn befreien kann, sind nur Vierersterne zu erwarten, die von dem Zerfall des Ra bzw. AcX und ihrer Folgeprodukte bis inklusive RaC (C′) und AcC (C′) herrühren. Eine nennenswerte Diffusion der durch radioaktiven Zerfall in der Emulsion entstehenden Atome, die zu einer Aufspaltung der Sterne führen kann, wurde nur im Falle der Radiumemanation beobachtet, wo sie zu einer Spaltung der bei dem Element Radium beginnenden vierstrahligen Sterne in eine Einzelbahn und einen dreistrahligen Stern führt. Sie muß bei Anwendung der Methode durch einen Diffusionskorrekturfaktor berücksichtigt werden (99). Wegen des eindeutigen Zusammenhanges zwischen

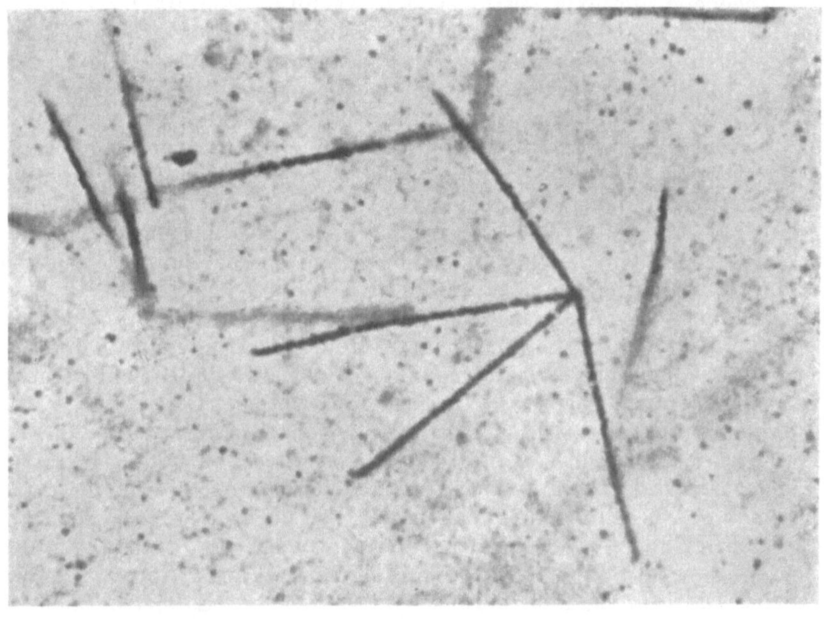

Abb. 3. Radioaktiver Zerfallsstern, gebildet von den α-Strahlen des Radiothorium, Thorium X, Thoron und Thorium A. [Aus C. F. POWELL, G. P. S. OCCHIALINI, Nuclear Physics in Photographs, Oxford Clarendon Press 1947 (121).]

der Anzahl an vierstrahligen Sternen mit der in der Platte vorhandenen Zahl an Radium- bzw. Actinium X-Atomen kann sich die Auswertung der Platten auf das Ausmessen bzw. Auszählen dieser Vierersterne beschränken. Die für jede Expositionszeit für eine bestimmte Ra- und AcX-Menge zu erwartende Anzahl derselben läßt sich auf Grund des Zerfallsgesetzes berechnen. Die tatsächlich in der Emulsion durch Ausmessen im Mikroskop gefundene Anzahl von Ra- bzw. AcX-Vierersternen liefert daher das Verhältnis $N_{Ra} : N_{AcX}$. Wenn man etwas umständlichere Badebedingungen, nämlich das Baden mehrerer Platten zu verschiedenen Zeitpunkten nach der chemischen Abtrennung der Radiumisotope unter sehr streng konstant gehaltenen Badebedingungen (Temperatur, Dauer) in Kauf nimmt, so ist es möglich, durch bloßes Zählen der in einem bestimmten Emulsionsvolumen entstandenen vierstrahligen Sterne zu dem gesuchten Verhältnis $N_{Ra} : N_{AcX}$ zu gelangen (100, 126). Die mikroskopische Auswertung ist bei dieser Methode wesentlich einfacher, da das Zählen der Sterne bei einer schwächeren Vergrößerung eine rasche Auswertung der Platten erlaubt. Falls das Mineral reich ist an Radium oder Barium, was sich störend bemerkbar macht durch eine große Anzahl von Radiumeinzelbahnen und -zerfallssternen im Vergleich zu den Actinium X-Sternen bzw. durch Ausfallen des Bariums in der photographischen Emulsion während des Entwickelns und Fixierens, so ist eine andere Herstellung der Badelösung günstiger. Man verwendet dann vorteilhafter nicht die nach Ausfällen der Actinium- und Thoriumisotope erhaltene Lösung der Radiumisotope, sondern bringt den Niederschlag selbst, der die Thorium- und Actiniumisotope enthält, in Lösung, läßt diese das Thorium X und Actinium X nacherzeugen und setzt sodann eine frei wählbare Menge Vergleichsradium und Barium zu.

Die angegebene Methode gestattet den Nachweis von 10^{-11} g Actinium in dem für das Baden einer Platte üblichen Lösungsvolumen von ungefähr 60 ml. Falls man die längste praktisch mögliche Expositionszeit von 30 Tagen und eine geringe Sterndichte auf der Platte, etwa einen Stern auf jedem zehnten Gesichtsfeld, in Kauf nimmt, läßt sich die Empfindlichkeit des Nachweises bei Verwendung eines kleineren Badevolumens (6 ml) auf den Nachweis von 10^{-12} g Ac erhöhen. Die Anwendung der Sandwichtechnik liefert eine weitere Empfindlichkeitserhöhung um den Faktor $6 \cdot 10^2$, würde also den Nachweis von $2 \cdot 10^{-15}$ g Ac gestatten. Elektrometrische Bestimmungsmethoden von Actinium neben Radium bzw. Thorium bestehen entweder in der Messung der mit Actinium im Gleichgewicht befindlichen Actinonmenge oder in der Messung des auf einer negativ geladenen Platte gesammelten „aktiven Niederschlages" von AcA, AcB und AcC bzw. C′. Die erste Methode erfordert zwei Ionisationskammern in Kompensationsschaltung und ein Wulf-Einfadenelektrometer und ermöglicht die Messung von $5 \cdot 10^{-13}$ g Actinium. Falls eine derartige Apparatur zur Verfügung steht, gestalten sich die Messungen mit ihrer Hilfe einfacher als der photographische Nachweis. Falls ihre Aufstellung für wenige Proben unrentabel ist, stellt die photographische Methode einen gleichwertigen Ersatz dar.

Eine andere Anwendungsmöglichkeit der Bademethode ist die Bestimmung kleinster Mengen von Substanzen, die photographisch gut nachweisbare Kernreaktionen mit großem Wirkungsquerschnitt liefern. Dazu gehören z. B. Lithium und Bor bei Bestrahlung mit thermischen Neutronen. Es spielen sich hierbei die Reaktionen

$$^{6}_{3}\text{Li} + ^{1}_{0}n \rightarrow ^{3}_{1}\text{H} + ^{4}_{2}\text{He} \quad \text{und} \quad ^{10}_{5}\text{B} + ^{1}_{0}n \rightarrow ^{7}_{3}\text{Li} + ^{4}_{2}\text{He} \tag{5}$$

ab, die in teilchenempfindlichen Emulsionen Bahnen von typischer und gut bekannter Länge aufzeichnen (Abb. 4). Diese setzen sich im ersten Falle geradlinig zusammen aus der Bahn des Tritons und der kürzeren, kornreicheren Bahn des α-Teilchens, im zweiten Falle im wesentlichen aus der Bahn des α-Teilchens. Die Bahn des Lithiumkernes ist zu kurz, um an ihrer größeren Korndichte getrennt kenntlich zu sein. Die Bahnlängen betragen im Falle des Li-Prozesses in Ilford C 2-Platten $43\,\mu$, davon $6{,}6\,\mu$ für die α-Bahn und $36{,}4\,\mu$ für das Triton (46, 118), im Falle des Borprozesses $7{,}2\,\mu$ für die α-Bahn (143, S. 288). Die Wirkungsquerschnitte betragen 65 Barn für den Li-Prozeß und 700 Barn für den B-Prozeß.

Im Falle des Lithiums kann man durch Baden einer Platte in der lithiumhältigen Lösung Konzentrationen von 10^{-6} bis 10^{-7} g Li pro ml Lösung auf 10% genau messen, falls 10^{11} bis 10^{12} thermische Neutronen pro cm² zur Verfügung stehen, wie es z. B. in einem Reaktor der Fall ist. 10^{12} Neutronen pro cm² ist übrigens die höchstzulässige Neutronenbestrahlung, bei welcher der auf der Platte entstehende Schleier das Ausmessen der Bahnen gerade noch zuläßt (118). Der angegebenen Lithiumkonzentration in der Lösung würde in der Platte bei 1200facher Vergrößerung eine zum Bahnzählen gut geeignete

Bahnanzahl entsprechen. Einer Erhöhung der Empfindlichkeit der Methode durch Ausmessen der Bahnen in einem größeren Emulsionsvolumen sind durch die unvermeidlichen Verseuchungsbahnen ähnlicher Länge in der Emulsion Grenzen gesetzt. Man muß diese auf jeden Fall durch Vergleich mit einer nicht in der Li-hältigen Lösung gebadeten, aber gleichzeitig bestrahlten Platte berücksichtigen. Sollte die Neutronendichte für die Berechnung der Li-Konzentration nicht hinreichend genau bekannt sein, so könnte sie aus der Anzahl an $6{,}4\,\mu$ langen Protonenbahnen berechnet werden, die in der ungebadeten Vergleichsplatte durch den Prozeß $^{14}_{7}N\,(n,\,p)\,^{14}_{6}C$ hervorgerufen wurden (29, 95), der gleichfalls durch thermische Neutronen ausgelöst wird. Da der Wirkungs-

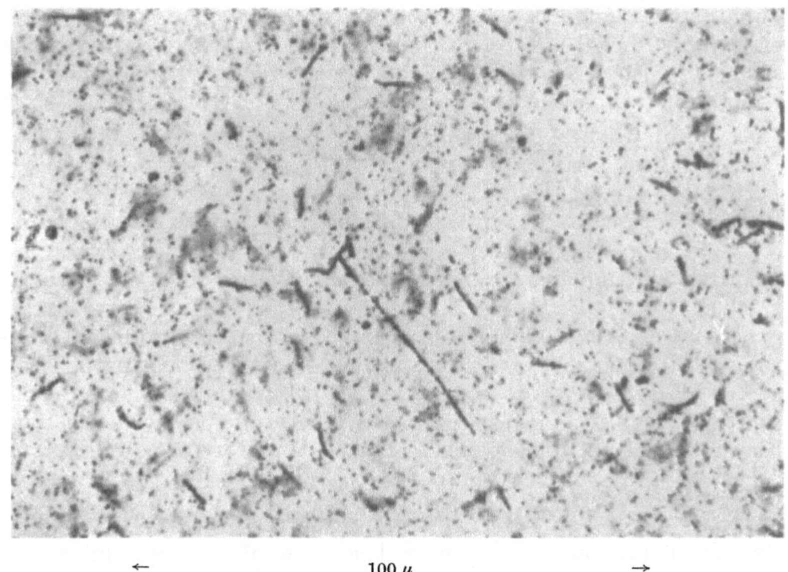

Abb. 4. Bahnspuren der durch langsame Neutronen an Lithium- und Boratomen ausgelosten Kernprozesse in einer mit Lithiumborat imprägnierten Platte. Die lange Bahnspur ruhrt von einem Lithiumprozeß her, die kurzen entsprechen Borprozessen. [Aus: C. F. POWELL, G. P. S. OCCHIALINI, Nuclear Physics in Photographs. Oxford: Clarendon Press. 1947 (121).]

querschnitt σ_N dieses Prozesses bekannt ist (29), die Anzahl Stickstoffatome n_N in jedem beliebigen Emulsionsvolumen aus der chemischen Zusammensetzung der Emulsion berechnet und die Anzahl B der in dem entsprechenden Emulsionsvolumen entstandenen Protonenbahnen gezählt werden können, liefert die Beziehung

$$B = N \cdot \sigma_N \cdot n_N \tag{6}$$

die Neutronenzahl N. Aus dieser und der berechenbaren Größe des mikroskopisch untersuchten Emulsionsvolumens läßt sich die Anzahl Neutronen, die $1\,cm^2$ der Platte getroffen haben, ermitteln. Dies ist vor allem dann unerläßlich, wenn die von einer Radium-Beryllium- oder Radon-Beryllium-Neutronenquelle ausgesendeten und in Paraffin verlangsamten Neutronen verwendet werden. Aus der Neutronenanzahl N, dem Wirkungsquerschnitt des Prozesses σ_{Li} und der gezählten Bahnanzahl B_{Li} läßt sich die Zahl der in dem untersuchten Emulsionsvolumen aufgenommenen Lithiumatome mittels der Gl. (6) berechnen. Die gesuchte Konzentration der Lösung kann durch Vergleich mit einer Platte, die in einer Lösung ähnlicher und bekannter Konzentration unter denselben

Bedingungen imprägniert wurde, ermittelt werden. Auch diese Vergleichsmessung erübrigt sich bei Anwendung der Sandwichtechnik.

Die Methode kann analog zur Bestimmung kleinster Mengen Bor angewendet werden. Die hierbei entstehenden $7,2\,\mu$ langen α-Bahnen können kaum mit Bahnen verwechselt werden, die von natürlicher radioaktiver Verseuchung herrühren, hingegen unterscheiden sie sich nur wenig von den gleichfalls durch thermische Neutronen bei Umwandlung von Stickstoff hervorgerufenen Protonenbahnen. Es muß also immer gleichzeitig mit der borhältigen Platte eine nicht imprägnierte Platte bestrahlt werden, und durch Auswertung beider und Subtraktion der Bahnanzahl auf der normalen Platte von der auf der imprägnierten die Anzahl der Borprozesse ermittelt werden. Die Empfindlichkeit des Nachweises erhöht sich infolge des größeren Wirkungsquerschnittes der Reaktion gegenüber dem Li-Prozeß um den Faktor 10 und gestattet bei Anwendung der Bademethode den Nachweis von 10^{-7} bis 10^{-8} g Bor pro ml Lösung, bei Anwendung der Sandwichmethode die Bestimmung von 10^{-11} bis 10^{-12} g Bor.

Haenny und Rochat (58) geben eine Methode an, mittels welcher die Konzentration an Uran^{235} in einer Probe bestimmt werden kann, die U^{235} angereichert enthält. Sie macht von der Tatsache Gebrauch, daß von den Uranisotopen, die beim Baden in eine photographische Platte eindringen, nur das Isotop U^{235} von thermischen Neutronen gespalten wird. Die gesamte Urankonzentration kann aus der Anzahl α-Bahnspuren bestimmt werden, die entweder in der imprägnierten Platte selbst oder in einer mit ihr in Kontakt gebrachten Platte während einer gewissen Expositionszeit entstehen, die Anzahl beobachteter Spaltprozesse liefert die Konzentration an U^{235}. Für den Wirkungsquerschnitt der Reaktion wurde von Haenny und Rochat mit einer vorläufigen Ungenauigkeit von 30% ein Wert von 4,9 Barn ermittelt, während Nier und Mitarbeiter (110) mittels Ionisationskammer einen Wert von 3,6 Barn fanden.

b) Tropfenmethode.

Bei der Tropfenmethode wird eine bekannte Menge der die radioaktive Substanz enthaltenden Lösung in Form eines Tropfens auf die Platte gebracht und trocknen gelassen. Die aufgetragene Flüssigkeitsmenge kann entweder durch Differenzwägung oder durch Volumsmessung bestimmt werden. Die zur Verdunstung des Tropfens benötigte Zeit und damit die Anzahl der in dieser Zeit entstehenden „nassen" Bahnen kann dadurch verkleinert werden, daß als Lösungsmittel wenigstens teilweise Alkohol verwendet wird [(143, S. 129)]. Es ist vorteilhaft, die Ausdehnung des Tropfens entweder durch Färben der Lösung oder durch einen Bleistiftstrich anzudeuten. Die mit dem Lösungsmittel in die Platte eingedrungenen Atome zerfallen entsprechend ihrer Zerfallswahrscheinlichkeit. Zum Unterschied von der Bademethode müssen bei der mikroskopischen Auswertung der entwickelten und fixierten Platten sämtliche in dem imprägnierten Emulsionsvolumen entstandenen Bahnen gemessen oder gezählt werden, um die Konzentration der Lösung berechnen zu können. Eine nicht imprägnierte, mitentwickelte Platte desselben Plattenpaketes kann zur Korrektur bezüglich der Verseuchungsbahnen verwendet werden. Die Tropfenmethode ist in allen Anwendungsgebieten brauchbar, die bei der Bademethode beschrieben wurden. Sie ist dann von Vorteil, wenn nur eine sehr kleine Substanzmenge zur Verfügung steht, und ermöglicht deren quantitativen Nachweis ohne Relativmessung gegenüber einer Eichlösung bekannter Konzentration. Sie hat gegenüber der Bademethode den Nachteil, daß die Bahnen unregelmäßig in der Emulsion verteilt sind, sie liegen am Rande des Tropfens und an der Emulsionsoberfläche viel dichter als im Inneren der Emulsion, wodurch eine schwer abschätzbare Anzahl Bahnen, die ganz oder teilweise in der Luft verlaufen, der Messung bzw. Zählung entgeht.

c) Sandwichmethode.

Die Sandwichmethode, welche von DEMERS zum erstenmal zur Untersuchung der Uranspaltung angewendet wurde (35), ist für die quantitative Bestimmung radioaktiver oder durch Kernreaktionen nachweisbarer Substanzen die genaueste und empfindlichste Methode (117) und immer an Stelle der Bade- oder Tropfenmethode anwendbar. Sie bietet wie die Tropfenmethode den Vorteil einer Absolutmessung unabhängig von Eichlösungen und erfordert wie diese nur sehr kleine Lösungsmengen. Sie vermeidet den wesentlichen Nachteil der Tropfenmethode, der darin besteht, daß Teilchen, die von Atomen an der Oberfläche der Platte ausgehen, falls sie in die Luft ausgesendet werden, der Beobachtung entgehen, wodurch die Meßresultate mit einer Unsicherheit behaftet werden. Sie ist überdies auch in den Fällen anwendbar, wo die Bade- und die Tropfenmethode wegen Adsorption der zu untersuchenden Ionen an der Emulsionsoberfläche versagen. Die Ausführung der Messungen gestaltet sich analog der Tropfenmethode, nur wird die den Tropfen tragende Platte nach dessen Eintrocknen mit einer angefeuchteten freitragenden Emulsionsschichte (II, 1, a) bedeckt, die — um Luftblasen zu vermeiden — fest auf die erste Schichte gedrückt wird, ohne daß jedoch dabei Verschiebungen oder Falten in der Emulsion auftreten dürfen. Eine besonders feste Vereinigung der beiden Emulsionsschichten kann dadurch erreicht werden, daß die Kombination beider wenige Minuten hindurch gleichmäßig auf 45° C erwärmt wird, wodurch die beiden Schichten zusammenschmelzen. Eine einfache hierfür geeignete Erwärmungsvorrichtung in Form einer Metallkassette geben VIGNERON und BOGAARDT an (137). Falls die Kenntnis der Grenzfläche der beiden Emulsionsschichten von Interesse ist, kann sie durch einen leichten oberflächlichen Rotlichtschleier, der durch kurze Belichtung hervorgerufen wird, markiert werden (99). Das fertige Sandwich wird lichtdicht gelagert und am Ende der Expositionszeit entwickelt. Für Tropfen von wenigen Milligramm Gewicht ist eine Emulsionsdicke der Platte von 100 μ ausreichend. Kombiniert mit einer 50 bis 100 μ dicken freitragenden Schichte ergibt sich eine Gesamtschichtdicke des Sandwich von 150 bis 200 μ. Zu seiner gleichmäßigen Durchentwicklung ist eine der beiden in II, 2, a angegebenen Methoden geeignet. Falls die beiden Emulsionsschichten aneinandergeschmolzen wurden, sind jeder normale Entwickler und das übliche Fixierbad verwendbar. Falls sie nur in feuchtem Zustand bei Zimmertemperatur aneinandergeklebt wurden, ist eine stärkere Quellung der Emulsion, die zur Loslösung der oberen Schichte führen kann, zu vermeiden, und ein Entwickler von niedrigem pH-Wert und ein Fixierbad schwacher Konzentration und niedriger Temperatur (8 bis 10° C) zu empfehlen (117, 137). Sämtliche von Atomen der eingeführten Substanz ausgehenden Teilchen zeichnen ihre Bahnen in einer der beiden Emulsionsschichten auf, ein Fehler durch entweichende Bahnen ist vermieden. Um quantitative Resultate zu erhalten, muß die mikroskopische Auswertung der Platten allerdings, wie bei der Tropfenmethode, sämtliche Bahnen umfassen, die in dem von dem Lösungstropfen ausgefüllten Emulsionsvolumen liegen. Je nach der Art des Problems wird ein Ausmessen oder Zählen der Bahnen notwendig sein, in beiden Fällen muß eine Korrektur für die Anzahl der vorhandenen Verseuchungsbahnen angebracht werden. Eine etwas andere Art der Sandwichherstellung geben VIGNERON und BOGAARDT (137) für Fälle an, in denen das zu untersuchende Element entweder nur in sehr geringer Konzentration in die Platte eindringt oder nicht in die Form einer neutralen, nicht desensibilisierenden Lösung gebracht werden kann. Sie nehmen die zu untersuchende Substanz nach mechanischer Zerkleinerung in sehr feiner Verteilung in reiner, photographisch unwirksamer Gelatine auf und bringen diese Suspension zwischen zwei photographische Emulsionen, die nach dem Trocknen der Zwischenschichte zusammengeschmolzen werden. Die Überlegenheit der Sandwich- über die Bademethode hinsichtlich ihrer Empfindlichkeit und die mit ihrer Hilfe nachweisbaren kleinsten Substanzmengen wurden zu Vergleichszwecken schon bei der Bademethode angegeben.

2. Bestimmung und Lokalisierung radioaktiver Stoffe, die in festen Körpern eingeschlossen sind.

Falls nicht nur die Menge an natürlich oder künstlich radioaktiven Stoffen ermittelt werden soll, sondern auch deren Verteilung in einem festen Körper (Gestein, biologischer Schnitt), so kann man sich der Methode der Autoradiographie bedienen. Diese ist auch anwendbar zum Nachweis und zur Lokalisierung von Substanzen, die selbst inaktiv sind, aber bei Bombardieren mit beschleunigten Teilchen photographisch nachweisbare Kernreaktionen geben. Man versteht unter einer Autoradiographie die diffuse Schwärzung oder die photographischen Einzelbahnspuren, die in einer in Kontakt mit der Probe befindlichen photographischen Emulsion oberhalb derjenigen Stellen auftreten, welche radioaktive Atome enthalten (Abb. 5). Sie geben durch ihre Schwärzungsintensität bzw. Bahnanzahl Aufschluß über die vorhandene Menge an aktiver Substanz, durch die Ausdehnung der Schwärzung bzw. Verteilung der Bahnen über die räumliche Anordnung der Aktivität in der Probe, und lassen im Falle von α-Bahnen durch Bahnlängenmessung die Natur des α-Strahlers ermitteln. Da zur Erzeugung einer deutlich über dem Schleierwert liegenden diffusen Schwärzung eine wesentlich größere Anzahl von Teilchen die Emulsion treffen muß als im Falle der Einzelbahnbeobachtung, ist die letztere empfindlicher und zum Nachweis schwächerer Aktivitäten geeignet. Sie ist allerdings nicht in allen Fällen anwendbar, sondern nur dann, wenn es sich um den Nachweis von α-strahlenden Substanzen oder um β-Strahler kleiner Energie handelt, deren Bahnen leicht gezählt und tatsächlich zu ihrem Ausgangspunkt zurückverfolgt werden können (II, 3, a). Von den zahlreichen zu diesem Zweck entwickelten Methoden der Autoradiographie sind im allgemeinen diejenigen vorteilhafter, bei denen die Probe in dauerndem Kontakt mit der Emulsion bleibt und gleichzeitig mit ihr im Mikroskop beobachtet werden kann. Nach einigen für alle Methoden der Autoradiographie gültigen Hinweisen werden im folgenden die wichtigsten Techniken und ihre Anwendungsgebiete in Mineralogie, Geologie und Biologie angegeben.

a) Allgemeines über Autoradiographien.

Elemente mit sehr kurzen Halbwertszeiten können autoradiographisch schwer erfaßt werden, da schon während der Vorbereitung der Präparate — z. B. der biologischen Schnitte —, in denen das Element nachgewiesen werden soll, die meisten ihrer Atome zerfallen und die restliche Aktivität zur Erzeugung einer deutlichen Schwärzung nicht mehr ausreicht. Als untere Grenze der Halbwertszeit können 12 Stunden, die Halbwertszeit des ^{130}J, angesehen werden (56). Elemente mit extrem langer Halbwertszeit, soferne sie β-aktiv sind, wie z. B. ^{14}C mit einer Periode von rund 5580 Jahren, können wohl durch Autoradiographie nachgewiesen werden, jedoch insofern Schwierigkeiten bereiten, als für eine bestimmte Aktivität eine viel größere Anzahl Atome des Elements notwendig ist als bei kurzlebigen Stoffen und der Zusatz einer solchen großen Substanzmenge, z. B. im Falle von biologischen Untersuchungen, in denen das Element als Tracer fungieren soll, den zu beobachtenden Prozeß

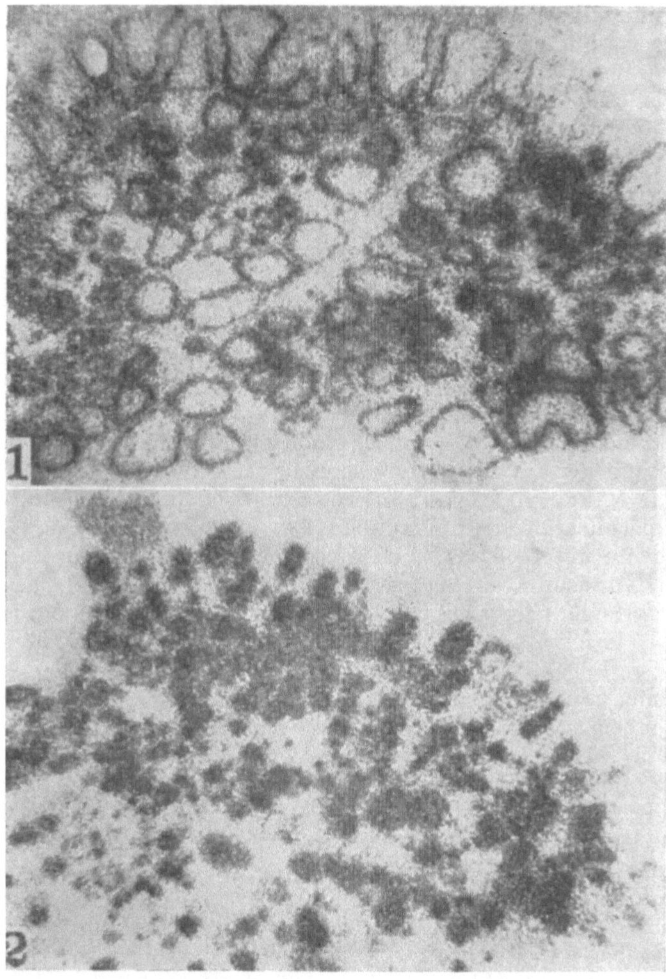

Abb. 5. Autoradiographien ungefarbter Schilddrüsenschnitte von Ratten, die in 1) eine Stunde, in 2) 24 Stunden vor der Totung ^{131}J injiziert bekommen hatten. Der Vergleich von 1 und 2 zeigt die Wanderung des ^{131}J aus dem Follikelepithel in das Kolloid   Methode der flussigen Emulsion. [Aus: C. P. LEBLOND und J. GROSS, Endocrinology **43**, 315 (1948) (89).]

verändern kann. β-Strahler mit Halbwertszeiten von einigen Tagen oder Wochen, wie z. B. ^{131}J mit 8 Tagen oder ^{32}P mit 14 Tagen, sind besonders günstig nachweisbar.

Der Wert einer Autoradiographie ist durch zwei Faktoren bestimmt, durch ihre Auflösung und ihre Empfindlichkeit. Als Auflösung kann man die kleinste Entfernung zweier aktiver Punkte der Probe bezeichnen, die in der darüberliegenden Emulsion noch getrennt wahrnehmbare Schwärzungen liefern. Nach einem Vorschlag von DONIAC und PELC (39) kann die Auflösung für eine punktförmig gedachte Strahlungsquelle auch definiert werden als diejenige Entfernung in μ von der Stelle maximaler Schwärzung direkt oberhalb des Sitzes der Aktivität, in der die Schwärzung gerade die Hälfte der maximalen beträgt. Als Empfindlichkeit kann man die kleinste Anzahl Teilchen bezeichnen, die zur Erzeugung einer deutlich über dem Schleier liegenden Schwärzung auf die Flächeneinheit der Emulsion auffallen müssen. Beide hängen ab von den geometrischen Beziehungen zwischen Probe und Emulsion, von Energie und Intensität der nachzuweisenden Strahlung und von den Eigenschaften des verwendeten photographischen Materials.

Die geometrischen Beziehungen zwischen Probe und Emulsion sind, unabhängig von der zufällig verwendeten Technik der Autoradiographie, bestimmt durch die Dicke der Probe, z. B. des histologischen Schnittes, der das aktive Element enthält, durch die Dicke der Emulsionsschichte und die Entfernung des Präparats von der Emulsion. Die Auflösung ist dann gut, wenn die Probe und die Emulsionsschichte möglichst dünn sind und die Entfernung zwischen beiden möglichst klein ist. Nur unter diesen Voraussetzungen sind nämlich die strahlenden Atome der Emulsion nahe, was für die Schärfe der Abbildung wesentlich ist. Wie theoretische Berechnungen und Versuche gezeigt haben (56), sind von den drei angeführten Variablen die Dicke des Präparats und seine Entfernung von der Emulsion, welche zusammen die maximale Entfernung irgendeines strahlenden Punktes von der Emulsion bestimmen, ausschlaggebender für die Auflösung als die Dicke der Emulsionsschichte. Eine Veränderung der letzteren von 5 auf $10\,\mu$ verringert theoretisch die Auflösung um rund 12% (56); experimentell fand Stevens (133) bei Vergleich einer $4\,\mu$ dicken Emulsionsschichte mit einer $8\,\mu$ dicken unter sonst gleichen Bedingungen eine Abnahme der Auflösung um 20 bis 40%. Durch eine von demselben Autor angegebene Methode läßt sich der Einfluß der Entfernung der strahlenden Substanz von der Emulsion auf die Auflösung der Autoradiographie auch experimentell verfolgen. Er findet für die Energie der β-Teilchen von ^{131}J bei einer Entfernung von $3\,\mu$ der aktiven Substanz von der Emulsion eine Auflösung von $8\,\mu$ gegenüber $2,5\,\mu$ bei der Entfernung Null. Bei einem Abstand von $10\,\mu$ entstehen schon merklich unscharfe Bilder. Für eine optimale Auflösung sind daher eine möglichst geringe Dicke der Emulsion und des Schnittes und der kleinstmögliche Abstand zwischen beiden anzustreben. Diese Forderung läßt sich praktisch realisieren bei Verwendung von Präparaten, die maximal $5\,\mu$ dick sind, von $4\,\mu$ dicken Emulsionsschichten (z. B. Autoradiographic Plate von Kodak Ltd.) und bei einem Abstand beider von $0,1\,\mu$, der unter anderem durch eine dünne Celloidinschichte hervorgerufen werden kann. Stevens konnte auf die angegebene Weise lineare Anhäufungen von ^{131}J in einem Abstand von $2,5\,\mu$ noch getrennt abbilden. Bei einer Entfernung der aktiven Stellen von $1,7\,\mu$ war dies nicht mehr der Fall. Dieser Wert von $2,5\,\mu$ gilt zwar strenggenommen nur für die Energie der β-Teilchen von ^{131}J, doch werden sich für Elemente etwas geringerer oder größerer Teilchenenergien nur geringfügige Unterschiede ergeben, da die Schichtdicke von $4\,\mu$ im Vergleich zu der Reichweite der β-Teilchen von ^{131}J oder energiereicherer Teilchen sehr klein ist, so daß nur ein kleiner Teil der Bahn innerhalb der Emulsion verläuft. Nennenswerte Abweichungen von den angegebenen Werten werden nur bei Teilchen auftreten, deren Reichweite in der Emulsion in der Größenordnung der Emulsionsschichtdicke liegt.

Die Energie der Teilchen beeinflußt die Auflösung der Autoradiographie im allgemeinen in dem Sinne, daß Teilchen kleinerer Energie eine bessere Auflösung bewirken als solche größerer Energie. Die letzteren ionisieren ja am

Anfang ihrer Bahn weniger stark und können in der Emulsion einen längeren Weg zurücklegen. Die berechneten maximalen Reichweiten der β-Teilchen von ^{14}C, ^{131}J und ^{32}P z. B. betragen in der Emulsion $20\,\mu$, $200\,\mu$ und $1400\,\mu$ (56), wenngleich diese Werte infolge der starken Streuung der Teilchen in der Emulsion in der Praxis kaum je erreicht werden und bei Verwendung dünner Emulsionsschichten die Schärfe der Abbildung keinesfalls in demselben Verhältnis mit der Teilchenenergie abnimmt. Eine besonders hohe Auflösung, nämlich ein Mikron, erreichten FITZGERALD, EIDINOFF und andere (41, 50) in Autoradiographien mit dem radioaktiven Wasserstoffisotop Tritium, dessen β-Strahlung eine Energie von nur 17,9 keV hat. Die maximale Reichweite seiner β-Teilchen in der Emulsion beträgt $2\,\mu$, doch werden 99% der Strahlung schon in einer Emulsionsschichte von 0,8 μ Dicke absorbiert. Wegen der hohen damit erreichbaren Auflösung würde sich das Element, in geeignete Verbindungen eingebaut, zur Untersuchung von Details der morphologischen Struktur eignen.

Die Strahlungsintensität, welche die Emulsion trifft (Exposition), beeinflußt die Auflösung der Autoradiographie in dem Sinne, daß ihre Erhöhung die Auflösung zunächst erhöht, sie jedoch bei Überexposition verschlechtert. Dies hängt damit zusammen, daß das Reziprozitätsgesetz, das für energiereiche Strahlungen (nicht für Licht!) gilt und besagt, daß die photographische Schwärzung der Exposition, also dem Produkt $I \cdot t$ aus Aktivität und Expositionszeit direkt proportional ist, seine Gültigkeit verliert, wenn die erzeugte Schwärzung so intensiv wird, daß an den Stellen stärkster Schwärzung nicht mehr genügend Silberbromidkörner zur Verfügung stehen, die noch kein latentes Bild tragen. Dies führt bei Überexposition zu einer Verringerung des Kontrastes zwischen stärker und schwächer aktiven Stellen und zu einer Verringerung der Abbildungsschärfe. Bei allen Methoden der Autoradiographie, bei denen Präparat und Emulsion in dauerndem Kontakt bleiben und bei denen das Präparat im Mikroskop durch die Emulsion hindurch betrachtet werden muß, erschweren überdies allzu intensive Schwärzungen die Beobachtung der Details des Präparats. Als obere Grenze der Schwärzung für Autoradiographien kann bei photometrischer Schwärzungsmessung eine Schwärzung 0,5 über dem Schleier angesehen werden (10); falls die Auswertung der Platte durch Kornzählen erfolgen soll, muß die Schwärzung wesentlich geringer sein. Da die aktiven Atome in den Präparaten im allgemeinen ungleichmäßig verteilt sind, läßt sich die günstigste Expositionszeit kaum theoretisch voraussagen. Als oberste Grenze gilt allgemein eine Expositionszeit von 3 bis 4 Halbwertszeiten des nachzuweisenden radioaktiven Elements. Nach dieser Zeit ist die Aktivität auf 12 bzw. 6% ihres Anfangswertes abgefallen, und eine nennenswerte Schwärzungszunahme nicht mehr zu erwarten. Die günstigste Expositionszeit kann am besten nach angenäherter Messung der Aktivität des Präparats mittels eines GEIGER-MÜLLER-Zählrohres berechnet und sodann durch Entwickeln einer Serie von Autoradiographien derselben Probe zu verschiedenen Zeitpunkten nach Beginn der Exposition experimentell ermittelt werden. Eine solche Serie von Autoradiographien desselben Präparats bietet überdies die Annehmlichkeit, daß für Stellen unterschiedlichster Aktivität jeweils mindestens eine für seine Detailauflösung günstig exponierte Platte vorhanden sein wird.

Als Grundlage für eine grobe Abschätzung der Expositionszeit aus der gemessenen Gesamtaktivität geben verschiedene Autoren Mindestteilchenzahlen an, die 1 cm² der Emulsion treffen müssen, um den Nachweis einer aktiven Substanz zu ermöglichen. Diese Zahlen sind wegen der geringeren Ionisation und der damit verbundenen schwächeren photographischen Wirkung energiereicherer Teilchen für Isotope verschiedener Teilchenenergie verschieden und überdies in den meisten Fällen als Maximalwerte anzusehen, da an Stellen konzentrierterer Aktivität bei der unter der Voraussetzung einer gleichmäßigen Verteilung der Aktivität berechneten Expositionszeit schon Überexposition eintreten wird. Sie sind überdies von der Empfindlichkeit der verwendeten Emulsion und den Entwicklungsbedingungen und schließlich von der Art der Auswertung der Autoradiographien — Einzelbahnzählen, Kornzählen oder Schwärzungsmessung — abhängig. Die Werte der Tabellen 5 und 6 sind auf Grund von quantitativen Resultaten berechnet, die von den Autoren Boyd und Levi durch Einzelbahnzählung bei Versuchen mit ^{14}C (17), von Doniac und Pelc durch Kornzählen bei Versuchen mit ^{32}P (39) und von Steinberg und Solomon (132) und Berriman und anderen (10) durch Schwärzungsmessungen an Präparaten erhalten wurden, die verschiedene aktive Elemente enthielten und bei denen verschiedene Emulsionstypen verwendet wurden. Sie stellen nur Näherungswerte dar. Tab. 5 gibt für ^{14}C, ^{32}P und ^{131}J die Mindestteilchenzahlen an, die 1 cm² der jeweils verwendeten Emulsion treffen müssen, um eine Autoradiographie zu liefern, die sich auf die in der ersten Kolonne angegebene Weise noch mit Erfolg auswerten läßt. Für die Auswertung durch Schwärzungsmessung wurden die zur Erzeugung einer Schwärzung 0,1 über dem Schleier nötigen Teilchenzahlen angegeben.

Tabelle 5. *Mindestzahlen von β-Teilchen pro cm² Emulsion, die für eine Autoradiographie erforderlich sind.*

Art der Auswertung	Teilchen/cm² bei Element			Emulsion	Ent-wicklungs-dauer in min. ID 19, 20° C
	^{14}C	^{32}P	^{131}J		
Bahnzählen	0,1 · 10⁶			NTB 2	20 (17)
Kornzählen............		1 · 10⁶		NTB 1	2 (39)
Schwärzungsmessung ...	44,7 · 10⁶	596 · 10⁶		NTB 1	5 (132)
„ ...		280 · 10⁶	110 · 10⁶	NT 2a	5 (10)
„ ...	2,6 · 10⁶	12,9 · 10⁶		NS-X-Film	5 (132)

Tab. 6 gibt im Anschluß an die Resultate der Autoren Steinberg und Solomon (132) und Berriman und anderer (10) für fünf Elemente verschiedener Strahlungsenergie diejenigen Mindestteilchenzahlen an, die 1 cm² der in der zweiten Spalte angegebenen Emulsion treffen müssen, damit man bei Schwärzungsmessung eine Schwärzung 0,1 über dem Schleier erhält. In der letzten Spalte sind die maximalen Energien der von den Isotopen ausgesendeten Strahlungen angegeben.

Die große erforderliche Teilchenzahl bei ^{65}Zn ist darauf zurückzuführen, daß seine harte γ-Strahlung die Emulsion ohne nennenswerte photographische Wirkung durchdringt. Nur 2,8% seiner Atome zerfallen durch Positronenstrahlung der angegebenen Energie, während 97,2% durch photographisch wenig wirksamen K-Einfang zerfallen. Dieselbe geringe Wirkung der γ-Strahlung zeigt sich auch bei ^{45}Ca, das sich trotz seiner γ-Strahlung entsprechend der Energie seiner β-Teilchen einordnet.

Wainwright u. a. (138) geben für Isotope, deren Halbwertszeiten zwischen 20 Minuten und 100 Tagen liegen, ein Diagramm an, dessen Kurvenschar man die bei einer bestimmten Aktivität des Präparats für eine Autoradiographie nötige Expositionszeit angenähert entnehmen kann.

Tabelle 6. *Mindestteilchenzahlen pro cm² Emulsion zur Erzeugung einer Schwärzung 0,1 über dem Schleier.*

Isotop	Emulsion	Mindestteilchen-zahl pro cm²	Maximale Strahlungsenergie	
			β MEV	γ (101) MEV
^{14}C	No-Screen-X-Film	$2,6 \cdot 10^6$	0,156	—
^{45}Ca		$2,6 \cdot 10^6$	0,26	0,71
^{131}J		$5,0 \cdot 10^6$	0,595	0,367, 0,65
^{32}P		$12,9 \cdot 10^6$	1,712	—
^{65}Zn		$91,2 \cdot 10^6$	0,32 (2,8%)	1,14, 1,11
^{14}C	Type M-Strippingfilm	$49,0 \cdot 10^6$		
^{45}Ca		$69,2 \cdot 10^6$		
^{131}J		$224,0 \cdot 10^6$		
^{32}P		$562,0 \cdot 10^6$		
^{65}Zn		$2950,0 \cdot 10^6$		
^{14}C	Eastman	$44,7 \cdot 10^6$		
^{45}Ca	NTB-Strippingfilm	$72,5 \cdot 10^6$		
^{65}Zn		$3160,0 \cdot 10^6$		
^{14}C	Eastman	$3,6 \cdot 10^6$		
^{45}Ca	Type K-Röntgenfilm	$3,7 \cdot 10^6$		
^{65}Zn		$132,0 \cdot 10^6$		
^{131}J	Kodak	$112 \cdot 10^6$		
^{32}P	Autoradiographic Plate	$280 \cdot 10^6$		

Die Eigenschaften des verwendeten photographischen Materials, die die Empfindlichkeit und Auflösung von Autoradiographien beeinflussen, sind Silberbromidgehalt, Kornempfindlichkeit und -größe, Einheitlichkeit der Korngröße und Schleierwert der Emulsion. Daneben spielen die Entwicklungsbedingungen eine Rolle. Wünschenswert vom Standpunkt der Auflösung ist ein silberbromidreiches, feinkörniges, möglichst schleierfreies Emulsionsmaterial einheitlicher Korngröße, dessen Empfindlichkeit jedoch ausreicht, um von Präparaten mäßiger Aktivität brauchbare Autoradiographien zu liefern. Da die Empfindlichkeit im allgemeinen mit abnehmender Korngröße kleiner wird, ist man hinsichtlich der Empfindlichkeit und Korngröße auf eine Kompromißlösung angewiesen, wie sie z. B. in den teilchenempfindlichen Emulsionen geboten wird. Eine Herabsetzung des Schleiers, wie sie vor allem bei Platten erforderlich ist, die durch Kornzählen oder Bahnmessung ausgewertet werden sollen, kann durch günstige Kombination von Emulsionstype und Entwickler, durch vorsichtige Entwicklung mit einem Entwickler von kleinem pH in größerer Verdünnung, niedrige Temperatur während der Exposition und schwache Dunkelkammerbeleuchtung erreicht werden.

Für rasche qualitative Übersichtsautoradiographien oder Präparate geringer Aktivität eignen sich nach dem Gesagten am besten grobkörnige, empfindliche Röntgen- oder Diapositivemulsionen — die ersteren sind ungefähr 100mal empfindlicher als teilchenempfindliche Emulsionen — trotz der geringen mit ihnen erreichbaren Auflösung. Für Detailautoradiographien sind die feinkörnigen teilchenempfindlichen Emulsionen wesentlich besser geeignet. Sie können durch Kornzählen, Bahnzählen, Bahnmessung und Schwärzungsmessung auch zur quantitativen Bestimmung des aktiven Elements herangezogen werden. Jede gezählte Bahn entspricht ja einem in der Expositionszeit zerfallenen Atom des Isotops. Da nur die Bahnen der in den halben Raumwinkel ausgesendeten Teilchen registriert werden, entspricht die Gesamtbahnanzahl der

Hälfte der in der Expositionszeit oberhalb des ausgemessenen Emulsionsvolumens zerfallenen Atome. Da bei Verwendung sehr dünner Emulsionsschichten auch die unter einem bestimmten Flächenelement einer Platte ermittelte Kornzahl der Anzahl Elektronen proportional ist, die dieses Flächenelement getroffen haben, lassen sich die Resultate des Kornzählens gleichfalls zur quantitativen Bestimmung der Anzahl zerfallener Atome heranziehen. Versuche von Berriman u. a. (10) ergaben bei Verwendung von ^{32}P-Präparaten bekannter Aktivität und von Kodirex-Röntgenfilmen eine Kornausbeute der Größenordnung eines Schwärzungskornes pro Elektron. Aus geometrischen Gründen entspricht daher die Kornzahl in einer dünnen Emulsionsschichte der Hälfte der in der Expositionszeit zerfallenen Atome des β-Strahlers. Analoge Versuche mit $4\,\mu$ dicken teilchenempfindlichen Emulsionen (Kodak Autoradiographic Plate) ergaben gleichfalls die Größenordnung von einem Schwärzungskorn pro Elektron. Bei diesen Versuchen ermittelten dieselben Autoren die Kornzahl aus der gemessenen Schwärzung mittels der Formel von Nutting (111) $D = 0{,}434 \cdot \bar{a} \cdot n$, worin D die Schwärzung, $\bar{a}$ den mittleren Kornquerschnitt und n die Kornzahl bedeuten. Wegen der Proportionalität von Kornzahl und Anzahl emittierter β-Teilchen kann die Methode des Kornzählens zum quantitativen Vergleich der Konzentrationen des aktiven Elements in verschiedenen Teilen des Präparats herangezogen werden. Falls die Möglichkeit besteht, auf der Versuchsplatte mittels genau bekannter Aktivitäten des im Präparat enthaltenen Elements Kontrollschwärzungen zu erzeugen, können durch Kornzählen auch Absolutwerte der Aktivität erhalten werden. Mit Hilfe der Halbwertszeit des Isotops läßt sich in beiden Fällen die Gesamtatomzahl bestimmen, die zu Beginn der Expositionszeit in dem betrachteten Teil des Präparats vorhanden war. Hierzu ist allerdings nötig, daß entweder mit Präparaten kleiner Schichtdicke gearbeitet wird, in denen die Absorption der Strahlung vernachlässigbar ist — dies gilt z. B. für alle Autoradiographien von histologischen Schnitten, in denen β-Strahler enthalten sind —, oder daß die Absorption berücksichtigt wird. Eine zweite Möglichkeit der quantitativen Autoradiographie (40) besteht in dem Vergleich der durch das Präparat erzeugten Schwärzung mit einer Schwärzung, die in der gleichen Emulsion unter denselben Absorptions- und geometrischen Verhältnissen durch eine genau bekannte Menge desselben Isotops hervorgerufen wurde. Von den im folgenden beschriebenen Methoden der Autoradiographie eignet sich die Abziehfilmmethode am besten für eine quantitative Auswertung. Dies deshalb, weil bei dieser Methode eine maschinell gegossene Emulsion konstanter und kleiner Schichtdicke verwendet wird, die sich im bestmöglichen Kontakt mit dem Präparat befindet und den Entwickler- und Fixierlösungen direkt von oben her zugänglich ist.

b) Techniken der Autoradiographie.

Die gebräuchlichsten Techniken der Autoradiographie sind die Kontaktmethode („contact method"), die Montiermethode („mounting method"), die Autoradiographiemethode mit flüssiger Emulsion („coating method") und die Abziehfilmmethode („stripping emulsion method").

Die *Kontaktmethode* ist die älteste Methode zum Nachweis radioaktiver Stoffe in Mineralen, Gesteinen und biologischen Präparaten (27, 56, 60, 82). Sie besteht darin, daß entsprechend vorbereitete Gesteins- oder Gewebestücke entweder mit einer gut polierten Oberfläche (Anschliff) oder als Pulver (Abb. 6) oder Dünnschliff bzw. -schnitt in möglichst guten, gegebenenfalls durch äußeren Druck verbesserten Kontakt mit einer photographischen Platte oder einem photographischen Film gebracht werden. Als Kontaktautoradiographie wäre auch die Methode von CHAMIÉ (23) zu bezeichnen, durch die die Autorin neben anderen chemischen Eigenschaften radioaktiver Elemente auch photographisch nachwies, daß sich diese in gewissen Stoffen, wie z. B. Quecksilber oder in sauren oder basischen Lösungen, nicht in einzelne Atome aufteilen, sondern dazu neigen, Atomgruppen zu bilden (Radiokolloide).

Die Wahl des Plattenmaterials richtet sich nach der Art der Strahlung, die nachgewiesen werden soll (II, 1), und der voraussichtlichen Aktivität des Präparats. Wie bei allen folgenden Methoden soll auch bei der Kontaktmethode die Präparatoberfläche entweder durch eine dünne, photographisch unwirksame Schichte von der Emulsion getrennt sein, um eine chemische Einwirkung

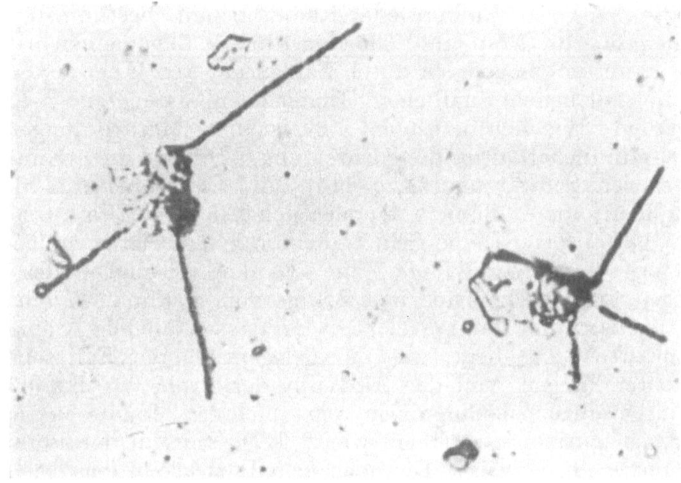

Abb. 6. Kontaktautoradiographie von fein pulverisierter Pechblende. Die α-Bahnspuren beginnen in den Pechblendekornchen, die auf einen Objekttrager aufgebracht und mit der teilchenempfindlichen Emulsion bedeckt wurden. [Aus Bull. soc. Belg. geol. paléont. hydrol. **58**, 75 (1949) (114).]

darauf auszuschließen (S. 364), oder es müssen Kontrollautoradiographien angefertigt werden, bei denen unter sonst gleichen Verhältnissen ein inaktives Isotop des nachzuweisenden Elements im Präparat enthalten ist. Wenn Präparat und Emulsion eine geeignete Zeitspanne hindurch (Expositionszeit) in dieser Lage im Dunkeln, bei möglichst tiefer Temperatur (0 bis 5° C) und geringer Luftfeuchtigkeit belassen werden, erzeugen die α- oder β-Teilchen, die in die Emulsion eindringen, darin Bahnspuren oder eine diffuse Schwärzung. Am Ende der Expositionszeit werden Platte und Präparat getrennt, die erstere entwickelt und das Präparat im Falle eines histologischen Schnittes gefärbt.

Die Kontaktmethode hat den Vorteil größter Einfachheit, wird aber von den später beschriebenen Methoden durch besseren Kontakt zwischen Präparat und Emulsion und damit verbundene bessere Auflösung sowie den Vorteil gleichzeitiger Beobachtbarkeit von Präparat und Emulsion und damit durch bessere Lokalisierungsmöglichkeit der strahlenden Substanz übertroffen. Methoden, durch welche eine gleichzeitige Beobachtung von Präparat und Kontaktautoradiographie im Mikroskop ermöglicht werden soll, werden wohl angegeben (114, 115, 120), erscheinen jedoch mühsam. Die wichtigsten Anwendungsgebiete der Kontaktmethode sind die Untersuchung von Gesteinen auf ihren Gehalt an natürlichen α-Strahlern und deren Verteilung und die Anfertigung von Über-

sichtsautoradiographien von biologischen Präparaten, vor allem von solchen
großer Ausdehnung oder Härte, wie z. B. Knochen (14). In Mineralogie, Petro-
graphie, Geologie und Geophysik können die auf diese Weise erhaltenen Resultate
überdies Aufschluß geben über eine allfällige Diffusion von radioaktiven
Stoffen im Gestein, über die Ursache von Verfärbungserscheinungen in Mineralen,
über den Abbauwert von Uranvorkommen (28) oder das geologische Alter von
Gesteinsproben auf Grund ihrer radioaktiven Einschlüsse (69, 115).

Unter den radioaktiven Elementen, die in der Erdkruste vorkommen, sind
die langlebigen Elemente Uran und Thorium mit den Halbwertszeiten
$4,5 \cdot 10^9$ Jahre für U^{238} und $1,4 \cdot 10^{10}$ Jahre für Th sowohl für die Petro-
graphie als auch für die Geologie am interessantesten, da sie als Ausgangs-
substanzen der drei radioaktiven Familien auch die Menge an kürzerlebigen
Folgeprodukten, wie z. B. Radium oder Radiothorium, bestimmen. Der Gehalt
einer Gesteinsprobe an Uran und Thorium, die im allgemeinen nebeneinander
vorkommen, kann am genauesten durch Zählen der von ihnen und ihren Folgeprodukten in teilchenempfindlichen Emulsionen erzeugten α-Einzelbahnen
bestimmt werden. Wie sich berechnen läßt, ist diese Methode ungefähr um den
Faktor 10^5 empfindlicher, als es die Auswertung der durch die α-Strahlen hervorgerufenen diffusen Schwärzung wäre (114). Als Plattenmaterial für Kontakt-
autoradiographien von α-Bahnen eignen sich alle der Ilford C 2-Platte entsprechenden Plattensorten; eine Schichtdicke von $50\,\mu$ ist ausreichend, da die
längsten zu erwartenden α-Bahnen, die von den α-Teilchen des Thorium C'
erzeugt werden, in der Emulsion eine Länge von maximal $47\,\mu$ haben. Auch
diese Bahnlänge wird nur dann erreicht, wenn das zerfallende Atom unmittelbar
an der Schnittoberfläche liegt, was nur gelegentlich der Fall sein wird. Die
Expositionszeiten hängen von der Aktivität der Probe ab und können unter
günstigen Aufbewahrungsbedingungen auch mehrere Monate betragen, wie es
sich bei schwach aktiven Gesteinen, wie z. B. Granit, in der Praxis auch tatsächlich als notwendig erweist. Die nach dem Entwickeln der Platte im Mikroskop ermittelte Gesamtbahnanzahl liefert, falls Uran oder Thorium allein mit
ihren jeweiligen Folgeprodukten in der Probe enthalten sind, direkt die vorhandene Menge des betreffenden Elementes, falls jedoch Th und U gleichzeitig
enthalten sind, nur eine Beziehung zwischen Uran- und Thoriumkonzentration.
I. Curie (31) leitete unter der Voraussetzung, daß sich die in dem Gestein vorkommenden radioaktiven Elemente im radioaktiven Gleichgewicht befinden,
eine für die Berechnung dieses Verhältnisses verwendbare Gleichung ab. Sie
lautet:

$$N = 3 \cdot 10^3 \cdot c_U \cdot d \cdot k \cdot (33 - 8,3\,r) + 10^3 \cdot c_{Th} \cdot d \cdot k \cdot (28,7 - 6\,r), \qquad (7)$$

worin N = Anzahl der pro cm² und sec ausgesendeten α-Teilchen,

$\quad\quad c_U$ = U-Konzentration in g/g Gestein,

$\quad\quad c_{Th}$ = Th-Konzentration in g/g Gestein,

$\quad\quad d$ = Dichte des Gesteins,

$\quad\quad r$ = Luftäquivalent (in cm) der kürzesten Bahnen, die im Mikroskop
noch als solche erkennbar sind,

$\quad\quad k$ = Verhältnis der mittleren Reichweiten der α-Teilchen im Gestein
und in Luft, berechenbar aus der Zusammensetzung des Gesteins
nach der Formel (8)

$$k = \frac{0,85 \cdot 10^{-4}}{d \cdot \sum C \cdot S/A}, \qquad (8)$$

worin C = Gewichtsanteil eines Elementes an dem Gesteinsmaterial,

$\quad\quad S$ = atomares Bremsvermögen des Elements für α-Teilchen,

A = Atomgewicht des Elements. Die Summe ist über alle im Gestein vorkommenden Elemente zu bilden (143).

Zur getrennten Bestimmung der Konzentrationen an U und Th ist neben der Ermittlung der Gesamtbahnanzahl auch das Zählen derjenigen Bahnen notwendig, die einerseits eine größere Länge als 7 cm Luftreichweite — sie entsprechen den α-Teilchen des ThC′ —, anderseits eine Luftreichweite von 5,8 bis 7,0 cm haben, wie sie den durch Absorption im Gestein eingekürzten ThC′-Bahnen und den RaC′-Bahnen entspricht. Die gefundenen Bahnanzahlen n_1 und n_2 liefern unter Verwendung der von I. Curie (31) abgeleiteten Gl. (9)

$$n_1/n_2 = 0{,}8 + 3{,}3 \cdot c_U/c_{Th} \tag{9}$$

eine zweite Beziehung zwischen c_U und c_{Th} und ermöglichen daher deren getrennte Berechnung. Neben dem Uran- und Thoriumgehalt von Gesteinen liefert die Kontaktmethode auch Aufschluß über die Verteilung der Elemente in dem Gestein, die durch Vergleich der Autoradiographie mit der Gesteinsstruktur festgestellt werden kann (24, 26, 66, 114).

Picciotto und van Styvendael (118) benützten die Methode der Kontaktautoradiographie zur Bestimmung und Lokalisierung von Lithium in Dünnschliffen von Pegmatit, die mit langsamen Neutronen bestrahlt wurden (III, 1, a). Bei Anwendung der maximal möglichen Neutronendichte können auf diese Weise 10^{-5} g Lithium pro g Gestein nachgewiesen werden. Faraggi, Kohn und Doumerc (48) verwendeten die Methode zum Nachweis und zur Lokalisierung von Bor in Borstählen (0,01⁰/₀ Bor), indem sie die letzteren in Kontakt mit Ilford C 2-Platten brachten und mit langsamen Neutronen bestrahlten. I. Curie und Faraggi (32) geben eine ähnliche Methode zur direkten Bestimmung von Uran in Anwesenheit von Thorium an. Sie beruht auf der Tatsache, daß Thoriumatomkerne nur von schnellen Neutronen gespalten werden, Uranspaltung hingegen bei Bestrahlung mit thermischen Neutronen auftritt. Durch Bestrahlen des Gesteinsschnittes mit den letzteren kann daher ungestört durch die Anwesenheit von Thorium und unabhängig davon, ob in der Probe radioaktives Gleichgewicht herrscht, aus der Anzahl der beobachteten Spaltprozesse der Urangehalt ermittelt werden. Diese Messung kann mit einer Uran- + Thorium-Bestimmung kombiniert gleichfalls zur getrennten Bestimmung der Uran- und Thoriumkonzentrationen herangezogen werden.

Die *Montiermethode* der Autoradiographie, die von den Autoren Endicott und Yagoda (42) und Evans (43, 44) gleichzeitig ausgearbeitet wurde, besteht darin, daß ein Paraffindünnschnitt eines Gewebes direkt auf eine photographische Platte geeigneter Emulsionstype montiert wird und dauernd mit ihr verbunden bleibt. Hierher sind auch Blut- oder Knochenmarksausstriche zu rechnen, die direkt auf die photographische Emulsion gebracht werden und zur radiochemischen Untersuchung von Blutkörperchen oder Knochenmarkszellen verwendet werden können (16). Die einzelnen Schritte zur Herstellung einer Autoradiographie nach dieser Methode sind folgende: Die ungefärbten Paraffinschnitte werden auf Wasser von ungefähr 40° C gebracht, damit sie sich faltenlos ausbreiten, und hierauf das Wasserbad auf 18° C abgekühlt. In der Dunkelkammer werden die so vorbereiteten Schnitte auf eine von unten her im Wasser daruntergeschobene photographische Platte gebracht, das überschüssige Wasser entfernt und die Präparate trocknen gelassen. Der Schnitt haftet dadurch fest an der Emulsion. Nach dem Trocknen werden die Präparate bei 1 bis 2° C lichtdicht gelagert und nach einer geeigneten Expositionszeit entparaffiniert, entwickelt, schwach gefärbt und entwässert.

Die Vorteile der Methode sind ihre Einfachheit und der dauernde Kontakt zwischen Schnitt und Emulsion. Ihre Nachteile sind ungleichmäßige Entwicklung der unter dem Schnitt liegenden Emulsion, Aufnahme des Farbstoffes durch die Emulsion und Verringerung des Farbkontrastes im Gewebe, die Möglichkeit des Schleierns der Emulsion durch chemische Einwirkung von Elementen des Schnittes und die Gefahr des Verlustes von wasserlöslichen aktiven Verbindungen im anfänglichen Wasserbad und durch Diffusion in die feuchte Emulsion. Durch geeignete Wahl der Emulsion — die silberbromidreichen, teilchenempfindlichen Emulsionen nehmen z. B. viel weniger leicht Farbstoffe auf als die gelatinereichen Röntgen- oder Diapositivemulsionen — und genaue Kontrolle hinsichtlich der anderen Fehlerquellen läßt sich die Methode jedoch zum Nachweis von Isotopen, die in wasserunlöslicher Form vorliegen, gut verwenden (21).

Einige der oben angegebenen Nachteile werden bei der von Williams (141) angegebenen „Trockenmontiermethode" vermieden: Sie besteht darin, daß der auf einem Deckglas montierte Schnitt während der Exposition mit zwei Klammern gegen die photographische Platte gepreßt wird, während des Entwickelns und Fixierens jedoch nach Entfernen einer Klammer einseitig von ihr weggebogen und erst nach Beendigung der Entwicklung zwecks gleichzeitiger Beobachtung im Mikroskop in dauerndem Kontakt mit der Autoradiographie gebracht wird. Auf diese Weise kann ein Verlust an radioaktiven Atomen durch Herauslösen in Wasser vermieden werden.

Die *Autoradiographiemethode mit flüssiger Emulsion* wurde von den Autoren Bélanger und Leblond (7, 56) als erste Methode entwickelt, bei der Schnitt und Emulsion in dauerndem Kontakt bleiben. Die gefärbten oder ungefärbten, auf Objektträger montierten Schnitte werden mit einer dünnen Schichte von Celloidin bedeckt (II, 4) und mit einer je nach der gewünschten Schichtdicke mehr oder weniger stark verdünnten, flüssigen Emulsion bestrichen. Nach dem Trocknen der Emulsion werden die Präparate lichtdicht gelagert, nach der Exposition entwickelt und fixiert. Im einzelnen erfolgt die Herstellung der Präparate auf folgende Weise: Die entparaffinierten, mit Celloidin bedeckten Schnitte werden in der Dunkelkammer auf ungefähr 37° C erwärmt, gleichzeitig wird Emulsion, die in flüssigem Zustand gekauft wurde, in einem Wasserbad gleicher Temperatur geschmolzen. Steht keine flüssige Emulsion zur Verfügung, so kann eine photographische Platte, die die für den Zweck des Versuches geeignete Emulsion trägt, einige Minuten hindurch in destilliertes Wasser von 18° C gebracht werden, hierauf die erweichte Emulsion mittels einer Glasplatte abgekratzt, in einem kleinen Becher verdünnt und gleichfalls in einem Wasserbad auf 37° C erwärmt werden. Von der nach ungefähr 15 Minuten gleichmäßig dünnflüssigen Emulsion werden einige Tropfen — wieviele für die gewünschte Schichtdicke nötig sind, muß durch Vorversuche ermittelt werden — auf den allenfalls mit einem Diamanten markierten Teil des Objektträgers gebracht, der mit Emulsion bedeckt werden soll, und mit einem feinen Haarpinsel gleichmäßig über die vorgesehene Fläche verteilt. Die Objektträger sollen während aller Manipulationen und auch während der Lagerung horizontal gehalten werden, um Verschiebungen der Emulsion zu vermeiden.

Die Methode hat den Vorteil, daß man die Schichtdicke der Emulsion beliebig variieren und klein halten kann. Auch hier muß durch sorgfältige Auswahl der Fixiermittel und Farbstofflösungen ein Herauswaschen wasserlöslicher Verbindungen, die das radioaktive Isotop enthalten, vermieden, bzw. alle Lösungen nach dem Durchziehen der Präparate auf ihre Aktivität untersucht werden. Die Temperatur der Emulsion soll nicht höher steigen als 37 bis 40° C, da sie sonst schleiert. Alle Emulsionsarten, Diapositiv-, Röntgen- und teilchenempfindliche Emulsionen, können verwendet werden. Bei Verwendung von elektronenempfindlichen Emulsionen, wie G 5, NT 4 und NTB 3, konnten auch Elektroneneinzelbahnen beobachtet und gezählt werden (75), die von kleinen Organismen ausgingen, woraus man schließen kann, daß die Emulsion ihre Empfindlichkeit durch das Schmelzen nicht verliert. Die Methode liefert bei Beobachtung größter Sauberkeit und Genauigkeit gut reproduzierbare Resultate. Sie wurde zu einer großen Zahl von biologischen Untersuchungen mit ^{32}P und ^{131}J (88, 89, 90, 91, 92) und von FORD (51) auch zu Gesteinsuntersuchungen verwendet. FICQ (49) wies durch Neutronenbestrahlung kleinste Mengen Lithium in histologischen Schnitten nach. PICCIOTTO (113) bringt das Gestein in sehr fein pulverisierter Form (Korndurchmesser ungefähr ein Mikron) direkt in die flüssige Emulsion und beobachtet die von den einzelnen Körnchen ausgehenden α-Bahnen.

Die *Abziehfilmmethode* der Autoradiographie, die von PELC (112) angegeben wurde, verwendet anstatt der flüssigen Emulsion Abziehfilme, die trocken von der Glasunterlage abgezogen und mit ihrer Emulsionsseite dem Schnitt zugekehrt werden. Die Anordnung von Präparat und Emulsion auf dem Objektträger ist im übrigen dieselbe wie bei der vorhergehenden Technik. Die Autoren MACDONALD, COBB und SOLOMON (96) befestigen den Abziehfilm umgekehrt, also mit der Gelatinebasis dem Schnitt zugewendet auf dem Objektträger, der den Schnitt trägt, exponieren, entwickeln, fixieren und ziehen hierauf die Emulsion, an der der Schnitt nun fest haftet, vom Objektträger ab. Die Kombination Schnitt—Emulsion wird sodann in umgekehrter Reihenfolge auf einem neuen Objektträger befestigt und der Schnitt von oben her gefärbt. Die letztere Methode überwindet zwar die Schwierigkeit, die sich bei PELC dem Färben des Schnittes bietet — dieser muß ja durch die Emulsion hindurch gefärbt werden —, hat jedoch gegenüber der PELCschen Methode den Nachteil einer wesentlich schlechteren Auflösung, da sich die 7 bis 10 μ dicke Gelatinebasis zwischen dem Präparat und der Emulsion befindet.

Da bei der Methode von PELC ähnlich wie bei der Montiermethode der auf dem Objektträger befestigte Schnitt im Wasser unter den an der Oberfläche schwimmenden Abziehfilm gebracht wird, besteht auch hier die Gefahr, wasserlösliche aktive Substanzen aus dem Schnitt zu verlieren. Diese Gefahr kann dadurch herabgesetzt werden, daß der Schnitt mit einem dünnen wasserundurchlässigen Film (Celloidin) bedeckt wird, der die Auflösung nicht wesentlich verschlechtert. Auf ein Minimum herabgesetzt erscheint die Gefahr des Verlustes an aktiver Substanz während der Herstellung der Autoradiographie jedoch nur bei Verwendung von Gefrierschnitten. Methoden zu deren Herstellung, wie sie für die Zwecke der Autoradiographie mit radioaktiven Isotopen geeignet sind, werden von einigen Autoren angegeben (62, 67, 68, 125, 142). Die Schwierigkeit des Färbens kann entweder dadurch ausgeschaltet werden, daß der Schnitt nicht gefärbt, sondern mittels eines Phasenkontrastmikroskops ausgewertet wird, oder dadurch, daß man, ebenfalls nach dem Entwickeln und Fixieren der photographischen Emulsion, diese zusammen mit dem dünnen Zwischenfilm und dem Schnitt vom Objektträger abzieht, die Kombination in umgekehrter Reihenfolge auf einem neuen Objektträger befestigt und färbt, ohne daß der Farbstoff nun noch in die Emulsion eindringen könnte. Diese Methode wurde von BÉLANGER (5, 6) auch für Autoradiographien, die mit flüssiger Emulsion hergestellt waren und ursprünglich, falls sie die aktive Substanz in löslicher Form enthielten, nach dem Entwickeln durch die Emulsion hindurch gefärbt werden mußten — was eine Färbung der Emulsion und eine Verringerung des Kontrastes zur Folge hatte —, als „Inversionsmethode" der Autoradiographie

384   H. Lauda — Nachweismethoden und ihre Anwendungsgebiete.

vorgeschlagen und mit gutem Erfolg angewendet. Levi (93) wendet bei
histologischen Schnitten, die größere Komplexe undurchsichtiger Substanzen
(z. B. Thorotrast) enthalten, zweimalige Inversion an, um die mikroskopische
Beobachtung der Autoradiographie zu erleichtern.

Eine weitere Vorsichtsmaßnahme muß bei allen Arbeiten mit Abziehfilmen
beobachtet werden: die Emulsion soll möglichst langsam von der Glasunterlage
abgezogen werden, um Lumineszenzerscheinungen durch elektrostatische Aufladung zu vermeiden, die auf der Emulsion einen merklichen Schleier erzeugen
können (18). Damit die Emulsion gut an dem Objektträger haftet und sich
nicht während des Entwickelns und Fixierens verschiebt oder ablöst, müssen
die Objektträger entweder einer geeigneten Reinigung und Vorbehandlung
unterzogen oder die für diesen Zweck von der Firma Ilford gelieferten Glasplatten verwendet werden (73). Wertvolle Hinweise für die Verwendung von
Abziehfilmen geben die Autoren Berriman, Herz und Stevens (10). Jodsey
und Wilbur (72) verwendeten die Abziehfilmmethode zur Anfertigung von
Autoradiographien an unebenen Objekten, auf denen sie die Emulsion auf-
klebten.

Die Abziehfilmmethode hat gegenüber der Verwendung von flüssiger Emulsion
die Annehmlichkeit größerer Einfachheit der notwendigen Manipulationen und
den Vorteil der Verwendung einer Emulsion konstanter Schichtdicke. Da derzeit
schon zur Registrierung aller Strahlenarten Abziehemulsionen erhältlich
sind (II, 1), scheint die Methode wegen ihrer guten Auflösung (III, 2, a) und
der Reproduzierbarkeit der Resultate zur qualitativen und quantitativen Untersuchung von histologischen Schnitten, Ausstrichen und Gesteinsdünnschliffen
am besten geeignet (1, 18, 39, 50, 56, 97, 125, 134).

Literatur.

(1) Abercrombie, M., Nature 166, 229 (1950). — (2) Albouy, G., C. r. acad.
sci., Paris 230, 1351 (1950). — (3) Axelrod, D. J., u. J. G. Hamilton, Amer. J.
Pathol. 23, 349 (1947).

(4) Beiser, A., Physic. Rev. 81, 153 (1951). — (5) Bélanger, L. F., Anatom. Rec.
107, 149 (1950). — (6) Nature 170, 625 (1952). — (7) Bélanger, L. F., u. C. P. Leblond,
Endocrinology 39, 8 (1946). — (8) Berg, W. F., Rep. Progr. Physics 11 248
(1948). — (9) Berriman, R. W., Nature 161, 432 (1948). — (10) Berriman, R. W.,
R. H. Herz u. G. W. W. Stevens, Brit. J. Radiol. 23, 472 (1950). — (11) Berry, C. R.,
Physic. Rev. 82, 422 (1951). — (12) Blau, M., u. J. A. De Felice, Physic. Rev. 74,
1198 (1948). — (13) Blau, M., R. Rudin u. S. Lindenbaum, Rev. Sci. Instruments 21,
978 (1950). — (14) Bloom, W., H. J. Curtis u. F. C. MacLean, Science 105, 45 (1947).
— (15) Boyd, G. A., u. F. A. Board, Science 110, 586 (1949). — (16) Boyd, G. A.,
G. W. Casarett, K. I. Altman u. a., Science 108, 529 (1948). — (17) Boyd, G. A.,
u. H. Levi, Science 111, 58 (1950). — (18) Boyd, G. A., u. A. I. Williams, Proc.
Soc. Exp. Biol. Med. 69, 225 (1948). — (19) Bragg, W. H., u. R. Kleemann, Phil.
Mag. 10, 318 (1905). — (20) Broda, E., J. Scient. Instruments 24, 136 (1947); Nature
160, 231 (1947).

(21) Campbell, D., Nature 167, 274 (1951). — (22) Capstaff, J. G., u. N. B.
Green, Photographic J. 64, 97 (1924). — (23) Chamié, C., C. r. acad. sci., Paris 184,
1243 (1926); 185, 770, 1277 (1927); 186, 1838 (1928). — (24) Coppens, R., C. r. acad.
sci., Paris 228, 176, 1218 (1949); 229, 617, 1221, 1319 (1949); 231, 343 (1950). —
(25) J. physique Radium 10, 56 (1949). — (26) J. physique Radium 11, 21 (1950). —
(27) Crookes, W., Proc. Roy. Soc. London, Ser. A 66, 409 (1900). — (28) Cuer, P.,
Ann. géophys. 2, 147 (1946). — (29) J. physique Radium 8, 83 (1947). — (30) Sci.
ind. photogr. 18, 321, 353 (1947); 19, 444 (1948); 21, 161 (1950). — (31) Curie, I.,
J. physique Radium 7, 313 (1946). — (32) Curie, I., u. H. Faraggi, C. r. acad. sci.,
Paris 232, 959 (1951).

(33) Demers, P., Canad. J. Res., Sect. A 25, 223 (1947). — (34) Canad. J. Res.,
Sect. A 28, 628 (1950). — (35) Physic. Rev. 70, 974 (1946). — (36) Dilworth, C. C.,
G. P. S. Occhialini u. R. M. Payne, Nature 162, 102 (1948). — (37) Dobyns, B. M..

u. B. Lennon, J. Clin. Endocrinology 8, 732 (1948). — (38) Dobyns, B. M., B. Skanse u. F. Maloof, J. Clin. Endocrinology 9, 1171 (1949). — (39) Doniac, I., u. S. R. Pelc, Brit. J. Radiol. 23, 184 (1950). — (40) Dudley, R. A., u. B. M. Dobyns, Science 109, 327, 342 (1949).

(41) Eidinoff, M. L., Fitzgerald, P. J., E. B. Simmel u. J. E. Knoll, Proc. Soc. Exp. Biol. Med. 77, 225 (1951). — (42) Endicott, K. M., u. H. Yagoda, Proc. Soc. Exp. Biol. Med. 64, 170 (1947). — (43) Evans, T. C., Proc. Soc. Exp. Biol. Med. 64, 313 (1947). — (44) Radiology 49, 206 (1947).

(45) Faraggi, H., Ann. physique 6, 325 (1951). — (46) C. r. acad. sci., Paris 227, 527 (1948). — (47) C. r. acad. sci., Paris 228, 68 (1948); Sci. ind. photogr. 20, 336 (1949). — (48) Faraggi, H., A. Kohn u. J. Doumerc, C. r. acad. sci., Paris 235, 714 (1952). — (49) Ficq, A., C. r. acad. sci., Paris 233, 1684 (1951). — (50) Fitz-gerald, P. J., M. L. Eidinoff, J. E. Knoll u. E. B. Simmel, Science 114, 494 (1951). — (51) Ford, I. H., Nature 167, 273 (1951). — (52) Frantz, A., Diss. Univ. Wien. 1949. — (53) Franzinetti, C., Phil. Mag. 41, 86 (1950). — (54) Frenkel, J., Z. Physik 35, 652 (1926). — (55) Fürth, R., u. W. R. Oliphant, J. Scient. Instruments 25, 289 (1948).

(56) Gross, J., R. Bogoroch, N. J. Nadler u. C. P. Leblond, Amer. J. Roent. Rad. Ther. 65, 420 (1951). — (57) Gurney, R. W., u. N. F. Mott: Proc. Roy Soc. London, Ser. A 164, 151 (1938).

(58) Haenny, C., u. O. Rochat, Helv. Physica Acta 21, 186 (1948). — (59) Hall, C. E., u. A. L. Schoen, J. Opt. Soc. Amer. 31, 281 (1941). — (60) Hamilton, J. G., M. H. Soley u. K. B. Eichhorn, Univ. Calif. Publ. Pharmacol. 1, 339 (1940). — (61) Hamm, F. A., u. J. J. Comer, J. Appl. Physics 24, 1495 (1953). — (62) Harris, J. E., J. F. Sloane u. D. T. King, Nature 166, 25 (1950). — (63) Hartmann, J., Eders Jahrb. für Photographie und Reproduktionstechnik 13, 106 (1899). — (64) Hautot, A., Sci. ind. photogr. 19, 441 (1948). — (65) Sci. ind. photogr. 21, 241 (1950). — (66) Hée, A., C. r. acad. sci., Paris 227, 356 (1948). — (67) Holt, M. W., R. F. Cowing u. S. Warren, Science 110, 328 (1949). — (68) Holt, M. W., u. S. Warren, Proc. Soc. Exp. Biol. Med. 73, 545 (1950). — (69) Houtermans, F. G., Naturwiss. 38, 132 (1951).

(70) James, T. H., u. G. Kornfeld, Chem. Rev. 30, 1 (1942). — (71) Jenny, L., u. T. Hürlimann, Helv. Physica Acta 24, 235 (1951). — (72) Jodsey, L. H., u. K. M. Wilbur, Proc. Soc. Exp. Biol. Med. 77, 80 (1951).

(73) Kayas, G., J. physique Radium 14, 621 (1953). — (74) Keith, H. D., u. J. W. Mitchell, Phil. Mag. 42, 1331 (1951). — (75) King, D. T., J. E. Harris u. S. Tkaczyk, Nature 167, 273 (1951). — (76) Kinoshita, S., Proc. Roy Soc. London, Ser. A 83, 432 (1910). — (77) Klein, E., Photogr. Korr. 90, 52 (1954). — (78) Knowles, W., u. P. Demers, Physic. Rev. 72, 535 (1947). — (79) Köhler, A., u. W. Loos, Naturwiss. 29, 49 (1941). — (80) Kolb, O., Nuovo Cimento 8, 487 (1951). — (81) Kolthoff, I. M., u. A. S. O'Brien, J. Chem. Physics 7, 401 (1939).

(82) Lacassagne, A., u. J. S. Lattes, C. r. acad. sci., Paris 178, 488 (1924). — (83) Langer, A., J. Chem. Physics 11, 11 (1943). — (84) Lanius, K., Naturwiss. 40, 338 (1953). — (85) Lattes, C. M. G., P. H. Fowler u. P. Cuer, Nature 159, 301 (1947). — (86) Proc. Physic Soc. 59, 883 (1947). — (87) Lauda, H., S. B. Wien. Akad. Wiss., mathem.-naturw. Kl. II a 145, 707 (1936). — (88) Leblond, C. P., et al., Proc. Soc. Exp. Biol. Med. 67, 74 (1948). — (89) Leblond, C. P., u. J. Gross, Endo-crinology 43, 306 (1948). — (90) Leblond, C. P., W. L. Percival u. J. Gross, Proc. Soc. Exp. Biol. Med. 67, 74 (1948). — (91) Leblond, C. P., C. E. Stevens u. R. Bogoroch, Science 108, 531 (1948). — (92) Leblond, C. P., G. W. Wilkinson, L. F. Bélanger u. J. Robichon, Amer. J. Anatomy 86, 289 (1950). — (93) Levi, H., Nature 171, 123 (1953). — (94) Livingston, M. S., u. H. Bethe, Rev. Mod. Physics 9, 245 (1937). — (95) Locqueneux, R., J. physique Radium 11, 144 (1950).

(96) Macdonald, A. M., J. Cobb u. A. K. Solomon, Science 107, 550 (1948). — (97) Macdonald, A. M., J. Cobb, A. K. Solomon u. D. Steinberg, Proc. Soc. Exp. Biol. Med. 72, 117 (1949). — (98) Masket, A. V., u. L. B. Williams, Rev. Sci. Instru-ments 22, 113 (1951). — (99) Matitsch, T., Diss. Univ. Wien. 1952. — (100) Matitsch, T., u. W. J. Schneider, S. B. Wien. Akad. Wiss., mathem.-naturw. Kl. II a 161, 131 (1952). — (101) Mattauch, J., u. A. Flammersfeld, Z. Naturforsch. Sondernummer Isotopenbericht. 1949. — (102) Mees, C. E. K., The Theory of the Photographic Process. New York: MacMillan. 1944. — (103) Mitchell, J. W., Phil. Mag. 40, 249, 667 (1949). — (104) Sci. ind. photogr. 19, 361 (1948). — (105) Sci. ind. photogr. 20, 249 (1949). — (106) Sci. ind. photogr. 22, 341 (1951). — (107) Mott, N. F., Sci. ind. photogr. 22, 341 (1951). — (108) Mott, N. F., u. R. W. Gurney, Electronic Processes in Ionic Crystals. Oxford: Clarendon Press. 1950. S. 228.

(109) Neish, W. J. P., Nature **173**, 308 (1954). — (110) Nier, A. O., E. T. Booth, J. R. Dunning u. A. v. Grosse, Physic. Rev. **57**, 546, 748 (1940). — (111) Nutting, P. G., Phil. Mag. **26**, 423 (1913).

(112) Pelc, S. R., Nature **160**, 749 (1947). — (113) Picciotto, E. E., Bull. centre phys. nucl. Univ. Bruxelles Nr. 33 (1952). — (114) Bull. soc. Belge géol. paléont. hydrol. **58**, 75 (1949). — (115) Bull. soc. Belge géol. paléont. hydrol. **59**, 102, 170 (1950). — (116) C. r. acad. sci., Paris **228**, 173, 247 (1949). — (117) C. r. acad. sci., Paris **228**, 2020 (1949). — (118) Picciotto, E. E., u. M. van Styvendael, C. r. acad. sci., Paris **232**, 855 (1951). — (119) Pick, H., Naturwiss. **38**, 323 (1951). — (120) Poole, J. H. J., u. J. W. Bremner, Nature **163**, 130 (1949). — (121) Powell, C. F., G. P. S. Occhialini u. D. L. Livesey, J. Scient. Instruments **23**, 102 (1946).

(122) Reinganum, M., Physik. Z. **12**, 1076 (1911). — (123) Rotblat, J., Nature **165**, 387 (1950). — (124) Progr. Nuclear Physics **1**, 37 (1950). — (125) Russell, R. S., F. K. Sanders u. O. N. Bishop, Nature **163**, 639 (1949).

(126) Schneider, W. J., Diss. Univ. Wien. 1951. — (127) Schottky, W., Z. Elektrochem. **45**, 33 (1939). — (128) Shapiro, M. M., Rev. Mod. Physics **13**, 58 (1941). — (129) Sheppard, S. E., Photographic. J. **65**, 380 (1925); Sci. ind. photogr. **5 R**, 149 (1925). Sheppard, S. E., A. P. H. Trivelli u. R. P. Loveland, J. Franklin Inst. **200**, 51 (1925). — (130) Spiegler, G., J. Scient. Instruments **22**, 116 (1945). — (131) Stasiw, O., Z. Physik **127**, 522 (1950); **130**, 39 (1951). — (132) Steinberg, D., u. A. K. Solomon, Rev. Sci. Instruments **20**, 655 (1949). — (133) Stevens, G. W. W., Brit. J. Radiol. **23**, 723 (1950). — (134) Nature **161**, 432 (1948).

(135) Telegdi, V. L., u. W. Zünti, Helv. Physica Acta **23**, 745 (1950). — (136) Tubandt, C., in: Handbuch der Experimentalphysik. XII, Teil 1. Leipzig: Akad. Verlagsges. 1932. S. 384.

(137) Vigneron, C., u. M. Bogaardt, J. physique Radium **11**, 283 (1950).

(138) Wainwright, W. W., E. C. Anderson, P. C. Hammer u. C. A. Lehman, Nucleonics **12** (1), 19 (1954). — (139) Webb, J. H., Physic. Rev. **74**, 511 (1948). — (140) Westöö, R., Ark. Mat. Astronomi Fysik, Ser. B **34**, 21 (1947). — (141) Williams, A. I., Nucleonics **8** (6), 10 (1951). — (142) Winteringham, F. P. W., A. Harrison u. J. H. Hammond, Nature **165**, 149 (1950).

(143) Yagoda, H., Radioactive Measurements with Nuclear Emulsions. New York: Wiley. 1949. — (144) Yagoda, H., u. N. Kaplan, Physic. Rev. **73**, 634 (1948); **74**, 1244 (1948).

Namenverzeichnis.

Die Zahlen vor den Klammern geben die Seiten, die *kursiv* gedruckten Zahlen in den Klammern die Nummern
der auf der betreffenden Seite aufscheinenden Zitate an.

Sachverzeichnis.

Die Massenzahlen der Isotope sind — zur Unterscheidung von den Seitenzahlen — im Sachverzeichnis *kursiv* gesetzt.

Manzsche Buchdruckerei, Wien IX